Technik der Magnetspeicher

Technik der Magnetspeicher

Herausgegeben von

Fritz Winckel

Zweite, neubearbeitete Auflage

Springer-Verlag
Berlin Heidelberg New York

Herausgeber

Professor Dr.-Ing. Fritz Winckel
Technische Universität Berlin

Mit 275 Abbildungen

ISBN 978-3-642-46334-1 ISBN 978-3-642-46333-4 (eBook)
DOI 10.1007/978-3-642-46333-4

Library of Congress Cataloging in Publication Data. Winckel, Fritz, ed. Technik der Magnetspeicher. Includes bibliographies and index. 1. Magnetic recorders and recording. 2. Magnetic memory (Calculating-machines) I. Title. TK7881.6.W56. 1977. 621.389′32. 76-55329

Das Werk ist urheberrechtlich geschützt. Die dadurch begründeten Rechte, insbesondere die der Übersetzung, des Nachdrucks, der Entnahme von Abbildungen, der Funksendung, der Wiedergabe auf photomechanischem oder ähnlichem Wege und der Speicherung in Datenverarbeitungsanlagen bleiben, auch bei nur auszugsweiser Verwertung, vorbehalten. Bei Vervielfältigungen für gewerbliche Zwecke ist gemäß § 54 UrhG eine Vergütung an den Verlag zu zahlen, deren Höhe mit dem Verlag zu vereinbaren ist.

© by Springer-Verlag, Berlin/Heidelberg 1960 and 1977.
Softcover reprint of the hardcove 2nd edition 1977

Die Wiedergabe von Gebrauchsnamen, Handelsnamen, Warenbezeichnungen usw. in diesem Buch berechtigt auch ohne besondere Kennzeichnung nicht zu der Annahme, daß solche Namen im Sinne der Warenzeichen- und Markenschutz-Gesetzgebung als frei zu betrachten wären und daher von jedermann benutzt werden dürften.   0 1 2 3 4

Technik der Magnetspeicher

Herausgegeben von

Fritz Winckel

Zweite, neubearbeitete Auflage

Springer-Verlag
Berlin Heidelberg New York

Herausgeber

Professor Dr.-Ing. Fritz Winckel
Technische Universität Berlin

Mit 275 Abbildungen

ISBN 978-3-642-46334-1   ISBN 978-3-642-46333-4 (eBook)
DOI 10.1007/978-3-642-46333-4

Library of Congress Cataloging in Publication Data. Winckel, Fritz, ed. Technik der Magnetspeicher. Includes bibliographies and index. 1. Magnetic recorders and recording. 2. Magnetic memory (Calculating-machines) I. Title. TK7881.6.W56. 1977. 621.389′32. 76-55329

Das Werk ist urheberrechtlich geschützt. Die dadurch begründeten Rechte, insbesondere die der Übersetzung, des Nachdrucks, der Entnahme von Abbildungen, der Funksendung, der Wiedergabe auf photomechanischem oder ähnlichem Wege und der Speicherung in Datenverarbeitungsanlagen bleiben, auch bei nur auszugsweiser Verwertung, vorbehalten. Bei Vervielfältigungen für gewerbliche Zwecke ist gemäß § 54 UrhG eine Vergütung an den Verlag zu zahlen, deren Höhe mit dem Verlag zu vereinbaren ist.

© by Springer-Verlag, Berlin/Heidelberg 1960 and 1977.
Softcover reprint of the hardcove 2nd edition 1977

Die Wiedergabe von Gebrauchsnamen, Handelsnamen, Warenbezeichnungen usw. in diesem Buch berechtigt auch ohne besondere Kennzeichnung nicht zu der Annahme, daß solche Namen im Sinne der Warenzeichen- und Markenschutz-Gesetzgebung als frei zu betrachten wären und daher von jedermann benutzt werden dürften.   0 1 2 3 4

Verzeichnis der Autoren

Belger, Ernst, Dipl.-Phys., Institut für Rundfunktechnik GmbH, 8000 München 45

Billing, Heinz, Professor Dr. rer. nat., Max-Planck-Institut für Physik und Astrophysik, 8000 München 40

Fix, Herbert, Dipl.-Ing., Institut für Rundfunktechnik GmbH, 8000 München 45

Gillmann, Hanno, Dr.-Ing., AEG-Telefunken, 7750 Konstanz

Gondesen†, Karl-Erik, Dipl.-Ing., Institut für Rundfunktechnik GmbH, 8000 München 45

Habermann, Werner, Dipl.-Ing., Institut für Rundfunktechnik GmbH, 8000 München 45

Kersten, Martin, Professor Dr.-Ing., Präsident i.R. der Physikalisch-Technischen Bundesanstalt und Honorarprofessor der TU Braunschweig, 3300 Braunschweig

Lippmann, Hans Joachim, Dr. rer. nat., Siemens AG, 1000 Berlin 13

Maaz, Karl, Dipl.-Ing., Siemens AG, 8500 Nürnberg 2

Ott, Dieter, Dipl.-Ing., AEG-Telefunken, 7750 Konstanz

Paul, Manfred, Ass. Professor Dr.-Ing., Universität Kaiserslautern, Fachbereich Elektrotechnik, 6750 Kaiserslautern; früher Technische Universität Berlin, Institut für Technische Akustik

Schiesser, Hans, Dr.-Ing., Institut für Rundfunktechnik GmbH, 8000 München 45

Thiemer, Heinz, Dipl.-Ing., AEG-Telefunken, 7750 Konstanz

Vollmer, Heinz, Ing. (grad.), Süddeutscher Rundfunk, 7000 Stuttgart 1

Vorwort zur zweiten Auflage

Die Neuauflage dieses seit vielen Jahren vergriffenen Sammelwerkes erscheint mit großer Verzögerung. Der Grund hierfür ist die schnelle Fortentwicklung der Speichertechnik, insbesondere der Magnetspeichertechnik, sowie die weitgehende Neuorientierung in den Anwendungsbereichen, in denen nun die elektronische Datenverarbeitung in Großanlagen mit einem komplexen Verbundsystem verschiedenartiger Speicherverfahren im Vordergrund steht.

Damit hat sich die Notwendigkeit ergeben, das Werk so gründlich neu zu gliedern, daß schließlich von dem Originaltext der ersten Auflage kaum noch etwas erhalten geblieben ist. Mit der erweiterten Darstellung einiger neuerer Sachgebiete ergab sich zwangsläufig eine umfangsmäßige Beschränkung der einzelnen Beiträge, was vorwiegend zum Wegfall theoretischer Abhandlungen führte. Im Hinblick auf die ständig steigenden Herstellungskosten war diese Maßnahme notwendig, um den Preis des Buches, das sich zum ständigen Gebrauch im Labor wie auch zum Einarbeiten und zum Studium bewährt hat, in Grenzen zu halten.

Die Disposition der Neuauflage wurde stärker praxisorientiert angelegt. In gewissem Sinne kann man von einer „Neuerscheinung" sprechen, zumal auch für einige Kapitel neue Autoren aus der Praxis gewonnen werden konnten. Das Kapitel der ersten Auflage „Die Normung in der Magnetspeichertechnik" ist nicht aufgegeben worden, sondern es ist jetzt auf die Kapitel der einzelnen Sachgebiete aufgeteilt, wodurch Sinn und Problematik gewisser Normungsbestrebungen schärfer zum Ausdruck kommen.

Herausgeber und Verlag hoffen, daß Stoff und Darstellung wie bei der ersten Auflage ihre Aktualität und Gültigkeit für viele Jahre behalten werden. Dies wird im Hinblick darauf gesagt, daß in dem festzustellenden gegenwärtigen Einsatz der Magnetspeicher, vorzugsweise in der elektronischen Datenverarbeitung, die Speicher nach anderen physikalischen Prinzipien noch lange eine sekundäre Rolle spielen dürften. Am ehesten dürfte der Magnetkernspeicher durch Halbleiterspeicher in der EDV-Anwendung als Arbeitsspeicher und schneller Pufferspeicher ersetzt werden. In den internationalen Laboratorien haben sich interessante Entwicklungen auf dem Gebiet der optischen Speicher abgezeichnet, wovon hier nur die magnetooptischen und holographischen genannt seien, die aber wohl noch lange nicht einsatzreif sein werden. Derartige physikalische Verfahren werden in diesem Werk nicht behandelt, da im gleichen Verlag hierüber eine eingehende Darstellung im „Taschenbuch der Informatik" Bd. I (1974) im Kapitel „Digitale Speicher" gegeben worden ist. Neu aufgenommen wurde ein Kapitel über die Magnetspeicherabfrage mit Hallgeneratoren, weil diese Technik zunehmende Bedeutung in der Steuer-, Regelungs- und Automatentechnik gewinnt.

Berlin, im Herbst 1976 FRITZ WINCKEL

Aus dem Vorwort zur ersten Auflage

Von den vielen physikalischen Speicherprinzipien auf mechanischer, elektromechanischer, elektrostatischer, magnetischer, akustischer, optischer und chemischer Basis haben heute die magnetischen Verfahren Vorrang eingenommen, weil sie über ein Höchstmaß an Speicherkapazität, auch im Sinne der räumlichen Speicherdichte, verfügen, die aufgezeichneten Signale hinreichend schnell aufgerufen werden können, der gleiche Speicher durch die Einfachheit der Löschung wiederverwendbar und daher stets betriebsbereit ist, von dauernder Energiezufuhr unabhängig ist und schließlich Konstruktionen ermöglicht, die eine hohe Betriebssicherheit gewährleisten.

Die Gruppe der magnetischen Verfahren umfaßt sowohl statische wie dynamische Speicher, dadurch erkennbar, ob der Magnetträger für Aufsprechen und Abfragen bewegt werden muß oder nicht. Der Einsatz der verschiedenen Ausbildungsformen hängt davon ab, mit welcher Schnelligkeit das nachrichtenverarbeitende System die anfallenden Informationsmengen zu bewältigen hat. Nach dem „Intelligenzgrad" solcher Systeme hat sich die Wahl zu richten, indem z. B. für eine Ferritspeichermatrix eine Zugriffszeit von $1-10$ μsec sich ergibt, für den Magnettrommelspeicher $2-200$ msec und den Magnetbandspeicher $1-10$ sec. In dieser Reihenfolge steigt die Informationskapazität von etwa 10^2-10^6 bit beim Kernspeicher, 10^4-10^7 bit beim Magnettrommelspeicher auf $1-4 \cdot 10^7$ bit bei Magnetbändern und $1 \cdot 10^9$ bit bei Magnetbandanlagen. Der pro bit Speicherkapazität zu zahlende Preis sinkt von $1-5$ DM beim Kernspeicher, über $10-50$ Pfennige bei der Magnettrommel, auf weniger als 1 Pfennig bei großen Magnetbandanlagen.

Das Patent der Hochfrequenz-Vormagnetisierung von Braunmühl und Weber aus dem Jahre 1940 sicherte dem damaligen Magnetophon die Überlegenheit über die sonstigen Verfahren der Tonaufzeichnung und führte inzwischen zu einem kaum noch zu übertreffenden Qualitätsstandard. Welche besonderen theoretischen und konstruktiven Ideen dazu geführt haben, ist in mehreren Kapiteln eingehend dargelegt worden. Die Übernahme dieser Technik für die Informationsverarbeitung zu

Anfang dieses Jahrzehnts war um so einfacher, als an Stelle des bislang angewandten analogen Prinzips das technisch einfachere digitale Prinzip verlangt wurde. Als gegenüber dem Tonband geeignetere Konstruktion im Hinblick auf eine kürzere Zugriffszeit entstand dann der Trommelspeicher und weiter der Plattenspeicher, bis schließlich die Ferritkernspeichermatrix eine prinzipiell neue Möglichkeit schuf.

Zielsetzung dieses Sammelwerks war es, das ausgedehnte heterogene Gebiet der Magnetspeicher übersichtlich darzustellen und in theoretischen Grundlagen einheitliche physikalische Gesichtspunkte herauszuarbeiten, um dem Ingenieur den Zugang zu dieser neuen Technik zu erleichtern.

Über die eigentlichen Grundlagen hinaus sind Anwendungsgebiete wie die Tontechnik im Einsatz für Rundfunk und Film sowie die magnetische Fernsehaufzeichnung, abgesehen von den erwähnten digitalen Speichern, eingehend behandelt worden. Darüber hinaus gehen die Anwendungen in weitverzweigte industrielle Gebiete im Dienst der Messung, Überwachung, Steuerung und Automation. Es konnte darauf verzichtet werden, noch weitere Beispiele aufzuführen, weil in bezug auf die Prinzipien der magnetischen Speichertechnik hierbei kaum methodisch neue Gesichtspunkte in Erscheinung treten. In dem dargestellten Umfang des Werkes kann der Konstrukteur ausreichende Unterlagen finden, um neue Aufgabenstellungen zu beliebigen Anwendungsgebieten einer Lösung entgegenzuführen.

Bereits im Jahre 1958 wurden einige der Beiträge dieses Buches als Vorträge einer Reihe des Außeninstituts der Technischen Universität Berlin gehalten und diskutiert. Diese Vorträge wurden inzwischen erweitert und der Buchform in einer Weise angegliedert, daß dem Ingenieur damit ein umfassender Ratgeber in die Hand gegeben wird. Angesichts der ständig wachsenden neuen Anwendungsgebiete und der gestellten Steuerungsaufgaben wird auch dem Maschinenkonstrukteur die Einarbeitung in dieses für ihn fremde Gebiet erleichtert. In der Aufbaugliederung Theorie — Konstruktion — Messung — Normung mag es seine Eignung auch als Lehrbuch für den Gebrauch an Hochschulen erweisen.

Berlin-Charlottenburg, im Februar 1960   FRITZ WINCKEL

Inhaltsverzeichnis

Einleitung 1

A. Magnetische Grundbegriffe (*M. Kersten*) 1

  1. Vorbemerkung 1

  2. Definition der wichtigsten Größen und Einheiten 4
    2.1. Die magnetische Feldstärke 4
    2.2. Induktion B und Magnetisierung M 6
    2.3. Die Hystereseschleife 6
    2.4. Reversible Permeabilität und Suszeptibilität 11
    2.5. „Normale" und „anomale" Hystereseschleifen 13

  3. Scherung der Magnetisierungskurve und entmagnetisierendes Feld 16

  4. Wirbelströme und Nachwirkungserscheinungen 22

  5. Übersicht über die wichtigsten physikalischen Elementarvorgänge längs der Hystereseschleife 25
    5.1. Die spontane Magnetisierung 26
    5.2. Bitterstreifen 28
    5.3. Blochwände 31
    5.4. Barkhausensprünge und Remanenz 34
    5.5. Néel-Spieße und Schlauchziehen 36
    5.6. Kristallbaufehler als Bewegungshindernisse für Blochwände 39
    5.7. Magnetisierungsvorgänge in feinkörnigem Pulver 42
    5.8. Dünne Schichten mit Néel-Wänden 44
    5.9. Magnetische Blasen (magnetic bubbles) für sehr kurze Schaltzeiten 46

  6. Schlußbemerkungen 48

  Literatur 49

B. Die Preisach-Darstellung zur Beschreibung magnetischer Speichereffekte (*M. Paul*) 52

1. Einleitung 52

2. Die Preisach-Schwantke-Darstellung des Aufsprechvorganges 53
   2.1. Voraussetzungen 53
   2.2. Die Ermittlung remanenter Magnetisierungen im Preisach-Diagramm 54
   2.3. Der Aufsprechvorgang mit Hochfrequenzüberlagerung . 57
   2.4. Der Kopiereffekt 59

3. Belegungsfunktion 61
   3.1. Messung von Belegungen 61
   3.2. Statistische Verteilung 63
   3.3. Analytische Näherung der Belegungsfunktion 64
   3.4. Bestimmung der Belegungsparameter 67

4. Schlußbemerkungen 68

Literatur 68

Tontechnik 70

A. Magnet-Tontechnik 70

1. Studio-Magnetbandgeräte (*H. Gillmann*) 70
   1.1. Verfahren und Anforderungen 70

   Literatur 104

2. Magnetköpfe (*H. Thiemer*) 105
   Einleitung 105
   2.1. Elektromagnetische Eigenschaften 105
   2.2. Technologie und mechanische Eigenschaften 120
   2.3. Anwendungen 130

   Literatur 142

3. Magnetbandgeräte für Meßwertspeicherung (*D. Ott*) 144
   3.1. Anwendungsbereiche 144
   3.2. Aufzeichnungsarten und Modulationsverfahren 147
   3.3. Normung 152
   3.4. Aufbau der Geräte 158

   Literatur 175

B. Magnetische Tonspeicherung im Studiobetrieb (*E. Belger, H. Schiesser*) 176

   1. Magnetspeichertechnik im Rundfunkstudio 176
      1.1. Anforderungen 178

   2. Geräte und Bänder 183
      2.1. Laufwerke 183
      2.2. Kassettentechnik 188
      2.3. Mehrspurtechnik 192
      2.4. Verstärkertechnik 193
      2.5. Bänder 195

   3. Anlagen für automatischen Betrieb 198

   4. Betriebstechnik 202
      4.1. Bearbeitungstechnik 202
      4.2. Archivierung 206
      4.3. Betriebsmeßtechnik 208
      4.4. Programmüberwachung 212
      4.5. Fremdstörungen 212

   Literatur 214

Bildtechnik 215

A. Verwendung der Magnetspeichertechnik bei der Fernsehaufzeichnung (*H. Fix, W. Habermann*) 215

   1. Grundlagen der magnetischen Videosignalaufzeichnung 215
      1.1. Frequenzbandbreite 215
      1.2. Zeitstabilität 216

   2. Überblick über die Entwicklung der Videosignalaufzeichnung 217
      2.1. Längsspuraufzeichnung 217
      2.2. Querspuraufzeichnung 218
      2.3. Schrägspuraufzeichnung 219
      2.4. Kreis-, Spiral- und Schraubenspuraufzeichnung 220

   3. Technik der Videosignalaufzeichnung 221
      3.1. Grundprinzipien und Eigenschaften des Aufzeichnungs- und Wiedergabekanals 221
      3.2. Grundlagen des Band- und Kopfantriebs 231

4. Moderne technische Ausführungsformen von Aufzeichnungsanlagen 236
    4.1. Querspuraufzeichnung 236
    4.2. Schrägspuraufzeichnung 244
    4.3. Sonderausführungen 247
  Literatur 247

B. Bildsynchrone Tonaufzeichnung bei Film und Fernsehen
   (K.-E. Gondesen †) 249

  1. Historische Übersicht 249
  2. Die Verfahren der bildsynchronen Tonaufzeichnung 251
     2.1. Einstreifenverfahren (COMMAG) 252
     2.2. Das „klassische" Zweistreifenverfahren (SEPMAG) ... 255
     2.3. Pilotfrequenzverfahren (PILOT) 258
     2.4. Zusammenfassung 264
  3. Gerätetechnik 264
     3.1. Magnetfilmtechnik 264
     3.2. Pilotfrequenz- und Kennungstechnik 274
     3.3. Ton- und Schnittbearbeitung 280
     3.4. Vorführung mit synchronem Ton 288
  4. Technische Qualität und Festlegungen für Tonaufzeichnungen 291
     4.1. Normen und Pflichtenhefte 291
     4.2. Erzielbare technische Qualität 293
  Literatur 293

Datenverarbeitungsanlagen (H. Billing) 295

  1. Zeichendarstellung 295
  2. Grundbegriffe zur Charakterisierung eines digitalen Speichers 296
  3. Speicherhierarchie 299
  4. Matrixspeicher 302
     4.1. Magnetkernmatrix als Speicher 302
     4.2. Ebene magnetische Dünnschichtspeicher 313
     4.3. Magnetdrahtspeicher 323
     4.4. Halbleiterspeicher 326

5. Magnetomechanische Speicher 329
   5.1. Digitale Aufzeichnungstechnik am Beispiel des Magnet-
        trommelspeichers 329
   5.2. Plattenspeicher 338
   5.3. Kassettenspeicher 341
   5.4. Magnetbandspeicher 344
6. Magnetic Bubble Storage (Magnetblasenspeicher, Zylinderdomänenspeicher) 350
   6.1. Grundlagen des MB-Speichers 351
   6.2. Die Stabilität zylindrischer Domänen 353
   6.3. Das Speichermaterial 355
   6.4. Die Informationsspeicherung 356
   6.5. Die Organisation eines Speicherbausteins 360
   6.6. Gegenwärtiger Stand der MB-Speicher 361
Literatur 362

Mechanische Anwendungen 365

A. Magnetspeicherabfrage mit Hallgeneratoren (*H. J. Lippmann, K. Maaz*) 365

1. Einleitung 365

2. Hallgeneratoren 366

3. Flußempfindliche Hallgeneratoren für Leseköpfe 371

4. Hallgeneratorleseköpfe und geeignete Magnetspeicher 374

5. Anwendungen 388
   5.1. Abfrage längsmagnetisierter Bänder 388
   5.2. Abfrage transversal beschrifteter Magnetspeicher und
        magnetischer Wahlschalter 389
   5.3. Abfrage quermagnetisierter Magnetspeicher 390
   5.4. Abfrage gemischt magnetisierter Speicher 395
Literatur 395

Sachverzeichnis 397

Einleitung

A. Magnetische Grundbegriffe

Martin Kersten

1. Vorbemerkung

Die Entwicklungsmöglichkeiten und die Grenzen der verschiedenen Verfahren und Anwendungen der Magnetspeichertechnik für Datenverarbeitung, Ton- und Bildaufzeichnung werden maßgebend bestimmt von den magnetischen Eigenschaften der verfügbaren Werkstoffe des Datenträgers und der magnetischen Zubehörteile für Eingabe, Ausgabe und Löschung. Den nachfolgenden Abhandlungen über einzelne Teilgebiete der Magnetspeichertechnik wird diese einführende Übersicht als Schlüssel zum Verständnis der wichtigsten magnetischen Grundbegriffe vorangestellt. Deren Bedeutung für einzelne Probleme und Techniken der Magnetspeicher wird nur kurz angedeutet, da die übrigen Abschnitte des Buches darüber ausführlich berichten.

In der deutschen und ausländischen Fachliteratur finden sich bereits viele Originalmitteilungen und Bücher, in denen die magnetisch-physikalische Seite dieser Speichertechnik mehr oder weniger gründlich dargestellt ist [u.a. 1, 2, 3, 4]. Die folgende Übersicht kann das Studium derartiger Schriften nicht entbehrlich machen. Sie soll aber eine möglichst anschauliche Einführung geben, die ein vertieftes Studium der Fachliteratur erleichtern möge.

Die Technik der Magnetspeicher im weitesten Sinne des Begriffes umfaßt heute ein breites Anwendungsspektrum, von Diktiergeräten über Ton- und Bildaufzeichnung bis zu den Datenverarbeitungsanlagen. Die stürmische Entwicklung dieses vielseitigen Gebietes hat dazu geführt, daß sehr verschiedenartige magnetische Werkstoffe vielen unterschiedlichen Teilaufgaben zu dienen haben. In unserer Übersicht gehen wir zweckmäßig von denjenigen Begriffen und Eigenschaften aus, die für alle oder wenigstens fast alle magnetischen Stoffe dieses Anwendungsgebietes gemeinsam wichtig sind. Anschließend behandeln wir dann gewisse Sondereigenschaften einzelner Stoffarten. Dabei spielen sowohl metallische als auch nichtmetallische, vorwiegend oxidische Stoffe eine wesentliche Rolle. Außerdem müssen bei gleichem Stoff besondere Eigenschaften von Pulverteilchen und „dünnen Schichten" unter etwa 0,1 µm Dicke neben denen von dicken Schichten, Blechen und Massivstücken anwendungsnah beachtet werden. Hingegen hat der physikalische Unterschied zwischen ferromagnetischen und ferrimagnetischen Werkstoffen im Rahmen dieses Buches nur geringe Bedeutung, weil sich die ferrimagnetischen Stoffe in den Grenzen der hier vorliegenden Anwendungen weitgehend wie ferromagnetische Stoffe verhalten.

Wir beginnen diese Einführung mit der Definition der wichtigsten physikalischen Größen und Einheiten des Magnetismus. Dabei benutzen wir nur die sogenannten Größengleichungen, die — bei richtiger Anwendung — für beliebige Einheiten, z.B. kg, cm, min, gelten, am einfachsten jedoch für ein „aufeinander abgestimmtes" oder „kohärentes" Einheitensystem. Seit Juli 1970 entsprechen die gesetzlichen physikalischen Einheiten in der Bundesrepublik Deutschland dem kohärenten „Internationalen Einheitensystem" (SI = Système International d'Unités). Dieses zum praktischen Gebrauch international empfohlene Einheitensystem geht hervor aus folgenden Einheiten für 7 Basisgrößen: für die Länge das Meter (m), die Masse das Kilogramm (kg), die Zeit (Zeitintervall) die Sekunde (s), die elektrische Stromstärke das Ampere (A), die thermodynamische Temperatur den Grad Kelvin (K), die Lichtstärke die Candela (cd), die Stoffmenge das Mol (mol). Der heutige Stand der physikalischen Definitionen dieser Basiseinheiten wird mit vielen Literaturangaben umfassend beschrieben im Heft 1 (1975) der PTB-Mitteilungen [5]. Für dieses Buch wird im allgemeinen nur ein Teilsystem des SI-Systems benötigt, das MKSA-System mit den vier Basiseinheiten Meter, Kilogramm, Sekunde und Ampere. Da sich dessen Anwendung international noch nicht überall durchgesetzt hat, ist das Verständnis mancher Fachliteratur für viele Leser sehr erschwert geblieben. Wir werden darum andere gebräuchliche Einheiten zusätzlich nennen und auf SI-Einheiten zurückführen, beispielsweise 1 G (Gauß) = 10^{-4} T (Tesla) oder 1 Oe (Oersted) = $10^3/4\pi \cdot$ A/m oder 1 M (Maxwell) = 10^{-8} Wb (Weber). Besonders in der deutschen Elektrotechnik wird das MKSA-System schon lange vorherrschend angewandt. Im folgenden wird der immer noch störende internationale Wirrwarr in der Schreibweise physikalischer Gleichungen und in der Anwendung von Einheiten auch durch Zahlenbeispiele überbrückt.

Das bundesdeutsche „Gesetz über Einheiten im Meßwesen" vom 2. Juli 1969 (neuere Fassung vom 6. Juli 1973) legt fest, daß „im innerdeutschen geschäftlichen und amtlichen Verkehr bestimmte physikalische Größen in gesetzlichen Einheiten anzugeben sind. Zuwiderhandlungen werden mit einer Ordnungsstrafe bedroht. ... Damit ist auch festgelegt, daß alle Schulen ihr Lehrangebot auf die gesetzlichen Einheiten (= SI-Einheiten) umzustellen haben." Manche Leser dieses Bu-

1. Vorbemerkung

ches, besonders aus Industrie, Handel, Behörden und Schulen jeder Art, möge dieses Zitat dazu anregen, ausführliche und auch kürzer gefaßte Darstellungen und Definitionen der Einheitensysteme, der Basiseinheiten und der Schreibweise physikalischer Gleichungen ausreichend zu studieren [6—9]; [6] ist eine umfassende Darstellung.

Im Anschluß an die Definitionen von Größen und Einheiten des Magnetismus behandeln wir die für das vorliegende Anwendungsgebiet maßgebenden physikalischen Grundvorgänge und elementaren Erscheinungen, so wie sie durch experimentelle Forschungsarbeiten und daraus abgeleitete theoretische Modellvorstellungen aufgedeckt worden sind. Dem Leser wird nicht entgehen, daß wir dabei keineswegs von einem schon lückenlos abgerundeten Gesamtbild der technischen Magnetisierungsvorgänge sprechen können, vielmehr nur von einem Stückwerk, dessen Zusammenwachsen zu einem umfassenden theoretischen Einblick bei der stürmischen Entwicklung dieses Teilgebiets der Festkörperphysik vielleicht in den kommenden Jahrzehnten zu einem gewissen Abschluß kommen kann. Immerhin ist es heute schon möglich, einen erheblichen Teil der inneren physikalischen Vorgänge, die beim Magnetisieren einer Speicherschicht, eines Aufsprech- oder Abhörkopfes oder anderer Geräteteile ablaufen, modellmäßig zu beschreiben und technisch sinnvoll zu nutzen.

Außer den Erscheinungen der „statischen" Magnetisierungskurven oder Hystereseschleifen sind für die Magnetspeichertechnik auch verschiedenartige dynamische Verzögerungen der Magnetisierung gegenüber dem erregenden magnetischen Feld bedeutungsvoll. Neben der Wirkung der Wirbelströme, beispielsweise bei hohen Wechselstromfrequenzen im Blechkern von Übertragern oder Sprechköpfen, begegnen wir gewissen „Nachwirkungsvorgängen", die beliebig schnelle Magnetisierungsänderungen, also auch Speichereingaben, verhindern. Langzeitige Nachwirkungen verursachen den „Kopiereffekt" bei Bandaufzeichnungen. Durch Einblick in maßgebende elementare innere Vorgänge kann man diese Störung heute besser als früher vermeiden. Demnach gehören sowohl die statischen wie auch die dynamischen Magnetisierungsvorgänge zum Gegenstand dieser Einführung in magnetische Grundbegriffe.

Auf eine umfassende Zusammenstellung magnetischer Kennziffern von handelsüblichen weichmagnetischen und hartmagnetischen Werkstoffen wird in dieser Einführung in die Grundbegriffe ganz verzichtet, da derartige Übersichten und Zahlenwerte in jedem Buch über Magnetismus und magnetische Werkstoffe, in technischen Handbüchern und — jeweils nach dem neuesten Stand — in den Werbeschriften der Hersteller zu finden sind [Beispiele 10—14, 68].

2. Definition der wichtigsten Größen und Einheiten [15, 16, 17]

2.1. Die magnetische Feldstärke

Wir gehen von einem „Idealfall" aus, der anschließend für allgemeinere Zustände erweitert wird (Abb. 1). Zunächst betrachten wir einen homogenen Ringkern aus einem ferromagnetischen Stoff, beispielsweise Eisen

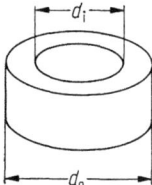

Abb. 1.
Ringkern mit Innendurchmesser d_i und Außendurchmesser d_a

oder Nickel. Dessen Querschnittsabmessung $(d_a - d_i)/2$ sei klein gegen den mittleren Durchmesser $(d_a - d_i)/2$. Eine gleichmäßig auf den Ring gewickelte Spule erzeugt in dem Kern ein ringförmig geschlossenes (tangentiales) magnetisches Feld H, wenn sie von einem Gleichstrom I durchflossen wird[1]. Es gilt dann angenähert die Größengleichung

$$H = \frac{w}{l} \cdot I. \tag{1}$$

I bedeutet die Stromstärke, $l = \pi \cdot (d_a + d_i)/2$ die „mittlere Kraftlinien-Weglänge" und w die gesamte Windungszahl der Wicklung. (1) bleibt auch für einen „unmagnetischen" Ringkern, z.B. aus Holz oder Luft, gültig.

Zahlenbeispiel: $w = 100$, $l = 0{,}1$ m, $I = 1$ A : $H = 1000$ A/m $= 1$ kA/m.

Besonders in der ausländischen Fachliteratur findet man an Stelle von (1) auch noch

$$\left(H = 0{,}4\pi \cdot \frac{w}{l} \cdot I\right) \tag{1a}$$

im nichtrationalen CGS-System mit drei Basisgrößen.

Hierbei erhält man beispielsweise H in Oe (Oersted), wenn I in A und l in cm eingesetzt werden. Daraus folgt 1 A/m $= 4\pi/1000$ Oe.

---

[1] Solange dadurch keine Mißverständnisse entstehen können, verzichten wir hier und im folgenden bei vektoriellen Größen wie H, I usw. auf den sonst üblichen Fettdruck nach DIN 1303 (August 1959). Jedoch werden Formelzeichen für physikalische Gtößen stets kursiv (in schrägen Typen), Symbole für Einheiten dagegen stets senkrecht (in steilen Typen) gedruckt; (Symbole, Einheiten und Nomenklatur in der Physik (Deutsche Ausgabe), 52 Seiten, Verlag Friedr. Vieweg & Sohn, Braunschweig 1965, Bestellnummer 8200).

2. Definition der wichtigsten Größen und Einheiten

Zahlenbeispiel: Für die oben definierte Ringkernspule ergibt sich $H = 4\pi$ Oe $= 1000$ A/m.

Die Definition (1) der magnetischen Feldstärke als „Strombelag je Längeneinheit" genügt für den von uns vorausgesetzten Idealfall einer homogenen Ringspule mit kleinem Windungsquerschnitt oder für den Grenzfall einer „unendlich langen" Zylinderspule.

In der Magnetspeichertechnik müssen wir dagegen häufig mit inhomogenen Feldern und mit der Wirkung entmagnetisierender Luftspalte im magnetischen Kreis rechnen. Die spezielle Definition nach Gl. (1) wird dann unbrauchbar. In diesen Fällen gehen wir von der allgemeinen Definition der magnetischen Feldstärke im (4π-freien) rationalen Einheitensystem mit 4 Basisgrößen (MKSA) aus:

$$\oint H \, ds = \Theta. \tag{2}$$

(2) enthält (1) ohne weiteres, wenn wir unter $w \cdot I = \Theta$ die Stromdurchflutung verstehen, die den in sich geschlossenen Integrationsweg in w Leiterkanälen (Windungen) durchläuft und dabei der Strom in jeder dieser w Windungen gleichsinnig fließt. Für den oben vorausgesetzten „Idealfall" (1) folgt nämlich aus (2) die mit (1) identische Gleichung $H \cdot l = w \cdot I$.

Für eine wichtige Anwendung sehr kleiner magnetischer Ringkerne in der Speichertechnik möge ein Zahlenbeispiel die Gl. (2) anschaulich verdeutlichen: Die kleinsten serienmäßig gefertigten Ringkerne für Matrixspeicher in Datenverarbeitungsanlagen haben heute 0,53/0,33 mm Außen-/Innendurchmesser und etwa 0,5 mm Höhe. Für Eingabe, Ausgabe und Löschen sind sie wie eine aufgefädelte Perle von drei stromführenden Drähten durchsetzt. Der binäre Schaltvorgang „Ja — Nein" erfordert bei einem häufig benutzten magnetischen Speicherkern etwa die Feldstärke $H = 1,3$ A/cm. Wenn wir näherungsweise annehmen, daß diese Feldstärke im Ringkern durch den Strom in einem axial durchgeführten geraden Draht erzeugt wird, gilt nach (2) angenähert

$$H \cdot \pi \cdot \frac{d_a + d_i}{2} = I, \text{ also mit unseren Zahlenwerten } I = 0{,}175 \text{ A}. \tag{2a}$$

Die allgemeine Definition (2) der magnetischen Feldstärke hat auch für andere Anwendungen magnetischer Werkstoffe in der Speichertechnik durchaus nicht nur „akademisches" Interesse. Auf ihr beruhen technisch wichtige und oft angewandte Meßvorrichtungen für die Feldstärke H in denjenigen Fällen, wo von dem Ideal des homogen geschlossenen Ringkerns nach Abb. 1 mehr oder weniger weit abgewichen werden muß. Ein Beispiel ist der magnetische Spannungsmesser, der die magnetische Spannung $\int_1^2 H \, ds$ zwischen zwei Punkten 1 und 2 in einem beliebigen

Raumteil eines inhomogenen magnetischen Feldes zu messen gestattet, sofern diese Punkte für die beiden Enden des Spannungsmessers zugänglich sind [15—17].

2.2. Induktion B und Magnetisierung M

Läßt man den Feldstrom I in unserer Ringspule nach Abb. 1 langsam stetig zunehmen, so kann man im allgemeinen mit verschiedenen Meßmethoden [7] in dem ferromagnetischen Ringkern eine nahezu gleichzeitige Änderung der Induktion B oder der Magnetisierung M feststellen. Im rationalen MKSA-System gilt für die Verknüpfung dieser physikalischen Größen

$$B = \mu_0(H + M). \tag{3}$$

$\mu_0 = 4\pi \cdot 10^{-7}$ H/m (H = Henry = V · s/A (V = Volt)) ist die „magnetische Feldkonstante", M die mit H dimensionsgleiche Magnetisierung, die also beispielsweise in A/m oder in Oe gemessen werden kann. In der Literatur findet man auch noch die Polarisation J, so daß statt (3) auch

$$B = \mu_0 H + J \tag{3a}$$

geschrieben werden darf. Besonders in der ausländischen Fachliteratur kommt statt (3) noch häufig die Gleichung

$$B = H + 4\pi J' \tag{3b}$$

des nichtrationalen CGS-Systems mit drei Basisgrößen vor. Diese Verknüpfung der Feldvektoren B und H richtet bei dem praktischen Rechnen mit diesen Größen immer noch besondere Verwirrung an, weil seit 1930 für B und H die verschiedenen Einheiten Oe und G (Gauß) benutzt werden, obwohl diese beiden Größen in (3b) die gleiche physikalische Dimension haben! SI-Einheit der Induktion B ist das Tesla (T=V · s/m²). In vielen Büchern und Zahlentafeln wird jedoch noch die Einheit G (= Gauß = 10^{-4} T) angewandt.

$\Phi = B \cdot A$ (allgemeiner $\Phi = \int B dA$) ist der magnetische Induktionsfluß; A = Kernquerschnitt, dA = Flächenelement.

2.3. Die Hystereseschleife

Auf die Meßmethoden für H, B und M, die in zahlreichen Büchern beschrieben sind, wird hier nicht nochmals eingegangen [7]. Als Grundlage für die quantitative Beschreibung magnetischer Eigenschaften eines ferromagnetischen Stoffes dient im allgemeinen — als erster Schritt — die Aufnahme der Hystereseschleife, möglichst bis zur „Sättigungsmagnetisierung" M_s, oder auch nur bis zu geringeren Aussteuerungen $\hat{B}$, $\hat{M}$. Abbildung 2 zeigt als Beispiel die Hystereseschleife eines Nickel-

2. Definition der wichtigsten Größen und Einheiten

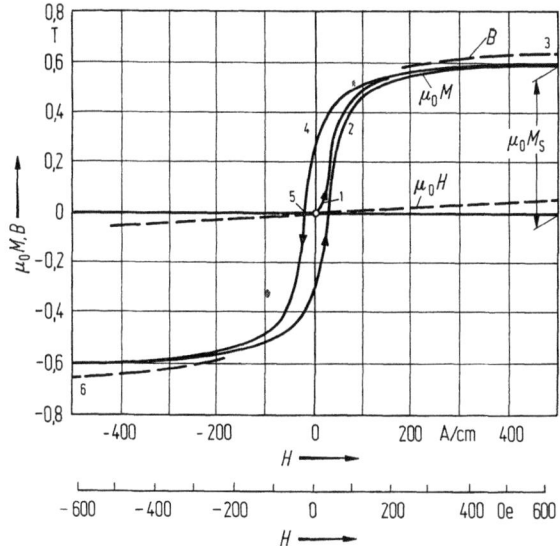

Abb. 2. Hystereseschleife eines plastisch verformten Nickeldrahtes. Induktion B, Magnetisierung M. Induktionskonstante $\mu_0 = 4\pi \cdot 10^{-7}$ H/m.

drahtes nach starker plastischer Verformung bei einer maximalen Feldaussteuerung $H = 40$ kA/m (etwa 500 Oe), die zur magnetischen Sättigung $M_s = 4930$ A/cm $= 6200$ Oe ($J_s = \mu_0 M_s = 0{,}62$ T) nahezu ausreicht. Um Komplikationen durch Luftspalte oder allzu kurze Länge des Nickeldrahtes zunächst noch auszuschließen, wird vorausgesetzt, daß diese Hystereseschleife an einem langen, sehr dünnen Draht entweder im gestreckten Zustand in einer langen Zylinderspule oder spiralig aufgewickelt zu einem Ringkern entsprechend Abb. 1 gemessen wurde. Die gegenüber Abb. 2 veränderte Schleife eines kurzen Drahtstücks oder eines Ringes mit einem Luftspalt quer zur H- und B-Richtung wird im Abschnitt C behandelt.

Je nach der angewandten Meßmethode kann man unmittelbar die Induktion B oder die Magnetisierung M ermitteln oder auch die eine Größe mit Gl. (3) aus der anderen berechnen. Abbildung 2 zeigt die B- und die M-Kurve nebeneinander. Für die Analyse physikalischer Elementarvorgänge in mikroskopisch kleinen Teilbereichen des Magnetkerns wird oft die M-Kurve bevorzugt, weil sich nur M, aber nicht B im hinreichend starken Feld H einem nahezu konstanten Sättigungsbetrag M_s asymptotisch nähert. Die Einschränkung „nahezu" bezieht sich hier auf den sehr geringen, technisch meist bedeutungslosen weiteren Anstieg der Magnetisierung bei gegebener Meßtemperatur, falls sehr hohe Feldstärken in der Größenordnung von 10^8 A/m oder mehr angewandt werden. Wir dürfen diese schwache Feldabhängigkeit der Sättigungsmagnetisierung bei Raumtemperatur im folgenden völlig außer Betracht lassen.

Bei der Aufnahme einer Hystereseschleife geht man oft vom technisch unmagnetischen, jungfräulichen oder entmagnetisierten (= abmagnetisierten) Zustand aus (0 in Abb. 2, $B = 0$, $H = 0$). Dieser Zustand wird nach vorausgegangener Magnetisierung der Versuchsprobe ungefähr wieder hergestellt durch Erwärmen in einem hinreichend feldfreien Ofen oder durch „Entmagnetisieren" („Abmagnetisieren") in einem Wechselfeld $H_\sim$ (z.B. 50 Hz), dessen Amplitude $\hat{H}$ von einem hohen Betrag langsam auf Null abnimmt. Für dieses Entmagnetisieren und für eine anschließende Aufnahme der Hystereseschleife müssen wir voraussetzen, daß unser „Idealring" (Abb. 1) keine störenden Wirbelströme oder Nachwirkungserscheinungen aufweist, so daß wir bei meßtechnisch möglichen langsamen Feldänderungen noch eine (quasi-)statische Magnetisierungskurve durchlaufen. Auch für den kurz angedeuteten Vorgang des Entmagnetisierens ist diese Voraussetzung wesentlich. Sie kann beispielsweise für ein Tonband, einen handelsüblichen Ringkern aus Ferrit (ferrimagnetisches Mischoxid) oder für einen in üblicher Weise lamellierten Blechkern eines Übertragers noch bei Meßfrequenzen über 50 Hz leicht erfüllt werden. In anderen Fällen kann eine beträchtliche dynamische Aufweitung und Verzerrung der Hystereseschleife durch Wirbelströme oder Nachwirkung auftreten. Abb. 3 gibt ein Beispiel für

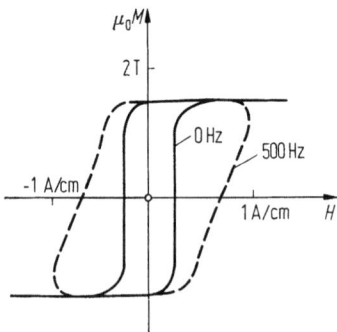

Abb. 3. Statische Hystereseschleife eines Bandringkerns aus einer Fe—Ni-Legierung mit Würfeltextur und Hystereseschleife des gleichen Kerns, gemessen bei 500 Hz [18].

eine angenähert rechteckförmige Hystereseschleife, die durch besondere Herstellungsverfahren sowohl bei metallischen als auch bei nichtmetallischen Werkstoffen erzielt werden kann. „Rechteckschleifen" spielen in der Speichertechnik eine wichtige Rolle.

Der Flächeninhalt der Hystereseschleife $B = f(H)$, beispielsweise gemessen in W/m³ (W = Watt), ist ein Maß für die „Hystereseverluste" und die entsprechende Wärmeentwicklung in dem magnetischen Stoff,

2. Definition der wichtigsten Größen und Einheiten

wenn wir von einer zusätzlichen Erwärmung durch Nachwirkungserscheinungen absehen dürfen. Diese Erwärmung hat bei dem kurzzeitigen Aufzeichnungs- oder dem Löschvorgang im magnetischen Datenträger kaum praktische Bedeutung, muß aber für andere Geräteteile, z.B. Trafobleche oder Eingabeköpfe aus Blechpaketen, neben der Erwärmung durch Wirbelströme gegebenenfalls konstruktiv berücksichtigt werden.

Bei der Aufnahme der Hystereseschleife gehen wir vom entmagnetisierten Zustand bei $B = 0$, $H = 0$ aus und durchlaufen bei monoton ansteigender Feldstärke H (siehe Pfeile in Abb. 2) zunächst die sogenannte Neukurve, deren Anfangsneigung

$$\mu_a = \lim_{\substack{H \to 0 \\ B \to 0}} \frac{B}{H} = \left(\frac{dB}{dH}\right)_{\substack{H \to 0 \\ B \to 0}} \quad (4)$$

als Anfangspermeabilität bezeichnet wird. Außer der „absoluten" Anfangspermeabilität mit der Dimension $\frac{\text{Induktion}}{\text{Feldstärke}}$, meßbar in $\frac{T}{A/m} = H/m$, bisher selten gebräuchlich, rechnet man in der Technik fast stets mit der „relativen" Anfangspermeabilität $(\mu_a)_{\text{rel}} = \mu_a/\mu_0$. Diese ist eine reine Zahl und hat den gleichen Zahlenwert wie die in G/Oe gemessene absolute Anfangspermeabilität. Da auch anders definierte relative Permeabilitäten daher als „Permeabilitätszahlen" bezeichnet werden, dürfte hier auch der unschöne Ausdruck Anfangspermeabilitätszahl gebraucht werden. Im allgemeinen können wegen der sehr unterschiedlichen Zahlenwerte keine Mißverständnisse entstehen, wenn man „relativ" oder „Zahl" wegläßt und auch statt Permeabilitätszahl nur Permeabilität sagt.

Weniger eindeutig und unmißverständlich definiert als die Anfangspermeabilität μ_a ist der allgemeinere Begriff der Permeabilität

$$\mu = \frac{B}{H} \quad (5)$$

für höhere Feldstärken H, etwa in dem gekrümmten Teil der Neukurve. Diese Permeabilität schlechthin mißt das Verhältnis der Induktion B zur zugehörigen Feldstärke H für einen beliebigen Punkt der Neukurve. Bei einer normalen Hystereseschleife — von anomalen Schleifen haben wir später noch zu sprechen — ist diese Permeabilität nach (5) von der Feldstärke H stark abhängig und durchläuft ein Maximum μ_{max}, das als „Maximalpermeabilität" bezeichnet wird. Abbildung 4 zeigt entsprechende Meßwerte der Permeabilität einer „magnetisch sehr weichen" Speziallegierung (Supermalloy aus etwa 15% Fe, 79% Ni, 5% Mo, 0,5% Mn [18]), deren Maximalpermeabilität μ_{max} (relativ) = 400 000

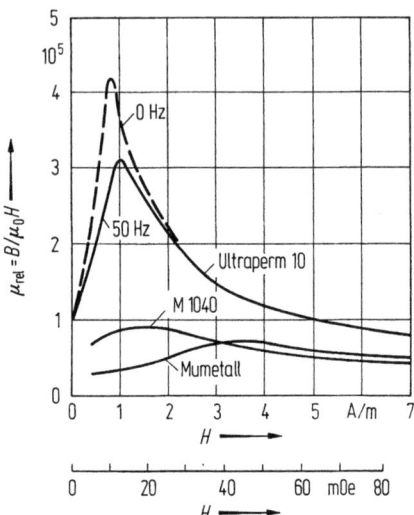

Abb. 4. Permeabilitäten $\mu = B/H$ von Bandringkernen verschiedener weichmagnetischer Legierungen [18].

erreicht. Selbst bei nur 0,05 mm Banddicke sinkt diese Zahl bereits bei 50 Hz Meßfrequenz auf etwa 300 000, infolge von Wirbelströmen oder auch Nachwirkung.

Aus Abb. 2 ist ersichtlich, daß die Neukurve etwa bis zum Punkte 1 angenähert linear mit der Neigung μ_a ansteigt, dann in einen steilen „Ast" übergeht, dem bei dem „Knie" der Magnetisierungskurve bei Punkt 2 die flachere „Einmündung in die Sättigung" folgt. Läßt man dann die Feldstärke H nach Erreichen ihres willkürlich gewählten Scheitelwertes $\hat{H}$ ($= 40$ kA/m in Abb. 2) monoton bis auf Null abnehmen, so durchläuft man die Induktionswerte zwischen 3 und 4 in Abb. 2, Bei 4 wird die „Remanenz" $B_r = 0,35$ T erreicht. Auf der bleibenden, speicherbaren Magnetisierung $M_r = B_r/\mu_0$ beruht grundsätzlich die magnetische Speicherung in Datenträgern, Tonbändern, Kernspeichern und anderen magnetischen Speicherkörpern.

Wenn nun das Feld in entgegengesetzter Richtung wieder monoton ansteigt, so gelangt man auf dem absteigenden Ast der Hystereseschleife zum Punkt 5 (Abb. 2) mit $B = 0$ und $H_c = 2$ kA/m (≈ 25 Oe). Diese Feldstärke H_c heißt nach alter Tradition „Koerzitivkraft" oder — besser — „Koerzitivfeld".

Der weitere monotone Feldanstieg führt bei symmetrischer Aussteuerung zum Punkte 6 in Abb. 2. Anschließend kann die Hystereseschleife zwischen den Scheitelfeldstärken $\pm\hat{H}$ beliebig oft periodisch durchlaufen werden. Bei Magnetkernen mit mäßig hoher Permeabilität und mit weit-

2. Definition der wichtigsten Größen und Einheiten

gehend unterdrückten Wirbelströmen, beispielsweise in sehr dünnen, voneinander isolierten Blechen oder Bändern, erhält man auch noch bei 50 Hz Meßfrequenz sehr angenähert die statische Hystereseschleife, also keine so starke Aufweitung wie in Abb. 3.

Trägt man für das gleiche Meßobjekt und für gleiche Aussteuerung $\hat{H}$ statt B die Magnetisierung M auf, so mißt man besonders bei magnetisch harten Werkstoffen mit starkem Koerzitivfeld H_c einen merklich höheren Betrag H_c für $M = 0$ als bei der entsprechenden Schleife $B = f(H)$ für $B = 0$. Dies folgt ohne weiteres aus der in Abb. 5 als

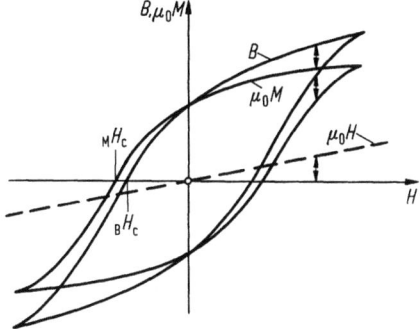

Abb. 5. $B(H)$-Schleife und $M(H)$-Schleife zur Erläuterung der unterschiedlichen Koerzitivkräfte $_BH_c$ und $_MH_c$.

Beispiel eingezeichneten Konstruktion der M-Kurve aus der B-Kurve mittels Gl. (3). Man unterscheidet deshalb in diesen Fällen zwischen den verschiedenen Koerzitivkräften $_MH_c$ und $_BH_c$, wobei also $_MH_c > {_BH_c}$ gilt. Die Koerzitivfelder üblicher magnetischer Tonbänder sind oft so hoch (>200 A/cm), daß $_MH_c$ merklich $_BH_c$ übersteigt. In hohem Maße gilt das für Dauermagnetstoffe mit $_MH_c > 400$ A/cm. Dagegen besteht zwischen den Zahlenwerten $_MH_c$ und $_BH_c$ für die weichmagnetischen, hochpermeablen Legierungen der Eingabe- und Abhörköpfe oder der Übertragerkerne in der Magnetspeichertechnik kein beachtenswerter Unterschied, so daß hier auf die Indizes B oder J für H_c verzichtet werden darf, ebenso wie in Abb. 2 sogar für den nicht mehr ganz „weichen" Nickeldraht nach starker plastischer Verformung; diese kann das Koerzitivfeld eines weich geglühten (rekristallisierten) Nickeldrahtes um den Faktor 30 bis 50 erhöhen [19].

2.4. Reversible Permeabilität und Suszeptibilität

Für die magnetische Signalaufzeichnung ist der weitere Begriff der „reversiblen Permeabilität" μ_r wesentlich; er wird durch Abb. 6 erläutert. Läßt man das Feld H nach Erreichen des Punktes 3 um einen kleinen Betrag ΔH wieder abnehmen, so gelangt man außerhalb der Neukurve zum Punkt 4. Bei erneuter Zunahme des Feldes H kommt man fast genau zum Punkte 3 zurück und erreicht bei weiterem H-Anstieg auf der „alten" Hystereseschleife den früheren Scheitelwert $\hat{B}$ bei $\hat{H}$ (Punkt 5). Wenn wir den Induktionsabfall zwischen 3 und 4 mit ΔB bezeichnen, erhalten wir entsprechend dem Sonderfall der (reversiblen) Anfangspermeabilität in Gl. (4) die reversible Permeabilität

$$\mu_r = \lim_{\Delta H \to 0} \frac{\Delta B}{\Delta H}. \tag{6}$$

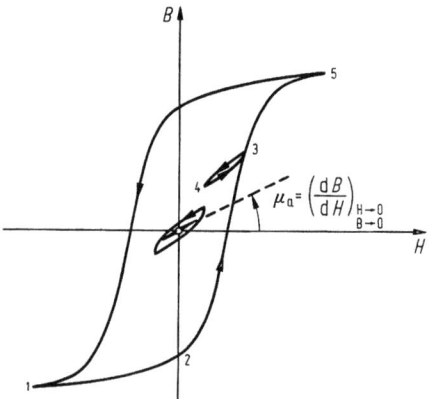

Abb. 6. Zur Definition der Anfangspermeabilität μ_a und der reversiblen Permeabilität μ_r.

Bei sehr geringer Aussteuerung ΔH und ΔB decken sich Hin- und Rückweg zwischen 3 und 4 um so genauer, je kleiner ΔH gewählt wird. Die Induktionsänderung ΔB verläuft dann also nahezu eindeutig umkehrbar, d.h. „reversibel". Dieser weitere Permeabilitätsbegriff enthält die Anfangspermeabilität als Sonderfall.

Den verschiedenen Permeabilitäten entsprechen in der $M(H)$-Darstellung die Suszeptibilität

$$\varkappa = \frac{M}{H}, \tag{7}$$

die Anfangssuszeptibilität

$$\varkappa_a = \lim_{\substack{H \to 0 \\ M \to 0}} \frac{M}{H} = \left(\frac{dM}{dH}\right)_{\substack{H \to 0 \\ M \to 0}} \tag{8}$$

und die reversible Suszeptibilität

$$\varkappa_r = \lim_{\Delta H \to 0} \frac{\Delta M}{\Delta H}. \tag{9}$$

2. Definition der wichtigsten Größen und Einheiten

Aus (5) und (7) folgt
$$\mu = \mu_0 (1 + \varkappa). \tag{10}$$
$\varkappa$ ist also eine reine Zahl, ebenso wie die relative Permeabilität
$$\mu_{\text{rel}} = \frac{\mu}{\mu_0} = 1 + \varkappa. \tag{10a}$$

Bei vielen weichmagnetischen Stoffen, u. a. bei Übertragerblechen, ist μ_{rel} so groß (600···100 000), daß angenähert $\mu_{\text{rel}} = \varkappa$ gesetzt werden darf. Man muß jedoch beachten, daß in ausländischen und älteren deutschen Zahlentafeln oft noch eine andere Definition der Suszeptibilität auf Grund des nichtrationalen CGS-Systems benutzt wird, die um den Faktor $1/4\pi$ kleinere Zahlenwerte liefert als die Definition mit (10); vgl. [7].

Besonders für gute Musik- und Sprachübertragung werden Bauelemente mit weitgehend linearer Magnetisierungskurve $B = \mu \cdot H$ benötigt. In Spulen- und Übertragerkernen wird das in der Praxis hinreichend gesichert, wenn man mit der Wechselfeldamplitude weit unter dem Koerzitivfeld H_c bleibt oder noch zusätzlich eine Linearisierung durch Luftspalte erzwingt. Man arbeitet in diesen Fällen im Rayleigh-Bereich schwacher Felder, wo sehr angenähert

$$\mu = \mu_a + 2\nu \cdot \hat{H}, \quad [20] \tag{11}$$

gilt. Bei Wahl geeigneter Werkstoffe und kleiner Aussteuerung $\hat{H}$ ist die Rayleigh-Konstante ν so klein, daß die Permeabilität μ nur sehr geringfügig von der Anfangspermeabilität μ_a abweicht. In den Lehrbüchern der Nachrichtentechnik und des Ferromagnetismus sowie in sehr vielen Originalarbeiten wird der vielseitige technische Umgang mit dem Rayleigh-Bereich und der Gl. (11) ausführlich dargestellt. Hervorzuheben sind die gründlichen theoretischen und meßtechnischen Beiträge von R. Feldtkeller und mehreren seiner Schüler [21, 22]. Eine Theorie der Rayleigh-Beziehung (1) stammt von Néel [23]. Früher schon hatte F. Preisach durch sein nach ihm benanntes Preisach-Diagramm ein später sehr fruchtbar ausgewertetes Modell magnetischer Vorgänge im Rayleigh-Bereich vorgeschlagen [24, 10]. Der Anwendung des Preisach-Diagramms ist Abschnitt „Die Preisach-Darstellung zur Beschreibung magnetischer Speichereffekte", S. 52 ff., gewidmet. Das Modell liefert nützliche Aufschlüsse auch für manche Werkstoffe mit anomalem magnetischen Verhalten. Wegen der ausgedehnten Behandlung des Rayleigh-Bereichs schwacher Felder an anderen Orten beschränken wir uns hier auf diese Hinweise und eine Auswahl von Literatur [10, 11].

2.5. „Normale" und „anomale" Hystereseschleifen

Unsere kurze Übersicht über einige wichtige Bestimmungsgrößen der technischen Magnetisierungskurven haben wir hier auf eine „normale"

Hystereseschleife bezogen. Darunter ist eine Form der Schleife zu verstehen, die ungefähr der Abb. 2 entspricht. Kennzeichnend für eine solche normale Schleifenform ist insbesondere die Remanenz B_r, die hier nahe bei der halben Sättigungsmagnetisierung liegt. Daneben spielen jedoch in der Technik auch anomale Schleifenformen eine wichtige Rolle. Einige Beispiele zeigen Abb. 7, 8 und 9.

In Abb. 7 ist eine angenähert rechteckförmige Hystereseschleife wiedergegeben. Derartige Rechteckschleifen werden besonders in den Speicherkernen der Datenverarbeitungstechnik in großem Umfang

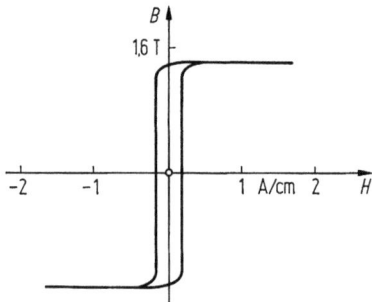

Abb. 7. Hystereseschleife einer Fe—Ni-Legierung mit Würfeltextur, ballistisch gemessen [18].

angewandt, da bereits schwache Felder $\pm \hat{H}$ in der Größenordnung von 1 A/cm das binäre Umschalten von $-B_r$ auf $+B_r$ bis zu mehr als 95% der Sättigungsmagnetisierung ermöglichen (vgl. Zahlenbeispiel zu Gl. (2) für einen Speicherkern). Im Falle der Abb. 7 handelt es sich um einen Bandringkern aus einer Eisen-Nickel-Legierung (etwa 50% Fe, 50% Ni), die in bekannter Weise durch eine geeignete Walz- und Glühbehandlung eine regelmäßige Orientierung der Kristallkörner erhalten hat, die sogenannte Würfeltextur [25]. Hierdurch bleiben die einzelnen Kristallkörner nicht regellos über alle Richtungen des Raumes verteilt, sondern werden ihrer Orientierung nach wie die Ziegelsteine in einem Mauerwerk kristallographisch ausgerichtet. Die einzelnen Atome dieser Legierung sind kubisch flächenzentriert angeordnet. Bei technisch gut ausgeprägter Würfeltextur liegt in jedem einzelnen Kristallkorn eine kristallographische Würfelebene parallel zur Bandoberfläche und außerdem eine kristallographische Würfelkante parallel zur Bandachse und Walzrichtung. Wenn man also von den kleinen, nicht ganz vermeidbaren Winkelabweichungen von dieser „Idealorientierung" absieht, unterscheidet sich ein derartiges Texturband nur wenig von einem großen Einkristall.

Angenähert rechteckförmige Hystereseschleifen können auch durch andere technische Maßnahmen gewonnen werden, beispielsweise durch

2. Definition der wichtigsten Größen und Einheiten

gewisse Glühbehandlungen in einem starken magnetischen Feld. Die später entwickelten Herstellungsverfahren für angenähert rechteckförmige Schleifen bei den winzigen, oben erwähnten Kernspeicherringen aus keramischen Ferriten (Mischoxiden, u.a. $MgO-MnO-Fe_2O_3$) und bei entsprechenden kleinen Speicherplatten mit sehr vielen Löchern für die Schaltdrähte ermöglichten sprunghafte Fortschritte der Magnetspeichertechnik für Datenverarbeitungsanlagen [26, 27, 3]. Über die Werkstofftechnologie der Rechteckschleifen wird in Büchern über Ferromagnetismus und magnetische Werkstoffe berichtet.

Während die Remanenz M_r einer Rechteckschleife fast 100% der Sättigungsmagnetisierung erreicht, zeigt Abb. 8 ein Beispiel für eine flach geneigte Hystereseschleife mit sehr kleiner Remanenz. Hier handelt es sich um eine Legierung (etwa 50% Fe, 40% Ni, 10% Cu), die ebenfalls durch eine bestimmte Glüh- und Walzbehandlung in einen magnetisch anisotropen Zustand gebracht wurde [28]. In Abb. 9 ist schließlich ein weiteres Beispiel einer anomalen Hystereseschleife wiedergegeben. Dieses Beispiel möge hier als eine Warnung vor unvorsichtigem Umgehen mit weichmagnetischen Werkstoffen dienen. Der Nickeldraht von Abb. 9

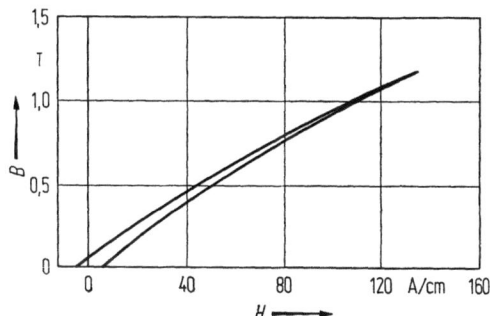

Abb. 8. Hystereseschleife einer Fe−Ni−Cu-Legierung mit ,,Quer-Vorzugslage" der spontanen Magnetisierung [54].

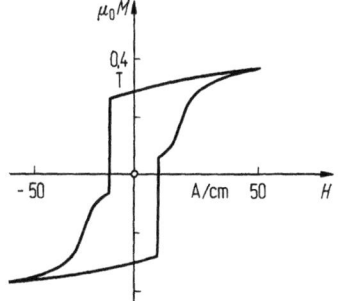

Abb. 9. Hystereseschleife eines plastisch stark gebogenen Nickeldrahtes, gemessen bei elastischer Biegung [29].

hatte zunächst eine völlig normale Schleife, ähnlich Abb. 2. Lediglich durch starkes plastisches Verbiegen des Drahtes vor der Messung ist die in Abb. 9 eingezeichnete anomale Schleife entstanden [29]. Es handelt sich hier zwar um einen Extremfall. Besonders bei hochpermeablen Band- oder Blechkernen (Abb. 4) sind jedoch technisch unerwünschte Verzerrungen der Hystereseschleife und sonstige Güteminderungen infolge unvorsichtiger Verarbeitung, mit plastischen oder elastischen Verformungen, kein seltener Fertigungsfehler.

3. Scherung der Magnetisierungskurve und entmagnetisierendes Feld

Bisher haben wir alle Magnetisierungskurven nur für den Idealfall des homogenen Ringkerns nach Abb. 1 oder eines sehr langen dünnen Drahtes in einer landen zylindrischen Feldspule betrachtet. In der Technik der Magnetspeicher ist dieser Idealfall häufig nicht verwirklicht und nicht einmal erwünscht. Magnetische Speicherbänder und Tonbänder, Eingabe-, Ausgabe- und Löschköpfe enthalten technisch wichtige Luftspalte oder unmagnetische Lücken anderer Art quer zum Induktionsfluß. Diese Spalte können an einer oder an mehreren Stellen eines magnetischen Kreises, z.B. eines Ringkerns, angebracht sein oder in der Tägerschicht von Tonbändern als feinverteiltes unmagnetisches Bindemittel zwischen den eingebetteten magnetischen Pulverteilchen als „Luftspalte" wirken. Wie derartige gleichmäßig verteilte Luftspalte eine normale Hystereseschleife verändern, zeigt anschaulich Abb. 10 für zwei gepreßte Pulverkerne aus einer Eisen-Nickel-Legierung [30]. Im Fall o (ohne) wurde das blanke Pulver unter hohem Druck zu einem Ringkern verpreßt. im Fall m (mit) wurde bei sonst gleicher Behandlung gleiches

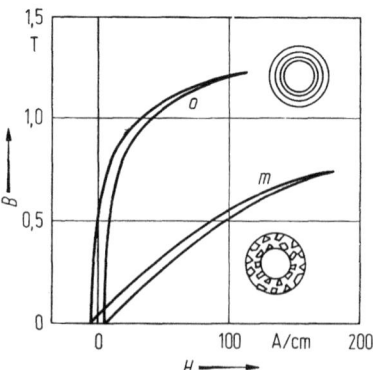

Abb. 10. Hystereseschleifen von Pulverkernen aus einer Fe—Ni-Legierung, o ohne isolierendes Bindemittel gepreßt, m mit keramischem Bindemittel gepreßt; in beiden Fällen vor der Messung zwecks Spannungsabbau geglüht.

3. Scherung der Magnetisierungskurve und entmagnetisierendes Feld

Legierungspulver mit einem kleinen Zusatz eines keramischen Bindemittels verarbeitet. Störende Wirkungen durch die plastische Verformung unter dem hohen Preßdruck konnten in üblicher Weise durch eine Glühbehandlung nach dem Pressen vermieden werden. Offenbar ist eine gleiche Abflachung der Hystereseschleife auch bei dem handelsüblichen Datenträgerband zu erwarten, dessen magnetische Pulverteilchen grundsätzlich ebenso durch unmagnetische Schichten des Bindemittels voneinander getrennt gehalten werden. Man bezeichnet diese Veränderung der Magnetisierungskurve als Scherung durch „entmagnetisierende Spalte" (siehe Ringsymbole in Abb. 10).

In einfachen Grenzfällen kann man das Ausmaß der Scherung bei bekannter ungescherter Hystereseschleife, ähnlich o in Abb. 10, aus den geometrischen Abmessungen des vorgegebenen magnetischen Kreises mehr oder weniger angenähert vorausberechnen. Für ein homogen magnetisiertes Rotationsellipsoid ist das streng möglich (Abb. 11), für einen Ringkern mit sehr schmalem Querspalt ($d \ll l$) näherungsweise genau.

Die Ausbildung eines entmagnetisierenden Feldes H_e läßt sich mit Abb. 11 für ein Rotationsellipsoid qualitativ veranschaulichen. Es wird vorausgesetzt, daß sich das dort im Schnitt gezeichnete Ellipsoid in einer hinreichend langen zylindrischen Feldspule befindet, so daß in deren Innenraum vor Einbringen des Ellipsoids das mit Gl. (1) berechenbare axiale Längsfeld H_{sp} wirke. Nach Einschieben des ferromagnetischen Ellipsoids entsprechend Abb. 11 in dieses Feld wird das Ellipsoid im allgemeinen homogen magnetisiert, und zwar parallel zum Feld H_{sp}. Dabei entstehen an seinen Enden N- und S-Pole, von denen Feldlinien (Kraftlinien) ausgehen, die man mit dem üblichen Schulversuch durch Eisenfeilspäne sichtbar machen kann, vom N- zum S-Pol verlaufend, wie in Abb. 11

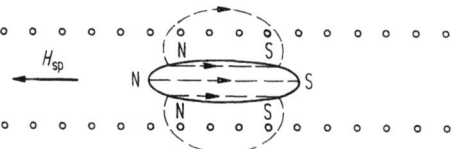

Abb. 11. Entmagnetisierendes Feld $H_e = N \cdot M$ in einem Rotations-Ellipsoid. Spulenfeld H_{sp} in Richtung der Längsachse.

angedeutet. Physikalisch genauer spricht man nicht von Polen, sondern von magnetischen Flächenquellen, die an jeder Grenzfläche zwischen zwei Medien (hier Eisen/Luft) entstehen, wenn die Normalkomponente $M_\perp$ der Magnetisierung an dieser Grenzfläche einen Sprung erleidet, d.h. „unstetig durch sie hindurchtritt". Man spricht von „felderzeugenden scheinbaren magnetischen Oberflächenladungen" vom Betrage $\sigma_m = M_\perp$, da M und dessen Normalkomponente außerhalb des Ellipsoids (in Luft) verschwindet. Aus den scheinbaren Ladungen, als Flächenquellen von H_e, läßt sich das „entmagnetisierende Feld" H_e im Inneren des Ellipsoids streng berechnen, ferner auch das in Abb. 11 nur angedeutete äußere Streufeld. Manche Lehrbücher der Theoretischen Physik bringen diese Rechnung ausführlich, u. a. die klassische „Elektrodynamik" von Arnold Sommerfeld, der dafür schon vor Jahrzehnten die rationalen (4π-freien) Gleichungen mit vier Basisgrößen im Sinne des MKSA-Systems bevorzugte [31, 32, 10, 11].

In Abb. 11 ist ohne weiteres zu erkennen, daß die Normalkomponente $M_\perp$ von M an den beiden spitzen Enden des Ellipsoids den maximalen Sprung M aufweist. Dort tritt daher die größte Flächendichte σ_m (oder „Polstärke") auf, während σ_m in der Symmetrieebene in der Mitte des Ellipsoids verschwindet ($M_\perp = 0$). An dieser Stelle liegt der Übergang zwischen der linken Oberflächenhälfte mit „positiver Flächenladung" σ_m (N-Pol) und der rechten mit negativer Ladung (S-Pol). Schulphysikalisch primitiv gesprochen gehen Feldlinien H_e von den N-Polen zu den S-Polen, und zwar — das ist hier entscheidend wichtig — nicht nur außerhalb des Ellipsoids nach Ausweis des Versuchs mit Eisenfeilspänen, sondern auch im Eisen selbst. Dieses Feld H_e wirkt zweifellos auf das Eisen entmagnetisierend, da es entgegengesetzt zum äußeren Spulenfeld H_{sp} gerichtet ist. Die erwähnte strenge Rechnung ergibt, daß H_e in unserem Fall des Ellipsoids — oder einer Kugel — im Inneren homogen, d. h. an allen Stellen des Eisens dem Betrage und der Richtung nach gleich ist, ebenso wie die antiparallel zu H_e gerichtete Magnetisierung M. Auf jede Stelle des Eisens wirkt deshalb statt des Spulenfeldes H_{sp} die kleinere Feldstärke

$$H = H_{sp} - N \cdot M, \tag{12}$$

wobei N als Entmagnetisierungsfaktor bezeichnet wird. Im Sonderfall unseres homogenen Ellipsoids ist N unabhängig von M, also für ein Ellipsoid mit vorgegebenem Verhältnis l/d von Länge zu Durchmesser längs der gesamten Hystereseschleife eine konstante Zahl. Für die Kugel liefert die Rechnung beispielsweise $N = 1/3$.

(In der älteren Literatur findet man auch $N' = 4\pi/3$ als „Entmagnetisierungsfaktor" der Kugel. In Zahlentafeln für nichtrationale Schreibweise des CGS-Systems sind die dort angegebenen „Entmagnetisierungsfaktoren" um den Faktor 4π größer als hier in diesem Buche!)

In einer zur Sättigung M_s magnetisierten Eisenkugel ($M_s \approx 17100$ A/cm bei Raumtemperatur) wirkt demnach das entmagnetisierende Feld $H_e = M_s/3 = 5700$ A/cm). Zahlentafeln für beliebige Verhältnisse l/d enthalten physikalische Handbücher und Werke über Ferromagnetismus und magnetische Werkstoffe, z.B. [7, 10]. In Abb. 13 sind die Entmagnetisierungsfaktoren N als Funktion von l/d eingetragen für a) Rota-

3. Scherung der Magnetisierungskurve und entmagnetisierendes Feld

tionsellipsoide, mit $H \|$ Längsachse, b) linsenförmige Ellipsoide (Hauptachsen l, l, d), ebenfalls mit $H \| l$ und c) für quermagnetisierte lange Stäbe mit elliptischem Querschnitt in der skizzierten Lage zum äußeren Feld H.

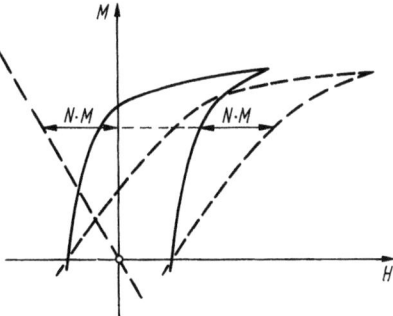

Abb. 12. Konstruktion der gescherten Hystereseschleife aus der ungescherten (oder umgekehrt) mittels des Entmagnetisierungsfaktors N.

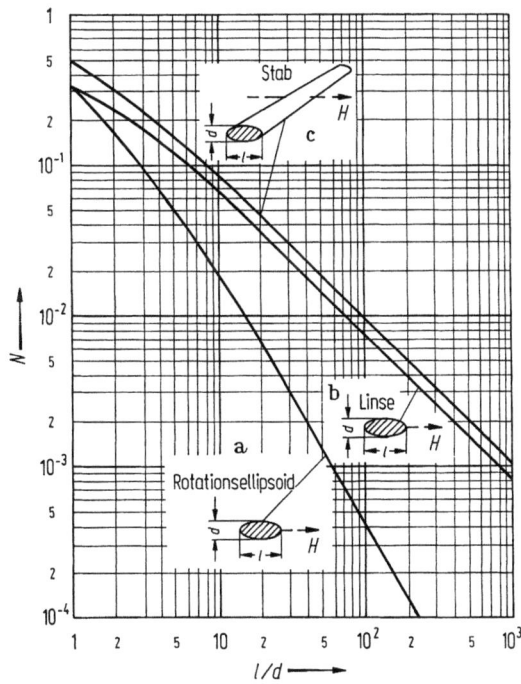

Abb. 13. Entmagnetisierungsfaktoren N für a) Rotationsellipsoide (Hauptachsen l, d, d), b) Linsen (Hauptachsen l, l, d) und c) quermagnetisierte lange Stäbe mit elliptischem Querschnitt (Hauptachsen l, d).

In Abb. 12 wird schematisch gezeigt, wie man mittels (13) aus einer ungeschert, ohne Luftspalt (entsprechend Abb. 1) gemessenen Hystereseschleife für einen bestimmten Faktor N die gescherte Hystereseschleife konstruieren kann.

Für Zylinder (z.B. Drahtstücke kurzer Länge) mit gleichem Verhältnis l/d wie bei Ellipsoiden und mit H parallel zur Zylinderachse l gelten die Zahlen N von Abb. 13 (a) nur mehr oder weniger angenähert, da bei der Rechnung hier nicht mehr die Annahme homogener Magnetisierung zugrundegelegt werden darf und N vom Ort und von der Magnetisierung abhängt.

Gleichartige anschauliche Überlegungen gelten für einen Ringkern mit Luftspalt oder für ein ferromagnetisches Pulver mit Scherung entsprechend Abb. 10. Für einen Ringkern mit sehr schmalem breiten Luftspalt ($d \ll l$) liefern die Grundgleichungen des elektromagnetischen Feldes (Gl. (2) und div $B = 0$) bei Vernachlässigung des Streufeldes an den Rändern (Abb. 14) angenähert

$$N \approx d/l. \tag{13}$$

Für ein unendlich langes Ellipsoid oder einen sehr langen Draht ($l \gg d$) gilt $N = 0$.

Wichtig sind die Folgerungen für die magnetische Speicherung auf einer üblichen Tonträgerschicht oder einem Trägerdraht. Falls dort ein Signal als sehr kurzzeitiger Impuls oder als hohe Wechselfrequenz eingegeben wird, bleibt ein remanenter magnetischer Zustand gespeichert, der Abb. 11 oder Abb. 13 (c) mit großem N sehr ähnlich ist. Besonders bei erwünschten kleinen Bandgeschwindigkeiten wird dann nur ein sehr kurzes Stück des Trägers in der Transportrichtung einsinnig remanent magnetisiert. An den Enden dieses kurzen Stückes sind im Sinne von Abb. 11 N- und S-Pole entstanden, die so wie in Abb. 10 eine kleinere Remanenz erzeugen als im Falle eines viel längeren eingegebenen Impulssignals. Dies gilt insbesondere für den Tonträgerdraht, der von Natur aus nicht so wie die üblichen Pulverbänder oder -platten bereits durch das Bindemittel zwischen den Körnern eine vorgegebene Scherung, etwa entsprechend Abb. 10, aufweist. In einer grundlegenden Schrift von Greiner [2] wird die unter gewissen Bedingungen erreichbare obere

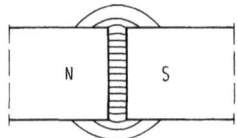
Abb. 14. Streufeld an einem Luftspalt (schematisch).

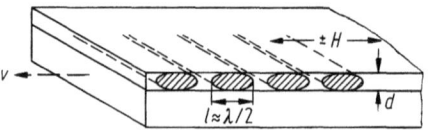
Abb. 15. Zur Abschätzung des Entmagnetisierungsfaktors in einer besprochenen Tonbandschicht.

3. Scherung der Magnetisierungskurve und entmagnetisierendes Feld

Speicherfrequenz bzw. Grenzwellenlänge des Trägerbandes aus dem Entmagnetisierungsfaktor

$$N = \frac{1}{1 + l/d} \approx \frac{1}{1 + \dfrac{\lambda}{2d}} \qquad (14)$$

eines quer magnetisierten Zylinders mit elliptischem Querschnitt wie in Abb. 13 (c) und Abb. 15 abgeschätzt. l bedeutet die Hauptachse in der Feld- und Bandrichtung, d die Dicke der magnetischen Trägerschicht, $\lambda = 2l$ die Wellenlänge des periodisch mit der Frequenz f gespeicherten Signals oder (reinen) Tones (Abb. 15).

J. Greiner, F. Krones und andere Autoren zeigen gründlicher, als wir es für diese Einführung benötigen, daß für ein bestimmtes handelsübliches Tonband mit Hystereseschleifen wie in Abb. 16 an der oberen Frequenzgrenze für viele Anwendungen praktisch noch $N = 0{,}5$ zugelassen werden darf, also in Abb. 16 eine Scherung der ursprünglichen

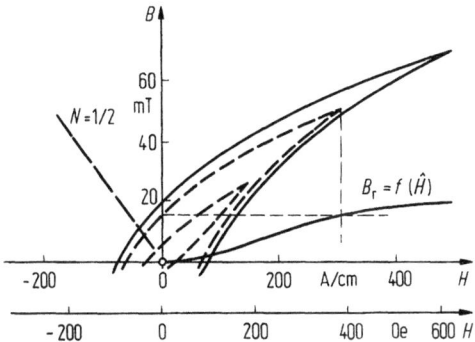

Abb. 16. Hystereseschleifen eines Schichtbandes nach J. Greiner [2]. $d \approx 10$ µm.

Remanenz für sehr große Wellenlängen λ auf etwa die Hälfte, $B_r/2$. Für $N = 0{,}5$ folgt aus (14) $\lambda = 2d = 20$ µm und damit die entsprechende Mindestgeschwindigkeit des Bandtransports

$$v = \lambda_{\min} \cdot f_{\max} = 2 \cdot 10^{-3} \text{ cm} \cdot f_{\max}. \qquad (15)$$

Für eine gute Musikübertragung mit $f_{\max} = 15$ kHz ergibt sich damit die erforderliche Mindestgeschwindigkeit $v = 30$ cm/s, entsprechend der Norm 38 cm/s. Für die geringeren Verständlichkeitsansprüche bei Sprachdiktaten mit $f_{\max} = 2500$ Hz würde etwa $v = 5$ cm/s bei gleichem Bandtyp schon gut ausreichen. In der speziellen Fachliteratur zur Theorie der Magnetspeicher werden diese Zusammenhänge zwischen der Wiedergabegüte, den Bandeigenschaften und dem Entmagnetisierungsfaktor viel umfassender als hier behandelt. Unsere Abschätzungen geben nur einen vorläufigen Hinweis darauf, wie die jeweils optimale Bandgeschwindigkeit vom Entmagnetisierungsfaktor N nach Gl. (14) abhängt und wie dessen noch tragbarer Mindestwert wiederum von der Hystereseschleife und anderen magnetischen Eigenschaften der Trägerschicht bestimmt wird. Es würde den Rahmen dieser Einführung in die magnetischen Grundbegriffe sprengen, wenn die technisch bewährten Speichervorgänge für hochwertige Musik tiefgehender beschrieben würden, insbesondere mit der Berücksichtigung der „idealen" Magnetisierung und des Aufsprechens mit Wechselfeldvormagnetisierung.

Aus Abb. 16 ist ersichtlich, daß die Remanenz B_r mit wachsender Scheitelfeldstärke $\hat{H}$ nicht linear ansteigt. Bei schwacher Aussteuerung mit $\hat{H} \ll H_c$ ist dieser Anstieg nach Rayleigh [20] angenähert proportional $\hat{H}^2$. Eine Eingabe von Signalen, proportional zu $\hat{H}$ würde daher entsprechende Remanenzen B_r stark nichtlinear speichern. In der Spezialliteratur wird gezeigt, wie es gelungen ist, zu einem sehr weitgehend linearen Anstieg von B_r mit $\hat{H}$ zu gelangen, wenn jedem vorgegebenen Signal $\hat{H}$ ein Wechselfeld überlagert wird, dessen Amplitude von $H \rightarrow > H_c$ monoton auf Null abnimmt. Dabei wird die sogenannte „ideale" oder „idealisierte" Magnetisierungskurve technisch ausgenutzt [33, 34, 2].

4. Wirbelströme und Nachwirkungserscheinungen

Bisher hatten wir stets statische Hystereseschleifen vorausgesetzt, also den Grenzfall für hinreichend langsame Änderungen der Induktion. In der Technik der Magnetspeicher ist diese Voraussetzung nur selten erfüllt. Infolge der mehr oder weniger hohen Betriebsfrequenzen oder kurzen Impulse entstehen beispielsweise in den lamellierten Blechkernen der Sprechköpfe oder in gleichartigen Übertragerkernen Wirbelströme und sogenannte Wirbelstromverluste, die sich den Hystereseverlusten überlagern (Abb. 3). Oberhalb einer gewissen „Grenzfrequenz" f_g, die von den Abmessungen und den elektromagnetischen Eigenschaften des betreffenden Geräteteils abhängt, bewirken die Wirbelströme eine Schwächung der Wechselinduktion $B_\sim$ im Inneren des magnetisierten Bleches. Der dafür übliche Ausdruck Flußverdrängung ist nicht korrekt, da der magnetische Fluß $\Phi_\sim$ nicht nach außen weggedrängt, sondern im Inneren geschwächt wird. Man spricht von einem Hauteffekt (Skineffekt), weil bei $f \gg f_g$ dem äußeren erregenden Wechselfeld $H_\sim$ nur noch in einer dünnen Oberflächenschicht der voneinander isolierten Bleche eine entsprechende Wechselinduktion $B_\sim$ folgen kann. Deren „Eindringtiefe" nimmt mit wachsender Frequenz ab. Die effektive Anfangspermeabilität $\bar{\mu}_a$, über den gesamten Querschnitt gemittelt, sinkt oberhalb von f_g ungefähr proportional zu $1/\sqrt{f}$.

Wenn wir uns auf die nahezu linearen $B(H)$-Kurven in schwachen

4. Wirbelströme und Nachwirkungserscheinungen

Wechselfeldern $\hat{H} \ll H_c$ beschränken, läßt sich die (Wirbelstrom-)Grenzfrequenz f_g aus den Gesetzen des Elektromagnetismus in bekannter Weise berechnen. Man erhält

$$f_g \approx \frac{4\varrho}{\pi\mu_a d^2}. \qquad (16)$$

Es bedeuten ϱ den spezifischen elektrischen Widerstand, d die Blechdicke, $\mu_a = \mu_0 \cdot (\mu_a)_{\text{rel}}$ die Anfangspermeabilität ($\mu_0 = 4\pi \cdot 10^{-7}$ H/m).

Zahlenbeispiel für ein häufig angewandtes Übertragerblech aus einer Eisen-Nickel-Legierung mit etwa 64% Fe, 36% Ni: $\mu_a = 1850\,\mu_0$, $d = 0{,}1$ mm, $\varrho = 0{,}75 \cdot 10^{-6}$ Ωm $= 0{,}75$ $\mu\Omega$m. Damit liefert (16) $f_g \approx 41$ kHz. Da die Voraussetzung gleicher Anfangspermeabilität im gesamten Querschnitt oft nicht erfüllt ist, weichen gemessene f_g-Werte im allgemeinen von dem theoretischen Wert nach (16) merklich ab. Eine gute und umfassende Einführung in diesen Fragenkomplex mit vielen Daten und Rechenbeispielen stammt praxisnahe von R. Feldtkeller [21]. (Hier würde es zu weit führen, wenn wir uns mit diesen in vielen Büchern eingehend behandelten Wirkungen der Wirbelströme genauer befassen würden, obwohl sie grundlegende Bedeutung für die Technik der Magnetspeicher haben.)

Die Wirbelströme verursachen ein zeitliches Nachhinken der — über den Querschnitt gemittelten — Wechselinduktion hinter dem magnetisierenden Wechselfeld, also eine Phasenverschiebung im Sinne der Wechselstromtechnik, gleichbedeutend mit Wirbelstromverlusten (Abb. 3). Auch andere physikalische Vorgänge bedingen Phasenverschiebungen und Verluste, die in den betreffenden Geräteteilen zusätzlich zu Hysterese und Wirbelströmen eine Erwärmung des magnetisierten Stoffes zur Folge haben. Man kann diese verschiedenen weiteren Vorgänge zusammenfassen unter dem Begriff „Nachwirkung". Deren unterschiedliche Erscheinungsformen werden in den Büchern über Ferromagnetismus ausführlich beschrieben [10, 11, 21]. Wir beschränken uns hier auf kurze Hinweise.

Nichtmetallische magnetische Werkstoffe der Speichertechnik, wie Ferrite oder Granate (beides Mischoxide), haben so geringe elektrische Leitfähigkeit, daß keine merklichen Wirbelstromverluste auftreten. Dagegen haben in diesen Stoffen verschiedenartige Nachwirkungserscheinungen große Bedeutung für die Anwendung, auch in der Speichertechnik.

Bei hohen Frequenzen, je nach der Permeabilität in der Größenordnung zwischen 1 und 100 MHz, werden Phasenverschiebung, Verluste und Abfall der Permeabilität vorherrschend von der verlustbehafteten gyromagnetischen Resonanz der „Elektronenkreisel" (Elektronenspins) verursacht. Das magnetische Moment $\mu_e = 9{,}284 \cdot 10^{-24}$ Am² des „spinnenden" Elektrons ist im wesentlichen — nicht immer nur allein — der atomare Elementarmagnet, dessen Bündelung und Ausrichtung im äußeren Feld H die technische Magnetisierung M liefert. Neben einem äußeren Feld wirken auf die Elektronenkreisel sehr viel stärkere innere Richtkräfte im Kristall, von denen wir später noch zu sprechen haben (Kristallanisotropie, Spannunganisotropie u.a.). Diese inneren Richtkräfte sind hauptsächlich maßgebend für die entsprechende Kreiselpräzession des mechanischen Drehimpulses (Dralls) des Elektrons, der mit dessen magnetischem Moment μ_e gekoppelt ist. In den technisch wichtigen Werkstoffen ist diese Resonanz stark gedämpft durch innere Vorgänge, die bisher nicht befriedigend gedeutet werden konnten. Eine Resonanzüberhöhung der Anfangspermeabilität tritt darum, wenn überhaupt, nur sehr geringfügig auf. μ_a bleibt mit steigender Frequenz bis zur Annäherung an die Resonanzfrequenz f_p fast konstant und sinkt oberhalb von f_p nahezu proportional mit $1/f$ ab. In Übereinstimmung mit theoretischen Modellrechnungen mißt man beispielsweise an vielen handelsüblichen Ferriten ungefähr

$$f_p \approx \frac{2\,000\,\text{MHz}}{\mu_a/\mu_0}. \tag{17}$$

Dabei wird angenommen, daß die Sättigungsmagnetisierung etwa $M_s = 3\,500$ A/cm beträgt (z.B. für handelsübliche Ni—Zn-Ferrite) [10, 11].

Zahlenbeispiel: Ni-Zn-Ferrit mit $\mu_a = 700\,\mu_0$ (10 μ_0); mit (17) folgt daraus $f_p \approx 3$ MHz (200 MHz), übereinstimmend mit Meßergebnissen [11].

(17) gilt angenähert für die weichmagnetischen kubischen Ferrite. Unter geschickter Ausnutzung der Theorie hat man in den Philips-Laboratorien von Eindhoven anisotrope Ferrite mit dem Handelsnamen Ferroxplana entwickelt, mit denen die physikalische Grundlage von (17) überlistet werden konnte, so daß f_p und damit die technische Einsetzbarkeit bis zu fünfmal höheren Frequenzen verschoben werden [35, 36].

Obere Frequenzgrenzen infolge der stark gedämpften Spinpräzession (Spindynamik, Spinrelaxation) machen sich auch in metallischen ferromagnetischen Werkstoffen deutlich bemerkbar, wenn die Wirbelstromverluste durch sehr kleine Blech- oder Banddicken bis unter 5 µm vergleichsweise weitgehend unterdrückt werden [37, 10].

Als Zahlenbeispiel läßt sich das durch einen Vergleich zwischen Gl. (16) und Gl. (17) verdeutlichen: Setzt man in das Zahlenbeispiel unter Gl. (16) statt $d = 0{,}1$ mm $d = 0{,}01$ mm ($= 10$ µm) ein, so liefert (16) rechnerisch $f_g \approx 4$ MHz (bei sonst gleichen Blechdaten). Für die Resonanzfrequenz der Spinpräzession würde die (rohe!) Abschätzung mit Gl. (17) bei $\mu_a \approx 2\,000\mu_0\,f_p \approx 2$ MHz ergeben. Wegen einiger Komplikationen und wegen der höheren Sättigungsmagnetisierung der Fe-Ni-Legierung darf man in Übereinstimmung mit Meßergebnissen aus dem Vergleich nur schließen, daß unterhalb von etwa 10 μm Blechdicke bei der Legierung des Zahlenbeispiels der Einfluß der Wirbelströme den der Spinresonanz und -relaxation nicht mehr verdeckt.

Die Relaxation der Spinpräzession ist hier nur als ein Beispiel für eine technisch wichtige Form von „Nachwirkung" und zugleich für obere Frequenzgrenzen technischer Anwendungen vorangestellt worden. Nicht weniger wichtig, auch für die Technik der Magnetspeicher, sind andere Nachwirkungsvorgänge, die teilweise auch bei sehr tiefen Frequenzen und langsamen Feldänderungen beachtet werden müssen und auch unerwünschte technische Störungen verursachen können, u.a. den *Kopiereffekt* in Tonbändern. Eine vielseitige Gruppe dieser Erscheinungen beruht auf thermischen Schwankungen, in Analogie zur Brownschen Molekularbewegung in Flüssigkeiten und Gasen: Nur ein Teil der Magnetisierungsänderung folgt in diesen Fällen dem äußeren Feld H sehr schnell, der Rest mehr oder weniger langsam, mit „Nachwirkung", weil gewisse hemmende Schwellen erst nach endlichen Wartezeiten bei günstiger thermischer Konstellation überwunden werden. Je nach den maßgebenden atomaren Elementarvorgängen spielen hierbei recht verschiedene Ursachen und Modellvorstellungen eine Rolle. In Büchern über Ferromagnetismus werden diese Nachwirkungserscheinungen im allgemeinen an Hand experimenteller Befunde theoretisch erläutert; beispielsweise in [10, 11, 21]. Die hier gebrachten Andeutungen sollen verständlich machen, daß ein gründliches Studium der vielseitigen Nachwirkungserscheinungen für einen umfassenden Einblick in die Technik der Magnetspeicher kaum entbehrlich ist.

5. Übersicht über die wichtigsten physikalischen Elementarvorgänge längs der Hystereseschleife

Die sehr verschiedenen Hystereseschleifen der magnetischen Stoffe, die in Geräten der Magnetspeichertechnik Anwendung finden, sind das makroskopisch meßbare Ergebnis unzählbarer mikroskopischer Elementarvorgänge. Für die Weiterentwicklung der Magnetspeicher ist es nicht immer notwendig, die von den Physikern experimentell beobachteten und theoretisch untersuchten Erscheinungen im atomaren Mikrobereich im einzelnen zu kennen. Aber die stürmische Entwicklung und die vielseitige Ausdehnung dieses großen Anwendungsgebietes magnetischer Werkstoffe haben in vielen Fällen mit den steigenden Anforderungen an die Qualität des Speicherns und an die räumliche Dichte des Speicherinhaltes schon die physikalischen Grenzen erreicht, die von atomaren Mikrovorgängen abhängen. Besonders die zukunftsträchtigen Mikrospeicher, die von leicht verschiebbaren „magnetischen Blasen" (magnetic bubbles) Gebrauch machen und Speicherdichten bis etwa 20 000 bits je cm^3 ermöglichen, können ohne einen ziemlich gründlichen Einblick in die physikalischen Mikrovorgänge überhaupt nicht verstanden werden. Die Anwender der Magnetspeichertechnik müssen sich heute mehr als früher einen Einblick in die neueren Erkenntnisse über elementare Magnetisierungsvorgänge in magnetischen Werkstoffen verschaffen. Sie möchten konkret eine Vorstellung haben über Begriffe wie Weißsche Bezirke, spontane Magnetisierung, Domänen, Blochwände, Néelwände, Wandverschiebungen, Austauschenergie, Kristallenergie, Bitterstreifen, Wanddicke, Néelspieße, Barkhausensprünge und anderem mehr.

Die folgende Einführung in dieses Gebiet der Festkörperphysik ist nicht für Physiker bestimmt, sondern für Ingenieure der Informatik, der Ton-, Film- und Fernsehtechnik sowie für Konstrukteure der Hardware. Ohne mathematischen Aufwand soll hier nur ein Wegweiser zu ausführlicheren Darstellungen gemäß dem Literaturverzeichnis gegeben werden.

5.1. Die spontane Magnetisierung

Schon im 19. Jahrhundert hat man versucht, das Zustandekommen der Hystereseschleife mit einfachen Modellen zu erklären. Die Einmündung der Magnetisierungskurve $M(H)$ in die Sättigung M_s legte es nahe, als ersten Schritt ein Modell aus vielen drehbaren Magnetnadeln zu basteln, wobei die „Sättigung" in einem homogenen äußeren Spulenfeld H durch vollständiges Parallelrichten aller Kompaßnadeln erreicht wird. Der unmagnetische oder entmagnetisierte (= abmagnetisierte) Zustand des Modells wird dann durch eine regellose statistische Richtungsverteilung aller Kompaßnadeln wiedergegeben, so daß in keiner Richtung eine von Null verschiedene resultierende Magnetisierung festgestellt werden kann.

Dieses primitive Modell von Ewing [38] versagte bereits dadurch, daß es die außerordentlich großen Unterschiede der Koerzitivfelder „harter" Dauermagnete mit $H_c > 10^5$ A/m und weichmagnetischer Stoffe mit $H_c < 10$ A/m, also einen Bereich von mehr als 4 Zehnerpotenzen, völlig unverständlich ließ. Die klassische magnetische Wechselwirkung der benachbarten Kompaßnadeln des *zwei*dimensionalen Modells verursacht zwar im Versuch eine Hystereseschleife mit endlichem Koerzitivfeld, gibt jedoch keine Erklärung für sehr unterschiedliche Kopplungskräfte über mehr als 4 Zehnerpotenzen hinweg. Immerhin waren die Modellversuche von Ewing ein fruchtbarer historischer Anfang des weiten Weges, der — nicht ohne Irrwege — zu den heutigen Modellvorstellungen geführt hat. Von einem befriedigenden Abschluß darf noch keineswegs gesprochen werden. Unser heutiges Bild der elementaren Magnetisie-

5. Die wichtigsten physik. Elementarvorgänge längs der Hystereseschleife

rungsvorgänge ist noch lückenhaft. Das muß beachtet werden, wenn im folgenden die schon gelösten Teilprobleme in den Vordergrund treten.

Besonders die grundlegenden gyromagnetischen Experimente von Barnett sowie von Einstein und de Haas [39, 40] hatten gezeigt, daß den Kompaßnadeln des Modells von Ewing in der Natur im wesentlichen die Spinmomente gewisser Elektronen der Atomhüllen entsprechen. Von dieser Erkenntnis hatten wir bei den Andeutungen über Spinresonanz und Spinrelaxation schon Gebrauch gemacht. Streng genommen liefert die Rechnung nicht genau die gemessenen Sättigungswerte M_s, wenn man jedem Atom im ferromagnetischen Kristallgitter einen Spin oder ganzzahlige Vielfache zuteilt. Die Sättigungsmagnetisierung von Eisen läßt sich mit den bekannten Abmessungen des kubisch-raumzentrierten Fe-Kristallgitters auf etwa 2,2 Spinmomente μ_e (siehe Abschnitt 4) zurückführen, die des Nickels, kubisch flächenzentriert, auf rund 0,5 μ_e je Gitteratom. Die Abweichungen von der Gradzahligkeit machten komplizierte Erweiterungen der Theorie erforderlich, u.a. mit Berücksichtigung der Leitungselektronen und der magnetischen Momente der Elektronenbahnen des quasiklassischen Atommodells von Bohr. Im folgenden dürfen wir modellmäßig mit je einem atomaren Elementarmagneten je Gitteratom rechnen. Eine kurze gestraffte Darstellung der genaueren physikalischen Zusammenhänge enthält das empfehlenswerte Buch von Chikazumi [11], mit Grundlagen der Magnetspeichertechnik.

In der hier ausreichend vereinfachten Modelldarstellung besteht die magnetische Sättigung M_s bei sehr tiefen Temperaturen ($T \to 0$ K $\approx -273\,°C$) in einem Parallelrichten aller Spinmagnete durch das magnetisierende Feld. Daraus folgt jedoch bereits ein schwieriges physikalisches Problem für die notwendige Verfeinerung des Modells. Wenn man nämlich annimmt, daß an allen Atomen des Kristallgitters ein oder mehrere Elektronenspins wirken, so führen bekannte Grundgesetze der Wärmelehre zwingend zu dem Schluß, daß oberhalb der Temperatur 0 K, beispielsweise bei Raumtemperatur (20 °C), die natürliche statistische Wärmebewegung — ähnlich der Brownschen Molekularbewegung — ein Parallelrichten der Spinmagnete mit den beobachteten schwachen Sättigungsfeldstärken H_s verhindern müßte. Für ein merkliches Ausrichten nach Maßgabe unseres einfachen Modells wären Feldstärken über etwa 10^8 A/m erforderlich, so wie dies von den paramagnetischen Stoffen her bekannt ist (z.B. bei Sauerstoff als Gas).

Dieser Widerspruch mit der Erfahrung konnte vor einigen Jahrzehnten von P. Weiß mit der Hypothese der „spontanen Magnetisierung" und später tiefgehender von Heisenberg mit den ersten Schritten zur Theorie der quantenmechanischen „Austauschkräfte" im Ferromagnetikum überwunden werden. Demnach kann die statistische Wärmebewegung nur oberhalb der Curie-Temperatur T_C (z.B. 780 °C bei Eisen) die technische Sättigung verhindern. Bei Überschreiten dieser Temperatur verliert ein ferromagnetischer Stoff seinen Ferromagnetismus und wird paramagnetisch. Unterhalb T_C dagegen sind die Elektronenspins großer Teilgebiete, die Weißsche Bezirke oder Domänen (domains) genannt werden, schon ohne jede Mithilfe eines äußeren Feldes zur (temperaturabhängigen) technischen Sättigung ausgerichtet. Abb. 17 deutet diesen Zustand schematisch an. Daß in diesem jungfräulichen oder — davon wenig verschiedenen — abmagnetisierten Zustand keine makroskopische resultierende Magnetisierung eines Ferromagnetikums gemessen wird, liegt daran, daß die Richtungen der spontanen Magnetisierung M_s der im allgemeinen sehr zahlreichen Weißschen Bezirke regellos über alle Raumrichtungen verteilt sind.

Die maximale Sättigung M_0 mit gleichsinniger Ausrichtung *aller* Spinmagnete eines Weißschen Bezirks wird allerdings nur bei $T \to 0$ K durch Abwesenheit der thermischen Gegenwirkung erreicht. Mit steigender Temperatur sinkt die technische Sättigung M_s und verschwindet bei der Curietemperatur T_C (Abb. 18). Die theoretischen Voraussagen über die spontane Magnetisierung der Weißschen Bezirke sind von der neueren Experimentiertechnik ausgezeichnet bestätigt worden.

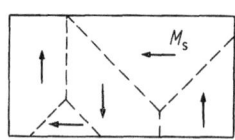
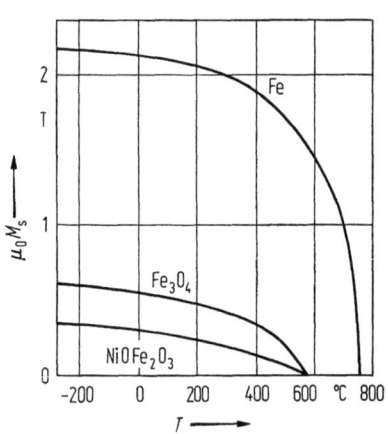

Abb. 17. Spontan magnetisierte Domänen (Weißsche Bezirke) in einem ferromagnetischen Stoff.

Abb. 18. Temperaturgang der Sättigungsmagnetisierung M_s.

5.2. Bitterstreifen

Eine unmittelbare mikroskopische Beobachtung der Weißschen Bezirke und ihrer spontanen Magnetisierung gelang zunächst an der Oberfläche der Werkstoffe durch das von Bitter zu einer ersten Vollkommenheit

5. Die wichtigsten physik. Elementarvorgänge längs der Hystereseschleife

entwickelte Verfahren, bei dem die alte Technik der Sichtbarmachung von Feldlinien durch Eisenfeilspäne in den Mikrobereich übertragen wurde. Abb. 19 erläutert diese Methode, die in den Büchern über Ferromagnetismus genauer beschrieben wird.

Zur Beobachtung der Domänen wird die Metalloberfläche S (z.B. von Eisen) in üblicher Weise elektrolytisch poliert. Dann bringt man auf die so vorbereitete Probe einen Tropfen der kolloidalen Aufschwemmung A (Abb. 19), deren magnetische Pulverteilchen P (z.B. Fe_3O_4) ungefähr 0,1 μm Durchmesser haben. Ein Deckglas D ermöglicht die Beobachtung oder Photoaufnahme durch das Mikroskopobjektiv O eines (Auflicht-)Metallmikroskops.

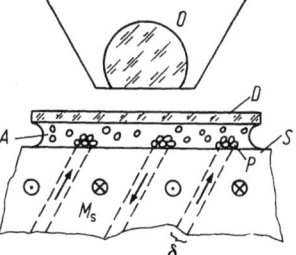

Abb. 19. Beobachtungsmethode für Bitterstreifen.

Falls es sich um entmagnetisiertes Eisen handelt, sieht man bei geeigneter Beleuchtung ein Streifenmuster, wie es Abb. 20 für eine Legierung aus etwa 96,4% Fe und 3,6% Si (Trafoblech) zeigt [41]. Man erkennt bei günstiger Orientierung des einzelnen Kristallkorns, besonders bei kristallographischen Würfelebenen (1 0 0) parallel zur Blechoberfläche, geradlinige Pulverwälle. Diese erscheinen je nach der Beleuchtung als dunkle Linien auf hellem Grund oder umgekehrt, hell auf dunkel. Ebenso wie bei dem Schulversuch mit groben Eisenfeilspänen werden die Pulverteilchen der kolloidalen Aufschwemmung längs gewisser Linien von den dort wirksamen magnetischen Feldlinien gesammelt und als aufgehäufte Wälle sichtbar gemacht.

Es ist schon lange bekannt, daß es sich bei diesen Bitterstreifen um Spuren der dünnen Grenzschichten zwischen benachbarten Domänen handelt. Solche Grenzschichten hat zuerst F. Bloch vorausgesagt und theoretisch berechnet [42]. Man nennt sie deshalb Blochwände.

Die technischen Magnetisierungsänderungen ΔM durch Einwirkung eines äußeren Feldes ΔH kommen bei hochpermeablen, magnetisch weichen Werkstoffen, u.a. Trafoblechen, Blechkernen in Eingabe- und Ausgabeköpfen, hochpermeablen Bandkernen, vorwiegend durch Verschieben der Blochwände zustande. Dieser Vorgang läßt sich unter dem Mikroskop entsprechend Abb. 19 leicht beobachten, wenn man beispielsweise der Versuchsprobe einen Dauermagneten nähert oder durch stromführende

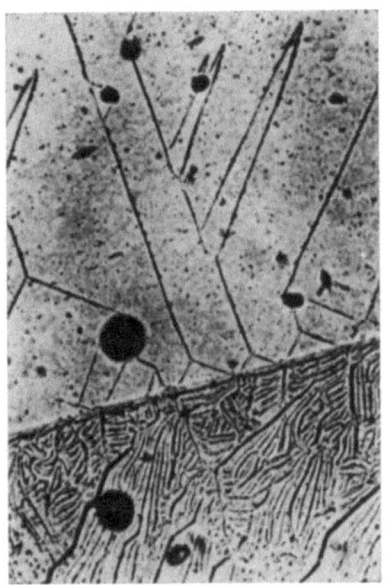 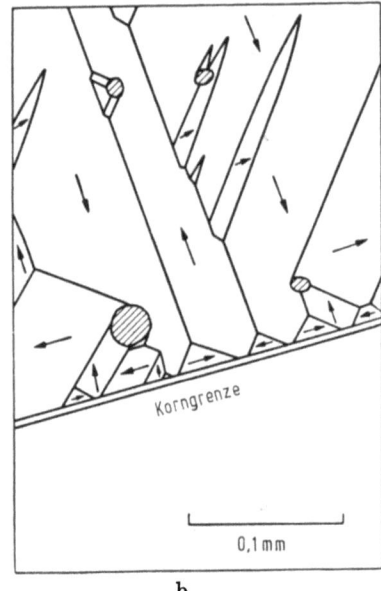

a   b

Abb. 20 a u. b. Bitterstreifen auf einer Fe—Si-Legierung [41].

Spulen ein Feld H auf die Probe wirken läßt. Die Bitterstreifen verschieben sich dann so, daß diejenigen Domänen, deren Magnetisierung mit der Feldrichtung H einen spitzen Winkel bildet, auf Kosten ungünstig gerichteter Nachbarbezirke wachsen. In Abb. 21 ist die entsprechende Bewegungsrichtung in einem von unten nach oben gerichteten Feld H mit stetig ansteigendem Betrag durch punktierte Pfeile angedeutet.

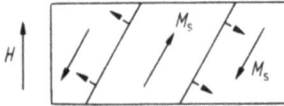

Abb. 21. Verschiebungsrichtung von 180°-Bloch-Wänden bei wachsendem äußeren Feld H.

Mit kleinen permanent magnetisierten dünnen Drahtstückchen läßt sich unter dem Mikroskop für jeden Weißschen Bezirk dessen spontane Magnetisierungsrichtung ermitteln [43, 11]. Abb. 20b zeigt für Abb. 20a das Ergebnis einer solchen Analyse des jungfräulichen Ausgangszustands ($H = 0$, $B = 0$). Die eingezeichneten Pfeile geben jeweils die experimentell bestimmte Magnetisierungsrichtung der betreffenden Domäne an. Unterhalb der Korngrenze, die in Abb. 20 sichtbar ist, sind die Bitterstreifen weniger deutlich und übersichtlich ausgeprägt, weil dort eine ungünstige Orientierung der Oberfläche vorliegt. Bei Annäherung eines

5. Die wichtigsten physik. Elementarvorgänge längs der Hystereseschleife 31

Dauermagneten würden wir jedoch auch hier Bewegungen der Blochwände wahrnehmen.

Die Methode der Bitterstreifen wurde mit eindrucksvollen Photoaufnahmen oft beschrieben und hat zu einer Fülle neuer Erkenntnisse über die maßgebenden Elementarvorgänge längs der Hystereseschleife beigetragen. Allerdings muß man beachten, daß die Wandbewegungen an der Oberfläche nicht immer ein getreues Bild der entsprechenden Vorgänge im Inneren der Probe vermitteln. Über zulässige und nicht zulässige Rückschlüsse auf die Verhältnisse im Inneren liegen viele Erfahrungen und theoretische Überlegungen vor. Außerdem ist es gelungen, die innere Bezirksstruktur dünner metallischer Schichten (etwa $2,5 \cdot 10^{-6}$ cm dick) elektronenmikroskopisch zu erfassen. Die ferrimagnetischen Granate, auf deren Bedeutung für die Magnetspeichertechnik wir noch eingehen müssen, sind sogar für dickere Schichten bis rund 0,1 mm für sichtbares Licht durchlässig. In der Literatur finden sich schöne Photoaufnahmen der inneren Bezirksstruktur von Domänen in Yttrium-Eisen-Granat mit Hilfe von polarisiertem Licht.

Die physikalischen Gesetze der Blochwandbewegungen werden besonders anschaulich erkennbar in den Forschungsfilmen, mit denen die vielseitigen Formen und Bewegungen von Bitterstreifen bei Feldänderungen aufgenommen und ausgemessen worden sind. Diese eindrucksvollen Filme können im Schulunterricht ein fesselndes Bild der auch ästhetisch äußerst reizvollen Naturerscheinungen in einem Stück Eisen vermitteln [44]. Wir begnügen uns mit diesen Hinweisen und werden nun auf einige wichtige Vorgänge eingehen, zu deren Aufklärung die Bitterstreifen wertvolle Beiträge geliefert haben und die zugleich die physikalischen Ursachen der Bitterstreifen erklären.

5.3. Blochwände

Abbildung 22 deutet in einer sehr bekannten und vielfach wiederholten Skizze von Kittel [45] schematisch an, was man sich unter einer Blochwand vorzustellen hat. In dieser Grenzschicht ist der Übergang der spontanen Magnetisierung M_s zwischen zwei antiparallel magnetisierten Domänen stufenweise über viele Elektronenmagnete „verschmiert". Da die Pfeilspitzen, die in Abb. 22 die Elektronenspins symbolisieren, in der Blochwand mit einer endlichen Komponente $M_\perp$ lotrecht aus der vorderen Oberfläche des Modells herauszeigen, befinden sich dort „freie magnetische Flächenladungen", und zwar die mit N gekennzeichneten „Nordpole". Die Feldlinien, die nach Art der besagten Schulversuche mit Eisenfeilspänen aus diesen N-Polflächen heraustreten, wirken — inhomogen — anziehend auf die magnetischen Pulverteilchen unserer Auf-

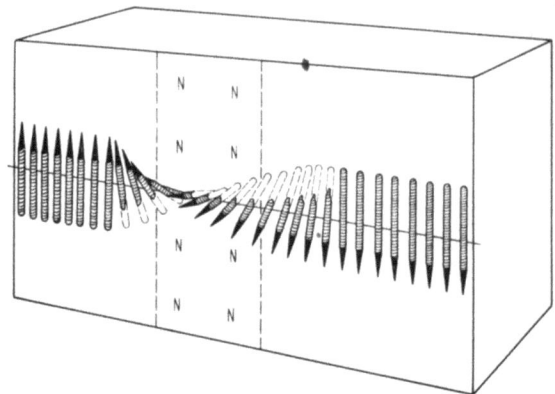

Abb. 22. Modell für eine 180°-Bloch-Wand [45].

schwemmung (Abb. 19) und verursachen damit die Pulverwälle, die als Bitterstreifen sichtbar werden.

Demgegenüber könnte eine „scharfe Grenze", an der die spontane Magnetisierung von einer Atomschicht zur nächsten um volle 180° in Abb. 22 „springen" würde, nach den Vorstellungen von Heisenberg und den Rechnungen von Bloch nur mit einem viel größeren Energieaufwand — als Gedankenexperiment — erzwungen werden, als ihn die zumeist über mehr als hundert Atomabstände verschmierte Blochwand erfordert.

Trotzdem hat auch die natürliche Blochwand eine bestimmte Oberflächenspannung oder Wandenergie, deren meßbare Beträge überraschend gut mit den von Bloch theoretisch vorausberechneten Werten übereinstimmen, obwohl vereinfachende Annahmen zugrundelagen [46, 47]. Diese Flächenenergie rührt ähnlich wie bei der Oberflächenspannung einer Flüssigkeit von dem atomar gestörten Zustand gegenüber dem ungestörten Inneren der Domäne her, wo die benachbarten Spinmagnete (bei tiefen Temperaturen) streng parallel ausgerichtet sind.

Zur Bildung einer Blochwand muß je Spinmagnet eine gewisse Arbeit gegen verschiedene Kräfte geleistet werden, die bestrebt sind, die Spins so wie im Inneren der Domänen parallel auszurichten. Maßgebend dafür sind die quantenmechanischen Austauschkräfte sowie kristallographische Anisotropiekräfte, zu denen besonders in dünnen Schichten oder kleinen nadelförmigen Teilchen noch die „Formanisotropie" hinzutritt. Die kristallographische Anisotropie verursacht eine quasielastische Bindung der spontanen Magnetisierung M_s an bestimmte kristallographische Vorzugslagen, z.B. bei Raumtemperatur in Eisenkristallen an die Würfelkante [1 0 0], in Nickelkristallen an die Würfeldiagonale [1 1 1]. Zum Herausdrehen der Magnetisierung aus diesen Lagen „leichtester Magnetisierbarkeit" in die jeweilige Richtung „schwerster Magnetisierbarkeit"

5. Die wichtigsten physik. Elementarvorgänge längs der Hystereseschleife

([1 1 1] bei Fe, [1 0 0] bei Ni) muß dem äußeren Feld H die (reversible) Magnetisierungsarbeit

$$K = \int_{M=0}^{M_s} H \, dM_{\text{rev}}$$

entnommen werden. Die in der Literatur übliche Anisotropiekonstante K_1 ist so definiert, daß — in einfachen Fällen — angenähert $K = K_1/3$ gilt [10, 11]. Infolge dieser Kristallanisotropie wird die technische Sättigung M_s beispielsweise in Eisen-Einkristallen bei $H \parallel [1\ 1\ 1]$ erst bei viel höheren Feldstärken H erreicht als bei $H \parallel [1\ 0\ 0]$. Mit wachsender Wanddicke steigt die Zahl der Spinmagnete, die mit Energieaufwand aus den Vorzugslagen herausgedreht werden müssen. Andererseits vermindert sich bei wachsender Wanddicke der Anteil des Energieaufwands, der von den quantenmechanischen Austauschkräften herrührt. Diese bewirken die parallele Bündelung der Spins in den Domänen. Der gesamte Energieaufwand, oder schlechthin „die Wandenergie" γ je Flächeneinheit der Wand, stellt sich daher in der Natur auf den Minimalwert ein. Für rekristallisiertes (weiches) Eisen ergibt sich

$$\gamma_{90°} = \frac{M_s}{2M_0} \cdot \sqrt{\frac{K_1 k T_C}{a}}. \tag{18}$$

Alle Größen auf der rechten Seite von (19) sind meßbar: M_s und M_0 sind die Sättigungsmagnetisierungen bei Raumtemperatur bzw. bei 0 K ($-273\,°$C). T_C ist die Curietemperatur (vgl. Abb. 18), a die Gitterkonstante („Würfelkante"), $k = 1{,}38 \cdot 10^{-23}$ J/K ($= 1{,}38 \cdot 10^{-16}$ erg/K; K = Kelvin) die Boltzmann-Konstante. Der Index 90° besagt in diesem Falle, daß eine 90°-Wand gemeint ist, die zwischen zwei Nachbardomänen mit 90° Richtungsunterschied der Spinmagnete liegt. Entsprechend zeigt Abb. 22 schematisch eine 180°-Wand. Abb. 20 weist sowohl 180°- als auch 90°-Blochwände auf.

Zahlenbeispiel für Eisen: $T_C = 1040$ K, $K_1 = 3$ K $= 4{,}2 \cdot 10^4$ kJ/m³ ($= 4{,}2 \cdot 10^5$ erg/cm³), $a = 2{,}86 \cdot 10^{-8}$ cm. Damit folgt aus (18) für Raumtemperatur

$$\gamma_{90°} = 0{,}7 \cdot 10^{-3} \text{ J/m}^2 \ (= 0{,}7 \text{ erg/cm}^2), \tag{19}$$

also etwa $1/100$ der Oberflächenspannung von Wasser gegenüber Luft bei Raumtemperatur.

Die Dicke der Blochwand ist nicht scharf begrenzt (vgl. Abb. 22). Es ist üblich, eine „Halbwertsdicke" zu definieren, die bei Eisen für 20 °C ungefähr $\delta_{90°} = 0{,}4 \cdot 10^{-5}$ cm ≈ 150 Gitterkonstanten a beträgt. Zur Berechnung von δ dienen Gleichungen mit den gleichen meßbaren Stoffwerten wie in (18).

Die Wanddicke hat auch in der Magnetspeichertechnik beträchtliche technische Bedeutung, weil verschiedene magnetische Elementarvorgänge mit technischen Auswirkungen davon abhängen, ob gewisse Teilchendurchmesser von magnetischem Pulver oder von heterogenen Ausscheidungen in magnetischen Werkstoffen größer oder kleiner sind als diese kritischen Abmessungen δ (vgl. Abb. 26). Da die Anisotropiekonstante K_1 im Gesamtbereich der technisch eingesetzten magnetischen Werkstoffe um viele Zehnerpotenzen unterschiedlich ist, gibt es Werkstoffe, deren Wandenergie und Wanddicke von den Zahlenwerten bei Eisen nach oben und unten hin mehr oder weniger stark abweichen.

Neben der hier zunächst herausgestellten Kristallanisotropie wirken in der technischen Praxis oft auch andere Arten von magnetischer Anisotropie. Von außen aufgebrachte mechanische Spannungen oder Eigenspannungen, die durch plastisches Verformen (Abb. 2), durch Abschrecken von hohen Glühtemperaturen oder durch Ausscheidungsvorgänge in Legierungen erzeugt werden können, verursachen unter Mitwirkung der Magnetostriktion $\lambda = \Delta l/l$ ebenfalls Vorzugslagen der Spinmagnete. Diese können bei starken Spannungen der kristallographischen Anisotropie (K_1 usw.) überlegen sein, müssen also dann in einer Erweiterung der Gl. (18) berücksichtigt werden.

Unter der Magnetostriktion λ versteht man die relative Längenänderung, die bei Magnetisierungsänderungen längs der Hystereseschleife am magnetisierten Stoff gemessen wird. Als „Sättigungsmagnetostriktion" bezeichnet man den Betrag λ_s, den man beim Magnetisieren von $M = 0$ bis $M = M_s$ mißt. Dieser Betrag hängt im allgemeinen von der kristallographischen Richtung ab, in der das äußere Feld wirkt und die Längenänderung gemessen wird. Außer der Längsmagnetostriktion ist auch die Volumenmagnetostriktion $\Delta V/V$ technisch oft wichtig.

Durch besondere Walz- und Glühbehandlungen geeigneter Legierungen können ferner durchgehend im gesamten Werkstoff einachsige Vorzugslagen erzeugt werden, die beispielsweise in den Bandkernen mit Rechteckschleife technische Bedeutung erlangt haben (Abb. 7). Gleichartige Rechteckschleifen erzielt man in nichtmetallischen Werkstoffen (Mischoxiden, Ferriten) bei geeigneter Zusammensetzung durch besondere Herstellungsverfahren, u.a. für Kernspeicher in Ring- oder Plattenform [48, 49, 26].

5.4. Barkhausensprünge und Remanenz

In magnetisch weichen Werkstoffen, beispielsweise im Eingabekopf eines Bandgerätes, entsteht die Hystereseschleife und damit auch die Remanenz M_r vorwiegend durch Verschiebungen der Blochwände, entsprechend Abb. 21. Unter dem Mikroskop und in Filmaufnahmen bewegter Bitterstreifen sieht man deutlich, daß sich die Blochwände auch im gleichmäßig wachsenden Feld H nicht ähnlich gleichmäßig verschieben.

5. Die wichtigsten physik. Elementarvorgänge längs der Hystereseschleife

Sie bleiben oft an irgendwelchen Hindernissen haften, von denen sie sich erst nach weiterem Feldanstieg plötzlich losreißen und dann ein größeres Gebiet sprunghaft durcheilen. Dies ist die nach Jahrzehnten nachgeholte optische Beobachtung des Barkhauseneffekts von 1919, der wichtigsten Ursache der ferromagnetischen Hysterese, der Remanenz und der Koerzitivkraft. Ohne Bewegungshindernisse für die Blochwände oder für andere Mechanismen von Magnetisierungsänderungen wären die sehr unterschiedlichen Koerzitivkräfte nicht möglich. Diese Bewegungshindernisse sichern auch die langzeitige Aufrechterhaltung einer remanenten Magnetisierung M_r und den mit dieser gespeicherten Signalinhalt.

Bevor wir auf die Natur der Bewegungshindernisse eingehen, muß zunächst darauf hingewiesen werden, daß außer der Verschiebung von Blochwänden längs der Hystereseschleife auch „Drehvorgänge" wesentlich mitwirken können. Es gibt Werkstoffarten und Stoffzustände, bei denen entweder die Wandverschiebungen oder die Drehungen der spontanen Magnetisierung, der „Spinbündel", vorherrschen. In fast allen magnetischen Werkstoffen wirken mindestens in gewissen Teilen der Hystereseschleife diese Drehvorgänge, die darin bestehen, daß der gesamte Weißsche Bezirk seine spontane Magnetisierung M_s unter dem Einfluß der Feldänderung ΔH — unter Umständen ohne gleichzeitige Wandbewegung — homogen dreht. Abb. 23 erläutert dies schematisch. Figur a soll zwei benachbarte Domänen im Ausgangszustand bei $H = 0$ oder bei sehr schwachem Feld $H_1 \ll H_c$ andeuten. Steigt die Feldstärke auf $H_2 > H_c$, so ist zwischen a und b ein Barkhausensprung aufgetreten.

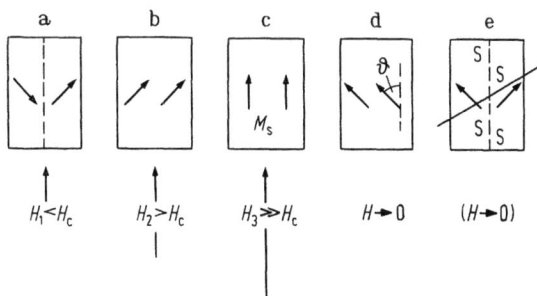

Abb. 23 a—e. Zur Erläuterung von Drehvorgängen längs der Hystereseschleife.

Dessen Mechanismus — ob Drehvorgang oder Wandverschiebung — interessiert uns vorläufig noch nicht. Bei weiter steigender Feldstärke drehen sich die Spinmagnete unter Aufrechterhaltung ihrer gebündelten Parallelstellung in die Sättigung M_s ein. Auch bei magnetisch weichen Eisenblechen oder ähnlichen Werkstoffen beruht dieses Einmünden in die Sättigung M_s bei $H > H_c$ ganz überwiegend auf diesem Drehvorgang, während die Barkhausensprünge bei wachsender Feldstärke in der Umgebung des Koerzitivfeldes H_c vorherrschen [10, 11].

Wird nun das Feld H nach dem Sättigen wieder auf Null zurückgenommen, so liegt kein Anlaß für rückläufige Barkhausensprünge (in merklichem Ausmaß) vor. Die spontane Magnetisierung klappt lediglich in die zur vorausgegangenen Feldrichtung nächste Vorzugslage zurück (Teilbild d). So entsteht die Remanenz M_r als Komponente der zurückgeklappten Magnetisierungsvektoren M_s in der Richtung des vorher angelegten Feldes H. Für einen Stoff mit sehr vielen regellos verteilten Domänen erhält man somit

$$B_r/\mu_0 = M_r = M_s \cdot \overline{\cos \vartheta} \,. \tag{20}$$

$\overline{\cos \vartheta}$ ist der räumliche Mittelwert über alle vorhandenen Winkel ϑ ($\leq 90°$!) zwischen H-Richtung und jeweiliger Vorzugslage. Bei isotroper Richtungsverteilung über die Halbkugel erhält man $\overline{\cos \vartheta} = 0{,}5$, also $B_r = \mu_0 \cdot M_r = \mu_0 \cdot M_s/2$; das erklärt die alte Erfahrung, nach der die Remanenz häufig ungefähr die Hälfte der Sättigungsmagnetisierung beträgt (siehe Abb. 2), wenn keine merkliche Anisotropie vorliegt.

Für ein tieferes Verständnis dieser physikalischen Erscheinungen sei ein kurzer Hinweis auf Abb. 23e angefügt: Dieser Zustand e ist in der Natur gegenüber dem energetisch günstigeren Zustand d wenig wahrscheinlich, weil in diesem Falle e an der Blochwand „freie magnetische Ladungen" (S-Pole) auftreten müßten. Diese sind in den Zuständen a und d vermieden, da dort div M an der Grenzfläche verschwindet, im Gegensatz zu e. Auch in den Abb. 20, 21 und 22 tritt jeweils die Normalkomponente $M_\perp$ der Magnetisierung stetig durch die Grenzen, die Blochwände, hindurch, so daß N- oder S-Pole vermieden werden. Die sonst entstehenden Streufelder würden zusätzlichen Energieaufwand erfordern und werden durch die jeweils günstigste energieärmere Konstellation der Weißschen Bezirke von Natur aus möglichst weitgehend ausgeschaltet, etwa entsprechend Abb. 20b. Aus diesem Naturprinzip der Minimalisierung vermeidbarer Streufeldenergie mit der bekannten Energiedichte $B \cdot H/2$ hat insbesondere L. Néel schon lange vor seinem lesenswerten Nobel-Vortrag von 1970 [50] sehr überraschende und fruchtbare Folgerungen abgeleitet:

5.5. Néel-Spieße und Schlauchziehen

Bei unserer rohen Beschreibung des Zustandekommens der Remanenz an Hand von Abb. 23 haben wir die Störwirkungen innerer und äußerer Streufelder vernachlässigt. Diese können besonders bei magnetisch weichen Stoffen ein beträchtliches Herausdrehen vieler Spinmagnete aus

5. Die wichtigsten physik. Elementarvorgänge längs der Hystereseschleife   37

kristallographischen und magnetoelastischen Vorzugslagen verursachen, so daß der Winkel ϑ in Gl. (20) nicht überall identisch zu sein braucht mit dem Winkel zwischen dem vorher wirksamen Feld H und der jeweils angestrebten Vorzugslage *ohne* Berücksichtigung der Streufeldenergie. Diese Störwirkung von Streufeldern zwischen den regellos verteilten Domänen kann bei sehr starken Anisotropiekräften, z.B. in magnetisch harten Werkstoffen, auf die Remanenz auch einen nur sehr schwachen Einfluß haben. Die Koerzitivkraft mancher Stoffe hängt dagegen sehr stark von einer recht eigenartigen Wirkung innerer Streufelder ab:

Néel hat im Jahre 1944 auf Grund theoretischer Überlegungen und Rechnungen sehr kühn vorausgesagt, daß an feinkörnigen unmagnetischen Einschlüssen oder kleinen Hohlräumen in ferromagnetischen Stoffen spießförmige „Sekundärdomänen" zu erwarten sind, und zwar beispielsweise in der Gestalt der schematischen Skizze in Abb. 24. Ohne

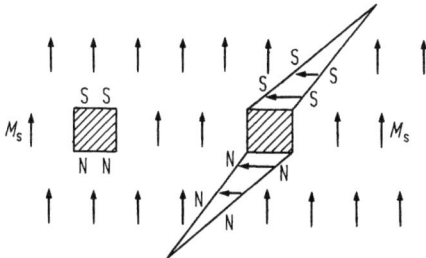

Abb. 24. Néel-Spieße (Sekundär-Domänen) an würfelförmigen unmagnetischen Einschlüssen oder Löchern.

solche Zugabe der Natur würden unmagnetische Einschlüsse, für die in der Abbildung vereinfachend Würfelform angenommen wird, viel energiereichere Streufelder infolge von starken N- und S-Polen verursachen als mit der abschwächenden Wirkung der im Schnitt angedeuteten Néel-Spieße. Auch deren Länge läßt sich, wie Néel zeigte, aus einem Minimum der Gesamtenergie (Wandenergie + Streufeldenergie) rechnerisch abschätzen. Unendlich lange Spieße in Abb. 24 würden den restlichen kleinen Sprung von $M_\perp$ an den Spießflanken und damit die Streufeldenergie zum Verschwinden bringen, die Wandflächen und die gesamte Wandenergie $\gamma \cdot F$ der Spießflanken aber unendlich steigern. Umgekehrt würden sehr kurze Spieße zwar kleine Wandenergie benötigen, aber wegen stärkerer N- und S-Polflächen an den Flanken die gesamte Streufeldenergie steigern. Aus den vorgegebenen Werkstoffdaten konnte Néel die zu erwartenden Spießlängen für die einfache Gestalt der Spieße wie in Abb. 24 und für ebenfalls mögliche andere Formen theoretisch berechnen [51, 10]. Wahrscheinlich haben nur sehr wenige Physiker an die Realität dieser gewagten Voraussagen von Néel geglaubt, bevor erst einige Jahre später H. J. Williams mit Bitterstreifen die volle experimentelle Bestätigung an Siliziumeisen (3,8% Si) erbrachte [52].

Wird nun eine Blochwand über derartige Néel-Spieße hinwegbewegt, so erblickt man den in Abb. 25 (a bis d) mikroskopisch aufgenommenen Elementarvorgang eines Barkhausensprunges in einem Stoff mit heterogenen Verunreinigungen und vorherrschendem Einfluß von Néel-Spießen auf die Hysterese. Die Wand bleibt an einem Néel-Spieß hängen; dieser

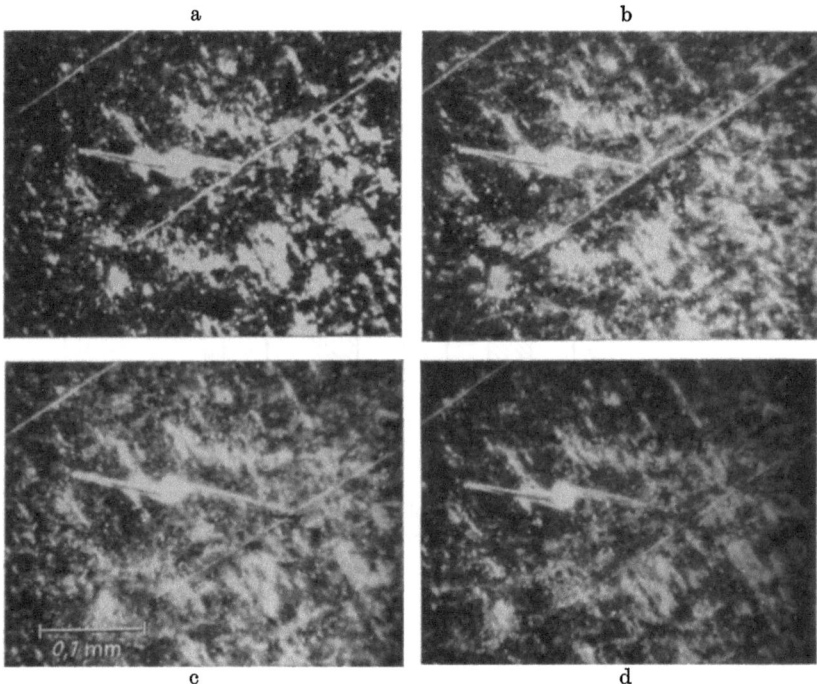

Abb. 25 a — d. Begegnung einer bewegten Bloch-Wand mit einem Néel-Spieß (Schlauchziehprozeß als eine der elementaren Ursachen der magnetischen Hysterese) [41].

wird zu einem Schlauch in die Länge gezogen und reißt von der Wand erst ab, wenn der Schlauch etwa 150% seiner ursprünglichen Spießlänge erreicht hat. Kondorski hat aus diesem überraschenden Naturvorgang des Schlauchziehens eine quantitative Abschätzung der Koerzitivkraft mit Anwendung der Gl. (18) und ähnlicher Beziehungen abgeleitet. Deren Übereinstimmung mit vielen experimentellen Erfahrungen über die Abhängigkeit der Koerzitivkraft von Durchmesser und räumlicher Dichte heterogener Ausscheidungen oder Verunreinigungen ist so gut, wie man es bei den vielen vereinfachenden Annahmen nur erwarten durfte [53, 54].

5. Die wichtigsten physik. Elementarvorgänge längs der Hystereseschleife

Das Schlauchziehen scheint nur dann als entscheidender Mechanismus für Hysterese und Koerzitivkraft zu wirken, wenn der Durchmesser d der unmagnetischen Fremdkörper oder Hohlräume größer ist als die jeweilige Wanddicke δ ($\approx 10^{-5}$ cm in Fe). Sehr feindisperse Verunreinigungen oder Ausscheidungen mit $d < \delta$ können in anderer Weise Bewegungshindernisse für die Blochwände liefern [54]. Bei festgehaltenem Volumenanteil der Fremdkörperteilchen erhält man experimentell und theoretisch einen Höchstwert der Koerzitivkraft, wenn die heterogenen Einlagerungen ungefähr den „kritischen" Teilchendurchmesser $d_{\text{krit}} \approx 2\delta \approx 10^{-5}$ cm (bei Eisen) aufweisen. Abbildung 26 zeigt als experimentellen

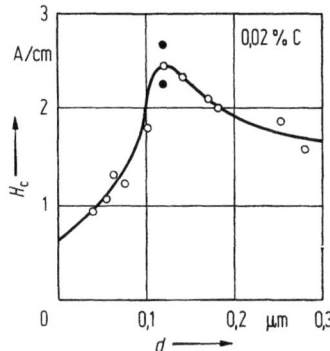

Abb. 26. Koerzitivkraft H_c von Eisen in Abhängigkeit vom elektronenoptisch gemessenen Durchmesser d feinkörniger kugelförmiger Eisenkarbid-Ausscheidungen mit jeweils gleichem Gesamtvolumen (etwa 0,3%) [55].

Befund hierzu gemessene H_c^1-Werte von Eisen, in dem 0,02% C als Eisenkarbid ausgeschieden wurde, und zwar infolge verschiedener Anlaßbehandlungen mit stets ziemlich gleichen Teilchengrößen im Bereich $d \approx 4$ bis $28 \cdot 10^{-6}$ cm. Das Maximum von H_c bei kritischer Teilchengröße d_{krit} ist in Abb. 26 sehr deutlich ausgeprägt (für Eisen (siehe oben)) [55].

Auch für den Bereich $d < \delta$, für den das Schlauchziehen kaum in Betracht kommt, sind unter vereinfachenden Annahmen Abschätzungsformeln für H_c abgeleitet worden, die eine angenäherte Übereinstimmung mit Meßergebnissen lieferten [54].

5.6. Kristallbaufehler als Bewegungshindernisse für Blochwände

Auch in äußerst reinen und spannungsfreien Einkristallen oder vielkristallinen Werkstoffen, beispielsweise in Reineisen mit Kohlenstoffgehalten unter 0,001%, gibt es Bewegungshindernisse für die Blochwände und entsprechende Koerzitivfelder. Die Kristallkörner der technischen Werkstoffe sind nicht „ideal" aufgebaut. Ihre Atome bilden nicht durchgehend ein fehlerfreies Gitter. Besonders die schon lange bekannten Versetzungen (dislocations) sind Kristallbaufehler in jedem kristallinen Werkstoff. Stufen- und Schraubenversetzungen kennt man recht genau aus zahlreichen experimentellen und theoretischen Untersuchungen. Viele Bücher über Metallkunde oder Festkörperphysik enthalten Einführungen in die Physik der Versetzungen, auf die hier verwiesen sei [56, 57, 58]. In der nächsten Umgebung der geraden oder gekrümmten Versetzungslinien im Inneren des Kristalls sind die Atome aus ihrer normalen ungestörten Lage im „idealen" Kristallgitter „versetzt". Ein Sonderfall sind die „Kleinwinkelkorngrenzen" zwischen benachbarten Kristallkörnern, deren Kristallgitter nur um kleine Winkel unter etwa 20° gegeneinander verdreht sind. Solche Korngrenzen stellen sich als eine ziemlich regelmäßig gebaute Sprossenleiter aus Versetzungslinien dar.

Man muß annehmen, daß eine Blochwand, die eine Versetzung in sich einschließt, dort eine größere oder kleinere Wandenergie aufweist als außerhalb der Versetzung im ungestörten Kristall. Ähnlich wie Seifenblasenhäute in einem räumlichen Drahtgitter werden daher Blochwände schon im jungfräulichen Ausgangszustand bevorzugt zwischen Versetzungen hängen — im Falle kleinerer Wandenergie — oder bei kleinen Feldänderungen an den Hürden der nächsten Versetzungssysteme auflaufen, „einen Halt einlegen", bevor eine hinreichende Feldverstärkung die Hürden, vielleicht als Barkhausensprung, überwinden läßt. Die Bewegungshindernisse der Versetzungen wirken somit sehr ähnlich auf die Blochwände wie sehr kleine Fremdkörperteilchen mit $d < \delta$, bei denen das Schlauchziehen gar nicht oder nur unwesentlich zur Hysterese beiträgt.

Diese Modellannahme führt zu bekannten theoretischen Abschätzungen für die Anfangspermeabilität und die Koerzitivkraft, sofern man ungefähr die durchschnittlichen Abstände der benachbarten Versetzungen kennt oder — was gleichbedeutend ist — ihre durchschnittliche räumliche Dichte. Durch verschiedene Ätzmethoden können die Austrittspunkte der Versetzungslinien an der Oberfläche als kleine Ätzgrübchen (dunkle Punkte) sichtbar gemacht werden. An vielen magnetischen Werkstoffen der Technik findet man im rekristallisierten („weich geglühten") Zustand durchschnittliche Versetzungsabstände in der Größenordnung $s = 10^{-3}$ cm. Da sich sehr feinkörnige, submikroskopische Verunreinigungen ($d \ll \delta$) in diesen rekristallisierten Werkstoffen oft bevorzugt in die Versetzungen einlagern, kann man auch für die Abstände derartiger Fremdkörperansammlungen in diesen Fällen mit der gleichen Größenordnung 10^{-3} cm rechnen.

5. Die wichtigsten physik. Elementarvorgänge längs der Hystereseschleife 41

In Abb. 27 wird schematisch angedeutet, wie eine 90°-Blochwand im Ausgangszustand bei $H = 0$ zwischen gestrichelt eingezeichneten Versetzungslinien haftet und ein schwaches Feld H in der eingetragenen Pfeilrichtung die Wandstreifen zwischen den Versetzungen auf Kosten des ungünstig zum Feld magnetisierten Weißschen Bezirks (rechts oben) merklich durchwölbt. Diese Wölbung ist modellmäßig reversibel, solange die Blochwände von den Versetzungslinien nicht abreißen. Der reversible Anfang der Wölbung liefert leicht eine Abschätzungsformel für die Anfangspermeabilität, die außer bekannten Stoffdaten (M_s, M_0, K_1, T_C, a) auch den durchschnittlichen Abstand s der Versetzungen und die mittlere Dicke b der wirksamen Domänen enthält. Die sehr unterschiedlichen Anfangspermeabilitäten verschiedener Stoffreihen und sogar deren Temperaturgang bis nahe an die Curietemperatur heran werden mit diesem einfachen Modell der Wandwölbung überraschend gut wiedergegeben [59, 60].

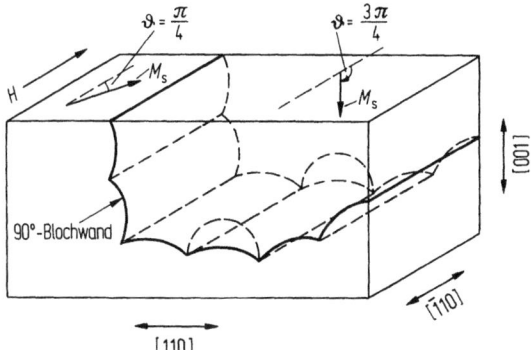

Abb. 27. Modell zweier benachbarter Domänen in einem Eiseneinkristall. 90°-Blochwand, fixiert an Versetzungen oder anderen Gitterstörungen (z.B. Fremdkörpern), ungefähr zylindrisch ausgewölbt durch die Druckwirkung des äußeren Feldes H.

Dieses Modell wurde noch stärker strapaziert: Einfache physikalische Gesetze legen es nahe, versuchsweise das Feld H in Abb. 27 so weit zu steigern, daß die Wände bei etwa halbzylindrischer Wölbung (in Abb. 27 punktiert) irreversibel platzen, oder — richtiger — nahe bei dieser Feldstärke von den Versetzungen der Abbildung abreißen und als Barkhausensprung bis zu nächsten Hürden losrasen. Die zur halbzylindrischen Auswölbung notwendige Feldstärke sollte dann ungefähr das Koerzitivfeld H_c liefern. Eine einfache Rechnung unter Berücksichtigung von Gl. (18) ergibt [61]

$$H_c \approx \frac{1}{s \cdot \mu_0 M_0} \sqrt{\frac{K_1 k T_C}{a}}. \qquad (21)$$

Außer den Größen in Gl. (18) wird für die zahlenmäßige Auswertung von Gl. (21) nur zusätzlich der mittlere Abstand s der Versetzungslinien benötigt, der — wie gesagt — in weichen, rekristallisierten Metallen und Metallegierungen größenordnungsmäßig $s = 10^{-3}$ cm beträgt, sofern keine besondere Walz- und Glühbehandlung für erheblich größere Abstände, d.h. kleinere Versetzungsdichte, sorgt. Ebenso wie für die Meßwerte der Anfangspermeabilität ergibt das primitive Modell der Wandwölbung bis zum instabilen „kritischen" Halbzylinder mit festgehaltenem Abstand $s = 10^{-3}$ cm erstaunlich gut die bis zum Faktor 10 unterschiedlichen Koerzitivfelder der Fe-Ni-Legierungen von 0 bis 100% Nickel [61]. Auch der gemessene Temperaturgang von H_c für weiches Eisen wird mit Gl. (21) bis nahe an T_C heran gut wiedergegeben, und zwar mit einem monotonen Absinken von etwa 0,9 A/cm bei —200°C auf etwa 0,08 A/cm bei 700°C [61].

Nur am Rande sei hier bemerkt, daß die räumliche Anordnung der Blochwand in Abb. 27 nicht ganz willkürlich gewählt werden durfte. Man kann sich vielmehr leicht davon überzeugen, daß in der Ruhelage der Wandstreifen und auch während des Auswölbens die Normalkomponente der Magnetisierung stetig durch die Wand tritt. Die Natur ist bestrebt, auch bei diesem Vorgang nach Möglichkeit jeden vermeidbaren zusätzlichen Energieaufwand infolge von „freien Oberflächenladungen" und entsprechenden Streufeldern zu umgehen. Deshalb sind ferner zylindrische Auswölbungen energetisch bevorzugt gegenüber kissenförmigen!

Es sollte hier nur in stark vereinfachter Weise ein Einblick in die noch wenig ausgereiften Modellvorstellungen gegeben werden, mit denen die Physik der Blochwände bisher von verschiedenen Seiten her zur Deutung der technischen Magnetisierungskurve und Hystereseschleife herangezogen worden ist.

5.7. Magnetisierungsvorgänge in feinkörnigem Pulver

Während die Verschiebung der Blochwände nach Maßgabe ihrer Bewegungshindernisse die Permeabilität und die Hystereseschleife der normalen weichmagnetischen Stoffe entscheidend bestimmt, findet man in der Magnetspeichertechnik auch Werkstoffe, in denen die Magnetisierungsvorgänge gar nicht oder nur unwesentlich von Blochwänden abhängen. Hierzu gehören weitgehend die Tonträgerbänder und die gleichartigen Plattenspeicher mit feindispersen Einbettungen von magnetischem Pulver in geeignete Isolierstoffe (Masse- oder Schichtband usw.). Auch bei Dauermagnetstoffen, metallischen und nichtmetallischen (Ferriten), scheinen Drehvorgänge gegenüber Wandverschiebungen oft vorherrschend zu sein.

Unmittelbar übersieht man diese Verhältnisse bei den magnetischen

5. Die wichtigsten physik. Elementarvorgänge längs der Hystereseschleife

Stoffen, die so wie ein Schichtband der Speichertechnik aus feinkörnigem Oxidpulver bestehen ($d \approx 0{,}1$ μm oder etwas größer). Da der Durchmesser d dieser Teilchen nicht die Größenordnung der Wanddicke $\delta_{90°}$ oder $\delta_{180°}$ übersteigt, wäre eine Unterteilung dieser Partikel in mehrere Domänen im allgemeinen energetisch ungünstig. Die Hystereseschleife kann dann vorwiegend auf der gleichzeitigen Drehung — reversibel und irreversibel — der spontanen Magnetisierung beruhen, wenn das gesamte Körnchen nur einen einzigen Weißschen Bezirk bildet. Auch quantitativ ist theoretisch befriedigend gedeutet worden, daß die irreversible Drehung der Magnetisierung in diesen ,,Einbereichteilchen'' im allgemeinen viel höhere Koerzitivkräfte erfordert als für den gleichen Werkstoff mit großen Kristallkörnern, in denen die verhältnismäßig leicht beweglichen Blochwände das Ummagnetisieren herbeiführen. Aber auch ohne Trennung der Partikel durch das Einbettmittel, so wie in Tonbändern, scheint in Dauermagnetstoffen mit sehr feinkörnigem vielkristallinen Gefüge oder gar heterogenem Mischgefüge infolge einer Ausscheidungsbehandlung die Mitwirkung von Blochwänden weitgehend unterdrückt zu sein, so daß die hohen Koerzitivkräfte derartiger Dauermagnetstoffe mehr oder weniger genau auf reine Drehvorgänge, ,,Umklappungen'', zurückgeführt werden können [10, 11]. Um möglichst langzeitig stabile Signale speichern zu können, die auch von äußeren Störfeldern nicht merklich beeinflußt werden, bevorzugt man bei Tonbändern Koerzitivfelder bei mindestens etwa 10^4 A/m. Oft erwünschte größere Koerzitivfelder werden in Tonbändern und in gewissen Dauermagnetstoffen erzielt, wenn man statt etwa würfel- oder kugelförmigen Teilchen nadelförmige anwendet. Herstellungsverfahren für Tonträgerband mit nadelförmigen Einbereichteilchen sind lange bekannt, z.B. für Nadeln aus $\gamma\text{-Fe}_2\text{O}_3$, etwa 1 μm lang, 0,1 μm dick. Die höheren Koerzitivkräfte dieser Nadeln beruhen vorwiegend auf der sogenannten Formanisotropie.

Unsere Hinweise auf die Wirkungen des Entmagnetisierungsfaktors (siehe oben unter 3.) können verständlich machen, daß die Querstellung der spontanen Magnetisierung in einer Einbereichsnadel einen viel größeren Energieaufwand erfordert als die Längsausrichtung, die wegen des kleineren Entmagnetisierungsfaktors mit weniger Streufeldenergie verknüpft ist. Das irreversible Umklappen über die Querstellung hinweg muß daher mit einer entsprechend hohen Koerzitivkraft erzwungen werden. In würfel- oder kugelförmigen Teilchen tritt der Einfluß einer kleinen Formanisotropie bei unregelmäßiger Gestalt im allgemeinen zurück hinter der vorherrschenden Wirkung der Kristallanisotropie (u.a. K_1) als Hürde für Umklapprozesse.

In den Werkstoffen für Dauermagnete mit extrem hohen Remanenz- und Koerzitivkraftbeträgen werden außer einer vorgegebenen einachsigen Kristallsymmetrie (z.B. hexagonal) mit sehr großem K_1 auch noch anisotrope einachsige Vorzugslagen in der Nutzrichtung durch spezielle Herstellungsverfahren erzeugt, u.a. durch Abkühlen in einem starken magnetischen Feld.

Zahlenbeispiel: Alnico 5 (14 Ni, 24 Co, 8 Al, 3 Cu, 1 Fe), $B_r = 1{,}2$ T ($= 12\,000$ G), $H_c = 4{,}4 \cdot 10^4$ A/m ($= 550$ Oe).

Bei der Pulverauswahl für Feinstpulvermagnete und für Tonträgerschichten muß beachtet werden, daß bei extrem kleinem Körnchendurchmesser $d \ll \delta$ unerwünschte Magnetisierungsänderungen und verminderte Koerzitivkräfte infolge thermischer Schwankungen, wiederum ähnlich der Brownschen Molekularbewegung, auftreten können. Ein Teil des heute weniger als früher berüchtigten Kopiereffektes in aufgespulten Magnetbändern mit Speicherinhalt, besonders mit Musikeingabe, beruht auf thermisch angeregten Remanenzänderungen. Auf den Kopiereffekt wird noch an anderer Stelle dieses Buches eingegangen (siehe S. 59f.).

5.8. Dünne Schichten mit Néel-Wänden

Nicht nur sehr kleine Pulverteilchen, deren Durchmesser die Größenordnung der Blochwanddicke nicht überschreitet, zeigen im Vergleich zu dreidimensional größeren Werkstoffabmessungen ein anomales magnetisches Verhalten. Auch die magnetischen Eigenschaften sehr dünner ferromagnetischer (oder ferrimagnetischer) Schichten, deren Dicke die Größenordnung der Blochwanddicke erreicht oder darunter liegt, unterscheiden sich wesentlich vom „normalen" Verhalten dreidimensional dicker Körper. Dünne magnetische Schichten haben große Bedeutung für die Magnetspeichertechnik erlangt (vgl. hierzu Kapitel „Datenverarbeitungsanlagen", S. 295ff.).

Einer der wichtigen Unterschiede betrifft die Übergangsschichten zwischen benachbarten Domänen, die man nur für „dicke Körper" Blochwände nennt, während in dünnen Schichten andere Formen von Zwischenschichten auftreten, die wiederum Néel theoretisch voraussagte und quantitativ abschätzte und die man deshalb „Néel-Wände" (Néel-type walls) nennt. Die Gründe für diese Anomalie lassen sich mit Abb. 22 veranschaulichen:

Bei der Ableitung der Abschätzungsformel (18) für die Energie γ der Blochwand (je Flächeneinheit) durfte die Streufeldenergie vernachlässigt werden, die außerhalb der Stoffoberfläche auftritt infolge der „Polstreifen" N, N, N, ... und S, S, S, ..., an denen die Bitterstreifen haften. Diese Streufeldenergie ist jedoch nur dann vernachlässigbar klein, wenn die Ausdehnung der Blochwand lotrecht zur Oberfläche oder auch schief nach dem Inneren des Körpers hin groß ist gegenüber der Wanddicke δ. Wird die Schichtdicke dagegen bis zur Größenordnung

5. Die wichtigsten physik. Elementarvorgänge längs der Hystereseschleife

der Blochwanddicke vermindert $(d \approx \delta)$, so erzwingt der dann merkliche Energieanteil des äußeren Streufeldes eine energetisch günstigere Struktur der Übergangszone zwischen benachbarten Domänen. Ähnlich wie bei den Néel-Spießen (Néel-spikes) gibt es dabei auch eigenartige Formen, von denen hier als Beispiel mit Abb. 28 der sogenannte Stacheldrahttyp angedeutet sei. Optische und elektronenoptische Untersuchungen, die in Büchern über Ferromagnetismus eingehend beschrieben werden [10, 11], bestätigten die theoretischen Voraussagen und weiteren Untersuchungen über die Ausbildung der Stacheldrahtwände als ein energetisches Optimum in Schichten aus Fe-Ni-Legierungen mit etwa $0,3 \cdot 10^{-5}$ bis $0,9 \cdot 10^{-5}$ cm Dicke [62]. Die Bildebene von Abb. 28 deckt

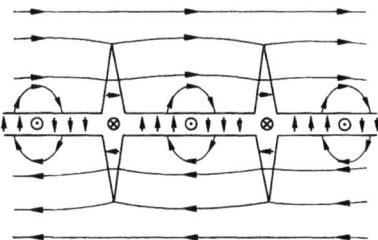

Abb. 28. Néel-Wand vom Stacheldraht-Typ (cross-tie wall) [10, 11, 62, 63].

sich mit der betrachteten Schichtoberfläche. Aus den schematisch eingezeichneten Pfeilrichtungen ist erkennbar, daß bei derartigen Néel-Wänden nur in sehr kleinen Teilbereichen N- und S-Pole an der Oberfläche entstehen. Nur dort ist die Normalkomponente der Magnetisierung nicht Null. Im Vergleich zur Blochwand in Abb. 22 ist die Energie des äußeren Streufeldes herabgesetzt. Im Inneren der dünnen Schicht gibt es dagegen „Polflächen" und entsprechende Streufelder, die in Abb. 22 wegen $M_\perp = 0$, überall losrecht zur Wand, vermieden sind.

Zahlenbeispiel: Dietze und Thomas fanden bei einer etwas genaueren theoretischen Rechnung als der ersten Abschätzung von Néel für Eisen etwa $0,3 \cdot 10^{-5}$ cm als kritische Schichtdicke, *über* der die Blochwand wie in Abb. 22, *unter* der die Néel-Wand, z.B. wie in Abb. 28, energetisch bevorzugt und daher in der Natur realisiert sein muß [63]. Diese kritische Schichtdicke gleicht ziemlich genau der im Anschluß an Gl. (18) angeführten Dicke $\delta_{90°} \approx 0,4 \cdot 10^{-5}$ cm der Blochwand in Eisen.

Die eindruckvollen optisch und elektronenoptisch hergestellten Photobilder von Néel-Wänden gehören ebenso wie die Néel-Spieße zu den Erscheinungen des Magnetismus, die vor mehr als drei Jahrzehnten völlig unbekannt waren und die heute das Verständnis der verwickelten inneren Vorgänge in magnetischen Werkstoffen beträchtlich vertieft haben.

5.9. Magnetische Blasen (magnetic bubbles) für sehr kurze Schaltzeiten

Bedeutende neue Möglichkeiten in der Magnetspeichertechnik bot die bahnbrechende Erfindung der leicht verschiebbaren „magnetischen Blasen" (magnetic bubbles) in dünnen Schichten mit etwa 3 bis 10 μm Dicke. Eine zielstrebige, mühsame und zähe Entwicklungsarbeit führte in den Bell-Laboratorien zu diesem Erfolg. Die grundlegenden Veröffentlichungen stammen von Bobeck, Fischer, Perneski, Remeika und Van Uitert mit einer theoretischen Ergänzung von Thiele (1969) [64, 65]. Die folgende zusammenfassende Darstellung dieses aussichtsreichen Weges stützt sich im wesentlichen auf die anschauliche, mit vielen Abbildungen erläuterte Beschreibung, die Bobeck und Scovil 1971 in der Zeitschrift Scientific American veröffentlichten [66]. Aber auch für das Verständnis dieser ausgezeichneten Einführung sind Grundkenntnisse über Blochwände, kristallographische Vorzugslagen der spontanen Magnetisierung (Kristallenergie), Kristallbaufehler als Hindernisse für Wandverschiebungen, Streufeldenergie und anderes unentbehrlich. Der Mechanismus der Blasenerzeugung und des Datenspeicherns durch Blasenbewegung mit äußerem Feldantrieb kann deshalb nicht nur zeitlich-historisch, sondern auch als Folge unserer vorausgegangenen Übersicht den Abschluß dieser Einführung bilden.

Nach der umfangreichen Eignungsprüfung vieler Stoffe bewährten sich epitaxisch aufgewachsene Schichten — wie gesagt, mit etwa 3 bis 10 μm Dicke — auf einer unmagnetischen einkristallinen Unterlage, wobei beste Ergebnisse mit Granaten der chemischen Zusammensetzung $E_3Fe_5O_{12}$ erzielt wurden. E bedeutet Yttrium oder ein anderes Element der Seltenen Erden. Epitaxie liegt vor, wenn sich die aufgebrachte einkristalline Schicht dem Kristallgitter der Unterlage anpaßt, also diese „kopiert". Geeignete Schichten konnten sowohl durch Aufdampfen als auch durch Abscheiden aus flüssiger Phase gewonnen werden. Für den technischen Erfolg war es wesentlich, daß die kristalline Sauberkeit der Schichten bis auf nur etwa zehn Kristallbaufehler (Gitterstörungen) je cm^2 gebracht werden konnte [66]. Entsprechend geringfügig sind die Hürden gegen ein Verschieben der Blochwände, eine grundlegende Voraussetzung für die Datenspeicherung in derartigen dünnen Schichten.

Eine schematische Beschreibung dieser „Blasentechnik" geben die Abb. 29 und 30. In Abb. 29 ist ein Ausschnitt aus einer Blasenträgerschicht, beispielsweise aus Yttrium-Eisen-Granat, dargestellt. Diese Schicht hat nicht eine kubische Symmetrie wie Eisen, Nickel und andere weichmagnetische Stoffe, sondern eine stark ausgeprägte einachsige magnetische Vorzugslage, lotrecht zur Schichtoberfläche. Bei optimaler Stärke eines Hilfsfeldes H_v (v für statische Vormagnetisierung) gelingt es, vorher vorhandene ausgedehntere Weißsche Bezirke, etwa gleich verteilt über beide Richtungen der Vorzugslage, zu stabilen, langzeitig

5. Die wichtigsten physik. Elementarvorgänge längs der Hystereseschleife 47

konservierbaren zylindrischen Domänen zusammenzupressen. In der zitierten Literatur wird genauer nachgewiesen, wie diese magnetische Blase (magnetic bubble) physikalisch als Minimalisierung ihrer Gesamtenergie zustandekommt. Wesentliche Energieanteile sind dabei

a) die mit wachsendem Durchmesser d der Blase zunehmende Energie der Blochwand,

b) die dabei ebenfalls zunehmende magnetostatische Energie im statischen Hilfsfeld H_v und

c) die mit wachsendem Durchmesser d der Blase abnehmende magnetostatische Energie der äußeren Streufeldstruktur.

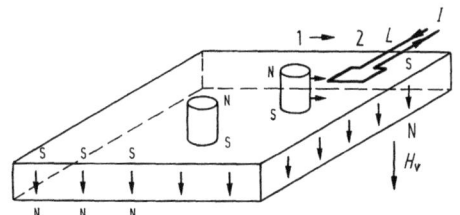

Abb. 29. Bewegliche „magnetische Blasen" (magnetic bubbles) in einer sehr dünnen Granat-Schicht mit stabilisierendem Hilfsfeld H_V [64, 65, 66, 67]. Zugkraft durch Strom I.

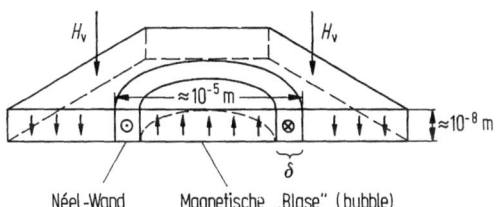

Abb. 30. Modell einer beweglichen magnetischen Blase (bubble) mit Angabe der Größenordnungen für Schichtdicke und Blasendurchmesser bei der technischen Anwendung [66]. (Nicht Wand wie in Abb. 28.)

In gut geeigneten Granatschichten haben stabile Blasen etwa 3 μm Durchmesser. Das dafür erforderliche Hilfsfeld H_v muß je nach den Daten des Schichtstoffes so gewählt werden, daß die Summe aus den genannten drei wichtigsten Energieanteilen der Blase bei geeignetem Durchmesser d der Blase stabil extremal wird. Daß dies physikalisch möglich ist, hatten die genannten Erfinder nachgewiesen.

Benachbarte Blasen stoßen sich ab wie Stabmagnete, die mit gleicher Richtung ihrer permanenten Magnetisierung einander genähert werden. Wegen der auch hier nicht verschwindend kleinen Feldstärken für Blochwandverschiebungen bleiben die Blasen jedoch in den technischen Schichten bereits stabil liegen, wenn ihre kürzesten Abstände etwa den vierfachen Durchmesser d der Blase überschreiten. In der Praxis können daher bei $d = 3$ µm etwa 100 000 bis 500 000 Blasen je cm² Schichtfläche bei mehr oder weniger großem „Sicherheitsabstand" stabil eingelagert werden.

Bei binärer Speicherung wird die Anwesenheit einer Blase an vorgegebener Stelle der Schicht als „Ja", die dortige Abwesenheit als „Nein" gewertet. Ein leichtes und schnelles Verschieben einer Blase wird in Abb. 29 durch eine Leiterschleife L angedeutet. Wenn die Stromrichtung in dieser Leiterschleife, wie durch Pfeile angemerkt, das statische Hilfsfeld H_v etwas schwächt, dann ist der Platz 2 gegenüber Platz 1 für die Blase energetisch bevorzugt. Sie wird nach 2 hinübergezogen. Für Datenspeicher mit Blasen verwendet man ähnlich den Ringkernmatrizen Maschennetze aus gekreuzten Leiterpaaren, mit denen man durch Stromstöße jede ausgewählte Blase von Ort zu Ort verschieben kann, sofern keine andere Blase im Wege steht. Die hier nur angedeutete Anwendungstechnik wird in [66] beschrieben.

Schon im ersten, allerdings jahrelangen Anlauf der Bell-Laboratorien erreichte man mit Blasenspeichern ungefähr folgende experimentelle Leistungsdaten: Rund 20 000 bits je cm³ Speicherinhalt, nur etwa 10 Watt Leistungsbedarf für bis zu 200 000 bits je Sekunde Ein- und Ausgabe. Um eine Million Blasen eine Million mal je Sekunde in einem Blasenspeicher umzubetten — ohne Aus- und Eingabe ist das hier möglich (!) —, also für 10^{12} Einzeloperationen, benötigt man etwa 40 Milliwatt. Zum Vergleich: In Transistorspeichern bei monolithischer Technik wird für 10^{12} gleichwertige Operationen ein mehr als 200facher Leistungsbedarf benötigt.

Einen überraschenden weiteren Fortschritt erzielte F. H. de Leeuw im Philips-Forschungslaboratorium Eindhoven. Er konnte die Transportgeschwindigkeit der Blasen von früher rund 20 bis 50 m/s auf etwa 500 m/s steigern, und zwar in einem speziell präparierten Yttrium-Eisen-Granat durch ein zusätzliches statisches Hilfsfeld, das parallel zur Ebene der dünnen Blasenträgerschicht orientiert ist [67]. Diese und andere neuere Entwicklungen eröffnen den Blasenspeichern bedeutende Zukunftsaussichten, wenn es gelingt, die Massenfertigung angemessen billig und zuverlässig zu sichern.

6. Schlußbemerkungen

Bei unserem kurzen Streifzug durch einige Teilgebiete der physikalischen Grundlagen magnetischer Stoffeigenschaften wird sich mancher Leser gefragt haben, ob denn mikroskopische Elementarvorgänge wie Wandverschiebungen, Schlauchziehen oder Wandwölbung merkliche Schlüsselbedeutung für die Weiterentwicklung der Technik magnetischer Speicher haben können. Obwohl auch schon früher wichtige Sondereigenschaften der verschiedenen magnetischen Werkstoffe der Speichertechnik ohne jede Kenntnis derartiger Elementarvorgänge nicht verständlich gemacht werden konnten und keine logischen Zusammenhänge miteinander offenlegten, hat nun besonders die Technik der magnetischen Blasen schlagartig gezeigt, wie erstaunlich die unmittelbare Anwendung der alten und neuen Bausteine des gesamten Bereiches von Theorie und Praxis des Ferromagnetismus Ausgangspunkte für aussichtsreiche Neuentwicklungen liefern kann. Mit einiger Wahrscheinlichkeit darf man erwarten, daß die kostspielige, aber auch dringend erwünschte Weiterarbeit zum Ausbau der gesamten Technik der Datenverarbeitung und Datenspeicherung als unentbehrliches Werkzeug zur Erweiterung des menschlichen logischen Denkvermögens in Zukunft noch mehr als bisher von einem zuverlässigen qualitativen und quantitativen Zugriff zu den Mikrovorgängen in magnetischen Werkstoffen maßgebend abhängen wird.

Nach unserem Streifzug ist vielleicht der Hinweis angebracht, daß auch die Technik der Datenverarbeitung, Sprach- und Musikspeicherung um so mehr Interesse erweckt, je tiefer die Beteiligten in die oft so erstaunliche Physik der Elementarerscheinungen einzudringen vermögen. Die seltsame theoretische Voraussage von Néel, daß im Meteoreisen schon lange bevor Menschen lebten, Milliarden von Néel-Spießen energiesparend wirksam waren, möchte ich als einen höchsterfreulichen Blumenstrauß auf dem Gabentisch der naturwissenschaftlichen Grundlagen der Technik am Schluß dieser Einführung herausstellen.

Literatur

1 Haynes, N. M.: Elements of Magnetic Tape Recording. Prentice Hall 1957.
2 Greiner, J.: Der Aufzeichnungsvorgang beim Magnettonverfahren mit Wechselstrommagnetisierung. Berlin: Verlag Technik 1953.
3 Westmijze, W. K.: Studies on Magnetic Recording. Philips Res. Rep. 1953, S. 148, 161, 245, 343.
4 Gschwind, H. W.; Mc Cluskey, E. J.: Design of Digital Computers. 2. Aufl. Berlin, Heidelberg, New York: Springer 1975.
5 PTB-Mitteilungen, Heft 1/1975. Braunschweig: Vieweg.
6 Stille, U.: Messen und Rechnen in der Physik. 2. Aufl. Braunschweig: Vieweg 1961.
7 Kohlrausch, F.: Praktische Physik, Bd. I. 22. Aufl. (Beitrag U. Stille). Stuttgart: Teubner 1968.
8 Ebert, H.: Physikalisches Taschenbuch. 5. Aufl. (Beitrag U. Stille). Braunschweig: Vieweg 1976.
9 Normen für Größen und Einheiten in Naturwissenschaft und Technik. Hrsg. Deutscher Normenausschuß (DNA). AEF-Taschenbuch. Berlin: Beuth-Vertrieb 1972 (s. dort DIN-Norm 1301 (Ausgabe November 1971)).
10 Kneller, E.: Ferromagnetismus. Berlin, Göttingen, Heidelberg: Springer 1962.
11 Chikazumi, S.: Physics of Magnetism. New York: John Wiley 1964.

12 Krupicka, S.: Physik der Ferrite und der verwandten magnetischen Oxide. Braunschweig: Vieweg 1973.
13 Zijlstra, H. (Hrsg.): Dauermagnete. Proc. 3rd Europ. Conf. on Hard Magn. Materials, Amsterdam 1974 (Den Haag, Postfach 9321).
14 Fahlenbrach, H.: Die weichmagnetischen, insbesondere metallischen Werkstoffe. Physik. Blätter 31 (1975) 257.
15 Küpfmüller, K.: Einführung in die theoretische Elektrotechnik. 10. Aufl. Berlin, Heidelberg, New York: Springer 1973.
16 Becker, R.; Sauter, F.: Theorie der Elektrizität. 20. Aufl. 3 Bde. Stuttgart: Teubner 1972.
17 Ameling, W.: Grundlagen der Elektrotechnik, 2 Bde. Düsseldorf: Bertelsmann Universitätsverlag, Düsseldorf 1973.
18 Vacuumschmelze GmbH, 645 Hanau, Grüner Weg. Firmenschriften über magnetische Werkstoffe.
19 Becker, R.; Kersten, M.: Z. Physik 71 (1931) 670.
20 Lord Rayleigh: Phil. Mag. 23 (1887) 225.
21 Feldtkeller, R.: Spulen und Übertrager, 3 Bde. Stuttgart: Hirzel 1949.
22 Feldtkeller, R.: Z. ang. Physik 4 (1952) 281.
23 Néel, L.: Cah. Physique 12 (1942) 1.
24 Preisach, F.: Z. Physik 94 (1935) 277.
25 Assmus, F.; Boll, R.: ETZ A 75 (1954) 221.
26 Ganzhorn, K.; Walter, W.: Die geschichtliche Entwicklung der Datenverarbeitung, erw. Fassung. IBM Deutschland GmbH, Stuttgart 1975.
27 wie [11], S. 508.
28 Kersten, M.: Z. techn. Physik 15 (1934) 249.
29 — Z. Physik 71 (1931) 586.
30 — Z. techn. Physik 15 (1934) 250.
31 Sommerfeld, A.: Vorl. Theoretische Physik, Bd. III. Leipzig: Akadem. Verlagsges. 1949.
32 wie [16], Bd. I.
33 Nagai, N.; Sasaki, S.; Endo, J.: Nippon Electr. Commun. Eng. (1938) 445.
34 Camras, M.: Proc. IRE (1949) 564.
35 wie [11], S. 332.
36 Jonker, G. H.; Wijn, H. P. J.; Brawn, P. B.: Philips Techn. Rev. 18 (1956) 150.
37 Boll, R.: Z. ang. Physik 12 (1960) 212, u. Diss. Stuttgart 1959.
38 Ewing, J. A.: Magnetische Induktion in Eisen und verwandten Metallen, Dt. Ausg. Berlin u. München: J. Springer u. R. Oldenbourg, 1892.
39 Barnett, S. J.: Phys. Rev. 6 (1915) 171 u. 239.
40 Einstein, A.; de Haas, W.: Verh. Dt. Phys. Ges. 17 (1915) 152.
41 Elschner, B.: Ann. d. Phys. VI. 13 (1953) 290.
42 Bloch, F.: Z. Physik 74 (1932) 295.
43 Williams, H. J.; Bozorth, R. M.; Shockley, W.: Phys. Rev. 75 (1949) 155.
44 Filmausleihe: Inst. für den wiss. Film, 3400 Göttingen, Bunsenstr. 10; Film Nr. W 115.
45 Kittel, C.: Rev. mod. Phys. 21 (1949) 541.
46 Döring, W.: Z. Physik 108 (1938) 137; Döring, W.; Haake, H.: Phys. Z. 39 (1938) 865.
47 Greiner, Christa: Ann. d. Phys. 12 (1953) 89.
48 Albers-Schönberg, E. J.: J. of Appl. Physics 25 (1954) 152.
49 Rajchman, J. A.: Proc. of the IRE (1957) 325.
50 Néel, L.: Magnetismus und lokales Molekularfeld (Nobel-Vortrag), (dt. Übers.). Angew. Chemie 83 (1971) 838.
51 Néel, L.: Cah. Physique 25 (1944) 21.

52 Williams, H. J.: Phys. Rev. 71 (1947) 529.
53 Kondorski, E.: Dokl. Akadem. Nauk SSSR. 68 (1949) 37.
54 Kersten, M.: Z. Physik 124 (1948) 729; dort auch frühere Literatur.
55 Dijkstra, L. J.; Wert, C.: Phys. Rev. 79 (1950) 979; s. auch Qureshi, A. H.: Z. Metallkunde. 52 (1961) 799, u. Dietze, H. D.: J. Phys. Soc. Japan 17 (1962) 663 (Proc. Int. Conf. on Magnetism and Crystallography, Bd. I, 1962, S. 663).
56 Haasen, P.: Physikalische Metallkunde. Berlin, Heidelberg, New York: Springer 1974.
57 van Bueren, H. G.: Imperfections in Crystals. Amsterdam: North Holland 1959.
58 Kovács, I.; Zsoldos, L.: Dislocations and Plastic Deformation. Int. Series of Monographs. Oxford: Pergamon 1973.
59 Kersten, 8.: Z. angew. Physik 8 (1956) 313.
60 — Z. angew. Physik 8 (1956) 382.
61 — Z. angew. Physik 8 (1956) 496.
62 Methfessel, S.; Middelhoek, S.; Thomas, H.: J. Appl. Phys. 31 (1960) 302.
63 Dietze, H.-D.; Thomas, H.: Z. Physik 163 (1961) 523.
64 Bobek, A. H.; Fischer, R. F.; Perneski, A. J.; Remeika, J. P.; van Uitert, L. J.: IEEE Transact. on Magnetics. MAG—5 (1969) 544.
65 Thiele, A. A.: Bell Syst. Techn. J. 48 (1969) 3287.
66 Bobek, A. H., Scovil, H. E. D.: Scient. American. 224 (1971) 78.
67 De Leeuw: Physik. Blätter 31 (1975) A 95 (Heft 5); Firmenmitteilung Philips Eindhoven.
68 Craik, D. J. (Hrsg.): Magnetic Oxides, 2 Bde. Chichester: J. Wiley 1975, 840 S. (mit Anwendungen, u.a. magnetische „Blasen").

B. Die Preisach-Darstellung zur Beschreibung magnetischer Speichereffekte

Manfred Paul

1. Einleitung

Die hier vorgestellte *Preisach*-Darstellung zur Beschreibung ferromagnetischer Speichereffekte basiert auf statistischen Betrachtungen im Medium. Sie ist daher nur anwendbar auf pauschale Magnetisierungseffekte, wie sie im Magnetband und auf Magnetplatten auftreten, wo viele Millionen magnetischer Einbereichsteilchen an dem Zustandekommen eines äußeren Streufeldes mitwirken. Für Magnetspeicher, deren physikalische Phänomene deterministisch beschreibbar sind, wie etwa Ringkerne, die man sich als einen Weißschen Bezirk vorstellen kann, oder auch die für zukünftige Großraumspeicher geplanten magnetic bubbles, ist die Preisach-Darstellung jedoch nicht anwendbar.

Während der Wiedergabevorgang in der Magnetspeichertechnik durch Westmijze [1] eine befriedigende theoretische Erklärung erhalten hatte, ist der von W. L. Carlson und G. W. Carpenter [2] sowie unabhängig davon durch von Braunmühl und Weber [3, 4] entdeckte Aufsprechvorgang mit Hochfrequenzüberlagerung noch nicht bis in alle Einzelheiten geklärt, da es sich hier um einen ferromagnetischen Vorgang handelt, der mit erheblichen Nichtlinearitäten verbunden ist, der infolge der Hysterese nicht einmal eindeutig ist und der trotzdem zu einem linearen Ergebnis führt.

Eine Reihe von Theorien — [5, 6] und andere —, die die Magnetisierungskurven zur Grundlage haben und nur unter stark einschränkenden Bedingungen gelten, wurde entwickelt. Erst als Schwantke [7, 8, 9] die Preisachsche [10] Darstellung der Statistik der Barkhausensprünge heranzog, konnten wesentliche Einschränkungen, die der Wirklichkeit widersprachen, aufgegeben werden. Diese Theorie liefert eine anschauliche Darstellung der komplizierten ferromagnetischen Vorgänge.

2. Die Preisach-Schwantke-Darstellung des Aufsprechvorganges

2.1. Voraussetzungen

Auf dem Magnetband bzw. der Platte befindet sich auf dem Träger die magnetisch wirksame Schicht, die meistens aus γ-Fe_2O_3-Nadeln in einem Bindemittel besteht. Für CrO_2 gelten die gleichen Überlegungen. Vielfach werden die Ferritteilchen beim Herstellungsprozeß mit ihrer Längsachse, die gleichzeitig die Achse der irreversiblen Magnetisierungen ist, in Bandrichtung ausgerichtet. Da nur irreversible Magnetisierungen einen Speichereffekt haben, sind auch nur die äußeren Felder wichtig, die in dieser Richtung wirken. Die Teilchen sind normalerweise so klein, daß aus quantenmechanischen Gründen keine Blochwände auftreten können; d.h. daß sie nur aus einem einzigen Weißschen Bezirk bestehen. Man nennt sie Einbereichsteilchen. Neuere Untersuchungen zeigen, daß sie eine nahezu rechteckige Hystereseschleife in ihrer irreversiblen — sogenannten „leichten" — Magnetisierungsrichtung haben [11]. Daher läßt sich die Preisach-Darstellung besonders vorteilhaft für das Magnetband verwenden. Für Magnetplatten gelten dieselben Überlegungen. Preisach nimmt an, daß im magnetischen Material eine große Anzahl von Elementarbezirken vorhanden ist, die eine rechteckförmige Magnetisierungsschleife haben. Jedes Elementarteilchen besitzt eine individuelle Koerzitivfeldstärke H_b und infolge der Wechselwirkungen mit den umgebenden Bezirken auch eine individuelle magnetische Vorspannfeldstärke H_m (siehe Abb. 1a). Abb. 1b zeigt, welche Teilchentypen formal in den ver-

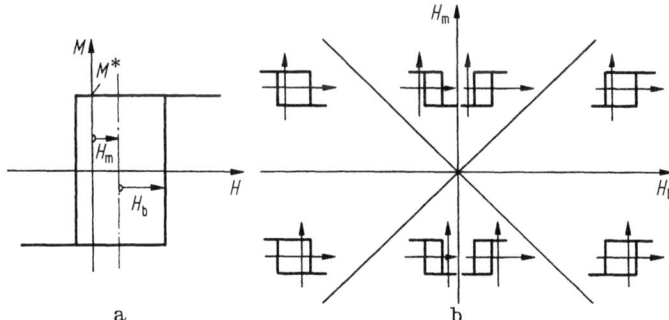

Abb. 1a. Allgemeines Einbereichsteilchen; 1b Teilchentypen in der Preisach-Ebene.

schiedenen Quadranten der H_b-H_m-Ebene liegen. Die linke Halbebene ($H_b < 0$) soll aus physikalischen Gründen von den weiteren Betrachtungen ausgeschlossen werden. Die Höhe der Elementarschleifen M^* ist ebenfalls individuell verschieden. Trägt man in der H_b-H_m-Ebene für alle Elementarbereiche mit festgehaltenem H_m und H_b die Summe ihrer

M^* auf, so erhält man eine Beitragsverteilung der Teilmagnetisierungen. Läßt man nun die Zahl der Teilchen im Grenzübergang nach Unendlich gehen und ihre Magnetisierungsbeiträge nach Null, ohne jedoch die Größe des Teilmagnetisierungsbeitrages im „Flächen"-Element $\Delta H_m \cdot \Delta H_b$ zu verändern, so erhält man aus der diskreten Beitragsverteilung eine kontinuierliche Verteilungsdichte $\varrho(H_m, H_b)$, die auch Belegungs- oder Gewichtsfunktion genannt werden soll. Wegen der Zentralsymmetrie der makroskopischen Magnetisierungsschleifen von Tonbändern und weil positive wie negative Signalamplituden gleich aufgezeichnet werden, muß die Verteilungsdichtefunktion symmetrisch zur H_b-Achse sein. Es gilt daher

$$\varrho(+H_m, H_b) = \varrho(-H_m, H_b). \tag{1}$$

2.2. Die Ermittlung remanenter Magnetisierungen im Preisach-Diagramm

Im entmagnetisierten Zustand sind alle Teilchen im Bereich $H_m < 0$ der Preisach-Ebene im Zustand der positiven Sättigung und alle Teilchen im Bereich $H_m > 0$ in der negativen Sättigung (siehe Abb. 2). Beim

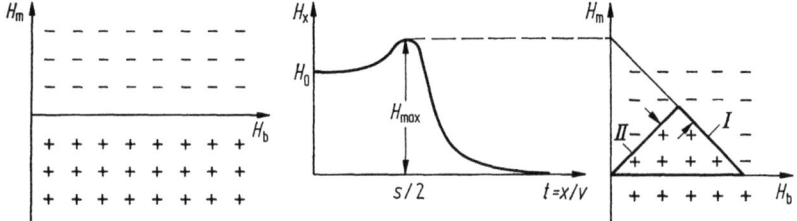

Abb. 2. Entmagnetisierter Zustand.   Abb. 3. Remanenzflächen eines Gleichfeldes.

Anlegen einer positiven äußeren Feldstärke H klappen alle Teilchen in die positive Sättigung, für die gilt:

$$H \geq H_m + H_b; \tag{2}$$

d.h. alle Teilchen, deren Ort unterhalb oder auf der Grenzgeraden bzw. „Magnetisierungsfront"

$$H_m = H - H_b \tag{3}$$

liegt. Analog dazu klappen beim Anlegen einer negativen äußeren Feldstärke alle Teilchen in die negative Sättigung, für die die folgende Bedingung erfüllt ist:

$$H \leq H_m - H_b. \tag{4}$$

Die dazugehörige Grenzgerade bzw. Magnetisierungsfront hat die Gleichung:

$$H_m = H + H_b. \tag{5}$$

2. Die Preisach-Schwantke-Darstellung des Aufsprechvorganges

Unter der Voraussetzung der Symmetriebedingung der Gl. (1) ist die remanente Magnetisierung dann gleich dem Integral über den mit der Belegungsfunktion bewerteten Inhalt einer Figur, die im Preisach-Diagramm aus solchen Magnetisierungsfronten gebildet wird, da die Differenz zwischen dem Integral über die positiven Gebiete und dem über die negativen die makroskopische oder pauschale Magnetisierung darstellt.

Beim Anlegen eines Gleichstroms an den Aufsprechkopf eines Bandgerätes entsteht ein Gleichfeld, dessen Komponente in Bandrichtung in einem gewissen effektiven Abstand vom Kopf etwa einen Verlauf hat, der der linken Figur in Abb. 3 entspricht (Feldberechnungen in [12, 14]). Der Koordinatenursprung liegt dabei in der Mitte des Kopfspaltes. Für negative x-Werte ist die Figur an der H_x-Achse zu spiegeln. Ein Bandelement eines gelöschten Bandes wird wegen der konstanten Bandgeschwindigkeit einem Feld ausgesetzt, das einen entsprechenden zeitlichen Verlauf hat. Im rechten Preisach-Diagramm bedeutet das eine Magnetisierungsfront I (nach Gl. (3)), die vom Ursprung in den ersten Quadranten emporsteigt, bis das Feldmaximum an der ersten Spaltkante erreicht wird. Danach sinkt die Feldstärke etwas ab, was eine Magnetisierungsfront II nach Gl. (2.4) zur Folge hat, die vom Punkte $(H_m = H_{max}, H_b = 0)$ nach unten wandert, bis der Wert H_0 auf der H_m-Achse abgeschnitten wird. Danach steigt das Kopffeld wieder an und die Magnetisierungsfront I nach Gl. (2.2) steigt von diesem Ordinatenpunkt ausgehend wieder empor, bis H_{max} erreicht ist. Dabei wird das kleine negative Dreieck, das durch die sinkende Feldstärke entstand, wieder ummagnetisiert und damit die Vorgeschichte ausgelöscht.

Man braucht also bei einem Magnetisierungsvorgang die Vorgeschichte nur von dem Auftreten des absoluten Feldmaximums an zu verfolgen. Das bedeutet, daß bei symmetrischen Köpfen nur die Spaltkante, von der das Band abläuft, das Aufsprechen bestimmt. Daher kann der Spalt hier für größere Streufelder größer sein als beim Wiedergabekopf.

Die Feldstärke sinkt nun vom Wert H_{max} ausgehend monoton nach Null ab, die Magnetisierungsfront II sinkt herunter, bis sie den Ursprung schneidet. Als Maß für die remanente Magnetisierung bleibt das dick umrandete Remanenzdreieck übrig.

Das Integral der Belegungsfunktion über diese Fläche ergibt die Remanenz

$$M = \iint_\Delta \varrho(H_m, H_b)\, dH_m \cdot dH_b. \tag{6}$$

Die Remanenzfläche ändert sich, wenn statt des Gleichfeldes ein Wechselfeld am Sprechkopf vorhanden ist. Dann verändert sich die Phasenlage des Signales, während das Bandelement dem Kopffeld ausgesetzt ist und man erhält Remanenzflächen nach Abb. 4. Hierbei bilden sich Teildreiecke mit entgegengesetzter Magnetisierung auf beiden Seiten der Abszisse aus, die sich teilweise kompensieren. Je höher die Frequenz ist, desto mehr und desto kleinere Teildreiecke entstehen, die sich immer

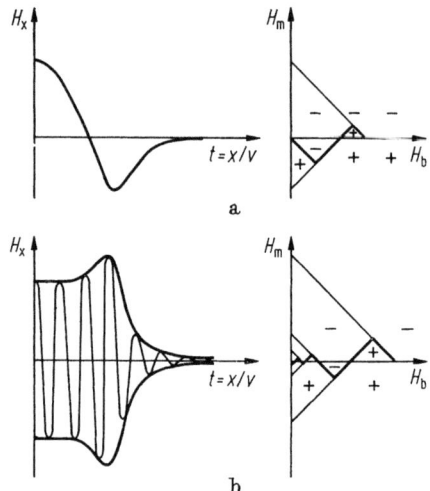

Abb. 4a u. b. Remanenzflächen für verschiedene Frequenzen.

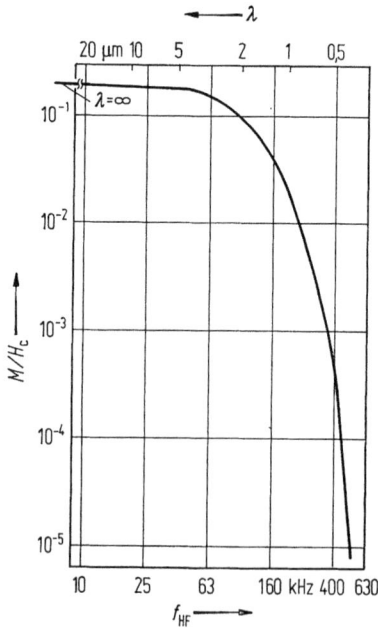

Abb. 5. Berechnete Maximalamplituden der remanenten Magnetisierung durch Vormagnetisierung ohne Nutzsignal.

2. Die Preisach-Schwantke-Darstellung des Aufsprechvorganges

besser kompensieren. Im Grenzfall hat man das ideal gelöschte Band der Abb. 2. Die Abb. 5 zeigt für den Fall einer Spaltbreite von 2,4 μm, ein unendlich dünnes Tonband mit der relativen Permeabilität $\mu_r = 1$ im Abstand von 1 μm vom Kopfspiegel und eine Bandgeschwindigkeit von 20 cm/s, wie die Maximalamplituden der Magnetisierung mit zunehmender Frequenz abnehmen. Bei dieser Rechnung wurde als Belegungsdichte ϱ eine Gauß-Verteilung gewählt, auf die später genauer eingegangen werden soll.

Die Abb. 5 zeigt gleichzeitig eine Empfindlichkeitskennlinie für den Aufsprechvorgang ohne Hochfrequenzüberlagerung. Man erkennt, daß Wellenlängen bis zu $\lambda = 4$ μm noch brauchbar auf dem Band gespeichert werden. Paul [41] gibt Messungen mit normalem $1/4''$-Analog-Magnetband bei $v = 7,5$ ips an und erhält maximale induzierte Ausgangsspannungen von 1,4 V bei $\lambda = 7,3$ μm und immerhin noch etwa 0,13 V bei $\lambda = 4,42$ μm. Computerband unterscheidet sich wenig in seinen Eigenschaften von Studioband. Daher sind auch maximale Schreibdichten von 800 bpi gebräuchlich, was 3,175 μm/bit entspricht und bei NRZ-Codierung zu Wellenlängen von $\lambda = 6,35$ μm für die Grundwelle führt. Die Oberwellen werden durch die Tiefpaßwirkung von Band und Kopf ohnehin herausgefiltert. Bei 1 600 bpi dürfte die Störanfälligkeit schon erheblich gewachsen sein, da jetzt nur noch $\lambda = 3,17$ μm gilt.

2.3. Der Aufsprechvorgang mit Hochfrequenzüberlagerung

Beim üblichen Aufsprechverfahren wird zu dem Nutzsignal H_{NF} eine hochfrequente Vormagnetisierung H_{HF} addiert, die in der Amplitude stets größer als das Nutzsignal ist. Ein Bandelement ist dann beim Vorbeifahren am Kopf einem Feld ausgesetzt, das schematisch in Abb. 6 links dargestellt ist. Dabei ist zunächst angenommen, daß die Signalfrequenz so klein ist, daß sich ihre Phasenlage nicht ändert, wenn das Bandelement das Kopffeld durchfährt, während das Hochfrequenz-

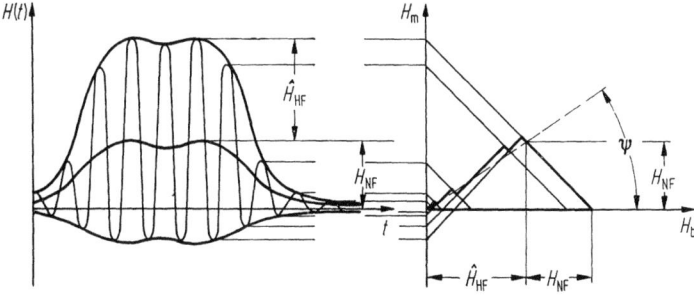

Abb. 6. Aus einem Spaltfeldverlauf resultierendes Remanenzdreieck in der Preisach-Ebene.

vormagnetisierungsfeld sehr häufig sein Vorzeichen wechseln soll. Im rechten Teil der Abb. 6 ist aus den Magnetisierungsfronten nach Gl. (3) und (5) die Remanenzfläche konstruiert. Läßt man im Grenzübergang die Vormagnetisierungsfrequenz nach Unendlich wachsen, so werden die Periodendauern immer kleiner und die Zackigkeit der oberen Berandung der Remanenzfläche geht in eine Gerade mit der Steigung

$$\tan \psi = \hat{H}_{NF}/H_{HF} \tag{7}$$

über. Die remanente Magnetisierung errechnet sich dann aus dem Integral über die Belegfunktion innerhalb des Dreiecks, dessen Grundlinie die Länge $(\hat{H}_{NF} + H_{NF})$ und dessen Höhe die Länge H_{NF} hat. In analytischer Form ergibt sich die Magnetisierung zu [7]

$$M = \int_0^{\hat{H}_{HF}} dH_b \int_0^{H_b H_{NF}/\hat{H}_{HF}} dH_m \varrho(H_m, H_b)$$

$$+ \int_{\hat{H}_{HF}}^{\hat{H}_{HF}+|H_{NF}|} dH_b \int_0^{\hat{H}_{HF}+H_{NF}-H_b} dH_m \varrho(H_m, H_b). \tag{8}$$

Wird die Signalfrequenz höher, so daß sich merkbare Phasenänderungen während des Vorbeifahrens des Bandelementes am Kopf ergeben, so erhält man kompliziertere Remanenzflächen mit gekrümmten Berandungen beiderseits der H_b-Achse (siehe Abb. 7), die aber innerhalb des Winkels ψ nach Gl. (7) verlaufen. Man erkennt, daß die pauschale Magnetisierung kleiner wird. Die Bildung dieser Remanenzflächen, die denen der Abb. 4 für den Aufsprechvorgang ohne Vormagnetisierung ähneln, ist neben der Abnahme der Streufeldstärken mit kürzer werdenden Wellenlängen zwischen Kopf und Band für die sogenannte Banddämpfung oder „Selbstentmagnetisierung" verantwortlich, die sich experimentell ermitteln läßt und durch einen exponentiellen Abfall beschrieben wird [12, 15].

$$\hat{M}(\omega) = \hat{M}_0 \exp\left(-\frac{\omega}{\omega_1}\right) = \hat{M}_0 \exp\left(-\frac{\lambda_1}{\lambda}\right). \tag{9}$$

Die Banddämpfungskonstanten ω_1 bzw. λ_1 setzen sich aus drei Anteilen zusammen:

$$\lambda_1 = \lambda_{11} + \lambda_{12} + \lambda_{13}. \tag{10}$$

Dabei wird λ_{11} hervorgerufen durch die Deformation des Remanenzdreiecks, nach Abb. 7, λ_{12} durch den im Verhältnis zur Wellenlänge wachsenden effektiven Bandabstand bei der Aufnahme und λ_{13} durch den im Verhältnis zur Wellenlänge wachsenden effektiven Bandabstand bei der Wiedergabe. Eine Berechnung der Magnetisierung mit wachsender Frequenz von Gillmann [17] mit einer Gauß-Glocke als Belegungsfunk-

2. Die Preisach-Schwantke-Darstellung des Aufsprechvorganges 59

tion zeigt, daß die Beschreibung durch einen exponentiellen Abfall nach Gl. (9) nur eine Näherung darstellt, die zu hohen Frequenzen zu kleine Werte liefert. Im üblichen Betriebsbereich hat sie sich jedoch als brauchbar gezeigt.

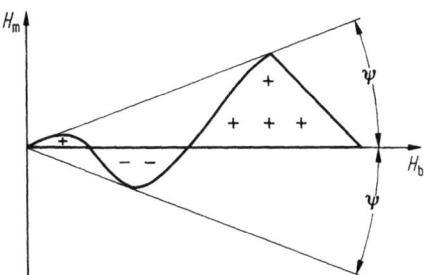

Abb. 7. Remanenzfläche bei höheren Signalfrequenzen.

Die Zackigkeit der Berandung des Remanenzdreiecks ist vom Feldabfall hinter der Spaltkante und der Frequenz der Vormagnetisierung abhängig. Je größer die Zacken sind und je unvollständiger sie sich gegenüber der geraden Berandung des idealen Dreiecks kompensieren, um so größer ist der Anteil der Vormagnetisierung, der auf dem Band gespeichert ist (siehe auch Abb. 4 und 5). Diese läßt sich direkt nur schwer nachweisen, da die Wiedergabeköpfe wegen der Spaltfunktion hierfür zu unempfindlich sind. Indirekt jedoch kann man sie dadurch erkennen, daß der Rauschpegel des Bandes ohne Niederfrequenzsignal größer als normal ist, weil jede auf dem Band vorhandene Magnetisierung ein sogenanntes „Modulationsrauschen" verursacht [18], das aber normalerweise vom Nutzsignal verdeckt wird. Die Qualität des Speicherprozesses wird daher mit kleiner werdender Zackigkeit besser. Diese läßt einmal dadurch verbessern, daß die Frequenz der Vormagnetisierung möglichst hoch gewählt wird. Abbildung 5 läßt erkennen, daß die Wellenlängen der Hochfrequenz auf dem Band kleiner als 1 μm sein sollten. Zum zweiten sorgt ein möglichst flacher Feldabfall hinter der Spaltkante für ein geringeres Rauschen. Hierbei nimmt man aber in Kauf, daß die Deformation der Remanenzfläche nach Abb. 7 bereits bei niedrigeren Signalfrequenzen eintritt, was eine größere Banddämpfungskonstante λ_{11} (Gl. (9), (10)) zur Folge hat.

2.4. Der Kopiereffekt

Legt man an ein entmagnetisiertes Bandelement ein äußeres Gleichfeld, das beim Kopiereffekt vom Streufeld der benachbarten Bandwindungen herrührt, so klappen alle Teilchen unterhalb der Magnetisierungsfront nach Gl. (3) in die positive Sättigung. Die beiden Grenzgeraden

$$H_m = H_{\max} - H_b, \quad (11)$$
$$H_m = -H_c \quad (12)$$

schließen das ummagnetisierte Gebiet als unendlichen Streifen ein (siehe Abb. 8). Da das Gebiet unterhalb der Abszisse sowieso positiv ist, bleibt

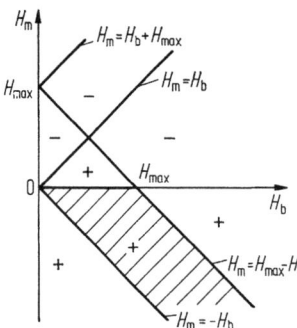

Abb. 8. Remanenzfläche nach Anlegen und Wegnehmen eines positiven Gleichfeldes.

nur das Dreieck $OH_{\max}H_{\max}$ übrig. Beim Wegnehmen des äußeren Feldes klappen alle Teilchen, für die Gl. (4) gilt, in die negative Remanenz zurück und wie erhalten als Grenzgeraden

$$H_m = H_b + H_{\max} \quad (13)$$
$$H_m = H_b. \quad (14)$$

Es bleibt das Remanenzdreieck wie in Abb. 3 übrig.

Trägt das Band eine remanente Magnetisierung gleichen Vorzeichens wie die Störfläche, so wird sich die Störung weniger als vorher bemerkbar machen, da die Magnetisierungsänderung dann noch geringer wird (siehe Abb. 9). Nur wenn die Vorzeichen von Nutzmagnetisierung und Störmagnetisierung verschiedene Vorzeichen haben, spielt ein geringer Teil des Streifens eine Rolle. Die Abb. 10 zeigt das stark übertrieben.

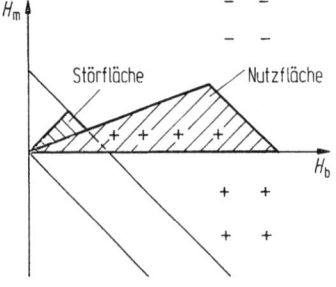 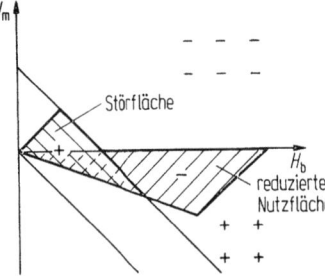

Abb. 9. Kopiereffekt; Nutz- und Störmagnetisierung vorzeichengleich.

Abb. 10. Kopiereffekt; Nutz- und Störmagnetisierung im Vorzeichen verschieden.

3. Belegungsfunktion

Um eine möglichst übersichtliche Darstellung der Magnetisierungsvorgänge zu erhalten, verwendeten Preisach und später auch Schwantke stückweise konstante Belegungsdichten. Preisach benutzte eine Rechteckverteilung, während die Schwantkesche Belegfunktion aus einer Grenzellipse besteht, innerhalb der eine Gleichverteilung herrscht und außerhalb der die Belegung den Wert Null annimmt (siehe Abb. 11). Beide liefern im Rayleigh-Bereich quantitativ richtige Ergebnisse, darüber hinaus nur qualitative Näherungen.

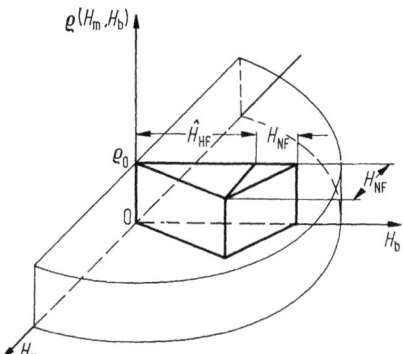

Abb. 11. Schwantkesche Belegungsellipse mit Remanenzdreick.

Sowohl die Preisachsche Rechteckbelegung als auch die Schwantkesche elliptische Scheibe sind sehr vereinfachte Funktionen, die in der Wirklichkeit nicht auftreten. Schwantke [7] postulierte einen glockenförmigen Verlauf. Erstmals bestimmten Woodward und Della Torre [19, 20, 21] wirkliche Belegungsdichten. Inzwischen gibt es Messungen von Daniel und Levine [22], Bate [23], Fritzsch und Scholz [24] und Struska [25]. Der letzte hat über hundert Bandsorten untersucht. Desgleichen gibt es eine Reihe von Veröffentlichungen über Messungen von Belegungsfunktionen an hochpermeablen Materialien [22—26].

3.1. Messung von Belegungen

Man kann zwei verschiedene Meßprinzipien unterscheiden. Bei den einen liegt während der Messung ein äußeres Feld an der Probe; wir wollen sie feldbehaftete Verfahren nennen. Bei den anderen sind keine äußeren Felder bei der Messung wirksam, sie mögen feldfreie Verfahren heißen.

Die feldbehafteten Verfahren haben den Nachteil, daß man bei der Messung durch geeignete Differenzbildung das äußere Feld eliminieren muß. Solche Verfahren beschreiben Schwantke [7], Wilde und Girke [31],

Daniel und Levine [22] und Bate [23]. Bei diesen Verfahren müssen zum Teil die kleinen Gleichflüsse, die die Magnetisierung des Bandes hervorruft, gemessen werden, was meßtechnisch einen großen Aufwand erfordert.

Die zweite Gruppe von Verfahren kann die H_m–H_b-Ebene abtasten, ohne daß bei der Messung äußere Hilfsfelder vorhanden sind. Ein solches Verfahren, wobei eine vorhandene Magnetisierung stückweise gelöscht und dann die Differenz der Magnetisierungen bestimmt wird, beschreibt ebenfalls Schwantke [7]. Eine weitere Meßmethode dieser Art, wie sie von Fritzsch und Scholz [24] angewandt wurde, wollen wir genauer angeben.

Mittels des normalen Aufsprechverfahrens wird ein niederfrequentes Signal auf das Band gespielt. Dabei entsteht ein Remanenzdreieck nach Abb. 6. Variiert man in geeigneter Weise das Vormagnetisierungs- und Signalfeld, so kann man die Preisach-Ebene mit einem Raster nach Abb. 12 überziehen. Die Belegungsdichte im Flächenelement 1234 ist dann

$$\varrho_{1234} = (M_{02B} + M_{04A} - M_{01A} - M_{03B})/F_{1234}, \qquad (15)$$

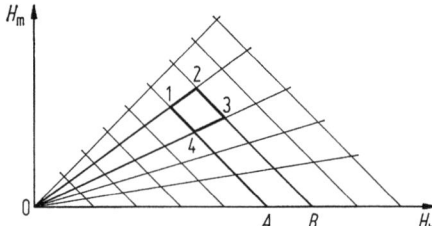

Abb. 12. Verfahren zur Bestimmung der Belegungsfunktion.

wobei F_{1234} den Feldstärkenquadratinhalt des Differenzelementes 1234 darstellt und M_{01A} die Magnetisierung, die durch die Remanenzfläche 01A dargestellt wird. Das Meßverfahren hat den großen Vorteil, daß man eine Wechselmagnetisierung auf das Band aufspielen kann, die sich nach einmaliger Eichung mit einem Bezugsband leicht aus der im Wiedergabekopf induzierten Spannung ermitteln läßt. Abb. 13 zeigt nach diesem Verfahren von den obengenannten Autoren ermittelte Ergebnisse.

Die unterschiedlichen Meßverfahren führen nur dann zu denselben Ergebnissen, wenn die Belegungen als starr gegenüber äußeren Einflüssen angesehen werden können. Das gilt auch noch, wenn infolge äußerer Einflüsse Teilchen ihre Plätze im Preisach-Diagramm austauschen. Für einen Beobachter von außen, den individuelle Teilchenschicksale nicht interessieren, erscheint die Belegung unverändert. Für diesen Fall haben Woodward und Della Torre [19] den Begriff der „sta-

3. Belegungsfunktion

tistischen Stabilität" geprägt. Bate [23, 32] wies nun durch zwei verschiedene Meßverfahren nach, daß oberhalb gewisser Magnetisierungen Unterschiede auftreten; daß daher die Belegungen vorgeschichtsabhängig sind.

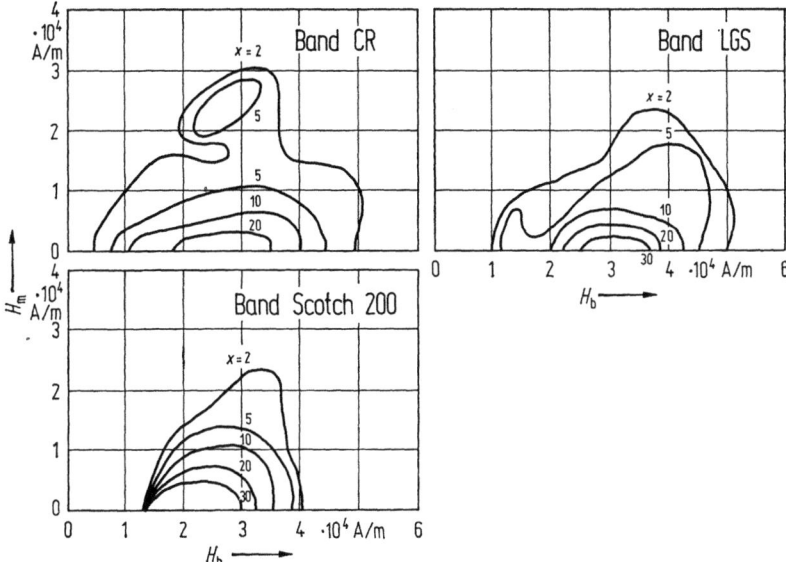

Abb. 13. Gemessene Belegungsfunktionen nach Fritzsch und Scholz [24].

Im folgenden soll der Mechanismus der Entstehung von Belegungsfunktionen untersucht werden.

3.2. Statistische Verteilung

Die magnetische Schicht auf dem Band enthält je nach Bandtyp 20 bis 40 Volumenprozent Ferritpulver (γ-Fe_2O_3) in einem Bindemittel. Das Ferritpulver besteht bei fast allen Bandsorten aus Nadeln, deren Länge zwischen 0,1 μm und 1 μm schwankt. Das Verhältnis Länge zu Dicke schwankt zwischen 5:1 und 10:1. Ihre Längsachse ist in Bandrichtung ausgerichtet.

Für die Entstehung der Verteilungsfunktion existieren mehrere Ursachen. Zwar werden „größenmäßig einheitliche Teilchen mit enger Größenverteilung gefordert" [33], eine gewisse Schwankung läßt sich jedoch nicht vermeiden. Von der Größe hängt jedoch auch die Koerzitivkraft und das magnetische Moment des Teilchens ab. Hinzu kommt, daß nicht alle Teilchen vollständig in Bandrichtung ausgerichtet sind, so daß sich die Umschaltfeldstärken für diese scheinbar erhöhen. Da wir eine sehr große Zahl von Teilchen haben, deren Momente und Koerzitivkräfte um einen Mittelwert schwanken, kann man für die H_b-Werte im Grenzübergang eine Gaußsche Normalverteilung annehmen.

Die Verteilung in H_m-Richtung hat ihre Ursache in der Wechselwirkung der Teilchen. Haben alle Teilchen einen konstanten Abstand voneinander, so wirkt sich das nur sehr wenig auf die H_m-Verteilung aus [34]. Schwankt der Teilchenabstand jedoch um einen Mittelwert, was sich bei der Herstellung nicht vermeiden läßt, so erhalten wir auch schwankende Vorspannfeldstärken, für die man wegen der großen Teilchenzahl im Grenzübergang ebenfalls eine Gauß-Verteilung annehmen kann.

3.3. Analytische Näherung der Belegungsfunktion

Die komplizierte Struktur der gemessenen Belegungsfunktionen (siehe Abb. 13) macht eine Berechnung der Magnetisierung sehr umständlich, da diese nur numerisch aus der Summierung von Teilmagnetisierungen, die bei der Messung ermittelt wurden, errechnet werden können; man kann daher versuchen, das empirisch ermittelte Gebirge durch eine analytisch angebbare Funktion anzunähern. Man gewinnt dabei die Möglichkeit einer quantitativen Berechnung der Magnetisierung aus wenigen Parametern der analytischen Funktion.

Da die Teilchenparameter sehr wahrscheinlich dem Gaußschen Verteilungsgesetz gehorchen, und die gemessenen Belegungen eine näherungsweise glockenförmige Gestalt haben, liegt es nahe, als analytische Beschreibung die Gauß-Verteilung zu wählen. Das hat erstmals Gillmann [16, 17] getan. Daneben sind auch andere Beschreibungsfunktionen von Noble [35] und Girshovichus [36, 37] bekannt.

Nimmt man wie Gillmann eine einfache Gauß-Glocke als Belegungsfunktion an:

$$\varrho_\mathrm{I} = \varrho_0 \exp\left[-\left(\frac{H_b - H_c}{H_s}\right)^2\right] \cdot \exp\left[-\left(\frac{H_m}{H_s}\gamma\right)^2\right], \qquad (16)$$

ϱ_0 ein Normierungsfaktor,
H_S die Streuung in H_b-Richtung,
H_S/γ die Streuung in H_m-Richtung,
H_c die Koordinate des Glockengipfels auf der H_b-Achse,

so erhält man bei passender Wahl der Parameter daraus berechnete Empfindlichkeitskurven, die für kleine Signalamplituden mit gemessenen Werten sehr gut übereinstimmen. Für Signalamplituden in der Nähe der Aussteuerungsgrenze wandern die Empfindlichkeitsgipfel jedoch zu kleineren Vormagnetisierungsströmen aus, was im Widerspruch zu gemessenen Empfindlichkeitskurven steht.

Berücksichtigt man, daß die Belegungsfunktionen nicht starr, sondern für größere remanente Magnetisierungen vorgeschichtsabhängig

3. Belegungsfunktion

sind, so kann man mit einer modifizierten Gauß-Verteilung die quantitative Berechnung auf große Remanenzen ausdehnen [34]. Dazu betrachten wir ein Teilchenkollektiv nach Abb. 14, das auf das Mittelteilchen mit

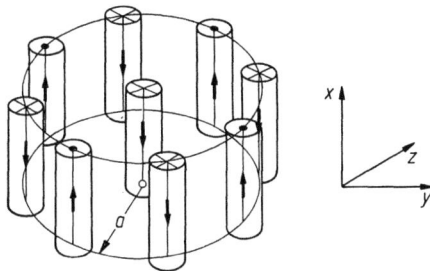

Abb. 14. Wechselwirkungsmodell im entmagnetisierten Zustand.

seinen Streufeldern einwirkt. Im entmagnetisierten Zustand heben sich die Streufelder am Ort des Mittelteilchens auf. Es hat für den außenstehenden Beobachter seine ursprüngliche Schleifenbreite H_{b0}. In dem Maße, wie sich infolge eines äußeren positiven Feldes die pauschale Magnetisierung von Null verändert (in Abb. 14 das Umklappen von einem Teilchen nach dem anderen in $(+x)$-Richtung), erhöht sich dazu proportional das Streufeld am Ort des Mittelteilchens (Feldrichtung in $(-x)$-Richtung), das vom äußeren Feld zusätzlich überwunden werden muß. Die scheinbare Umschaltfeldstärke wächst daher proportional zur pauschalen Magnetisierung. Dieselbe Betrachtung läßt sich auch für das Ummagnetisieren des Mittelteilchens aus der $(-x)$-Richtung in die $(+x)$-Richtung anstellen, so daß man hier ebenfalls ein Wachsen des Betrages der scheinbaren Umschaltfeldstärke erhält. Obwohl der Vorgang physikalisch ein Verschieben der Schleife, also eine Änderung der Vorspannfeldstärke H_m darstellt, wirkt er sich bei Betrachtung über einen vollen Magnetisierungszyklus für den Formalismus der Statistik der Barkhausen-Sprünge im Preisach-Diagramm wie eine scheinbare Verbreiterung der Hystereseschleife des betreffenden Einzelteilchens aus.

Daher gilt

$$H_{b_{\text{außen}}} = H_{b_0} + \alpha \cdot |M|, \tag{17}$$

wobei der Proportionalitätsfaktor α von dem mittleren Teilchenabstand abhängt. Er ist um so größer, je größer bei gleichen Teilchenabmessungen der Volumenfüllfaktor der Magnetschicht ist.

Da in der Praxis in relativ weiten Grenzen die Magnetisierung M proportional zur Signalfeldstärke H_{NF} ist — das ist das Kennzeichen des linearen Speicherprozesses —, kann man näherungsweise Gl. (17) in Gl. (16) einsetzen, wobei M durch H_{NF} ersetzt wird. α hat nun einen anderen Wert. Dann ergibt sich eine Belegungsfunktion

$$\varrho_{\text{II}} = \varrho_0 \exp\left\{-[(H_b - H_c - \alpha\,|H_{NF}|)/H_S]^2\right\} \cdot \exp\left\{-[H_m \cdot \gamma/H_S]^2\right\}. \quad (18)$$

Damit lassen sich mit Gl. (8) Empfindlichkeitskurven berechnen, die bis zur Aussteuerungsgrenze eine gute Übereinstimmung mit Meßwerten zeigen [38].

Nach dem gleichen Prinzip, mit dem man Belegungsdichten meßtechnisch aus vier benachbarten Remanenzdreiecken in einem Differenzverfahren (siehe Abb. 12) ermitteln kann, läßt sich auch ein „starres" Belegungsgebirge aus der vorgeschichtsabhängigen Belegungsfunktion nach Gl. (18) errechnen.

Diese „starre" Belegfunktion muß infolge des Wanderns der Glocke auf der H_b-Achse mit größeren H_{NF}-Werten einen schwächeren Abfall als die Glocke selbst haben. Das bedeutet, daß sie, vom Mittelpunkt (Hc, O) der Glocke bei kleinen H_{NF}-Aussteuerungen aus gesehen, eine Auszipfelung nach rechts erfährt, während links vom Mittelpunkt zu kleine Werte erscheinen, da die Glocke infolge des großen NF-Feldes nach rechts auswandert und kleinere Werte liefert.

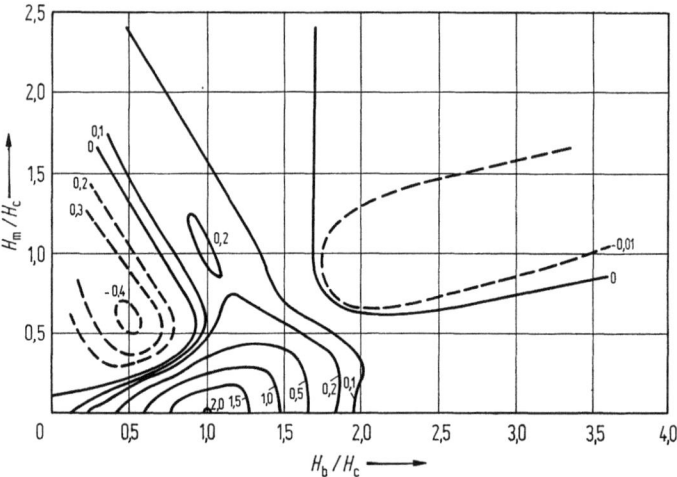

Abb. 15. Aus einer vorgeschichtsabhängigen Belegung errechnete „starre" Belegungsfunktion.

Die Abb. 15 zeigt ein derartiges berechnetes „starres" Belegungsgebirge. Die Auszipfelung nach rechts ist deutlich zu erkennen. Es bildet sich sogar ein zweiter Zipfel oberhalb des Gipfels mit einem flachen Nebengipfel aus, wie er von Fritzsch und Scholz für den Bandtyp „CR" gemessen wurde (siehe Abb. 13). Links oben und rechts oben führt die Verschiebung der Gauß-Belegung nicht nur zu zu kleinen Werten, sondern sogar zu negativen Belegungen, was bedeuten würde, daß die dort liegenden Elementarbereiche bei Aussteuerung mit einer positiven Feldstärke einen negativen Beitrag zur Magnetisierung lieferten. Da die negativen Gebiete flach sind, wurde erst vor kurzem über Messungen an Tonbändern berichtet, die sie bestätigen [39]. Bei hochpermeablen Stoffen [31, 40] sind sie bereits länger bekannt.

Die wirklichen Belegungsfunktionen sind von der Vorgeschichte abhängig. Daher setzen sich gemessene Belegungen aus einem Mosaik von Elementen zusammen, die unter unterschiedlichen Bedingungen ermittelt wurden. Da unterschiedliche Meßverfahren zu unterschiedlichen Strukturen der ummagnetisierten Teilchen führen, sind auch die Belegungsfunktionen derselben Probe je nach Meßverfahren unterschiedlich. Gemessene Belegungen sind daher nur bedingt zur Berechnung remanenter Magnetisierungen brauchbar. Besonders in der Nähe der Sättigung wird ihre Anwendung fragwürdig.

3.4. Bestimmung der Belegungsparameter

Man kann die vorgeschichtsabhängige Belegungsfunktion nicht direkt messen. Ihre Parameter zur analytischen Beschreibung nach Gl. (18) lassen sich aus den Empfindlichkeitskennlinien ermitteln. H_S, die Streuung in H_b-Richtung, ist für den Anstieg der Empfindlichkeitskennlinie unterhalb des Maximums verantwortlich. Aus Berechnungen der Empfindlichkeiten für verschiedene Streuparameter läßt sich durch Mittelung der Steigungen für geringe Signalamplituden in erster Näherung bei doppeltlogarithmischer Darstellung der Empfindlichkeitskennlinien der folgende quantitative Ausdruck bestimmen:

$$\frac{H_s}{H_c} \approx \frac{1{,}44}{\tan \varphi}. \qquad (19)$$

Dabei ist $\tan \varphi$ die maximale Steigung der Empfindlichkeitskennlinien. Der Streukoeffizient γ für die H_m-Richtung läßt sich aus der Gipfelabsenkung bei hohen Aussteuerungen ermitteln. Für Belegungen mit $H_s \approx 0{,}4$ ergibt sich

$$\gamma = 0{,}82 + \Delta L/2{,}9 \text{ dB}. \qquad (20)$$

Dabei ist ΔL die Absenkung der Empfindlichkeit im Gipfel für eine Signalfeldstärke von $0{,}33\, H_{HF\max}$ gegenüber der Gipfelempfindlichkeit für verschwindendes Nutzsignal.

$H_{HF\max}$ ist die Vormagnetisierungsfeldstärke, die zum Erreichen des maximalen Empfindlichkeitswertes notwendig ist.

Schließlich kann man aus dem Nichtauswandern des Empfindlichkeitsmaximums zu kleineren Vormagnetisierungen den Verschiebungsfaktor der Belegungen bestimmen. Da bei allen Bandsorten die Maxima an einer Stelle bleiben, kann er als Konstante

$$\alpha = 0{,}4 \qquad (21)$$

angegeben werden. Für einige Bänder erhält man dann folgende Parameter:

Bandtyp	H_s/H_c	γ	α
BASF/LGR 30	0,37	1,46	0,4
AGFA/PE 31	0,36	1,26	0,4
SCOTCH/203	0,39	1,14	0,4

4. Schlußbemerkungen

Die Vorteile der Preisach-Schwantke-Darstellung des Aufsprechvorganges sind vor allem grundsätzlicher Natur. Sie macht den komplizierten Aufsprechvorgang durchschaubar und erklärt den Einfluß der Vormagnetisierung. Optimale Kopffelder für bestimmte Anwendungen können ermittelt werden. Schließlich gibt sie dem Hersteller von Bändern die Möglichkeit, diese gezielt zu entwerfen. Für die Anwenderpraxis dagegen wird man die Preisach-Schwantke-Darstellung weniger verwenden, da sich die Aufzeichnungseigenschaften erst nach einer Doppelintegration über die Belegungsfunktion ermitteln lassen, wofür ein Digitalrechner notwendig ist, während man aus den Empfindlichkeitskennlinienscharen die Eigenschaften der Aufzeichnung unmittelbar ablesen kann. Jedoch erlaubt auch hier diese Theorie eine geschlossene Übersicht über alle ferromagnetischen Effekte und macht die Grenzen der Technologien einsichtig.

Literatur

1 Westmijze, W. K.: Philips Research Rep. 8 (1953) 148, 161, 245, 343.
2 Carlson, W. L.; Carpenter, G. W.: US-Patent 1 640 881 vom 3. 8. 1927.
3 v. Braunmühl, H. J.; Weber, W.: DRP 743 411 vom 28. 7. 1940.
4 — Z. Verh. dtsch. Ing. 85 (1943) 628.
5 Camras, M.: Proc. IRE 37 (1949) 569.
6 Westmijze, W. K.: Philips Techn. Rundschau 14 (1953) 289.
7 Schwantke, G.: Beitrag zur Theorie der Magnettonaufzeichnung. Dissertation TU Berlin, 1957.
8 — Frequenz 12 (1958) 383.
9 — J. Audio Eng. Soc. 9 Nr. 1, (1961) 37.
10 Preisach, F.: Z. f. Physik 94 (1935) 277.
11 Scholz, Ch. (Hrsg.): Magnetspeichertechnik. Berlin: VEB Verlag Technik 1969.
12 Lübeck, H.: AEG-Mitt. H9 (1938) 453.
13 Schwantke, G.: Acustica 7 Nr. 6 (1957) 363.
14 Peško, F.: Berichtsheft der Tagung „Akustik und Schwingungstechnik" in Berlin, 1970. Düsseldorf: VDI-Verlag 1971, S. 201.

15 Krones, F.: Die magnetische Schallaufzeichnung in Theorie und Praxis, Wien 1952.
16 Gillmann, H.: Frequenz 19, Nr. 7 (1965) 229.
17 — EinBeitrag zur Magnetband-Aufzeichnung breitbandiger Signale mit Hochfrequenz-Vormagnetisierung. Sonderbücherei der Funkortung, Hrsg.: Deutsche Gesellschaft für Ortung und Navigation e.V., Düsseldorf, 1962.
18 Gratian, J. W.: J. Acoust. Soc. Am. 21, Nr. 2 (1949) 74.
19 Woodward, J. G.; Della Torre, E.: J. Audio Eng. Soc. 7, Nr. 4 (1959) 189.
20 — J. Appl. Phys. 31, Nr. 1 (1960) 56.
21 — J. Appl. Phys. 32, Nr. 2 (1961) 126.
22 Daniel, E. D.; Levine, I.: J. Acoust. Soc. Am. 32 (1960) 1.
23 Bate, G.: J. Appl. Phys. 33, Nr. 7 (1962) 2263.
24 Fritzsch, K.; Scholz, C.: Hochfrequenztechn. u. Elektroakust. 74 (1965) 25.
25 Struska, J.: Preprint Nr. 701 (H—2), Presented at the 37th Convention of the Audio Eng. Soc., October 1969.
26 Kornetzky, M.; Ross, E.: Z. f. angew. Physik 13, Nr. 1 (1961) 28
27 Girke, H.: Z. f. angew. Physik 13, Nr. 5 (1961) 251.
28 Hoffmann, H. J.: Z. f. angew. Physik 17, Nr. 2 (1964) 87.
29 Widmann, D.: Z. f. angew. Physik 20, Nr. 6 (1966) 516.
30 Stierstadt, K.; Kohl, J.-G.: Z. f. angew. Physik, Nr. 6 (1967) 486.
31 Girke, H.: Untersuchungen über das Preisach-Diagramm der ferromagnetischen Hysterese. Dissertation, TH Stuttgart, 1961.
32 Bate, G.: J. Appl. Phys. 33, Nr. 3, Suppl. (1962) 1313.
33 Schneider, C.: in H. Völz, (Hrsg.): Grundlagen der magnetischen Signalspeicherung, Bd. II. Berlin: Akademie-Verlag 1970, S. 27.
34 Paul, M.: Beitrag zum Aufsprechvorgang der analogen Magnet-Speicher-Technik mit Hochfrequenz-Vormagnetisierung. Dissertation, TU Berlin, 1970.
35 Noble, R.: Proc. Intermag. Conference, IEEE, Washington 1963, S. 4—2—1.
36 Girshovichus, I. Kh.: Telecommun. and Radio Engrg. 23, Nr. 6 (1968) 99—103.
37 — Telecommun. and Radio Engrg. 23, Nr. 8 (1968) 99—101.
38 Paul, M.: Z. angew. Physik, 28, Nr. 6 (1970) 321.
39 Mednikowa, I. I.: 3rd Conf. on Magnetic Recording, Budapest, 1970, Vortrag Nr. 2.3.
40 Hoffmann, H.-J.: Das Preisach-Modell und seine Anwendung zur Bestimmung des irreversiblen Induktionsanteils nach beliebiger magnetischer Vorgeschichte. Dissertation, TH Stuttgart, 1963.
41 Paul, M.: Some Influences of High-Frequency Bias on the Analog-Tape-Recording Process, Proc. 3rd Conf. on Magnetic Recording, Hungarian Acoust. Optic. Filmtechn. Soc., No. 2.2, Budapest, 1970.

Tontechnik

A. Magnet-Tontechnik

1. Studio-Magnetbandgeräte

Hanno Gillmann

Die professionelle Tonaufzeichnung auf Magnetband ist der älteste Anwendungsbereich der Magnetbandaufzeichnung überhaupt. Von dieser Technik ausgehend sind die Speicherung von anderen Analogsignalen und der Digitalsignale erst sehr viel später entstanden. In der nun 40jährigen Entwicklung haben sich für die Studio-Magnetbandgeräte einige Grundprinzipien herausgebildet, so daß sich das technische Grundkonzept der Geräte bei den verschiedensten Herstellern in aller Welt nicht mehr wesentlich unterscheidet. Trotzdem sind in den letzten 10 Jahren erhebliche technische Fortschritte erzielt worden, hauptsächlich bedingt durch neue elektronische Bauelemente, eine Verfeinerung der mechanischen Technologie und die Verbesserung der Eigenschaften der Bänder.

1.1. Verfahren und Anforderungen

1.1.1. Bandgeschwindigkeit und Entzerrung

Die Forderung nach einfacher Austauschbarkeit der Magnetbandaufnahmen zwischen verschiedenen Geräten führt zu allgemein anzuwendenden Festlegungen über die Dimensionierung der Aufzeichnung auf dem Band: Bandgeschwindigkeit und Charakteristik der Frequenzabhängigkeit des Bandflusses.

Für die Studiotechnik werden allgemein die Geschwindigkeiten 38,1 und 19,05 cm/s (15 und 7,5 inch/s) verwendet, mit modernen Chromdioxydbändern ist auch 9,5 cm/s (3,75 inch/s) als Studiostandard denkbar.

Die Wellenlängenabhängigkeit und damit Frequenzabhängigkeit der magnetischen Aufzeichnung erfordert eine Aufteilung der notwendigen Korrekturglieder zur Entzerrung auf Aufnahme- und Wiedergabeteil. Der festgelegte aufgezeichnete Frequenzgang wird durch die Entzerrungszeitkonstante eindeutig definiert, (vgl. 1.1.4.).

1. Studio-Magnetbandgeräte

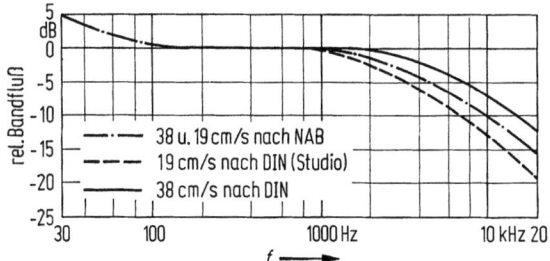

Abb. 1. Frequenzgang des Bandflusses der Aufzeichnung (Entzerrung) für in der Studiotechnik verwendete Geschwindigkeiten.

Auf diese Frequenzabhängigkeit des Bandflusses wird der Wiedergabekanal eingestellt. Der Frequenzgang des Aufnahmeteils erfordert zusätzliche Korrekturglieder, so daß im gesamten Übertragungsbereich ein ausgeglichener Frequenzgang über alles erreicht wird.

Die Dimensionierung dieser Zeitkonstanten wurde ursprünglich so festgelegt, daß sich bei der Amplitudenstatistik des Programmaterials [1] keine Übersteuerungen in den hohen Frequenzen ergeben, andererseits die Wiedergabepegel in den hohen Frequenzen nicht zu stark absinken und so den Geräuschabstand verschlechtern. Bei modernen Bändern würde man die Zeitkonstante niedriger festlegen, wenn eine Änderung noch möglich wäre. Angesichts der erheblichen Archivbestände an alten Aufnahmen ist eine Änderung aber heute praktisch nicht mehr möglich.

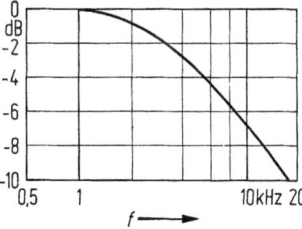

Abb. 2. Frequenzabhängigkeit der Vollaussteuerung (0,5 dB Linearitätsabweichung) des DIN-Bezugsband-Leerteils bei 38 cm/s.

Die Frequenzabhängigkeit der Vollaussteuerung ist in Abb. 2 dargestellt. Sie zeigt, daß auch für stark höhenbetonte Aufnahmen mit keiner Höhenübersteuerung zu rechnen ist.

1.1.2. Aufzeichnungsverfahren

Für die hochqualitative Tonaufzeichnung wird ausschließlich die Direktaufzeichnung mit Hochfrequenzvormagnetisierung verwendet. Dieses Verfahren ist unkompliziert und liefert den Studioanforderungen entsprechende Ergebnisse hinsichtlich Frequenzumfang und Dynamik. Dies gilt bei 38 und 19 cm/s, mit Chromdioxidbändern auch schon bei 9,5 cm/s. Amplitudeneinbrüche sind bei einigermaßen staubfreier Arbeitsweise nicht ins Gewicht fallend.

Bei Anwendung der Frequenzmodulation (wie bei Meßwertspeicherung) würde keine Verbesserung des Störabstandes zu erwarten sein, die Bandgeschwindigkeit müßte mindestens 38 cm/s betragen, um die notwendige Bandbreite zu erreichen. Bei Digitalaufzeichnung wären zur Erzielung vergleichbarer Qualitäten Bitraten von 400 bis 500 kbit/s zu verwenden, wozu Bandgeschwindigkeiten von einigen Metern pro Sekunde erforderlich sind. Beide Aufzeichnungsverfahren wären wegen der hohen Trägerfrequenzen sehr viel empfindlicher gegen Drop-outs. Für die hochqualifizierte Tonaufzeichnung würde man daher auch beim heutigen Stand der Technik wieder das Direktaufzeichnungsverfahren wählen.

1.1.3. Allgemeine Anforderungen an das Studio-Magnetbandgerät

Die wesentlichen technischen Daten eines Studio-Magnetbandgerätes sind: Frequenzgang, Klirrfaktor bei definierter Aussteuerung, Geräuschspannungsabstand, Gleichlaufschwankungen und bei Geräten mit mehreren Spuren die Übersprechdämpfung. In allen Fällen strebt man beste Werte an, die meist unterhalb der Wahrnehmbarkeitsschwelle liegen, um auch bei mehrfacher Kopierung von Band zu Band noch eine gute Aufnahmequalität zu erreichen.

Der *Frequenzgang* wird im Bereich 40 Hz bis 15 kHz möglichst ausgeglichen gefordert. Darüber hinaus ist er im allgemeinen nicht interessant, manchmal wird oberhalb 15 kHz ein steiler Abfall benötigt, um die Aufzeichnung von Störsignalen (Fernsehzeilenfrequenz 15,625 kHz, Stereopilotton 19 kHz u.ä.) zu unterdrücken.

Die *Vollaussteuerung* wird je nach Einsatzbereich unterschiedlich gewählt. Das Band für das Rundfunksendestudio wird auf einen einheitlichen Pegel ausgesteuert, um bei der Sendung die Aussteuerung des Senders möglichst nicht nachregeln zu müssen. Dieser Vollaussteuerungspegel ist so gewählt, daß der *Klirrfaktor* 1 kHz bei 1 bis 1,5% liegt.

Im Aufnahmestudio wird die Aussteuerung oft mehr dem Charakter der jeweiligen Aufnahme angepaßt und unter Umständen auch erhebliche Klirrfaktoren durch Bandübersteuerung in Modulationsspitzen in Kauf genommen.

Von allen wesentlichen technischen Daten ist der *Geräuschspannungsabstand* beim heutigen Stand der Technik noch am ehesten als nicht allen Wünschen entsprechend anzusehen. Hier wären Verbesserungen noch wünschenswert. Die erzielbaren Werte, die bei allen guten Geräten ausschließlich vom Band bestimmt werden, liegen bei etwa 60 dB, gemessen nach DIN 45405 und bezogen auf Aussteuerung von etwa 1% Klirr-

1. Studio-Magnetbandgeräte

faktor und Vollspuraufzeichnung auf DIN-Bezugsband 38. (Alle Angaben von Geräuschspannungswerten ohne diese Bezugsgrößen sind nicht vergleichbar!)

Der Geräuschspannungsabstand verändert sich mit der Wurzel aus der Spurbreite, d.h. bei Halbierung der Spurbeite verringert sich der Geräuschspannungsabstand um 3 dB bei sonst gleichbleibenden Bedingungen. Bei Veränderung des Vollaussteuerungspegels ergeben sich entsprechende Veränderungen. Auf den Einfluß des Meßverfahrens wird später unter ,,Normung" eingegangen.

Das Erzielen einer ausreichenden *Übersprechdämpfung* von etwa 40 dB ist technisch möglich. Höhere Werte werden bei Studioaufnahmen im allgemeinen nicht benötigt, da es praktisch nicht vorkommt, daß man völlig unkorrelierte Signale in Nachbarspuren aufnehmen will. Die Übersprechdämpfung wird praktisch allein durch die Magnetköpfe bestimmt.

Die mit modernen Geräten erzielbaren Werte der *Gleichlaufschwankung* sind besser als ±0,05% (bewertet nach DIN 45507), bei guten Exemplaren auch 0,02%. Diese Werte erfüllen alle Anforderungen. Ihre Messung ist bereits schwierig reproduzierbar, da sie stark von den mechanischen Eigenschaften des Bandes bestimmt werden, wie z.B. Elastizität, Schwankung des Reibungskoeffizienten, mechanische Dämpfung.

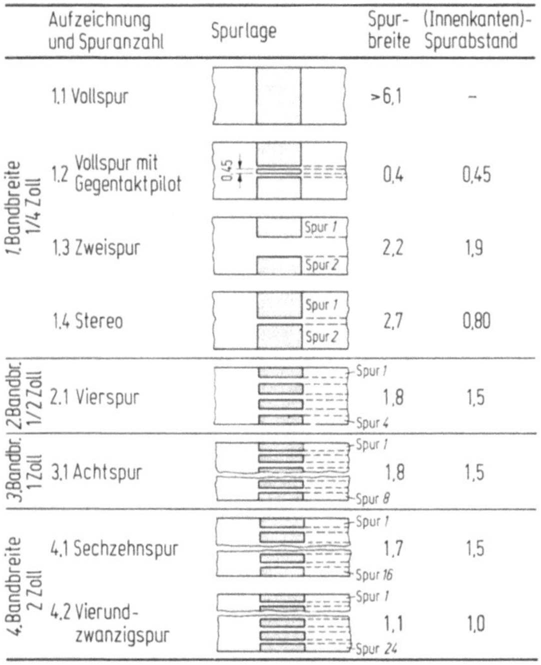

	Aufzeichnung und Spuranzahl	Spurlage	Spurbreite	(Innenkanten)-Spurabstand
1. Bandbreite 1/4 Zoll	1.1 Vollspur		>6,1	–
	1.2 Vollspur mit Gegentaktpilot		0,4	0,45
	1.3 Zweispur		2,2	1,9
	1.4 Stereo		2,7	0,80
2. Bandbr. 1/2 Zoll	2.1 Vierspur		1,8	1,5
3. Bandbr. 1 Zoll	3.1 Achtspur		1,8	1,5
4. Bandbreite 2 Zoll	4.1 Sechzehnspur		1,7	1,5
	4.2 Vierundzwanzigspur		1,1	1,0

Abb. 3. Spurlagen für Studio-Magnetbandgeräte.

Die in der Studioaufnahmetechnik verwendeten *Spurlagen* sind in Abb. 3 dargestellt. Vollspuraufzeichnung auf $^1/_4''$-Band als die klassische Aufzeichnung ist die heute in den meisten Studios von der kompatiblen Stereoaufzeichnung abgelöst. Die Zweispurspurlage mit größerer Trennspurbreite wird in speziellen Fällen eingesetzt, wo Übersprechdämpfungen von etwa 60 dB verlangt werden.

Die Vierspurtechnik wurde früher für Playbackaufnahmen eingesetzt, sie findet in neuerer Zeit wieder Anwendung für Vierkanalaufzeichnung (Quadrophonie). Die Mehrkanalaufzeichnung mit 8 oder 16 oder gar 24 Spuren verwendet man in der modernen Aufnahmetechnik, um bei der nachfolgenden Bearbeitung alle Möglichkeiten der Mischung offen zu halten.

Die Monoaufzeichnung mit 50-Hz-Pilotton wird in der bildsynchronen Tonaufzeichnung eingesetzt (siehe Abschnitt: „Bildsynchrone Tonaufzeichnung bei Film und Fernsehen", S. 249ff.).

Studio-Magnetbandgeräte werden meist so ausgestattet, daß sie für alle Einsatzbereiche Produktion (Aufnahme im Studio), Bearbeitung (Schnitt) und Wiedergabe (z.B. Rundfunksendung) geeignet sind.

Lediglich für Reportageaufnahmen werden spezielle, leicht transportable Geräte mit Batteriespeisung verwendet. Die einheitliche Ausstattung der Studiogeräte erlaubt betrieblich einen leichten Austausch bei Wartungs- und Reparaturfällen.

Im professionellen Einsatz wird vom Studiogerät eine hohe Betriebszuverlässigkeit und große Lebensdauer erwartet. Eine Lebensdauer von 10 000 Stunden ist Entwurfsziel. Die Praxis zeigt, daß bei entsprechender Wartung weit mehr erreicht werden kann.

1.1.4. Normung

Die Standardisierung der Studio-Magnetbandtechnik wird international sehr unterschiedlich gehandhabt. Sie wird einerseits erarbeitet von Institutionen, wie z.B. IEC (International Electrotechnical Commission), BSI (British Standards Institution), Deutscher Normenausschuß und anderen nationalen Organisationen. Außerdem gibt es Standards von Anwenderorganisationen, wie z.B. EBU (European Broadcasting Union), ARD (Arbeitsgemeinschaft der Rundfunkanstalten in Deutschland) usw. DIN-Normen für magnetische Schallaufzeichnung sind besonders ausführlich und werden daher auch außerhalb Deutschlands oft angezogen.

Die Normung in der Studio-Magnetbandtechnik hat als Ziel:
1. Austauschbarkeit der Bandaufnahmen,
2. Festlegung der Maßverfahren für die Qualitätsparameter,
3. Festlegung von Mindestanforderungen an Bänder und Geräte. (Dies erfolgt fast ausschließlich durch die Anwender-Organisationen.)

1. Studio-Magnetbandgeräte

Eine gute Übersicht über die veröffentlichten Standards ist in [2] erschienen, Stand 1967.

1.1.4.1. Austauschbarkeit

Für die Austauschbarkeit werden mehr oder weniger in allen Normen Vorschriften aufgestellt (in der Reihenfolge der Bedeutung):
a) Mechanische Abmessungen des Bandes (IEC 94, BS 1568:1960, DIN 45512, Bl. 1, CCIR-Recommendation 261—1, NAB-Standard).
b) Frequenzgangcharakteristik des remanenten Bandflusses: Für die in der Studiotechnik üblichen Geschwindigkeiten werden angewandt:

	38 cm/s	19 cm/s
IEC, CCIR, DIN	35 µs	70 µs[1]
NAB	3180 + 50 µs	3180 + 50 µs

[1] In Frankreich auch 50 µs.

c) Spurabmessungen auf dem Band für die verschiedenen Spurlagen.
d) Spulen.
International gebräuchlich und genormt sind:
Filmspule (IEC 94, DIN 45514, NAB usw.),
NAB-Spule (IEC 94, DIN 45517, NAB usw.),
Wickelkern (IEC 94, DIN 45515).

1.1.4.2. Meßverfahren

Die Meßverfahren bzw. meßtechnische Definition einiger wichtiger Begriffe für die Qualitätsparameter sind international sehr unterschiedlich. Zahlenangaben sind daher nur bewertbar mit Angabe des angewendeten Verfahrens.

a) Vollaussteuerung
Folgende Definitionen werden angewendet:
— Festlegung des Magnetisierungspegels, Aussteuerung mit Spitzenspannungsmesser auf diesen Pegel: Vollspur 320 nWb/m, Stereo 510 nWb/m. Dieses Verfahren ergibt gleiche Wiedergabepegel für alle Aufnahmen, eine Nachregelung des Pegels bei Wiedergabe ist praktisch nicht erforderlich. (Anwender: z.B. Deutscher Rundfunk.)
— Festlegung des reference-level, Aussteuerung mit VU-Meter auf diesen Pegel mit 0 VU. Vollaussteuerung wird dann mit etwa 6 bis +10 dB über reference-level erreicht. Übliche reference-level: 185, 200, 220 nWb/m je nach Bandtyp. (Anwendungsbereich: USA.)
— Festlegung nach Klirrfaktor. Aussteuerung mit Spitzenspannungsmesser auf einen Pegel, bei dem sich 3% Klirrfaktor (K_3) ergeben. Diese Vollaussteuerung ist der Leistungsfähigkeit des jeweiligen Bandes angepaßt. (DIN 45511.)

— Festlegung auf maximale Magnetisierung, also Aussteuerung bis zur Sättigung des Bandes. Dies ist keine praktikable Vollaussteuerung, ergibt jedoch die größten Zahlenwerte für die Dynamik (Störabstand).

b) Störspannungsabstand

Die Angabe kann als Abstand bezogen auf Vollaussteuerung (siehe oben) oder als Störspannungspegel bezogen auf einen Bezugspegel angegeben werden. Bei Studio-Magnetbandgeräten wird die Störspannung fast ausschließlich durch das Band bestimmt. Deshalb ist stets das für die Messung benutzte Band bei der Beurteilung zu berücksichtigen.

— Messung ohne Frequenzbewertung (unweighted) als „Fremdspannung" entweder als Quasispitzenwert (DIN 45405) oder meist als Effektivwert (RMS). Effektivwert ergibt etwa 3 bis 4 dB niedrigere Fremdspannung.

— Messung mit Frequenzbewertung (weighted) als Geräuschspannung. Angewendet werden die Bewertungskurven nach DIN 45405 und IEC „A" (Intern. Standard), vgl. Abb. 4. Die unterschiedlichen Bewertungskurven ergeben unterschiedliche Meßwerte, außerdem ist noch die Amplitudenbewertung von Einfluß (Quasispitzenwert nach DIN 45405 oder „peak" bzw. „RMS" nach IEC).

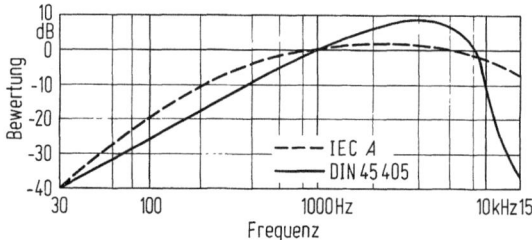

Abb. 4. Bewertungskurven nach DIN 45405 und IEC „A".

Für die Angabe des Störspannungsabstandes können sich also für das gleiche Meßobjekt je nach angewandter Definition sehr unterschiedliche Zahlenwerte ergeben. Abb. 5 gibt ungefähren Überblick über rela-

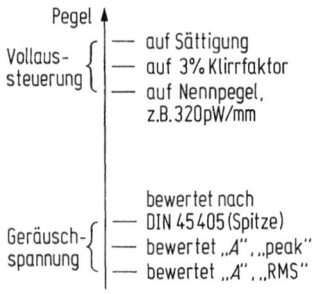

Abb. 5. Relative Lage der Meßwerte nach den verschiedenen Definitionen für Vollaussteuerung und Geräuschspannung.

1. Studio-Magnetbandgeräte 77

tive Lage zueinander. Eine exakte Umrechnung der Meßwerte ist nur bei Kenntnis der Spektralverteilung der Störspannung möglich. Die Angaben zwischen der engsten Definition und der weitesten können sich um bis zu etwa 20 dB unterscheiden.

c) Gleichlauf (Tonhöhenschwankung)
Tonhöhenschwankungen werden ebenfalls bewertet gemessen entsprechend dem subjektiven Eindruck. Das in DIN 45507 festgelegte Bewertungsverfahren nach Frequenz und Quasispitzenwert ist Anfang der 70er Jahre auch international von IEC übernommen worden (Abb. 6). Daneben wird aber noch vielfach unbewertet „wow" (0,1 Hz—4 Hz) und „flutter" (4 Hz—200 Hz) gemessen, die als Effektivwerte im allgemeinen wiederum niedriger liegen als die Quasispitzenwerte.

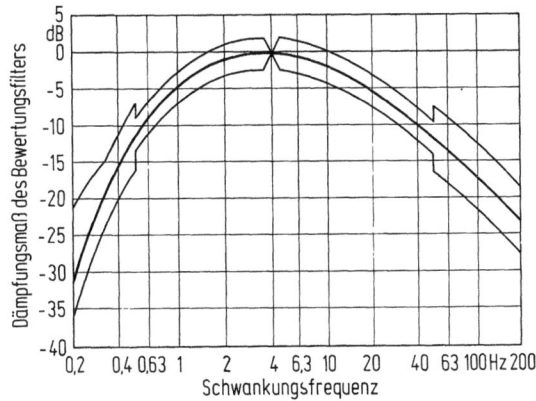

Abb. 6. Bewertungskurve für Tonhöhenschwankungen nach DIN 45507 und IEC.

Unterschiede im Meßwert ergeben sich noch aus dem Meßverfahren: Beim Verfahren gemäß DIN wird die Messung bei Wiedergabe nach vorangegangener Aufnahme ausgeführt. Von manchen Geräteherstellern wird jedoch nur die Wiedergabe einer unter günstigsten Bedingungen hergestellten Testaufzeichnung gemessen. Während bei sehr guten Geräten zwischen beiden Meßwerten nur ein relativ geringer Unterschied besteht, kann bei schlechten Geräten das zweite, einfachere Verfahren um bis zum Faktor 2 günstigere Werte ergeben.

d) Übersprechdämpfung
Unter Übersprechdämpfung wird im allgemeinen Gebrauch das Verhältnis des übergesprochenen Signals des auf Vollaussteuerung ausgesteuerten Nachbarkanals zum Vollaussteuerungspegel des gestörten Kanals verstanden.
DIN 45521 definiert etwas härter, da hier die Aussteuerung aller anderen Kanäle auf Vollaussteuerung verlangt wird und das dann ent-

stehende übergesprochene Signal zum Vollaussteuerungssignal des gestörten Kanals ins Verhältnis gesetzt wird.

Unterschiede in den Meßwerten ergeben sich fernerhin dadurch, daß die Übersprechdämpfung nur für mittlere Frequenzen angegeben wird (etwa 1 kHz) oder der ungünstigste Wert im gesamten Übertragungsfrequenzband.

1.2.1. Laufwerke

Die wesentliche Funktion des Laufwerkes besteht darin, das Band mit konstanter Geschwindigkeit an den Magnetköpfen in gutem Kontakt vorbeizuführen und hierbei abzuwickeln und aufzuwickeln. Für konstanten Betrag der Geschwindigkeit sorgt der Bandantrieb, für konstante Richtung der Geschwindigkeit die Bandführungselemente. Der enge mechanische Kontakt zwischen Bandoberfläche und Kopfoberfläche wird bei Studiomagnetbandgeräten durch Umschlingung der Köpfe bei definiertem Bandzug (Bandspannung) gewährleistet. Aufwickel- und Abwickelvorrichtung werden normalerweise mit getrennten Antrieben versehen. Die Steuerung aller Laufwerksfunktionen erfolgt mit mechanischen, elektrischen oder elektronischen Mitteln.

Für die Anordnung der Elemente des Laufwerkes wird auch heute noch die klassische Form fast ausschließlich mit geringfügigen Variationen verwendet (Abb. 7). Andere Bauweisen und Antriebsprinzipien, wie sie z. B. für die Meßwertaufzeichnung (vgl. Abschnitt Meßwertspeicherung), haben sich in der Studiomagnetbandtechnik nicht durchgesetzt, weil sie umständlicher zu bedienen sind (beim Bandeinlegen, Umspulen, Suchen, Schneiden).

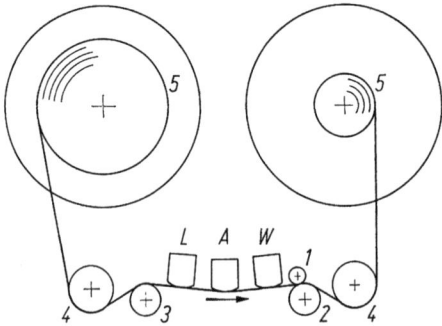

Abb. 7. Klassische Bandführung in einem Studio-Magnetbandgerät.
1 Antriebswelle; *2* Gummiandruckrolle; *3* Filterrolle; *4* Umlenkrollen; *5* Wickel; *L* Löschkopf; *A* Aufnahmekopf; *W* Wiedergaebkopf.

1.2.1.1. Bandlauf

Zur Aufzeichnung und Wiedergabe kleiner Wellenlängen soll der mittlere Abstand Bandoberfläche—Kopfoberfläche möglichst gering sein.

1. Studio-Magnetbandgeräte

Ferner sollen durch mitgeführte Staubpartikel verursachte Bandabhebungen möglichst klein sein. Für beide Forderungen ist eine hohe Flächenpressung zwischen Band und Kopf erwünscht. Die spezifische Flächenpressung P_d wird durch Bandzug p, Bandbreite b, Umschlingung α und Radius r des Kopfspiegels bestimmt (vgl. Abb. 8):

$$P_d = \frac{2p \sin \frac{\alpha}{2}}{b \cdot r \cdot \alpha}.$$

Bei den praktisch verwendeten kleinen Umschlingungswinkeln $\alpha = 5$ bis $10°$ gilt

$$P_d \approx \frac{P}{b \cdot r},$$

d.h. α geht in die Flächenpressung praktisch nicht ein. Trotzdem wird man α nicht zu klein wählen, da sonst bei Montagetoleranzen der Spalt außerhalb des Umschlingungsbereichs liegen könnte.

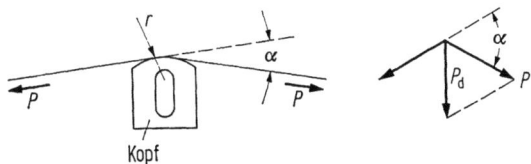

Abb. 8. Umschlingung des Bandes am Kopf und hieraus abzuleitende Flächenpressung P_d bei Bandzug P und Umschlingung α.

Die Einflüsse der Spaltschiefstellung auf den Frequenzgang bzw. auf die Phasengleichheit in den beiden Stereokanälen stellt hohe Anforderungen an die Bandführungsgenauigkeit. Phasenungleichheit in den Stereokanälen infolge unterschiedlicher Spaltrichtung zwischen Aufnahme und Wiedergabe führt zu Amplitudenfehlern im Summensignal, bei Vollspuraufzeichnung ergibt sich nahezu der gleiche Fehler (vgl. Tab. 1). Da eine Toleranz für Aufnahme und Wiedergabe benötigt wird, halbiert sich für den einzelnen Kopf die zulässige Abweichung von der Soll-Lage.

Mit einer einfachen Bandführung gemäß Abb. 9 wäre ein Spiel $(a - b)$ zwischen Führungsbreite a und Bandbreite b bei 19 cm/s und 1 dB Summenfehler von max. 9 μm bei üblichen Führungsabständen $A = 40$ mm zulässig. Dies ist bei Bandbreitentoleranzen von 60 μm (nach DIN 45512) nicht realisierbar. Es müssen also andere Bandführungsmethoden angewendet werden.

Eine einfache Methode ist die sogenannte „Drei-Punkt-Führung" nach Abb. 10. Sie führt jedoch nur dann zu reproduzierbaren Spaltlagen bei Ausnutzung der Bandbreitentoleranz, wenn auf allen Geräten gleiche

"Durchbiegung" einjustiert wird, was in der Praxis nur schwer zu erreichen ist.

Tabelle 1. Zulässige Differenzwinkel (in Bogenminuten) zwischen Aufnahmekopf und Wiedergabekopf bei unterschiedlichen zulässigen Fehlern des Summensignals und verschiedenen Bandgeschwindigkeiten

	Elektr. Phasenwinkel bei 15 kHz	38 cm/s	19 cm/s	9,5 cm/s
bei 0,5 dB Summenfehler bei 15 kHz	27,2°	1,88'	0,94'	0,47'
bei 1 dB Summenfehler bei 15 kHz	38,5°	2,63'	1,32'	0,66'
bei 2 dB Summenfehler bei 15 kHz	54°	3,7'	1,85'	0,92'

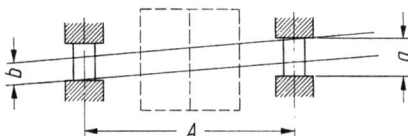
Abb. 9. Einfache feste Bandführung auf beiden Seiten eines Kopfes.

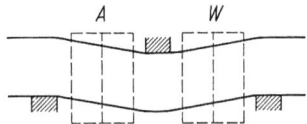
Abb. 10. „Dreipunkt"-Bandführung zur Ausschaltung des Toleranzspielraums der Breite der Bänder.

Abb. 11. Erzeugung einer Richtkraft auf die Anlagekante durch einen konischen Bandumlenkstift.

Die Toleranzen werden eliminiert, wenn die Bandführung nur auf eine Kante (Bezugskante, Anlagekante) bezogen wird. Um dies zu erreichen, muß auf das Band eine Richtkraft in Richtung auf die Anlagenkante ausgeübt werden, z.B. durch Umschlingung an leicht konischen Führungselementen (Abb. 11) oder federnde Führungen (Abb. 12).

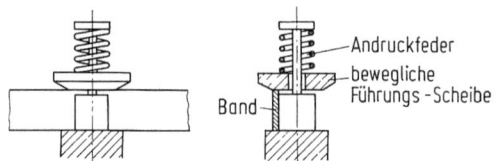
Abb. 12. Erzeugung einer Richtkraft auf die Anlagekante durch Federdruck auf die obere, bewegliche Führungsscheibe.

Da in allen Fällen auf die Bandkanten Kräfte ausgeübt werden, muß durch Umschlingung der Führungselemente für genügende Steifigkeit des Bandes gesorgt werden. Dies gilt um so mehr, je dünner das Band ist.

Neben diesen aufgeführten, feststehenden Führungselementen sind Vorschläge über dynamische Bandführungen bekannt geworden [3, 4]. Alle diese Prinzipien setzen voraus, daß das Band einen exakt rechteckigen Querschnitt mit konstanter, definierter Elastizitätsmodulverteilung aufweist und ideal gerade geschnitten ist. Diese Forderungen sind in dem für ausreichende Führungsgenauigkeit mit dynamischen Methoden notwendigen Maß praktisch nicht realisierbar.

Die Notwendigkeit, das Band an Köpfen und Führungselementen umschlingen zu lassen, führt zu der charakteristischen bogenförmigen Anordnung des Bandlaufs im Bereich der Köpfe. Da im schnellen Rücklauf das Band nicht an den Köpfen anliegen soll, muß es in diesem Betriebszustand automatisch abgehoben oder bei Wiedergabe herangeführt werden.

1.2.1.2. Bandantrieb

Der Bandantrieb sorgt für gleichmäßige Geschwindigkeit des Magnetbandes. Er bestimmt wesentlich die Gleichlaufschwankungen, die sich bei der Wiedergabe als Tonhöhenschwankungen bemerkbar machen.

Der Bandantrieb besteht aus Antriebswelle (Tonwelle) mit Andruckrolle und dem Antriebsmotor sowie bei indirektem Antrieb einem Untersetzungsgetriebe.

Antriebswelle und Andruckrolle. Zur Übertragung der Geschwindigkeit wird das Band mit der gummibelegten Andruckrolle an die Antriebswelle angedrückt. Dabei soll das Band stets zunächst auf die Welle auflaufen und nicht auf die Andruckrolle, um Ungenauigkeiten der Rolle möglichst wenig wirksam werden zu lassen.

Die theoretische Bandgeschwindigkeit errechnet sich aus Antriebswellendrehzahl n und Antriebsradius r unter Berücksichtigung der halben Banddicke $d/2$:

$$v = n \cdot 2 \left(r + \frac{d}{2} \right).$$

Bei genauerer Betrachtung ist die Veränderung der Bandgeschwindigkeit durch Veränderung des Bandzuges zu berücksichtigen [5]. Bei Geräten mit netzfrequenzabhängigen Antrieben wird die Geschwindigkeit stets auf die Netzfrequenz bezogen.

Durch die Andruckkraft P_A der Andruckrolle (Abb. 13a) wird eine ausreichende Flächenpressung erreicht, so daß für die Bandförderung eine Kraft $\mu_r \cdot P_A$ zur Verfügung steht. Dies gilt nur in erster Näherung, da auch für die Lagerreibung der Andruckrolle und die Gummiwalkarbeit ein Teil der Kraft verbraucht wird.

Sofern die Differenz ΔP der Bandzugkräfte (Abb. 14) den zur Verfügung stehenden Betrag nicht überschreitet, nimmt das Band die Geschwindigkeit an, die sich für die neutrale Faser bei der Umschlingung der Antriebswelle errechnet. Lediglich die durch die unterschiedlichen Bandzüge vor und hinter der Antriebswelle unterschiedlichen Banddehnungen führen zu einem Schlupf (Dehnschlupf). Wird der Differenzbandzug zu groß, tritt Gleitschlupf auf und die Bandgeschwindigkeit verändert sich mit ΔP sehr stark (vgl. Abb. 14).

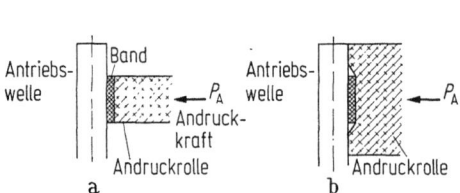

Abb. 13a u. b. Andruck des Bandes an die Antriebswelle. a) Andruckrollenbreite = Bandbreite; b) Andruckrollenbreite $\gg$ Bandbreite.

Abb. 14. Bandgeschwindigkeit als Funktion der Bandzugdifferenz (nach [3]).

Ist die Andruckrolle breiter als das Band (Abb. 13b), erfolgt die Bandmitnahme je nach Andruckbreite und Reibbeiwert für Band/Welle und Andruckrolle/Welle durch die Welle oder die Rolle. (Ausführliche Darstellung in [3].)

Da mit Rücksicht auf die Belastung der Antriebswellenlager die Andruckkraft nicht zu groß sein soll, ist die zulässige Bandzugdifferenz begrenzt. Der zulässige Wert ΔP darf bei allen Wickeldurchmesserverhältnissen nicht überschritten werden. Dies erfordert stets Maßnahmen zur Bandzugsteuerung oder -regelung, abhängig vom Wickeldurchmesser.

Sind die Achsrichtungen von Antriebswelle und Andruckrolle nicht exakt parallel und senkrecht zur Förderrichtung, wirken Kräfte auf das Band auch senkrecht zur Förderrichtung, die entsprechende Bandlaufabweichungen zur Folge haben. Bei Neigung der Andruckrolle zur Antriebswelle (Abb. 15a) entsteht ungleichmäßiger Andruck und eine Förderkomponente in Richtung der höheren Andruckkraft. Bei windschiefer Anordnung (Abb. 15b) sorgt die schräg laufende Andruckrolle ebenfalls für abdrängende Kräfte. Wegen der praktisch unvermeidlichen Toleranzen ist daher eine Einjustierung der Andruckrolle zumindest in einer Richtung unvermeidlich.

Selbsttaumelnde Andruckrollen sind beweglich angeordnet und stellen sich selbsttätig parallel zur Antriebswelle. Bei den Ansprüchen an die Bandführungsgenauigkeit bei Studio-Magnetbandgeräten ist aber auch

1. Studio-Magnetbandgeräte

in diesem Fall eine Justage notwendig, da die selbsttätige Einstellung der Andruckrolle nicht kräftefrei erfolgt.

Besondere Beachtung verdient die Lagerung der Antriebswelle, da hierdurch die Gleichlaufqualität des Antriebs wesentlich bestimmt wird. Das kritische Lager wird möglichst nahe an der Bandantriebsstelle angeordnet, damit die Andruckkraft der Andruckrolle nicht an zu großem Hebelarm angreift. Das notwendige geringe Lagerspiel und über den Umfang konstante Lagerreibung sind nur mit Sintergleitlagern zu erreichen. Hingegen kann das zweite Lager ein Kugellager sein, wenn es weit genug von der Bandantriebsstelle entfernt angeordnet wird und seine Lagerfehler bei größerem Spiel nur noch im Verhältnis der Abstände an der Antriebsstelle wirksam werden (vgl. Abb. 16).

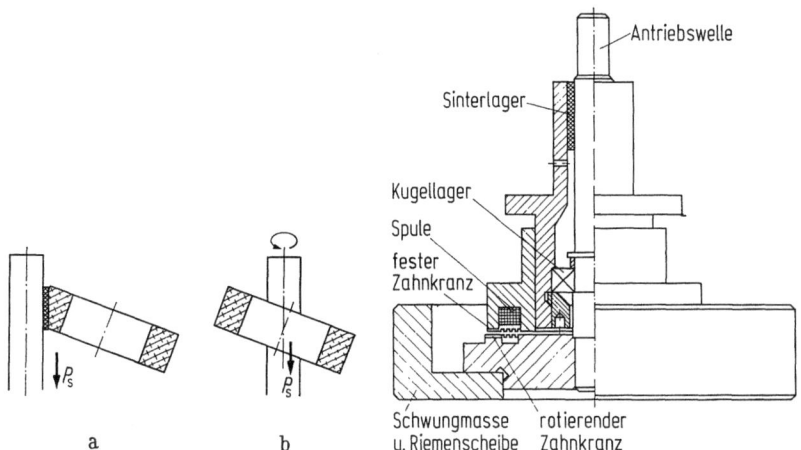

Abb. 15 a u. b. Unparallelität von Antriebswelle und Andruckrolle erzeugen abdrängende Kräfte P_S.

Abb. 16. Antriebswellenlagerung mit einem Gleitlager und einem Kugellager und mit elektromagnetischem Drehzahlgeber.

Man ist bestrebt, der Antriebswelle einen möglichst großen Durchmesser zu geben, da dann die mechanischen Unvollkommenheiten relativ am wenigsten zu Gleichlaufschwankungen führen. Bei großem Durchmesser ergibt sich jedoch nur eine niedrige Drehzahl, so daß bei gleichbleibender Schwungenergie erheblich größere Schwungmassen einzusetzen sind.

Antriebsmotor. Der Antriebsmotor benötigt für die eigentliche Bandförderung nur eine sehr geringe Leistung (z.B. bei 50 p Bandzugdifferenz und 38 cm/s nur etwa 0,2 W). Der größte Teil der mechanischen Motorleistung wird für die Überwindung der Lagerreibung im Antrieb und die Walkarbeit der Gummiandruckrolle verbraucht. Darüber hinaus muß der Motor eine Momentenreserve aufweisen für die Beschleunigung der meist recht großen Schwungmassen, die innerhalb einiger Sekunden auf Solldrehzahl gebracht werden sollen.

Zur Erreichung ausreichender Geschwindigkeitskonstanz wird die Motordrehzahl entweder aus der Netzfrequenz abgeleitet (Synchronmotor) oder elektronisch geregelt.

Für die Kombination zwischen Antriebsmotor und Bandantriebswelle sind verschiedene Lösungen möglich:

Der dem mechanischen Prinzip nach einfachste Aufbau ist der Direktantrieb, bei dem die Motorwelle gleichzeitig Bandantriebswelle ist. Beim üblichen 6/12-poligen Hysteresesynchronmotor erhält man dann allerdings nur 7,3 mm ⌀ für die Antriebswelle. Die hohe Eigenerwärmung des Motors ist bei der Dimensionierung des Antriebslagerspiels zu berücksichtigen. Allen Direktantrieben mit Synchronmotoren ist gemeinsam, daß sie auf Netzphasensprünge mit Pendelschwingungen reagieren, die sich als Gleichlaufschwankungen auswirken.

Abbildung 17 zeigt einen geregelten Asynchronmotor für Direktantrieb, bei dem die Regelung über einen elektronisch steuerbaren Widerstand erfolgt (Regelkreis vgl. Abb. 18). Wegen des besseren Wirkungsgrades des Asynchronmotors ist hier die Erwärmung etwas geringer. Bei Direktantrieben werden gern Außenläufermotoren verwendet, deren Außenläufer gleichzeitig die Schwungmasse bildet.

Bei Gleichstromkollektormotoren mit geringem Trägheitsmoment kann eine gute Drehzahlstabilität durch einen entsprechenden schnellen

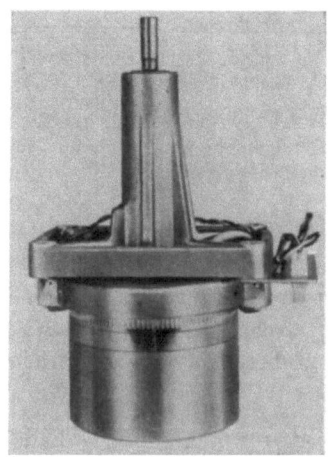

Abb. 17. Asynchronmotor für Direktantrieb mit Zahnkranz für Drehzahlgeber.

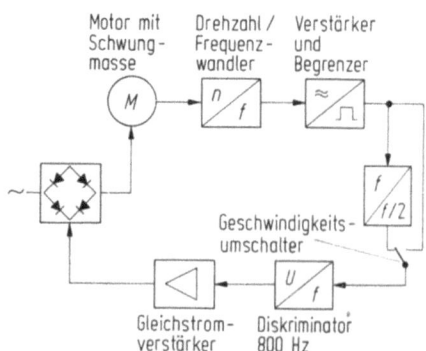

Abb. 18. Regelkreis für einen Asynchronmotor; die Regelung erfolgt über einen steuerbaren Vorwiderstand (Transistor in Gleichrichterbrücke).

Regelkreis erreicht werden. Solche Antriebe sind dann auch unempfindlicher gegen äußere Beschleunigungen und werden deshalb gern in tragbaren Reportagegeräten eingesetzt.

Eine andere Dimensionierung des Antriebsmotors und der Antriebswelle ist mit dem indirekten Antrieb möglich, bei dem zwischen Motor und Antriebswelle eine mechanische Untersetzung eingeschaltet wird. Hierfür können wegen der Gleichlaufforderungen nur Riemen- oder Reibradgetriebe verwendet werden, letztere werden bei modernen Konstruktionen ebenfalls nicht mehr eingesetzt. Die lastabhängige Veränderung des Übersetzungsverhältnisses (Schlupf) ist der Nachteil der Übersetzung. Bei ausreichender Dimensionierung läßt sich der Schlupf jedoch klein genug halten, oder er wird bei geregelten Antrieben in den Regelkreis mit einbezogen und somit ausgeregelt.

Bei richtiger Auslegung der Massenverhältnisse und der Riemenelastizität läßt sich das gekoppelte Feder-Masse-System so abstimmen, daß es einen Tiefpaß für vom Netz kommende Störungen darstellt und damit die Nachteile des direkten Synchronantriebes vermeidet (Abb. 19). Ähnliches Verhalten gegenüber Störungen kann mit nichtelastischen Antriebsriemen bei drehelastischer Aufhängung des Motorstators erreicht werden [6].

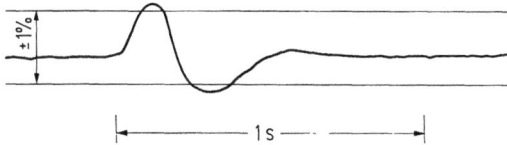

Abb. 19. Abklingen einer Störung aus dem Netz bei einem Antrieb mit Synchronmotor und Riemen.

Der indirekte Antrieb mit Regelung gestattet, die Vorteile des indirekten Antriebs auszunutzen ohne die Nachteile in Kauf nehmen zu müssen. Wenn das Getriebe Teil des Regelkreises ist, wird der Schlupf mit ausgeregelt. Das Blockschaltbild eines solchen Antriebes zeigt Abb. 20. (Es unterscheidet sich von dem in Abb. 18 regeltechnisch wesentlich nur durch den elastischen Riemen.) Die Grenzfrequenz des Regelkreises wird durch Riemen und Schwungmasse bestimmt, der übrige Teil des Regelkreises hat eine erheblich höhere Grenzfrequenz.

Geregelte Antriebe werden in ihrem Gleichlaufverhalten entscheidend bestimmt durch die Qualität der Drehzahlmessung. Fehler in dem Wandler Drehzahl/elektrisches Signal werden durch den Regelkreis in fast voller Größe auf die Antriebswelle übertragen. Der Drehzahl/Frequenzwandler in Abb. 16 besteht daher aus 2 sich gegenüberstehenden vollständigen Zahnkränzen, so daß sich Teilungsfehler und Exzentrizitätsfehler in erster Näherung aufheben.

Die meisten Studio-Magnetbandgeräte werden mit 2 umschaltbaren Geschwindigkeiten ausgestattet. Die Umschaltung erfolgt beim Synchronantrieb durch Polumschaltung des Motors. Beim geregelten Antrieb wird der Sollwert des Regelkreises verändert oder die drehzahlproportionale Frequenz verdoppelt oder geteilt, bevor sie mit einem unveränderlichen Sollwert verglichen wird (vgl. Abb. 18 und 20).

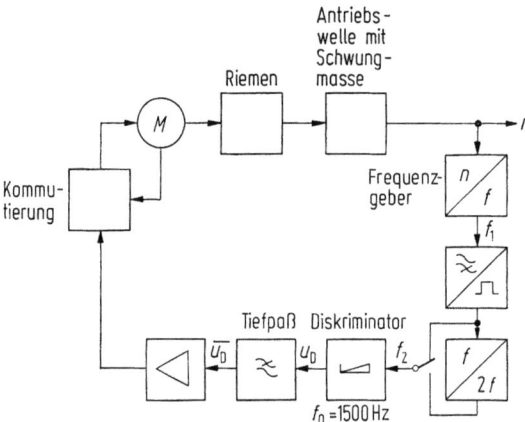

Abb. 20. Blockschaltbild des Regelkreises eines elektronisch geregelten indirekten Antriebs.

Zur Verbesserung des Gleichlaufs, insbesondere zur Verringerung der Einflüsse des abspulenden Wickels, wird gern eine zweite Bandantriebswelle eingebaut. Dies kann die Form einer passiv mitlaufenden Filterrolle oder auch einer angetriebenen zweiten Welle haben.

Eine passive Filterrolle (Abb. 21a) muß vor dem Start auf Solldrehzahl gebracht werden, da sie durch das Band nicht beschleunigt werden kann. Wenn das aus Antriebsmotor, Schwungmasse, Band und Filtermasse gebildete gekoppelte Schwingungssystem günstig abgestimmt und gedämpft wird, ist eine wesentliche Dämpfung der vom zuführenden Wickel kommenden Störungen zu erreichen.

Wenn man Antriebswelle und Filterwelle ständig gekoppelt läßt (Abb. 21b), jedoch mit einer geringfügig geringeren Drehzahl für die Filterwelle, so wird durch den sich einstellenden Dehnschlupf von Band und Koppelriemen auch der Bandzug zwischen beiden Wellen definiert. Wenn der Riemen wesentlich dehnungssteifer als das Band ist, hängt der Bandzug stark von der Elastizität des jeweils verwendeten Bandes ab.

Es ist auch möglich, die Filterwelle durch einen zweiten Motor anzutreiben (Abb. 21c), der ein definiertes Rückhaltemoment erzeugt und so für konstanten Bandzug sorgt. Dieser Motor kann auch geregelt werden mit Hilfe eines Signals, das aus einer Bandzugmessung gewonnen wird [7].

1. Studio-Magnetbandgeräte

Das Closed-Loop-Prinzip (Abb. 21d) ist dem 2-Wellenantrieb mit definierter Drehzahldifferenz sehr ähnlich. Das Band wird von zwei Andruckrollen an die Antriebswelle gedrückt, wobei eine Rolle nur im mittleren Bereich der Bandbreite andrückt, in dem die Antriebswelle geringfügig dünner ist als im äußeren Bereich, in dem die 2. Andruckrolle andrückt [6]. Auch bei diesem Prinzip wird durch den Dehnschlupf des Bandes ein definierter Bandzug eingestellt. Der Nachteil dieser Anordnung liegt in dem unbequemeren Bandeinlegevorgang, außerdem ist der Bandzug abhängig von der Elastizität des Bandes.

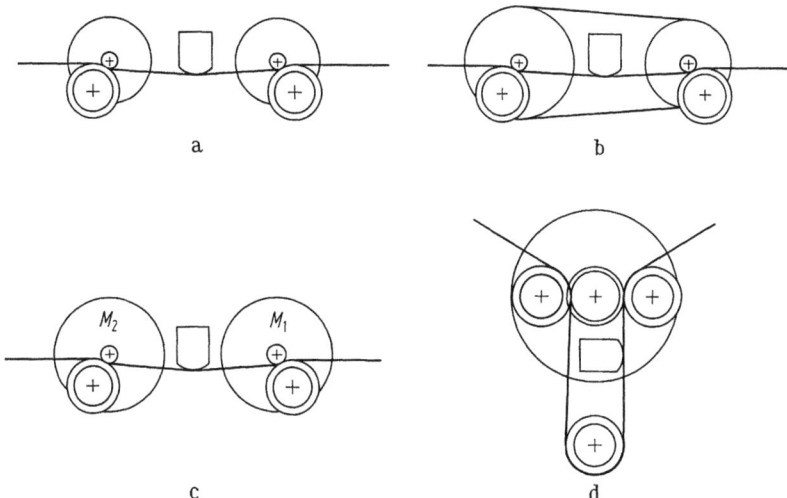

Abb. 21a—d. Bandantriebsanordnungen mit 2 Antriebswellen.
a) Mitlaufende 2. Filterwelle, vom Band angetrieben; b) 2. Filterwelle mit Kopplung durch Riemen; c) Antrieb mit einem Antriebsmotor M 1 und Rückhaltemotors M 2; d) Closed-loop-Antrieb.

Allen Doppelantriebsanordnungen ist gemeinsam, daß der Bandzug im Bereich der Magnetköpfe vom zuführenden Wickel wenig oder gar nicht beeinflußt wird und daher keine Regelung des rückhaltenden Wickelmomentes zum Ausgleich der Wickelungleichförmigkeiten erforderlich ist. Der Nachteil liegt darin, daß das Band zweimal eingespannt ist zwischen Welle und Andruckrolle und damit eine kritische Justage des Bandlaufs nötig wird. Auch bei guter Justage bleibt der Bandlauf empfindlich gegen mechanisch schlechtes Band und verändert sich leicht bei Bändern mit anderen mechanischen Eigenschaften.

Bandantriebswelle, Band, Wickel und Wickelantrieb bilden ein Feder-Masse-System mit vielen Resonanzfrequenzen und Störeinflüssen. Experimentelle Untersuchungen hierzu siehe [18].

1.2.1.3. Wickelantrieb

Zum Wickelantrieb sind Antrieb (Motoren) und Bremsen zu rechnen. Sie haben gemeinsam die Aufgabe, in allen Betriebszuständen einen einwandfreien Bandwickel zu erzeugen und zu erhalten. Dies erfordert einen ausreichenden Mindestbandzug auf beiden Seiten bei freitragenden Wickeln für ausreichende Wickelfestigkeit. Der Mindestbandzug muß auch bei Wickeln mit Flanschspulen eingehalten werden, um bei Anlauf- und Bremsbeschleunigungen die Wickel nicht aufgehen zu lassen (Cinching-Effekt). Außerdem sollen Bandschlaufen beim Anlauf und Stop vermieden werden, die fast immer Bandzugspitzen zur Folge haben.

Antrieb. Bei Studio-Magnetbandgeräten wird fast ausnahmslos für jeden Wickel ein getrennter Antriebsmotor eingesetzt (Ausnahme: Batteriebetriebene, tragbare Geräte). Der rechte Wickel wird angetrieben bei Vorlauf (Aufnahme und Wiedergabe) und Umspulen vorwärts, der linke bei Rückspulen.

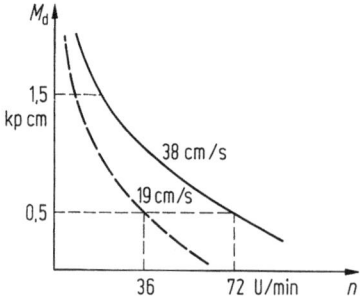
Abb. 22. Erwünschte Kennlinie des idealen Wickelmotors.

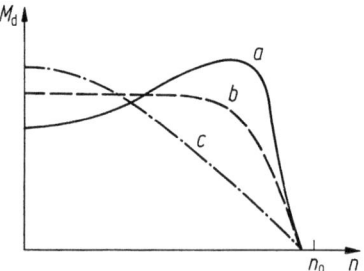
Abb. 23. Kennlinie von Kurzschluß-läufer-Wickelmotoren.
a Normaler Käfigläufer;
b Käfigläufer mit Widerstandskäfig;
c Rohrläufer.

Zur Erzeugung des konstanten Bandzuges bei Vorlauf wäre für den rechten Wickelmotor eine stark fallende Drehmoment/Drehzahlkennlinie erwünscht (vgl. Abb. 22). Diese Kennlinie müßte mit der Bandgeschwindigkeit 1:2 umschaltbar sein, außerdem für Umspulen bei etwa gleichem Momentenbereich auf die 10- bis 20fache Drehzahl. Eine solche Kennlinie ist mit den üblichen Kurzschlußläufermotoren nicht erreichbar. Deren Drehmoment ist im niedrigen Drehzahlbereich bei Vorlauf praktisch konstant, für Umspulen kann durch den Widerstand des Läufers die Charakteristik günstig beeinflußt werden (vgl. Abb. 23). Die Kennlinie des Rohrläufermotors kommt der Idealkennlinie für Umspulbetrieb recht nahe. Die Kennlinie eines Motors mit Widerstandsläuferkäfig hat den Vorteil, daß im Umspulbetrieb eine schnellere Beschleunigung zu höheren Bandgeschwindigkeiten erreicht wird. Das praktisch konstante Wickelmoment bei normalem Vorlauf führt zu Bandzugveränderungen entsprechend dem Wickeldurchmesser, also etwa 1:3. Ist dies nicht vertretbar, so muß der aufwickelnde Motor durchmesserabhängig gebremst (siehe Abschnitt „Bremsen") oder geregelt werden.

Gleichstrommotoren lassen sich in der Drehzahlcharakteristik leichter anpassen. Außerdem sind sie einfacher elektronisch zu regeln. Trotzdem werden sie selten verwendet, da der Kollektor Verschleiß unterworfen ist und außerdem Kontaktstörungen erzeugen kann.

Zur Beschleunigung des Wickels beim Start des Vorlaufs ist eine Erhöhung des Motormomentes nötig. Dazu wird üblicherweise für einige 100 ms dem Aufwickelmotor eine erhöhte Spannung zugeführt. Bei einer automatischen Regelung des Aufwickelanrtiebs übernimmt der Regelkreis diese Aufgabe mit, sofern er schnell genug arbeitet.

Bremsen. Die *Stopbremse* hat die Aufgabe, die beiden Wickel nach Abschalten des Antriebs stillzusetzen. Dabei soll das Band zwischen den Wickeln straff gespannt bleiben und nicht aus den Bandführungselementen herausfallen. Dazu muß der abgebende Wickel stärker gebremst werden als der aufnehmende. Unter Vernachlässigung der Bandreibung an Köpfen und Führungselementen ergeben sich nach Abb. 24 folgende Bedingungen:

Umspulen nach rechts
$$\frac{M_{2r}}{M_{1r}} > \frac{r_1 J_2}{r_2 J_1},$$

Umspulen nach links
$$\frac{M_{2l}}{M_{1l}} < \frac{r_1 J_2}{r_2 J_1}.$$

Wenn die Bremsmomente in beiden Richtungen gleich sind ($M_{1r} = M_{1l}$, $M_{2r} = M_{2l}$) ist dies ein Widerspruch. Die Bremsmomente der Stopbremse müssen also drehrichtungsabhängig sein [17].

Die Stopbremse wird allgemein als mechanische Bremse ausgeführt, da sie auch bei Netzausfall wirksam sein soll. Die erforderliche Drehrichtungsabhängigkeit wird am einfachsten durch die Servowirkung von geeignet dimensionierten Band- oder Backenbremsen erreicht (Abb. 25).

Bei Dimensionierung des Stopbremsmomentes wird berücksichtigt, daß der Bandzug beim Einfädeln des Bandes hinreichend niedrig im Bereich von 50 bis 100 p liegt. Dieses geringe Bremsmoment würde jedoch nach schnellem Umspulen eine viel zu große Bremszeit ergeben. Es muß daher in diesem Fall das Bremsmoment umgeschaltet werden oder zusätzliche elektrische Bremsung erfolgen. Bei elektrischer Bremsung mit Wirbelstrombremse (z.B. durch Gleichstrom im Wickelmotor) nimmt die Bremswirkung automatisch mit der Drehzahl ab, so daß bei niedriger

Drehzahl nur noch die mechanische Bremse wirkt. Wenn wirksamer mit Wechselstromgegenerregung gebremst wird, so muß diese Erregung kurz vor oder bei Erreichen des Stillstands abgeschaltet werden, wenn sich das Band nicht in Gegenrichtung bewegen soll. Diese Abschaltung wird durch Drehrichtungsdetektoren ausgelöst.

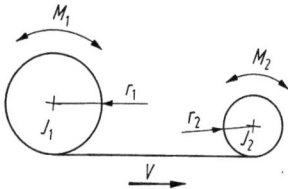

Abb. 24. Beim Abschalten des Wickelantriebs wirksame Wickelmomente (Bremsmomente) und Trägheitsmomente.
M Bremsmoment; J Trägheitsmoment; r Winkelradius.

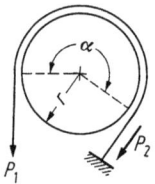

Abb. 25. Servoverhältnisse der Bandbremse.
Linksdrehung: $M/r = P_1(e^{\mu\alpha} - 1)$;
Rechtsdrehung: $M'/r = P_1(1 - e^{\mu\alpha})$;
Servoverhältnis: $S = M/M' = e^{\mu\alpha}$.

Die Stopbremsen in der oben dargestellten Funktion sind nicht ausreichend für das Abbremsen am Bandende, da diese Bremsen immer den abgebenden Wickel bremsen. Nach Bandende muß jedoch der volle, bis dahin aufnehmende Wickel gebremst werden. Hierzu wird meist zusätzlich eine *Auslaufbremse* durch das Band-Ende-Signal ausgelöst.

Einwandfreies Abwickeln und Aufwickeln des Bandes erfordert *Rückhaltebremsen* am jeweils abgebenden Wickel. Sie sorgen bei Vorlauf bzw. Umspulen für den notwendigen Bandzug. Erstrebenswert ist ein vom Wickeldurchmesser unabhängiger, konstanter Bandzug. Bei normalem Vorlauf wird dadurch Konstanz des Bandlaufs in den Führungen und geringer, konstanter Schlupf an der Antriebswelle erreicht. Bei Umspulen wird ein gleichmäßiger Wickel mit guter Festigkeit erreicht, ohne daß das Band überbeansprucht wird.

Eine Rückhaltebremse mit einem konstanten Bremsmoment führt bei den üblichen Wickeldimensionen zu einer Bandzugänderung 1:3.

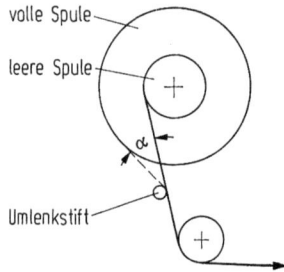

Abb. 26. Kompensation des durchmesserabhängigen Bandzuges durch veränderliche Umschlingung an einem festen oder beweglichen Umlenkstift.

Solche einfache Rückhaltebremse wurde häufig in Form von mit konstanter Spannung versorgten Wickelmotoren eingesetzt. Die Bandzugänderung kann dann auf einfache Weise durch einen Umlenkstift in unmittelbarer Nähe der Spule auf etwa 1:2 reduziert werden (vgl. Abb. 26). Diese Methode hat jedoch den Nachteil, daß beim Rückspulen der Bandzug mit zunehmendem Wickeldurchmesser ansteigt, wodurch ein stärkerer Wickelmotor erforderlich wird und auch ein Wickel entstehen kann, der im inneren Teil nicht mehr stabil ist (Speichenbildung).

Wesentlich bessere Wickelverhältnisse werden durch *Regelung* des Wickelantriebes erreicht. Durch die Regelung wird je nach Aufwand für konstanten Bandzug entweder nur auf der abwickelnden oder auf beiden Seiten gesorgt.

Bei *elektronischer Regelung* wird mit einem mechanisch-elektronischen Wandler eine bandzugabhängige Spannung gewonnen (vgl. Abb. 28), die über Verstärkerschaltungen die dem Wickelmotor zugeführte Brems- bzw. Antriebsleistung in Abhängigkeit vom momentanen Bandzug regelt. In Abb. 27 ist die hierfür verwendete Prinzipschaltung dargestellt

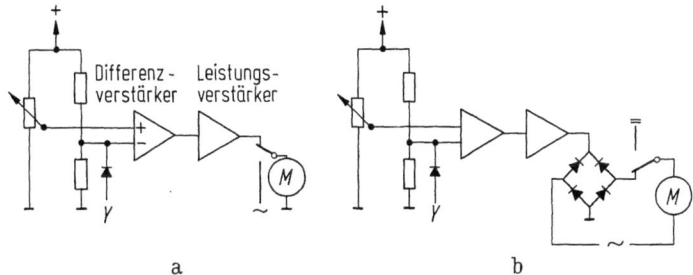

Abb. 27a u. b. Elektronische Regelung des Wickelantriebes [8].
a) Geregelter Bremsbetrieb für abwickelnden Motor; b) geregelter Zugbetrieb für aufwickelnden Motor.

[8]. Dem bremsenden Wickelmotor wird ein von der Stellung der Bandzugwaage abhängiger Gleichstrom zugeführt, der Motor wirkt als Wirbelstrombremse. Der aufwickelnde Motor erhält eine bandzugabhängige Wechselspannung, die durch den Leistungsverstärker als veränderlichen Widerstand in der Gleichrichterbrückenschaltung verändert wird.

Ohne Bandzugwaage kann eine elektronische Steuerung des Bandzuges auskommen, bei der ein aus dem Wickeldurchmesser abgeleitetes Signal das Rückhaltemoment des Motors beeinflußt [9]. Da der Wickeldurchmesser selbst schlecht meßbar ist, wird hierzu die Wickeldrehzahl über einen Tachometer, z.B. einen Drehzahl/Frequenzwandler gemessen.

Die *mechanische Regelung* hat den Vorteil, daß praktisch keine Verlustwärme erzeugt wird. Dafür ist die Dimensionierung nicht ganz so freizügig möglich wie bei der elektronischen Regelung. Eine praktisch ausgeführte Form der mechanischen Regelung ist in Abb. 29 im Prinzip dargestellt.

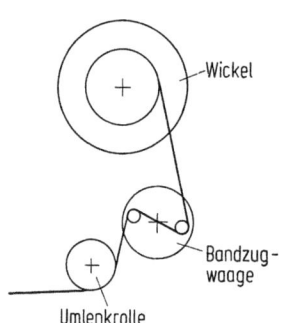

Abb. 28. Bandzugwaage mit großer Umschlingung um 2 Rollen und mechanisch-elektrischem Wandler (Potentiometer) für elektronische Regelung.

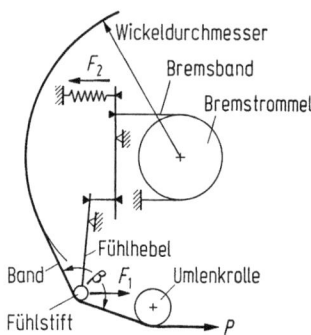

Abb. 29. Prinzip der mechanischen Bandzugregelung mit Bandbremse.

Der Bandzug P erzeugt am Fühlstift eine Kraft F_1, die über eine Hebelübersetzung mit einer Federkraft F_2 verglichen wird. Mit steigendem P wird die Umschlingungsbremse zunehmend entlastet und damit das rückhaltende Moment vermindert, wodurch der Zunahme von P entgegengewirkt wird. Die Änderung der Umschlingung β des Fühlstiftes bei Änderung des Wickeldurchmessers unterstützt den Ausgleich der wickelabhängigen Bandzugänderung. Durch geeignete geometrische Anordnung und Dimensionierung der Hebelübersetzung kann der Restfehler der Regelung unter $\pm 5\%$ bei Wickeldurchmesseränderung 1:3 gebracht werden. Gute Stabilität des eingestellten geregelten Bandzuges wird mit geeignetem Material für Bremsband und Bremstrommel erreicht.

1.2.2. Verstärkertechnik

Die Verstärkerelektronik der Studio-Magnetbandgeräte dient der Anpassung der Eingangssignale an den Aufnahmekopf, der Wiedergabekopfsignale an den Ausgang und der Versorgung mit den nötigen Hilfssignalen, wie Vormagnetisierung usw. Weitergehende Verstärkeraufgaben werden in der Studiotechnik vom Mischpult- und Abhöranlagen übernommen. Ein- und Ausgangspegel des Studio-Magnetbandgerätes ist also nur der Leitungspegel $+6$ dBm (1,55 V) in Europa, $+15$ dBm (4,4 V) in Amerika. Amerikanische Geräte enthalten darüberhinaus einen Aussteuerungsmesser (VU-Meter) und die Möglichkeit, hiernach die Aussteuerung einzustellen.

Der *Wiedergabeverstärker* besteht meistens aus Vorverstärker, Entzerrer und Leitungsverstärker. Der Vorverstärker verstärkt die im Kopf induzierte Spannung auf einen gut weiter zu verarbeitenden Wert an. Dabei ist die wesentliche Aufgabe, durch günstige Anpassung an den Kopf möglichst niedriges Verstärkerrauschen wirksam werden zu lassen.

Der Vorverstärker bildet im allgemeinen eine Einheit mit der Entzerrerschaltung, die dem Frequenzgangausgleich für

— frequenzproportionalen Anstieg der Wiedergabekopf-EMK,
— Bandflußcharakteristik,
— Frequenzgangverlust des Widergabekopfes

dient. Die Entzerrerschaltung wird bei Geräten mit umschaltbarer Bandgeschwindigkeit automatisch mit umgeschaltet.
Der Leitungsverstärker verstärkt das entzerrte Signal auf den Leitungspegel, die Leitung wird über einen Übertrager gespeist. Der Innenwiderstand soll klein gegen die mögliche Belastung sein, damit keine Pegelveränderung bei Zuschaltung weiterer Abnehmer enstehen.

Der grundsätzliche Aufbau des *Aufnahmeverstärkers* enthält einmal den Nf-Verstärker, dessen Ausgangsstrom den Aufnahmekopf speist. Eine Entzerrerschaltung, mitunter mit einem Vorverstärker kombiniert, gleicht die Frequenzgangverluste des Aufnahmevorganges (abzüglich Bandflußcharakteristik) aus. Oszillator und Vormagnetisierungsverstärker versorgen den Aufnahmekopf mit dem Hochfrequenzvormagnetisierungsstrom, der Löschverstärker den Löschkopf mit Löschstrom. Bei einfacheren Geräten bilden Oszillator und beide Verstärker auch als Leistungsoszillator eine Einheit.

1.2.2.1. Entzerrungstechnik

Die Frequenzgangentzerrung des *Wiedergabeteils* enthält eine integrierende Schaltung, die den frequenzproportionalen Anstieg der Wiedergabekopf-EMK ausgleicht. Diese Integration wird mit einer Zeitkonstante vorgenommen, die der Zeitkonstante der Bandflußcharakteristik entspricht und somit diesen Teil mit entzerrt (vgl. Abb. 30).

Im Wiedergabeverstärker müssen ferner die Verluste des Wiedergabekopfes ausgeglichen werden, hauptsächlich die Spaltverluste.

In der Praxis müssen neben den oben beschriebenen Effekten noch weitere berücksichtigt werden, die bei hohen Ansprüchen an die Linearität des Wiedergabefrequenzganges eine Erweiterung des Einstellbereiches der Entzerrungsregler erfordern. Dies ist unter anderem die Anhebung der tiefen Frequenzen durch den „Spiegeleffekt" des Wiedergabekopfes, insbesondere bei 38 cm/s (vgl. Abschnitt 4). Außerdem weicht der tatsächliche Verlauf der Spaltfunktion des Wiedergabekopfes von der in Abb. 30 dargestellten einfachen Form ab:

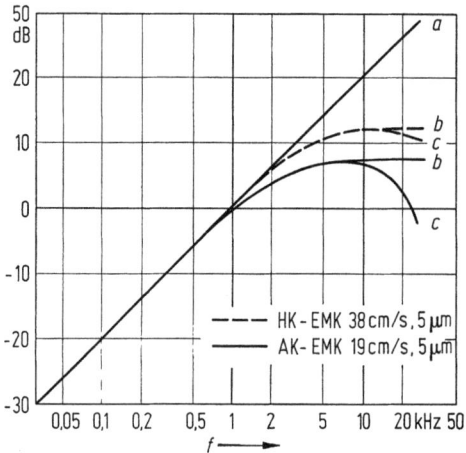

Abb. 30. Relative EMK des Wiedergabekopfes für 38 bzw. 19 cm/s bei Bandflußcharakteristik 35 bzw. 70 µs und einer effektiven Wiedergabekopf-Spaltbreite von 5 µm.
a EMK entsprechend Induktionsgesetz; b EMK entsprechend Bandflußcharakteristik; c EMK entsprechend Bandflußcharakteristik und Spaltverlust.

Wegen der endlichen Permeabilität der heute üblichen Kernmaterialien zeigt sich bereits im mittleren Frequenzbereich ein gewisser Abfall (vgl. Abschnitt 4). Diesen „Mittenabfall" kann man meist durch geringfügige Abweichung der Bandflußentzerrungszeitkonstante vom Sollwert ausgleichen. Ferner ist die Belastung des Wiedergabekopfes mit dem Eingang des Verstärkers bei hohen Frequenzen meist nicht mehr zu vernachlässigen. Dies erfordert eine weitere Höhenanhebung, die zusammen mit dem Ausgleich der Spaltverluste vorgenommen werden kann.

Nach diesen Gesichtspunkten enthält ein Wiedergabeentzerrer für höchste Ansprüche je Geschwindigkeit Regler für folgende Einstellungen:

Tiefen (<200 Hz), Höhen I (>2000 Hz), Höhen II (>8000 Hz) und Pegelregler zur Justierung des Wiedergabepegels.

Ein Beispiel für den Einbau von Entzerrungsmaßnahmen in der Gegenkopplung verschiedener Stufen des Wiedergabeverstärkers zeigt Abb. 31.

Da fast alle Studio-Magnetbandgeräte für mehrere Bandgeschwindigkeiten ausgelegt sind, werden die Verstärkerentzerrungen entsprechend umschaltbar vorgesehen. Dies kann durch mechanische Kopplung eines Schalters mit dem Geschwindigkeitsschalter des Laufwerkes, durch Relaiskontakte oder elektronisch durch Dioden oder Transistoren erfolgen.

1. Studio-Magnetbandgeräte

Auch im *Aufnahmeverstärker* ist eine Frequenzgangentzerrung erforderlich, da der Frequenzgang des Aufzeichnungsvorganges einen stärkeren Abfall bei den hohen Frequenzen bringen würde als der vorgeschrie-

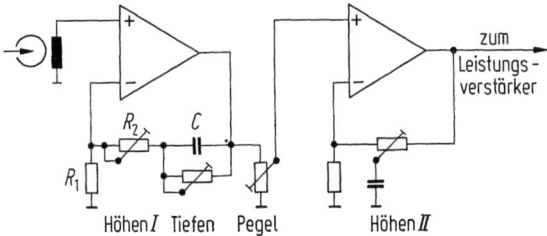

Abb. 31. Prinzip der Wiedergabe-Entzerrung und der Einstellglieder
$(R1 + R2) \cdot C =$ Zeitkonstante der Bandflußcharakteristik.

benen Bandflußcharakteristik entspricht (vgl. Abb. 32). Die Differenz muß in einer Vorverzerrung im Aufnahmeverstärker ausgeglichen werden. Diese Vorverzerrung ist bei 38 cm/s noch relativ klein, mit kleiner werdender Bandgeschwindigkeit nimmt sie zu und engt damit die Aussteuerfähigkeit in den Höhen ein.

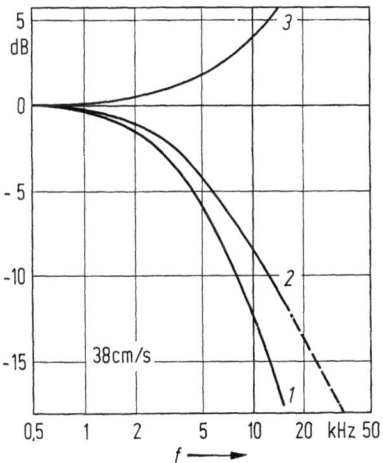

Abb. 32. Aufnahmeentzerrung.
Notwendiger Frequenzgang des Aufnahmeverstärkers (Kurve *3*); Frequenzgang des aufzuzeichnenden Bandflusses (Kurve *2*); Frequenzgang des Aufzeichnungsvorgangs (Kurve *1*).

Schaltungstechnisch wird die Höhenanhebung im Aufnahmeverstärker ähnlich gehandhabt wie im Wiedergabeverstärker. Der erforderliche Aufwand ist etwas geringer, allerdings ist dies nur bei geringen Ansprüchen mit einer einfachen Zeitkonstante möglich.

Bei der Dimensionierung der Einstellbereiche für die Aufnahmevorverzerrung müssen folgende Einflußgrößen berücksichtigt werden:
Unterschiede verschiedener zu verwendender Bandtypen, unterschiedliche Vormagnetisierungsarbeitspunkte, unterschiedliche Spaltbreiten des Aufnahmekopfes.

Aufnahme- und Wiedergabeentzerrung ergeben zusammen den linearen „Über-alles"-Frequenzgang des Gerätes. Je höher der Aufwand an Einstellmöglichkeiten der Entzerrung getrieben wird, desto eher ist der Gesamtfrequenzgang linear zu erreichen.

Zusätzlich zur linearen Entzerrung des Frequenzganges sind auch Verfahren zur nichtlinearen Entzerrung der Aussteuerkennlinie des Bandes bekannt geworden. Hierbei wird eine nichtlineare Vorverzerrung des Aufnahmestromes vorgenommen. Mit einem solchen Verfahren ist eine relativ klirrfaktorarme Aussteuerung bis dicht unter die Sättigung des Bandes möglich. Da die Sättigung selbst nicht überspielt werden kann, steigt dann der Klirrfaktor sehr schnell mit der Übersteuerung an.

1.2.2.2. Ankopplung an den Magnetkopf

Die Ankopplung des *Wiedergabekopfes* an den Wiedergabevorverstärker wird fast allein bestimmt durch das Rauschproblem. Von den Rauschquellen Band, Kopf und Verstärker sollen die beiden letzten zum Gesamtrauschen möglichst wenig beitragen, d.h. mindestens 6 dB unter dem Rauschen des Bandes liegen. Im Frequenzbereich der Tonaufzeichnung spielt das Rauschen des Verlustwiderstandes des Kopfes praktisch keine Rolle, es wäre erst bei Breitbanddirektaufzeichnung zu berücksichtigen. Die Aufgabe besteht also überwiegend darin, die Eingangsstufe des Verstärkers so an den Kopf anzupassen, daß sich das beste Signalrauschverhältnis ergibt.

Der Wiedergabekopf stellt eine Spannungsquelle mit im wesentlichen induktivem Innenwiderstand dar. Dadurch ist das Problem der Rauschanpassung anders als bei reellen Quellwiderständen zu behandeln. Es ist nicht sinnvoll, eine Rauschzahl zu definieren. Es wird daher die Rauschspannung bzw. der Rauschstrom auf den Nutzpegel des Kopfes bezogen, der seinerseits wieder von der Impedanz abhängt:

$$U_w = \omega \cdot w \cdot \Phi,$$
$$U_w = \Phi \sqrt{\omega R_m / B_s}.$$

mit $B_s = \omega L$ und $L = w^2/R_m$.

Für den Kurzschlußstrom I_w gilt:

$$I_w = U_w \cdot B_s = \Phi \sqrt{\omega R_m \cdot B_s}.$$

Auf diesen Nutzpegel, der von der Impedanz und der impedanzunabhängigen Nutzdurchflutung des Kopfes abhängt, kann das Störsignal

1. Studio-Magnetbandgeräte

zu Vergleichszwecken bezogen werden. Der Einfachheit halber wird für diese Betrachtungen der Wiedergabekopf als verlustlose Induktivität angenommen. Die Anpassung an den Verstärker kann entweder durch geeignete Kopfimpedanz selbst oder durch Übertrager geschehen.

Nach Hercher [10] kann man das Rauschverhalten der Eingangsstufe gemäß Abb. 33 durch eine Ersatzschaltung gemäß Abb. 34 darstellen.

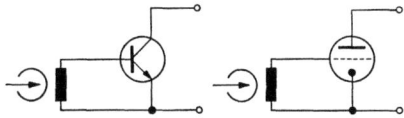

Abb. 33. Vereinfachtes Wechselstromschaltbild der Eingangsstufe mit Transistor oder Röhre.

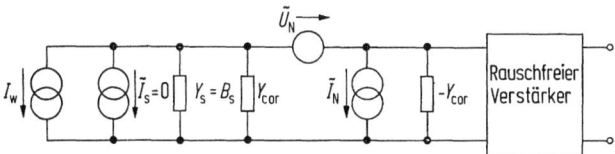

Abb. 34. Rauschersatzschaltung der Eingangsstufe (nach Herchner).
I_W Nutzstrom; I_S Rauschstrom der Quelle = 0, da verlustfrei; $Y_s = B_s$ Quell-Leitwert; Y_{cor} Korrelationsleitwert; U_N Rauschspannungsquelle; I_N Rauscheinströmung (bei Röhre = 0).

Danach ergibt sich für die am Verstärkereingang wirksame gesamte Rauscheinströmung

$$\tilde{I}_{tot} = 0 + \tilde{I}_N + \tilde{U}_N(B_s + Y_{cor}).$$

Der Effektivwert wird, wenn man $\tilde{U}_N$ durch einen Rauschwiderstand R_N und $\tilde{I}_N$ durch einen Rauschleitwert G_N darstellt und nach (Herchner) $Y_{cor} = G_N$ setzt:

$$I_{tot}^2 = 4kT_0 \Delta f[G_N + R_N(B_s^2 + G_N^2)].$$

Das Nutz/Störverhältnis

$$S_N = 10 \log \frac{I_w^2}{I_{tot}^2} \text{ [dB]}$$

ergibt sich zu

$$S_N = 10 \log \frac{\Phi^2 \omega R_m B_s}{4kT_0 \Delta f[G_N + R_N(B_s^2 - G_N^2)]} \text{ [dB]}$$

bzw. wenn man alle für die Anpassungsfrage unwesentlichen Glieder herausläßt:

$$S_N = 10 \log \frac{B_s}{G_N + R_N(B_s^2 + G_N^2)} + \text{const [dB]}.$$

Diese Funktion ist in Abb. 35 dargestellt mit der Kopfimpedanz (ggf. transformiert) als Variable. Es ist ein Si-Planar-Transistor, ein Ge-Transistor und vergleichsweise eine Röhre berücksichtigt. Man erkennt,

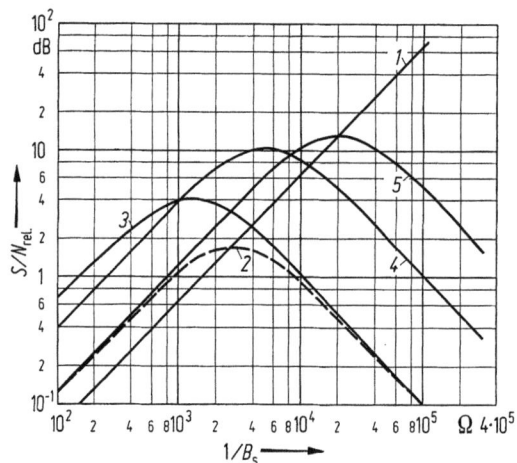

Abb. 35. Nutz-Störverhältnis bei verschiedenen Anpassungen und Arbeitspunkten. *1* Röhre EF 800 (Triode) 1 mA; *2* Ge-Transistor AC 160 $I_E = 0{,}1$ mA; *3* Si-Transistor BC 179 A $I_E = 1$ mA; *4* Si-Transistor BC 179 A $I_E = 0{,}1$ mA; *5* Si-Transistor BC 179 A $I_E = 0{,}02$ mA.

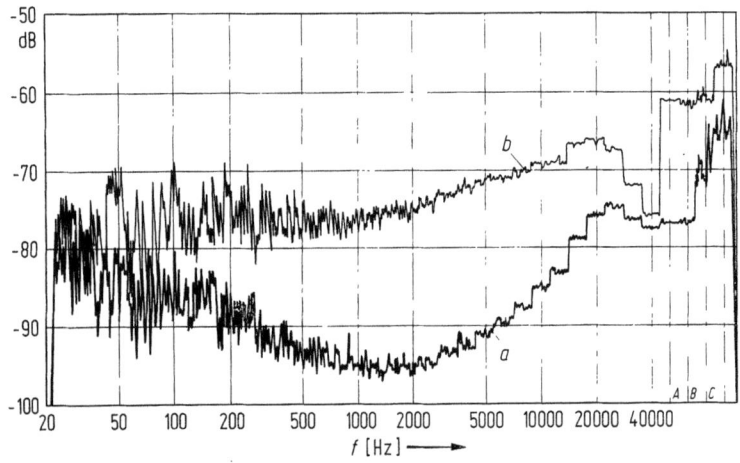

Abb. 36. *a* Rauschspektrum über Terzfilter eines eingestellten Wiedergabe-Verstärkers mit Si-Planar-Transistoren (38 cm/s);
b Rauschspektrum über Terzfilter, wie *a* jedoch bei Wiedergabe eines betriebsmäßig gelöschten Bandes.

1. Studio-Magnetbandgeräte 99

daß es zweckmäßig ist, den Si-Planar-Transistor mit kleinem Kollektorstrom zu betreiben und eine hohe Impedanz zu verwenden. Unter diesen Umständen ist der Si-Planar-Transistor der Röhre überlegen im Bereich niedriger Impedanzen (niedriger Frequenzen) und gleichwertig bis zu etwa 30 kOhm Impedanz. Darüberhinaus besteht theoretisch noch immer ein Vorteil für die Röhre, der aber praktisch nicht ausnutzbar ist, da bei solch hohen Kopfinduktivitäten die Eigenresonanzfrequenz mit den unvermeidlichen Kapazitäten zu niedrig würde. Der Ge-Transistor würde eine niedrige Anpassung verlangen.

Abbildung 35 soll nur zur Orientierung dienen. Für genaue Berechnungen sind die Frequenzabhängigkeit der Rauschkennwerte (Funkeleffekt und vergleichbare Effekte) des nachfolgenden Entzerrers und Einflüsse der Gegenkopplung auf die 1. Stufe zu berücksichtigen [10, 19, 20].

In Abb. 36 ist das Rauschspektrum eines mit Si-Planar-Transistoren bestückten Verstärkern als Terzfilterspektrum dargestellt, vergleichsweise dazu das Rauschspektrum bei Wiedergabe eines gelöschten Bandes. Man erkennt, daß abgesehen vom Bereich unterhalb 50 Hz das Verstärkerrauschen mit angeschlossenem Kopf mindestens 6 dB unter dem Bandrauschen liegt, im für gehörrichtige Bewertung wichtigen Frequenzbereich zwischen 1 000 und 5 000 Hz sogar 15 bis 20 dB.

Bei Messung des Nutz/Stör-Verhältnisses als Fremd- bzw. Geräuschspannungsabstand nach DIN 45405 erhält man gegenüber einem Bandfluß von 2 nWb (Bezugsbandleerteil 38 nach DIN 45513):

Tabelle 2. Fremd- und Geräuschspannungsabstand nach DIN 45405 für einen Wiedergabeverstärker mit Silizium-Planar-Transistoren

	Ohne Band	Mit Band
Fremdspannungsabstand	69 dB	59 dB
Geräuschspannungsabstand	79 dB	58 dB

Der *Aufnahmekopf* muß mit dem für die Erzeugung des aufzeichnenden Feldes notwendigen Signalstrom (Nf) und Vormagnetisierungsstrom (Hf) versorgt werden.

Zur Erzeugung eines frequenzunabhängigen Nf-Stromes muß der Kopf aus einem hinreichend großen Innenwiderstand gespeist werden. Dies kann im Prinzip mit den in Abb. 37 dargestellten beiden Verfahren erreicht werden. Version a) benötigt etwas höhere Aussteuerfähigkeit der Endstufe, bei Version b) ist dagegen der Hf-Sperrkreis notwendig. Beiden Schaltungen ist gemeinsam, daß beim Einschalten der Batteriespannung (Einschalten der Aufnahmefunktion) ein Stromstoß auf den Kopf gelangt, der als Knack aufgezeichnet wird. Dies wird im Rahmen der realisierbaren Symmetrie vermieden bei der aufwendigeren symmetrischen Schaltung nach Abb. 38. Zur Verbesserung der Knackunterdrückung wird der im Emitterkreis der Transistoren $Ts1$, $Ts2$ liegende Transistor $Ts3$ über eine Zeitkonstante im Basiskreis eingeschaltet.

Die Ankopplung der Vormagnetisierung kann entweder parallel, wie in Abb. 37 (nötigenfalls mit Hf-Sperrkreis) oder in Serie mit Hf-Saugkreis wie in Abb. 38 dargestellt, geschehen.

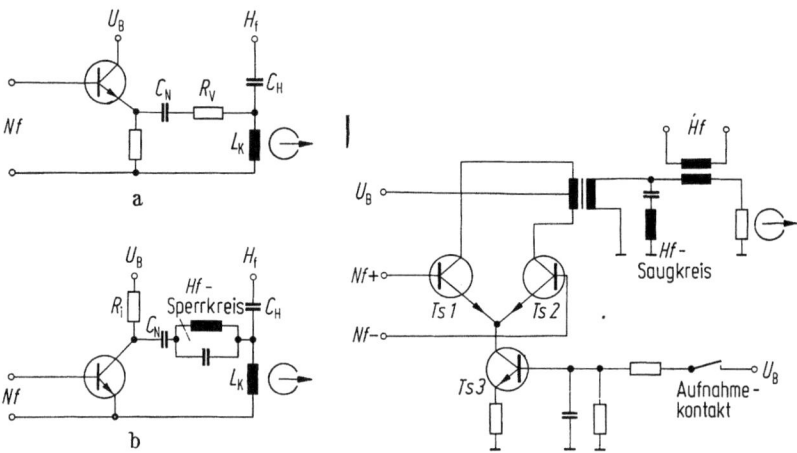

Abb. 37a u. b. Nf-Stromzuführung zum Aufnahmekopf.
a) Niederohmiger Verstärkerausgang mit zusätzlichem Vorwiderstand R_V; b) hochohmiger Verstärkerausgang mit Hf-Sperrkreis. Hf-Zuführung parallel über C_H, der zweckmäßig mit L_K bei der Vormagnetisierungsfrequenz in Resonanz ist.

Abb. 38. Symmetrische Aufnahme-Verstärker-Endstufe zur knackfreien Einschaltung mit Serieneinspeisung der Vormagnetisierung.

Die Zuführung des Vormagnetisierungsstromes zum Aufnahmekopf kann einfach direkt aus dem Oszillator erfolgen über einen Widerstand, mit dem der Strom eingestellt wird. Bei aufwendigeren Verstärkern und immer bei Mehrspuranlagen werden getrennte, auf die Vormagnetisierungsfrequenz abgestimmte Verstärker eingesetzt (siehe Abschnitt 1.2.2.4.).

1.2.2.3. Eingang und Ausgang

Bei Studio-Magnetbandgeräten entsprechen Eingangs- und Ausgangspegel im allgemeinen dem Leitungspegel, in Europa +6 dBm (1,55 V), in USA +15 dBm (4,4 V). Über diese Ausgangspegel, die für Vollaussteuerung des Bandes einjustiert sind, hinaus wird meist eine Aussteuerungsreserve von 6 dB oder mehr vorgesehen, so daß der Klirrfaktor bei Übersteuerung allein durch das Band bestimmt wird.

Eingänge und Ausgänge werden symmetrisch — mit Transformatoren — ausgelegt. Der Eingangswiderstand ist 5 kOhm oder größer, der Ausgangswiderstand niederohmig gegen die zulässige Belastung (im allgemeinen ≥ 200 Ohm). Durch die kleinen Innenwiderstände ist sichergestellt, daß bei Belastungsänderung durch Zu- oder Abschaltung von Verbrauchern keine merklichen Pegelveränderungen auftreten.

1.2.2.4. Hochfrequenzstufen

Die Hochfrequenzstufen versorgen Aufnahmekopf und Löschkopf mit den nötigen Hochfrequenzströmen. Von diesen Stufen wird verlangt, daß sie den Strom mit möglichst niedrigem geradzahligen Klirrgrad liefern (bei hohen Ansprüchen $\leq 0,1\%$). Aus diesem Grunde werden fast ausschließlich Gegentaktschaltungen verwendet, sowohl für den Oszillator als auch für nachfolgende Verstärker. Die Amplitude soll — insbesondere für die Vormagnetisierung — unabhängig von Netzspannung, Temperatur usw. sein. Der Vormagnetisierungsstrom muß einstellbar sein zur Einjustierung des Arbeitspunktes.

Bei kleineren Geräten und nicht mehr als 2 gleichzeitig zu betreibenden Kanälen werden häufig die Oszillatoren so ausgelegt, daß ihre Ausgangsleistung zur Speisung des Löschkopfes und des Aufnahmekopfes ausreicht. Der Löschkopf bildet dann einen Teil des Oszillatorschwingkreises.

Bei größeren Geräten und grundsätzlich bei Mehrspuranlagen wird ein dauernd schwingender Steueroszillator vorgesehen, der getrennte Verstärkerstufen für den Vormagnetisierungsstrom und den Löschstrom für jeden Kanal speist. Diese Verstärker werden bei Aufnahme über den Wahlschalter für die betreffende Spur mit Batteriespannung versorgt.

Die Verstärker müssen entsprechend stabil in ihrer Verstärkung ausgelegt werden, um Arbeitspunktverwerfungen der Vormagnetisierung zu vermeiden. Dies kann aber auch dadurch erreicht werden, daß die Ausgangsamplitude besonders stabilisiert wird durch eine Gleichrichtung der Ausgangsspannung und Vergleich der gleichgerichteten Spannung mit der Batteriespannung.

Die Verstärker zur Erzeugung der Leistung für Studiolöschköpfe müssen auf eine Ausgangsleistung bis zu etwa 1 Watt ausgelegt werden, um die gewünschte Löschdämpfung von etwa 80 dB mit einem Doppelspaltlöschkopf erreichen zu können. Diese Verstärker können mit Transistoren nur als abgestimmte Verstärker aufgebaut werden, da die zu erzeugende Blindleistung erheblich ist (etwa 20 VA). Um einen guten Wirkungsgrad zu erzielen, werden Gegentakt-C-Verstärker benutzt oder die Transistoren im Schalterbetrieb eingesetzt.

1.2.2.5. Sonderausführungen, Zusätze

Mehrspuranlagen. Neben den normalen Studio-Magnetbandgeräten für $^1/_4$-Zollband in Vollspur- (mono), Stereo oder Zweispurspurlagen werden häufig Mehrspuranlagen für breitere Bänder eingesetzt. Verbreitet sind folgende Spurlagen:

$^1/_2$ Zoll (12,7 mm)	4 Spur
1 Zoll (25,4 mm)	8 Spur
2 Zoll (50,8 mm)	16 Spur
	24 Spur

Bei zunehmender Spurzahl nimmt die Spurbreite und damit der Geräuschspannungsabstand je Kanal ab. Durch schmaler werdende Trennspuren wird mit zunehmender Anzahl der Spuren auch die Übersprechdämpfung schlechter. Da solche Anlagen jedoch nur zu Aufnahmen synchroner, inhaltlich zusammengehöriger Schallereignisse verwendet werden, stören diese beiden Einschränkungen betrieblich nicht.

Da die Mehrspuraufnahmetechnik zeitlich getrennte Aufnahmen mehrerer Teilsignale erfordert, müssen bereits früher aufgezeichnete Teilsignale für die nächste Aufnahme den Künstlern zur Synchronisierung wieder zugespielt werden. Zur Erzielung einwandfreier zeitlicher Zuordnung ist dazu die Abtastung der bereits aufgezeichneten Spuren mit dem Aufnahmekopf erforderlich, wobei allerdings Qualitätsabschläge in Kauf genommen werden können, die durch die schlechteren Wiedergabeeigenschaften des Aufnahmekopfes bedingt sind.

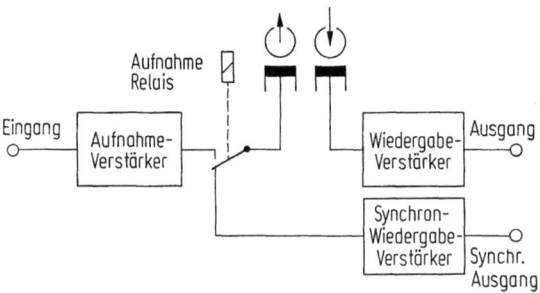

Abb. 39. Einzelner Kanal einer Mehrsparanlage mit Synchronwiedergabe.

Abbildung 39 zeigt die Grundschaltung eines Kanals einer solchen Mehrspuranlage. Mit Hilfe des Aufnahmerelais wird der Aufnahmekopf wahlweise an den Aufnahmeverstärker (mit Vormagnetisierung) oder an den Synchronwiedergabeverstärker geschaltet.

Der Synchronwiedergabeverstärker kann entweder ein selbständiger Verstärker je Kanal sein oder es wird der normale Wiedergabeverstärker mit einem zusätzlichen Umschalter für die Synchronwiedergabe mit-

1. Studio-Magnetbandgeräte   103

benutzt. Häufig wird auch nur ein Synchronvorverstärker je Kanal eingesetzt und anschließend alle Synchronsignale über eine Mischeinrichtung einem gemeinsamen Wiedergabeverstärker zugeführt.

Maßnahmen zur Verbesserung des Geräuschspannungs-Abstandes. In der Aufnahmetechnik besteht trotz des heutigen Qualitätsstandes noch immer das Problem, daß die Dynamik des aufzunehmenden Schallereignisses größer ist, als die Bandaufzeichnung verarbeiten kann. Diese Schwierigkeit kann vom Toningenieur bei der Aufnahme durch Nachregelung von Hand zwar ausgeglichen werden, die Originaldynamik geht jedoch verloren. Dieser Vorgang wird auch automatisiert mit Kompressoren, die eine automatische Kompression des ankommenden Signals und damit Einengung der Dynamik vornehmen [13].

Bei Kompressor-Expandersystemen wird der vor der Aufnahme eingeengte Dynamikbereich nach der Wiedergabe mit einem Expander wieder hergestellt. Die Nachteile des Verfahrens liegen in der Schwierigkeit der optimalen Dimensionierung von Einschwingzeit und Ausschwingzeit und in der unvermeidlichen kurzzeitigen Übersteuerung des Kanals während der Einschwingzeit.

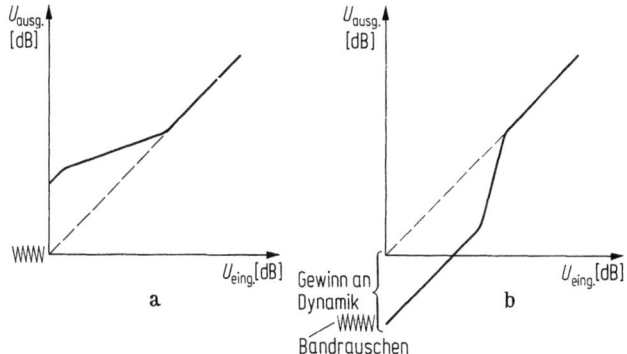

Abb. 40 a u. b. Kennlinien des „Stretcher"-Verfahrens nach Dolby.

Diese Nachteile werden vermieden bei dem von Dolby angegebenen „Stretcher"-Verfahren [14], bei dem Kompression und Expansion bei den niedrigen Pegeln vorgenommen werden (vgl. Abb. 40). Zur Verbesserung der Wirkung und um den jeweiligen Frequenzbereichen angepaßte Regelzeitkonstanten einsetzen zu können, wird das Verfahren auf 4 Frequenzbereiche getrennt angewendet: <80 Hz, 80 Hz$\cdots$3 kHz, >3 kHz, >9 kHz. Mit diesem Verfahren kann eine Verbesserung des Geräuschspannungsabstandes um 10 dB erreicht werden. Weitere ähnliche Verfahren sind bekannt geworden [15, 16].

Literatur

1. Belger, E.; Scherer, P.: Untersuchungen an neueren Magnettonbändern. Rundfunktechn. Mitteilungen 5, Nr. 4 (1961) 193.
2. McKnight, J. G.: A List of Published Standards Related to Magnetic Sound Recording. J. Audio Engineering Society 15 (1967) 314.
3. Schneider, Ch.; Völz, H.: Grundlagen der magnetischen Signalspeicherung, Bd. II: Magnetbänder und Transportwerke. Berlin: Akademie-Verlag 1970.
4. Zwick, L.: Untersuchung der Längsdehnung über der Bandbreite mittels Bandzugmessung in den beiden Hälften eines bewegten Magnetbandes. Diss. TH Braunschweig 1965.
5. McKnight, J. G.: Speed, Pitch and Timing Errors in Tape Recording and Reproducing. J. Audio Eng. Soc. 16, Nr. 3 (1968) 266.
6. Clunis, K.: Advanced Tape Mastering System, Mechanical Features. J. Audio Eng. Soc. 12 (1964) 303.
7. Wolf, W.: Das Antriebssystem des Magnettongerätes R 700, Technische Mitteilungen des RFZ 9, Nr. 2 (1965) 62.
8. Bäder, K. O.: Ein neues Bandzugregelsystem. Fernseh- und Kinotechnik 24 (1970) 366.
9. Zwicky, P.; Hirsch, F.: Neues Verfahren zur Regelung des Bandzuges beim professionellen Studio-Magnettongerät Studer „A 62". Kinotechnik 17 (1963) 199.
10. Herchner, D.: Rauschkennwerte eines modernen Silizium-Planar-Transistors im Niederfrequenzgebiet. Frequenz 21, H. 2 (1967) 31.
11. Davidson, J. H.: Low-Noise Transistorized Tape Playback Amplifier. J. Audio Eng. Soc. 13 (1965) 1.
12. Gillmann, H.; Petrovsky, P.: Elektroakustische Eigenschaften des 'magnetophon 28'. Kinotechnik 22, Nr. 5 (1968) 99.
13. Bäder, K. O.; Blesser, B. A.: Ein Kompressorsystem mit variablen Eigenschaften und Pulsdauermodulation. Radio-mentor-electronic 33, 34 (1968−1, 1969−2).
14. Dolby, R. M.: An Audio Noise Reduction System. J. Audio Eng. Soc. 15 (1967) 383.
15. Burwen, R. S.: A Dynamic Noise Filter for Mastering. AUDIO 25 (1972) 29.
16. Brinton, J.: Two Firms Challenge Noise Cutter. Electronics, November 20 (1972) 71.
17. Hartmann, G.: Zum Bremsvorgang bei Magnettongeräten. Elektron. Rundsch. (1958) 45.
18. Wittig, W.: Untersuchungen am Laufwerk eines Tonbandgerätes mittels Bandzugmessung. Feinwerktechnik 67, Nr. 9 (1963) 365, 397.
19. Frizlen, H. J.: Rauschen gegengekoppelter Transistor-Verstärker. NTZ 3 (1965) 145.
20. Du Bois, J. L.: Conditions for Optimum Noise Performance of Transistor Amplifiers with a Reactive Source. IEEE Transactions on Audio (1965) 15.

2. Magnetköpfe

Heinz Thiemer

Einleitung

Magnetköpfe sind sowohl elektromagnetische Energiewandler als auch Bauelemente mit technologischen Problemen. Bei der Betrachtung als Wandler kann man zwei grundsätzliche Wirkungsrichtungen unterscheiden: Wandlung elektrischer Signale in magnetische (Aufzeichnung, Löschung) und umgekehrt (Wiedergabe). Für die drei Funktionen ergeben sich jeweils verschiedene Kopfkonzepte mit folgenden Benennungen: Aufnahme-, Schreib- oder Sprechkopf / Wiedergabe-, Lese- oder Hörkopf / Löschkopf.

Hinsichtlich der Anwendung beschränken wir uns hier nur auf Magnetköpfe für Bandgeräte, und zwar entsprechend der Bearbeitung der vorigen Kapitel für Studiomagnetbandgeräte, Meßwert- und Digitalbandspeicher. Es werden also sowohl Sinus- als auch Rechtecksignale übertragen. Magnetköpfe für diesen Anwendungsbereich, deren Größe von Einspur-$^1/_4$-Zoll- bis zu 32-Spur-2-Zoll-Köpfen reicht, haben viele grundsätzliche Eigenschaften gemeinsam, andere sind speziell auf die Anwendung ausgerichtet.

Der Stoff soll deshalb in drei Kapitel unterteilt werden: Elektromagnetische Eigenschaften, Technologie und Anwendung.

2.1. Elektromagnetische Eigenschaften

Die elektromagnetischen Eigenschaften basieren auf den physikalischen Prinzipien der Köpfe als Wandler (Durchflutungsgesetz, Induktionsgesetz), der technischen Ausführung des Wandleraufbaus (Geometrie, Material) und der Wechselwirkung mit dem Speichermedium (Bewegung, Elementarmagnete). Daraus kann man eine Unterteilung der Einflüsse in zwei Gruppen ableiten:

Statische und frequenzabhängige Eigenschaften (Magnetkopf als Wandler) und wellenlängenabhängige Eigenschaften (Magnetkopf im Kopf-Band-System).

2.1.1. Der Magnetkopf als elektromagnetischer Wandler

2.1.1.1. Der magnetische Kreis

Das Grundelement des Magnetkopfes ist der magnetische Kreis, der zur Führung und Konzentration der Feldlinien dient (Abb. 1). Er besteht aus Kernen von magnetisch gut leitendem, d.h. weichmagnetischem

Material in Reihe mit einem Spalt, dem Arbeitsspalt, dessen Streufeld in Wechselwirkung mit der hartmagnetischen Speicherschicht des Bandes tritt.

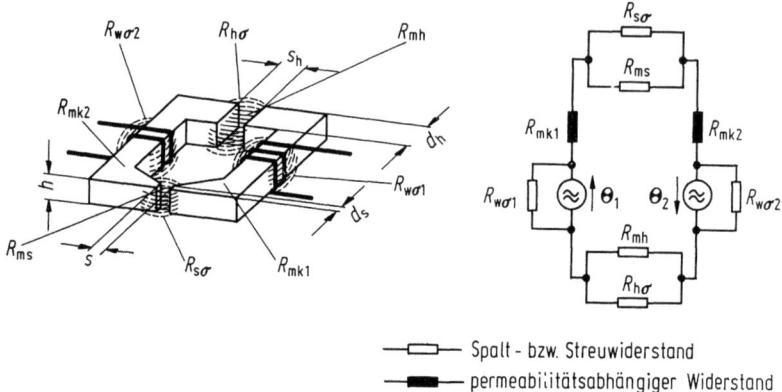

Abb. 1. Magnetkreismodell und Ersatzschaltbild.

Aufnahmeköpfe können außerdem zur Verringerung von Nichtlinearitäten und remanenten Magnetisierungen noch einen weiteren Scherungsspalt haben, der auch Rückspalt oder hinterer „Luft"-Spalt heißt.

Die magnetischen Widerstände der Kreisabschnitte, also der Kerne und Spalte lassen sich in bekannter Weise berechnen oder man wird für den Kern einen Formfaktor aus der mittleren Magnetkreislänge l und der mittleren Magnetkreisbreite b definieren. Während die Spulenstreuung zu vernachlässigen ist, werden die Streuflußpfade um die Spalte herum in einem Streufaktor σ berücksichtigt, der als Verhältnis des

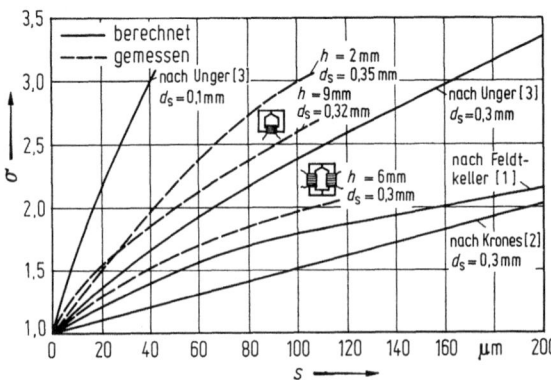

Abb. 2. Spaltstreufaktor als Funktion der Spaltbreite, Parameter: Spalttiefe, Kernhöhe.

2. Magnetköpfe

rechnerischen Spaltwiderstandes R_{ms} zum wahren Spaltwiderstand R'_{ms} definiert ist und auf eine effektive Querschnittsverbreiterung des Spaltes hinweist. Er kann entweder durch Näherungsformeln berechnet oder experimentell an Magnetkreismodellen (Abb. 2) ermittelt werden [1—3].

Formeln zur Berechnung des magnetischen Kreises:
Magnetischer Kernwiderstand

$$R_{mk} = \frac{1}{S_h \cdot \mu} = \frac{1}{b} \cdot \frac{1}{h} \cdot \frac{1}{\mu_r} \cdot \frac{1}{\mu_0}. \tag{1}$$

Magnetischer Spaltwiderstand

$$R_{ms} = \frac{s}{S_s \cdot \mu_0 \cdot \sigma} = \frac{s}{d_s} \cdot \frac{1}{h} \cdot \frac{1}{\mu_0} \cdot \frac{1}{\sigma}. \tag{2}$$

Spaltstreufaktor

$$\sigma = \frac{R_{ms}}{R'_{ms}} = 1 + \frac{R_{ms}}{R_{s\sigma}}. \tag{3}$$

Scherungsquotient vorderer Spalt

$$m = \frac{R_{ms}}{R_{mk}} = q \cdot \mu_r. \tag{4}$$

Scherungsfaktor vorderer Spalt

$$q = \frac{m}{\mu_r} = \frac{\dfrac{s}{d_s \cdot \sigma}}{\dfrac{1}{b}}. \tag{5}$$

Scherungsquotient hinterer Spalt

$$n = \frac{R_{mh}}{R_{mk}} = p \cdot \mu_r. \tag{6}$$

Scherungsfaktor hinterer Spalt

$$p = \frac{n}{\mu_r} = \frac{\dfrac{s_h}{d_h \cdot \sigma}}{\dfrac{1}{b}}. \tag{7}$$

Magnetischer Wirkungsgrad

$$\eta = \frac{m}{m+1} \quad \text{bzw.} \quad \frac{m}{m+n+1}. \tag{8}$$

Aus den Formeln erkennt man, daß der magnetische Wirkungsgrad η relativ groß wird, wenn der Spaltwiderstand groß und der Kernwiderstand klein gehalten wird, d.h. s und μ groß und d_s und l/b klein. Er wird bei der Berechnung des Übertragungsfaktors noch eine wesentliche Rolle spielen, und zwar sowohl für den Aufnahmekopf als auch für den Wiedergabekopf.

Wesentlich komplizierter werden die Verhältnisse, wenn man dreidimensionale Mehrkreisanordnungen betrachtet, deren Magnetkreis durch Streuung miteinander verkoppelt sind (Abb. 3). Solche Anordnungen findet man bei allen Mehrspurköpfen sowie bei Mehrfachköpfen, deren Systeme in Bandlaufrichtung dicht hintereinander stehen (z. B. Digitalschreibleseköpfe).

Das Ersatzschaltbild ist insbesondere zur Betrachtung der Koppelflüsse von Magnetkreis zu Nachbarmagnetkreis interessant. Aus der Abschätzung von Widerstandsverhältnissen lassen sich Einflüsse wie Übersprechen von Spur zu Spur, Anstieg der Induktivität, des Strombedarfs bei Aufnahmeköpfen und kleinerer Kopfwiedergabespannungen infolge von Nebenschlüssen des Magnetflusses erklären.

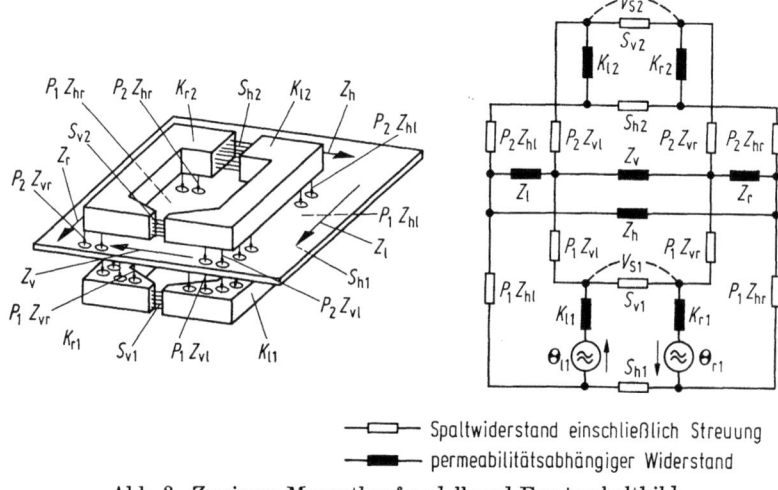

— Spaltwiderstand einschließlich Streuung
— permeabilitätsabhängiger Widerstand

Abb. 3. Zweispur-Magnetkopfmodell und Ersatzschaltbild.

K	Kern;	2 Spur 2;
P	Polschuh;	v vorn;
S	Spalt;	h hinten;
Z	Zwischenabschirmung;	l links;
1	Spur 1;	r rechts.

2.1.1.2. Der Übertragungsfaktor

Wenn man sich das Kopf-Band-Kopf-System am Spalt bzw. Spiegel aufgetrennt denkt, so entsteht magnetkopfseitig ein Wandlervierpol mit je zwei Eingangs- und Ausgangsgrößen. Hält man je eine dieser elektrischen bzw. magnetischen Größen konstant, so kann man das Verhältnis der verbleibenden Ausgangs- zu Eingangsgröße als Übertragungsfaktor definieren (Abb. 4). Die Berechnung erfolgt mit Hilfe der magnetischen Ersatzschaltbilder (Abb. 5 und 6) und der elektromagnetischen Grundgesetze. Da der Integrationsweg in 1. Näherung definiert ist (Magnet-

2. Magnetköpfe

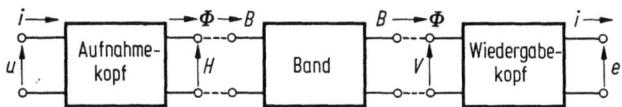

Abb. 4. Kopf—Band—Kopf-System als Übertragungsvierpole.

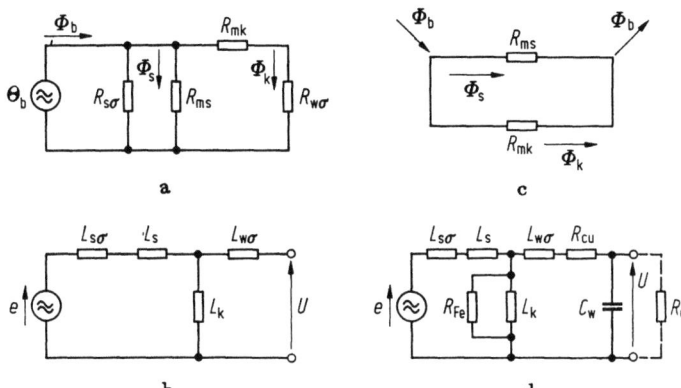

Abb. 5a—d.
Magnetische und elektrische Ersatzschaltbilder für den Wiedergabekopf.
a) Magnetisches Ersatzschaltbild mit Streuwiderstand; b) elektrisches Ersatzschaltbild analog a); c) vereinfachtes magnetisches Ersatzschaltbild; d) vollständiges elektrisches Ersatzschaltbild.

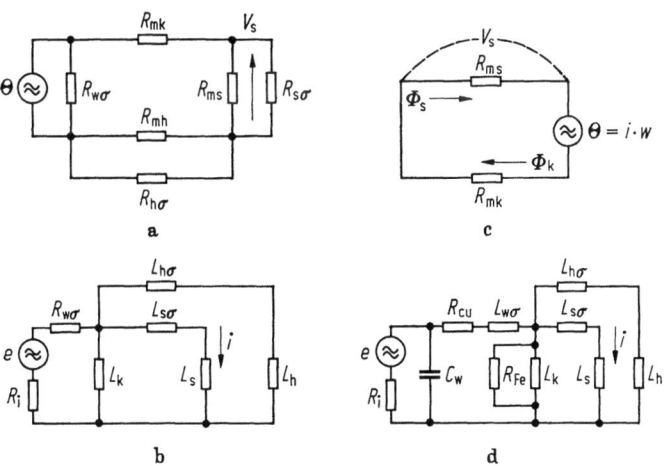

Abb. 6a—d.
Magnetische und elektrische Ersatzschaltbilder für den Aufnahmekopf.
a) Magnetisches Ersatzschaltbild mit Rückspalt und Streuwiderstand; b) elektrisches Ersatzschaltbild analog a); c) vereinfachtes magnetisches Ersatzschaltbild; d) vollständiges elektrisches Ersatzschaltbild.

kreis), kann zur Berechnung des Übertragungsfaktors für den Aufnahmekopf die skalare Form des Durchflutungsgesetzes

$$H \cdot s = \Theta \tag{9}$$

benutzt werden. Daraus ergibt sich die Spaltfeldstärke

$$H_s = \frac{w}{s} \cdot \frac{m}{m+1} \cdot i = A_a \cdot i. \tag{10}$$

Der Übertragungsfaktor des Aufnahmekopfes lautet dann

$$A_a = \frac{w}{s} \cdot \frac{m}{m+1} = \frac{H_s}{i}. \tag{11}$$

Mit hinterem Scherungsspalt ergibt sich

$$A_{ah} = \frac{w}{s} \cdot \frac{m}{m+n+1}. \tag{12}$$

Für den Wiedergabekopf gilt das Induktionsgesetz

$$e = -w \frac{d\Phi}{dt}. \tag{13}$$

Daraus ergibt sich

$$e = \frac{w \cdot \omega}{\sqrt{2}} \cdot \frac{m}{m+1} \cdot \Phi_b = A_w \cdot \Phi_b. \tag{14}$$

Damit ist der Übertragungsfaktor des Wiedergabekopfes

$$A_w = \frac{w \cdot \omega}{\sqrt{2}} \cdot \frac{m}{m+1} = \frac{e}{\Phi_b}. \tag{15}$$

Der Vergleich zwischen A_a und A_w zeigt, daß der auf ω bezogene Wiedergabeübertragungsfaktor sich vom Aufnahmeübertragungsfaktor nur durch die Spaltbreite und einen Faktor unterscheidet, d.h Windungszahl und Magnetkreiswirkungsgrad sind für beide im gleichen Maße wichtig (Abb. 7).

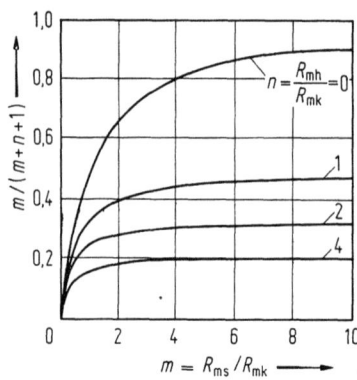

Abb. 7. Statischer Übertragungsfaktor als Funktion des Scherungsquotienten vorn (m) und hinten (n).

2. Magnetköpfe

Bei den bisherigen Betrachtungen wurden die Verluste im hochpermeablen Kern vernachlässigt. Zur Erfassung frequenz- und aussteuerungsbedingter Vorgänge wie Wirbelströme und Hysterese, bedienen wir uns der Methode der komplexen Permeabilität. Feldtkeller [1] definiert

$$\frac{B_\omega}{H_\omega} = \mu^{\angle} = \mu' - j\mu'', \tag{16}$$

wobei der Realteil μ' der Induktivität und der Blindteil μ'' dem Verlustwiderstand zugeordnet sind und sich aus Messung dieser Größen an Ringkernen ermitteln lassen. Durch Einführung von $\mu^{\angle}$ in Gl. (11) und (12) ergeben sich für die komplexen Übertragungsfaktoren folgende Formeln:

$$A_a^{\angle} = A_a' + jA_a'' = |A_a^{\angle}| \cdot \exp(-j\varphi_a), \tag{17}$$

$$A_w^{\angle} = A_w' + jA_w'' = |A_w^{\angle}| \cdot \exp(-j\varphi_w) \tag{18}$$

mit

$$\mathfrak{Im}\left(\frac{m}{m+1}\right) = \frac{-q \cdot \mu''}{(q \cdot \mu' + 1)^2 + q^2\mu''^2}, \tag{19}$$

$$\mathfrak{Re}\left(\frac{m}{m+1}\right) = \frac{q^2(\mu'^2 + \mu''^2) + q \cdot \mu'}{(q \cdot \mu' + 1)^2 + q^2 \cdot \mu''^2} \tag{20}$$

wird

$$|A^{\angle}| \sim \left|\frac{m}{m+1}\right| = \sqrt{\frac{(q\mu')^2 + (q\mu'')^2}{(q\mu' + 1)^2 + q^2\mu''^2}} \tag{21}$$

und

$$\tan\varphi = \frac{\mathfrak{Im}\left(\dfrac{m}{m+1}\right)}{\mathfrak{Re}\left(\dfrac{m}{m+1}\right)} = \frac{-q\mu''}{q^2(\mu'^2 + \mu''^2) + q\mu'}. \tag{22}$$

Bei Köpfen mit rückwärtigem Scherungsspalt erhält man in entsprechender Weise eine erweiterte Form, wobei $r = p + q$ ist:

$$|A^{\angle}| = \sqrt{\frac{(q\mu')^2 + (q\mu'')^2}{(r \cdot \mu' + 1)^2 + r^2\mu''^2}}, \quad \tan\varphi = \frac{-q\mu''}{qr(\mu'^2 + \mu''^2) + q\mu'}. \tag{23}$$

Abbildung 8 zeigt den berechneten Übertragungsfaktorfrequenzgang nach Betrag und Phase für Magnetköpfe mit lamellierten Kernen nach Gl. (21) und (22). Für diese ist die komplexe Permeabilität nach der klassischen Wirbelstromtheorie bekannt.

Unterhalb der Sättigung aber oberhalb der reversiblen Vorgänge im Magnetkern — das ist im allgemeinen der Arbeitsbereich der Aufnahmeköpfe — läßt sich nach [1] die Hystereseschleife durch Parabeläste annähern und damit die Aussteuerungsabhängigkeit der komplexen Permeabilität berechnen.

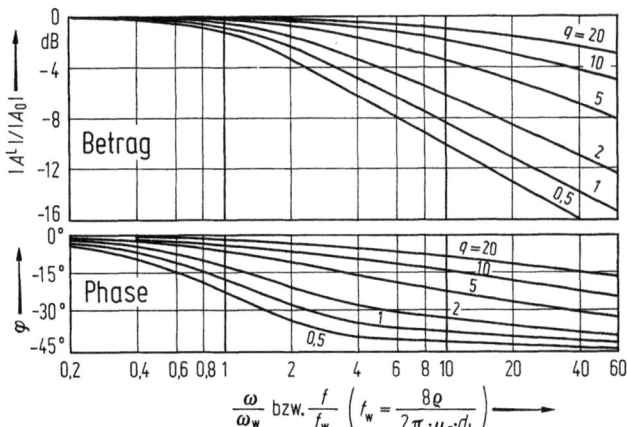

Abb. 8. Berechneter Übertragungsfaktor von Magnetköpfen mit lamellierten Kernen, Parameter: Scherungsfaktor.

Eine geschlossene mathematische Darstellung des Übertragungsfaktors unter Einschluß aller frequenzabhängigen Wirkungen kann über die Methode der komplexen Permeabilität allein nicht erreicht werden. Man muß deshalb das magnetische Ersatzschaltbild mit Hilfe elektromagnetischer Analogien in ein elektrisches Ersatzschaltbild umwandeln und dieses durch die elektrischen Einflußgrößen (Wicklungskapazität, Wicklungswiderstand) ergänzen. Die Umwandlung erfolgt mit Hilfe der

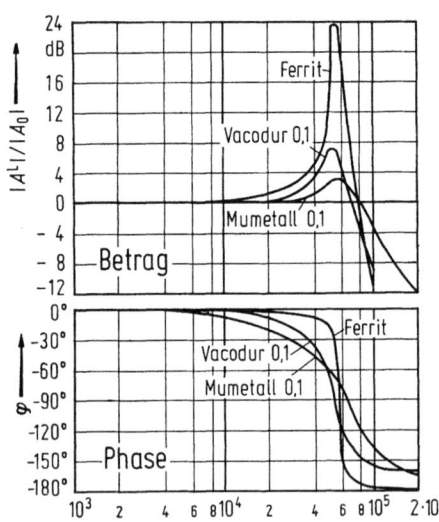

Abb. 9. Übertragungsfaktoren von Studiowiedergabeköpfen, Parameter: Kernmaterial. Spaltbreite: 6 μm.

2. Magnetköpfe

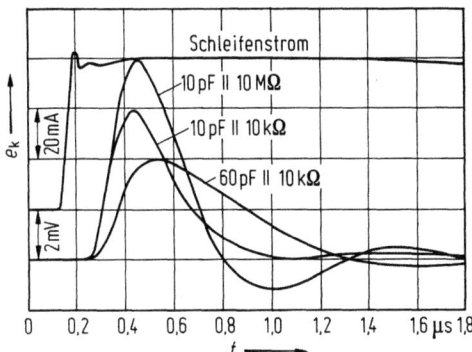

Abb. 10. Übertragungsfunktion bei Digitalköpfen, gemessen mit Einspeiseschleife. Parameter: Kopfbelastung. Induktivität: 1 mH.

Bemessungsformel für die Induktivität, die sich aus der Definitionsgleichung der Selbstinduktion und den Zusammenhängen im Magnetkreis ergibt [4].

$$e = \frac{w^2}{R_m} \cdot \frac{di}{dt} = -L \frac{di}{dt}, \qquad (24)$$

$$L = \frac{w^2}{R_m} = w^2 \cdot A_L. \qquad (25)$$

Aus diesem dem Transformator ähnlichen Vierpolersatzschaltbild läßt sich das Übertragungsverhalten, z.B. auch bei Digitalspeicherung mit Rechteckimpulsen ableiten. Solche Übertragungsfunktionen können über eine Einspeiseschleife am Spalt auch meßtechnisch erfaßt werden (Abb. 9 und 10).

2.1.1.3. Der Wechselstromwiderstand

In ähnlicher Weise wie der Übertragungsfaktor läßt sich auch der Wechselstromwiderstand (Impedanz) des Magnetkopfes ermitteln, der für die Anpassung an die Verstärker von Interesse ist.

Mit Hilfe von Gl. (16) und (25) ergibt sich für den magnetischen Kreis über das Ersatzschaltbild der komplexe Widerstand und die Güte mit folgendem Blind- und Wirkanteil

$$L = w^2 \cdot \frac{h \cdot d_s}{s} \cdot \mu_0 \cdot \mathfrak{Re}\left(\frac{m}{m+1}\right), \qquad (26)$$

$$R_v = w^2 \cdot \frac{h \cdot d_s}{s} \cdot \mu_0 \cdot \omega \cdot \mathfrak{Im}\left(\frac{m}{m+1}\right), \qquad (27)$$

$$Q = \frac{\mathfrak{Im}\left(\dfrac{m}{m+1}\right)}{\mathfrak{Re}\left(\dfrac{m}{m+1}\right)}. \qquad (28)$$

Man erkennt einen Zusammenhang mit dem frequenzabhängigen Term des Übertragungsfaktors [Gl. (19) und (20)], der auch im elektrischen Ersatzschaltbild (Abb. 5d, 6d) zum Ausdruck kommt. Meßkurven zeigt Abb. 11.

Hystereseeffekte führen auch hier zu einer Aussteuerungsabhängigkeit des Wechselstromwiderstandes.

Durch Wickelkapazitäten der Magnetkopfspule wird Wechselstromwiderstand und Übertragungsfaktor beeinflußt (Abb. 12). Wegen der Resonanzbildung mit der Kopfinduktivität sollen sie möglichst klein gehalten werden. Eine näherungsweise Berechnung findet man in [1].

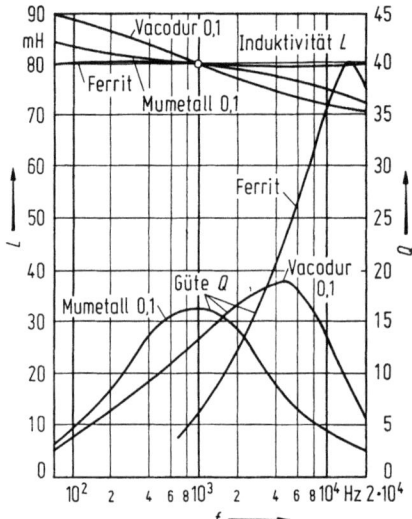

Abb. 11. Induktivität und Güte von Studiowiedergabeköpfen, Parameter: Kernmaterial.

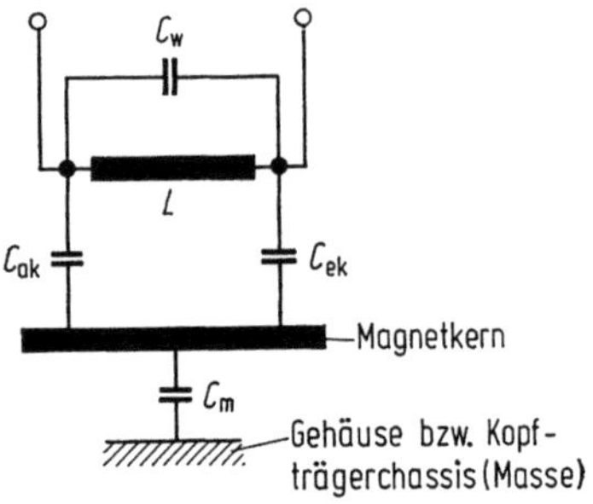

Abb. 12. Kapazitäten einer Magnetkopfwicklung.

2.1.2. Der Magnetkopf im Kopf-Band-System

Da der Magnetkopf mit seinen physikalischen Eigenschaften neben dem Magnetband einen wesentlichen Einfluß auf die Speicherung hat, sollen hier einige Effekte beim Wiedergabevorgang kurz behandelt werden.

Bei der Abtastung der auf dem Band durch die Aufzeichnung gebildeten Elementarmagnete treten Interferenzerscheinungen mit den geometrischen Abmessungen des Magnetkopfes und seiner Lage relativ zur Aufzeichnung auf.

2. Magnetköpfe

Bei sinusförmiger Magnetisierung erhält man eine Wiedergabefunktion der allgemeinen Form

$$e_k = -\frac{w\,\mathrm{d}\Phi_b}{\mathrm{d}t} = |A_w|\,\Phi_b \cdot f_1\left(\frac{s}{\lambda}\right) \cdot f_2\left(\frac{c}{\lambda}\right) \cdot f_3\left(\frac{a}{\lambda}\right) \cdot f_4\left(\frac{b}{\lambda}\right) \sin(x - vt), \quad (29)$$

wobei f_1 die Spaltfunktion, f_2 die Spiegelfunktion, f_3 die Abstandsfunktion und f_4 eine Funktion der Randeinstreuung ist.

Bei der Abtastung von Rechteckmagnetisierungen ist die Wiedergabefunktion wesentlich komplizierter und läßt sich nicht in unabhängige Faktoren zerlegen [5].

2.1.2.1. Spalt und Spaltschiefstellung

Im oberen Frequenzbereich, d.h. bei kleiner Wellenlänge verursacht die Spaltbreite einen Abfall des Nutzflusses, der dadurch entsteht, daß sich einige Feldlinien im Spaltraum kurzschließen und für den Magnetkern verlorengehen. Für die Darstellung dieses Effektes wurde zunächst die aus der Tonfilmtechnik bekannte Spaltfunktion angewendet:

$$\frac{\sin \Omega}{\Omega}, \quad \Omega = \frac{\pi \cdot s}{\lambda} = \frac{k \cdot s}{2}. \quad (30)$$

Bei Schiefstellung des Wiedergabekopfspaltes relativ zur Aufzeichnungsrichtung ergibt sich eine ähnliche Funktion

$$\frac{\sin \Omega'}{\Omega'}, \quad \Omega' = \frac{\pi \cdot \Delta s}{\lambda}, \quad \Delta s = h \cdot \tan \beta, \quad (31)$$

$\beta = $ Neigungswinkel.

Gleichung (30) stellt jedoch für die üblichen Magnetköpfe nur eine grobe Näherung dar, da diese im Gegensatz zur Lichtabtastung (Durchstrahlung) einseitig begrenzte Abtastmodelle bilden. Dafür sind bessere Näherungen bekannt. Nach Westmijze [6] ist

$$f_1(\Omega) = 0{,}7 \cdot \frac{\sin\left(\Omega + \dfrac{\pi}{6}\right)}{\Omega^{2/3}} + 1{,}3 \cdot \frac{\sin\left(\Omega - \dfrac{\pi}{6}\right)}{\Omega^{4/3}}. \quad (32)$$

Der erste Term allein stellt eine Näherung für $\Omega > 3$ dar, d.h. also erst nach der 3. Nullstelle. Das hat eine gewisse Bedeutung für die Abtastung mit Breitspaltköpfen zur Normung des Frequenzganges, wobei die Maxima einem $\sqrt[3]{f}$-Anstieg (2 dB/Oktave) folgen und theoretisch von der Spaltbreite unabhängig sind.

Eine andere Formel gibt Schmidbauer an [7]:

$$f_1(\Omega) = \frac{\sin 1{,}135\,\Omega}{1{,}135\,\Omega}\left[1 + 0{,}095\left(\frac{1{,}135\,\Omega}{\pi}\right)^2\right]. \quad (33)$$

Der erste Term allein ergibt zwar einen etwas größeren Fehler, führt jedoch formell auf die Funktion nach (30) mit um den Faktor 1,135 vergrößerter Spaltbreite. Abb. 13 zeigt die Abweichung der Näherungs-

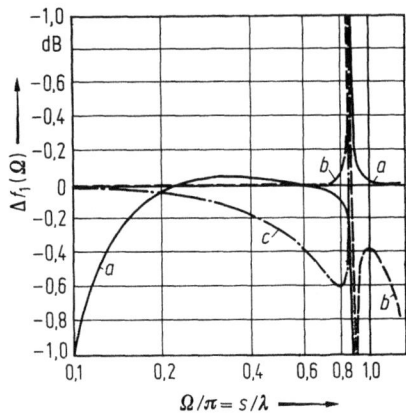

Abb. 13. Spaltfunktionsfehler der bisher bekannten Näherungen bezogen auf numerische Lösung nach Wang [8].
a Westmijze; b Schmidbauer; c Schmidbauer (vereinfacht).

formeln nach (32), (33) von Werten einer genaueren numerischen Lösung der Spaltfunktion [8]. Magnetische Zerstörung an Spaltinnen- und Spiegelflächen infolge Bearbeitung führt zu einer additiven Verbreiterung des Spaltes um Δs. Die magnetisch wirksame Spaltbreite ist also

$$s_{\text{eff}} = 1{,}135\,(s + \Delta s). \tag{34}$$

Der Einfluß verrundeter Spaltkanten wurde theoretisch untersucht [9]. Auch andere Spaltfehler wie keilförmiger oder gekrümmter Spalt sowie Spaltkantenversatz können zu effektiver Spaltverbreiterung führen (Abb. 23).

2.1.2.2. Spiegel- und Polschuheffekt

Im unteren Frequenzbereich, d.h. bei großen Wellenlängen gibt es Interferenzerscheinungen und Abtastverluste durch die endlichen Abmessungen des Magnetkopfkernes. Bei Wellenlängen in der Größenordnung der Kernbreite schließen sich Flußlinien außen um den Kern und verringern den Nutzfluß je nach Kernform um bis zu 12 dB/Oktave. Je nach Phasenlage dieses Streurückflusses durch die Spule bilden sich im Übergangsbereich Maxima und Minima im Frequenzgang, was man Spiegelwelligkeit nennt.

2. Magnetköpfe

Für bestimmte Kernformen ohne Gehäuse wurden Modellberechnungen durchgeführt. Für rechtwinklige Spiegelkanten erhält man nach [6]:

$$f_2(\Lambda) = 1 - \frac{0{,}44 \cos\left(\Lambda + \dfrac{\pi}{6}\right)}{\Lambda^{2/3}}, \quad \Lambda = \frac{\pi \cdot c}{\lambda}. \tag{35}$$

Weitere Berechnungen findet man für Modelle mit abgeschrägten Kanten und beliebigen Neigungswinkeln [11] sowie mit abgerundeten Kanten [12].

Darstellungen dieser Spiegelfunktionen zeigt Abb. 14.

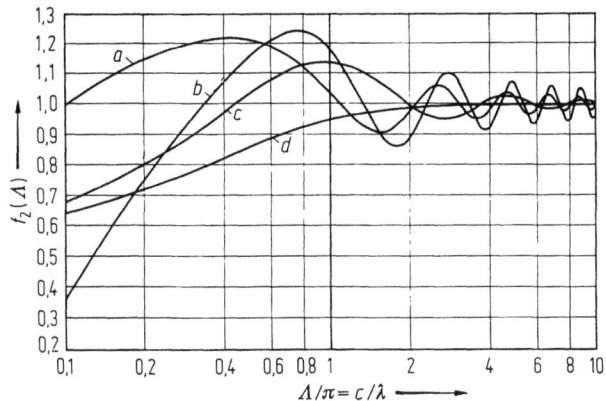

Abb. 14. Berechnete Spiegelfunktionen verschiedener Modelle nach Westmijze (b), Fritsch (a), Duinker u. Geurst (c u. d).
a Kante 45°; b Kante 90°; c R/c = 1/4; d R/c = 1/2 (= Ringkern).

Aus diesen theoretischen Betrachtungen geht hervor, daß die Spiegelwelligkeit um so kleiner wird, je unschärfer die Kernbegrenzungen sind. Der Idealfall des sogenannten Ringkopfes ergibt deshalb theoretisch keine Spiegelwelligkeit, was jedoch nur gilt, wenn man sich die Spule am hintersten Punkt des Magnetkreises konzentriert denkt. In der Praxis ergeben sich weitere Einflüsse auf die Spiegelwelligkeit:

Bandumschlingung, Kernhöhe und Abschirmgehäuse. Letztere können je nach Form und Größe den Effekt verstärken oder abschwächen. Die Bandumschlingung sollte insbesondere bei eckigen Kernen möglichst klein gehalten werden.

Da jeder Kern für sich allein die Interferenz mit der Wellenlänge bildet, ist es von Vorteil, die beiden Kernhälften in ihrem Breitenverhältnis so zu dimensionieren, daß das Maximum der Welligkeit des schmaleren in das Minimum des breiteren zu liegen kommt und so wegen der linearen Überlagerung eine gewisse Unterdrückung der Spiegelwelligkeit erreicht werden kann. Weitere Maxima können sich dann allerdings addieren. Deren Bildung muß deshalb durch Abschrägung (hyperbolische Form) bzw. kleine Umschlingung verhindert werden. Neben diesen Anordnungen mit unsymmetrischer Kopfspiegelbreite verringern auch Kerne mit nicht parallelen Kanten die Welligkeit (Abb. 15).

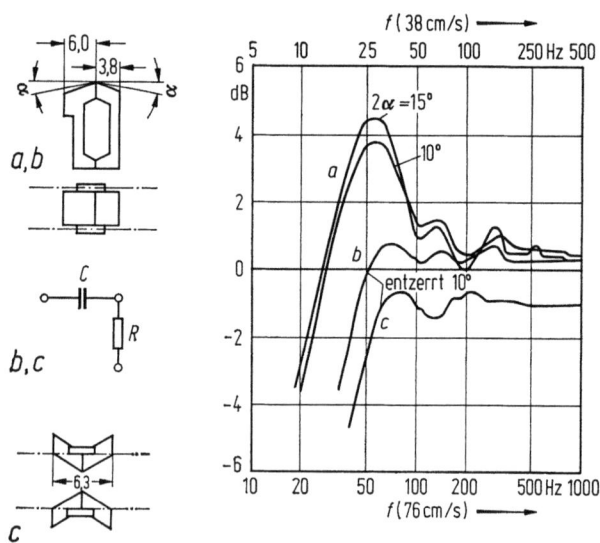

Abb. 15. Meßkurven der Spiegelwelligkeit von Studiowiedergabeköpfen.

Ein anderer Effekt, der Nebenspalt- oder Polschuheffekt genannt wird, kommt dadurch zustande, daß die Polschuhe wegen der endlichen Permeabilität und insbesondere wegen der Querschnittverringerung zum Spalt hin einen endlichen magnetischen Widerstand darstellen. Dadurch ändert sich die Aufteilung des abgetasteten Flusses zum Spalt und zur Spule bei Wellenlängen, deren Größe zwischen Spaltbreite und Spiegelbreite liegt. Mit steigender Wellenlänge wird der Wirkungsgrad des Magnetkreises besser, da der Nebenschluß durch die vor dem Spalt liegenden Polschuhwiderstände erschwert wird. Dies hat einen monotonen Spannungsanstieg zu tieferen Frequenzen hin zur Folge, der mit der Spiegelwelligkeit überlagert wird. Seine Größe ist umgekehrt proportional der Kernpermeabilität im Polschuhbereich und eine Funktion der Polschuhabmessungen [10]. Interessante Beziehungen zwischen der Spalt- und der Spiegelfunktion werden in [11] aufgestellt.

2.1.2.3. Abstandseffekte

Infolge ungenügenden Bandkontaktes durch Oberflächenrauhigkeiten des Bandes und Kopfes sowie durch dynamische Effekte (Luftpolsterbildung, Bandsteifigkeit) kann sich ein effektiver Abstand zwischen der

2. Magnetköpfe

magnetisierten Bandschicht und dem Magnetkopfkern bilden, dessen Wirkung zuerst von [13] beschrieben wurde.

Die Abstandsfunktion

$$f_3\left(\frac{a}{\lambda}\right) = \exp\left(-\frac{2\pi a}{\lambda}\right) \tag{36}$$

führt zu einem Abstandsverlust von $V_a = 54{,}6 \cdot a/\lambda$ in dB. Wie man sieht, können bei kleinen Wellenlängen schon sehr kleine Abstände zu relativ starken Verlusten führen, so z.B. bei $\lambda = 5$ µm, $\alpha = 0{,}5$ µm, $V_a = 6$ dB. Die Konsequenz daraus ist, daß neben sehr glatten Bandoberflächen die Kopfkontaktflächen sehr gut poliert sein müssen, deshalb der Begriff „Spiegel".

Ein zweiter Abstandseffekt tritt auf, wenn die Kernhöhe des Wiedergabekopfes kleiner ist als die aufgezeichnete Spurbreite, wie es vorkommt, wenn schmalspurige Mehrspurköpfe mit einem vollspurigen Testband (z.B. DIN-Bezugsband) gemessen werden. Durch Randeinstreuung wird die Magnetisierung neben dem Kopfkern in einem Bereich mit abgetastet, in dem die Wellenlänge größer als die Kernhöhe ist. Die Lesespannung nimmt dann zu, bis die Wellenlänge die Gesamtbreite der magnetisierten Spurbreite erreicht hat.

Bei Annahme exponentiellen Abstandsverhaltens in Bandbreitenrichtung erhält man rechnerisch den folgenden Zusammenhang, der in Abb. 16 dargestellt ist.

$$f_4\left(\frac{b}{\lambda}\right) = 1 + \frac{\lambda}{b_0 \pi}\left(1 - \exp\left(-\frac{2\pi b}{\lambda}\right)\right). \tag{37}$$

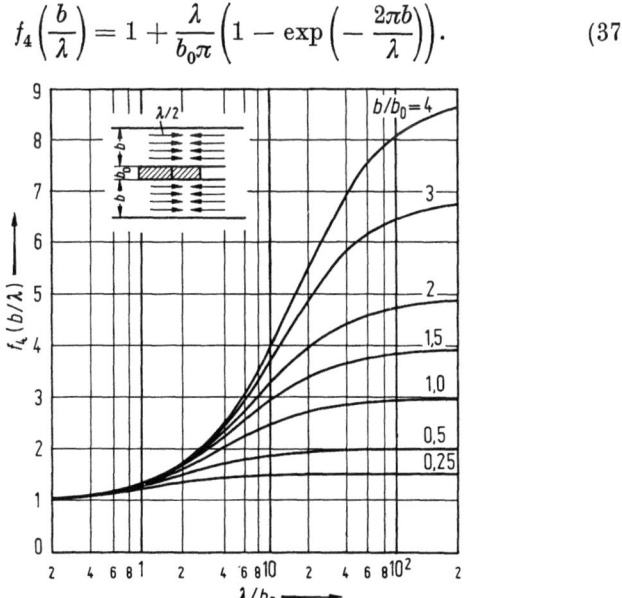

Abb. 16. Randeinstreuung bei breiter Aufzeichnung und schmaler Abtastung.

In der Praxis ist dieser Effekt auch abhängig von der Kernbreite in Bandlaufrichtung und beeinflußt so den Spiegeleffekt und umgekehrt. Für das Ringkernmodell ist eine theoretische Betrachtung in [12] zu finden.

2.2. Technologie und mechanische Eigenschaften

Die im Abschnitt 2.1. behandelten elektromagnetischen Eigenschaften werden weitgehend bestimmt von Konstruktion und Dimensionierung des Magnetkopfes, von den verwendeten Materialien und den Herstellungsverfahren.

2.2.1. Grundsätzlicher Aufbau

Ausgehend von dem klassischen Vollspurringkopf wurden im Laufe der Zeit besonders für die Herstellung von Mehrspurköpfen verschiedene Aufbauprinzipien entwickelt.

Magnetkopfwerkstoffe

			Zusammensetzung	Anfangspermeabilität	Maximalpermeabilität	Sättigungsinduktion [mT]	Koerzitivfeldstärke [mA/cm]
magnetisch	metallisch		Mumetall Hyperm	Ni, Fe, Cu, Cr	30 000	100 000	800	20
			Permalloy	Ni, Fe, Mo	20 000	70 000	870	60
			Recovac	Ni, Fe	30 000	80 000	500	20
			Vacodur Alfenol	Al, Fe	8 000	40 000	800	60
	nicht metallisch		Ni—Zn—Ferrit	NiO, ZnO, Fe$_2$O$_3$	2 300		280	40
			Mn—Zn—Ferrit		4 500		500	50
			Mn—Zn—Ferrit	MnO, ZnO, Fe$_2$O$_3$	12 000		430	35
			Mn—Zn—Ferrit		2 400		370	150
unmagnetisch	metallisch		Aluminium	Al, Mg, Si	—	—	—	—
			Messing	Cu, Zn, Pb	—	—	—	—
			Bronze	Cu, Zn, Sn, Pb	—	—	—	—
			Zink-Druckguß	Zn, Al, Cu	—	—	—	—
	nicht metallisch		Ni—Zn—Ferrit	NiO, ZnO, Fe$_2$O$_3$	—	—	—	—
			Mn—Zn—Ferrit	MnO, ZnO, Fe$_2$O$_3$	—	—	—	—

[1] Bruchzugspannung

2. Magnetköpfe

Für die hier beschriebenen drei Magnetkopfgruppen sind in der Praxis zwei Herstellungstechnologien üblich, nämlich die Technologie mit lamellierten Kernen (Abschnitt 2.2.2) und die Technologie mit Ferritkernen (Abschnitt 2.2.3). In den folgenden Abschnitten soll jedoch zunächst ein Überblick über Materialien und allgemeine Technologien gegeben werden.

2.2.1.1. Kopfwerkstoffe

Eine Übersicht über gebräuchliche Kopfwerkstoffe zeigt die Tabelle. Für die Magnetkerne wurde lange Zeit nur die 79%-Ni−Fe-Legierung (Mumetall, Hyperm, Permalloy) verwendet. Sie hat eine hohe Permeabilität und hohe Sättigungsinduktion. Wegen ihrer zu geringen Abriebfestigkeit wurde dann eine Al−Fe-Legierung (Alfenol, Vacodur) entwickelt, die bei etwa gleicher Sättigungsinduktion etwas geringere Permeabilitätswerte aufweist. Der Abrieb gegen Magnetband ist bei diesem Werkstoff um den Faktor 10 geringer als bei Ni−Fe, der spezi-

Curie-temperatur	Ausdehnungskoeffizient	Spez. elektr. Widerstand	Dichte	Porosität	Härte Vickers	Bruchbiegespannung	Abriebfestigkeit	Anwendung
[°C]	[10^{-6}/°C]	[$10^{-6}\Omega$cm]	[g/cm³]	[%]	[HV]	[N/mm²]	rel.	
400	13,5	55	8,6	−	100	140[1]	1	Kerne Schirmungen
460		55	8,7	−	130		1	Kerne Schirmungen
280	12	90	8,6	−	230	540[1]	ca. 5	Kerne
350	15	145	6,5	−	300	300[1]	ca. 10	Kerne
95	9,2	10^{10}	5,3	<0,5	ca. 700	90	>10	Kerne
200	12,0	10^4	5,0	<1,5	ca. 600	60	>10	Kerne
120	10,8	10^4	5,0	<1,0	ca. 600	60	>10	Kerne
150	11,0	10^4	4,8	<7,0	ca. 500	80	>5	Kerne
−	22	4	2,7	−	60 bis 90	170	0,5 bis 1	Klemmstücke, Halterungen
−	18	8	8,3	−	80 bis 100	250		
−	18	12	8,7	−	ca. 180	150		
−	27	6,5	6,7	−	70 bis 80	250		
−70	8,8	10^{10}	5,3	<1	ca. 700	90	>10	Halterungen, Zwischenstücke
−80	8,4	10^4	5,2	<1,5	ca. 600	100	>10	

fische elektrische Widerstand jedoch höher, was zu niedrigeren Wirbelstromverlusten führt. Die Herstellung des Materials und seine Verarbeitung sind jedoch schwieriger und damit teurer. Seit kurzer Zeit gibt es den neuen metallischen Magnetwerkstoff Recovac. Seine magnetischen und mechanischen Eigenschaften liegen etwa zwischen den Ni—Fe- und Al—Fe-Legierungen. Eine ähnlich hohe Abriebfestigkeit wie die Al—Fe-Legierungen und geringe frequenzabhängige Verluste bieten Ferrite. Da diese jedoch keramischer Natur und damit spröde und bröcklig sind, gibt es andere Probleme bei der Bearbeitung und während des Betriebes am Band. Man unterscheidet Nickel—Zink- und Mangan—Zink-Ferrite. Die ersteren sind bruchfester, während sich bei letzteren zwar eine höhere Dichte erreichen läßt, die Verglasung jedoch unter Luftabschluß erfolgen muß. Für die Aufbautechnik werden unmagnetische Ferrite verwendet [14].

2.2.1.2. Magnetkreis und Wicklung

Für die Formgestaltung der Kerne gilt das Grundprinzip: Möglichst kurzer Rückschlußweg, möglichst großer Querschnitt. Da in der Mitte die Wicklung untergebracht werden muß, widerspricht sich dieser Grundsatz teilweise. Wichtig ist weiterhin, daß der Kernquerschnitt zum vorderen Spalt hin kleiner wird, dagegen sollte an Rückspalten der Querschnitt möglichst groß sein, um zusammen mit gut geläppten Kontaktflächen einen geringen magnetischen Übergangswiderstand zu schaffen. Zu dem vorderen Arbeitsspalt kommen aus verschiedenen Gründen noch weitere gewollte oder ungewollte Rückspalte. Ungewollte Spalte entstehen dadurch, daß zur Erzeugung des Arbeitsspaltes der Magnetkreis aus 2 Kernen gebildet wird oder zusammengeklebte Magnetkerne quer aufgetrennt und mit einem Joch wieder geschlossen werden. Im ersten Falle ist es möglich, die Kerne direkt zu bewickeln, während im zweiten

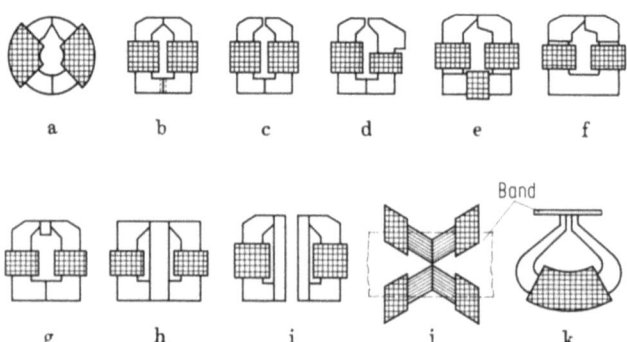

Abb. 17a—k. Kernformen und Wicklungsanordnungen.
Studioköpfe: a, b, c, d, j, in Ferrit: e, f; Löschköpfe: g, h (Doppelspalt); Meßwertspeicherköpfe: b, d; Digitalköpfe: i; Pilotköpfe: k.

2. Magnetköpfe

Fall das Joch bewickelt oder Spulen über die Schenkel des offenen Polschuhsystems bzw. die Schenkel eines U-förmigen Joches geschoben werden, haben theoretisch eine astatische Wirkung, d.h. induzierte Spannungen von eintretenden Streufeldern werden aufgehoben. In der Praxis ist dieser Vorteil jedoch nicht mehr wesentlich, da moderne Schirmungen sehr wirksam sind. Das Zusammenspiel von Kernform, Spaltlage und Wickelanordnung ist jedoch nach wie vor wichtig für Übertragungsfaktor, Fremdfeldempfindlichkeit und Übersprechdämpfung. Gebräuchliche Kernformen und Wickelanordnungen zeigt Abb. 17. Die Bilder a bis i stellen Längsschnitte dar, während j einen Querschnitt parallel zum Band und k einen Querschnitt senkrecht zum Band zeigen.

2.2.1.3. Schirmungen

Zur Abschirmung der Spuren gegeneinander verwendet man sogenannte Zwischenabschirmungen, die flach oder bei Zweispurköpfen auch seitlich herumgebogen sein können. Letztere schirmen zusätzlich die Randfelder außen und verbessern dadurch die Übersprechdämpfung.

Quergeteilte Schirmungen ergeben sich bei Mehrspurköpfen mit hoher Spurdichte, wo es aus Stabilitätsgründen notwendig ist, dünne Schrauben zwischen den Spuren in der Ebene der Abschirmung anzubringen. Bei symmetrischen Magnetkreisen und Zweischenkelwicklungen verringert sich dadurch die Übersprechdämpfung nur unwesentlich. Bei längsgeteilten Schirmungen wird das Übersprechen je nach Spaltbreite deutlich größer. Diese Konfiguration ist deshalb nur bei Digitalköpfen mit geringen Übersprechdämpfungsforderungen tragbar und ergibt sich wegen der dort angewendeten Stapeltechnik. Je nach Technologie des Kopfes bestehen die Schirmungen aus metallischen Legierungen (z.B. Mumetall) oder aus Ferrit.

Da zwei dünne Schirmbleche besser wirken als ein dickes, sollte man die Schirmteile lamellieren. Eine weitere Verbesserung insbesondere bei höheren Frequenzen bringen dazwischen liegende Kupferbleche.

Bei Digital-Schreib-Leseköpfen werden zur Verhinderung des Übersprechens vom Schreib- in den Lesekopf Schirmungen zwischen beide senkrecht eingebaut. Für diese Kopf—Kopf-Abschirmungen gelten prinzipiell die gleichen Gesichtspunkte wie bei Spur—Spur-Schirmungen. Bei diesen Doppelsystemköpfen kommt meist noch eine Schirmung dazu, die hinter dem Band außerhalb des Kopfes angebracht wird und die Streufelder des Schreibspaltes erfassen soll. Sie wird in Bandlaufrichtung auf Übersprechminimum justiert (Kompensation) [15].

Abschirmungen um den Kopf herum sollen Fremdfeldeinstreuungen verhindern. Sie dienen meist auch Befestigungszwecken. Da solche Gehäuse aus fertigungstechnischen Gründen vorn offen sind, werden bei Wiedergabeköpfen noch sogenannte Abschirmmasken vorn aufgesetzt oder Verschlußklappen angedrückt, die nur noch den Bandein- und auslauf freilassen. Bei Köpfen für höhere Frequenzen (Digital- und Meßwertspeicher) hat die metallische Kernhalterung infolge Wirbelstrombildung schon eine genügende Dämpfung, so daß Mumetallgehäuse überflüssig sind.

Abb. 18 zeigt verschiedene Formen und Anordnungen von Zwischenabschirmungen. Die Bilder a bis d und h sind Längsschnitte, e bis g Querschnitte parallel zum Band. Die Rechtecke deuten die Lage der Spaltfolie an.

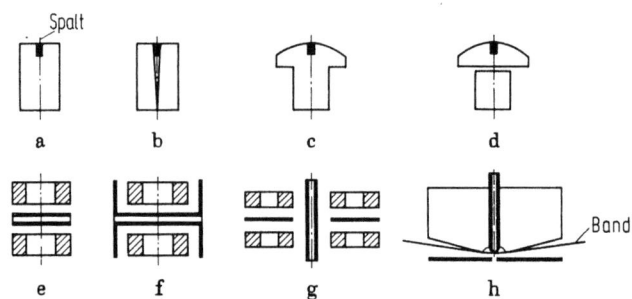

Abb. 18a—h. Formen von Zwischenabschirmungen.

a), c) Einteilige Schirmungen;
b) längsgeteilte Schirmungen;
d) quergeteilte Schirmungen;
e) flache Schirmungen, lamelliert;
f) herumgezogene Schirmungen;
g) Kopf—Kopf- und Spur—Spur-Schirmungen ⎫
h) Zusatzschirmung hinter Band ⎬ bei Digitalköpfen.

2.2.2. Technologie mit lamellierten Kernen

Das Prinzip dieser Technik ist es, Kerne aus gestanzten Blechen zu schichten, zu verkleben und nach dem Bewickeln in Halbschalen (Klemmstücken) zu fixieren. Diese „bestückten" Halbschalen werden dann auf ihrer Innenfläche geläppt und nach Einlage einer Spaltfolie zusammengeschraubt. Bei Mehrspurköpfen werden vor oder nach dem Zusammenfügen noch Zwischenabschirmungen eingesetzt (Abb. 19).

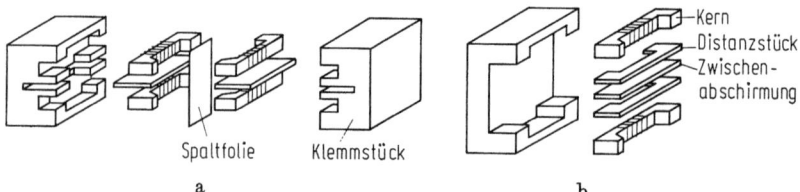

Abb. 19a u. b. Halbschalenbauweise; nur eine Halbschale dargestellt.
a) Einzelschlitze; b) Stapeltechnik.

2. Magnetköpfe

2.2.2.1. Kernherstellung

Lamellierte Kernpakete aus metallischen Legierungen werden durch Stanzen, Glühen und Kleben hergestellt. Das Glühen hat den Zweck, das Material magnetisch zu vergüten, d.h. optimale magnetische Werte zu erzielen. Dabei bildet sich eine Oxidhaut, die eine elektrische Isolation zwischen den Lamellen garantiert. Jede Bearbeitung danach wie Schleifen, Läppen, Spannen muß so vorsichtig erfolgen, daß eine Verschlechterung der magnetischen Eigenschaften verhältnismäßig gering bleibt.

2.2.2.2. Wicklung

Bei der Halbschalenbauweise nach Abb. 17a bis d, g und h können die offenen Kerne direkt maschinell bewickelt werden. Da die Aufnahmeköpfe unter 100 und die Wiedergabeköpfe nur wenige 100 Windungen haben, kann im allgemeinen auf einen Spulenkörper verzichtet werden.

Magnetkopfwicklungen werden mit Kupferlackdrähten ausgeführt, deren Stärken im allgemeinen unter 0,1 mm bis herab zu 0,025 mm liegen. Bei Köpfen mit Jochwicklung (Abb. 17e, f) wird der Magnetkreis aufgetrennt und entweder auf das Joch direkt gewickelt oder Wicklungen auf einen Dorn hergestellt, die in sich verlackt und abziehbar sind (Luftspulen) und auf die offenen Schenkel des Magnetkreises geschoben werden. Wicklungskapazitäten liegen bei niederohmigen Köpfen zwischen 5 und 15 pF.

2.2.2.3. Halbschalenaufbau

Die Klemmstücke müssen Schlitze für Kerne und Zwischenabschirmungen sowie Aussparungen für Wicklung und Anschlußleiste enthalten. Diese Formgebung kann durch Sintern, Strangpressen, Druckguß, Fräsen oder Kombination dieser Verfahren realisiert werden. Als Materialien werden Messing, Aluminium- und Zinklegierungen verwendet. Das Material soll abriebfest und lunkerfrei sein, da es bei Mehrspurköpfen neben dem Kern am Band anliegt. Es soll nicht korrodieren und sich leicht bearbeiten lassen. Der thermische Ausdehnungskoeffizient sollte dem des Kernmaterials ähnlich sein. Eine hohe elektrische Leitfähigkeit ist wegen der Schirmungswirkung (Wirbelstrom) wünschenswert. Nach Einkleben der Kerne und Anlöten der Spulenenden an Lötstiften werden Kern und Klemmstück an der späteren Spaltinnenfläche eben geschliffen und fein geläppt. Um eine geradlinige hintere Spaltbegrenzung und definierte Spalttiefe zu erreichen, werden die Polschuhe innen quergeschliffen.

2.2.2.4. Montage

Bei hochwertigen Köpfen hat sich gegenüber dem Zusammenkleben der beiden Halbschalen das Schrauben als vorteilhaft erwiesen. Als Spaltfolien werden Glimmer und Berylliumbronze verwendet. Glimmer läßt sich leicht spalten und auf definierte Dicke bringen, neigt jedoch zum Ausbröckeln. Berylliumbronze bringt bei höheren Frequenzen Verluste durch Wirbelstrombildung, paßt sich im mechanischen Verhalten jedoch den metallischen Kernen besser an. Die Spaltschicht kann auch durch Aufdampfen erzeugt werden.

Nach der Montage erhält der Kopf einen kreisformigen oder hyperbolischen Spiegelschliff. Vor dem Läppen des Spiegels werden noch zwei Nuten in Höhe der Bandkanten eingefräst. Diese Bandkantenfreifräsung dient einem über die Bandbreite gleichmäßigen Abschliff.
Abbildung 20 zeigt einen Kopfspiegelausschnitt bei 200facher Vergrößerung. Der senkrechte, geradlinige Spalt ist der etwa 6 μm breite Arbeitsspalt, die waagerechten Linien sind die Klebeschichten zwischen den Lamellen.

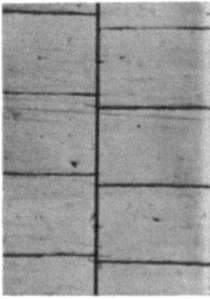

Abb. 20. Kopfspiegelausschnitt (200fach).

2.2.3. Technologie mit Ferritkernen

Während Ferritlöschköpfe mit eingelegten geklemmten Spaltfolien nach konventioneller Art gebaut werden, ist für Aufnahme- und Wiedergabeköpfe mit Ferritkernen die Spaltqualität dieser Technologie nicht ausreichend. Es wird eine völlig andere Technologie angewendet, die auf verglasten, mit dem Ferrit mikroskopisch verbundenen fugendichten Spalten basiert und eine andere Kopfaufbautechnik nach sich zieht. Im Prinzip bildet das verglaste System hierbei die Aufbauzelle, von der ausgegangen und um die herum aufgebaut wird. Es gibt keine Kopfhälfte, sondern ein Polschuhsystem, dessen Magnetsystem zunächst nach hinten offen ist und das durch Joche geschlossen wird. Den prinzipiellen Aufbau eines Zweispurkopfes zeigt Abb. 21. Der Vorgang ist folgender: Es werden Profilstangen geschliffen, an den späteren Spaltinnenflächen geläppt und zusammengeglast. Dann erfolgt eine Trennung in zwei symmetrische Polschuhsysteme. Diese werden an den Trennflächen geläppt. Daran werden ebenfalls geläppte Joche angelegt, so daß der Magnetkreis möglichst ohne Spalt geschlossen wird. Die Wicklung wird entweder auf die Joche direkt aufgebracht, oder als leere Spule über die Schenkel des Polschuhsystems geschoben. Bei dem Zweispur-

2. Magnetköpfe

kopf muß das Polschuhsystem vorher noch entsprechend dem lichten Spurabstand eingeschliffen werden, und zwar so tief, daß ein Abschliff auf Endspalttiefe am fertigen Kopf die noch stehen gebliebenen Stege zwischen den Spuren durchschleift. In den Schlitz werden Zwischenabschirmungen und nichtmagnetische Distanzplättchen eingeklebt oder geglast.

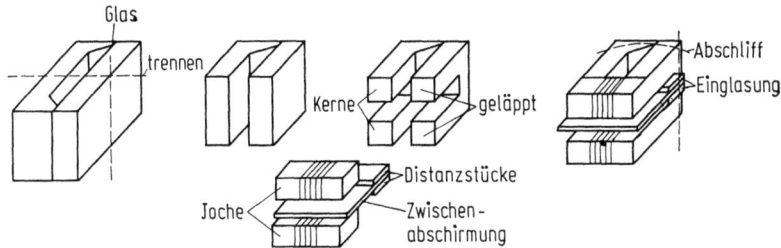

Abb. 21. Ferritbautechnik. Kerne, Zwischenabschirmung und Distanzstücke zusammengeglast.

Für Köpfe mit mehr als zwei Spuren werden entsprechend längere verglaste Polschuhstangen mit der entsprechenden Anzahl von Einschliffen für die Spurzwischenräume versehen. Bei diesen Köpfen setzt man aus rationellen Gründen keine Einzeljoche auf, sondern es wird eine Jocheinheit hergestellt. Eine nichtmagnetische und eine magnetische Ferritplatte werden zusammengeklebt oder -geglast. Dann schleift man in gleicher Weise wie beim Polschuhsystem Schlitze in das magnetische Ferritteil, so daß magnetisch getrennte, jedoch mechanisch zusammengehaltene Joche entstehen. Nach dem Läppen wird diese kammähnliche Platte wie Einzeljoche aufgesetzt [16, 17].

2.2.3.1. Schleiftechnik

Wegen der Härte und Sprödigkeit des Ferrits sind gegenüber den metallischen Kopfwerkstoffen andere, in der Keramikbearbeitung übliche Verfahren anzuwenden. Bei der Herstellung von Ferritköpfen sind diverse Schleifarbeiten nötig wie Flächenschleifen von Blöcken und Stangen, Profilschleifen des Kernprofils, Trennen zu Abschirmungs- und Distanzplättchen, Einsägen der Spurdistanzschlitze bei Mehrspurköpfen und Abschleifen des Polschuhstegs sowie Schleifen der Spiegelform. Zur Bearbeitung werden im wesentlichen Diamantschleifscheiben verwendet.

2.2.3.2. Läppen und Polieren

Geläppt werden Profilstangen zur Kernherstellung an den späteren Spaltinnenflächen, der Kopfspiegel, sowie die Abschirmungen und Distanzstücke für Mehrspurköpfe. Das Läppen verfolgt den Zweck, die magnetische Zerstörung beim Schleifen wieder abzutragen, ebene Flächen zum

Zusammenglasen sowie scharfe Spaltkanten zu erreichen sowie glatte und dichte Oberflächen zu erzielen. Bei den Spaltinnenflächen wird eine Ebenheit von <0,1 µm/cm und eine Rauhigkeit von <0,1 µm Ra erreicht.

2.2.3.3. Verglasungstechnologie

Das Zusammenglasen von zwei Ferritteilen mit einer Glasschmelze führt nach dem Erkalten zu einer festen Verbindung. Da sowohl Ferrit als auch Glas im festen Zustand sehr spröde sind, ist es notwendig, das Glas im thermischen Ausdehnungskoeffizienten sehr gut dem des Ferrits anzupassen. Größere Abweichungen im Schmelztemperaturbereich führen im allgemeinen schon zu Rissen. Ein leichtes Einfließen in fixierte Spalte von wenigen µm ergibt sich bei Viskositäten von $10 \cdots 10^2$ Ns/m². Die dazu erforderliche Temperatur sollte nicht zu hoch sein.

Zum Zusammenglasen werden 2 Ferritstangen im Profil des Kernquerschnitts geschliffen und an den Spaltinnenflächen so fein geläppt, daß ein Spiegel entsteht und die Fläche weniger als 0,3 µm uneben ist. Nachdem Glasstäbchen an den Polschuhkanten beigelegt wurden, wird der Aufbau im Ofen erhitzt. Bei einer bestimmten dem Glas eigenen Temperatur schmilzt dieses und zieht infolge Kapillarwirkung in den Spalt hinein. Die Abkühlung muß langsam erfolgen, um Spannungen der Verbindung zu vermeiden. Einen so hergestellten Spalt zeigt Abb. 22 im Längsschnitt.

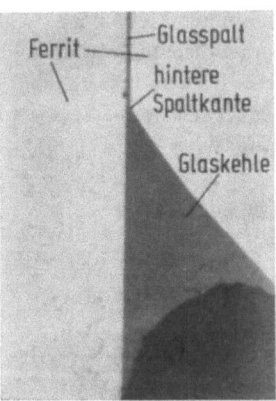

Abb. 22. Glasspalt im Längsschnitt.

Das Einglasen von Zwischenabschirmungen und Distanzstücken aus unmagnetischem Ferrit oder Keramik wird in einer Zweitverglasung mit einem sehr niedrig schmelzenden Glas durchgeführt. Für solche Mehrspurferritköpfe muß die Erstverglasung am Spalt mit einem hochschmelzenden Glas ausgeführt worden sein, damit diese bei der zweiten Verglasung nicht wieder ausgeht [18].

2.2.4. Mechanische Eigenschaften

2.2.4.1. Mechanische und thermische Stabilität

Außer den bekannten und zum Teil schon behandelten Daten wie Spaltbreite, Spalttiefe, Spaltwinkel, Spiegelbreite und -form, sowie Spurbreite gibt es noch einige andere Einflußgrößen. Es sind dies Spaltqualität, Spiegelqualität und Spaltlage verschiedener Spuren zueinander bei Mehrspurköpfen sowie deren Stabilität.

Die Spaltqualität wird bestimmt durch die Schärfe und Geradlinigkeit der beiden Spaltkanten und die Lage beider zueinander. Eine Spaltkantenverrundung kann bei der Montage durch Vermeidung von Nebenspalten und geeignete Spiegelläppung vermieden werden. Gekrümmte oder keilförmige Spalte können durch Verbiegen der Kopfhälften oder des ganzen Kopfes auftreten und ein Spaltkantenversatz in der Tiefe, d.h. senkrecht zur Bandoberfläche, ist durch ungewolltes Verschieben beider Kopfhälften möglich (Abb. 23). Alle diese Spaltfehler führen zur Verschlechterung des Frequenzganges. Bei Mehrspurköpfen sollen die Spalte fluchten, d.h. genau übereinander liegen (in line), um Phasenverschiebungen zu vermeiden.

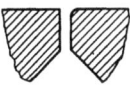
runde Spaltkante

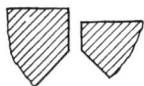
Spaltkantenversatz in der Tiefe

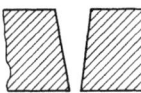
keilförmiger Spalt

gekrümmter Spalt

Abb. 23. Spaltfehler.

Solche Fehler, die auch nach Rüttelversuchen nicht auftreten dürfen, lassen sich bei der Halbschalenbauweise durch stabile Klemmstücke, einwandfrei ebene Spaltinnenflächen vor der Montage und künstliche Alterung, weitgehend vermeiden. Bei der Ferrittechnik werden sie durch das Aufbauprinzip gänzlich umgangen. Für beide Technologien gilt jedoch, daß die Spiegelfläche zumindest im Bereich der Spaltauflage so geringe Rauhigkeiten haben sollte wie das Band, um schlechten Kontakt z.B. durch Bandstaubablagerungen mit nachfolgenden Abheben (drop outs) zu vermeiden.

Die mechanischen Daten müssen auch über einen gewissen Temperaturbereich stabil sein. Durch Auswahl geeigneter Materialien (thermischer Ausdehnungskoeffizient) und die Konstruktion können Verbiegungen, Verschiebungen oder Brüche vermieden werden. Die Grenzen für den Temperaturbereich werden jedoch im wesentlichen durch die thermischen Eigenschaften der verwendeten Kleber bestimmt.

2.2.4.2. Lebensdauer

Das Abriebverhalten von Köpfen mit Metallegierung und Ferritköpfen ist grundsätzlich verschieden. Bei den metallischen Köpfen ist das abgeriebene Volumen in erster Näherung proportional der vorbeigelaufenen Bandlänge. Der Proportionalitätsfaktor kann als Abriebkoeffizient definiert werden. Es ist eine spezifische Größe für Kernmaterial und Bandsorte, proportional dem Flächendruck und abhängig von der Geschwindigkeit. Versuche mit Studioköpfen haben gezeigt, daß der Abriebkoeffizient, bei Vollspur-Vacodur = 1 gesetzt, bei Mehrspur-Vacodur 1,5 und Vollspur-Mumetall 10···15 beträgt. Von 38 cm/s bis auf 150 cm/s nimmt der Abrieb zunächst zu, bei höheren Geschwindigkeiten wird er wegen Luftpolsterbildung wieder kleiner. Neues Band ergibt 1,5fachen Abrieb gegenüber Band, das schon 3- oder mehrmal gelaufen ist. Die Lebensdauer eines Studio-Vacodur-Vollspurkopfes bei 38 cm/s, liegt bei etwa 15000 Stunden (Abb. 24) [19].

Bei Ferritköpfen dagegen gibt es keinen meßbaren Abrieb. Die durch einen speziellen Poliervorgang glatte und dichte Spiegeloberfläche wird nach einer gewissen Zeit etwas rauher. Dieser Zustand verschlechtert sich bei geeigneten Ferriten über lange Zeit nicht mehr, während ungeeignete Ferrite zu weiteren, z.T. groben Ausbrüchen führen und damit den Kopf—Band-Kontakt unzulässig verschlechtern.

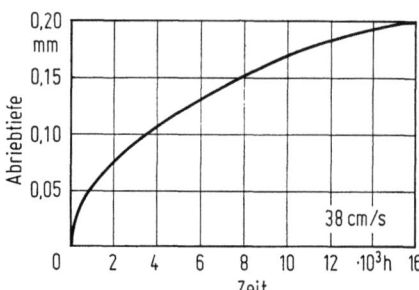

Abb. 24. Lebensdauer-Kurve eines Vacodur-Vollspurkopfes.

2.3. Anwendungen

2.3.1. Betriebs-Kennwerte

Es gibt elektromagnetische Betriebskennwerte, die sich ohne Band, also statisch bestimmen lassen und solche, die über Band, also dynamisch gemessen werden. Sie sind entsprechend der Funktion des Magnetkopfes, Wiedergabe, Aufnahme, Löschung verschieden. Außerdem lassen sie sich analog zum verwendeten Aufnahmeverfahren in zwei Gruppen einteilen: Kennwerte bei Sinusaufzeichnung mit Vormagnetisierung und Kennwerte bei Rechteckaufzeichnung mit Sättigungsmagnetisierung.

2. Magnetköpfe

Die allen Gruppen gemeinsamen statistischen Kennwerte *Induktivität, Verlustwiderstand, Güte, Gleichstromwiderstand* und *Resonanzfrequenz* wurden bereits im Abschnitt 2.1 behandelt. Die *Verlustleistung*, die wegen Leistungsverbrauch und Erwärmung des Kopfes möglichst klein sein soll, ist vor allem bei Aufnahmeköpfen und Löschköpfen von Interesse. Sie ergibt sich mit Gl. (27) zu

$$Pv = i^2 R_v. \tag{38}$$

Die dynamischen Kennwerte werden außer vom Magnetkopf auch noch von den Magnetbandeigenschaften sowie mechanischen Eigenschaften des Antiebs bestimmt. Es ist also notwendig, Meßbedingungen anzugeben wie Bandtyp, Geschwindigkeit, Umschlingung, Bandzug usw. Elektrische und magnetische Kenndaten und Einflußgrößen werden auch in einem Normblatt behandelt [20].

2.3.1.1. Kennwerte bei Sinusaufzeichnung mit Vormagnetisierung

Wiedergabekopf. Die *Empfindlichkeit* eines induktiven Wiedergabekopfes ergibt sich nach Gl. (13)

$$e_k = -\frac{w\,d\Phi}{dt} = |A_w| \cdot \Phi_b \tag{39}$$

und entspricht damit genau dem in Abschnitt 2.1.1.2 definierten Übertragungsfaktor. Mit einem auf die Bandbreite normierten spezifischen Bandfluß $\Phi_b' = \Phi_b/h$ erhält man

$$e_k = -\frac{w \cdot \omega}{\sqrt{2}} \frac{m}{m+1} h \cdot \Phi_b', \tag{40}$$

d.h. die Wiedergabespannung ist frequenzproportional und proportional der Kernhöhe unter der Voraussetzung, daß die Aufzeichnungsbreite größer ist. Eine Einschränkung dieses Zusammenhanges ergibt sich jedoch dadurch, daß die Induktivität des Magnetkopfes, die durch Resonanzbildung mit Spulen- und Schaltkapazitäten den Übertragungsbereich begrenzt, dem Quadrat der Windungszahl und der Kernhöhe linear proportional ist.

$$L = \frac{w^2}{R_m} \sim w^2 \cdot h. \tag{41}$$

So erhält man

$$\frac{e_k}{\Phi_b'} = k_1 \cdot \omega \cdot \sqrt{L} \sim k_2 \cdot \omega \sqrt{h} \sim k_3 \cdot \frac{\omega}{\omega_0^2}. \tag{42}$$

Damit läßt sich die Empfindlichkeit von Wiedergabeköpfen verschiedener Induktivitäten vergleichen und der Einfluß der Frequenzbandbreite erkennen.

Der *Frequenzgang* der Empfindlichkeit wird durch die schon im Abschnitt 2.1.2 beschriebenen Frequenz- und Wellenlängeneffekte beim Wiedergabekopf bestimmt.

Wird mit gleicher Bandgeschwindigkeit aufgezeichnet und abgetastet, so geht diese nur insofern auf den Frequenzgang ein, als sie über die Beziehung $v = \lambda \cdot f$ die Wellenlänge bestimmt. Zum Beispiel setzen bei kleiner Geschwindigkeit die wellenlängenabhängigen Verluste bei niedrigeren Frequenzen ein. Wenn man Aufzeichnungen zur Trennung der Frequenz- und Wellenlängenverluste mit verschiedenen Geschwindigkeiten abgetastet hat, so ist die Wiedergabespannung proportional der Geschwindigkeit (Abb. 25).

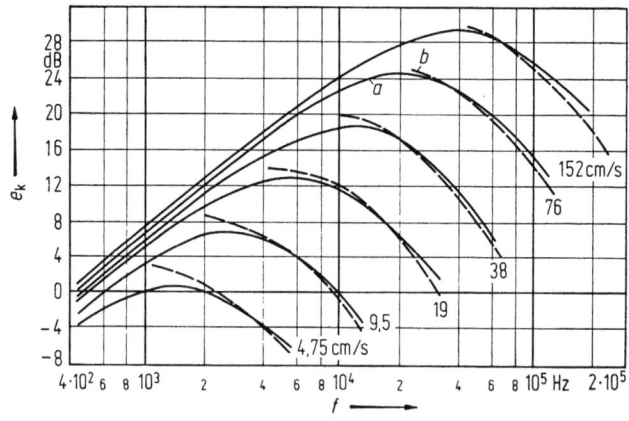

Abb. 25. Frequenzgang von Meßwertspeicherköpfen über Band (Scotch 871), Parameter: Bandgeschwindigkeit.
a Direktaufzeichnung (Sinus) mit VM: $i_{va} = 13$ mA, $i_s = 0,6$ mA, 0 dB $\triangleq 61,5$ µV;
b Aufzeichnung (Rechteck) mit Sättigungsmagnetisierung: $i_s = 18$ mA$_s$, 0 dB $\triangleq 0,8$ mV$_{ss}$.

Die *Spiegelwelligkeit* ist ein Kennwert bei tiefen Frequenzen, der im Abschnitt 2.1.2.2 definiert wurde.

Bei Mehrspurköpfen ist die *Übersprechdämpfung* ein wichtiger Kennwert. Während die Messung in Geräten über alles in DIN 45521 definiert ist, wird das Übersprechen von Mehrspurwiedergabeköpfen durch Aufzeichnung mit einem Einspuraufnahmekopf und umgekehrt bei Mehrspuraufnahmeköpfen mit einem Einspurwiedergabekopf ermittelt. Die Übersprechdämpfung ist dann die Wiedergabespannung der nichtbeschriebenen Spur bei Wiedergabe bzw. Aufnahme der benachbarten Spuren im Verhältnis zur Wiedergabespannung der beschriebenen Spur, wobei jedoch in der nichtbeschriebenen Spur Vormagnetisierung anliegt. Das Übersprechen wird durch Magnetkreisverkopplung bestimmt (Abschnitt 2.1.1.1).

Aufnahmekopf. Bei der Aufzeichnung analoger Signale kommt es auf die amplitudentreue Speicherung in jedem Zeitpunkt an. Es wird deshalb zur Linearisierung der Kennlinie bekanntlich eine Hochfrequenz

2. Magnetköpfe

(HF)-Vormagnetisierung verwendet. Am Aufnahmekopfspalt werden also gleichzeitig zwei Wechselfelder verschiedener Amplitude und Frequenz erzeugt. Dazu müssen die Spule, zwei entsprechende Ströme, der Vormagnetisierungs (VM)-Strom und der Signalstrom durchfließen. Der *Vormagnetisierungsstrom*, dessen Frequenz zur Vermeidung von Intermodulationen mit dem Signalstrom um den Faktor 4 bis 5 höher liegen soll als die oberste Signalfrequenz, ist so zu bemessen, daß für eine bestimmte Bandsorte die Schicht optimal magnetisiert wird. Drei Kriterien spielen dabei eine Rolle: Verzerrungen, Frequenzgang der Aufzeichnung und Modulationsrauschen. Abb. 26 zeigt Meßkurven über den VM-Strom bei verschiedener Spaltbreite. Da der optimale VM-Strom

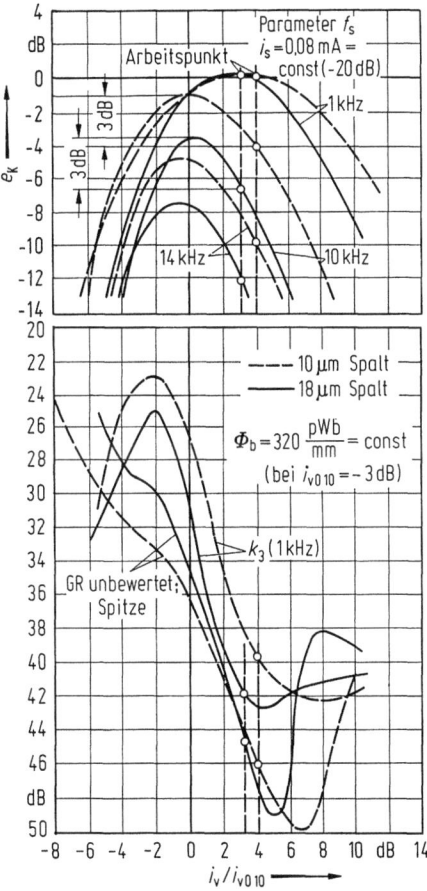

Abb. 26. Wiedergabespannung, Klirrfaktor und Gleichfeldrauschen bei Studioköpfen. Band: PES 40, Geschwindigkeit: 19 cm/s, Parameter: Schreibspalt.

für diese Größen verschieden ist, muß zur Festlegung des VM-Arbeitspunktes ein Kompromiß eingegangen werden, der je nach Anwendungszweck verschieden sein kann.

Zur Definition dieses VM-Arbeitsstromes i_{va} wird der für eine bestimmte Frequenz optimale VM-Strom i_{vo} herangezogen, d.h. der Strom, bei dem die Wiedergabespannung ein Maximum wird. Die Ermittlung des i_{vo} erfolgt zweckmäßigerweise bei einer kleinen Wellenlänge, da dort das Maximum gut ausgeprägt ist. Für Studioköpfe ist der Arbeitspunkt definiert [21]. Der Absolutwert des erforderlichen VM-Stromes hängt nach Gl. (11) vom Übertragungsfaktor des Kopfes bei der VM-Frequenz ab.

Der Übertragungsfaktor wird bei Köpfen zur analogen Speicherung im wesentlichen vom Rückspalt (Scherungsspalt) bestimmt, so daß eine Variation der Arbeitsspaltbreite den erforderlichen VM-Strom kaum beeinflußt.

Der *Signalstrom* schwankt bei analoger Aufzeichnung zwischen 0 und einem Maximalstrom, der entweder durch einen Bezugspegel oder durch eine maximal zulässige Verzerrung (Vollaussteuerung) definiert ist. Wie beim VM-Strombedarf, so ist auch hier der erforderliche Signalstrom dem Übertragungsfaktor nach Gl. (11) bzw. (12) proportional. Da der magnetische Wirkungsgrad $m/(m + n + 1)$ wiederum im wesentlichen vom Scherungsspalt bestimmt wird, sollte wegen des Faktors $1/s$ der Arbeitsspalt s für eine große Empfindlichkeit möglichst klein sein. Die Aufzeichnungstheorie erfordert jedoch eine Optimierung nach anderen Gesichtspunkten (Durchmagnetisierung der Schicht, Verzerrungen usw.). Wie die Praxis lehrt, sollte die Spaltbreite etwa gleich der Schichtdicke sein.

Verzerrungen im Aufnahmekopf, die durch beginnende Kernsättigung am vorderen Spalt (verjüngte Polfläche) auftreten, können durch den Scherungsspalt auf vernachlässigbare Werte herabgedrückt werden. Da er jedoch auch die Empfindlichkeit herabsetzt, stellt die Dimensionierung dieses Rückspaltes einen Kompromiß dar. Der Scherungsspalt verringert gleichzeitig ungewollte Gleichfeldremanenzen und das Modulationsrauschen (Gleichfeldrauschen). Daraus geht hervor, daß es wichtig ist, für Aufnahmeköpfe Materialien mit möglichst hoher Sättigungsinduktion zu verwenden.

Der *Frequenzgang* des Aufzeichnungskopfes wird einmal durch den Übertragungsfaktorfrequenzgang (frequenzabhängige Kernverluste) und zum anderen durch die Qualität des Spaltfeldes bestimmt. Da die Aufzeichnung, insbesondere bei kleinen Wellenlängen, von einem steilen Feldabfall nach Durchlaufen des Maximums abhängt, kommt es für einen guten Frequenzgang auf die magnetische Schärfe der ablaufenden Spaltkante und weniger auf die Spaltbreite an.

2. Magnetköpfe

Pilotkopf. Alle Pilotköpfe sind für Aufnahme und Wiedergabe dimensioniert, so daß die entsprechenden Kennwerte des Aufnahme- und des Wiedergabekopfes gelten. Von besonderer Bedeutung ist jedoch das Übersprechen zwischen dem Nutzkanal und dem Pilotkanal. Je nach Wirkungsrichtung unterscheidet man die *Übersprechdämpfung Nutz in Pilot* und die *Übersprechdämpfung Pilot in Nutz*. Da der Nutzpegel bei 320 pWb/mm liegt, der Pilotpegel jedoch nur 160 pWb/mm beträgt, liegen die Dämpfungswerte weit auseinander. Anforderungen findet man in [22].

Löschkopf. Die Löschköpfe für Analogspeicherung arbeiten mit einem HF-Feld, bei Studio etwa 80 kHz, bei Meßwertspeicherung 0,5···1 MHz. Interessant ist die *Löschdämpfung* in Abhängigkeit des Stromes bzw. der magnetischen Erregung in Amperewindungen (Abb. 27).

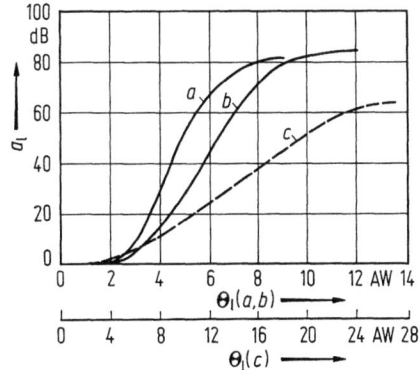

Abb. 27. Löschdämpfung verschiedener Löschkopftypen.
a Vollspur $1/2''$ Meßwertspeicher, Spalt: 2×200 μm, Ferrit, 600 kHz, Band: Scotch 871;
b Zweispur $1/4''$ Studio, Spalt: 2×200 μm, Ferrit, 80 kHz, Band: PER 525;
c Vollspur $1/2''$ Digital, Spalt: 200 μm, Abstand: 35 μm, Mumetall, Gleichstrom, Band: IBM-Master-Output.

Tritt die Bandsättigung und damit eine ausreichende Löschdämpfung bei kleinen Stromwerten ein, dann ist auch die *Verlustleistung* geringer [Gl. (38)].

Da bei lamellierten Kernen $R_v \sim \omega^2$ ist, steigt sie mit der Frequenz stark an, so daß für solche Löschköpfe Ferrit verwendet werden muß. Zweispaltlöschköpfe verbessern die Löschdämpfung um etwa 6 dB. Bei Mehrspurlöschköpfen ist die *Überlöschdämpfung*, die das Anlöschen der Nachbarspuren kennzeichnet, von Interesse.

2.3.1.2. Kennwerte bei Aufzeichnung mit Sättigungsmagnetisierung

Lesekopf. Der in der Digitaltechnik Lesekopf genannte Wiedergabekopf erzeugt bei Abtastung einer Rechteckmagnetisierung eine Lesespannung, die dem Differential des in den Kopf eintretenden Flusses entspricht. Entsprechend den Anstiegs- und Abfallflanken ergeben sich an diesen Stellen Lesespannungsimpulse, deren Richtung wechselt. Sie hängen ferner von Steilheit und Amplitude der aufgezeichneten Rechtecke ab. Die *Lesespannung* wird charakterisiert durch *Impulsamplitude* und *Impulsbreite*, wobei Bewertungsstufen bei 50% und 20% Amplitude üblich sind (Abb. 28). Neben der Abhängigkeit dieser Größen von den

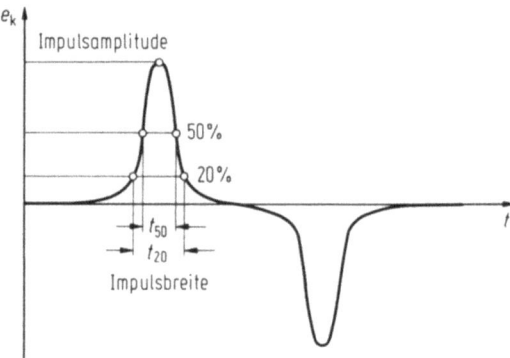

Abb. 28. Lesespannung bei Wiedergabe einer Sättigungsmagnetisierung.

Magnetisierungs- und Banddaten werden sie auch von Spaltbreite und Band—Kopf-Abstand sowie vom statischen Übertragungsfaktor (Wirbelstrom- und Resonanzeinfluß) beeinflußt. Letzterer kann sich in Überschwingen oder einer Verbreiterung der Impulse bemerkbar machen (Abb. 10). Ähnlich wie bei den Wiedergabeköpfen der Studiotechnik gibt es bei diesen Leseköpfen eine zusätzliche Abtastung an den Spiegelkanten, die *Kanteneffekt* (secondary gap effect) genannt wird. Diese Impulse, die dem Spaltimpuls entgegengerichtet sind, können die Impulsauswertung erheblich stören. Eine Unterdrückung gelingt entweder

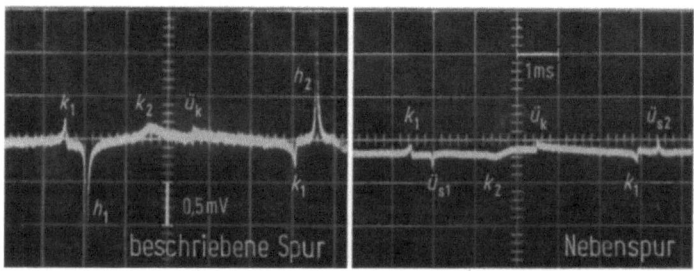

Abb. 29. Lesesignal- und Störsignal-Oszillogramme bei Digitalaufzeichnung (Schreib-Lese-Doppelsystemkopf).
h_1, h_2 Hauptleseimpulse; k_1, k_2 Kantenimpulse; $ü_{s1}$, $ü_{s2}$ Übersprechimpulse (Spur—Spur); $ü_k$ Übersprechimpuls (Kopf—Kopf).

durch Kantenverrundung und/oder geringe Randumschlingung, jedoch nicht durch asymmetrische Kompensation, wie bei Köpfen zur analogen Speicherung.

Abbildung 29 zeigt Oszillogramme des Leseimpulses, des Kantenimpulses und der Übersprechimpulse, wie sie unter Abschnitt Schreibkopf beschrieben sind.

Schreibkopf. Der *Arbeitspunkt des Schreibkopfes*, der in ähnlicher Weise wie der VM-Strom bei Studioköpfen auch Lesespannung und Frequenzspannung beeinflußt, wird bei einer bestimmten Flußwechseldichte und an der Form der Aussteuerungskurve definiert (Abb. 30). Auch hier wird das Lesespannungsmaximum als Kriterium benutzt und der Strom für einen bestimmten Teil der Lesespannung vor dem Maximum mit einem Faktor multipliziert. Zur Zeit sind folgende Definitionen üblich:

Mittlere Bitdichten (200, 556, 800 bpi): $\quad i_{sa} = 2{,}1 \times i_{S95}$
(bei NRZ: 1 bpi = 1 frpi),
hohe Bitdichten (1 600 bpi): $\quad i_{sa} = 1{,}8 \times i_{S95}$
(bei Zweifrequenzverfahren,
z.B. PE: 1 bpi = 2 frpi)

Der Absolutwert des *Schreibstromes*, der als Spitzenwert definiert wird, hängt außer von den Banddaten vom statischen Übertragungsfaktor des Kopfes ab. Rückspalte werden bei digitalen Schreibköpfen höchstens aus fertigungstechnischen Gründen und zur Vermeidung von Kernremanenzen verwendet, so daß die vordere Spaltbreite den Übertragungsfaktor wesentlich bestimmen kann.

Auch die *Stromanstiegs- und Abfallzeiten*, die um so kleiner sein müssen, je höher die Bitdichten sind, werden vom Übertragungsfaktor-Frequenzgang des Schreibkopfes mitbestimmt. Je dünner die Bandschicht, um so mehr kommt der Einfluß des Kopfes zum Tragen. Für steile Stromflanken müssen die Kernverluste klein und die Eigenresonanz der Wicklung hoch liegen, d.h., eine kleine Induktivität ist erforderlich.

Ein *Übersprechen Kopf—Kopf* tritt auf, wenn — wie in der Digitaltechnik üblich — Schreib- und Leseköpfe in einer kompakten Kopfeinheit dicht nebeneinander liegen und der Spaltabstand beider nur wenige Millimeter beträgt. Bei gleichzeitigem Lesen während des Schreibens (Kontrollesen) induzieren die Streufelder der Schreibkopfsysteme in der Lesekopfwicklung eine Spannung, die um so größer ist, je stärker der Schreibstrom, je steiler die Anstiegsflanken und je geringer der Spalt—Spalt-Abstand ist. Durch geeignete Abschirmungen zwischen Schreib- und Lesesystemen sowie eine spezielle kompensierende Schirmung hinter dem Band, läßt sich diese Störspannung auf ein Minimum reduzieren [15]. Die Übersprechdämpfung ist dann definiert als Verhältnis dieser induzierten Spannung, die ohne Band gemessen werden kann, zur Lesespannung, dynamisch (mit Bandlauf) gemessen.

Das *Übersprechen Spur—Spur* ist bei Sättigungsmagnetisierung wegen des Arbeitspunktes auf der Schreibseite zu vernachlässigen. Beim Lesen tritt es jedoch infolge Abtastung der Streufelder beschriebener Nachbarspuren als Störimpulse in Erscheinung. (Abb. 29) Die Übersprechdämpfung ist definiert als induzierte Störspannung bei unbeschriebener Empfangsspur im Verhältnis zur Lesespannung bei mit normalem Arbeitspunkt beschriebener Empfangsspur.

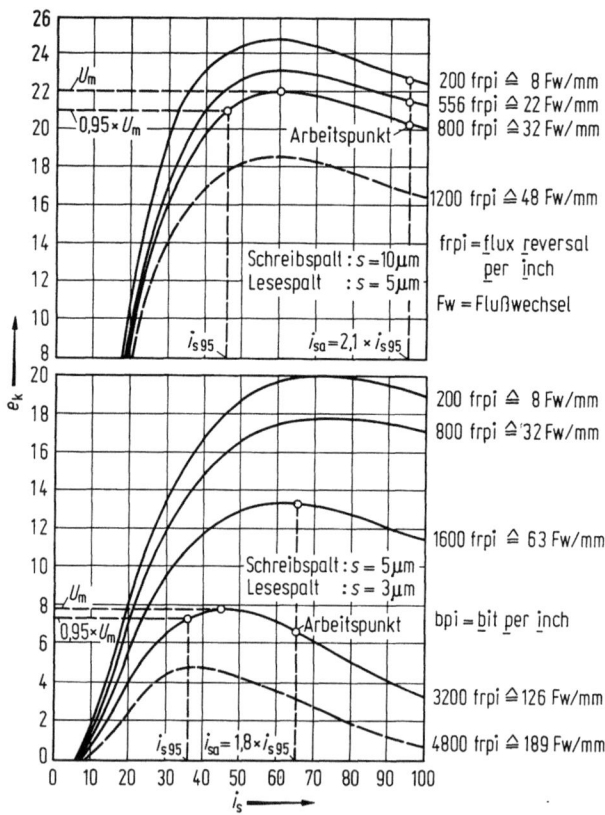

Abb. 30. Aussteuerungskurven von Digitalköpfen über Band (Memorex 25 F), Bandgeschwindigkeit: 2,50 m/s, Parameter: Bitdichte.

Löschkopf. Normalerweise wird bei Digitalspeicherung mit dem Schreibkopf überschrieben (Eigenlöschung). Wird für besondere Fälle ein Löschkopf verwendet, so schreibt dieser mit Gleichstrom. Deshalb sind solche Köpfe aus Mumetall und haben nur einen Spalt. Der Löschkopf ist meist so angeordnet, daß das Band auf seiner Rückseite (Trägeroberfläche) am Kopf anliegt, um die Schicht zu schonen. Die *Lösch-*

2. Magnetköpfe

dämpfungskurve ist infolge Scherung über dem Abstand flacher, d. h., man braucht größere Erregung, was aber bei Gleichstrom kein Problem ist (Abb. 27). Außerdem wird geringere Löschdämpfung verlangt als in der Studiotechnik.

2.3.2. Ausführungsformen und Betriebsarten

2.3.2.1. Köpfe für Schallaufzeichnung (Studiogeräte)

Magnetköpfe für die Studiotechnik gibt es je nach Bandbreite und Spuranzahl in verschiedensten Ausführungsformen (siehe Abschnitt „Studio-Magnetbandgeräte", S. 73, Abb. 3, Spurlagen). Abb. 31 zeigt diverse Aufnahme- und Wiedergabeköpfe mit Vacodur-Kernen, Abb. 32 Viertelzollköpfe mit Ferritkernen. Bei Viertelzoll-Stereo-Spurlage (Spurabstand innen: 0,75 mm) sind Köpfe mit Kernen in Doppel-V-Form (Schmetterling) üblich (Abb. 17j, 31). Diese garantieren hohe Übersprechdämpfung.

Abb. 31. Studiomagnetköpfe (Vacodur).

Abb. 32. Ferrit-Magnetköpfe.

Die Induktivitäten der Studioköpfe sind standardisiert. Sie haben folgende Werte: Aufnahme 7 mH, Wiedergabe 80 mH, Löschen 1,5 mH. Bei *Wiedergabe* sind die kleinsten abzutastenden Wellenlängen etwa $\lambda = 10$ μm, (19 cm/s $-$ 20 kHz). Die üblichen geometrischen Spaltbreiten betragen deshalb etwa 5 μm. *Aufnahmeköpfe* haben Spaltbreiten von 10···20 μm, wobei die zu verwendenden Bandsorten eine Rolle spielen.

Löschköpfe sind meistens Ferritköpfe mit zwei Spalten von 100 μm bis 200 μm Breite. Je nach Anforderung an die Löschdämpfung gibt es verschiedene Möglichkeiten zur Bildung des Magnetkreises (Abb. 17g, h). Bei Mehrspurlöschköpfen besteht die Forderung, die Spurzwischenräume mit wegzulöschen. Das ist der Fall, wenn auf beschriebene Bänder mit anderer Spurlage neu aufgenommen wird. Stehengebliebene Spuren der alten Aufzeichnung könnten dann beim Lesen Störungen durch magnetische Streuabtastung ergeben. Das wird verhindert durch spezielle Kernanordnungen (Abb. 33).

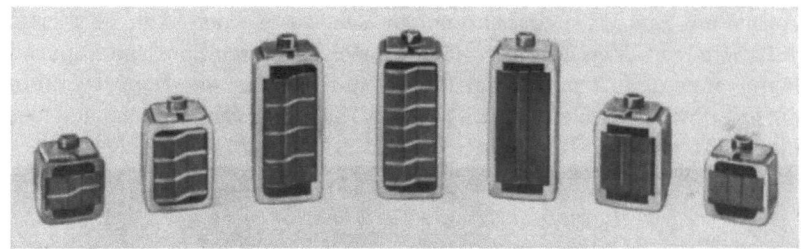

Abb. 33. Löschköpfe.

Die Pilotaufzeichnungsverfahren zur Synchronisierung von Bild und Ton sind in Abschnitt „Bildsynchrone Tonaufzeichnung bei Film und Fernsehen", S. 249ff., und in [22] beschrieben.

Die entsprechenden *Pilotköpfe* unterscheiden sich durch Kern-Polschuh- und Spaltkonfiguration. Der *Transversalpilotkopf* hat einen Magnetkreis mit einem breiten Spalt von etwa 0,5 mm quer zur Bandbreite, so daß eine um 90° in der Magnetisierung gegen die normale Aufzeichnung gedrehte Pilotaufzeichnung entsteht (Abb. 17k).

Gegentaktpilotköpfe besitzen zwei schmale dicht nebeneinanderliegende Spuren von 0,5 mm mit Spalten quer zur Bandlängsachse, d.h. Spaltlage wie übliche Köpfe. Durch Gegentaktschaltung der beiden Wicklungen erreicht man eine in Spurlage und Pegel zum Transversalkopf voll kompatible Aufzeichnung und Abtastung. Der Vorteil besteht darin, magnetische Unsymmetrien der Polschuhe durch elektrische Symmetrierung der Wicklungen mit zwischengeschalteten Potentiometern zu kompensieren und so das Übersprechen der Pilotaufzeichnung zur Vollspur-Nutzaufzeichnung zu verbessern.

Zur Pilotaufzeichnung bei Zweispursystemen werden Längspilotköpfe mit Trägermodulation (z.B. FM) eingesetzt. Die schmale Spur dieser Köpfe wird in den Zwischenraum zweier Spuren gelegt. Dadurch und durch die Frequenztransponierung, d.h. Wandlung in kleine Wellenlängen, werden sehr gute Übersprechdämpfungswerte erreicht.

Die bei allen Pilotköpfen kritische Spurlage und Winkelstellung wer-

2. Magnetköpfe

den mit speziellen Testbändern eingestellt, die auch Bezugspegelaufzeichnungen enthalten [24].

Abb. 34 zeigt einen Gegentaktpilotkopf und einen Transversalpilotkopf.

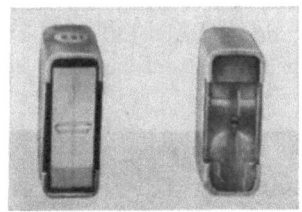

Abb. 34. Pilotköpfe.   Abb. 35. Meßwertspeicherköpfe.   Abb. 36. Digitalspeicherkopf.

2.3.2.2. Köpfe für Meßwertspeicherung

Spuranzahl und Spurbreiten der Aufzeichnung auf $1/2$ Zoll- und 1 Zoll-Magnetband sind nach IRIG genormt (siehe Abschnitt „Magnetbandgeräte für Meßwertspeicherung", S. 144ff.). Damit sind auch die Spurlagen der *Aufnahmeköpfe* festgelegt. Die Spurbreiten der *Wiedergabeköpfe* wählt man etwas schmaler, um bei Bandlaufschwankungen in der Höhe eine Modulation der Lesespannung zu vermeiden.

Zur Verringerung des Übersprechens zwischen den Spuren werden Aufnahme- und Wiedergabeköpfe in je zwei Paare mit definiertem Spalt—Spalt-Abstand aufgeteilt. Ein solches Kopfpaar (4-Spur und 3-Spur) für 7-Spur $1/2$ Zoll-Aufzeichnung zeigt Abb. 35. Da die zu übertragende Frequenzbandbreite sich bis in den MHZ-Bereich ausdehnt, sind trotz hoher Bandgeschwindigkeiten wegen der kleinen Wellenlängen Spaltbreiten von 2 μm bis 10 μm nötig. Die Induktivitäten liegen bei wenigen mH, bei Aufnahmeköpfen sogar z.T. unter 1 mH. Bei diesen Köpfen ist es Stand der Technik, die Montagefläche auf genaue Lage der Spuren und exakte Winkelstellung des Spaltes einzuschleifen. Es werden dabei Toleranzen von $\pm 1'$ in Bandebene und $\pm 3'$ senkrecht dazu (Neigungswinkel) erreicht.

Als *Löschköpfe* werden Ein- und Zweispalt-Ferritköpfe verwendet, die mit Wechselfeldlöschung von mehreren hundert kHz arbeiten.

2.3.2.3. Köpfe für Digitalspeicherung

Solche Köpfe werden meist in kompakter Bauweise als Schreib-Lese-Doppelspaltköpfe ausgeführt. Abb. 36 zeigt einen 9-Spur-Schreib-Lesekopf für $1/2$ Zoll-Band. Der Abstand vom Schreib- zum Lesespalt ist genormt und beträgt 3,81 mm. Trotz dieses geringen Abstandes werden bei gleichzeitigem Schreiben und Lesen Übersprechdämpfungen von ≥ 30 dB erreicht. Auch die Übersprechdämpfung zwischen den engliegenden Spuren erreicht diese Größenordnung. Für die Spurlagen von 7-Spur- und 9-Spur-Aufzeichnungen auf $^1/_2$-Zoll-Band gibt es Normen [23]. Wegen der zu übertragenden steilen Impulsflanken hat die Schreibkopfinduktivität einen Wert von unter 1 mH, während sie beim Lesekopf nur wenig darüber liegt. Die Spaltbreiten haben ähnliche Werte wie bei Meßwertspeicherköpfen und auch die im Abschnitt 2.3.2.2 genannte Einschleiftechnik der Montagefläche für Austauschzwecke ist hier üblich.

Literatur

1 Feldtkeller, R.: Theorie der Spulen und Übertrager. 5. Aufl. Stuttgart: Hirzel 1971.
2 Krones, F.: Die Theorie des Magnetspeichers, in Winckel, F.: Technik der Magnetspeicher, Berlin, Göttingen, Heidelberg: Springer 1960.
3 Unger, E.; Fritsch, K.: Die Berechnung des magnetischen Widerstandes von Spalten in magnetischen Kreisen. Wissensch. Z. Elektrotechnik H. 11 (1965) 432—438.
4 Edelmann, H.: Anschauliche Ermittlung von Transformator-Ersatzschaltbildern. A.E.Ü. H. 6 (1969) 253—261.
5 Greiner, J.: Der magnetische Kraftfluß im Lesekopf bei der Wiedergabe digitaler Informationen vom Magnetband, Frequenz H. 3 (1967) 81—94.
6 Westmijze, W. K.: Studies on Magnetic Recording. Phil. Res. Rep. (1953) 343—366.
7 Schmidbauer, O.: Vorgang der Magnetton-Aufzeichnung und -Wiedergabe, in Winckel, F.: Technik der Magnetspeicher. Berlin, Göttingen, Heidelberg: Springer 1960.
8 Wang, H. S. C.: Gap Loss Function and Determination of Certain Critical Parameters in Magnetic Data Recording Instruments and Storage Systems. The Rev. of Scient. Instr. H. 9 (1966) 1126—1130.
9 Duinker, S.: Short Wavelength Response of Magnetic Reproducing Heads with Rounded Gap Edges. Phil. Res. Rep. (1961) 307—322.
10 Fritzsch, K.: Zur Wiedergabe großer Wellenlängen vom Magnetband, Hochfrequenztechn. u. Elektroakustik H. 4 (1966) 39—45.
11 Straubel, R.: Beziehungen zwischen Spalt und Spiegel bei einem Wiedergabekopf der dynamischen Magnet-Speichertechnik, Nachrichtentechnik H. 9 (1964) 321—325.
12 Duinker, S., Geurst, J. A.: Long Wavelength Response of Magnetic Reproducing Heads with Rounded Outer Edges. Phil. Res. Rep. Febr. (1964) 1—28.
13 Wallace, R. L.: The Reproduction of Magnetically Recorded Signals. The Bell Syst. Techn. J. Okt. 1951, 1145—1167.
14 Druckschrift 'Telefunken-Ferrite für Magnetköpfe', AEG—Telefunken, Backnang, April 1975.
15 Walther, G. L.: Reduction of Cross-Talk in Multiple-Head Structures for Digital Tape Units, Int. Conf. on Magn. Rec., London, Juli 1964.
16 Bakos, G. P.: Design Aspects of Ferrite Magnetic Heads, Int. Conf. on Magn. Rec. London, Juli 1964.
17 Hempenius, K.; Vrolijks, M. H. M.; Walther, G. L.: Construction and Properties of Some Ferrite Magnetic Heads. Proc. of the Intermag Conf., Washington, 1965, 15. 3—1 bis 15.3—7.

18 Peloschek, H. P.; Vrolijks, M. H. M.: Dense Ferrites and the Technique of Glass Bonding for Magnetic Transducer Heads. Int. Conf. on Magn. Rec., London, Juni 1964.
19 Thiemer, H.: Langlebensdauer-Magnetköpfe in Studioqualität. II. Konf. über magn. Signalspeicherung, Budapest, Okt. 1966.
20 DIN 15910, Bl. 2, März 1974: Magnetköpfe, elektr. und magn. Kenndaten und Einflußgrößen.
21 DIN 45512, Bl. 2, Entwurf April 1975: Magnetbänder für Schallaufzeichnung.
22 DIN 15575, Oktober 1965: Pilotfrequenzaufzeichnung.
23 DIN 66011, Bl. 2, Jan. 1972: Magnetbänder zur Speicherung digitaler Daten.
24 DIN 15574, Sept. 1967, Pilot-Bezugsbänder 19 und 38.

Übersicht über verwendete Formelzeichen

A, A_w, A_a, A_{ah}	Übertragungsfaktor (Wiedergabe, Aufnahme, Aufnahme mit hinterem Spalt)
A^2, A', A''	Übertragungsfaktor, komplex (Wirkanteil, Blindanteil)
A_L	Induktivitätsbeiwert
B_ω	Induktion, komplex
C_w, C_{ak}, C_{ek}, C_m	Kapazität (Wicklung, Anfang Spule—Kern, Ende Spule—Kern, Masse)
H_ω, H_s	Feldstärke, komplex (Spalt)
$\Im(\ldots)$	Imaginärteil von ...
K_1, K_2, K_3	Konstante
L, L_k, L_s, L_h	Induktivität (Kern, Spalt, hinterer Spalt)
$L_{w\sigma}, L_{s\sigma}, L_{a\sigma}$	Streuinduktivität (Wicklung, Spalt, hinterer Spalt)
P_v	Verlustleistung
Q	Güte
$\Re(\ldots)$	Realteil von ...
R_v, R_{cu}, R_{fe}	Verlustwiderstand (Kupfer, Eisen)
$R_m, R_{mk}, R_{ms}, R_{mh}$	magnetischer Widerstand (Kern, Spalt, hinterer Spalt)
R'_{ms}	Spaltwiderstand einschließlich Streuung
$R_{w\sigma}, R_{s\sigma}, R_{h\sigma}$	magnetischer Streuwiderstand (Wicklung, Spalt, hinterer Spalt)
S_s, S_h	Spaltquerschnitt (Spalt vorn und hinten)
V_a	Abstandsverlust
V_s	magnetische Spannung am Spalt
a	Abstand Kopfspiegel—Band
b	Magnetkernbreite bzw. Spurbreite
c	Spiegelbreite
d_s, d_a	Spalttiefe vorn und hinten
d_L	Kernlamellendicke
e, e_k	elektrische Spannung, induzierte Kopfspannung
f_1, f_2, f_3, f_4	Funktion von ...
f_w bzw. ω_w	Grenzfrequenz der Wirbelströme nach Wolman (siehe [1])
h	Magnetkernhöhe
i_r, i_{vo}, i_{va}	Vormagnetisierungsstrom (für maximale Spannung, im Arbeitspunkt)
i_{sa}, i_{s95}	Schreibstrom bei Sättigungsmagnetisierung (im Arbeitspunkt, bei 95% der Maximalspannung)
k	Wellenzahl
l	Magnetkernlänge

m	Scherungsquotient durch vorderen Spalt
n	Scherungsquotient durch hinteren Spalt
p	Scherungsfaktor durch vorderen Spalt
q	Scherungsfaktor durch hinteren Spalt
r	Scherungsfaktor gesamt
s, s_h, s_{eff}	Spaltbreite (hinten, effektiv)
v	Bandgeschwindigkeit
w	Windungszahl
Φ, Φ_b, Φ_k	magnetischer Fluß (vom Band, durch Kern)
Θ	magnetische Durchflutung
Λ	normierte Spiegelbreite
Ω	normierte Spaltbreite
α	Bandumschlingungswinkel
β	Spaltschiefstellungswinkel
λ	Wellenlänge
μ_0, μ_r, μ_a	Permeabilität (Vakuum, relativ, Anfangs-)
μ, μ', μ''	Permeabilität komplex (Wirkanteil, Blindanteil)
ϱ	spezif. elektr. Widerstand der Kernlamellen
σ	magnetischer Streufaktor
$\varphi, \varphi_w, \varphi_a$	Phasenwinkel des Übertragungsfaktors (Wiedergabe, Aufnahme)

3. Magnetbandgeräte für Meßwertspeicherung

Dieter Ott

3.1. Anwendungsbereiche

3.1.1. Verwendungszweck

Die analoge Magnetbandaufzeichnung wird benutzt, wenn Meßwerte in analoger Form in sehr großen Mengen vorhanden und auszuwerten sind. Dabei können mehrere korrelierte Meßwerte gleichzeitig (parallel) mit großer Laufdauer (je nach Bandgeschwindigkeit und Bandlänge von einigen Minuten bis zu mehreren Stunden) aufgezeichnet und weiter verarbeitet werden.

Der größte Vorteil der analogen Magnetbandaufzeichnung ist die Möglichkeit einer Frequenztransponierung der Meßwerte durch das Umschalten der Bandgeschwindigkeit. Damit ist bei dieser Art der Zwischenspeicherung durch die Veränderung der Zeitbasis eine Anpassung an den Frequenzbereich der bei der Weiterverarbeitung der Meßwerte verwendeten Geräte möglich. Die Bandgeschwindigkeiten werden meistens im Verhältnis 1:2 umgeschaltet und das ergibt bei 6 Bandgeschwindigkeiten eine mögliche Frequenztransponierung bis zu 1:32.

3. Magnetbandgeräte für Meßwertspeicherung

Dabei wird die Zeitdehnung (Herabsetzung der Frequenz) zur Anpassung an Schreiber bei der Analyse von hochfrequenten oder kurzzeitigen Vorgängen verwendet.

Die Zeitraffung (Heraufsetzung der Frequenz) wird bei der Analyse von tieffrequenten (Anpassung an Frequenzanalysatoren und bessere Trennung von dicht zusammenliegenden Frequenzen) oder langzeitigen (Auswertung von Vorgängen z.B. der Meteorologie oder Geologie, die mehrere Stunden gedauert haben, in kürzester Zeit) Vorgängen angewendet. Die Vorteile der analogen Meßwertaufzeichnung auf Magnetband sind

die hohe Speicherdichte und Aufzeichnungsdauer,

die oft wiederholbare Wiedergabe von ausgewählten, wichtigen Meßwerten (z.B. auf einem Schleifengerät),

der geringe Verbrauch an Aufzeichnungsträger durch die Löschmöglichkeit und

die Möglichkeit der Vorauswahl aus vielen Meßwerten vor der Aufzeichnung auf Papierschreibern oder vor der digitalen Weiterverarbeitung.

Das Auffinden bestimmter Meßwerte kann dabei mit Hilfe des Zählwerks oder durch Aufsuchen einer aufgezeichneten Zeitinformation mit einem Bandsuchgerät erleichtert werden.

3.1.2. Anforderungen an die Meßwertspeicherung

Wenn man für die Aufzeichnung und Wiedergabe von Meßwerten einen Fehler von 1% zuläßt, so ist das mit digitalen, frequenzmodulierten und pulsdauermodulierten Aufzeichnungsverfahren möglich. Die in der Tonaufzeichnung übliche Direktaufzeichnung erreicht diese Amplitudengenauigkeit bei weitem nicht. Während bei der digitalen Aufzeichnung die Genauigkeit durch das Auflösungsvermögen der PCM bestimmt wird, sind bei der Frequenz- und pulsdauermodulierten Aufzeichnung der verwendete Frequenzbereich, die Nullpunktstabilität, die Nichtlinearität des Modulators und Demodulators und vor allen Dingen die Gleichlaufeigenschaften des Laufwerks die genauigkeitsbestimmenden Eigenschaften. Günstige Werte sind beim Störspannungsabstand 50 dB (Gleichlauf), bei der Abweichung von der Nullpunktstabilität 0,5% und bei der Nichtlinearität 0,5%.

Reicht der Frequenzbereich dieser Aufzeichnungsverfahren (0 bis 80 kHz) nicht aus (z.B. bei der Aufzeichnung von FM-Multiplex-Telemetriesignalen), so muß das Direkt- oder Wideband Group II-FM-Aufzeichnungsverfahren verwendet werden. Hier ist die Aufzeichnung von Frequenzen bis zu 400 kHz (Wideband Group II-FM) oder bis zu mehreren MHz (Direktaufzeichnung) möglich, wobei allerdings die Genauigkeit durch den geringen Störspannungsabstand von 36···18 dB je nach Bandbreite gering ist.

3.1.3. Aufgaben, Auswahlkriterien und Anwendungsbeispiele

Der Frequenzbereich der aufzuzeichnenden Meßwerte reicht von 0 bis zu einigen MHz, wobei tieffrequente Meßwerte quasistationäre Vorgänge, wie z.B. Temperatur und Luftdruck und hochfrequente Meßwerte, z.B. Telemetriesignale sind. Bei der Verwendung von Frequenz- oder Zeit-Multiplex-Verfahren können bei tieffrequenten Meßwerten eine große Zahl pro Spur aufgezeichnet werden, wogegen bei hochfrequenten Meßwerten nur ein Meßwert pro Spur aufgezeichnet werden kann.

Entsprechend den Aufgaben müssen die Aufzeichnungsverfahren ausgewählt werden, wobei folgende Auswahlkriterien beachtet werden müssen: Frequenzbereich, Genauigkeit (Amplitudenschwankungen, Frequenzabhängigkeit der Amplitude, Störspannungsabstand, Zeitbasisfehler, Klirrfaktor, Nichtlinearität, Drift, Nullpunktstabilität), Aufzeichnungsdauer, Geräteaufwand, Preis, Gewicht und Volumen.

Anwendungsbeispiele für die verschiedenen Aufzeichnungsverfahren:

Direktaufzeichnung

Dieses Verfahren wird allgemein zur Aufzeichnung hoher Frequenzen (z.B. bei Intermediate Band-Geräten von $0,3 \cdots 250$ kHz bei $v = 152,4$ cm/s) mit relativ großem Fehler (20%) verwendet. Dem Vorteil des großen Frequenzbereichs mit geringem Schaltungsaufwand stehen die Nachteile der fehlenden Gleichspannungsaufzeichnung und der durch Band—Kopf-Kontaktschwankungen und Fehler in der Entzerrung (ungleichmäßiger Frequenzgang) hervorgerufenen großen Amplitudenfehler gegenüber.

Die Direktaufzeichnung wird für die Aufzeichnung von Telemetriesignalen, für Schwingungsmessungen (Frequenzanalyse) und für Schallaufzeichnungen (Geräuschmessungen und Kommentare) verwendet. Bei der Aufzeichnung von Telemetriesignalen unterscheidet man die Pre-Detection-Aufzeichnung mit Wideband-Geräten und die Post-Detection-Aufzeichnung mit Intermediate und Low Band-Geräten (siehe Tab. 1). Während bei der Pre-Detection-Aufzeichnung die in frequenz- oder phasenmodulierten Unterträgern zusammengefaßten und auf einen Hauptträger mit Frequenz- oder Phasenmodulation aufgebrachten Telemetriesignale vor der Direktaufzeichnung in dem Magnetbandgerät entsprechende Frequenzbereiche umgesetzt werden, trennt man bei der Post-Detection-Aufzeichnung die zusammengefaßten Telemetriesignale vor der Direktaufzeichnung durch Bandpässe auf und demoduliert sie.

FM-Aufzeichnung

Dieses Aufzeichnungsverfahren ist ein guter Kompromiß zwischen Fehler (2%) und Frequenzbereich (z.B. bei Intermediate Band-Geräten von 0 bis 20 kHz bei $v = 152,4$ cm/s) mit der idealen Anwendung der Frequenztransponierung und der Möglichkeit der Aufnahme von Gleich-

3. Magnetbandgeräte für Meßwertspeicherung 147

spannungen. Diese höhere Genauigkeit mit größerer Unabhängigkeit von Amplitudenschwankungen durch Band—Kopf-Kontaktschwankungen und einem gleichmäßigeren Frequenzgang als bei Direktaufzeichnung muß allerdings mit hohem Aufwand am Laufwerk (geringe Gleichlaufschwankungen) und hohem Schaltungsaufwand (lineare Modulatoren und Demodulatoren) erkauft werden.

Es ist das am meisten verwendete Verfahren zur Aufzeichnung von Meßwerten und wird auch zur Aufzeichnung von Post-Detection-Telemetrie-Signalen (z. B. von seriellen PCM-Signalen) verwendet.

PDM-Aufzeichnung

Für die Aufzeichnung von einer großen Zahl von Meßwerten niedriger Frequenz wird das PDM-Aufzeichnungsverfahren zusammen mit dem Zeit-Multiplex-Verfahren verwendet z. B. können mit 900 Impulsen pro Sekunde 30 Kanäle mit 30 Abtastvorgängen pro Sekunde mit einer Frequenz bis zu 5 Hz bei $v = 19,05$ cm/s auf einer Spur aufgenommen werden. Da dieses Verfahren relativ wenig von Amplituden- und Bandgeschwindigkeitsschwankungen beeinflußt wird, ist der Fehler gering (1%). Auch hier ist wie bei der FM-Aufzeichnung der Frequenzgang sehr gleichmäßig und die Aufzeichnung von Gleichspannungen möglich. Die Nachteile sind die geringe Bandbreite (nur Aufzeichnung quasistationärer Vorgänge möglich) und der große Schaltungsaufwand (lineare Modulatoren und Demodulatoren und die Umschalter beim Zeitmultiplex-Verfahren).

PCM-Aufzeichnung

Wird für die Aufzeichnung von Meßwerten eine noch größere Genauigkeit (Fehler <1%) gefordert, so ist dies nur mit der digitalen Aufzeichnung möglich. Allerdings ist dabei die aufzeichenbare Bandbreite gering (z. B. bei $v = 152,4$ cm/s mit einer Auflösung von 10 bit und einer Schreibdichte von 40 bit/mm nur 1 kHz) und der Schaltungsaufwand hoch (Analog—Digital—Analog—Wandler). Der Vorteil dabei ist, daß die aufgezeichneten analogen Meßwerte analog oder digital (mit gleichzeitiger analoger Kontrolle) ausgewertet werden können.

3.2. Aufzeichnungsarten und Modulationsverfahren

3.2.1. Aufzeichnungsarten

Das in einen Strom umgewandelte Eingangssignal wird mit einem Magnetkopf (Spaltbreite $2 \cdots 10$ μm) auf das Magnetband mit einer Magnetitschicht von $2 \cdots 12$ μm Dicke aufgezeichnet.

Bei der Sättigungsmagnetisierung wird der Strom im Aufnahmekopf so hoch gewählt, daß das Magnetit bis zur Sättigung magnetisiert wird. Diese Aufzeichnungsart wird in Verbindung mit den Modulationsverjahren FM und PCM mit rechteckförmigem Strom und PDM mit spitzenförmigem Strom (differenziertes PDM-Signal) benutzt.

Bei der Aufzeichnung mit HF-Vormagnetisierung wird wie bei der Tonaufzeichnung zum Aufnahmesignalstrom ein hochfrequenter Vormagnetisierungsstrom addiert und damit wird der Arbeitspunkt in den geradlinigen Teil der Magnetisierungskennlinie gelegt (siehe Beitrag Gillmann).

3.2.2. Modulationsverfahren

Direktaufzeichnung

Es wird die Aufzeichnung mit HF-Vormagnetisierung benutzt. Der Aufnahmestrom ist proportional dem Eingangssignal (keine Vorverzerrung wie bei der Tonaufzeichnung, sondern nur Ausgleich der frequenzabhängigen Aufnahmekopfverluste zur Erreichung eines konstanten Aufnahmekopfspaltflusses). Der Aufnahmestrom wird hierbei so hoch gewählt, daß der durch die Krümmung der Remanenzkennlinie hervorgerufene Klirrfaktor K_3 1% nicht übersteigt.

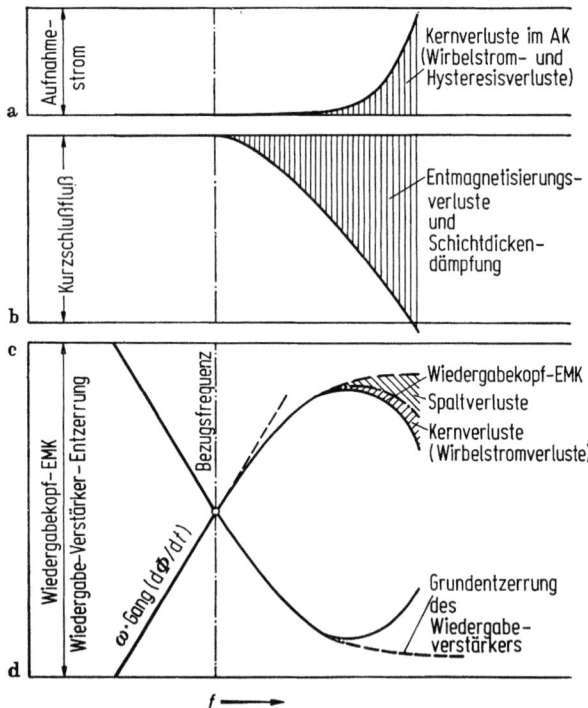

Abb. 1a—d. Prinzip der Entzerrung.
a) Aufnahme-Strom-Überhöhung; b) Kurzschlußfluß (Bandmagnetisierung); c) tatsächliche Wiedergabekopf-EMK; d) tatsächliche Entzerrung des Wiedergabeverstärkers.

Die Wiedergabe-EMK zeigt bei tiefen Frequenzen den Anstieg nach dem Induktionsgesetz (ω-Gang) und bei hohen Frequenzen einen Abfall wegen der Entmagnetisierungsverluste und der Schichtdickendämpfung im Magnetband, der Spaltfunktion und der Wirbelstromverluste im Kern des Wiedergabekopfes. Die Wiedergabespannung wird mit frequenzabhängigen Verstärkern verstärkt (siehe Abb. 1) und phasenrichtig entzerrt (siehe Abb. 12 und 13 und Kapitel 3.4.2.).

FM-Aufzeichnung

Mit dem Eingangssignal wird vor der Aufzeichnung ein Träger frequenzmoduliert und danach mit Sättigungsmagnetisierung oder Aufzeichnung mit HF-Vormagnetisierung auf das Magnetband aufgezeichnet. Die Wiedergabespannung wird verstärkt, amplitudenbegrenzt und demodu-

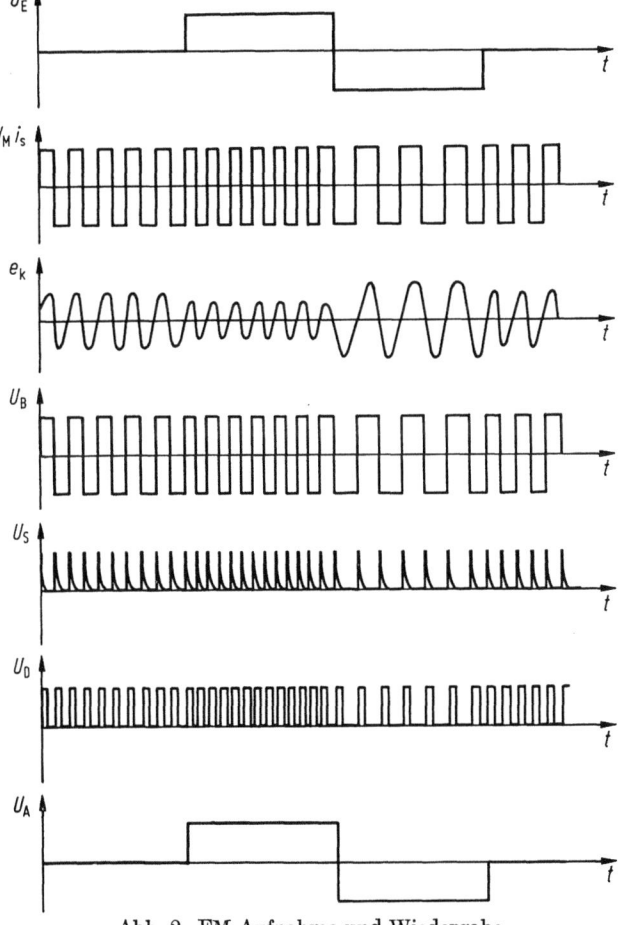

Abb. 2. FM-Aufnahme und Wiedergabe.

liert, indem pro Nulldurchgang des frequenzmodulierten Trägers ein monostabiler Multivibrator einen Ausgangsimpuls konstanter Spannungs-Zeit-Fläche erzeugt, der in einem nachfolgenden Tiefpaßfilter integriert wird (siehe Abb. 2).

Frequenz-Multiplex-Verfahren

Mit dem Eingangssignal wird ein Träger frequenzmoduliert. Mehrere frequenzmodulierte Träger mit unterschiedlichen Frequenzen werden in einer Additionsstufe (Mischverstärker) zusammengefaßt. Dieses Signal wird nun entweder auf das Magnetband mit dem Direktaufzeichnungsverfahren aufgezeichnet (siehe Abb. 3) oder bei der FM/FM- oder FM/PM-Telemetrie zur Frequenz- oder Phasenmodulation des Trägers eines Senders (216···260 MHz) verwendet und nach dem Empfang durch Mischung in ein Frequenzband umgesetzt, das dem Frequenzbereich des Magnetbandgerätes entspricht (z.B. Pre-Detection-Träger 900 kHz bei $v = 304{,}8$ cm/s). Bei der Wiedergabe werden die Meßwerte durch Filter getrennt (beim Pre-Detectionsignal nach einer Post-Detection) und danach demoduliert.

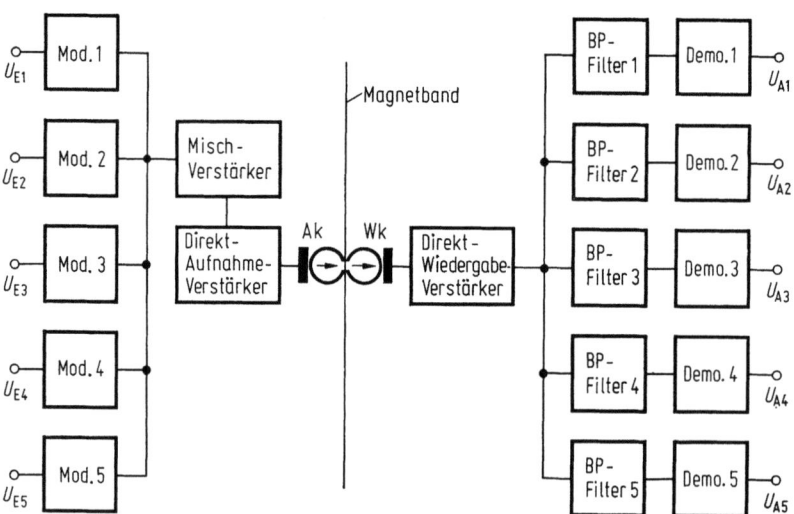

Abb. 3. Frequenz-Multiplex-Verfahren.

PDM-Aufzeichnung

Der Modulator wandelt die zeitlich nacheinander abgetasteten Amplitudenwerte der Meßsignale (PAM) in Impulse mit konstanter Amplitude und variabler Impulsdauer (PDM) um. Diese Impulse werden differenziert und mit Sättigungsmagnetisierung auf das Magnetband aufgezeichnet (siehe Abb. 4 und 5).

3. Magnetbandgeräte für Meßwertspeicherung

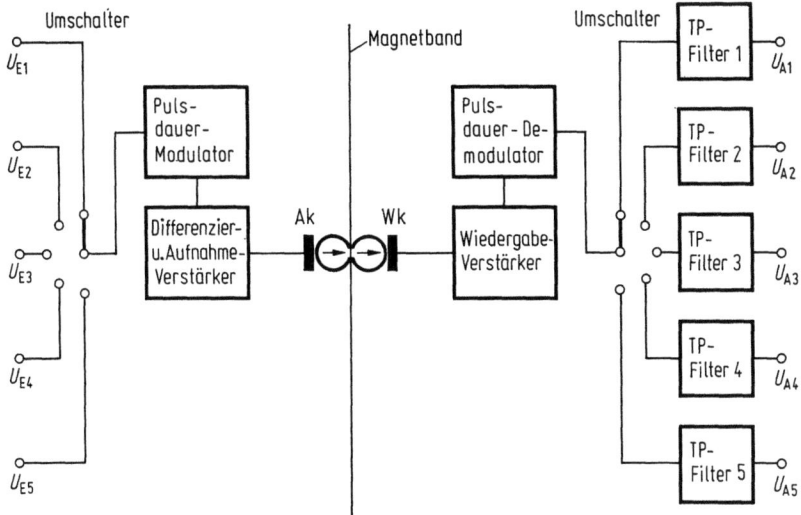

Abb. 4. Zeit-Multiplex-Verfahren mit PDM.

Die Wiedergabespannung wird verstärkt und durch einen Multivibrator wieder in PDM-Signale zurückverwandelt.

Im Demodulator entstehen bei Zeit-Multiplex-Anlagen wieder die amplitudenmodulierten Impulse und nach der zeitlichen Aufteilung und nach einem Tiefpaßfilter das Originalsignal.

PCM-Aufzeichnung

PCM-Signale können mit verschiedenen Methoden aufgezeichnet werden.

Für PCM/FM- oder PCM/PM-Telemetriesignale wird nach einer Pre-Detection das Direktaufzeichnungsverfahren verwendet.

Nach einer Post-Detection können für die serielle Aufzeichnung der PCM-Daten das Direkt-, FM- oder Sättigungsaufzeichnungsverfahren verwendet werden.

Das Direktaufzeichnungsverfahren wird wegen seiner großen Bandbreite besonders dann verwendet, wenn die PCM-Daten in Richtungstaktschrift als selbsttaktendes Schreibverfahren vorliegen. Allerdings muß dabei die untere Frequenzgrenze des Direktaufzeichnungsverfahrens beachtet werden.

Das FM-Aufzeichnungsverfahren hat den Vorteil, daß durch das Fehlen der unteren Frequenzgrenze keine Impulsverformungen auftreten. Bei der Verwendung des Sättigungsaufzeichnungsverfahrens bei der seriellen Aufzeichnung muß das Übersprechen auf benachbarte Spuren mit Direkt- oder FM-Aufzeichnung beachtet werden.

Für die parallele Aufzeichnung von PCM-Daten nach einer Post-

Detection wird das Sättigungsaufzeichnungsverfahren mit Wechselschrift NRZ-M benutzt, und zwar mit einer Bitdichte von 40 bit/mm.

Die Ein- und Ausgangssignalform für die parallele Aufzeichnung ist die Richtungsschrift NRZ-C.

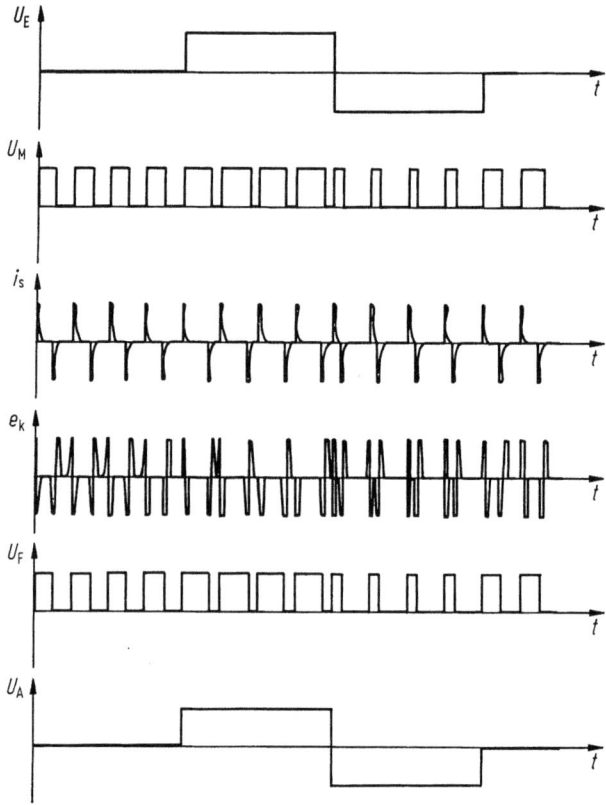

Abb. 5. PDM-Aufnahme und Wiedergabe.

3.3. Normung

Um den Austausch von Magnetbändern, auf denen Meßwerte aufgezeichnet sind, zu gewährleisten, müssen die Magnetbandspulen, die Magnetbänder und die Magnetbandgeräte kompatibel sein, d.h. bestimmte Eigenschaften der Spulen, der unbeschriebenen und beschriebenen Magnetbänder, der Magnetbandgeräte und deren Meßmethoden müssen genormt werden.

Die Aufzeichnung von Telemetriedaten auf Magnetbänder wurde zuerst in den USA für die große Zahl von Meßwerten bei der Raketentechnik und der Luft- und Raumfahrt verwendet. In den Telemetry

3. Magnetbandgeräte für Meßwertspeicherung

Standards der Telemetry Working Group Inter-Range Instrumentation Group (IRIG Document 106—71) sind die Telemetrie- und Bandgerätenormungen enthalten. Es sind Bestrebungen im Gange, diese Normung international gültig zu machen und auch DIN-Normen aufzustellen (ISO/TC 97/IC 4/WG 5 und DNA/FNI 4.5).

In der IRIG-Norm und in DIN E 66210 sind die Magnetbandgeräte für die Meßwertaufzeichnung nach der aufzeichenbaren Bandbreite in drei Gruppen eingeteilt (siehe Tab. 1 und 2).

3.3.1. Unbeschriebenes Magnetband und Spulen

Die Eigenschaften des unbeschriebenen Magnetbandes, wie z.B. Material, Abmessungen (Breite, Dicke, Länge) mechanische (Festigkeit, Dehnung, Hohl- und Längskrümmung, Haftung, Schichtwiderstand) und elektromagnetische (Arbeitspunkt, Empfindlichkeit, Frequenzgang, Gleichmäßigkeit, Rauschen, Löschbarkeit, Kopierdämpfung) Eigenschaften des Magnetbandes und die dazugehörigen Meßmethoden sind festgelegt in der Interim Federal Specification for Sound and Instrumentation Tapes W-T-0070 (NAVY SHIPS) April 1963, und zwar gelten für low band und intermediate band recording: W-T-0070/4 und für wide band recording: W-T-0070/5.

Material und Abmessungen des unbeschriebenen Magnetbandes sind auch in DIN E 66208 „Magnetbänder zur Meßwertspeicherung; Mechanische Eigenschaften und Bezeichnung" festgelegt.

Die Eigenschaften der Spulen, wie z.B. Material, Außen- und Kerndurchmesser, Breite und Abmessungen der Spulenaufnahme sind festgelegt in der Federal Specification for Reels and Hubs for Magnetic Recording Tape W-R-00175 (NAVY SHIPS) April 1963. Die entsprechenden Normvorschläge vom DNA sind in DIN E 66209 „Spulen und Wickelkerne für Magnetbänder zur Meßwertspeicherung" enthalten.

3.3.2. Beschriebenes Magnetband

Nach IRIG ist die Spurbreite und die Zahl der Spuren für 12,7 mm und 25,4 mm breites Magnetband festgelegt, und zwar:
bei 12,7 mm breitem Magnetband:
   7 Spuren bei Direkt-, FM- und PDM-Aufzeichnung und
bei 25,4 mm breitem Magnetband:
   14 Spuren bei Direkt-, FM- und PDM-Aufzeichnung und
   16 oder 31 Spuren bei PCM-Aufzeichnung.

Diese Norm enthält keine Festlegungen für 6,3 mm breites Magnetband, jedoch sind beim DNA/FNI-4.5 und bei der ISO/TC 97/SC 4/WG 5 Bestrebungen im Gange, 4 und evtl. auch 6 oder 7 Spuren auf dieser Bandbreite festzulegen.

3.3.3. Gerätenormung

Magnetköpfe

Um das Übersprechen zwischen den Spuren klein zu halten, werden die Aufnahme- und Wiedergabeköpfe bei Direkt-, FM-, PDM- und 31-Spur-PCM-Aufzeichnung in je zwei Kopfpaare aufgeteilt, wobei die Abstände für das Aufnahme- und Wiedergabekopfpaar 38,1 mm ± 0,03 mm betragen (siehe Abb. 6).

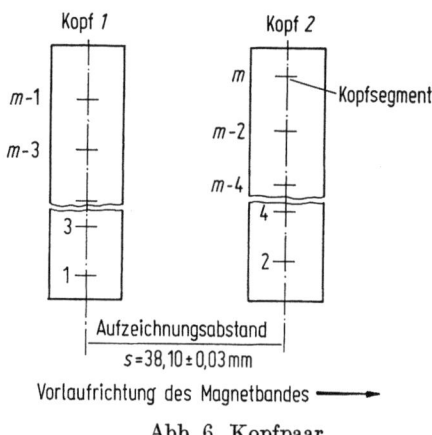

Abb. 6. Kopfpaar.

Bei Direkt-, FM- und PCM-Aufzeichnung sind für 12,7 mm breites Magnetband die Kopfpaare in einem 4- und 3-Spur-Kopf und für 25,4 mm breites Magnetband in einem 7- und 7-Spur-Kopf aufgeteilt. Bei paralleler PCM-Aufzeichnung ist die Spuraufteilung nur für 25,4 mm breites Magnetband genormt, und zwar ist das 31-Spur-Kopfpaar in einen 16- und 15-Spur-Kopf aufgeteilt.

Genauigkeit der Bandgeschwindigkeiten

Wenn auf dem Magnetband keine Bandgeschwindigkeits-Regelungssignale aufgezeichnet werden, so dürfen die Abweichungen von den genormten Bandgeschwindigkeiten nicht größer als ±0,5% bei Low Band-Geräten und nicht größer als ±0,2% bei Intermediate Band- und Wideband-Geräten sein. Bandgeschwindigkeits-Regelungs-Signale können auf eine getrennte Spur oder gemischt mit anderen Signalen (Frequenz-Multiplex-Verfahren) aufgezeichnet werden, und zwar als ein amplitudenmoduliertes Signal oder ein Signal mit konstanter Amplitude. Das Signal mit konstanter Amplitude kann auch zur Kompensation von Gleichlaufschwankungen (Flutter Compensation) benutzt werden (siehe DIN E 66210).

3. Magnetbandgeräte für Meßwertspeicherung

Aufzeichnungsarten und Modulationsverfahren

Für alle Aufzeichnungsarten und Modulationsverfahren sind die Eingangsimpedanz, der Ein- und Ausgangspegel bei Vollaussteuerung und der Lastwiderstand genormt.

Beim Direktaufzeichnungsverfahren ist die Wellenlänge bzw. Frequenz des Vormagnetisierungsstromes und die Arbeitspunkteinstellung mit dem VM-Strom (siehe Abb. 7) und die Bandbreiten bei den verschiedenen Bandgeschwindigkeiten mit der entsprechenden Bezugsfrequenz genormt (siehe Tab. 1).

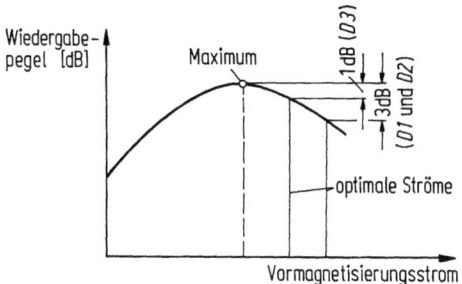

Abb. 7. Optimaler Vormagnetisierungsstrom beim Direkt-Aufzeichnungsverfahren.

Beim Frequenzmodulationsverfahren sind die Mittenfrequenzen, die Frequenzabweichungen (Hub) bei maximaler Eingangsspannung und die Bandbreiten bei den verschiedenen Bandgeschwindigkeiten genormt (siehe Tab. 2). Low und Intermediate Band-FM-Signale können mit dem Sättigungsmagnetisierungs- oder dem Direktaufzeichnungsverfahren aufgezeichnet werden. Für die Aufzeichnung von Wideband-FM-Signalen wird das Direktaufzeichnungsverfahren empfohlen. Beim Frequenz-Multiplex-Verfahren sind die Zahl, Mittenfrequenzen und Bandbreiten der frequenzmodulierten Unterträger genormt. Für die aus mehreren Unterträgern zusammengesetzten frequenz- oder phasenmodulierten Telemetriesignale, die vor der Aufnahme in Frequenzen umgesetzt werden, die den Bandbreiten des Magnetbandgerätes bei den verschiedenen Bandgeschwindigkeiten entsprechen, werden die genormten Predetection-Trägerfrequenzen und die empfohlenen Bandbreiten des Magnetbandgerätes angegeben.

Beim Pulscodemodulations-Verfahren ist die parallele PCM-Aufzeichnung mit dem Sättigungsmagnetisierungs-Verfahren (NRZ-Mark) mit einer Bitdichte von 40 bit/mm genormt.

Meßmethoden

Es sind die Meßmethoden für folgende Eigenschaften der Magnetbandgeräte für Meßwertaufzeichnung (Datenblattangaben) genormt: Kopfpolarität, Genauigkeit der Bandgeschwindigkeiten, Geschwindigkeits-

Tabelle 1. Direktverfahren
Frequenzbereich D 1 (low band)

Bandgeschwindigkeit [cm/s]	Frequenzbereich [kHz[1]]	Bezugsfrequenz für Vormagnetisierung [kHz]	Frequenz des Bezugspegels [kHz]
304,8	0,1 bis 200	200 ± 10%	20,0 ± 10%
152,4	0,1 bis 100	100 ± 10%	10,0 ± 10%
76,2	0,1 bis 50	50 ± 10%	5,0 ± 10%
38,1	0,1 bis 25	25 ± 10%	2,5 ± 10%
19,05	0,1 bis 12	12 ± 10%	1,2 ± 10%
9,52	0,1 bis 6	6 ± 10%	0,6 ± 10%
4,76	0,1 bis 3	3 ± 10%	0,3 ± 10%
2,38	0,1 bis 1,5	1,5 ± 10%	0,15 ± 10%

Frequenzbereich D 2 (intermediate band)

Bandgeschwindigkeit [cm/s]	Frequenzbereich [kHz[1]]	Bezugsfrequenz für Vormagnetisierung [kHz]	Frequenz des Bezugspegels [kHz]
304,8	0,3 bis 500	500 ± 10%	50,0 ± 10%
152,4	0,3 bis 250	250 ± 10%	25,0 ± 10%
76,2	0,2 bis 125	125 ± 10%	12,5 ± 10%
38,1	0,1 bis 60	60 ± 10%	6,0 ± 10%
19,05	0,1 bis 30	30 ± 10%	3,0 ± 10%
9,52	0,1 bis 15	15 ± 10%	1,5 ± 10%
4,76	0,1 bis 7,5	7,5 ± 10%	0,75 ± 10%
2,38	0,1 bis 3,8	3,8 ± 10%	0,38 ± 10%

Frequenzbereich D 3 (wide band)

Bandgeschwindigkeit [cm/s]	Frequenzbereich [kHz[1]]	Bezugsfrequenz für Vormagnetisierung [kHz]	Frequenz des Bezugspegels [kHz]
304,8	0,4 bis 1500	1500 ± 10%	150 ± 10%
152,4	0,4 bis 750	750 ± 10%	75 ± 10%
76,2	0,4 bis 375	375 ± 10%	37,5 ± 10%
38,1	0,4 bis 187	187 ± 10%	18,7 ± 10%
19,05	0,4 bis 93	93 ± 10%	9,3 ± 10%
9,52	0,4 bis 46	46 ± 10%	4,6 ± 10%
4,76	0,4 bis 23	23 ± 10%	2,3 ± 10%
2,38	0,4 bis 11,5	11,5 ± 10%	1,15 ± 10%

[1] Der Gesamtfrequenzgang (Bereich ± 3 dB) ist bezogen auf den Ausgangspegel bei der Frequenz des Bezugspegels.

3. Magnetbandgeräte für Meßwertspeicherung

Tabelle 2. Frequenzmodulationsverfahren

Bandgeschwindigkeit in Frequenzbereichen			Bereiche der Trägerfrequenz			Modulationsfrequenzbereich	Zulässige Abweichung des Gesamtfrequenzganges [1] [dB]
FM 1 (low)	FM 2 (intermediate)	FM 3 Gruppe I (wide band group I)	Mittenfrequenz f_0	Mittenfrequenz + maximaler Frequenzhub $f_0 + \Delta f$	Mittenfrequenz − maximaler Frequenzhub $f_0 - \Delta f$		
[cm/s]	[cm/s]	[cm/s]	[kHz]	[kHz]	[kHz]	[kHz]	
2,38			0,844	1,181	0,506	0 bis 0,156	±1
4,76	2,38		1,688	2,363	1,012	0 bis 0,313	±1
9,52	4,76	2,38	3,375	4,725	2,025	0 bis 0,625	±1
19,05	9,52	4,76	6,750	9,450	4,050	0 bis 1,250	±1
38,1	19,05	9,52	13,50	18,90	8,100	0 bis 2,500	±1
76,2	38,1	19,05	27,00	37,80	16,20	0 bis 5,000	±1
152,4	76,2	38,1	54,00	75,60	32,40	0 bis 10,000	±1
304,8	152,4	76,2	108,00	151,20	64,80	0 bis 20,000	±1
	304,8	152,4	216,00	302,40	129,60	0 bis 40,000	±1
		304,8	432,00	604,80	259,20	0 bis 80,000	±1

Fortsetzung Tabelle 2

Bandgeschwindigkeit im Frequenzbereich FM 3 Gruppe II (wide band group II)	Bereiche der Trägerfrequenz			Modulationsfrequenzbereich	Zulässige Abweichung des Gesamtfrequenzganges [2] [dB]
	Mittenfrequenz f_0	Mittenfrequenz + maximaler Frequenzhub $f_0 + \Delta f$	Mittenfrequenz − maximaler Frequenzhub $f_0 - \Delta f$		
[cm/s]	[kHz]	[kHz]	[kHz]	[kHz]	
4,76	14,062	18,281	9,844	0 bis 6,25	+1, −3
9,52	28,125	36,562	19,688	0 bis 12,50	+1, −3
19,05	56,250	73,125	39,375	0 bis 25,0	+1, −3
38,1	112,50	146,25	78,75	0 bis 50,0	+1, −3
76,2	225,0	292,5	157,5	0 bis 100,0	+1, −3
152,4	450,0	585,0	315,0	0 bis 200,0	+1, −3
304,8	900,0	1170,0	630,0	0 bis 400,0	+1, −3

[1] Die zulässige Abweichung des Gesamtfrequenzganges ist bezogen auf den Ausgangspegel (=0 dB) bei einer Modulationsfrequenz von 1 kHz für Mittenfrequenzen von 13,5 kHz und darüber bzw. von 100 Hz für Mittenfrequenzen unter 13,5 kHz.
[2] Die zulässige Abweichung des Gesamtfrequenzganges ist bezogen auf den Ausgangspegel (=0 dB) bei einer Modulationsfrequenz von 1 kHz.

schwankungen (Flutter), Zeitbasisfehler, Frequenzgang, Störspannungsabstand (Verhältnis der Effektivwerte der Stör- und Nutzspannung), Klirrfaktor, Übersprechen, VM-Störspannung, Überschwingen, Genauigkeit bei Geschwindigkeitstransponierung, Aufnahmekopfspaltflußentzerrung, FM-Hub, FM-Mittenfrequenz, FM-Polarität, FM-Gleichstromlinearität und FM-Gleichstromdrift.

3.4. Aufbau der Geräte

Magnetbandgeräte für Meßwertspeicherung bestehen aus

dem Laufwerk für den Bandtransport mit der dazugehörigen Elektronik für den Bandantrieb, der Bandzugerzeugung und der Laufwerksteuerung und den Magnetköpfen,

der Aufnahme- und Wiedergabeelektronik mit der dazugehörigen Elektronik für die Aussteuerungsanzeige,

der Stromversorgung für das Laufwerk und die Elektronik und

dem Bedienteil mit den Bedienelementen für die Funktionssteuerung, der Bandgeschwindigkeitsumschaltung, den Ein- und Ausgangsbuchsen, den Eingangspegelreglern und den Aussteuerungsanzeigen.

Der Geräteaufbau gleicht prinzipiell dem Aufbau der Studio-Magnettongeräte und stellt auch die gleichen Forderungen hinsichtlich Bedienungskomfort (leicht Handhabung des Magnetbandes, Anzeige und Verriegelung der Bedienungsfunktionen) und Zuverlässigkeit.

Die Genauigkeitsforderungen sind bei den Geräten für Meßwertspeicherung jedoch weit höher, besonders bei den Wideband-Geräten. Hierbei sind vor allen Dingen die Genauigkeitsanforderungen an den Gleichlauf des Magnetbandes hervorzuheben. Während beim Studio-Magnettongerät die Gleichlaufschwankungen mit dem Ohrkurvenfilter nach DIN 45507 bewertet werden, müssen bei der Meßwertspeicherung auch die hochfrequenten Flutteranteile niedrig sein, da sie Zeitfehler und bei FM-Aufzeichnung Störspannungen hervorrufen. Dies ergibt konstruktive Unterschiede gegenüber Studio-Magnettongeräten wie stabileren Aufbau, kurze Bandlängen vor den Köpfen durch Beruhigungsrollen, Closed-Loop-, Two Capstan- oder Zero-Loop-Antriebe und aufwendige Antriebs- und Bandzugregelungen. Weitere Unterschiede gegenüber Studio-Magnettongeräten sind die höhere Zahl von Bandgeschwindigkeiten und Kanälen und die Aufzeichnungsarten Direkt- (mit phasenrichtiger Entzerrung), FM-, PDM- und PCM-Aufzeichnung. Außerdem sind die Einsatzarten (z.B. mobiler Einsatz unter erschwerten Umweltbedingungen) und die Sonderausführungen (z.B. Schleifengeräte) unterschiedlich.

3. Magnetbandgeräte für Meßwertspeicherung

3.4.1. Laufwerk

Um einen guten Gleichlauf des Magnetbandes zu erreichen, werden die beiden Magnetbandspulen mit den Wickelmotoren, der Bandanstriebsmotor mit dem Antriebsmechanismus und die Magnetköpfe mit den Bandführungen auf einer gemeinsamen stabilen Laufwerkplatte befestigt, wobei im allgemeinen die Magnetköpfe, auch zusammen mit den Bandführungen, auf einer getrennten präzisen Montageplatte untergebracht werden.

Bandlauf

Das Magnetband wird beim Aufnahme- und Wiedergabevorgang durch den Bandantrieb von der Abwickelspule über Abtastelemente (Fühlhebel) zur Bandzugmessung, über Bandführungen zur exakten Höhenführung an den Magnetköpfen vorbei auf die Aufwickelspule gewickelt. Die Magnetbandspulen können nebeneinander oder um Platz zu sparen auch übereinander angeordnet sein. Bei übereinanderliegenden Magnetbandspulen muß das Magnetband über eine Umlenkeinrichtung geführt werden. Um eine präzise Höhenführung des Magnetbandes vor den Magnetköpfen zu erreichen, muß das Magnetband durch Bandführungen in der Nähe der Magnetköpfe oder direkt an den Magnetköpfen exakt geführt werden. Da das Magnetband Schneidetoleranzen hat, muß das Magnetband an einer festgelegten Bezugskante geführt werden. Die Bandführung an einer Bezugskante erreicht man durch Bandführungen mit leichtem Andruck an der anderen Bandkante, durch leicht konische Bandführungen oder durch in der Höhe leicht versetzte Bandführungen. Um Abnutzungen der Bandführungen durch das Magnetband zu vermeiden, sind die Bandführungen aus Hartmetall oder Edelstein (Sinterrubin, Saphir) hergestellt.

Der eigentliche Band—Kopf-Kontakt wird durch den konstanten Bandzug und eine Umschlingung um den Kopfspiegel (Kopfspalt) um etwa 10° erreicht, wobei die Spiegeloberfläche gut poliert sein muß und das Kopfprofil so ausgebildet ist, daß auch bei hohen Bandgeschwindigkeiten kein Luftpolster zwischen Magnetband und Kopfspiegel entsteht.

Bandantrieb

Das Magnetband wird von einer oder zwei Antriebswellen, die sich mit konstanter Drehzahl drehen, angetrieben, wobei die Kupplung zwischen Band und Antriebswellen entweder durch Andruck des Bandes mit einer oder zwei gummibeschichteten Bandandruckrollen oder durch Reibung zwischen Band und Antriebswelle mit einem Belag mit großem Reibungskoeffizienten oder durch Ansaugen des Bandes und großem Umschlingungswinkel erzeugt wird.

Bei Antrieben mit einer Antriebswelle und einer Bandandruckrolle liegen die Magnetköpfe nahe an der Antriebswelle. Störungen vom

Wickelantrieb werden durch eine genaue Bandzugregelung und Störungen durch Bandschwingungen werden durch den kurzen Abstand zur Antriebswelle und durch Beruhigungsrollen verringert.

Bei Bandantrieben mit zwei Antriebswellen und zwei Bandandruckrollen liegen die Magnetköpfe zwischen den beiden Antriebswellen, wobei die Bandlänge so kurz wie möglich gehalten wird. Dadurch werden Störungen durch Bandschwingungen gering gehalten. Durch einen geringfügigen Unterschied beider Drehzahlen wird ein konstanter Bandzug und eine gute Entkopplung vom Wickelantrieb erreicht. Das gleiche gilt für Antriebe mit einer Antriebswelle und zwei Bandandruckrollen, nur wird hier der Bandzug in der geschlossenen Bandschleife (closed loop) durch geringfügigen Unterschied in den wirksamen Durchmessern der Antriebswellen erreicht.

Bei Antrieben mit einer Antriebswelle mit Antrieb des Bandes durch Reibung oder Ansaugen durch Öffnungen treten Störungen durch Bandschwingungen nicht auf, da sich die Magnetköpfe direkt an der Antriebswelle befinden. Störungen vom Wickelantrieb werden auch hier durch eine exakte Bandzugregelung verhindert.

Die Störungen, die von Drehzahlschwankungen oder Drehzahlschwingungen der Antriebswelle selbst hervorgerufen werden können, werden durch eine genaue Konstanthaltung (Fehler 0,1%) der Drehzahl der Antriebswelle und/oder durch Schwungmassen auf der Antriebswelle verhindert.

Als Antriebsmotoren werden Synchron-, Asynchron- oder Gleichstrommotoren mit massearmen Läufern (gedruckte oder gestanzte Läuferscheibe) verwendet. Die Antriebswelle ist entweder die Motorwelle selbst (Direktantrieb mit elektrischer Umschaltung der Drehzahl) oder sie wird über Riemen- oder Reibradgetriebe (indirekter Antrieb mit kombinierter mechanischer und elektrischer Umschaltung der Drehzahl) angetrieben.

Die Konstanthaltung der Drehzahl der Antriebswelle kann durch eines der folgenden Verfahren erreicht werden (siehe Abb. 8):

— Antrieb mit Synchronmotor der mit einem 50/60-Hz-Referenz-Stimmgabel-Oszillator über einen Leistungsverstärker gespeist wird (für Aufnahme- und Wiedergabe).
— Antriebe mit Synchron-, Asynchron- oder Gleichstrommotor, deren Drehzahl durch Phasenvergleich zweier Spannungen geregelt wird. Die eine der beiden Spannungen wird vom Band wiedergegeben (deshalb nur bei Wiedergabe anwendbar) und ist vorher mit konstanter Frequenz (amplitudenmoduliertes Geschwindigkeitsregelsignal oder Geschwindigkeitsregelsignal mit konstanter Amplitude) auf einer separaten Spur oder mittels Frequenzmultiplex aufgezeichnet worden. Die andere Spannung ist die Referenzspannung oder wird von einem

3. Magnetbandgeräte für Meßwertspeicherung

Tachogenerator abgeleitet, deren Frequenz proportional der Drehzahl der Antriebswelle ist. Das Ausgangssignal der Phasenvergleichsschaltung wird benutzt, um über einen spannungsgesteuerten Oszillator und einen 50/60-Hz-Leistungsverstärker einen Synchronmotor zu betreiben oder über einen Gleichstromregelverstärker eine Bremsung eines Asynchronmotors vorzunehmen oder einen Gleichstrommotor zu speisen.
— Antriebe wie die vorgenannten für Aufnahme und Wiedergabe, bei denen in der Phasenvergleichsschaltung die Spannungen eines Referenzoszillators und des Tachogenerators verglichen werden.
— Antrieb mit einem geregelten Gleichstrommotor, bei dem die vom Tachogenerator kommende Spannung einem Frequenzdiskriminator zugeführt wird, dessen Ausgangsspannung über einen Gleichstromregelverstärker den Gleichstrommotor speist (Aufnahme und Wiedergabe).

Die elektrische Geschwindigkeitsumschaltung wird entweder durch Polumschaltung des Motors beim Antrieb mit Wechselstrommotoren oder durch Umschaltung von Teilerstufen beim Referenzoszillator und Tachogenerator durchgeführt.

Eine externe Bandgeschwindigkeitssteuerung zur Einstellung beliebiger Frequenztransponierungsverhältnisse kann mit einer von außen eingegebenen Frequenz durchgeführt werden.

Bandzugregelung

Durch Störungen vom Wickelantrieb oder durch Bandzugschwankungen können zusätzliche Bandgeschwindigkeitsschwankungen entstehen, es kann auch der Band—Kopf-Kontakt unkonstant (Schwankungen des Wiedergabepegels) und das Band gedehnt werden. Diese Fehler können durch Regelung des Bandzugs, und zwar durch Regelung des Rückhaltemomentes des Abwickelmotors und des Drehmomentes des Aufwickelmotors (siehe Abb. 9) oder mit Vacuumkammern oder Taschen vermieden werden. Die Regelung des Rückhaltemoments (Abwickelspule) und des Drehmoments (Aufwickelspule) kann erfolgen durch
— Regelung der Wickelmotormomente,
— Regelung über mechanische Bremsen oder
— Regelung über elektrische Bremsen (z.B. Wirbelstrombremse oder Widerstandsbremsung).

Dabei erfolgt bei allen drei Methoden am Band oder Bandwickel eine Bandzugmessung durch Fühlhebel. Mit dem Regelsignal werden über mechanische Verstärker mechanische Bremsen, über elektrische Verstärker elektrische Bremsen oder über Gleich- oder Wechselstromverstärker Gleich- oder Wechselstromwickelmotoren angesteuert.

Eine Bandzugkonstanthaltung wird durch Erzeugung eines dyna-

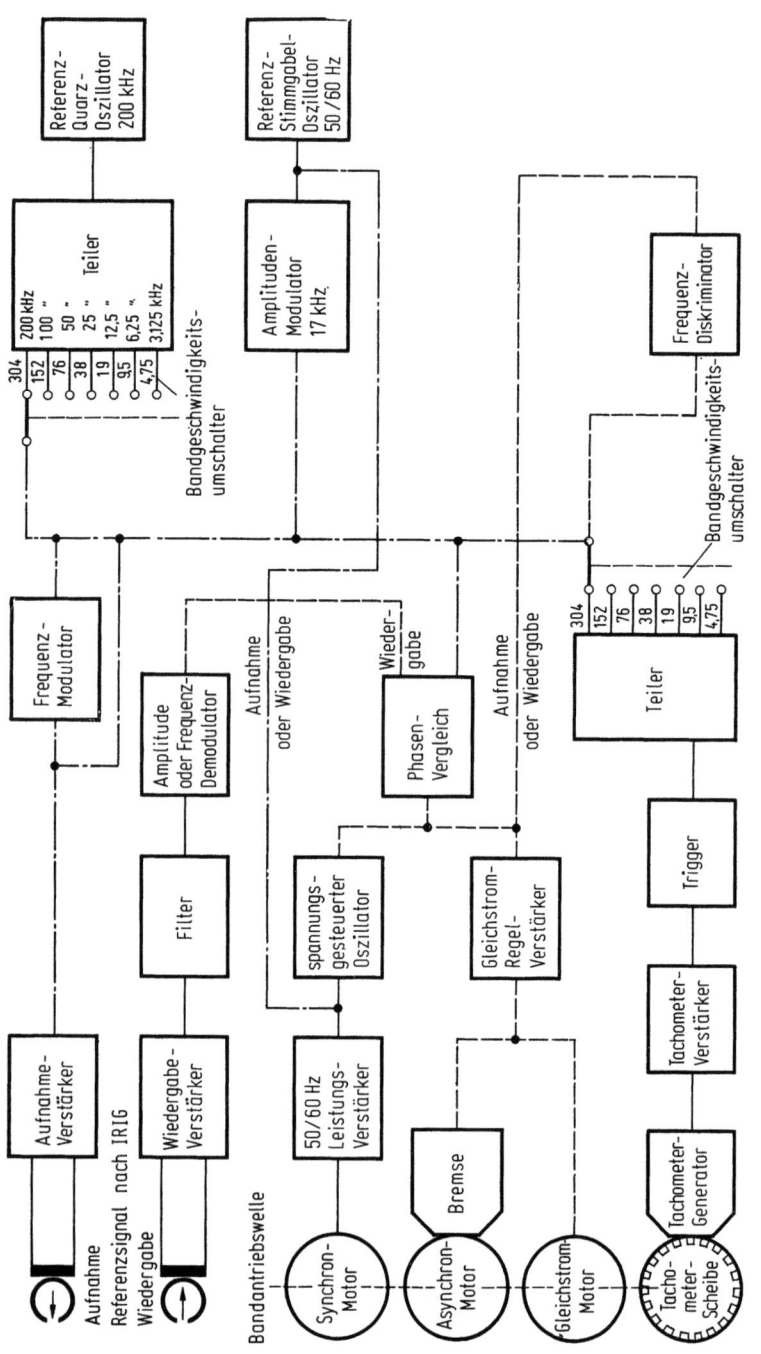

Abb. 8. Bandantriebsregelung.

mischen Bandzuges bei Bandantrieben mit zwei Antriebswellen und zwei Andruckrollen oder einer Antriebswelle und zwei Andruckrollen (geschlossene Bandschleife) durch eine geringfügig höhere Drehzahl der zweiten Antriebswelle oder durch einen geringfügig höheren wirksamen Durchmesser der Antriebswelle am Ausgang der geschlossenen Bandschleife erreicht. Hierbei können sich Störungen vom Wickelantrieb über den Schlupf aufwirken, so daß auch hier eine evtl. etwas einfachere Bandzugregelung notwendig wird.

Die Standbremsen (Bandstop) sind meistens als zusätzliche mechanische Bremsen an den Wickelmotoren ausgeführt.

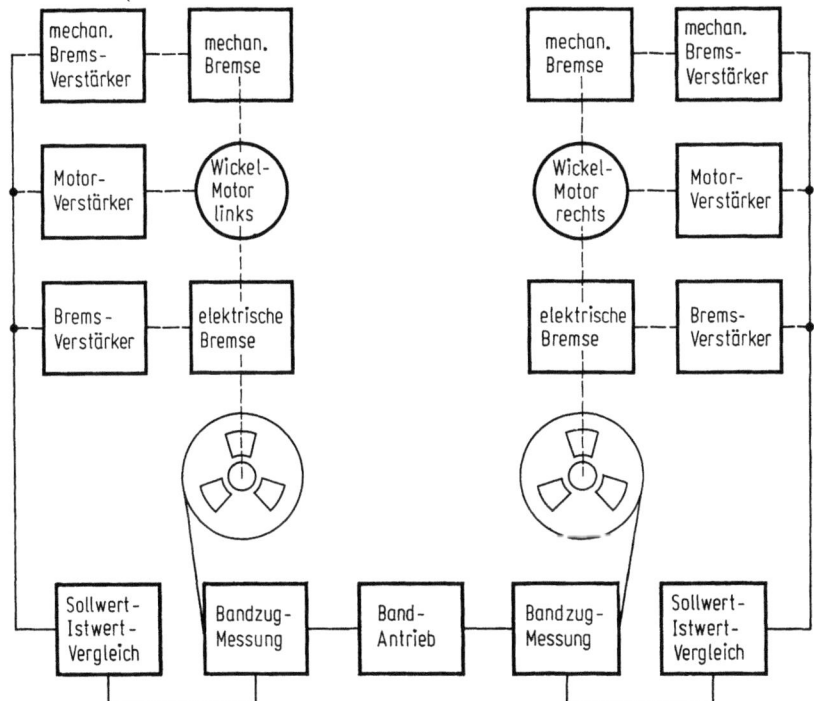

Abb. 9. Bandzugregelung.

Laufwerksteuerung

Bei der Laufwerksteuerung handelt es sich um die Tasten- oder Fernsteuerung der Laufwerkfunktionen

Start-Wiedergabe,
Start-Aufnahme (mit und ohne Löschung),
schneller Vorlauf (Umspulen vorwärts),
schneller Rücklauf (Umspulen rückwärts) und
Stop.

Die Laufwerkfunktionen sind entweder mechanisch oder elektrisch verriegelt oder sind durch Verzögerungsschaltungen direkt ineinander überführbar, so daß keine Bedienungsfehler möglich sind. Die jeweils gewählte Laufwerkfunktion wird angezeigt (Lampe oder Tastenstellung) oder rückgemeldet (Rechnerbetrieb).

3.4.2. Aufnahme- und Wiedergabeelektronik

Aufnahmeverstärker

Die Aufnahmeverstärker für die Sättigungsmagnetisierung des Magnetbandes und die Aufnahmeverstärker für die Aufzeichnung mit HF-Vormagnetisierung werden in getrennten Kapiteln (1.2.2) ausführlich beschrieben.

Die Direktaufnahme (siehe Abb. 10) unterscheidet sich gegenüber den Aufnahmeverstärkern bei den Studiogeräten durch eine andere Entzerrung und VM-Frequenz.

Während bei den Studiogeräten eine Voranhebung der hohen Frequenzen entsprechend der Amplitudenstatistik von Sprache und Musik stattfindet, ist bei der Meßwertspeicherung der Frequenzgang des Aufnahmestroms gerade. Überlagert ist eine Kompensationscharakteristik,

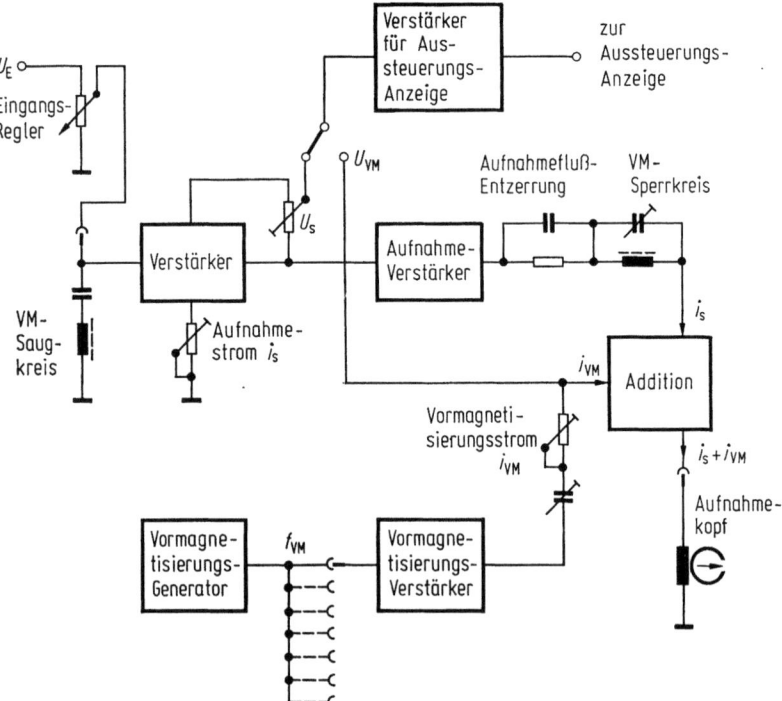

Abb. 10. Direktaufnahme. Blockschaltbild.

die die frequenzabhängigen Verluste im Aufnahmekopf ausgleicht, um einen konstanten Magnetkopfspaltfluß über der Frequenz zu erhalten (Aufnahmeflußentzerrung). Die Vormagnetisierungsfrequenz ist wegen der höheren Frequenz der Meßwerte gegenüber der Tonaufzeichnung $f_{VM} = 1 \text{ MHz}$ (Low und Intermediate Band) bis zu $f_{VM} \geqq 4 \text{ MHz}$ (Wideband).

FM-Modulator

Der Frequenzmodulator (siehe Abb. 11) ist ein spannungsgesteuerter astabiler Sperrschwinger (mit Magnetkern) oder ein spannungsgesteuerter

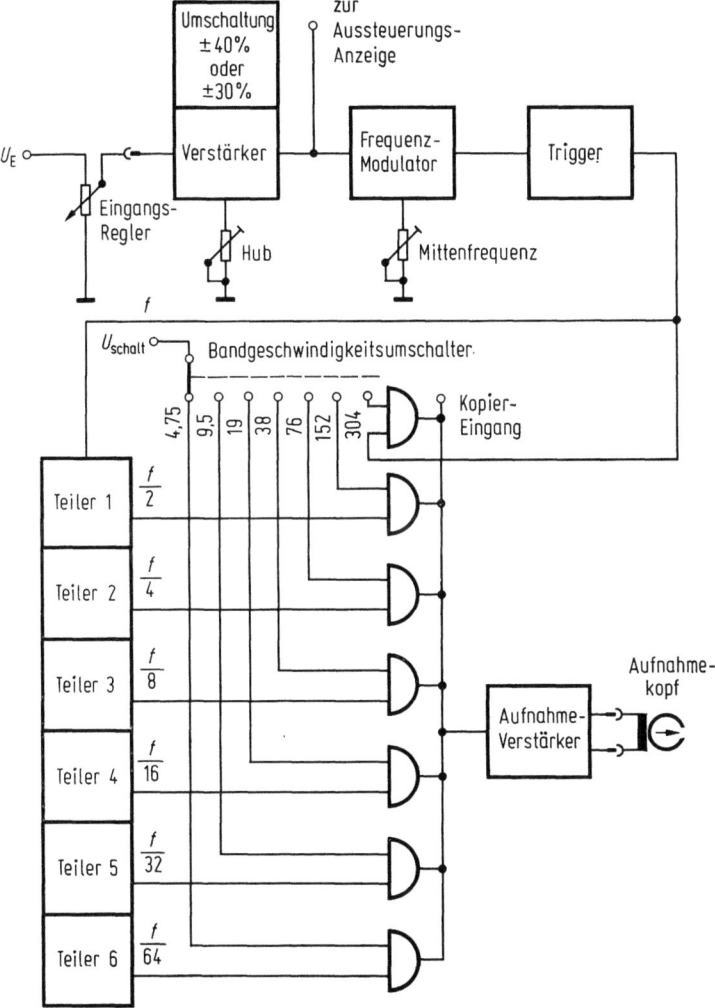

Abb. 11. FM-Aufnahme (FM-Modulator). Blockschaltbild.

astabiler Multivibrator oder ein stromgesteuerter Sägezahn- oder Dreieckgenerator (Integrator mit Komparator), der ohne Ansteuerung (Eingangssignal = 0) auf der höchsten genormten Mittenfrequenz schwingt:

Low Band: $f_M = 108$ kHz
Intermediate Band: $f_M = 216$ kHz
Wideband Group I: $f_M = 432$ kHz
Wideband Group II: $f_M = 900$ kHz

Bei einer genormten Eingangsspannung von $U_E = 1$ V_{ss} wird der Modulator max. $\pm 40\%$ (Low Band, Intermediate Band, Wideband Group I) oder max. $\pm 30\%$ (Wideband Group II) frequenzmoduliert. Für unipolare Eingangssignale ($U_E = 2$ V_s) kann die Ansteuerung des Modulators so umgeschaltet werden, daß der max. Frequenzhub 80% bzw. 60% beträgt. Die Linearitäts- und Driftfehler dürfen 0,5% bis 1% nicht überschreiten.

Um eine Frequenzumschaltung und einen Abgleich der Mittenfrequenz und des Frequenzhubs bei der Bandgeschwindigkeitsumschaltung zu vermeiden, wird nur ein Frequenzmodulator verwendet, dessen Ausgangsspannung nach einer Impulsformung einer Teilerkette zugeleitet wird.

Die Ausgangssignale der Teilerkette werden bei der Bandgeschwindigkeitsumschaltung über eine Auswahlschaltung dem Aufnahmeverstärker zugeführt, der das FM-Signal mit Sättigungsmagnetisierung oder mit Vormagnetisierung auf das Magnetband aufzeichnet. Für Geräte für Low und Intermediate Band sind beide Aufzeichnungsraten, für Wideband Group I und II ist die Aufzeichnung mit Vormagnetisierung empfohlen (IRIG). Bei der Aufzeichnung mit Vormagnetisierung muß das FM-Signal dem Aufnahmeverstärker über einen Tiefpaß zugeführt werden, damit keine Intermodulation mit dem VM-Signal entsteht.

Aussteuerungsanzeige

Zur Vermeidung von Übersteuerungen des Magnetbandes (Direktaufzeichnung) oder der Modulatoren (FM- und PDM-Aufzeichnung) und zur Überwachung der Eingangsspannungen werden Aussteuerungsanzeigen mit Zeigerinstrumenten oder mit Kathodenstrahlröhren (Monitoren) verwendet. Bei großen stationären Geräten wird je eine Aussteuerungsanzeige pro Kanal und bei kleinen mobilen Geräten eine Aussteuerungsanzeige umschaltbar auf die Kanäle verwendet.

Die Zeigerinstrumente müssen Spitzenwerte auch bei Einzelimpulsen anzeigen. Da sie dafür zu träge sind (Integrationszeit einige 10 ms), muß der Verstärker für die Aussteuerungsanzeige die Einzelimpulse entsprechend lange speichern.

Die Aussteuerungsanzeige zeigt beide Polaritäten der Eingangsspannung an. Das Signal für die Aussteuerungsanzeige wird vom Ein-

3. Magnetbandgeräte für Meßwertspeicherung

gangsverstärker (Aufnahme) oder hinter dem Ausgangsverstärker (Wiedergabehinterbandkontrolle) ausgekoppelt. Bei der Direktaufnahme wird die Aussteuerungskontrolle durch Umschaltung auch wahlweise als Kontrolle des VM-Stromes benutzt.

Wiedergabevorverstärker

Die Vorverstärker verstärken die in den Wiedergabeköpfen induzierten Spannungen (50 µV bis 1,5 mV bei Direktaufzeichnung und 0,5 mV$_{ss}$ bis 20 mV$_{ss}$ bei FM-Aufzeichnung bei den Bandgeschwindigkeiten $V = 4{,}76$ cm/s bis 152,4 cm/s) mit einer Verstärkung von ungefähr 60 dB. Der Frequenzbereich der Wiedergabespannung beträgt 100 Hz (untere Frequenzgrenze Direktaufzeichnung) bis 1,5 MHz (obere Frequenzgrenze bei Wideband-Direktaufzeichnung). Um die Phasendrehungen an den Grenzen des Übertragungsbereichs klein zu halten, muß die untere und obere Grenzfrequenz des Vorverstärkers ausreichend weit entfernt von der zu verstärkenden unteren und oberen Frequenz liegen. Außerdem muß die Resonanzfrequenz des Wiedergabekopfes weit oberhalb der oberen zu übertragenden Frequenzen liegen. Durch diese Bedingung ist die Induktivität (Windungszahl) und damit die Wiedergabespannung des Wiedergabekopfes begrenzt. Die Vorverstärker werden direkt am Kopfträger untergebracht, um die Kopfkabellänge und damit die Zuleitungskapazität und die Einstreuungen von Störspannungen gering zu halten. Die Eingangskapazität des Vorverstärkers wird ebenfalls gering gehalten. Wegen der geringen Eingangspegel und der großen Bandbreite müssen die Vorverstärker extrem rauscharm sein. Für die Eingangsstufen werden deshalb rauscharme Transistoren verwendet. Außerdem wird durch Rauschanpassung, Wählen des günstigsten Arbeitspunktes (Funkelrauschen) und der günstigsten Gegenkopplungsschaltung das Rauschen gering gehalten. Die Ausgangsspannung des Vorverstärkers beträgt etwa 1 V und der Ausgangswiderstand etwa 100 Ohm.

Wiedergabeentzerrung

Bei der Direktwiedergabe wird das Ausgangssignal des Vorverstärkers phasenrichtig entzerrt (Amplituden- und Phasenentzerrung) und in einem Ausgangsverstärker auf dem genormten Ausgangspegel und Ausgangswiderstand verstärkt (siehe Abb. 12 und 13). Die zur Frequenzgangentzerrung verwendeten Filter müssen einen Phasengang haben, der sich linear mit der Frequenz ändert, damit die Gruppenlaufzeit $T = \mathrm{d}\Phi(\omega)/\mathrm{d}\omega = \mathrm{const}$, d.h. damit alle Frequenzen eines komplexen Signals im Entzerrer zwischen Eingang und Ausgang dieselbe Laufzeit (Verzögerung) besitzen.

Bei Vernachlässigung der Kernverluste des Aufnahme- und Wiedergabekopfes (Wirbelstrom- und Hysteresisverluste) bleiben die überwiegenden reinen Dämpfungsverluste (die Bandflußdämpfung, die Bandabstandsdämpfung und die Dämpfung gemäß der Spaltfunktion), die näherungsweise durch die Funktion $\Phi_1(\omega) = 1/1 + k_1\omega^2$ dargestellt werden kann.

Der Entzerrer muß also die reziproke Charakteristik $\Phi_2(\omega) = 1 + k_1\omega^2$ haben, d.h. das Originalsignal muß mit $1 + k_1\omega^2$ multipliziert werden. $k_1\omega^2$ wird im sogenannten Differenzierentzerrer erzeugt. Die praktische Ausführung des Entzerrers (siehe Abb. 12) sieht so aus, daß der erste Differentialquotient im Wiedergabekopf beim Wiedergabevorgang nach dem Induktionsgesetz $e_k = w \, \mathrm{d}\Phi(\omega)/\mathrm{d}t = -w\omega\Phi(\omega)$ gebildet wird und der zweite in einer von einer Stromquelle gespeisten Spule $u = -i_{\text{const}} \cdot \omega L$ oder eines im Gegenkopplungszweig liegenden Kondensators $u = -i_{\text{const}} \cdot \omega C$.

In einer Phasenumkehrstufe wird eine 180°-Phasendrehung erzeugt (Korrektur der $2 \times -90°$-Phasendrehung bei den Differenzierungen) und das so erzeugte Signal über den Entzerrungsregler (K_1) dem integrierten

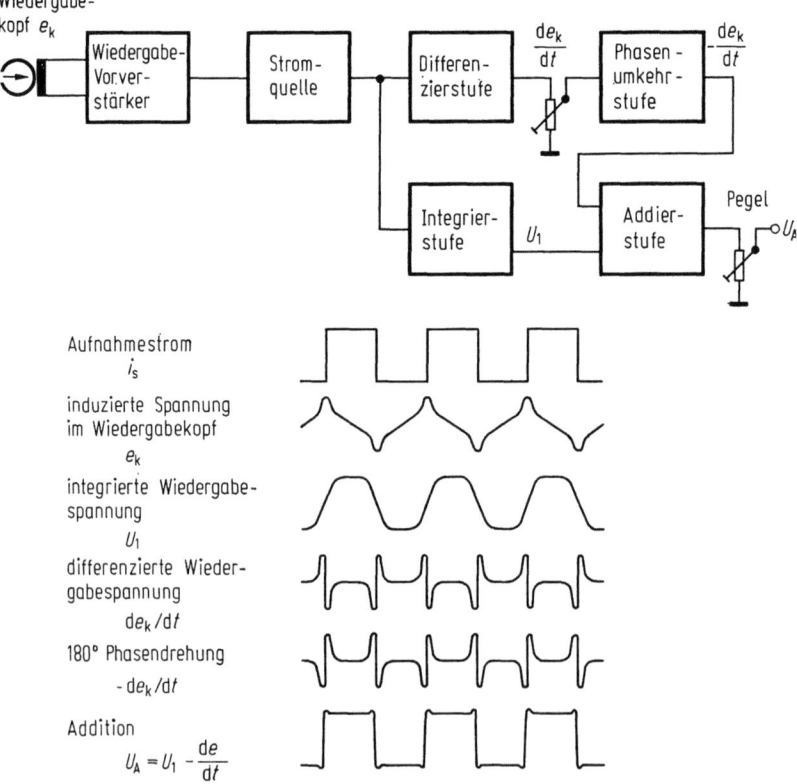

Abb. 12. Differenzierentzerrung. Blockschaltbild und Beispiel.

3. Magnetbandgeräte für Meßwertspeicherung

Signal hinzugefügt, wobei diese Entzerrung so dimensioniert werden muß, daß sie nur im interessierenden Frequenzbereich arbeitet.

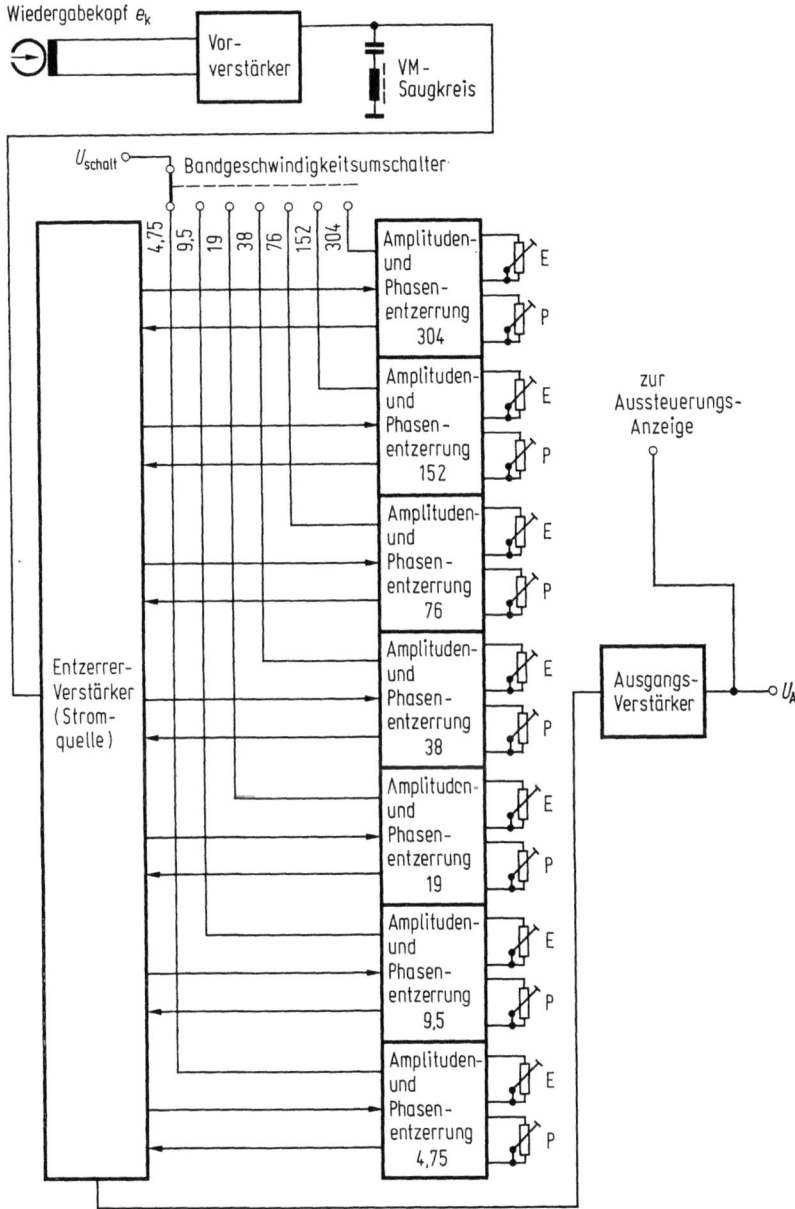

Abb. 13. Direktwiedergabe (Entzerrer). Blockschaltbild.

Im unteren Frequenzbereich wird das Wiedergabesignal in der Integrierstufe entzerrt ($1/\omega$ — Entzerrung).

FM-Demodulator

Die FM-Wiedergabeschaltung besteht aus dem Begrenzerverstärker, einer Stufe zur Pulsformung, dem Demodulator mit der Ansteuerschaltung, einem Addiernetzwerk, dem Tiefpaßfilter und einem Ausgangsverstärker (siehe Abb. 14). Die Ausgangsspannung des Vorverstärkers wird dem Begrenzerverstärker zugeführt, der bei Geräten mit 7 Bandgeschwindigkeiten Pegelunterschiede von 36 dB und zusammen mit zusätzlichen Pegelschwankungen bis zu 60 dB Pegelunterschiede möglichst ohne Phasenfehler verarbeiten muß (ein- oder mehrstufig). Die konstante Ausgangsspannung des Begrenzerverstärkers wird einem Schwellenschalter (Schmitt-Trigger oder Komparator) zur Pulsformung zugeführt. Der Demodulator erzeugt pro Nulldurchgang des frequenzmodulierten Signals einen Impuls konstanter Spannungs-Zeit-Fläche. Aus diesem Grunde wird der Demodulator mit einem differenzierten und gleichgerichteten Signal angesteuert oder das differenzierte Signal jeder Flanke steuert einen getrennten Demodulator an.

Zur Erzeugung von Impulsen konstanter Spannungs-Zeit-Flächen gibt es folgende Schaltungsmöglichkeiten: monostabiler Multivibrator (RC-gekoppelter Multivibrator oder Sperrschwinger mit Magnetkern), Phasenvergleichsdiskriminator mit spannungsgesteuertem Oszillator (VCO) im Rückkopplungszweig (Phase Locked Loop) oder stromgesteuerter Relaxationsgenerator. Die erzeugten Impulse werden den entsprechend der Bandgeschwindigkeit (Trägerfrequenz) umgeschalteten Tiefpaßfiltern zugeführt.

Um den Aufwand für je einen Demodulator und Justierung pro Bandgeschwindigkeit zu vermeiden, werden neuerdings auch Schaltungen angewendet, die einen Impuls pro Nulldurchgang bei der höchsten Bandgeschwindigkeit erzeugen. Bei der Verringerung der Bandgeschwindigkeit wird dieser Impuls im gleichen Verhältnis wiederholt (Steuerung durch Zähler). Das integrierte, niederfrequente Ausgangssignal des Tiefpaßfilters wird einem Addiernetzwerk zugeführt. Dort wird die Kompensationsspannung für die Ausgangsspannung Null bei Mittenfrequenz zugeführt. Außerdem wird der Ausgang bei den Laufwerkfunktionen Halt und Umspulen gesperrt. Die Einstellung der genormten Ausgangsspannung wird entweder am Demodulator oder in dieser Addierstufe durchgeführt. Außerdem kann hier ein Flutterkompensationssignal (Demodulatorausgangssignal von einer mit einer konstanten Frequenz beschriebenen Spur) zugeführt werden, wenn man nicht wegen der Phasenfehler die Flutterkompensation vor dem Tiefpaßfilter durchführt. Danach folgt der Ausgangsverstärker zur Erzeugung des genormten Ausgangspegels und Ausgangswiderstandes.

3. Magnetbandgeräte für Meßwertspeicherung

Beim Kopieren von FM-Aufnahmen vermeidet man die Demodulation und erneute Modulation, indem man das Wiedergabesignal hinter dem Begrenzer und Pulsformer herausführt (Kopierausgang) und direkt auf den Aufnahmeverstärker des anderen Bandgerätes (Kopiereingang) gibt.

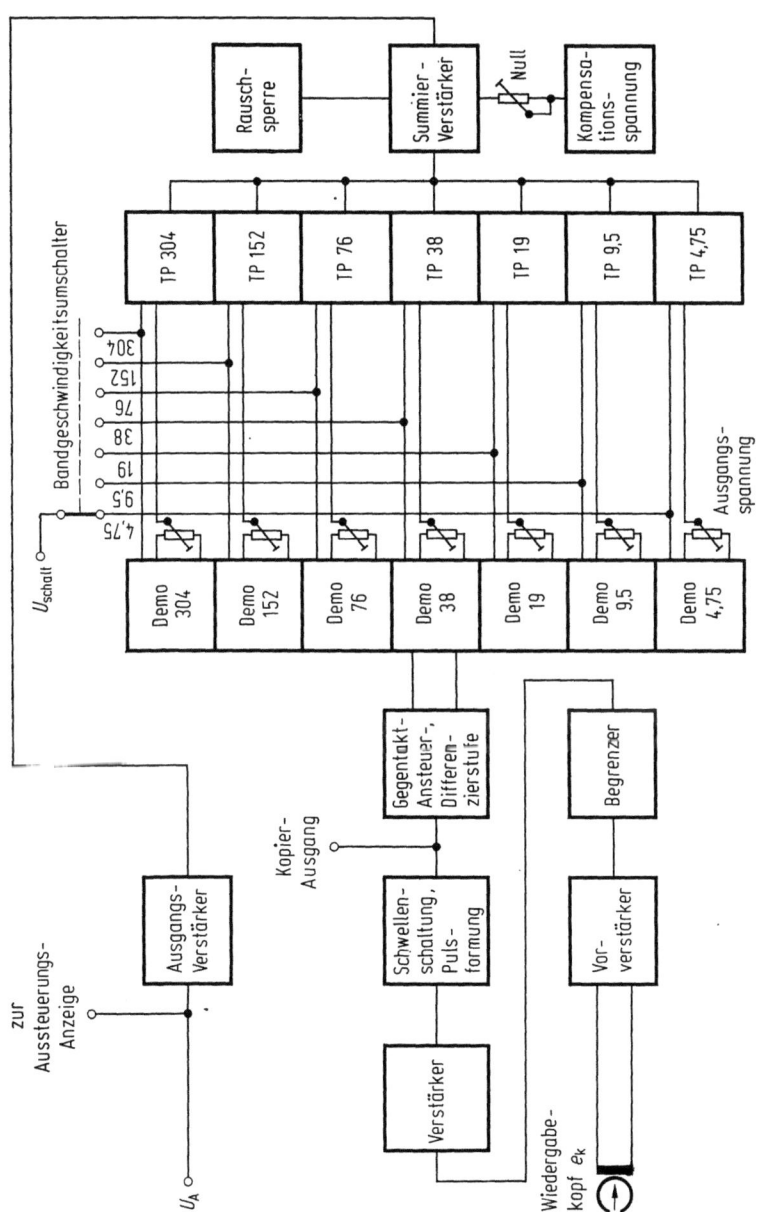

Abb. 14. FM-Wiedergabe (FM-Demodulator). Blockschaltbild.

Digitale Aufbereitung

Die für die Wiedergabe der parallel aufgezeichneten PCM-Daten in NRZ-M und für den Skew-Ausgleich notwendige Elektronik wird in einem gesonderten Kapitel beschrieben. Für die Weiterverarbeitung der digitalen Meßwerte mit Digitalrechnern wird ein Zeitcode auf einer getrennten Spur aufgezeichnet, um die Daten bei der Wiedergabe leicht auffinden zu können (Bandsucheinrichtung).

Werden dem Digitalrechner Meßwerte zugeführt, die in analoger Form aufgezeichnet sind, so sind AD-Wandler erforderlich, wenn sie nicht schon im Prozeßrechner vorhanden sind.

Für gemischte Aufnahme- und Wiedergabe von analogen und digitalen Meßwerten gibt es jetzt auch Hybrid-Magnetbandspeicher mit AD- und DA-Wandler und programmgesteuertem Start—Stop-Betrieb.

3.4.3. Sonderformen von Magnetbandgeräten für Meßwertspeicherung

Für speziell angepaßte Einsatzarten und für den Einsatz unter erschwerten Umweltbedingungen sind Sondergeräte entwickelt worden, deren Eigenschaften (Magnetband, Bandgeschwindigkeiten, Aufzeichnungsarten) meistens von der Norm abweichen, und die kleiner, einfacher und robuster sind als die Standardgeräte.

Geräte mit Endlosschleife

Diese Geräte werden entweder als Störungsschreiber eingesetzt oder sie dienen als Zwischenspeicher für die Frequenzanalyse und als Vorsatz zum normalen Oszillographen zur Verwendung als Speicheroszillograph. Mit Verzögerungseinrichtung werden sie zur Erzeugung von variablen Verzögerungszeiten als Hilfsmittel bei der Bildung von Auto- und Kreuzkorrelationsfunktionen und als Simulatoren für Prozeßrechnungen mit dem Analogrechner verwendet.

Die Magnetbandendlosschleife wird entweder mit Hilfe eines Aufsatzes auf einem normalen Laufwerk verwirklicht oder man verwendet spezielle Schleifenlaufwerke.

Die Aufsätze enthalten meistens kürzere Schleifen und sind Aufsatzkassetten (Loop Adapter) mit losen Schleifen mit einer Länge bis zu 15 m und einer max. Bandgeschwindigkeit von 76,2 cm/s.

Spezielle Schleifenlaufwerke mit verstellbaren Armen mit Spannrollen ermöglichen variable Schleifenlängen bis zu 50 m und eine max. Bandgeschwindigkeit von 152,4 cm/s.

Die Geräte mit Verzögerungseinrichtung arbeiten entweder mit einer variablen Bandschleife mit Umlenkrolle, die bei Geräten mit nur einem Aufnahme- und Wiedergabekopf ($1/4''$-Geräte) zwischen dem Aufnahme- und Wiedergabekopf (Überbandbetrieb) herausgezogen wird und bei Geräten mit zwei Aufnahme- und Wiedergabeköpfen ($1/2''$- und $1''$-Geräte

3. Magnetbandgeräte für Meßwertspeicherung

nach IRIG) zwischen den beiden Wiedergabeköpfen herausgezogen wird (Verzögerung zwischen den gerad- und ungeradzahligen Spuren) oder sie arbeiten mit verschiebbaren Köpfen (zwei verschiebbare Wiedergabeköpfe). Die Verzögerungszeiten betragen bis zu 15 s und sind kontinuierlich von Hand oder mit Motor einstellbar, wobei die Bandschleifenlänge z. B. mit einem Nonius angezeigt wird.

Die Gleichlaufeigenschaften der Schleifengeräte und der Geräte mit Verzögerungseinrichtung sind etwas schlechter als bei Geräten mit normalen Bandspulen.

Geräte mit sehr niedrigen Bandgeschwindigkeiten und mit von der Norm abweichenden Bandgeschwindigkeitsabstufungen
Die genormten Bandgeschwindigkeiten sind 2,38; 4,76; 9,52; 19,05; 38,1; 76,2; 152,4 und 304,8 cm/s im Verhältnis $1:2:4:8:16:32:64:128$ (2^n). Für den Benutzer kann es günstig sein, von diesen genormten Bandgeschwindigkeiten und Bandgeschwindigkeitsabstufungen abzuweichen. Für die Aufnahme von Vorgängen mit langsamen Änderungen (z. B. in der Meteorologie und Geophysik) werden Geräte mit niedrigen Bandgeschwindigkeiten (0,0762; 0,1524; 0,238; 0,952; 1,9; 2,38 cm/s) angeboten, um eine Laufdauer von mehreren Stunden oder Tagen zu erhalten. Der dabei auftretende Nachteil der geringen Frequenzbandbreite kann mit Geräten mit Bandlauf in beiden Richtungen und automatischer Richtungs- und Spurumschaltung zur kontinuierlichen Aufnahme und Wiedergabe vermieden werden.

Zur leichteren Umrechnung bei der Frequenztransponierung (Geschwindigkeitsumschaltung) werden Geräte mit Geschwindigkeitsabstufungen von $1:2:5:10$ oder $1:10:100$ angeboten. Während die Herstellung von Geräten mit diesen abweichenden Geschwindigkeitsabstufungen keine großen Schwierigkeiten verursacht, müssen bei Geräten mit kleinen Bandgeschwindigkeiten folgende Probleme beachtet werden. Einmal sind gute Gleichlaufeigenschaften bei niedrigen Bandgeschwindigkeiten nur mit großem Aufwand zu erreichen und zum anderen ist die induzierte Spannung beim normalen Wiedergabekopf (Induktionsmagnetkopf) zu gering, so daß flußempfindliche Magnetköpfe bei den niedrigen Bandgeschwindigkeiten verwendet werden müssen (Überbandkontrolle). Bei der Auswertung bei höheren Bandgeschwindigkeiten werden wieder normale Wiedergabeköpfe verwendet. Man kann auch Wiedergabeköpfe verwenden, die als flußempfindliche (niedrige Bandgeschwindigkeit) und normale Köpfe (hohe Bandgeschwindigkeit) durch Umschalten des Kopfes und der Wiedergabeelektronik funktionieren.

Geräte für den Einsatz unter erschwerten Einsatzbedingungen
Für den Einsatz in Fabrikationsräumen, Fahrzeugen, Schiffen, Flugzeugen, Raketen und Satelliten und für den Einsatz als Störungsschreiber

werden transportable, robuste und einfach bedienbare Magnetbandgeräte für die Meßwertspeicherung benötigt.

Transportable Magnetbandgeräte müssen klein und leicht sein. Das wird erreicht durch die Verwendung kleiner Bandspulen oder Kassetten oder übereinander angeordneter Bandspulen und durch Einsparungen bei der Elektronik (geringes Volumen und geringer Leistungsverbrauch). Bei diesen Geräten werden Bandspulen bis zu einem Durchmesser von 18 cm (7″) oder Digitalkompaktkassetten (System Philips) verwendet. Da diese Geräte kleinere Bandgeschwindigkeiten (max. 38 cm/s), meistens schlechtere Gleichlaufeigenschaften und damit einen schlechteren Störspannungsabstand bei FM-Aufzeichnung (bei Kassettengeräten 35 dB) und kürzere Laufzeiten als die Standardgeräte haben, verwendet man Geräte mit großen Bandspulen ($10^{1}/_{2}$″- und 14″-Spulen), die man übereinander anordnet und auch manchmal übereinanderliegend in Spezialkassetten unterbringt.

Um bei transportablen Magnetbandgeräten geringes Volumen und geringe Leistungsaufnahme zu erhalten, werden sie nur 4- bis 7kanalig ausgeführt (mit $^{1}/_{4}$″- und $^{1}/_{2}$″-Magnetband) oder sie sind als reine Aufnahmegeräte mit einer kanalweise umschaltbaren Kontrollwiedergabeelektronik ausgerüstet. Die vollständige Wiedergabeelektronik ist entweder in einem Zusatzgehäuse untergebracht oder das Gerät kann durch Austausch der Steckeinheiten auf Wiedergabe umgestellt werden. Die Aussteuerungsanzeige ist bei diesen Geräten ebenfalls nur einmal vorhanden und wird mit einem Kanalschalter auf den gewünschten Kanal umgeschaltet. Die gesamte Elektronik ist mit einer großen Packungsdichte aufgebaut (Kompaktelektronik). Manchmal werden für transportable Magnetbandgeräte spezielle einfache Aufnahmeverfahren (z.B. das Trägerlöschverfahren) verwendet. Robuste Magnetbandgeräte haben ein stabiles und dichtes Gehäuse (z.B. Aluminiumgußgehäuse) und ein Laufwerk mit kleinen bewegten Massen (Bandantrieb, Spulenantrieb und Spulen) und einer genauen elektronischen Antriebsregelung.

Bei einfach bedienbaren Magnetbandgeräten werden meistens Kassetten verwendet und zwar Digitalkompaktkassetten (System Philips) für sehr kleine Geräte oder spezielle Bandkassetten mit genormten Bandspulen für größere Geräte mit längeren Speicherzeiten, und zwar entweder mit übereinanderliegenden Spulen oder mit einer Spule mit selbsttätiger Einfädelung (Philips ANA-LOG 7/14). Diese Geräte haben oft nur eine oder wenige Bandgeschwindigkeiten, die Umschaltung der Bandgeschwindigkeit soll gemeinsam mit der Umschaltung der Elektronik vorgenommen werden. Eine weitere Bedienungsvereinfachung stellt die Kommentar- oder Zeitspur zum leichteren Auffinden der gespeicherten Meßwerte bei der nachfolgenden Auswertung dar.

Literatur

1 Davies, G. L.: Magnetic Tape Instrumentation. New York: McGraw-Hill 1961.
2 Telemetry Standards, Telemetry Working Group Inter-Range Instrumentation Group (IRIG), Document 106—71.
3 Schüller, E.: in F. Winckel: Technik der Magnetspeicher, Technik der Magnettongeräte. Berlin, Göttingen, Heidelberg: Springer 1960.
4 Maier, H. A.: Aufzeichnungsverfahren der Magnetbandgeräte für die Meßtechnik. Elektronik H. 10 (1963) 289, u. H. 12, 372.
5 Märtin, L.: Speicher mit bewegten Medien (Speicher in der Nachrichtenverarbeitungstechnik). Jahrbuch des elektrischen Fernmeldewesens 1966, S. 147.
6 Köhler, H.: Magnetband-Analogspeicher mit Hybridausgabe. Elektronik H. 3 (1970) 85, u. H. 4, 129.
7 Feucht, P.: Moderne Konstruktionsmerkmale bei technischen Magnetbandgeräten zur Aufzeichnung von analogen Meßwerten, Vortrag, 3rd Conference von Magnetic Recording, Budapest, Sept. 1970.
8 Feucht, P.; Hederer, A.: Ein neues FM-Aufzeichnungsverfahren für Magnetbandgeräte. Siemens-Z. 45, H. 10 (1971) 629.
9 Glockmann, H. P.: PCM in der Meßtechnik. Elektronik H. 4 (1973) 129.
10 Heinze, R., Reis, A.: Tonband-Kassettenrecorder speichert acht Analogsignale. Elektronik H. 4 (1974) 135.

B. Magnetische Tonspeicherung im Studiobetrieb

Ernst Belger, Hans Schiesser

1. Magnetspeichertechnik im Rundfunkstudio

Die Magnettonaufzeichnung erfolgt vorzugsweise auf 6,25 mm ($^1/_4''$) breitem Magnetband. Für diese Technik sind, um die Austauschbarkeit der Rundfunkprogramme zu gewährleisten, Empfehlungen des CCIR (Recommendation 261) aufgestellt worden, die spezielle Festlegungen an Bandgeschwindigkeit, Bandtyp, Spulen, Konfektionierung und Identifikationen enthalten und im übrigen auf die allgemeinen Festlegungen in IEC Publ. 94 über Toleranzen, Aufzeichnungscharakteristik, Spuranordnung usw. verweisen, die für die konventionelle Tonaufzeichnung in Längsmagnetisierung auf Magnetband gültig sind. Daneben wird bei der bildsynchronen Tonaufzeichnung gelegentlich Quer- statt Längsmagnetisierung für die hier vorhandene Pilottonspur verwendet.

Qualitätsverbesserung gegenüber der Standardtechnik erfordert abweichende lineare oder zusätzliche Dynamikvorverzerrungen auf der Aufnahme- und entsprechende Entzerrungen auf der Wiedergabeseite. Solche Aufnahmen sind also nicht kompatibel und die genannten Maßnahmen bleiben auf den internen Gebrauch beschränkt. Neben den später beschriebenen Spezialentzerrungen und der Einführung von Kompandersystemen ist für die Herstellung von Mutterbändern für die Schallplattenproduktion z.B. ein Zweispur-Diversity-Verfahren vorgeschlagen worden, bei dem das zu speichernde Programm gleichzeitig auf zwei nebeneinanderliegende Spuren, jedoch mit einer frequenzunabhängigen, 15 dB betragenden Pegeldifferenz aufgezeichnet wird. Bei der späteren Wiedergabe wird die Aufzeichnung mit dem höheren Pegel solange abgetastet, bis ein Grenzwert in der Größenordnung von 1% für die nichtlinearen Verzerrungen überschritten wird. Bei höheren Aussteuerungen wird der Wiedergabekanal dann durch einen trägheitsarmen elektronischen Schalter auf die Spur mit dem kleineren Aufzeichnungspegel umgeschaltet.

Neben der unmittelbaren Aufzeichnung des Programmsignals spielt die bei Meßaufgaben angewandte, ein Frequenzband bis 0 Hz herab aufzuzeichnen gestattende Frequenzmodulation einer Trägerfrequenz im

1. Magnetspeichertechnik im Rundfunkstudio

Studiobetrieb nur bei der bildsynchronen Tonaufzeichnung eine Rolle. Dort soll u. U. der Hochlauf einer zugehörigen Bildkamera und damit eine Pilotfrequenz von 0 Hz ab in einer zusätzlichen Steuerspur eines Tonbandes aufgezeichnet werden.

Nachdem die Übertragung von Tonprogrammsignalen in digitaler Form auf Richtfunkverbindungen an Bedeutung gewinnt, ist zu prüfen, ob auch ihre Speicherung in Digitaltechnik sinnvoll sein könnte. Vorteilhaft ist die Unabhängigkeit des Prozesses von der Übertragungskennlinie des Speichers. Damit entfällt die Notwendigkeit der Einhaltung des Frequenzganges des Übertragungsmaßes in engen Toleranzen, einer Linearisierung durch Vormagnetisierung, einer Auswahl der Tonträger auf konstante Empfindlichkeit, niedrigen Geräuschpegel, ausreichende Aussteuerbarkeit, Homogenität des magnetischen Belages zur Vermeidung des Kopiereffektes usw. Ein Signal/Störspannungsabstand von 20 dB würde bereits eine völlig ausreichende Betriebssicherheit gewährleisten. Bei einer oberen Grenzfrequenz des Tonsignals von 15 kHz erfordert das Nachrichtentheorem eine Abtastfrequenz des Analog/Digitalwandlers von mindestens 30 kHz. Der gewünschte Geräuschspannungsabstand von etwa 65 dB im Analogsignal erfordert je nach Art der vorzunehmenden Quantisierung etwa 10^3 bis 10^4 Quantisierungsstufen, also 10 bis 13 Bit. Dieser hohe Bitstrom erfordert eine entsprechend große Bandbreite, die zu sehr hohen Bandgeschwindigkeiten, zur Vielspurtechnik oder zur Verwendung von rotierenden Köpfen, wie bei der Bildaufzeichnung zwingt. Eine Verringerung der Spurbreite, die wegen des Störabstandes durchaus möglich ist, findet ihre Grenzen dort, wo zu viele drop outs auftreten. Die Ansprüche an den Gleichlauf können dagegen herabgesetzt werden. Wenn dem Magnettongerät ein Datenspeicher nachgeschaltet wird, können ganz erhebliche, insbesondere kurzzeitige Schwankungen zugelassen und das Laufwerk entsprechend verbilligt werden. Es muß nur durch eine Nachsteuerung dafür gesorgt werden, daß der Speicher nie überläuft und nie ganz entleert wird. Nachteilig ist, daß jede Nachbearbeitung wie Pegeländerung, Filterung oder Mischung und ihre subjektive Kontrolle eine Umwandlung des betreffenden Programmsignals in Analogform und ihre Rückwandlung oder die Verwendung eines schnellen Rechners vor der weiteren Speicherung erfordert. Damit ist einstweilen kein Anreiz zum Übergang auf Digitaltechnik bei der Schallaufzeichnung zu erkennen.

Umfang der Anwendung

Der Vorteil des Magnettonbandes in der Studiotechnik wächst mit steigendem Anteil von Eigenproduktionen im Programm. Der Umfang der Anwendung ist aus den Bewegungen in den Bandarchiven ersichtlich. Die elf regionalen bzw. überregionalen westdeutschen Rundfunkanstalten mit einer überragenden Eigenproduktion hatten im Mittel der Jahre 1972 bis 1974 zusammen einen Bandbestand von etwa 1,7 Millionen Bänder, von denen 70% sendegeeignet waren.

Die jährlichen Neuzugänge an Bandaufnahmen betragen etwa:

Eigenaufnahmen	Wort	80 000 Bänder
Eigenaufnahmen	Musik (vorwiegend Stereo)	30 000 Bänder
Eigenaufnahmen	Aktualitäten	60 000 Bänder
Plattenumschnitte		70 000 Bänder
Fremde Produktionen	(meist Musikbänder Stereo)	20 000 Bänder
		260 000 Bänder

Von diesen wird etwa die Hälfte archiviert, die andere Hälfte in dem selben Jahr wieder gelöscht. Der Frischbandbedarf beträgt etwa 75 000 km/Jahr. Hinzu kommen etwa 25 000 km, die durch Löschung bereits benutzter Bänder gewonnen werden. Aus den Archiven erfolgen jährlich etwa 1,5 Mio Bandentnahmen, davon eine Mio zur Sendung, der Rest für Abhör- und für Produktionszwecke.

Im Programmaustausch sind jährlich etwa je 50 000 Ein- und Ausgänge zu verzeichnen.

1.1. Anforderungen

Der Studiobetrieb stellt an die Magnettontechnik Ansprüche, die von denen der Heimtontechnik merklich abweichen.

Dies gilt in besonderem Maß für die Betriebe, die einen hohen Anteil ihrer Programme selbst produzieren und sich dabei der Cuttertechnik bedienen. Darüberhinaus hängen die Anforderungen von der Art des Programms, der Qualität der übrigen Übertragungsglieder und naturgemäß auch von der wirtschaftlichen Situation des Betriebes ab.

1.1.1. Betriebliches Verhalten

Eine kurze Hochlaufzeit (<1 s) erspart bei den Cutterarbeiten wertvolle Arbeitszeit des künstlerischen und des technischen Personals und erleichtert im Sendebetrieb eine ausgewogene Gestaltung der Pausen zwischen den Teilen einer Sendung. Eine Laufzeit von 20 Minuten ist mit Rücksicht auf lange musikalische Sätze mindestens erforderlich, längere Laufzeiten entlasten das Bedienungspersonal. Schnelles Rückspulen (<3 min für 1 000 m) verkürzt ebenfalls die Cutterarbeiten und erlaubt den Sendebetrieb mit zwei Maschinen auch bei Bändern sehr unterschiedlicher Länge. Da die Laufwerke vielfach in Räumen stehen, in denen auch abgehört wird, darf ihr Laufgeräusch den Raumpegel nicht wesentlich erhöhen. Ein Wert von 35 dB (A) in 1 m Abstand soll nicht überschritten werden.

1. Magnetspeichertechnik im Rundfunkstudio   179

Geräte für den Reportagedienst müssen auch unter ungünstigen klimatischen Bedingungen betriebsfähig sein, zum Teil unter der erschwerenden Bedingung einer geringen Leistungsaufnahme (Batteriebetrieb). Dies gilt insbesondere für tragbare Geräte ($-20\cdots+40\,°C$), die außerdem trotz der unvermeidlichen Beschleunigungen beim Tragen noch einen brauchbaren Gleichlauf aufweisen müssen.

Die Notwendigkeit, Bänder auf verschiedenen Maschinen (auch bei anderen Betrieben) aufnehmen und wiedergeben zu können, zwingt zu einer strengen Einhaltung der Geschwindigkeit, des Pegels und des Frequenzganges der Aufzeichnung. Das fertige Band muß durch einen Vorspann die Art der Aufzeichnung erkennen lassen.

Studiogeräte sollen für Bandgeschwindigkeiten von 38 und 19 cm/s, ausnahmsweise auch von 76 cm/s eingerichtet und vorzugsweise auf zwei Geschwindigkeiten umschaltbar sein, Reportagegeräte sollen für 19 cm/s, 9,5 cm/s oder beide Geschwindigkeiten geeignet sein.

Die Bedienungselemente müssen mechanisch oder elektrisch so miteinander verkoppelt sein, daß sich widersprechende Funktionen nicht gleichzeitig eingeschaltet werden können. Anordnung und Kennzeichen sollen innerhalb eines Betriebes einheitlich sein.

Eine moderne, personalsparende Produktion und die einsetzende Automation verlangen ferner die Möglichkeit der Fernsteuerung und der selbsttätigen Durchführung einfacher Funktionen, z.B. Stoppen vor Beginn der Aufzeichnung, selbsttätiges Rückspulen und Stoppen nach dessen Beendigung.

Die folgenden Anforderungen ergeben sich vor allem aus dem Cutterbetrieb: Schnelles und sicheres Einlegen und Austauschen der Bänder, dazu waagerechte Laufwerkplatte, vorzugsweise flanschlose Wickel und Bänder mit einer mattierten Rückseite. Die Laufwerke müssen unter Verwendung solcher Bänder feste und glatte Wickel ergeben. Zu fordern sind ferner Vor- und Rückspulen mit wählbarer Geschwindigkeit sowie eine Banduhr zum schnellen Aufsuchen der zu bearbeitenden Stellen, kurze Bremszeit (<3 s), Markierungsmöglichkeit vor dem Hörkopf für sehr präzise Schnitte, Schneidevorrichtung und Klebeschienen auf der Laufwerkplatte. Sofern für aktuelle Produktionen das Aneinanderfügen der einzelnen Programmabschnitte ohne Cutten erfolgt [2, 3], muß eine Vorrichtung vorhanden sein, die es gestattet, das Band schnell und ohne wahrnehmbaren Knack an den Sprechkopf heranzuführen.

Die hohe Zahl der täglichen Betriebsstunden bedingt einen relativ schnellen Verschleiß der Geräte, gleichzeitig aber verlangt vor allem der Sendebetrieb eine hohe Zuverlässigkeit aller wichtigen Funktionen. Bandzugspitzen beim Bremsen und Anlauf dürfen trotz der erforderlichen hohen Bandbeschleunigung nicht zu Beschädigungen des Bandes führen.

Um die Zahl der Reservegeräte klein zu halten, müssen die häufiger erforderlichen Wartungsarbeiten (Einmessen, Justieren, Austausch von Verschleißteilen) schnell durchführbar sein (leichte Zugänglichkeit, Einheitlichkeit der Ersatzteile und des Werkzeugs).

1.1.2. Anforderung an die Qualität

Da ein Programm häufig mehrmals nacheinander aufgezeichnet wird, müssen hohe Anforderungen an die Qualität der Einzelaufzeichnung, d.h. an Studiogeräte und Bänder gestellt werden. Merkliche Qualitätsverluste zwischen den Überprüfungen oder Wartungen der Geräte können nicht zugelassen werden.

Die zulässigen Tonhöhenschwankungen liegen zwischen 0,5 und $1^0/_{00}$. Da Bänder unterschiedlichen Materials und verschiedener Dicke, die zudem auf Laufwerken eines anderen Typs aufgenommen sein können, auf der gleichen Maschine wiedergegeben werden müssen, werden an die Bandführung und die Kopfjustierung ungewöhnlich hohe Anforderungen gestellt, sonst treten Pegelverluste bei hohen Frequenzen auf. Kleine nichtlineare Verzerrungen ($<2\%$ k_3) und hoher Modulationsrauschspannungsabstand (>44 dB) erfordern eine sorgfältige Einstellung des Arbeitspunktes. Ein guter Ruherauschspannungsabstand (>58 dB) kann nur durch häufiges Entmagnetisieren der Köpfe und Bandführungsteile erreicht werden. Alle Qualitätsforderungen können ferner nur dann mit Sicherheit erfüllt werden, wenn die mechanischen und elektromagnetischen Eigenschaften der Bänder ausreichend und gleichmäßig sind. Für die Abnahme von Studiobändern hat z.B. die ARD Bedingungen aufgestellt (siehe 2.5.2).

Bei Anwendung der Cuttertechnik kommt ferner dem Schlupf ($<2^0/_{00}$) und den Abweichungen von der Sollgeschwindigkeit ($<2^0/_{00}$) besondere Bedeutung zu, da häufig Bandstücke vom Anfang und Ende eines Wickels oder von auf verschiedenen Laufwerken hergestellten Aufnahmen zusammengefügt werden müssen und auch bei Musik keine hörbaren Sprünge in der Tonhöhe auftreten dürfen.

1.1.3. Entwicklungsmöglichkeiten

Die meisten der in den vorstehenden Abschnitten aufgestellten Forderungen können z.Z. nur bei einer Bandgeschwindigkeit von 38 cm/s eingehalten werden. Eine wegen des erforderlichen Archivraums und der geringeren Bandkosten wünschenswerte Herabsetzung würde auch bezüglich der Laufzeit, der Rückspulzeit und der Zeiten für Hochlauf und Bremsen Vorteile bieten. Abgesehen von der Erschwerung der Cuttertechnik wäre jedoch ein Qualitätsverlust durch schlechteren Gleichlauf, durch erhöhte Pegelschwankungen und nichtlineare Verzerrungen bei hohen Frequenzen und durch erhöhtes Ruherauschen unvermeidlich.

1. Magnetspeichertechnik im Rundfunkstudio

Pegelschwankungen bei hohen Frequenzen können durch eine Verringerung der Spurbreite herabgesetzt werden, allerdings auf Kosten des Ruherauschens (3 dB Verschlechterung bei Halbierung) [4]. Hier versprechen nur Verfahren eine Verbesserung, die in der Studiotechnik bisher wenig oder gar nicht benutzt wurden, weil dies aus Qualitätsgründen nicht erforderlich war oder weil sie erst bei kleinen Bandgeschwindigkeiten wesentliche Vorteile bieten. Sofern sie eine Abänderung vom Pegel oder Frequenzgang des Bandflusses erfordern, entstehen jedoch dort betriebliche Schwierigkeiten, wo bereits Bänder gleicher Geschwindigkeit in herkömmlicher Technik archiviert worden sind. Das gleiche gilt für die Verwendung komprimierter Aufzeichnungen. Da eine Umstellung der vorhandenen Bandbestände mit vertretbarem Aufwand meistens nicht möglich ist, müßte der Wiedergabekanal jeweils dem abzuspielenden Band entsprechend umgeschaltet werden. Dabei sind Fehlbedienungen, die besonders im Sendebetrieb stören würden, kaum zu vermeiden. Eine Einführung solcher neuartiger Techniken ist deshalb nur dann zu vertreten, wenn die betrieblichen oder qualitätsmäßigen Vorteile ganz erheblich sind.

Änderung der Entzerrung

Ein Abgehen von der IEC-Aufzeichnungscharakteristik, etwa auf die ARD-Vorverzerrung, siehe Abb. 1, ergibt eine Verbesserung des Ruherauschens. Der erzielbare Gewinn liegt jedoch bei 19 cm/s nur bei etwa 2 dB, wenn man nicht bei manchen Programmarten stärkere Verzerrungen der höheren Frequenzen in Kauf nehmen will.

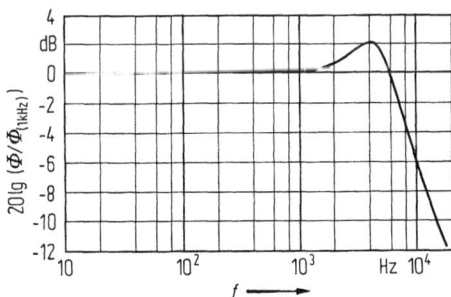

Abb. 1. ARD-Sonderentzerrung zur Verbesserung des Geräuschspannungsabstandes.

Crossfield-Technik

Die Verwendung von zwei getrennten Aufsprechköpfen für Tonfrequenz und Vormagnetisierung, zwischen denen das Band hindurchläuft, ergibt bei kleinen Bandgeschwindigkeiten und relativ dicker Beschichtung eine höhere Aussteuerungsfähigkeit für hohe Frequenzen und damit geringere

182 B. Magnetische Tonspeicherung im Studiobetrieb

Verzerrungen oder unter Verzicht auf normgerechte Entzerrung ein geringeres Ruherauschen. Bei den für eine eventuelle 9,5 cm/s-Studiotechnik optimalen hochkoerzitiven Bändern mit nur 4 μm Schichtdicke bringt diese Technik jedoch keine Vorteile mehr, die die genannte Komplikation rechtfertigen würde.

Klirrfaktor-Kompensation

Eine auf das Mittel der verwendeten Bänder abgestimmte nichtlineare Vorverzerrung des NF-Aufsprechstromes ergibt eine Kompensation der nichtlinearen Verzerrungen (siehe Abb. 2). Sie läßt sich ohne größeren Aufwand z.B. dadurch verwirklichen, daß man eine NF-Endstufe mit kräftiger Stromgegenkopplung über den Emitterwiderstand verwendet und parallel zu diesem Widerstand zwei entgegengesetzt gepolte Dioden mit gemeinsamem Vorwiderstand und Trennkondensator schaltet. Es muß jedoch berücksichtigt werden, daß dann die Verzerrungen in der Nähe der Bandsättigung mit wachsendem Pegel sehr schnell ansteigen.

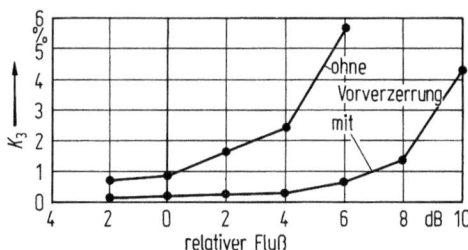

Abb. 2. Verringerung der kubischen Verzerrungen durch Vorverzerrung bei der Aufnahme.

Verwendung von Kompandern

Durch Kompression vor der Aufzeichnung und Expansion bei der Wiedergabe läßt sich das Ruherauschen wesentlich verringern. Die Qualität moderner Kompander ist so gut, daß sie auch für hochwertige Aufzeichnungen eingesetzt werden können. Diese Technik würde bei einem ins Auge gefaßten Übergang auf 9,5 cm/s eine Absenkung des Ruherauschens um 8 dB bewirken und damit die Einhaltung der bisherigen Qualität erlauben und darüber hinaus eine gewisse Absenkung des Maximalpegels mit entsprechender Verringerung der nichtlinearen Verzerrungen gestatten. Der wirtschaftliche Aufwand erscheint durchaus tragbar, ebenso der Nachteil, daß die komprimiert aufgezeichneten Bänder nur über einen Expander abgehört und gemischt werden können.

2. Geräte und Bänder

2.1. Laufwerke

2.1.1. *Studiolaufwerke und Bandspulen*

In den älteren Studiolaufwerken wird die Tonrolle durch einen Synchronmotor angetrieben, mit dessen Achse sie fest verbunden ist. Die hohe Frequenzstabilität der Funkhausnetze erlaubt eine befriedigende Einhaltung der Sollgeschwindigkeit ($<1^0/_{00}$); der schlechte Wirkungsgrad von Synchronmotoren ist bei Netzbetrieb unerheblich. Ausführung als Außenläufermotor mit hohem Trägheitsmoment begünstigt den Gleichlauf. Eine Filterung durch elastische Ankopplung der Tonrolle (mit durch Schwungscheibe erhöhtem Trägheitsmoment) ist im allgemeinen nicht erforderlich.

Früher wurden vorzugsweise polumschaltbare Motoren für 38 und 19 cm/s Bandgeschwindigkeit verwendet. Bei kleineren Geschwindigkeiten ergaben sich Schwierigkeiten, da entweder sehr dünne und damit unstabile Tonrollen oder aufwendige und große vielpolige Motoren erforderlich wären. Für diese Geschwindigkeiten bietet sich eine Übersetzung, vorzugsweise über Reibränder, an, die jedoch weniger betriebssicher ist.

Neuere Entwicklungen verwenden häufig Asynchronmotoren mit elektronischer Regelung des Gleichlaufs. Diese erfolgt über den Motorstrom oder eine zusätzliche Wirbelstrombremse. Bei solchen Lösungen lassen sich manche Nachteile indirekter Antriebe vermeiden, wenn die Umlaufgeschwindigkeit unmittelbar an der Tonrolle abgetastet und zur Regelung benutzt wird.

Auch für den Antrieb der Wickelteller ergeben direkt angekuppelte Motoren die größte Betriebssicherheit. Um einen Bandzug zu erzielen, der möglichst wenig vom Wickeldurchmesser abhängt, sind sie häufig so ausgelegt, daß ihr Drehmoment mit wachsender Umdrehungszahl sinkt. Solche Motoren sind zwar aufwendig, arbeiten aber auch sicherer als Anordnungen, bei denen Bandzugfühler über elektronische (Wirbelstrom) oder mechanische Bremsen den Bandzug regeln.

Um die Störungen des Gleichlaufs durch Schwankungen des Abwickelbandzuges zu verringern, befindet sich bei manchen Geräten, in Bandlaufrichtung gesehen vor den Köpfen, eine weitere Gummiandruckrolle, die das Band gegen eine mit einem Schwungrad versehene, passiv mitlaufende Tonrolle drückt. Zur Entlastung des Bandes beim Anfahren erhält diese Rolle bei einigen Ausführungen eine Stellung „Halt" über ein Hilfsgetriebe annähernd die erforderliche Geschwindigkeit. Eine andere Filtermöglichkeit ist in Abb. 3 dargestellt. Beide Andruckrollen drücken hier gegen die Tonrolle, die einen großen Durchmesser besitzt und daher indirekt angetrieben werden muß.

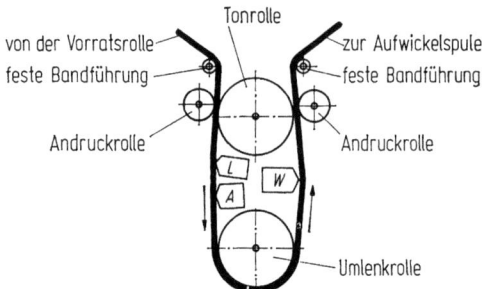

Abb. 3. Entkopplung des vor den Köpfen befindlichen Bandteils durch zwei Andruckrollen.

Longitudinalschwingungen hoher Frequenzen, die durch die Reibung des Bandes an Köpfen und Bandführungen entstehen, werden häufig durch eine kleine, zwischen Sprech- und Hörkopf angebrachte, vom Band mitgenommene Rolle wirksam bedämpft.

Bandführungselemente, besonders solche in der Nähe der Köpfe, sind bei modernen Laufwerken so angebracht, daß sie dem Band möglichst wenig Zwang in vertikaler Richtung antun. Dies ermöglicht die Verwendung unterschiedlicher Bandtypen und verringert den Abrieb und damit die Gefahr einer Verschmutzung der Köpfe und des Bandes. Sie werden zweckmäßigerweise optisch justiert.

Abgesehen von reinen Wiedergabegeräten besitzen die Laufwerke Lösch-, Sprech- und Hörköpfe, die meistens in abnehmbaren Kopfträgern justierbar befestigt sind. Nach Einführung sehr verschleißfester Köpfe aus Vacodur oder Ferrit, deren Lebensdauer mindestens gleich dem Zeitraum zwischen zwei Werksüberholungen ist, ist zu fragen, ob nicht ein fester — also nicht mehr justierbarer — Einbau in den Kopfträger vorzuziehen wäre. Ausreichende Erfahrungen liegen dazu jedoch noch nicht vor. Ein fester Einbau im Laufwerk würde die universelle Verwendungsmöglichkeit (Mono, Stereo, Zweispur) der Geräte einschränken. Die meisten Laufwerke sind entweder für „Schichtlage außen" oder „Schichtlage innen" konstruiert, einige sind umrüstbar. Keine der beiden Lagen bietet entscheidende Vorteile. Für „Schichtlage außen" spricht, daß die stärksten Kopierechos auf das Signal folgen und damit weniger stören als Vorechos.

Die Mehrzahl der Laufwerke besitzt ausschließlich mechanische Bremsen. Ihr größter Nachteil, die Instabilität (Abhängigkeit von Alter, Abnutzungszustand, Temperatur und Luftfeuchtigkeit) ist durch die Wahl geeigneter Materialpaarungen (insbesondere graphitierter Filz auf Graphit) weitgehend zu beheben und hat zudem durch die höhere Zugfestigkeit moderner Bänder an Bedeutung verloren. Wirbelstrombremsen sind von Natur aus verschleißfest, müssen jedoch durch mechanische

Standbremsen ergänzt werden und erfordern zudem Steuerorgane, die die Bandlaufrichtung berücksichtigen. Das gleiche gilt für Gegenstrombremsen, die weniger Leistung benötigen, aber noch mehr Steuerungselemente erfordern.

An Stelle der herkömmlichen mechanischen Drucktasten treten neuerdings vielfach kontaktlose Schalter, bei denen z.B. Feldplatten und Thyristoren verwendet werden. Die Verkopplung der Bedienungselemente, die ausschließt, daß einander widersprechende Funktionen gleichzeitig eingeschaltet werden, geschieht bei älteren Laufwerken durch mechanische Verriegelung der Tasten, bei modernen Ausführungen, bei denen die Befehlsübermittlung durch zwischengeschaltete Relais erfolgt, durch elektrische Verkopplung der Kontakte und Erregerwicklungen. Diese Geräte sind damit auch auf einfache Art fernsteuerbar.

Häufig besteht das Bedürfnis, das Gerät sowohl unmittelbar als auch ferngesteuert zu bedienen. In diesen Fällen muß durch eine den betrieblichen Forderungen entsprechende logische Verknüpfung die Priorität für die Auslösung der einzelnen Funktionen festgelegt werden.

Die meisten Studiolaufwerke sind auch für die Bearbeitung von Aufnahmen eingerichtet, was eine angenähert horizontale Lage der Grundplatte erfordert. Reine Aufnahme- und Wiedergabelaufwerke werden gelegentlich auch vertikal in Gestellen montiert, um Raum zu sparen.

Rangierschalter erlauben ein Vor- und Rückspulen mit wählbarer Geschwindigkeit (kontinuierlich oder in Stufen) und damit ein schnelles Auffinden der zu bearbeitenden Bandstelle. Um Band und Köpfe zu schonen, hebt ein Bandabheber das Band dabei wahlweise von allen Köpfen oder nur vom Lösch- und Sprechkopf ab. Bandlängenmesser, die als mechanische oder elektrische Zählwerke ausgebildet sein können, erleichtern das Suchen. Sie werden von Bandumlenkrollen mit Reibbelag angetrieben und erlauben damit eine echte Messung der Bandlänge, die in Längen- oder Zeiteinheiten angegeben wird.

Für anspruchslose Bearbeitungen dient der Bandabheber zum schnellen und knackfreien Anlegen an den Sprechkopf. Für die weitaus präzisere Cuttertechnik sind bei manchen Geräten Stempelvorrichtungen vor dem Hörkopfspalt vorgesehen. Bandschneideeinrichtungen, die als Scheren oder Hebelmesser ausgebildet sein können, ergeben exakte Schnitte unter dem festgelegten Schnittwinkel (meist 30°).

Bisweilen sind sie mit einer Klebelehre kombiniert, einer Metall- oder Kunststoffplatte mit schwalbenschwanzförmiger Nut in Bandbreite, in die die zu klebenden Bandenden eingelegt werden (Abb. 4). Neuerdings gibt es auch Vorrichtungen, die einen Schnitt unmittelbar vor dem Spalt erlauben. Manche Geräte gestatten es ferner, den Antrieb des Aufwickeltellers über Hand- oder Fußschalter während der Cutterarbeiten abzuschalten (sogenannter Papierkorbbetrieb).

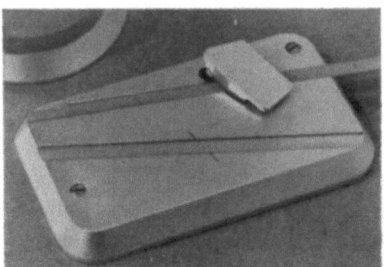

Abb. 4. Vorrichtung zum Schneiden und Kleben von Bändern.

2.1.2. *Reportagelaufwerke*

Magnettongeräte in großen Übertragungswagen, die auf Netzanschluß angewiesen sind, entsprechen voll den Studiogeräten. Für Übertragungswagen mit eigener Wechselstromversorgung aus Motoraggregaten oder Batterien mit Umformern werden naturgemäß kleinere Studiogeräte mit geringerer Leistungsaufnahme bevorzugt.

Daneben werden spezielle Reportagelaufwerke verwendet, die unmittelbar aus der Batterie betrieben werden und sehr wenig Leistung aufnehmen. Ein Teil dieser Laufwerke entspricht bezüglich Größe, Qualität und Cuttermöglichkeiten völlig den Studiolaufwerken; moderne Ausführungen benötigen bei normalem Vorlauf weniger als 10% der Leistung eines entsprechenden Wechselstromlaufwerkes. Einfachere Geräte mit geringeren Ansprüchen an Laufzeit und Wickelfestigkeit (Flanschspulen) erlauben eine weitere Reduktion.

Die Gleichlaufregelung erfolgt dabei vorzugsweise elektronisch. Ein auf der Tonrolle befindliches Tachorad wird magnetisch oder optisch abgetastet, die so erhaltene Wechselspannung, deren Frequenz der Umdrehungszahl proportional ist, wird über einen Frequenzdiskriminator einem Verstärker zugeführt, der den Motorstrom steuert. Da dieses Regelungsprinzip es erlaubt, auf einfachem Wege die Bandgeschwindigkeit in weiten Grenzen zu verändern, werden solche Laufwerke auch im Funkhaus für Trickaufnahmen, zur Korrektur von Reportageaufnahmen mit fehlerhafter Bandgeschwindigkeit und in der Pilottontechnik verwendet.

Ein sehr geringer Leistungsbedarf bei normalem Vorlauf kann dadurch erreicht werden, daß der Aufwickelteller nicht durch den bezüglich Leistung und Anpassung auf schnelles Umspulen dimensionierten Wickelmotor angetrieben wird, sondern durch einen weitaus leistungsschwächeren, der an die kleine Bandgeschwindigkeit angepaßt ist.

Da Übertragungswagen heizbar sind, ihr Belüftungssystem aber bei direkter Sonneneinstrahlung an heißen Tagen oft nicht ausreicht, müssen die in ihnen verwendeten Laufwerke im Bereich bis 40°C betriebsfähig sein.

2. Geräte und Bänder 187

Von tragbaren Magnettongeräten muß vor allem geringes Gewicht
(<8 kg) und niedrige Leistungsaufnahme gefordert werden. Dies bedingt
unter anderem die Herabsetzung der Laufzeit auch bei Verwendung
dünnerer Bänder auf Flanschspulen (10···20 min). Der für Cutterarbeiten nötige Bedienungskomfort kann entfallen. Manche Typen erreichen zwar nahezu die Qualität guter Studiogeräte, jedoch wird dies
selten ausgenutzt, da mit ihnen kaum anspruchsvolle Musikaufnahmen
gemacht werden.

Der ursprünglich verwendete, robuste Antrieb durch Federwerke hat
heute nur noch bei Expeditionen in entlegene Gebiete seine Berechtigung.
Für den Normalfall hat sich der Antrieb aus Batterien, die bei gleichem
Gewicht sehr viel mehr Energie speichern können als Federwerke, durchgesetzt. Auch hier wird neben dem direkten Antrieb der Tonrolle durch
Spezialmotore häufig eine Untersetzung, die aus Gründen der Leistungs-
ersparnis und der Filterung meistens als Pesenantrieb ausgebildet ist,
angewendet. An die Stelle der zunächst auch bei elektrischem Antrieb
benutzten Fliehkraftregler sind Systeme getreten wie bereits in der
Heimtontechnik vielfach zur Regelung kollektorloser Gleichstrommotore
verwendet werden. Da bei diesen Regelungen die Relativgeschwindigkeit
zwischen Rotor und Stator konstant gehalten wird, ist der Gleichlauf
gegen Winkelbeschleunigungen des Gerätes weniger anfällig als bei einer
Fliehkraftregelung. Die geringen Trägheitsmomente moderner Klein-
motore wirken im gleichen Sinne.

Solche Laufwerke benötigen nur etwa 1 Watt bei 19 cm/s, wobei der
gleiche Motor auch noch den Antrieb des Wickeltellers übernimmt. Der
geringe Leistungsbedarf ist um so beachtlicher, als solche Geräte auch
noch bei sehr tiefen Umgebungstemperaturen (bis $-20\,°C$), bei denen die
in Lagern und Antriebspesen verbrauchte Leistung erheblich zunimmt,
funktionsfähig sein müssen. Bei ihrer Konstruktion muß außerdem auf
Unempfindlichkeit gegen Spritzwasser geachtet werden.

Tragbare Reportagegeräte (siehe Abb. 5) enthalten ferner, im Gegensatz zu Studio- und Reportagewagenausführungen 1 oder 2 Eingänge

Abb. 5. Tragbares Reportagegerät.

für Mikrophonpegel, häufig mit abschaltbarem Kompressor oder Begrenzer, sowie einen Eingang für Studiopegel (meist 1,55 Volt). Die meisten Ausführungen besitzen ferner für Kontrollzwecke einen Aussteuerungsmesser sowie einen Kleinstlautsprecher und/oder einen Kopfhörerausgang. Ein Teil von ihnen erlaubt schließlich noch die Aufzeichnung von Stereosignalen oder einer zusätzlichen Pilotspur.

Taschengeräte, die die Mehrzahl der aufgeführten Forderungen naturgemäß nicht erfüllen, werden nur für technisch anspruchslose Reportagen eingesetzt.

2.2. Kassettentechnik

Die konventionelle Bandtechnik mit offener Vorrats- und Aufwickelspule erfordert Auflegen der Vorratsspule, Einlegen des Bandes in den Führungskanal von Kopf- und Antriebssystem, Befestigen des Bandanfanges an der Aufwickelspule, Rückspulen nach beendeter Wiedergabe und schließlich Abnehmen der Vorratsspule. Das sind im Verhältnis zur Schallplattentechnik viele Operationen, die im Rundfunkbetrieb stören. Dies gilt besonders dann, wenn kein Techniker hierfür zur Verfügung steht, entweder weil der Betriebsablauf automatisiert ist oder von einem mit künstlerischen Aufgaben Betrauten wahrgenommen wird, wie dies bei kleineren Rundfunkanstalten die Regel ist oder schließlich im Reportagedienst, wo das Band auch unter ungünstigen Betriebsverhältnissen, im Freien, bei Dunkelheit und unauffällig gewechselt werden muß.

Wie in der Photo- und Filmtechnik bietet sich auch in der Tontechnik die Unterbringung des Aufzeichnungsträgers in einer Kassette als Lösung an, wobei die große Bandgeschwindigkeit, die erforderliche Laufkonstanz und die geringe Formsteifigkeit des Tonträgers zusätzliche Schwierigkeiten verursachen, aber auch neuartige Konstruktionen gestatten.

Zur Zeit ist die Kassettentechnik nur für reine Aufnahme- und Wiedergabefunktionen angebracht, während die bei Produktionen erforderliche Bearbeitung durch Schneiden und Kleben offene Spulen verlangt.

Das auf konventionellen Laufwerken fertig bearbeitete Programm wird in Kassetten überspielt, die aus Kapazitätsgründen mit kleiner Geschwindigkeit betrieben werden. Grundsätzlich könnten auch vorhandene Archivaufnahmen nachträglich in Kassetten eingelegt werden. Dies führt jedoch zu großen und schwerfälligen Laufwerken. Bei den bekannt gewordenen Kassettenausführungen ist die Verwendung oberflächenbehandelter, dünner Bänder und kleiner Bandspulen angezeigt und damit die Verwendung vorhandener Archivbänder kaum sinnvoll.

Produktionsverfahren, bei denen auf das mechanische Schneiden verzichtet wird, sind z. Z. in der Entwicklung und z. T. auch schon in der

2. Geräte und Bänder 189

Erprobung. Sie erfordern, daß auf dem Band codierte Signale vorhanden sind, die mit Hilfe von Rechnern und steuerbaren Laufwerken das genaue und automatische Aufsuchen der festgelegten Schnittstellen und das Herstellen eines exakten Gleichlaufs zwischen den Bändern mehrerer Laufwerke erlauben. Das „Schneiden" erfordert dann lediglich ein vorprogrammiertes, knackfreies Umschalten der Modulationsspannung. Solche Verfahren kommen naturgemäß der Kassettentechnik sehr entgegen.

2.2.1. Kassettierte Vorratsspulen

Hier ist das Kassettenvolumen und damit auch der benötigte Archivraum ein Minimum. Verwendung von Spulen wie von flanschlosen Spulkernen ist möglich. Hinsichtlich der Anordnung von Bandführungs- und Antriebsteilen sowie der Köpfe auf dem Laufwerk besteht weitgehend Freiheit. Nachteilig ist die erforderliche Selbsteinfädeltechnik, die eine spezielle Konfektionierung des Bandanfangs durch einen steifen Vorspann erfordert und aufwickelseitig eine Fangeinrichtung für diesen Vorspann z.B. in Gestalt eines Hakens oder eines Klebebelages. Kassetten dieses Typs können Normspulen bis zu 27 cm Außendurchmesser aufnehmen und werden für Geschwindigkeiten bis 38 cm/s verwendet. Schnelles Rückspulen ist möglich.

2.2.2. Kassetten für Vorrats- und Aufwickelspulen

Der größere Platzbedarf beschränkt ihre Anwendung auf dünne Bänder von einigen hundert Meter Länge, also kurze Laufzeit oder Bandgeschwindigkeiten von 19 cm/s und weniger. Die Kassetten enthalten üblicherweise Bandführungen, gelegentlich Einrichtungen zum Andruck des Bandes an die auf dem Laufwerk befindlichen Magnetköpfe und vereinzelt Andruckrollen, um das Band mit der Tonrolle des Laufwerks in Kontakt zu bringen. Die räumliche Anordnung der am Bandtransport beteiligten Teile in der Kassette und auf dem Laufwerk wird durch die Forderungen bestimmt, die Kassette mit einer einfachen Bewegung in ihre Betriebslage bringen zu können und das Band bei abgenommener Kassette vor Verletzung und Verschmutzung zu schützen.

Die Anordnung von Vorrats- und Aufwickelspule erfolgt üblicherweise in einer Ebene. Solche Koplanarkassetten enthalten keine Flanschspulen, so daß der Abstand zwischen Auf- und Abwickelachse nicht wesentlich größer als der maximale Wickelradius zu sein braucht. Dieser Kassettentyp wird heute überwiegend, insbesondere für Heimtongeräte benutzt. Er ist in einer Ausführung für 3,81 mm (0,15") breites Band national (z.B. DIN 45516) wie international (IEC Publ. 94) genormt und gibt bei der vorgesehenen Bandgeschwindigkeit von 4,76 cm/s Laufzeiten zwischen 30 und 60 Minuten für einen einfachen Durchlauf bei

Verwendung von 25 bzw. 12 μm starkem Band. Da die durch den Kassettenwechsel unvermeidlichen mechanischen Toleranzen eine größere als in der konventionellen Technik übliche Abweichung der relativen Spaltrichtung zwischen Kopf und Band bedingen, werden auf Kosten des Störspannungsabstandes nur 0,6 mm breite Spuren aufgezeichnet. Damit ergibt sich die Möglichkeit eines vierfachen Durchlaufs (jeweils aufeinanderfolgende in Gegenrichtung) bei Mono- und zweifachen Durchlaufs bei Stereoaufzeichnungen.

Die erzielbare Qualität (nach DIN 45527 Frequenzbereich 80 bis 6300 Hz, Ruhegeräuschspannungsabstand 40 dB bei Stereo, Tonhöhenschwankungen 0,5%) ist für Studiozwecke nicht ausreichend. Wegen der sonstigen Vorteile dieser Kassettentechnik (weltweite Verbreitung, Einfachheit, kleiner Raumbedarf) wird diese Kassette jedoch für einfache Reportageaufnahmen gern verwendet.

Die Koplanarkassette benötigt Antrieb für Aufwickel- und Vorratsachse, letzteres nur falls Rückspulen — bis zu 20fache Geschwindigkeit ist möglich — erforderlich ist. An Stelle eines äußeren Antriebes ist jedoch auch der Antrieb der aufwickelnden von der abwickelnden Achse im Inneren der Kassette über eine Rutschkupplung möglich. Dieses Prinzip kann von der Koplanar- in die Koaxialtechnik übertragen werden, bei der Vorrats- und Abwickelspule übereinander statt nebeneinander liegen. Koaxialkassetten benötigen nur die Grundfläche eines Bandwickels, dafür aber die doppelte Höhe. Praktische Anwendungen dieses Kassettentyps sind noch nicht bekannt geworden.

2.2.3. Endlosbandkassetten

Viel Anwendung, insbesondere für kurze Programmbeiträge, hat die Endlosbandtechnik (Abb. 6) gefunden. Der Bandwickel ist in diesem Fall antriebsfrei und reibungsarm in der Kassette gelagert. Dazu wird der Bandanfang im Inneren des Wickels auf dessen Ebene herausgeführt, an Umlenkeinrichten, Köpfen und Antrieb vorbeigeführt und mit dem Bandende am äußeren Wickelumfang verbunden. Wegen des Durchmesserunterschiedes zwischen innerer und äußerer Lage gleiten während des Bandlaufs sämtliche Windungen langsam aufeinander. Um die gelegentlich auftretende Haftreibung zu verringern, die zu Bandzug- und dadurch zu Tonhöhenschwankungen führt, muß ein Spezialband mit geringer Reibungszahl verwendet werden, was durch Imprägnieren mit Gleitmittel (MoS_2) erreicht wird. Vor der ersten Aufzeichnung und nach langen Betriebspausen soll die Kassette einlaufen, bis sich eine gleichmäßige Gleitreibung innerhalb des Wickels einstellt. Dennoch betragen die verbleibenden Tonhöhenschwankungen, selbst bei auf einige hundert Windungen begrenzter Kapazität, etwa das Doppelte der in der konventionellen Technik erreichbaren Werte. Bei großen Wickeln und bei großer Bandgeschwindigkeit besteht die Gefahr einer Faltenbildung.

Endloskassetten sind in den USA durch EIA und NAB standardisiert.

Abb. 6. Endlosbandkassette.

NAB-Typ 1 ist speziell für Rundfunkzwecke und Industrieaufnahmen ausgelegt und wird in drei miteinander kompatiblen Größen A, B und C verwendet, deren maximale Laufzeit 10, 16 und 30 min betragen.

Verwendet wird $1/4''$-Band bei 19 cm/s, wobei für Monoaufzeichnung eine Programmspur mit 1,8 mm Breite und eine gleichbreite Steuerspur, für Stereozwecke drei 1 mm Spuren, davon ebenfalls eine für Steuerzwecke, vorgesehen sind.

Typ 2 ist eine Bauform, die sich im wesentlichen durch Bandlauf in Ebene der Auflagefläche statt einer Stirnfläche unterscheidet und weniger verwendet wird.

Typ 3 dagegen ist eine neuerdings speziell für die Wiedergabe voraufgezeichneter Programme in Heim und Auto viel verwendete Kassette mit eingebauter Gummiandruckrolle und acht 0,5 mm breiten Spuren, die bei 9 cm/s Stereotechnik 4×20 min Laufzeit ergeben.

Die Endlosband-Kassettentypen gestatten keinen Rücklauf des Bandes; die Schleife muß also bis zum Aufzeichnungsbeginn, der durch eine magnetisch oder optisch abtastbare Marke gekennzeichnet ist, weitergespult werden. Dies ist für die Mehrzahl der Anwendungen nicht nachteilig.

Endloskassetten werden in den Rundfunkstationen der USA vorwiegend und auch für längere Programmbeiträge, letztere mit nach europäischer Auffassung fraglicher Qualität und Betriebssicherheit verwendet, da sie eine einfache Automation des Programmablaufs gestatten. Wo höhere Qualitätsanforderungen gestellt werden, bleibt ihre Anwendung auf kurze Programmbeiträge, die häufig und in ihrer ganzen Länge wiedergegeben werden sollen, beschränkt.

Abspielgeräte für Endloskassetten bestehen im einfachsten Falle aus einer Aufnahmeeinrichtung für die Kassette und einer angetriebenen Tonrolle. Wegen dieser Einfachheit werden sie häufig zu Gruppen unabhängiger Geräte oder zu einer Anlage zusammengefaßt, die aus einer Anzahl von Kassettenaufnahmen samt zugehörigen Köpfen und einer durchgehenden Antriebsachse besteht, an die eine oder mehrere Kassetten gleichzeitig gekuppelt werden können. Damit stehen ferngesteuerte Motivgeber für Stationsansage, Pausenzeichen- und Kennmelodien, Störungsansagen oder eine „Geräuschorgel" zur Verfügung.

Die Archivierung einer größeren Anzahl von Endloskassetten stellt eine beträchtliche Kapitalinvestition dar. Wenn verschiedene Motive, wie z.B. Geräusche für eine längere Hörspielproduktion, schnell nacheinander benötigt werden, ist die Verwendung von Endlosschleifen auf einer angepaßten Abspieleinrichtung wirtschaftlicher. Hierbei wird ein die Schleife enthaltender Spezialabwickelkern von Hand aufgelegt und nach Gebrauch in einfacher Schutzdose archiviert.

2.3. Mehrspurtechnik

Sie bereitet bei bandförmigen Informationsträgern keine grundsätzlichen Schwierigkeiten und wird daher in der Magnettontechnik häufig angewendet, wobei für die Spuranordnung ein Kompromiß hinsichtlich 1. Übersprechdämpfung, 2. Frequenzgang des Übertragungsmaßes und 3. Geräuschspannungsabstand zu treffen ist: 1. Hohe Übersprechdämpfung (Meßverfahren siehe DIN 45521) erfordert exaktes Einhalten der Spurlage und gute Entkopplung der Einzelsysteme der Magnetköpfe. Beides wird durch einen großen Zwischenraum zwischen den Spuren erleichtert. 2. Phasendifferenzen innerhalb der Tonspur, auf Geometriefehler von Kopfspalten und Bandlauf zurückzuführen, wachsen linear mit der Spurbreite und begrenzen diese sinnvoll auf etwa das Fünfhundertfache der kleinsten interessierenden Wellenlänge. 3. Der Geräuschspannungsabstand steigt bei Spurbreitenverdopplung um 3 dB.

In der Studiotechnik werden Mehrspuraufzeichnungen im Gegensatz zur Amateurtechnik ausschließlich mit gleicher Aufzeichnungsrichtung hergestellt, um die zeitliche Zuordnung von Bestandteilen eines gleichen Programms sicherzustellen.

Eine Übersprechdämpfung von 40 dB im mittleren Frequenzbereich ist ausreichend. Zwischen zwei Stereosignalen ist ein Phasenfehler von 45° im Bereich zwischen 300 und 5000 Hz, ansteigend auf 90° an den Frequenzgrenzen zugelassen. Diese Abweichung ist nicht nur im stereophonen Klangbild unhörbar, sondern gestattet auch eine Summierung der Stereosignale ohne wahrnehmbare Fehler. Auftretende Phasendifferenzen sind fast ausschließlich auf Geometriefehler der Kopf/Bandkonfiguration zurückzuführen, während die durch Verstärker ebenso wie die durch unterschiedliche Arbeitspunkte hervorgerufenen vernachlässigbar sind. Bandlauffehler verursachen statistisch schwankende Phasendifferenzen, die subjektiv kaum wahrnehmbar sind. Die angegebenen Grenzwerte für Phasendifferenzen können in Stereoanlagen mit 3 mm Spurbreite und 19 cm/s Bandgeschwindigkeit sicher eingehalten werden.

Für die übliche Zweikanal-Stereoaufzeichnung auf 6,25 mm breitem Band sind besondere Festlegungen in DIN 45511, Bl. 1, in CCIR Rec. 265 und in IEC Publ. 94 getroffen, für 3- und 4-Spurtechnik auf $^1/_2''$ breitem Band Bl. 2, für die 4- und 8-Spurtechnik auf 1'' breitem Band in Bl. 3 von DIN 45511.

Mono- und Stereoaufnahmen werden auf gleichen Geräten zur Sendung abgespielt. Sie sollen deshalb kompatibel sein. Die Forderung nach Pegelgleichheit ist am ehesten dann erfüllt, wenn die Flußdichte der Stereospuren 4 dB über der einer Monoaufzeichnung liegt. ARD hat hierfür 320 pWb/mm für Mono- und 510 pWb/mm für Stereo festgelegt. Die für wahlweise Mono- und Stereotechnik erforderliche Matrizierung und die Pegelumschaltung werden zweckmäßig mit den erforderlichen Ein- und Ausgangsübertragern der Magnettonanlage kombiniert. Die genannten Differenzen der Flußdichtepegel ist zu 1 dB durch die um die Trennspurbreite verminderten Nutzspurbreiten bedingt, die restlichen 3 dB stellen einen Kompromißwert für das Verhältnis Summenkanalpegel zu Seitenkanalpegel bei den unterschiedlichen Programmarten dar. Bei voller Kohärenz, also einem Mittensignal, liegt der Pegel der Summe der beiden Seiteninformationen 6 dB über dem der Seitenkanäle, bei fehlender Kohärenz, also im Falle räumlich homogen verteilter Einzelschallquellen nur um 3 dB, um im Falle eines einseitigen Klangbildes mit ihm gleich zu sein. Die Praxis hat inzwischen gezeigt, daß der kohärente Anteil der beiden Spuren im Mittel höher ist als nach diesen Überlegungen zu erwarten. Eine Anhebung der Flußdichte um nur 2 dB wäre daher vorteilhafter gewesen.

Die Vielspurtechnik bringt erhebliche Produktionserleichterungen, aber auch eine Erhöhung des Störgeräuschs, da sich bei der Mischung auch die Rauschleistungen der Einzelkanäle addieren. Eine individuelle Aussteuerung der bis zu 20 Einzelkanäle ist dem Toningenieur nicht mehr möglich, so daß meist nur ein einziger von ihnen zeitweise voll ausgesteuert ist.

2.4. Verstärkertechnik

Bezüglich ihrer Anschlußwerte (Eingangspegel und -impedanz) entsprechen die Studiomagnettonverstärker der jeweiligen Studiotechnik. In Europa im allgemeinen: symmetrische Ein- und Ausgänge mit $+6$ dB (1,55 V), Eingangsimpedanz >1 kOhm, Ausgangsimpedanz <50 Ohm, in Amerika meistens 600 Ohm-Technik, teils mit symmetrischen, teils mit unsymmetrischen Ein- und Ausgängen. Bei Magnettongeräten mit umschaltbarer Bandgeschwindigkeit erfolgt die Anpassung des Pegels und der Entzerrungen durch Relais oder Dioden, die vom Laufwerk her gesteuert werden.

Bei einigen Ausführungen sind die Entzerrungselemente auf steckbaren Einheiten untergebracht, so daß durch deren Auswechseln andere, ebenfalls vom Laufwerk her anwählbare Pegel und Entzerrungen zur Verfügung stehen. Zur Anpassung an die jeweils verwendeten Köpfe und Bänder besitzen die Verstärker Regler für die Einstellung der Verstärkung und für die Feineinstellung der Entzerrung (ein oder zwei Einstellmöglichkeiten für hohe Frequenzen, dazu häufig auch eine weitere für sehr tiefe Frequenzen nur im Wiedergabeverstärker). Aus dem gleichen Grund ist die HF-Vormagnetisierung einstellbar. Eine Symmetrierung zur Unterdrückung gradzahliger Oberwellen ist dagegen bei modernen Verstärkern nicht mehr erforderlich. Die Mehrspurtechnik verlangt, daß die Oszillatoren für Vormagnetisierungs- und Löschstrom entweder synchronisierbar sind oder daß alle Endstufen von einem gemeinsamen, entsprechend niederohmigen Generator angesteuert werden können. Die Kreise sind für diese Betriebsart entweder nachstimmbar oder so ausgelegt, daß die Streuungen der Kopfinduktivitäten keine merkliche Verstimmung bewirken. Außerdem müssen die Schaltungen leerlauf- und kurzschlußfest sein.

Bei Wiedergabeverstärkern läßt sich durch Dimensionierung des Eingangskreises erreichen, daß die Geräuschspannung der Verstärker mindestens 10 dB unter der des vormagnetisierten Bandes liegt und damit keinen merklichen Beitrag mehr liefert.

Neben den üblichen Bauformen der Studiotechnik (Karten und Kassetten) finden sich solche, die den räumlichen Gegebenheiten des Laufwerkes angepaßt und daher besonders für die Kompaktbauweise (feste Zuordnung von Laufwerk und Verstärkern) geeignet sind.

Bei den tragbaren Reportagegeräten, die für mehrere Bandgeschwindigkeiten ausgelegt sind, erfolgt die Anpassung der Verstärker in der gleichen Weise, wie bei Studioverstärkern oder auch durch Austausch der Kopfträger, die die erforderlichen Bauteile für die Entzerrung enthalten.

Die Bedienungselemente für die Nachstellung von Pegel und Entzerrungen lassen sich meist nicht von außen zugänglich unterbringen. Dies würde auch besonders bei Benutzung durch nichttechnisches Personal nur zu Verwirrungen und Fehlbedienungen führen. Solche Geräte sind daher entweder gar nicht oder nur nach Öffnen des Gehäuses einstellbar. Vor allem bei Verwendung einheitlichen Bandmaterials ist eine Nacheinstellung aus Qualitätsgründen auch nicht erforderlich.

Von außen zugänglich sind meistens nur die Pegelregler für die vorgeschalteten Mikrophonverstärker, soweit diese nicht als Regelverstärker nach Art der Kompressoren oder Begrenzer ausgebildet sind. Bei den meisten Ausführungen ist die Aussteuerung wahlweise von Hand oder automatisch möglich. Sofern ein Aussteuerungsmesser eingebaut ist, erfolgt die Messung am Ausgang dieser Verstärker, also „vor Band". In vielen Fällen ist es ferner möglich, Mikrophon und Ausgangsverstärker unmittelbar zu verbinden. Dies erlaubt sowohl Proben vor der Aufnahme als auch einfache Direktübertragungen.

2.5. Bänder

2.5.1. Mechanische Eigenschaften

Im Studio werden etwa 50 μm starke Bänder wegen ihrer Robustheit und Handlichkeit, nicht zuletzt beim Cutten, bevorzugt. Die höhere Wickelfestigkeit von Bändern mit mattierter Rückseite, die die Verwendung flanschloser Spulenkerne erlaubt, erleichtert damit nicht nur die Cutterarbeiten, sondern ist auch für die Lagerfähigkeit wichtig. Flansche verhindern zwar das Auseinanderfallen der Wickel, nicht jedoch das seitliche Verschieben der einzelnen Windungen gegeneinander. Bei der oft jahrelangen Lagerung in den Archiven sind plastische Verformungen, die die Wiedergabe der hohen Frequenzen beeinträchtigen, nur durch glatte Wickel zu vermeiden.

Die langen Lagerzeiten verlangen außerdem weitgehende Unabhängigkeit von der Luftfeuchtigkeit und geringere Neigung zu plastischer Dehnung. Aus Sicherheitsgründen müssen die Bänder schwer entflammbar sein und sollten unter Hitzeeinwirkung keine giftigen oder korrodierenden Gase entwickeln. Bandrisse, insbesondere beim Bremsen, treten nur bei den heute kaum noch verwendeten Acetylzellulosebändern auf. Merkliche plastische Dehnung der robusten PVC-Bänder oder der noch festeren PE-Bänder sind auf modernen, gut gewarteten Maschinen nicht mehr zu befürchten.

Bei den auf tragbaren Reportagegeräten vorzugsweise verwendeten Lang- und Doppelspielbändern (25 bis 35 μm Stärke), die zur weiteren Bearbeitung umgespielt werden, entfallen die Forderungen, die sich aus dem Cutterbetrieb und der Archivierung ergeben. Außer einer vom jeweils verwendeten Laufwerk abhängigen Festigkeit wird hier wegen des geringen Bandzuges gute Schmiegsamkeit gefordert.

2.5.2. Elektromagnetische Eigenschaften

Auch bezüglich der elektromagnetischen Eigenschaften bieten Normalbänder mit ihrer dicken Beschichtung von etwa 15 μm und entsprechend hohen Aussteuerfähigkeit für tiefe und mittlere Frequenzen bei den hohen Bandgeschwindigkeiten der Studiotechnik Vorteile. Für den

Studiobetrieb muß eine hohe Gleichmäßigkeit der Bänder untereinander gefordert werden, damit ein zeitaufwendiges Einmessen der Geräte während der Produktion entfallen kann.

Aus dem gleichen Grund ist der Arbeitspunkt festgelegt worden, und zwar auf einen Wert, der bei 38 cm/s soweit über dem HF-Strom für maximale Empfindlichkeit bei 10 kHz liegt, daß sich beim Aufzeichnen dieser Frequenz auf dem Bezugsleerband ein Empfindlichkeitsabfall von 2 dB ergibt. Für 19 cm/s wird unter den gleichen Bedingungen auf einen Abfall von 3˙dB eingestellt. Da sich kleine Abweichungen im Betrieb nicht vermeiden lassen, ist es wichtig, daß die Bandeigenschaften in der Nähe des so festgelegten Arbeitspunktes nicht wesentlich von der Vormagnetisierung abhängen.

Die strengen Forderungen, die also nicht nur das fertige, archivfähige Band, sondern auch das Bandmaterial betreffen, behindern gelegentlich den technischen Fortschritt. So konnten z.B. Bänder mit verbesserter Aussteuerfähigkeit und damit höheren Rauschspannungsabständen schon seit längerem hergestellt werden. Ihre Einführung war jedoch

1. nicht interessant, solange man sich wegen der Einheitlichkeit der Archive nicht entschließen konnte, den Aufzeichnungspegel zu erhöhen und

2. betrieblich unerwünscht, da diese Bänder eine höhere Empfindlichkeit besitzen als die bisherigen.

Erst als mit dem Aufkommen stereophoner Aufzeichnungen ein besserer Ruhegeräuschspannungsabstand und wegen der Kompatibilität mit Monobändern auch eine höhere Aussteuerfähigkeit unbedingt erforderlich wurden, erfolgte eine Umstellung.

Ist diese andererseits einmal erfolgt, so werden bereits benutzte aber wieder gelöschte Bänder des älteren Typs praktisch wertlos.

Tabelle 1. Pflichtenheft 3/4

1. Empfindlichkeit	$\leq \pm$ 1 dB
2. Frequenzgang	$\leq \pm$ 1,5 dB
3. Schwankungen der Empfindlichkeit	$\leq \pm$ 0,5 dB
4. a_{k3}	$\geq$ 34 dB
a_{d3}	$\geq$ 24 dB
5. Löschdämpfung	$\geq$ 78 dB
6. Kopierdämpfung	$\geq$ 56 dB
mit Echolöschkopf	$\geq$ 66 dB
7. Gleichfeldrauschabstand	$\geq$ 44 dB
8. Ruhegeräuschspannungsabstand	$\geq$ 58 dB
9. Magnetische Instabilität	$\leq$ 0,2 dB
10. Velourseffekt	$\leq$ 0,4 dB

2. Geräte und Bänder

Tabelle 1 gibt die z.Z. im ARD/ZDF-Bereich gültigen Pflichtenheftwerte wieder. Sie wurden bei der Einführung der Stereotechnik festgelegt. Moderne Bänder sind inzwischen in mehreren Punkten wesentlich besser.

In einigen Punkten sind in dem Pflichtenheft Bedingungen eingeführt worden, die über das in den deutschen Normen festgelegte hinausgehen. So soll bei der Aufzeichnung von 7 und 11 kHz jeweils mit einem Pegel, der bei 1 kHz 255 pWb/mm entspricht, der Pegel des unteren Seitenbandes (3 kHz) mindestens um 24 dB unter dem der Primärtöne liegen.

Beim Löschen einer 1-kHz-Aufzeichnung (510 pWb/mm) nach einer 24stündigen Lagerung bei Zimmertemperatur mittels eines Doppelspalt-Ferritkopfes (etwa 130 mA, 80 kHz) soll eine Dämpfung von wenigstens 78 dB erreicht werden.

Die wegen der langen Lagerzeit hohen Anforderungen an die Kopierdämpfung sind durch die Einführung von Echolöschköpfen, die kopierte Signale um etwa 12 dB dämpfen, ohne die durch die Vormagnetisierung stabilisierte Nutzaufzeichnung anzugreifen, weitgehend entschärft worden. Unter Verwendung eines Echolöschkopfes wird bei einer im übrigen DIN 45 519, Bl. 1, entsprechenden Messungen eines Kopierdämpfung von mindestens 66 dB gefordert.

Abbildung 7 zeigt eine einfache Ausführung, die aus einem schwenkbaren Metallkörper mit aufgespannten, hochkoerzitiven Magnetbandstück besteht. Aus Verschleißgründen liegt die Polyesterbasis des Bandes außen. Das Band ist fast bis zur Sättigung mit einem Sinuston besprochen. Damit bei ruhendem Band kein abtastbares Überkopieren entsteht, ist der Sinuston mit schiefgestelltem Spalt aufgezeichnet.

Abb. 7. Echolöschkopf.

Die früher gelegentlich beobachtete magnetische Instabilität wird geprüft, indem gegen die Rückseite eines laufenden Bandes mit einer 1-kHz-Aufzeichnung von 510 pWb/mm ein Stift von 1,5 mm Durchmesser so gedrückt wird, daß sich ein Umschlingungswinkel von 90° ergibt. Der Pegelrückgang darf dabei nicht mehr als 0,2 dB betragen. Schließlich wird noch geprüft, ob die Bänder einen „Velourseffekt" zeigen. Man versteht darunter die gelegentlich bei vorzugsgerichteten Bändern beobachtete Erscheinung, daß die Empfindlichkeit besonders bei hohen Frequenzen von der Bandlaufrichtung abhängt. Die Messung erfolgt an einer 10-kHz-Aufzeichnung, deren Pegel 200 pWb/mm bei 1 kHz entspricht, auf einem Band, das aus mehreren 2 m langen Abschnitten mit wechselnder „Laufrichtung" zusammengesetzt ist. Die Empfindlichkeitsdifferenz darf höchstens 0,4 dB betragen. Wichtig ist schließlich noch eine Mindestleitfähigkeit der Bänder, durch die auch bei sehr trockener Luft statische Aufladungen und Funkenüberschläge in die Köpfe vermieden werden. Maximaler Widerstand bei Messung nach DIN 45512 Bl. 1: 10 GOhm.

3. Anlagen für automatischen Betrieb

Einrichtungen zur Fernbedienung, zum selbsttätigen Stoppen des eingelegten Bandes kurz vor Beginn der Aufzeichnung, zum automatischen Rückspulen nach beendeter Wiedergabe und zum anschließenden Abschalten der Wickelmotoren stellen nur einen ersten Schritt auf dem Wege zur Automation dar. Sie erlauben z. B. den halbautomatischen Sendebetrieb in einem „Einmannstudio", in dem der Sprecher lediglich die Bänder (auch solche auf offenen Spulen) zu wechseln und zu starten hat. Automatische Pegelregler bewirken ein weiches Ein- und Ausblenden. Ihre Auslösung von Hand erlaubt es, den Wiedergabepegel des laufenden Programms für Zwischenansagen um ein festgelegtes Maß abzusenken oder auch ganz auszublenden.

Aber auch für die Vollautomatisierung bietet sich der Sendebetrieb mit seinem vorher auf Datenträgern festlegbaren Ablauf an, wobei diese in Form von Lochstreifen oder Magnetbändern in ein Prozeß-Steuerungsgerät eingelegt werden.

Wegen der bereits unter 2.2 dargestellten Schwierigkeiten, die sich aus der Natur des Aufzeichnungsträgers ergeben, erlaubt nur die Kassettentechnik ein automatisches Wechseln der Bänder. Die hierfür gebräuchlichen Kassettenwechsler für Koplanar- oder Endloskassetten wechseln je nach Bauart die eingelegten Kassetten entweder der Reihe nach oder auch in beliebiger, vorprogrammierter Reihenfolge über einen Steuerzusatz. Ihre Kapazität liegt zwischen 25 und 50 Kassetten, was bei den in Abb. 8 gezeigten Wechslern für Typ A der NAB-Kassette einer Betriebskapazität von etwa 4 bzw. 8 Stunden entspricht. Die Verwendung von mehr als einem Wechsler pro Programm empfiehlt sich nicht nur aus Gründen der Betriebssicherheit, sondern auch wegen der Wechselzeit. Diese beträgt etwa 4 s für zwei benachbarte Kassetten und eine Minute zwischen zwei maximal entfernten Kassetten beim Stapelwechsler. Der Karusselwechsler benötigt 40 Sekunden für eine volle Umdrehung. Um eine hörbare Unterbrechung des Bandgeräusches zu vermeiden, ist es jedoch erwünscht, die folgende Kassette bereits einige Sekunden vor Auslauf der vorangehenden zu starten.

3. Anlagen für automatischen Betrieb 199

Abb. 8. Karusselwechsler für Endlosbandkassetten.

Diese Lösungen genügen zwar für einfachere Aufgaben und stellen insbesondere eine Entlastung des Personals bei Stoßbetrieb dar, reichen jedoch nicht für eine hochwertige Wiedergabe während eines ganzen Tages aus. Dafür geeignete Geräte sind in den letzten Jahren entwickelt worden. Mit ihrer Einführung wird eine Herabsetzung der Bandgeschwindigkeit auf 9,5 cm/s erforderlich, um zu einer handlichen Kassettengröße zu gelangen, die auch für die Archive vorteilhaft ist. Um einfache Geräte zum Wechseln und Abspielen verwenden zu können und den Archivraum optimal auszunutzen, ist ferner eine einheitliche Kassettengröße notwendig. Andererseits liegt jedoch die Spieldauer der besonders wichtigen musikalischen Aufzeichnungen zwischen zwei Minuten und vierzig Minuten, wobei etwa die Hälfte der Bänder kürzer als 3 Minuten (Abb. 9) ist. Wählt man als Kompromiß für das Fassungsvermögen einer Kassette eine Spielzeit von zwanzig Minuten, so verbleiben etwa 5% der Titel, die auf mehrere Kassetten verteilt werden müssen. Die Dauer von zwanzig Minuten erlaubt es, wie die Statistik zeigt, den Übergang von einer Kassette zur folgenden in eine natürliche Pause des Programms zu verlegen. Damit ist ein Übergang durch einfaches, zeitgerechtes Starten des Anschlußbandes, also ohne besondere Maßnahmen zur Synchronisierung der beiden Laufwerke möglich.

Der automatische Sendebetrieb macht zusätzliche Aufzeichnungen auf den Bändern erforderlich. Auf einem Vorspann wird in Form von Impulsen eine Kennummer aufgezeichnet, die einen automatischen Vergleich mit der auf dem steuernden Datenträger aufgezeichneten Nummer erlaubt. Da dieser Vorspann unmittelbar nach Einlegen der

Kassette abgelesen wird und das Band später erst wieder durch einen Befehl vom Ende des vorhergehenden Bandes oder vom Datenträger gestartet wird, kann so mit Sicherheit das Senden falscher Bänder vermieden werden. Ferner kann der Vorspann Aufzeichnungen tragen, die

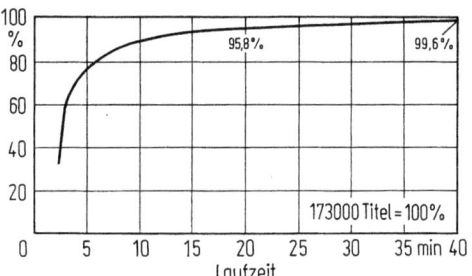

Abb. 9. Durchschnittliche Laufzeit der in drei verschiedenen Hörfunkprogrammen abgespielten Bänder.

das Band als Mono- oder Stereoband kennzeichnen oder eine erforderliche Pegelkorrektur enthalten. Diese Aufzeichnungen führen dann im Abspielgerät entsprechende Umschaltungen herbei, sofern man es nicht vorzieht, wegen der größeren Flexibilität entsprechende Befehle auf dem Datenträger unterzubringen. Auch eine kodierte Angabe über die Laufzeit des Bandes kann betrieblich vorteilhaft sein. Die Daten auf dem Vorspann werden vorzugsweise im mittleren Tonfrequenzbereich aufgezeichnet und mit den ohnehin vorhandenen Köpfen abgetastet, da dies die höchste Sicherheit bietet.

Andere Signale, wie der Endimpuls, der z.B. das Starten des darauffolgenden Bandes bewirkt und der Vorwarnimpuls, der den Sprecher etwa 10 Sekunden vor Ende des Bandes aufmerksam macht, fallen zwangsläufig zeitlich mit dem Programm zusammen. Wenn man optische Markierungen, die beim Überspielen jedesmal neu angebracht werden müßten, vermeiden will, werden die Impulse zweckmäßig mit einer Trägerfrequenz von etwa 14,5 kHz aufgezeichnet. Wie Versuche gezeigt haben, ist der Frequenzbereich oberhalb von 14 kHz für die Qualität ohne Bedeutung, so daß das Programm in diesem Bereich unterdrückt werden darf. Da voraussichtlich aus Gründen der Einheitlichkeit auch monophone Signale in zwei Spuren aufgezeichnet werden, empfiehlt es sich, wegen der bei kurzen Wellenlängen unvermeidlichen Pegelschwankungen die Aufzeichnung der Pulse in nur einer dieser Spuren oder in der Trennspur durchzuführen. Die Übertragungskapazität eines solchen Kanals kann ferner für eine automatische Qualitätskontrolle ausgenutzt werden, indem man Signale aufzeichnet, die z.B. den jeweiligen Programmpegel kennzeichnen und die eine Überprüfung einer Übertragungs-

3. Anlagen für automatischen Betrieb

kette durch Vergleich mit dem Pegel am Ende dieser Kette erlauben. Auch der Grundpegel in diesem Kanal und die Beschaffenheit der Kontrollimpulse selbst lassen gewisse Rückschlüsse auf die Übertragungsqualität zu. Alle diese Signale sollten vor der Ausstrahlung unterdrückt oder falls sie zur Überwachung einer Ballstrecke dienen sollten, soweit abgesenkt werden, daß sie den Hörer nicht mehr stören.

Auch die unter 2.2 erwähnten Zeitmarken für den elektronischen Schnitt können in diesem Kanal untergebracht werden.

Bei der vorstehend beschriebenen Technik können die Bänder von Hand aus den Archiven in verschiebbare Zwischenspeicher verbracht werden, aus denen sie automatisch entnommen und auf zwei oder vorzugsweise drei Abspiellaufwerke verteilt werden [6]. Der Rücktransport erfolgt dann auf dem gleichen Wege.

Eine Anlage, bei der auch der Transport aus dem Archiv automatisiert ist, wurde in den letzten Jahren entwickelt [7]. Die Kassetten sind in speziellen Regalen eingelagert (Abb. 10). Die gewünschte Kassette

Abb. 10. Regal für die automatische Entnahme und Wiedereinlegung von Kassetten.

wird durch eine Art mechanische „Kreuzschiene", die von einem Rechner gesteuert wird, entriegelt und fällt durch einen Schacht auf ein Laufband, das sie den Abspiellaufwerken zuführt (Abb. 11). Nach dem Abspielen bringt ein weiteres Laufband die Kassette wieder zum Regal, wo sie von einem waagerecht verschiebbaren, rechnergesteuerten Fallkanal aufgenommen, in der richtigen Höhe abgefangen und in das vorgesehene Fach des Regals verbracht wird. Bei diesem System ist eine magnetische oder optische Kennzeichnung auf der Kassette zweckmäßig, da ein beträchtlicher Teil der täglich aus den Archiven entnommenen Bänder für Neuproduktion benötigt und in ungeordneter Reihenfolge zurückgeliefert wird.

Abb. 11. Kassettenregal mit Förderanlage und Abspiellaufwerken.

Die Untersuchungen darüber, welcher Grad von Automation am wirtschaftlichsten ist, sind noch nicht abgeschlossen. Mitentscheidend ist die Frage, welcher Anteil der Bänder kassettiert werden soll. Da neben den Archivbändern auch Reportagebänder, Heimtonkassetten und Schallplatten abgespielt werden, eine einheitliche Abspieltechnik ohnehin also nicht möglich ist, drängt sich die Frage auf, ob z.B. lange Musikbänder, die sehr selten abgespielt werden, kassettiert werden sollten. Die Beantwortung wird dadurch kompliziert, daß im allgemeinen nicht vorher zu sagen ist, wie oft ein Band abgespielt wird. Auch hier wird z.Z. mit Hilfe umfangreicher Untersuchungen über die Abspielhäufigkeit der einzelnen Bänder nach der wirtschaftlichsten Lösung gesucht.

4. Betriebstechnik

4.1. Bearbeitungstechnik

4.1.1. Verfremdungen

Die Magnettontechnik gestattet durch verschiedene Manipulationen wirkungsvolle Effekte zu erzielen. Durch eine von der Aufnahmegeschwindigkeit abweichende Wiedergabegeschwindigkeit läßt sich eine nahezu beliebige Änderung der Tonhöhe erzielen. Dabei bleibt das Verhältnis

4. Betriebstechnik

der einzelnen Frequenzen zueinander unverändert, was besonders für musikalische Aufzeichnungen wichtig ist. Die Dauer des Schallereignisses ändert sich umgekehrt proportional zur Tonhöhe, wie dies im allgemeinen den natürlichen Gegebenheiten entspricht. Die in den normalen Laufwerken vorgesehene Geschwindigkeitsstufung von 1:2 und gelegentlich auch 1:4 ist in den meisten Fällen zu grob. Um eine kontinuierliche Geschwindigkeitsänderung zu erzielen, treibt man daher den Tonmotor mit einer Wechselspannung variabler Frequenz an. Als Spannungsquelle kann dabei ein Leistungsverstärker dienen, der von einem Tieftongenerator gespeist wird. Die Leistung für die übrigen Teile des Lauf werks und die Verstärker kann dem Netz entnommen werden.

Eleganter läßt sich die Aufgabe mit den unter 2.1.2 beschriebenen Laufwerken mit Geschwindigkeitskontrolle durch ein Tachorad lösen. Bei ihm läßt sich mit Hilfe eines einfachen Zusatzgerätes mit durchstimmbarer Frequenz die Umdrehungszahl um $\pm 50\%$ verändern. Soll dagegen der zeitliche Ablauf des Programms beschleunigt oder verlangsamt werden, ohne die Tonhöhe dabei zu verändern, so kann das mit Hilfe des Zeitraffers und -dehners (Abb. 12) [5] geschehen. Bei der Zeit-

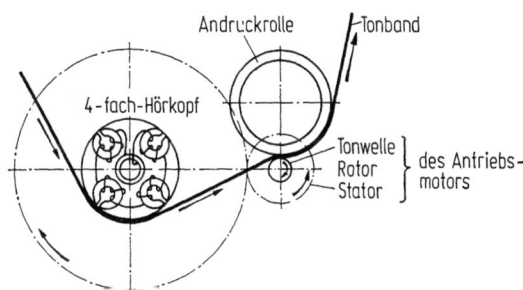

Abb. 12. Zeitraffer und -dehner.

raffung z. B. wird das Band schneller abgespielt und die Abtastung erfolgt durch vier Köpfe, die auf dem Umfang eines rotierenden Zylinders von etwa 30 mm Durchmesser angebracht sind, um den das Band mit einem Umschlingungswinkel von 90° herumgeführt wird. Wenn die Umfangsgeschwindigkeit so gewählt wird, daß die Relativgeschwindigkeit zwischen Band und Kopf gleich der Aufnahmegeschwindigkeit ist, bleibt die ursprüngliche Tonhöhe erhalten. Die Zeitraffung erfolgt dadurch, daß jedesmal, wenn ein Spalt den anderen ablöst, das zwischen ihnen befindliche Bandstück ausgelassen wird. Je nach dem Grad der Raffung werden also mehr oder weniger Intervalle aus der Modulation herausgeschnitten.

Bei der Zeitdehnung werden dementsprechend in periodischen Abständen kurze Abschnitte des Bandes zweimal abgetastet.

Schließlich kann man bei Aufnahmen, die mit von der Norm abweichender Geschwindigkeit wiedergegeben werden, um die Tonhöhe zu verändern, den ursprünglichen Rhythmus mit Hilfe des Gerätes wieder herstellen. Allerdings ist die Qualität einer nach solchen Verfahren behandelten Aufnahme so beeinträchtigt, daß es nur zur Erzielung von Effekten, z.B. in Hörspielen, verwendet werden kann. Immerhin bleibt bei der Raffung und Dehnung die Sprachverständlichkeit im ganzen Arbeitsbereich des Gerätes (50% bis 180% der ursprünglichen Programmdauer) erhalten.

Zeitverzögerungen von etwa 100 ms bis zu vielen Sekunden lassen sich durch leichte Abänderungen von normalen Magnettongeräten erzielen, die zweckmäßig als Schleifengeräte verwendet werden. Der jeweils gewünschte Wert kann durch Verschieben des Sprech- oder Hörkopfes oder durch Verändern der Bandgeschwindigkeit eingestellt werden. In speziellen Verzögerungsgeräten werden neben bandförmigen Trägern besonders auch für kleine Verzögerungszeiten Magnetplatten oder mit Magnetfolie beklebte Zylinder benutzt. Die Schwierigkeit ist bei allen Konstruktionsformen der schnelle Verschleiß der immer wieder abgetasteten Magnetschicht. Abhilfe ist durch Abtastung per Distanz möglich. Da diese Distanz jedoch nur wenige μm betragen darf und sehr konstant sein muß, sind solche Geräte sehr aufwendig und haben sich infolgedessen kaum durchgesetzt. Eine relativ einfache Lösung besteht darin, daß man den Tonträger von der Rückseite her bespricht und abtastet, die verschleißfeste Trägerfolie also zur Distanzhaltung benutzt.

Der unvermeidliche Nachteil der Abtastung per Distanz, die starke Dämpfung besonders der kurzen Wellenlängen, kann durch höhere Trägergeschwindigkeit nur zum Teil ausgeglichen werden. Die erforderliche Frequenzgangkorrektur ist nicht ohne Verlust an Geräuschspannungsabstand möglich.

Neuerlich werden daher für Kurzzeitverzögerungen vielfach rein elektronisch arbeitende Geräte verwendet, bei denen digital kodierte Signale in Schieberegistern gespeichert werden. Von den zahlreichen Anwendungsmöglichkeiten seien hier genannt: Künstliche Echos, Zeitverzögerung von Nachhall, Verzögerung zur Laufzeitkompensation bei der Beschallung großer Räume durch Lautsprecher und Verzögerung des aufzuzeichnenden Signals gegenüber der Rillensteuerung bei der Schallplattenproduktion.

Die Iteration, d.h. das mehrfache Umspielen und Wiedergeben von Signalen kann bei Untersuchungen mit Vorteil dazu verwendet werden, kaum wahrnehmbare Klangänderungen deutlich hörbar zu machen. Dabei können diese Veränderungen sowohl vom Magnettongerät selbst als auch von eingeschleiften weiteren Übertragungsgliedern herrühren. Will man quantitative Aussagen aus solchen Versuchen ableiten, so ist

4. Betriebstechnik

zu beachten, daß sich die einzelnen Effekte nach unterschiedlichen Gesetzen summieren: Pegel- und Frequenzgangsabweichungen sowie Laufzeiten addieren sich linear, bei Rauschspannungen summieren sich die Leistungen, die Addition von Verzerrungsproduktion verlangt in jedem Fall besondere Überlegungen. Die natürlichen Grenzen des Verfahrens liegen darin, daß sich nicht nur die interessierenden Einflüsse, sondern zwangsläufig auch alle anderen summieren und daß man diesem Effekt nur in beschränktem Maße durch Auswahl der Signale und der Aufzeichnungsbedingungen entgegenwirken kann.

Eine einfache Einrichtung für die Iteration mit nur einem Magnettongerät erhält man, indem man bei einem Bandschleifengerät die Köpfe in der Reihenfolge Hörkopf, Löschkopf, Sprechkopf anbringt und die Ausgangsspannung des Wiedergabekanals dem Aufsprechkanal zuführt. Dabei muß sehr sorgfältig darauf geachtet werden, daß das Übertragungsmaß bei allen Frequenzen 1:1 beträgt.

4.1.2. Elektronische Musik

Bei der Erzeugung elektronischer Musik, bei der häufig eine Vielzahl von Tönen, Klängen und Geräuschen zusammengefügt werden muß, leistet die Vielspurtechnik wertvolle Dienste. Benutzt man für jeden Klanganteil eine eigene Spur, so kann Zeitpunkt und Dauer erprobt und erforderlichenfalls geändert werden, ohne daß das bereits Erstellte zerstört werden muß. Die Pegel der einzelnen Anteile brauchen sogar erst beim endgültigen Zusammenmischen festgelegt zu werden. Reicht die Anzahl der Spuren nicht aus, so kann zunächst ein Teil zusammengemischt und in einer Spur festgehalten werden, so daß die übrigen Spuren wieder zur Verfügung stehen. Eine unmittelbare Gestaltungsmöglichkeit bietet das Schneiden besprochener Bänder, mit dem sich auf einfache Art beliebige Ein- und Ausschwingvorgänge und sehr komplizierte Pegelverläufe (Abb. 13) und Kompositionen darstellen lassen. Abb. 14 zeigt ein Beispiel, in dem solche besprochenen Abschnitte auf einem magnetisch neutralen Träger zusammengeklebt sind.

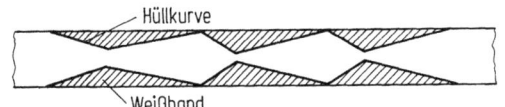

Abb. 13. Bandschnitte zur Herstellung von Hüllkurven.

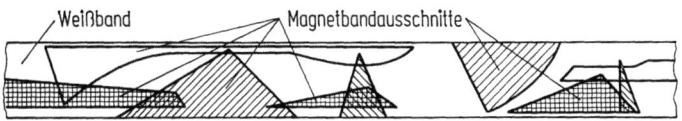

Abb. 14. Bandmosaik zur Erzielung beliebiger Pegelverläufe.

4.2. Archivierung

Die erheblichen materiellen und ideellen Werte im Bandarchiv einer Rundfunkanstalt erfordern Maßnahmen zum Schutz der Bänder gegen Qualitätsverlust und Zerstörung. Die Robustheit der modernen Materialien Polyvinylchlorid und Polyester lassen Beständigkeit auch bei jahrelanger Lagerung ohne Schutzmaßnahmen erwarten, lediglich für alte Bänder auf Acetylzelluloseträger sollte eine Mindestluftfeuchtigkeit von 40% eingehalten werden. Die in der Nachkriegszeit aufgetretenen Schichtablösungen werden nach Verwendung geeigneter Bindemittel nicht mehr beobachtet, die Gefährdung betrifft in erster Linie die Magnetisierung selbst. Unbeabsichtigte Löschung oder Anlöschung setzt Feldstärken von einigen Oe voraus. Daher sind Einwirkungen des Erdfeldes (0,2 Oe), von Mehrleiterkabeln (bei 3×50 A 0,1 Oe in unmittelbarer Nähe) oder Antennen von Großsendern (0,35 Oe bei 10 V/m Feldstärke) ausgeschlossen, Blitzeinschläge von 20 kA in 50 m Entfernung (10 Oe) gerade merklich. Aber die Wirkung kleiner Permanentmagnete wie in Entmagnetisierungsvorrichtungen, Lautsprechersystemen, magnetischen Hafteinrichtungen oder Kinderspielzeug enthalten, in unmittelbarer Nähe (1000 Oe) kann die Aufzeichnung völlig zerstören. Haarrisse in Tonrollen mit nur schwacher remanenter Magnetisierung oder im Falle eines Erdschlusses über einem Bandkarton liegende Zuleitungen eines Haushaltsgerätes können eine periodische Störaufzeichnung hervorrufen.

Schwache Gleichfelder von einigen Oe erhöhen das Rauschen, schwache Wechselfelder begünstigen das Kopieren der Magnetisierung der Nachbarwindungen. Die Stärke des Kopiereffektes steigt mit der Temperatur und ist bei 40° bereits etwa 6 dB größer als bei Zimmertemperatur. Archivierungstemperaturen sollen daher auch kurzzeitig nicht über Zimmertemperatur ansteigen. Damit ist dann auch eine Verminderung der Festigkeit des Trägermaterials oder gar eine Überschreitung des Curiepunktes selbst von CrO_2-Bändern völlig ausgeschlossen. Obwohl handelsübliche Magnetbänder den Anforderungen an Sicherheitsfilm nach DIN 15556 entsprechen, sollte eine Reihe von Sicherheitsmaßnahmen bei der Anlage von Archiven getroffen werden, da im Brandfalle beim Überschreiten einer Umgebungstemperatur von 300 bis 500° die Bänder zerfallen und bei einigen Bandtypen toxische oder stark korrodierende Gase frei werden. Archive sollen zwar in der Nähe der Produktionsstudios und Senderegien liegen, aber nicht in Gebäuden, in denen sich viele Menschen aufhalten und nicht in der Nähe von Ölfeuerungs- oder Öllagerstätten. Die Archive sollen feuerhemmende Türen und Türschwellen zum Verhindern des Eintretens brennender Flüssigkeiten haben. Rauchen sowie die Verwendung von Elektrowärmegeräten

4. Betriebstechnik

und die Ansammlung von brennbaren Materialien, von Karteien, Papierkörben, Klebe- und Reinigungsmitteln sowie Schellackplatten sollte untersagt sein. Selbständige Feuermelde- und CO_2-Löschanlagen sollten vorgesehen sein. Die Archivgestelle sollen aus Stahl bestehen, die Bandkartons imprägniert sein. Etwaige magnetische Türverschlüsse sollen so angeordnet sein, daß Bänder nicht in ihre unmittelbare Nähe gebracht werden können.

Die Bänder sollen auf Spulenkerne nach DIN 45515 oder auf Flanschspulen nach DIN 45517 aufgewickelt sein, letzteres zweckmäßig beim internationalen Programmaustausch zum Schutz vor Transportschäden. Spulenkerne aus Stahl können Störgeräusche verursachen, wenn Restmagnetisierungen hohe Magnetfeldstärken am Einfädelschlitz für das Bandende ergeben. Spulenkerne aus Kunststoff müssen genügend stabil sein, da sich sonst unter dem radikalen Druck der Bandwindungen während der Archivierung das Mittelloch verengt, was bei späterem Auflegen auf den Bandteller häufig zu einem Auseinanderfallen des Wickels führt. Um solche Bänder retten zu können, wurden Spezialspulenkerne entwickelt.

Archiviert werden Aufzeichnungen mit einem erwarteten Wiederholungswert. Tagesaktualitäten werden wegen des im Pressegesetz festgelegten auf drei Monate begrenzten Gegendarstellungsrechtes im allgemeinen nur auf Monitorbänder (siehe 4.4. Langzeitregistrierung) festgehalten, die zu Überwachungszwecken das gesamte Tagesprogramm mit verminderter Qualität speichern. Archivbänder enthalten üblicherweise einen einzigen Musiktitel, bei Überschreitung der Aufzeichnungskapazität von 40 min bei 38 cm/s Bandgeschwindigkeit einen Satz eines Konzertes. Umgekehrt werden kurze Titel zu Mehrtitelbändern zusammengestellt. Neben den Programmarchiven bestehen Geräuscharchive, z.B. für Hörspielproduktionen und Fernsehvertonungen. Für den internationalen Programmaustausch sind in CCIR-Empfehlung 261 und in IEC-Publ. 94 Festlegungen für die Konfektionierung aufgestellt worden, die den Betriebsablauf erleichtern sollen. Sie wurden durch nationale Festlegungen z.B. der ARD ergänzt. Danach ist die Bandrückseite über ihre ganze Länge mit einem Aufdruck (z.B. des Bandtyps) zu kennzeichnen. Die eigentliche Programmaufzeichnung soll 1 s nach dem Ende eines mindestens 1 m langen Vorspann- bzw. Zwischenbandes oder nach einer optisch und elektrisch abtastbaren Marke beginnen. Das Programmende ist durch ein Abschlußband zu kennzeichnen. Farbe der Vorspannbänder für 76 cm/s weiß, für 38 cm/s hellrot, für 19 cm/s blau, für 9 cm/s grau. Diese Farbkennzeichnung ist bei Stereobändern durch weiße (bei 76 cm/s schwarze) Querstreifen unterbrochen. Farbe des Zwischen- oder Endbandes gelb. Um selbsttätiges Anhalten aufgelegter Bänder am Programmbeginn oder -ende durch photoelektrische Einrichtungen zu ermöglichen, sollen die Vorspann- bzw. Zwischenbänder transparent sein.

Vorspannbänder sollen mindestens eine Archivnummer tragen, die ohne Hilfsmittel gelesen werden kann. Eine kodierte, magnetisch oder photoelektrisch abtastbare Kennzeichnung wird bei automatischem Sendeablauf erforderlich. Begleitzettel enthalten neben der Programmidentifikation die erforderlichen technischen Angaben wie Programmdauer, Entzerrung und Magnetisierungspegel. Die Programmdauer wird zweckmäßig bei Rückspulen der Bänder nach erfolgter Aufzeichnung selbsttätig durch Timegeräte ermittelt.

Für die schnelle Löschung ganzer Bandwickel, die teils aus urheberrechtlichen Gründen, teils wegen der Weiterverwendung der Bänder erforderlich ist, stehen spezielle Bandlöschgeräte zur Verfügung. Sie alle benutzen ein abklingendes, magnetisches Wechselfeld. Bei einigen Typen wird dieses erreicht, indem Kondensatoren über flache Spulen entladen werden, in denen sich die Wickel befinden. Andere Spulen werden aus dem Netz gespeist und das Abklingen wird durch Herausziehen der Bänder bewirkt. In beiden Fällen müssen die Wickel ein zweites Mal gelöscht werden, nachdem sie um 90° um die Spulenachse gedreht worden sind, da nur eine hinreichend starke Längskomponente des Feldes eine einwandfreie Löschung bewirkt. Bei einer Ausführung, bei der der Wickel über einem starken, vom Netz gespeisten Magneten rotiert und dann herausgeschwenkt wird, ist dies nicht erforderlich.

4.3. Betriebsmeßtechnik

Trotz mancher Fortschritte gehören die Laufwerke nach wie vor zu den Bestandteilen der Studios, die die häufigste Wartung erfordern. In Abständen von zwei bis drei Wochen werden daher vielfach routinemäßige Überprüfungen an Ort und Stelle durchgeführt.

Der Gleichlauf wird mit einem aufgezeichneten Meßton und Geräten nach DIN 45 507, also mit Frequenzbewertung und Quasispitzenanzeige gemessen. Da der Anteil periodischer Schwankungen bei hochwertigen Laufwerken gering ist, genügt eine Messung während der Aufzeichnung.

Zur Messung des Schlupfs wird der Meßton auf dem Anfang eines vollen Wickels aufgezeichnet, die beiden Wickel vertauscht und die jetzt am Ende des Bandes liegende Aufzeichnung abgespielt, wobei sich im allgemeinen eine etwas niedrigere Frequenz ergibt. Der relative Frequenzunterschied wird als Schlupf bezeichnet. Die meisten Tonhöhenschwankungsmesser erlauben es, diese nahezu stationäre Frequenz mit einem zusätzlichen trägen Anzeigeinstrument, das die kurzzeitigen Schwankungen unterdrückt, zu messen.

4. Betriebstechnik

Zur Messung des Bandzuges dienen einfache, mechanische Vorrichtungen, bei denen zwischen zwei festen Leitrollen eine weitere Rolle federnd angebracht ist. Das Band umschlingt diese Rolle und bewirkt eine dem Bandzug entsprechende Auslenkung, die auf einen Zeiger übertragen wird. Die Messung erfolgt im normalen Vorlauf, beim Vor- und Rückspulen und während der Bremsung. Um trotz der Trägheit der bewegten Teile unzulässig hohe Bandzugspitzen, vor allem beim Bremsen, zu erfassen, kann die Rolle vorgespannt werden, so daß nur die Überschreitung eines vorgegebenen kritischen Wertes angezeigt wird. Die Wirksamkeit der Bremsen wird durch Messen der Bremszeit von voller Vor- und Rückspulgeschwindigkeit bis zum Stand ermittelt. Die Momente der Standbremsen werden gemessen, indem man ein kurzes Stück Schnur auf die Wickelkerne wickelt und es über eine Federwaage mit möglichst gleichbleibender Geschwindigkeit abzieht.

Die betriebsmäßige Überprüfung des Azimuts der Hörköpfe kann durch Abspielen des Spaltprüfteiles eines Bezugsbandes und Eintaumeln auf maximale Ausgangsspannung erfolgen. Zweckmäßiger ist die Verwendung eines besonderen Spaltprüfbandes. Dieses Band enthält Vollspuraufzeichnungen einer hohen Frequenz, die abschnittsweise mit einem um den gleichen Winkelbetrag nach rechts oder links dejustierten Spalt vorgenommen wurden („Fischgrätenmuster"). Beim Abtasten mit einem genau senkrecht stehenden Spalt ergibt sich für beide Aufzeichnungen die gleiche Spaltdämpfung, beim Abtasten mit fehlerhafter Spaltrichtung entstehen periodische Pegelsprünge. Die Spaltrichtung kann damit ohne Dejustieren geprüft werden. Wegen der einfacheren Herstellung werden meist Bänder verwendet, die in der Nähe der oberen und der unteren Bandkante je eine schmale Spur tragen und bei denen diese Aufzeichnungen eine periodisch wechselnde Phasenverschiebung gegeneinander besitzen. Die Wirkungsweise ist dann die gleiche wie beim „Fischgrätenband".

Die Prüfung des Sprechkopfazimuts erfolgt durch Aufsprechen einer hohen Frequenz und Einstellen auf maximale Ausgangsspannung. Starke Pegelschwankungen bei optimal eingetaumelten Köpfen deuten auf mangelhafte Bandführung hin, die durch Nachjustieren der Höhenführungen verbessert werden muß. Eine solche Justage ist häufig nur für den jeweils benutzten Bandtyp optimal. Eine für alle Bandtypen günstige Einstellung läßt sich auf optischem Wege mit Hilfe eines Werkstattmikroskops erreichen; dies wird jedoch im allgemeinen der Herstellerfirma überlassen.

Bei Mehrspurgeräten, insbesondere solchen für Stereoaufnahmen, erfolgt die Kopftaumelung so, daß die Schwerpunkte der Einzelspalte senkrecht zur Bandlaufrichtung liegen. Beim Hörkopf geschieht dies mit Hilfe des Bezugsbandes, das zu diesem Zweck eine 10 kHz- Aufzeichnung trägt, die sich über die gesamte Breite des Bandes erstreckt. Bei 4-Spurgeräten wird die Phasenlage mit drei Oszillographen geprüft. Für die gemeinsame Horizontalablenkung wird eine der mittleren Spuren benutzt, die drei anderen Spuren ergeben die Vertikalablenkung. Der Kopf wird so eingetaumelt, daß sich bei gleicher Empfindlichkeit in x- und y-Richtung für möglichst viele Spuren eine Annäherung der Ellipsen an die 45°-Linie ergibt. Ist das Verhältnis von Breite zu Länge bei einer oder zwei der Ellipsen größer als 1:4, so kann der Kopf nicht für die Stereo- wohl aber für die normale Mehrspurtechnik verwendet werden.

Beim Eintaumeln des Sprechkopfes verfährt man sinngemäß. Da hier in die Breite der Ellipse die Fehler von Hör- und Sprechkopf eingehen, darf das Verhältnis bis zu 4:7 betragen.

Verstärkung und Frequenzgang der Wiedergabeverstärker werden durch Abspielen eines Bezugsbandes überprüft und erforderlichenfalls nachgestellt. Die Einstellung der Aufnahmeverstärker erfolgt mit Hilfe des Leerbandteiles oder bei Verwendung eines einheitlichen Bandtyps in Betrieb besser durch Einmessen auf ein Band dieses Typs.

Der Arbeitspunkt wird unter Verwendung des Bezugsleerbandes bei 38 cm/s eingestellt, indem man den HF-Strom von kleinen Werten ausgehend so lange erhöht, bis bei Aufsprache von 10 kHz die maximale Empfindlichkeit überschritten und eine um 2 dB geringere erreicht ist. Bei 19 cm/s wird auf −3 dB bei 10 kHz eingestellt. Zur Prüfung des Arbeitspunktes kann mit Vorteil ein besonderes Prüfband verwendet werden, das aus abwechselnd aufeinanderfolgenden Abschnitten von zwei Bändern mit unterschiedlichen Eigenschaften besteht, die so ausgewählt wurden, daß sich der gleiche Ausgangspegel für 1 kHz auf beiden Arten von Abschnitten ergibt, wenn der Vormagnetisierungsstrom richtig eingestellt ist.

Zur betrieblichen Überprüfung der nichtlinearen Verzerrungen genügt eine Messung der kubischen Verzerrungen bei 1 kHz.

Geräusch- und Fremdspannung werden „über Band" geprüft. Nur bei unzulässig hohen Werten ist eine Prüfung der einzelnen Komponenten erforderlich. Eine Aufmagnetisierung der Köpfe oder der Bandführungsteile sowie eine Unsymmetrie des Vormagnetisierungsstromes, die eine den Rauschpegel erhöhende Gleichfeldaufzeichnung hervorrufen, lassen sich sehr empfindlich mit Hilfe des Sprossenbandes nachweisen. Dieses Band ist nur teilweise, und zwar in Form von Querstreifen mit Magnetit beschichtet. Eine Gleichfeldaufzeichnung ergibt beim Abspielen ein mäanderförmiges Signal. Da hier die Gleichfeldmagnetisierung unmittelbar und nicht sekundär über das erhöhte Rauschen erfaßt wird, ist die Messung außerordentlich empfindlich.

Neben diesen turnusmäßig in den Studios durchgeführten Meß- und

4. Betriebstechnik

Wartungsarbeiten erfolgen bei neuen Geräten oder nach größeren Reparaturen eingehendere Prüfungen in den Meßräumen.

Die Bandgeschwindigkeit wird mit Wickeln gleichen Durchmessers auf beiden Bandtellern mit einem Band bestimmt, das eine exakte 50-Hz-Aufzeichnung trägt. Die Abhängigkeit der Bandgeschwindigkeit von der Netzfrequenz bei Synchronlaufwerken wird dadurch eliminiert, daß die abgetastete Frequenz mit der Netzfrequenz durch Beobachtung von Lissajousfiguren verglichen wird. Die prozentuale Abweichung von der Sollgeschwindigkeit ist $1/t$, wenn t die Anzahl der Sekunden ist, die zwischen zwei strichförmigen Konfiguratoren liegt. Das Vorzeichen der Abweichung läßt sich durch leichtes Bremsen des Abwickeltellers ermitteln.

Beim Austausch von Köpfen muß besonders bei Mehrspurgeräten deren Höhe sehr exakt eingestellt werden. Dazu dienen bei Hörköpfen spezielle Prüfbänder. Sie tragen nur in den Trennspuren Aufzeichnungen, die bei fehlerhafter Höheneinstellung unterschiedliche Spannungen in den Köpfen für die benachbarten Spuren induzieren. Eine Justierung nach den auf diesen Bändern ebenfalls vorhandenen Einzelspuraufzeichnungen durch Messen des Übersprechens ist wesentlich ungenauer, erlaubt jedoch, Köpfe auf ihre Übersprechdämpfung hin zu prüfen. Zur Prüfung der Spurlage bei der Aufzeichnung dient der Meß-Tape-Viewer (Abb. 15). Bei ihm befindet sich zwischen zwei dünnen Folien eine Auf-

Abb. 15. Meß-Tape-Viewer mit 1″-Vierspurband und Markierungsband für die Spurlagen.

schwemmung von Magnetit. Legt man das Gerät auf ein besprochenes Band, so greifen dessen Kraftlinien durch die untere Folie hindurch und bewirken eine Ausrichtung der Partikel. Durch die obere, durchsichtige Folie kann das so entstandene Bild der Spuren betrachtet werden. Ein unter dem Prüfling befindliches, zweites Bandstück trägt magnetische

Marken für die Sollage der Spuren. Diese Aufzeichnung zeichnet sich durch Prüfling und Folie hindurch ebenfalls ab, so daß ein parallaxefreies Bild der Spuren und ihrer Sollbegrenzung entsteht.

Die routinemäßige Überprüfung erlaubt es nicht, Eigenschaften von Köpfen und Verstärkern getrennt zu erfassen. Zu diesem Zweck dient beim Wiedergabekanal ein Bandflußnetzwerk, das den Frequenzgang des Flusses eines Bezugsbandes nachbildet. Die Ausgangsspannung des Netzwerkes kann entweder differenziert und dann unmittelbar dem Eingang des Verstärkers zugeführt oder über eine vor dem Hörkopf angebrachte Einspeisespule induktiv übertragen werden. Der Vergleich der beiden Meßergebnisse erlaubt die Bestimmung der Kopfempfindlichkeit und der Wirbelstromverluste. Ein Vergleich mit dem Frequenzgang, der sich beim Abtasten eines Bezugsbandes ergibt, gestattet eine Beurteilung der Spalteigenschaften des Kopfes. Zur Prüfung der Aufsprechverstärker dienen Filter, die eine getrennte Messung von Tonfrequenz- und Vormagnetisierungs- oder Löschstrom ermöglichen.

4.4. Programmüberwachung

Wegen der aktuellen Sendungen, die aus rechtlichen Gründen für mehrere Monate festgehalten werden müssen, wird das gesamte Programm aufeinanderfolgend in zahlreichen schmalen Spuren und mit geringer Bandgeschwindigkeit auf Sondermaschinen, ähnlich wie bei der Flugüberwachung, aufgezeichnet. Die Qualitätsanforderungen gehen dabei über eine eindeutige Verständlichkeit kaum hinaus.

Bei Geräten zur Erfassung technischer Störungen wird das Programm zunächst in Studioqualität auf einer endlosen Schleife, von z.B. einer Minute Länge aufgezeichnet und nach einem Umlauf wieder gelöscht. Nur im Falle von Störungen wird das so gespeicherte Programm auf eine normale Anlage überspielt und dauernd festgehalten. Das Einschalten des zweiten Laufwerks kann von Hand oder durch Überwachungsautomaten erfolgen.

4.5. Fremdstörungen

Magnettonanlagen im Rundfunkbetrieb können Betriebsstörungen anderer Geräte durch induktive Beeinflussung verursachen und selbst durch solche gestört werden.

Aktive Störungen durch Schalt- oder Kollektorgeräusche von Laufwerken dürfen weder den Aufnahme- und Wiedergabevorgang stören, noch das Nachbargerät in der rundfunküblichen Anordnung eines Laufwerkpaares für pausenlosen Betrieb. Sofern sie nicht durch Verwendung

4. Betriebstechnik

von elektronischen Schaltern oder kollektorlosen Motoren ganz vermieden werden können, müssen Funkentstörungen nach Funkstörgrad k gemäß VDE 0875 vorgesehen werden. Neben Knack- sind Dauerstörungen durch die Lösch- und Vormagnetisierungsfrequenz möglich. Diese ergeben mit den aufgezeichneten Programmsignalen Interferenztöne wechselnder Frequenz. Bei hohen, subjektiv leisen Nutzfrequenzen und Differenzfrequenzen im Gebiet hoher Ohrempfindlichkeit sind sie besonders störend. Weiter können konstante Pfeiftöne bei der Aufzeichnung von Stereoprogrammen auftreten, wenn der Pegelabstand zu Pilottonresten mit 19 und 38 kHz nicht mindestens 60 dB beträgt, siehe DIN 45511. Der Betrieb von Reportagegeräten in Flugzeugen kann infolge Störung der Navigationseinrichtungen durch die Vormagnetisierungfrequenz die Flugsicherheit gefährden und damit vom Flugzeugführer auch dann untersagt werden, wenn die Geräte den Lizensierungsbedingungen in CCIR-Empfehlung 232/1959 entsprechen.

Störungen von Magnettonanlagen durch äußere HF-Felder müssen durch Schirmung der gestörten Anlageteile und Verdrosselung der Anschlußleitungen vermieden werden. Tonfrequente Einstreuungen auf die Zuleitungen sind durch ausreichende Symmetrie im Bereich der Störfrequenzen zu vermeiden. Im allgemeinen wird hier eine Unsymmetriedämpfung von 60 dB nach DIN 45404 ausreichend sein. Netzseitige Störungen sind durch oberwellenhaltige Stromversorgung möglich. ARD fordert Innehaltung der Qualitätsbedingungen bei Betrieb an Netzen, solange die geometrische Summe der Harmonischen bis zur siebenten 10% und die der höheren Harmonischen insgesamt 2% nicht überschreitet. Weiter müssen Störungen durch Signale von Tonfrequenz-Rundsteueranlagen im Stromversorgungsnetz ausgeschlossen werden. Für Frequenzen zwischen 150 und 500 Hz ist eine maximale Signalamplitude von 20 V, darüberhinaus mit $1/f$ abfallend bis zu 2 kHz von den Elektrizitätsversorgungsunternehmen festgelegt worden.

Brummstörungen in den Tonfrequenzkreisen können durch sternförmige Erdverbindungen klein gehalten werden, Erdschleifen sind zu vermeiden. Es kann zweckmäßig sein, Hörköpfe mit einem statischen Schirm zu versehen, der mit dem 0 V-Eingang des Wiedergabeverstärkers (Fernmeldebetriebserde) verbunden wird, während ein der Berührung zugängliches Gehäuse mit der Masse des Laufwerks verbunden werden muß, das seinerseits an der Schutzerde des Starkstromnetzes liegt. Die in den Bestimmungen für Fernmeldeerdungsanlagen VDE 0800, Teil 2, zunächst allgemein vorgesehene Verbindung der Fernmeldebetriebserde mit der Schutzerde führt häufig zu Brummstörungen. Im neu hinzukommenden § 22 werden jetzt gleichwertige Schutzmaßnahmen für Studioanlagen im Fernseh- und Rundfunkbereich angegeben, die einen störungsfreien und unfallsicheren Betrieb ohne Erdung gestatten.

Literatur

1. N. N.: Digital Magnetic Recording: Conventional Saturation Techniques. BBC Research Department Report No. 1972/9.
2. van Maaren, A.: Editing Audio Tape Recording without Splicing. EBU Review Part A (1966) 244—250.
3. Pasemann, K. O.: Zur Aufnahmetechnik im Cue-Verfahren. RTM 13, H. 3 (1969) 135.
4. Eldridge, D. F.; Babo, A.: The Effect of Trackwidth in Magnetic Recording. IRE Transactions on Audio Nr. 1 (1961).
5. Springer, M.: Gerät zur zeitlichen Dehnung und Raffung von Schallaufnahmen. Acustica 5 (1955) 279—283.
6. Rank, W.: Das Studio-Kassettensystem M 19. Funkschau 9 (1974) 317—319.
7. Sauerborn, H.: Automation des Kassetten-Tonbandarchivs und Abspielbetriebes im Hörfunk. RTM 19, H. 1 (1975) 9.

Bildtechnik

A. Verwendung der Magnetspeichertechnik bei der Fernsehaufzeichnung

Herbert Fix, Werner Habermann

1. Grundlagen der magnetischen Videosignalaufzeichnung [21, 22]

Die Technik der Speicherung von Videosignalen auf magnetisierbaren Schichten hat in den letzten beiden Jahrzehnten eine stürmische Entwicklung genommen. Sie hat inzwischen einen sehr hohen Qualitätsstandard erreicht und sich damit in den modernen Fernsehstudios einen festen Platz gesichert. Aufzeichnungen von Fernsehsendungen sind — auch für den Fachmann — vom Original kaum mehr zu unterscheiden. Aus diesem Grund wird heute bereits bei einem großen Teil der vorproduzierten Fernsehprogramme — gleichgültig ob Schwarz/Weiß oder Farbe — neben dem Film als Speichermedium das Videomagnetband verwendet.

Zwischen der in den anderen Kapiteln dieses Buches ausführlich behandelten Tonsignalaufzeichnung und der Videosignalaufzeichnung bestehen eigentlich keine grundsätzlichen Unterschiede, denn es handelt sich in beiden Fällen um die Speicherung gegebener Signalverläufe auf einem magnetisierbaren Informationsträger mit Hilfe von Magnetköpfen. Die technische Realisierung wird jedoch stark beeinflußt durch die sehr viel größere Frequenzbandbreite und die extrem hohen Anforderungen an die Zeitstabilität des Videosignals, besonders bei der Aufzeichnung von Farbfernsehprogrammen.

1.1. Frequenzbandbreite

Das Videosignal in der eingeführten 625/50-CCIR-Norm für S/W und Farbfernsehen enthält Frequenzkomponenten, die sich von sehr tiefen Frequenzen — praktisch von der Frequenz 0 — bis zu einer oberen Grenzfrequenz von 5 MHz erstrecken. Die daraus resultierende große Bandbreite beträgt demnach mehr als das 300fache des Tonfrequenzbereiches, der bekanntlich von 40 Hz bis 15 kHz reicht; anders ausgedrückt, sie enthält etwa die doppelte Zahl von Oktaven. Die durch das Induktivitätsgesetz gegebenen Zusammenhänge verbieten es, einen so großen Frequenzbereich direkt aufzuzeichnen. Wird dagegen das

216   A. Verwendung der Magnetspeichertechnik bei der Fernsehaufzeichnung

Videosignal einer geeigneten Trägerfrequenz aufmoduliert, läßt sich das Verhältnis der oberen zur unteren Grenzfrequenz auf einen kleineren Wert reduzieren, bei dem der gesamte Speichervorgang noch gut beherrschbar ist (Abb. 1). Allerdings wird man dadurch — auch wenn man

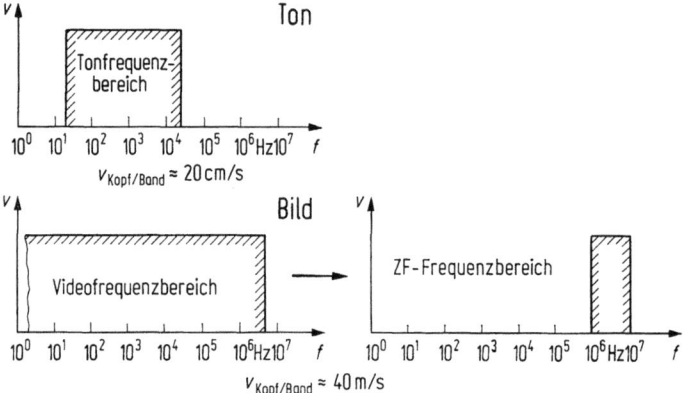

Abb. 1. Frequenzbereiche in der Magnetaufzeichnung.

an eine Einseitenbandtechnik denkt — einen gegenüber dem Videofrequenzbereich nach oben erweiterten Aufzeichnungsfrequenzbereich (Zwischenfrequenzbereich) in Kauf nehmen müssen, d.h. die obere Grenzfrequenz muß bei der weiteren Betrachtung mit 10 bis 15 MHz angesetzt werden (siehe auch Abschnitt 3.1.1).

Eine derartige Erhöhung der oberen Grenzfrequenz des Aufzeichnungs- und Wiedergabesystems ist bekanntlich nur durch Verringerung der Spaltbreite des Magnetkopfes und Erhöhung der Relativgeschwindigkeit zwischen Magnetkopf und Aufzeichnungsträger möglich. Wenn man davon ausgeht, daß beim heutigen Stand der Technik einwandfrei arbeitende Videoköpfe mit Spaltbreiten von 1 bis 2 µm hergestellt werden können, mit denen sich noch eine kürzeste Wellenlänge von etwa 3 µm wiedergeben läßt, kommt man für die angegebenen oberen Grenzfrequenzen zu Relativgeschwindigkeiten von etwa 25 bis 50 m/s.

1.2. Zeitstabilität

Schwankungen der Relativgeschwindigkeit zwischen dem Magnetkopf und dem Informationsträger beeinflussen das wiedergegebene Signal in Form einer Frequenzmodulation, die bei der Tonaufzeichnung als störende Tonhöhenschwankung in Erscheinung tritt. Bei guten Tonaufnahmen liegt die Toleranzgrenze für die Geschwindigkeitsänderung bei 0,15%. Wesentlich höher sind die Anforderungen bei der Videoaufzeichnung, denn das Videosignal enthält auch die Synchronisierinformation für den Schreibvorgang auf dem Bildschirm des Fernsehempfängers. Zeitschwankungen im Synchronsignal wirken sich als feststehende oder zeitlich veränderliche horizontale Verschiebung des gesamten Fernsehbildes oder einzelner Bildteile aus. Bereits geringe Schwankungen von 1 bis 2 $^0/_{00}$ der Bildbreite sind — je nach Bildinhalt — gerade erkennbar [1]. Besonders kritisch sind Verschiebungen einzelner Bildteile gegeneinander. Dies bedeutet für übliche Empfänger bei Berücksichtigung der Regeleigenschaften der Ablenkschaltung, daß die Konstanz der Zeilenfrequenz besser als 10^{-5} sein muß. Die Anforderungen steigen noch weiter, wenn das wiedergegebene Signal mit Signalen anderer Studiobildquellen gemischt werden soll. Hierbei kommt es auf den Zeitfehler gegenüber dem Studiotakt an, der 0,1 µs nicht überschreiten darf, wenn die gemischten Bilder auf dem Bildschirm keine sichtbare Relativbewegung gegeneinander ausführen sollen. Diese Genauigkeit reicht jedoch immer noch nicht aus, wenn es sich um die Aufzeichnung von Farbfernsehsignalen handelt. Die Farbinformation wird nämlich einem am oberen Ende des Videofrequenzbandes untergebrachten Farbträger in Amplitude und Phase aufmoduliert. Phasenfehler im wiedergegebenen Signal beeinflussen deshalb die Farbwiedergabe. Um sichtbare Farbfehler zu vermeiden, müssen die Zeitfehler in diesem Fall sogar kleiner als 0,005 µs sein. Solche hohen Anforderungen an die Laufstabilität sind mit einem elektronisch geregelten mechanischen System — wie es die Antriebseinrichtungen einer Videoaufzeichnungsanlage darstellen — allein nicht zu erfüllen. Es bedarf zusätzlich der Anwendung von rein elektronisch arbeitenden, sehr schnell wirkenden Laufzeitkorrekturgliedern für das Videosignal.

2. Überblick über die Entwicklung der Videosignalaufzeichnung

2.1. Längsspuraufzeichnung

Der nächstliegende Weg zur Realisierung der benötigten großen Relativgeschwindigkeit zwischen Videokopf und Band wäre eine im Grundprinzip einem Tonbandgerät ähnliche Aufzeichnungsanlage mit hoher Bandtransportgeschwindigkeit unter Verwendung eines schmalen $1/4''$-Magnetbandes. Die Speicherung der Information erfolgt dabei in Längsrichtung, d.h. in Richtung des Bandtransportes (Abb. 2). Ein offensichtlicher Nachteil dieser Methode ist die benötigte große Bandlänge. Dies führt dazu, daß selbst für nur kurze Aufzeichnungszeiten unhand-

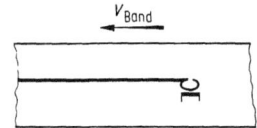

Abb. 2. Längsspurverfahren.

liche große Bandwickel erforderlich sind, obwohl man die für das Videofrequenzband benötigten Geschwindigkeiten noch lange nicht erreicht und sich mit 5 bis 10 m/s begnügen muß. Schwierigkeiten mit der Stabilität des Bandtransportes — bedingt durch die Annäherung an die Grenze des technisch Möglichen — kommen noch hinzu. Die genannten Gründe bewirkten, daß erste erfolgreiche Ansätze in den 50er Jahren sehr bald wieder aufgegeben wurden. Nach dem Längsspurprinzip arbeitende Anlagen entstanden bei RCA [2] und BBC [3], die letztere ist unter dem Namen „VERA" (Vision electronic recording apparatus) bekannt geworden.

Eine andere Methode, mit der die Problematik der Hochgeschwindigkeitsaufzeichnung vermieden werden sollte, wurde bereits in den Jahren 1948—1952 von Bing Crosby Enterprises [4] entwickelt. Durch Zerlegung des Videofrequenzbandes in 10 Abschnitte, die alle in den gleichen relativ niederfrequenten Bereich transformiert und auf einem $1/2''$-Magnetband in parallelen Spuren in Längsrichtung aufgezeichnet wurden, konnte man die erforderliche Bandgeschwindigkeit um eine Größenordnung reduzieren. Das praktisch ausgeführte Gerät arbeitete mit 2,5 m/s Bandgeschwindigkeit. Es ist jedoch leicht ersichtlich, daß mit einem solchen Verfahren die Schwierigkeiten lediglich in einen anderen Bereich verlagert wurden, nämlich die Zerlegung und Wiederzusammensetzung des Videofrequenzbandes. Zusätzlich waren eine Erhöhung der Stabilität des Bandtransports und eine Einengung der Schaltungstoleranzen gegenüber der Tonaufzeichnung notwendig, um sichtbare Bildstörungen zu vermeiden. Trotz Ausschöpfung aller technischen Möglichkeiten konnte auch dieses Verfahren keinen Eingang in die Praxis finden.

2.2. Querspuraufzeichnung

Der entscheidende Durchbruch zu praktisch verwendbaren Studiogeräten gelang Ginsburg bei der Firma Ampex Corporation im Jahre 1956 mit dem Querspurverfahren [5]. Bei diesem ebenso einfachen wie genialen

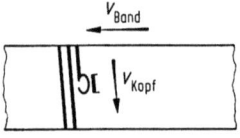

Abb. 3. Querspurverfahren.

Prinzip wird die Information auf einem verhältnismäßig breiten Magnetband ($2''$-Band) mit mehreren sehr schnell rotierenden Videoköpfen quer zur Transportrichtung aufgezeichnet (Abb. 3). Damit läßt sich die gewünschte hohe Kopf/Bandgeschwindigkeit bei normaler Tonbandgeschwindigkeit von etwa 38 cm/s für den Bandtransport erzielen. Das

Geschwindigkeitsverhältnis beträgt also ungefähr 1:100. Schwankungen im Bandtransport vermindern sich in ihrer Auswirkung auf die Stabilität des wiedergegebenen Signals im gleichen Verhältnis, so daß die Ungenauigkeit des Bandantriebssystems praktisch keinen Einfluß mehr hat. Der Bandlängenverbrauch hält sich in Grenzen, so daß mit noch einigermaßen handlichen Spulen bis zu 90 Minuten Programm gespeichert werden kann. Aus der Trennung von Videokopf- und Bandtransport — bedingt durch das Prinzip der Querspuraufzeichnung — ergibt sich jedoch eine Aufteilung der aufgezeichneten Information in viele einzelne relativ kurze Magnetspuren. Die bei der Wiedergabe erforderliche korrekte Zusammensetzung der Signalteile sowie die notwendige Verkopplung zwischen der Drehung des Videokopfes und dem Bandantrieb erhöhen den schaltungstechnischen Aufwand ganz erheblich. Relativ große, schwere und teure Geräte waren die Folge. Offensichtlich waren jedoch diese Nachteile nicht von entscheidender Bedeutung, da sehr bald auch die Radio Corporation of America (RCA) [6] das Querspurprinzip übernahm und — nach einer weltweiten Standardisierung der Spurlagen und der übrigen Aufzeichnungsparameter, die für einen Bandaustausch unbedingte Voraussetzung ist — auch weitere Firmen in Japan (Shibaden) und der Bundesrepublik Deutschland (Fernseh GmbH) mit eigenen Entwicklungen auf dem Markt erschienen. Heute arbeiten praktisch alle für hochwertige Studioaufzeichnungen eingesetzten Videomagnetbandgeräte nach diesem Verfahren.

2.3. Schrägspuraufzeichnung

In dem Bestreben, zu kleineren, leichteren und damit auch billigeren Aufzeichnungsgeräten zu kommen, wurde noch ein anderer Weg verfolgt, der auf einen Vorschlag von Schüller [7] aus dem Jahre 1953 zurückgeht. Die hohe Relativgeschwindigkeit läßt sich nämlich auch dadurch erreichen, daß mittels eines schnell rotierenden Videokopfes die Magnetspuren mit einer geringen Neigung zur Bandkante auf einem relativ langsam bewegten schmalen Band aufgeschrieben werden (Abb. 4).

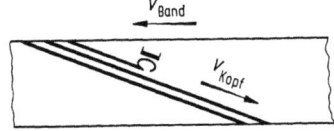

Abb. 4. Schrägspurverfahren.

Außerdem erlaubt es dieses Prinzip, die Zerlegung der Videoinformation in relativ kurze Abschnitte zu vermeiden und jeweils ein Halbbild ohne Unterbrechung auf einer Spur unterzubringen. Allerdings gehen dabei die zeitlichen Schwankungen des Bandtransportes oder mechanische Längsschwingungen des Bandes selbst fast voll in den Zeitablauf des wiedergegebenen Signals ein, da die Spuren praktisch in Längsrichtung des Magnetbandes liegen. Wegen der geringeren Breite und der bei der Schrägspuraufzeichnung üblichen langsameren Transportgeschwindigkeit des Magnetbandes von ungefähr 20 cm/s — daraus resultiert eine dichtere Beschriftung und damit eine bessere Bandausnutzung — lassen sich auf sehr handlichen Spulen sogar mehrere Stunden Programm speichern.

Zum ersten Mal wurde über einsatzfähige Geräte dieser Art im Jahre 1960 von Sawazaki [8] aus Japan berichtet. In der Zwischenzeit hat eine große Anzahl von Geräteherstellern in der gesamten Welt das Schrägspurprinzip ebenfalls aufgegriffen. Ursprünglich sah man die Anwendungsmöglichkeiten hauptsächlich auf dem Gebiet von Industrie, Forschung und Ausbildung. Der Heimgerätesektor mit sehr kleinen und preiswerten Geräten einerseits sowie die Entwicklung von hochwertigen Aufzeichnungsmaschinen für Studioanwendung andererseits kamen erst in jüngster Zeit hinzu. Insgesamt entstand im Laufe der Jahre eine Vielzahl von Typen in den verschiedensten Qualitäts- und Preisklassen, aber leider auch mit völlig unterschiedlichen Aufzeichnungsparametern. In sehr vielen Anwendungsfällen — besonders, wenn diese Geräte in der professionellen Fernsehtechnik eingesetzt werden sollen — ist die Austauschbarkeit von bespielten Bändern unbedingt Voraussetzung. Diese Kompatibilität muß — natürlich nur bei gleicher Magnetbandbreite — auch zwischen Geräten verschiedener Hersteller gefordert werden. Bemühungen um eine derartige Standardisierung blieben jedoch bis heute ohne Erfolg.

2.4. Kreis-, Spiral- und Schraubenspuraufzeichnung

Für ganz spezielle Anwendungszwecke, z.B. für die Aufzeichnung von Vorgängen, die nur von kurzer Dauer sind und unmittelbar nach der Speicherung wiedergegeben werden sollen — evtl. mehrfach wiederholt, im Zeitablauf verändert oder gar als stillstehendes Einzelbild — bieten sich Methoden an, bei denen das Videosignal in kreis-, spiral- oder schraubenförmigen Spuren auf rotierenden Folien, Platten oder Zylin-

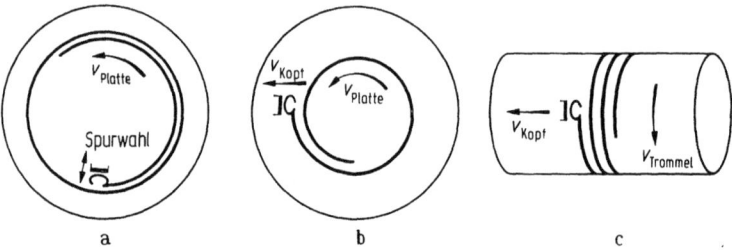

Abb. 5a—c. Kreis-, Spiral-, Schraubenspurverfahren.

dern mit magnetisierbarer Oberfläche aufgezeichnet wird (Abb. 5). Gemeinsam ist allen diesen Verfahren die relativ kurze Zugriffszeit zu jeder Stelle der aufgezeichneten Information, die in erster Linie mittels sehr schnell quer zur Aufzeichnungsrichtung über den Aufzeichnungsträger transportierbarer Videoköpfe erreicht wird. Das große Interesse an solchen Speichereinrichtungen — einerseits beim Fernsehrundfunk für den Einsatz als Zeitlupengeräte bei Sportereignissen, andererseits auf medizinischem Gebiet für die Verwendung bei der Röntgendiagnostik — hat zu einer raschen Entwicklung dieser Technik erheblich beigetragen. Erstmalig im Jahre 1962 wurden spezielle Ausführungen zur Aufzeichnung und Wiedergabe einzelner stehender Bilder bekannt (Trommelspeicher [9], Folienspeicher [10, 11]). Ein universell verwendbares Zeitlupengerät mit einer Speicherplatte, wie sie aus der Datenspeichertechnik bekannt ist, die jedoch an die speziellen Anforderungen der Videoaufzeichnung angepaßt werden mußte, wurde im Jahre 1967 in [12, 13] beschrieben. Entsprechende Geräte werden inzwischen von der Industrie angeboten und bereits laufend bei Farbfernsehübertragungen bedeutender Sportereignisse eingesetzt sowie auch zur regiemäßigen Bearbeitung von Fernsehproduktionen verwendet.

3. Technik der Videosignalaufzeichnung

3.1. Grundprinzipien und Eigenschaften des Aufzeichnungs- und Wiedergabekanals

Wie bereits im Abschnitt 1.1 begründet wurde, ist eine trägerfrequente Aufzeichnung notwendig, um die speziellen Probleme zu beherrschen, die aus der frequenzmäßigen Zusammensetzung des Videosignals resultieren. Deshalb wird das Videosignal zuerst in einem Modulator in einen geeigneten Zwischenfrequenzbereich (ZF-Bereich) umgesetzt. Es muß gewährleistet sein, daß der Modulator — bezogen auf das steuernde Videosignal — eine lineare frequenzunabhängige Übertragungscharakteristik besitzt. Zur Verbesserung des Störabstandes wird üblicherweise eine Voranhebung der hohen Videofrequenzen (Video-Preemphasis) vorgenommen (siehe Abschnitt 3.1.4).

Über den Aufsprechverstärker gelangt das ZF-Signal zum Videokopf, der den zur Magnetisierung des Bandes erforderlichen Magnetfluß erzeugt. Hierbei muß im gesamten ZF-Bereich ein streng frequenz- und phasenlinearer Zusammenhang gewährleistet sein, damit eine weitgehend gleichmäßige frequenzunabhängige Magnetisierung erreicht wird. Man geht dabei davon aus, daß die Konfiguration Videokopf/Magnetband so optimal ausgelegt wird, daß auch an dieser Stelle praktisch keine Beeinträchtigung des Aufzeichnungsfrequenzbereiches zu erwarten ist. Kleinere Unterschiede können durch verschiedene Videokopf- bzw.

222   A. Verwendung der Magnetspeichertechnik bei der Fernsehaufzeichnung

Videobandtypen bedingt sein. Dies ist jedoch nur beim Bandaustausch interessant, aber auch dann von relativ geringer Bedeutung.

Bei der Wiedergabe der gespeicherten Information wandelt der Videokopf die Magnetschrift wieder in das ZF-Signal zurück. Die Amplitude des erzeugten Signals ist hierbei in erster Näherung proportional der Frequenz. Im Wiedergabeverstärker muß deshalb zur Entzerrung eine Integrationsschaltung vorgesehen werden, damit ein frequenzlineares ZF-Signal dem Demodulator zugeführt werden kann, an dessen Ausgang das Videosignal in der ursprünglichen Form — von gewissen unvermeidbaren Verzerrungen abgesehen — zur Verfügung steht. Selbstverständlich ist nach der Demodulation noch eine Absenkung der hohen Videofrequenzen (Video-Deemphasis) erforderlich, deren Verlauf exakt reziprok zur Anhebung im Modulator sein muß.

3.1.1. Modulationssystem

Als Modulationsart wird bei der Videoaufzeichnung üblicherweise Frequenzmodulation [14] gewählt, weil damit bei der Wiedergabe eine starke Begrenzung des ZF-Signals zur Beseitigung unerwünschter Amplitudenschwankungen möglich ist. Charakteristisch für ein frequenz-

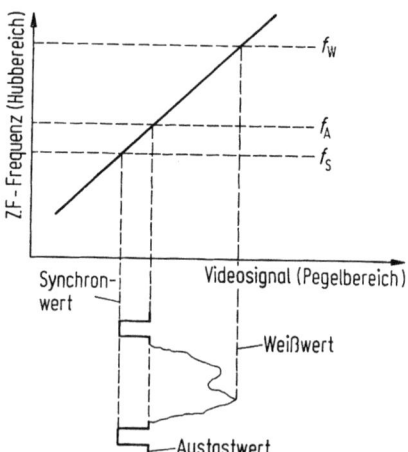

Abb. 6. Modulationskennlinie.

moduliertes Signal sind die Werte für den Hubbereich und die höchste zu übertragende Modulationsfrequenz, die bei der Videoaufzeichnung durch die obere Grenzfrequenz des Videosignals gegeben ist. Für die Grenzen des Hubbereiches (Abb. 6 zeigt eine typische Modulationskennlinie) gibt es zwei Kriterien: Er soll einerseits möglichst oberhalb des Videobereiches liegen, damit nach der Demodulation die Trennung des Videosignals vom ZF-Signal keine großen Schwierigkeiten bereitet.

3. Technik der Videosignalaufzeichnung

Andererseits darf er nicht zu weit nach hohen Frequenzen verschoben werden, weil mit steigender Frequenz oberhalb des frequenzproportionalen Bereiches — bedingt durch die Spaltfunktion und andere in dem System Videokopf/Magnetband begründete Verluste — die Nutzamplitude wieder abnimmt und damit der Störabstand geringer wird.

Der Hubbereich allein reicht allerdings für die Übertragung nicht aus. Die Amplituden von Träger und Seitenbändern einer frequenzmodulierten Schwingung ergeben sich aus den Bessel-Funktionen und erstrecken sich theoretisch bis ins Unendliche. Entscheidend für die Amplitude und damit für die Bedeutung bestimmter Seitenbänder ist der Modulationsindex

$$m = \frac{\Delta f}{f_{\text{mod}}} \quad \begin{array}{l} \Delta f = \text{Hub}, \\ f_{\text{mod}} = \text{Modulationsfrequenz}. \end{array}$$

Man erkennt, daß bei gleichem Hub mit wachsender Modulationsfrequenz der Modulationsindex linear abnimmt. Für $m > 10$, also einen großen Hub relativ zur Modulationsfrequenz genügt der Hubbereich vollständig für die Übertragung. Ist jedoch $m < 10$, wird eine ZF-Bandbreite von

$$f_{\text{Tr}} \pm n \cdot f_{\text{mod}} \quad | \quad f_{\text{Tr}} = \text{Trägerfrequenz}$$

benötigt. n hängt dabei von der Zahl der zu berücksichtigenden Seitenbänder, d.h. vom im Einzelfall gegebenen Modulationsindex ab. Besonders wichtig ist der Fall, der für die Übertragung des oberen Videofrequenzbereiches — in dem auch die Farbinformation enthalten ist — in Frage kommt. In heute üblichen Modulationssystemen (siehe 4.1)

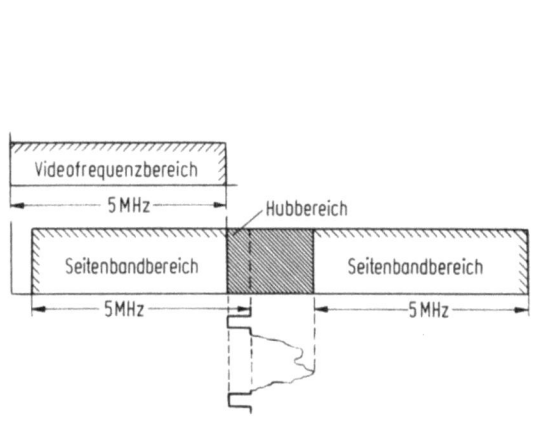

Abb. 7. Frequenzbänder FM-Signal.

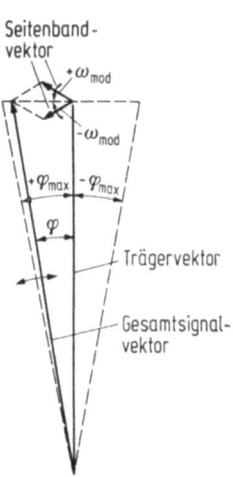

Abb. 8. Vektordiagramm FM-Signal.

kann man mit $m = 0{,}1$ bis $0{,}2$ rechnen. Bei einem so kleinen Modulationsindex sind auch die Seitenbänder höherer Ordnung bereits vernachlässigbar klein, es genügt völlig, wenn beiderseits des Hubbereiches je eine Seitenfrequenz berücksichtigt wird ($n = 1$), die der oberen Grenzfrequenz des Videobandes entspricht. Der sich aus diesen Überlegungen ergebende gesamte Bereich des frequenzmodulierten Signals, der für die Aufzeichnung eines Farbvideosignals notwendig ist, ist in Abb. 7 dargestellt.

Eine sehr gute und anschauliche Vorstellung von den Zusammenhängen bei der Frequenzmodulation gibt das Vektordiagramm Abb. 8. Um den Endpunkt eines Trägervektors, der zur Vereinfachung der Betrachtung als feststehend angenommen werden soll, rotieren die beiden Seitenbandvektoren mit der Frequenz

$$f_{mod} = \pm \frac{\omega_{mod}}{2\pi}.$$

Die Resultierende der beiden Seitenbänder führt eine Pendelbewegung zwischen den Extremwerten $\pm \varphi_{max}$ aus. Ihr Endpunkt läuft dabei auf einer Geraden senkrecht zum Trägervektor. Die momentane Winkelauslenkung folgt der Beziehung

$\varphi = \varphi_{max} \cdot \sin(\omega_{mod} \cdot t)$ | φ_{max} ist durch die Amplitude der Seitenbänder relativ zum Träger bestimmt.

Daraus ergibt sich die momentane Frequenzabweichung zu

$$\Delta \omega = \frac{d\varphi}{dt} = \varphi_{max} \cdot \omega_{mod} \cdot \cos(\omega_{mod} \cdot t).$$

Der Maximalwert $\Delta \omega_{max} = \pm \varphi_{max} \cdot \omega_{mod}$ entsteht jeweils beim Durchgang der Resultierenden durch die Richtung des Trägervektors. In den beiden Umkehrpunkten bei $\pm \varphi_{max}$ ist $\Delta \omega = 0$, d.h. die Momentanfrequenz entspricht der Trägerfrequenz. Da in einem FM-Demodulator das Ausgangssignal immer der Frequenzabweichung im ZF-Signal proportional ist, bestimmt $\Delta \omega_{max}$ die Amplitude des entstehenden Videosignals. Diese ist damit indirekt — über φ_{max} — vom Hub abhängig und außerdem der Modulationsfrequenz direkt proportional. Der letztere Zusammenhang ist besonders wichtig für die Beurteilung von Stör- und Rauschspannungen, die im Übertragungsweg zwischen Modulator und Demodulator dem Nutzsignal hinzugefügt werden.

3.1.2. Einfluß linearer Verzerrungen

Im Videobereich lassen sich lineare Verzerrungen, d.h. Abweichungen vom linearen Amplituden- und Phasengang bei der heutigen Verstärkertechnik nahezu völlig vermeiden. Sie können deshalb bei der weiteren

3. Technik der Videosignalaufzeichnung 225

Betrachtung vernachlässigt werden. Im ZF-Übertragungsbereich muß man jedoch — bedingt durch schwer vermeidbare Videokopfresonanzen usw. — mit solchen Verzerrungen rechnen. Ihre Auswirkung auf das ZF-Signal läßt sich am besten wieder im Vektordiagramm darstellen.

Wird infolge eines Fehlers im Amplitudengang die Amplitude eines Seitenbandes verkleinert, bewegt sich der Endpunkt der Resultierenden auf einer Ellipse (Abb. 9). Im Rhythmus der Modulationsfrequenz ändert sich dadurch die Länge des resultierenden Vektors. Das ZF-Signal wird also in seiner Amplitude moduliert. Die Amplitudenmodulation wird durch die Begrenzung beseitigt und stört deshalb nicht. Außerdem ist jedoch auch φ_{max} und damit $\Delta\omega_{max}$ kleiner geworden. Daraus läßt sich schließen, daß nach der Demodulation die Amplitude des Videosignals geringer wird. Da für den resultierenden Vektor der Zeitpunkt des Durchgangs durch die senkrechte Lage gegenüber dem ungestörten Fall unverändert bleibt, tritt eine Phasenverschiebung des Videosignals nicht auf. Ein Amplitudenfehler im ZF-Kanal verändert also die Amplituden entsprechender Videofrequenzen ohne Phasenfehler zu erzeugen. Im Falle von Farbaufzeichnungen bedeutet dies eine Farbsättigungsänderung.

Wird dagegen im ZF-Kanal infolge einer Abweichung vom linearen Phasengang die Phase eines der Seitenbänder gedreht, bleibt die Ortskurve des Endpunktes des resultierenden Vektors eine Gerade, die aber nicht mehr senkrecht zum Trägervektor steht (Abb. 10). Damit verkleinert sich φ_{max}. Außerdem verschiebt sich zeitlich der Durchgang des

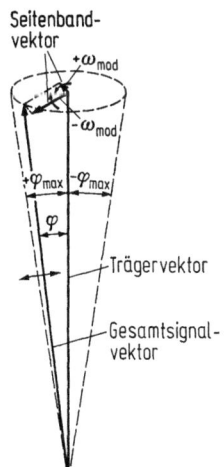

Abb. 9. Vektordiagramm FM-Signal (Amplitudenfehler eines Seitenbandes).

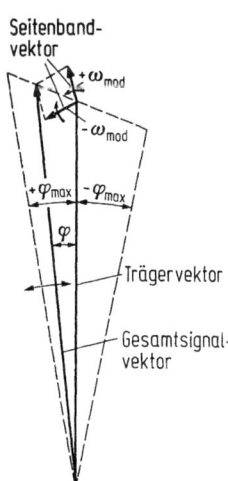

Abb. 10. Vektordiagramm FM-Signal (Phasenfehler eines Seitenbandes).

226 A. Verwendung der Magnetspeichertechnik bei der Fernsehaufzeichnung

resultierenden Vektors durch die Senkrechte. Ein Phasenfehler im ZF-Kanal führt demnach — betrachten wir wieder die relativ kritische Farbträgerübertragung — zu einer Entsättigung und zu einem Phasenfehler, d.h. je nach Farbübertragungssystem zu einem Farbton oder Farbsättigungsfehler im demodulierten Signal. Bei der Frequenzmodulation ändern nun Trägerfrequenz und Seitenbänder ihre Lage im ZF-Übertragungsbereich abhängig vom Videopegel. Lineare Verzerrungen des ZF-Kanals können demnach bei Änderung des Videopegels zu veränderlichen Amplituden- und Phasenfehlern des Farbträgers führen (differentieller Amplitudenfehler, differentieller Phasenfehler). Es erscheint wichtig, darauf hinzuweisen, daß diese normalerweise als Folge nichtlinearer Verzerrungen auftretenden Fehler bei Anwendung der Frequenzmodulation durchaus in linearen Verzerrungen ihren Ursprung haben können.

Die Forderung nach einer linearen Übertragungscharakteristik läßt sich leichter erfüllen, wenn man die Tatsache berücksichtigt, daß nicht nur ein konstanter, sondern auch ein über den ganzen Bereich linear ansteigender bzw. abfallender Amplitudengang keinen Einfluß auf das Demodulationsprodukt zeigt, solange nur der Phasengang linear bleibt

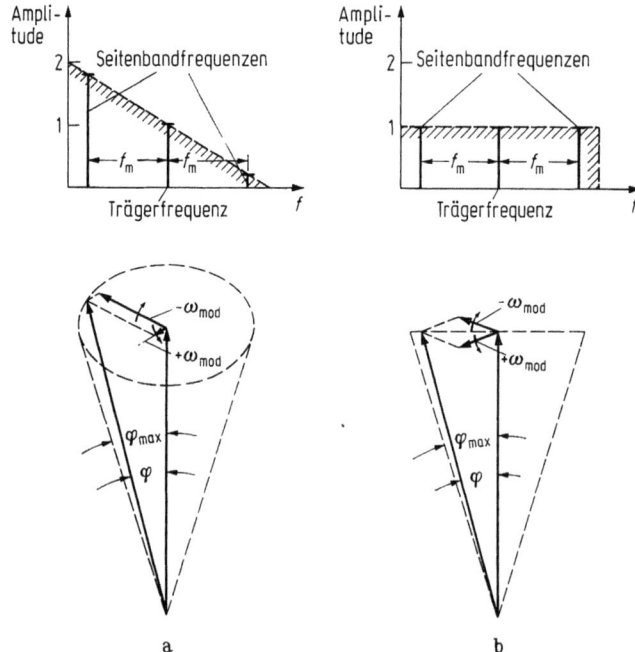

Abb. 11a u. b. ZF-Signal mit linear abfallendem Amplitudenspektrum.
a) Vor Begrenzung; b) nach Begrenzung.

3. Technik der Videosignalaufzeichnung 227

[18]. Durch eine mit zunehmender Frequenz lineare Abnahme des Übertragungsfaktors wird die Amplitude der unteren Seitenfrequenz um denselben Betrag vergrößert, um den die Amplitude der oberen Seitenfrequenz verkleinert wird. Wie man wieder aus dem Vektordiagramm ersehen kann, entsteht dadurch eine Amplitudenmodulation des ZF-Signals, der maximale Phasenwinkel φ_{max} bleibt jedoch unverändert (Abb. 11). Durch die üblicherweise nachfolgende Begrenzung wird die Amplitudenmodulation vollständig beseitigt und ein Frequenzspektrum hergestellt, das einem konstanten Amplitudengang entspricht. Bei Anwendung dieser Technik fallen Amplituden- und Phasenfehler im Bereich des oberen Seitenbandes — die besonders schwer zu vermeiden sind — durch dessen teilweise Unterdrückung nicht mehr stark ins Gewicht. Praktisch erfolgt z. B. die Übertragung der Farbinformation im Einseitenbandbetrieb.

3.1.3. Einfluß nichtlinearer Verzerrungen
Nichtlineare Verzerrungen eines Signals entstehen dann, wenn im Signalweg Übertragungsglieder mit gekrümmten Aussteuerungskennlinien vorhanden sind. Solange es sich um die Übertragung einzelner Frequenzen handelt, werden an solchen Kennlinien lediglich deren Oberwellen erzeugt. Werden mehrere Frequenzen gleichzeitig übertragen, wie dies beim ZF-Signal der Fall ist, so bilden sich neben den Oberwellen auch Kombinationsfrequenzen aus den Komponenten des zwischenfrequenten Signals und deren Oberwellen. Die Kombinationsfrequenzen addieren sich zum Nutzsignal und bewirken eine Amplituden- und Phasenmodulation, die zu entsprechenden Störungen im demodulierten Videosignal führt. Auf dem Bildschirm äußern sich diese Störungen als Amplitudenschwankungen der aufgezeichneten Videofrequenzen und werden als Moiré bezeichnet. Besonders auffällig tritt dieser Störeffekt bei der Wiedergabe von Farbaufzeichnungen in stark gesättigten Farbflächen auf.

Von der Vielzahl der möglichen Kombinationsfrequenzen sind nur einige von Bedeutung:

1. Enthält der ZF-Kanal eine gekrümmte Kennlinie mit quadratischer Komponente (unsymmetrisch zum Nullpunkt), so entsteht vor allem die Modulationsfrequenz f_{mod} selbst sowie das untere Seitenband der ersten Oberwelle des Trägers ($2f_{Tr} - f_{mod}$). Durch eine sorgfältige Schaltungsauslegung lassen sich allerdings solche Kennlinien weitgehend vermeiden, wenn dies auch in Leistungsstufen bei großer Signalamplitude (z. B. im Aufsprechverstärker) nicht immer leicht ist.

2. Im Gegensatz dazu sind gekrümmte Kennlinien mit kubischer Komponente (symmetrisch zum Nullpunkt) unvermeidbar. Die für die Begrenzung des ZF-Signals notwendigen Verstärkerstufen besitzen

zwangsläufig eine solche Kennlinie und auch das Magnetband, das aus Störabstandsgründen bis in die Sättigung ausgesteuert wird, hat Begrenzereigenschaften. Die wesentliche Störfrequenz einer symmetrisch gekrümmten Aussteuerungskennlinie ist das untere Seitenband der zweiten Trägeroberwelle ($3f_{Tr} - f_{mod}$).

Außer den Überlagerungsfrequenzen, die auf gekrümmte Kennlinien zurückzuführen sind, ist noch eine weitere Störfrequenz zu erwähnen, die mehr in einer linearen Verzerrung ihren Ursprung hat, in ihrer Auswirkung jedoch den nichtlinearen Verzerrungen gleichzusetzen ist. Liegt die Trägerfrequenz f_{Tr} nur wenig höher als die höchste zu übertragende Videofrequenz, so ergibt sich rein rechnerisch, daß die zweite untere Seitenbandfrequenz ($f_{Tr} - 2f_{mod}$) für hohe Videofrequenzen negativ wird. In der Praxis bedeutet das eine Spiegelung an der Frequenzachse, die zu einer reellen Frequenz ($2f_{mod} - f_{Tr}$) führt, welche als Störfrequenz zu betrachten ist. Nun ist allerdings — wie schon erwähnt — die zweite untere Seitenbandfrequenz bei hohen Modulationsfrequenzen so klein, daß sie keine wesentliche Rolle spielt. Wird jedoch das Videosignal vor der Modulation aus Störabstandsgründen akzentuiert (Preemphasis), ergibt sich für diese Frequenz eine Amplitude, die man nicht vernachlässigen kann.

Für die Störwirkung aller dieser Frequenzen ist neben ihrer Amplitude ausschlaggebend, ob sie in den Übertragungsbereich des Nutzsignals fallen. Dies hängt eng zusammen mit der Lage des Hubbereichs. Legt man diesen knapp oberhalb der höchsten zu übertragenden Videofrequenz, d.h. Trägerfrequenzen zwischen 5 und 7 MHz, so erstreckt sich der Übertragungsbereich des ZF-Signals etwa von 0,5 bis 12 MHz. Berechnet man die Lage der oben erwähnten Störfrequenzen für den besonders wichtigen Fall des Farbträgers ($f_{mod} = 4{,}4$ MHz) und für die Trägerfrequenzen zwischen Austast- und Weißwert, so ergeben sich die in Abb. 12a gezeigten Bereiche. Alle Störkomponenten fallen zumindest

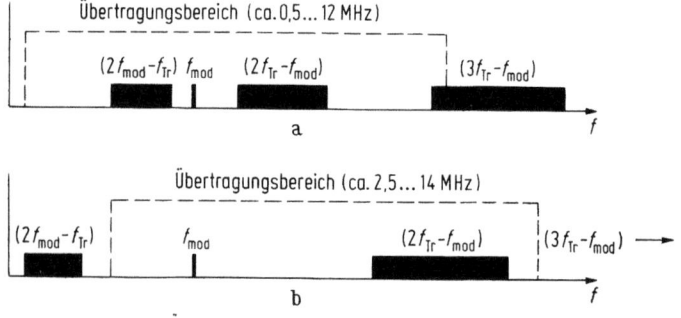

Abb. 12a u. b. Entstehung von Modulationsprodukten.
a) Low-Band; b) High-Band.

teilweise in den Übertragungsbereich und können so Moiréstörungen liefern. Eine solche niedrige Frequenzlage für den Hubbereich ist deshalb für Farbaufzeichnungen nicht geeignet.

Die Verschiebung des Hubbereichs zu höheren Frequenzen — z.B. Trägerfrequenzen zwischen 7 und 9 MHz — bringt eine entscheidende Verbesserung. Alle im vorhergehenden als unvermeidbar bezeichneten Komponenten fallen außerhalb des Übertragungsbereiches, der nun zwischen 2,5 und 14 MHz liegt (Abb. 12b). Die verbleibenden lassen sich mit einer gut durchentwickelten Schaltungstechnik beherrschen. Natürlich bedeutet eine solche Maßnahme einen Kompromiß, denn mit der Erhöhung der Hubfrequenzen verschlechtert sich der erzielbare Störabstand, da sich wegen der aufgezeichneten kürzeren Wellenlängen die Nutzamplitude des ZF-Signals bei der Wiedergabe verkleinert. Erst durch die Entwicklung neuer Bandmaterialien und neuer Videoköpfe in den letzten Jahren wurde die Verwendung höherer Aufzeichnungsfrequenzen ermöglicht.

3.1.4. Störabstand

Während des Aufzeichnungs- und Wiedergabevorgangs werden dem Nutzsignal systembedingte statistische Störschwankungen hinzugefügt, die im Fernsehbild als ,,Rauschen" erkennbar sind [15, 16]. Im folgenden werden die Ursachen dieser Störschwankungen und der Einfluß des Modulationssystems auf ihre spektrale Zusammensetzung sowie ihre Verteilung auf die Amplitudenstufen des Videosignals kurz analysiert. Außerdem sollen die Möglichkeiten zur Verbesserung des Störabstandes mit elektronischen Mitteln aufgezeigt werden.

Als Rauschquellen kommen neben dem Videoband selbst der Videokopf und die Eingangsstufe des Wiedergabeverstärkers in Frage. In der Praxis dominiert jedoch der Einfluß des Videobandes, da die äquivalenten Rauschwiderstände der beiden anderen Quellen genügend klein gehalten werden können. Im unmodulierten Zustand liefert das Band ein sogenanntes ,,Ruherauschen" infolge des äußeren Feldes der ungeordneten Weißschen Bezirke. Bei Aussteuerung des Bandes werden die Weißschen Bezirke geordnet und das Rauschen steigt erheblich an. Zu diesem ,,Modulationsrauschen" tritt noch eine statistisch verteilte Amplitudenmodulation des aufgezeichneten Nutzsignals infolge der Abstandsschwankungen zwischen Kopf und Magnetschicht, z.B. durch Oberflächenrauhigkeit. Diese Amplitudenmodulation wird durch den im Modulationssystem vorgesehenen Begrenzer praktisch beseitigt. Es bleibt eine im interessierenden Frequenzbereich nahezu konstante Verteilung der Rauschenergie, ein ,,Weißes Rauschen", wie meßtechnische Untersuchungen gezeigt haben. Da in einem FM-Demodulator die Amplitude des Ausgangssignals, d.h. des Videosignals der Modulationsfrequenz

230   A. Verwendung der Magnetspeichertechnik bei der Fernsehaufzeichnung

direkt proportional ist — wie in Abschnitt 3.1.1 erläutert wurde — ergibt sich im Videobereich ein linear mit der Frequenz ansteigendes Rauschspektrum. Eine Verbesserung des Störabstandes läßt sich auf Grund der erläuterten Zusammenhänge dadurch erreichen, daß man die Amplituden der hohen Videofrequenzen (einschließlich der Störanteile) oder der ihnen entsprechenden Komponenten des ZF-Signals bei der Wiedergabe abschwächt (Deemphasis) und die Nutzsignalamplituden während der Aufzeichnung gegenläufig anhebt (Preemphasis). Wie sich eine solche Deemphasis auf die spektrale Verteilung der Rauschkomponenten im demodulierten Videosignal auswirkt, ist aus Abb. 13 zu ersehen. Der

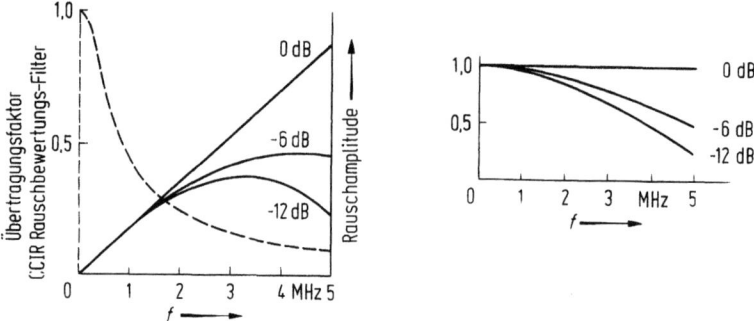

Abb. 13. Spektrale Verteilung der Rauschkomponenten bei Anwendung der im Bild rechts angegebenen Deemphasischarakteristiken.

Verbesserung des Störabstandes durch diese Maßnahme sind allerdings Grenzen gesetzt. Einerseits bringt eine zu starke Anhebung der hohen Videofrequenzen das Risiko erhöhter nichtlinearer Modulationsprodukte, andererseits entspricht der Gewinn im visuellen Störeindruck nicht den theoretischen bzw. meßtechnisch erzielten Werten, da die hochfrequenten Rauschkomponenten vom Auge bekanntlich weniger störend wahrgenommen werden. Ein Maß für die Beurteilung des visuellen Störeindrucks gibt die CCIR-CMTT-Bewertungsfunktion, die ebenfalls in Abb. 13 angegeben ist. Der für das Auge besonders störende Bereich unterhalb 1 MHz ist — wie die Darstellung zeigt — nur sehr schwer zu beeinflussen.

Exakt gelten diese Zusammenhänge nur für Schwarz/Weiß-Signale bzw. den Helligkeitsanteil in Farbsignalen. Da Rauschstörungen im Farbbereich (um 4,4 MHz) durch die Transformation in den sehr störempfindlichen niederfrequenten Bereich bei der Demodulation des Farbsignals sich sehr viel unangenehmer auswirken, ist in diesem Fall die mit einer Deemphasis erzielbare Verbesserung des visuellen Störeindrucks in Farbflächen erheblich größer.

Grundsätzlich läßt sich eine solche Entzerrung zur Störabstandsverbesserung sowohl im ZF-Bereich als auch im Videobereich durchführen. Im ZF-Bereich benötigt man hierzu symmetrische Entzerrungskurven (typische Resonanzkurven), deren Maximum bzw. Minimum im Hubbereich liegt. Man erhält bei diesem Verfahren infolge der unterschiedlichen Beeinflussung der Trägeramplitude innerhalb des Hubbereichs auch eine Frequenzabhängigkeit des Störabstandes. In den Videobereich übertragen, ergibt sich daraus eine Abhängigkeit des Störpegels von der momentanen Signalamplitude. Damit erhält man die Möglichkeit, den höchsten Störabstand in den Pegelbereich des Videosignals zu legen, bei dem die visuelle Störempfindung des Auges am größten ist, und zwar bei $30 \cdots 40\%$ der Amplitude für Bildweiß [17]. In den Anfangsjahren der magnetischen Bildaufzeichnung war dieser Gewinn im visuellen Störeindruck von Bedeutung, da sich damals nur relativ geringe Störabstandswerte erzielen ließen. Der technische Fortschritt — vor allem bei der Entwicklung des Bandmaterials und der Videoköpfe — hat inzwischen eine Reduzierung der statistischen Schwankungen bis an die Sichtbarkeitsgrenze gebracht, so daß die genannten Vorteile der ZF-Entzerrung nicht mehr relevant sind und deshalb die mit einfacheren Mitteln realisierbare Entzerrung im Videobereich ganz allgemein Verwendung findet. Eine Abhängigkeit des „Rauschens" von der Signalamplitude ergibt sich bei dieser Methode nicht.

3.2. Grundlagen des Band- und Kopfantriebs

Eine sehr große Bedeutung kommt bei der Magnetbandaufzeichnung von Fernsehprogrammen — wie bereits unter 1.2 erläutert — der Zeitstabilität im Verlauf des Aufzeichnungs- und Wiedergabevorgangs zu, da es sich um eine Signalaufzeichnung und nicht um eine in dieser Hinsicht unkritische Bildaufzeichnung handelt. Für Fehler im zeitlichen Ablauf des reproduzierten Videosignals ist in erster Linie der Band- und Kopfantrieb, der zweite wesentliche Bestandteil einer Aufzeichnungsanlage verantwortlich. Der in Abschnitt 3.1 behandelte Übertragungskanal liefert hierzu praktisch keinen Beitrag.

Es wird im allgemeinen ein sehr hoher Aufwand an Regeleinheiten zur Verkopplung der Geräte mit dem gewünschten Bezugssystem benötigt. Trotzdem reicht die erzielte elektro-mechanische Präzision für die Erfüllung höchster Ansprüche — wie sie z.B. in der Fernsehstudiotechnik gestellt werden — nicht aus. Zusätzliche, rein elektronisch und beinahe trägheitslos arbeitende Korrektureinheiten sind unerläßlich.

3.2.1. Elektromechanische Regelsysteme
Eine Grundforderung der Magnetbandtechnik ist es, den Magnetkopf bei der Wiedergabe exakt entlang der in der Magnetschicht aufgezeichneten Spur zu führen. Dies ist unproblematisch bei der Längsspuraufzeichnung,

jedoch nicht ganz so einfach bei komplizierteren Spurbildern, bei denen die Magnetschrift nicht in der Transportrichtung aufgebracht ist. In solchen Fällen wird eine sogenannte Steuerspur longitudinal mitaufgezeichnet, die eine feste Phasenrelation zur Lage der Videospuren hat und bei der Wiedergabe die erforderliche Spurtreue des abtastenden Kopfes durch Veränderung der Transportgeschwindigkeit des Aufzeichnungsträgers ermöglicht. Hierzu sind nur relativ einfache Regelkreise erforderlich, wie aus dem Prinzipschaltbild (Abb. 14) hervorgeht

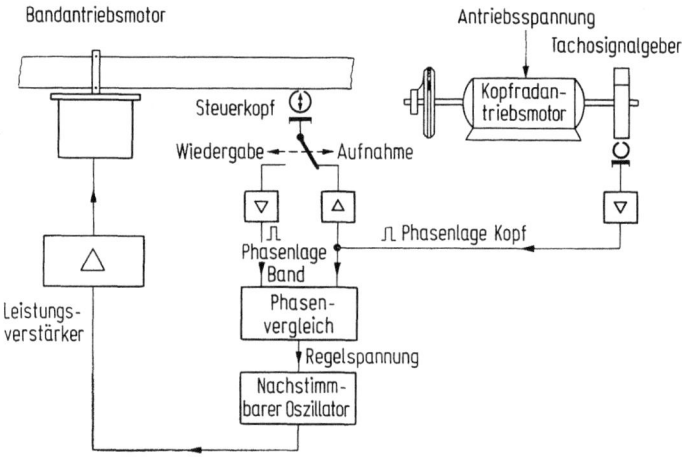

Abb. 14. Prinzipschaltbild Bandantrieb.

Die Hauptelemente eines solchen Regelkreises sind der Bandantriebsmotor, der Kopfantriebsmotor mit einem mechanisch starr verbundenen Tachosignalgeber und der Steuerspurkopf. Aus dem Tachosignal kann zu jedem Zeitpunkt die genaue Stellung des Kopfantriebsmotors abgeleitet werden, die in Relation zum Bandtransport gebracht werden muß. Bei der Aufzeichnung werden deshalb aus dem Tachogeber das Steuerspursignal und die Antriebsspannung für den Bandantriebsmotor direkt abgeleitet. Während der Wiedergabe wird das Tachosignal mit dem Steuerspursignal verglichen und mit der Fehlerspannung ein Oszillator in seiner Frequenz entsprechend beeinflußt, der die Antriebsspannung für den Bandmotor liefert.

Eine weitere wichtige Forderung betrifft das Kopfantriebssystem, und zwar die Relativgeschwindigkeit zwischen Videokopf und magnetisierbarer Schicht. Eine exakte phasenstarre Verkopplung dieser Relativbewegung mit dem Zeitablauf des Videosignals muß bereits bei der Aufzeichnung gewährleistet sein, um eine jederzeit reproduzierbare geometrische Lage des Spurbildes entsprechend dem verwendeten Standard

3. Technik der Videosignalaufzeichnung

sicherzustellen. Anderenfalls wären ein Bandaustausch oder gar die Durchführung von Bandschnitten ausgeschlossen. Bei der Wiedergabe ist die Verkopplung des abgetasteten Signals mit einem externen Bezugssignal notwendig, erstens um Bildschwankungen auf angeschlossenen Fernsehempfängern zu verhindern und zweitens — was wesentlich schwieriger zu erfüllen ist — um das Videosignal mit den Signalen anderer Bildgeber ohne sichtbare Störungen mischen zu können, besonders wenn es sich um ein Farbsignal handelt.

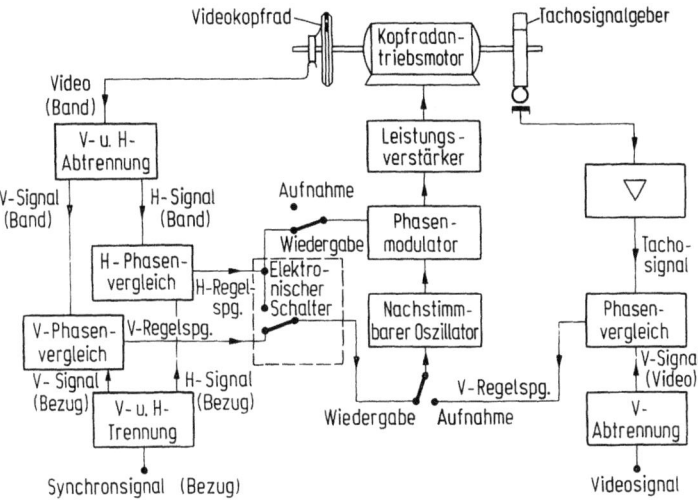

Abb. 15. Prinzipschaltbild Kopfantrieb.

In Abb. 15 ist ein sehr vereinfachtes Blockschaltbild des Kopfantriebssystems wiedergegeben. Bei Aufnahme wird lediglich das Tachosignal mit dem Videosignal verglichen. Aus der Phasendifferenz der beiden Signale wird eine Fehlerspannung abgeleitet, die zur Nachstimmung eines Oszillators dient, der die Antriebsspannung für den Kopfmotor liefert. Damit erreicht man eine definierte Lage des aus dem Videosignal abgeleiteten Magnetogramms auf dem Band. Das bedeutet z.B., daß der Beginn des Vertikalsynchronimpulses immer einen fest vorgegebenen Abstand zur Bandkante hat. Während der Wiedergabe sind die Verhältnisse grundsätzlich ähnlich. Es wird jedoch an Stelle des relativ ungenauen Tachosignals das vom Band kommende Videosignal selbst zur Verkopplung mit einem hochkonstanten Studiosynchrontakt herangezogen. Der Vergleich erfolgt hierbei zunächst vertikalfrequent und nach Erreichung der Koinzidenz horizontalfrequent. Während des laufenden Betriebs ist zusätzlich eine schnell arbeitende Phasennachsteuerung der Oszillatorspannung wirksam. Mit solchen Regelsystemen

— die natürlich aus Kostengründen nur bei Aufzeichnungsgeräten für hohe Ansprüche vertretbar sind — kann man die Zeitfehler im Bereich von wenigen Mikrosekunden halten. Bei einfachen, preisgünstigeren Geräten erfolgt die Verkopplung beim Wiedergabevorgang nur vertikalfrequent oder netzfrequent.

3.2.2. Elektronische Korrektureinheiten

Die mit den elektromechanischen Systemen erzielbare Zeitstabilität ist gerade ausreichend, um auf schwungradsynchronisierten Empfängern eine stabile Bildwiedergabe ohne horizontale Schwankungen zu erhalten. Wesentlich höhere Genauigkeiten lassen sich unter Zuhilfenahme von elektronisch gesteuerten Laufzeitgliedern erzielen, die auf das wiedergegebene Videosignal einwirken. Aus dem Vergleich der horizontalfrequenten Synchronimpulse des wiedergegebenen, mit Schwankungen behafteten Signals mit den entsprechenden Impulsen des Studiobezugssystems, ergibt sich ein Fehlersignal, das die Laufzeit der Verzögerungsleitung so steuert, daß an ihrem Ausgang das Videosignal mit den Studiosignalen weitgehend übereinstimmt. Mit Bezug auf die Synchronimpulse werden die Restfehler auf Werte <50 ns reduziert. Eine noch höhere Genauigkeit, wie sie bei Farbsignalen zur Vermeidung von Farbtonfehlern unabdingbar ist, macht einen Vergleich mit einem höherfrequenten Bezugssignal erforderlich. Sinnvollerweise verwendet man hierzu den im wiedergegebenen Farbsignal enthaltenen Farbsynchronimpuls („Burst"; ein kurzer Schwingungszug der Farbträgerfrequenz am Beginn jeder Fernsehzeile) und vergleicht ihn mit dem unmodulierten Studiofarbträger. Im übrigen ist das Prinzip dieser Feinkorrektur der Laufzeit völlig analog der zuvor erläuterten Grobkorrektur (Abb. 16). Die nach Durchlaufen der beiden Einheiten noch verbleibenden Zeitfehler im Videosignal sind <5 ns am Beginn jeder Zeile, d.h. kurz nach dem Zeitpunkt der Korrektur.

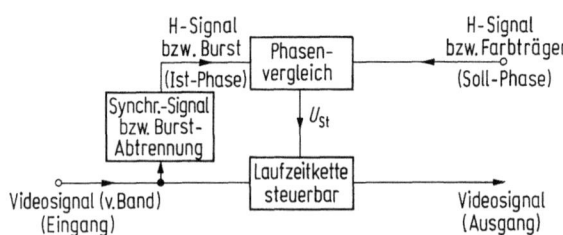

Abb. 16. Prinzipschaltbild Zeitfehlerkorrektur.

Fehler, die während des Ablaufs einer Fernsehzeile auftreten, können naturgemäß damit nicht erfaßt werden. Sie sind bedingt durch Änderungen der Relativgeschwindigkeit zwischen Videokopf und Band, die

3. Technik der Videosignalaufzeichnung

in erster Linie auf Ungenauigkeiten der mechanischen Konfiguration zwischen Aufnahme und Wiedergabe (z. B. Unterschiede im Bandandruck und der Höhenlage der Bandführung sowie herstellungsbedingte Abweichungen der Bandführung von einem exakten Kreisbogen) und weniger auf die Schwankungen der Umdrehungsgeschwindigkeit des Kopfrades zurückzuführen sind. Sie äußern sich als stetig anwachsende Abweichung der Farbträgerphase vom Sollwert längs der Fernsehzeile, die sich im Bild als Farbton- und Farbsättigungsänderung vorwiegend zum rechten Bildrand hin auswirkt. Eine Kompensation dieser Störung ist möglich. Hierzu wird z. B. im Falle der Querspuraufzeichnung (siehe Abschnitt 4.1) der Maximalwert des Phasenfehlers am Ende jeder Zeile gespeichert und daraus ein diesem Wert proportionales zeilenfrequentes Steuersignal abgeleitet. Beim nächsten Kopfdurchlauf dient dieses Signal dazu, mittels der bereits erwähnten steuerbaren Laufzeitglieder das Videosignal während der Zeile in seiner Phase gegenläufig zu beeinflussen und damit den sog. Geschwindigkeitsfehler zu korrigieren. Diese Methode kann natürlich die Fehler nicht vollständig kompensieren, da man erstens davon ausgeht, daß sie sich bei jeder Kopfumdrehung wiederholen — was auf Grund ihres Ursprungs in mechanischen Gegebenheiten

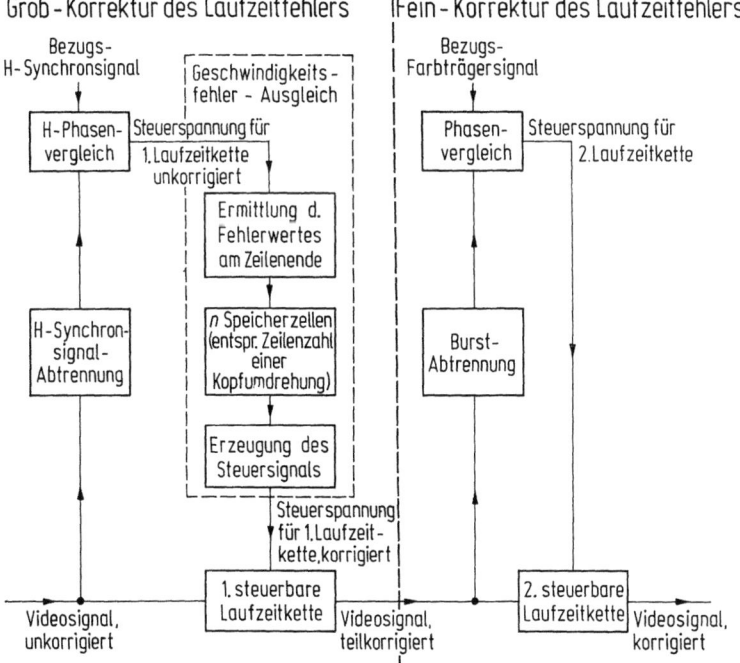

Abb. 17. Blockschaltbild der Grob- und Feinkorrektur des Laufzeitfehlers.

236   A. Verwendung der Magnetspeichertechnik bei der Fernsehaufzeichnung

im allgemeinen durchaus berechtigt ist, aber nicht immer zutreffend sein muß — und zweitens vorausgesetzt wird, daß die Phasenfehler innerhalb der einzelnen Zeilen zeitlich linear anwachsen. Trotz dieser Einschränkungen erhält man in der Praxis mit derartig hochentwickelten Korrektureinheiten recht zufriedenstellende Ergebnisse. Abb. 17 zeigt das gesamte Blockschaltbild einer modernen elektronischen Korrektureinheit.

4. Moderne technische Ausführungsformen von Aufzeichnungsanlagen

4.1. Querspuraufzeichnung

Nach dem Prinzip der Querspuraufzeichnung arbeiten fast alle zum gegenwärtigen Zeitpunkt in den Fernsehstudios der ganzen Welt installierten magnetischen Videoaufzeichnungsanlagen. (Von den wenigen Ausnahmen, die in Zukunft voraussichtlich zunehmend Bedeutung gewinnen werden, wird noch zu sprechen sein.) Die von verschiedenen Herstellern in USA, Japan, UdSSR und der BRD gefertigten Geräte entsprechen im Grunde noch der ursprünglich von der Firma Ampex gewählten Konzeption. Dies ist auf die inzwischen durchgeführte weltweite Standardisierung innerhalb des CCIR (Comité Consultatif International de Radiocommunications) zurückzuführen. Unterschiede bestehen lediglich infolge der notwendigen Anpassung an den jeweiligen Fernsehstandard und das verwendete Farbsystem. Für die beiden wichtigsten Standards 625/50 und 525/60 (Zeilenzahl/Teilbildzahl) sind die Festlegungen in der CCIR-Empfehlung 469 enthalten. Sie berücksichtigt auch die Erfordernisse der drei verschiedenen Farbcodierverfahren NTSC, PAL und SECAM. Diese weltweite Norm war — gleichen Fernsehstandard vorausgesetzt —' die Vorbedingung für einen problemlosen internationalen Bandaustausch. Die wichtigsten Festlegungen der CCIR-Empfehlung 469 werden im folgenden bei der Erläuterung des Querspurverfahrens jeweils an geeigneter Stelle berücksichtigt.

Das für die Querspuraufzeichnungsanlage charakteristische Element ist die Videokopfanordnung (Abb. 18), die entscheidend das Spurbild auf dem Videomagnetband bestimmt. Auf einer Scheibe, dem sogenannten Videokopfrad (Abb. 19, 20), dessen Rotationsachse parallel zur Bandtransportrichtung liegt, sitzen vier exakt um 90° versetzte Magnetköpfe. Die Scheibe mit einem Radius von 26,27 mm dreht sich 250mal in der Sekunde. Daraus ergibt sich eine Relativgeschwindigkeit zwischen Kopf und Band von etwa 41 m/s. Damit während des Aufzeichnungs- und Wiedergabevorgangs kein Informationsverlust entsteht, muß gewährleistet sein, daß — mit einer geringen Überlappung — immer ein Videokopf das 2″ breite Magnetband berührt. Deshalb muß das Band konkav verformt und über einen Winkel von etwas mehr als 90° am Umfang

4. Moderne technische Ausführungsformen von Aufzeichnungsanlagen 237

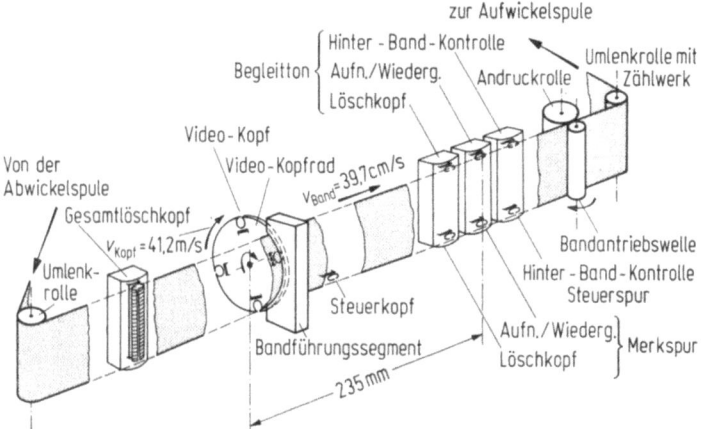

Abb. 18. Bandlauf einer Querspurmaschine.

Abb. 19. Videokopfeinheit einer Querspurmaschine (Ampex Mark X).

des Kopfrades angelegt werden. Dies geschieht durch ein entsprechend geformtes Bandführungssegment (Abb. 18). Das Magnetband wird durch Unterdruck angesaugt und zusätzlich an der Unterkante geführt. Der Videokopf preßt das Band in eine dafür vorgesehene Nut im Führungssegment. Dadurch ist der notwendige gute und gleichmäßige Kontakt zwischen Kopf- und Magnetschicht gewährleistet. Um reproduzierbare Verhältnisse zu erzielen, ist das Bandführungssegment sowohl in seiner Höhenlage als auch in seinem Abstand zur Achse des Kopfrades optimal einstellbar.

Bandantriebswelle und Andruckrolle bewirken den Transport des Magnetbandes mit einer Geschwindigkeit von 39,7 cm/s (15″/s). Hieraus ergibt sich eine leichte Schräglage der Videospuren um etwa einen halben Winkelgrad gegenüber der Senkrechten zur Bandkante. Aus der Um-

Abb. 20. Das Videokopfrad.

drehungszahl des Kopfrades ergibt sich, daß jedes Halbbild des Fernsehsignals in 20 Einzelspuren (15 bis 16 Fernsehzeilen pro Spur) aufgezeichnet wird. Dies entspricht einem Bandmaterialbedarf von etwa 700 mm²/Vollbild. Bedingt durch das geschilderte Aufzeichnungsprinzip wird also das Fernsehsignal bei der Aufnahme in einzelne Abschnitte zerlegt, für deren exakte Zusammensetzung bei der Wiedergabe besondere Vorkehrungen getroffen werden müssen, die später noch erläutert werden.

Im Gegensatz zur Aufzeichnung der Videoinformation quer zur Bandlaufrichtung werden der Begleitton und weitere Hilfsinformationen in longitudinalen Spuren festgehalten wie, ebenfalls aus Abb. 18 zu ersehen ist. Die Steuerspur wird am unteren Bandrand durch den Steuerkopf aufgezeichnet, dessen Entfernung zum Kopfrad sehr eng toleriert werden muß, um die vorgeschriebene örtliche Relation zwischen Steuerspur und Videospur auf dem Band zu gewährleisten. Im Abstand von 235 mm zum Videokopfrad liegen in Laufrichtung Aufzeichnungs-/Wiedergabeköpfe für Begleitton und Merkspur am oberen bzw. unteren Bandrand. (Die Merkspur mit reduzierter Tonqualität wird nur für die Aufzeichnung von Regieanweisungen, Zeitinformationen usw. verwendet). Davor sind die zugehörigen Löschköpfe angeordnet, dahinter folgen die Magnetköpfe, mit denen eine sofortige Kontrolle der aufgezeichneten Spuren noch während der Aufnahme möglich ist. Vor dem Videokopfrad liegt ein Löschkopf mit sehr langem Spalt, mit dem das Magnetband über die gesamte Breite gelöscht werden kann.

Für den Bandlauf gibt es verschiedene Ausführungsformen. Die herkömmliche, in den meisten Studiomaschinen vorhandene Version entspricht der in der Abb. 21 ersichtlichen Anordnung. Im Zuge der immer bedeutender werdenden Automatisierung wurden Methoden aus der

4. Moderne technische Ausführungsformen von Aufzeichnungsanlagen 239

Abb. 21. Querspuraufzeichnungsanlage Typ Ampex VR 2000.

Datenspeichertechnik übernommen, die einen sehr schnellen Hochlauf des Bandtransportes und einen besonders konstanten Bandzug gewährleisten. Äußeres Merkmal solcher Systeme sind Vakuumkammern, die für eine Entkopplung zwischen dem Bandwickelmechanismus und dem eigentlichen Bandtransport sorgen.

Die beschriebene Anordnung der verschiedenen Magnetköpfe führt zu dem standardisierten Spurlagenbild, das in Abb. 22 wiedergegeben ist. Es enthält die wichtigsten Daten aus der CCIR-Empfehlung 469, allerdings ohne Angabe der Toleranzen, um die Darstellung übersichtlich zu halten.

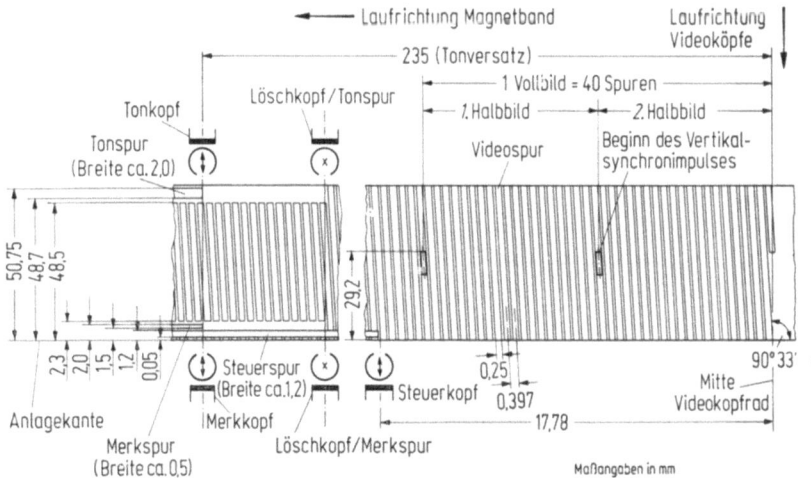

Abb. 22. Spurlage für Querspurverfahren.

240   A. Verwendung der Magnetspeichertechnik bei der Fernsehaufzeichnung

Der Signalweg einer modernen, farbtüchtigen Videoaufzeichnungsanlage ist als Blockschaltbild in Abb. 23 dargestellt. Aus dem vorher gesagten bereits bekannte Einheiten des Aufzeichnungskanals sind: der

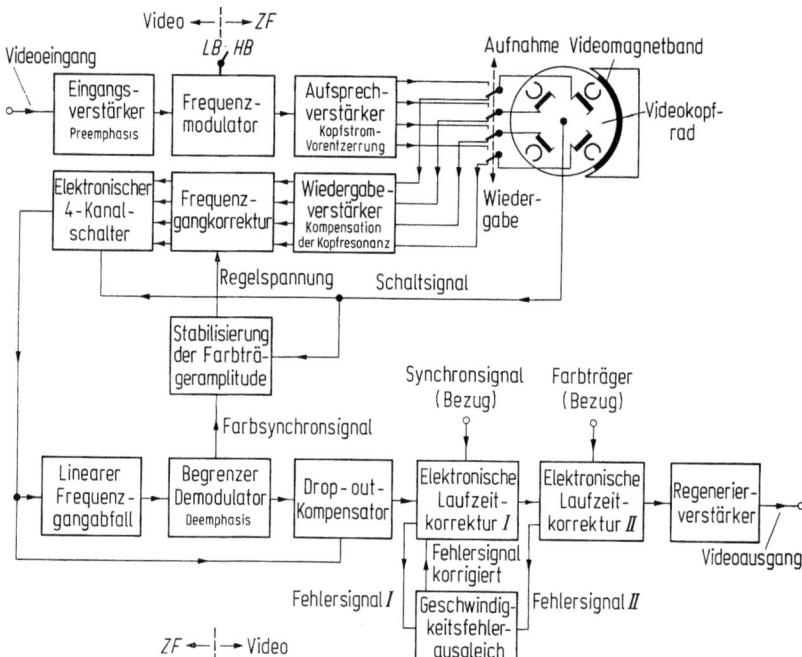

Abb. 23. Blockschaltbild einer Querspuraufzeichnungsanlage.

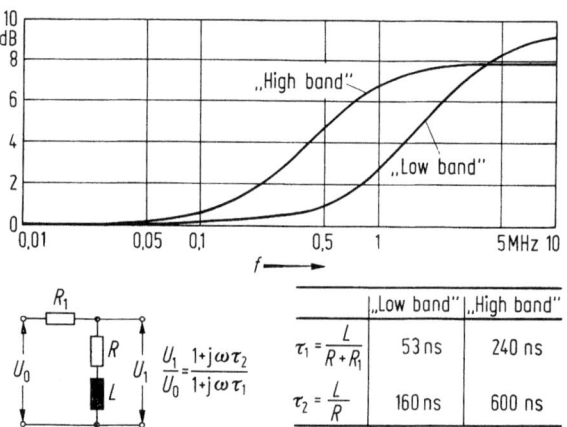

Abb. 24. Videovorentzerrung für Querspurverfahren.

4. Moderne technische Ausführungsformen von Aufzeichnungsanlagen

Videoeingangsverstärker, der Frequenzmodulator und der Aufsprechverstärker. Der Amplitudengang des Eingangsverstärkers ist gegeben durch die Übertragungscharakteristik des international festgelegten Preemphasis-Netzwerkes (Abb. 24). Im Frequenzmodulator kann durch Einstellung des Arbeitsbereichs die Frequenzlage des Hubbereichs gewählt werden. Die den Videopegeln zugeordneten Frequenzen im FM-Signal sind für die beiden genormten Hubbereiche:

Videopegel	„Low-Band" [MHz]	„High-Band" [MHz]
Synchronwert	4,95	7,16
Austastwert	5,5	7,8
Weißwert	6,8	9,3

Das Magnetband wird bei der Videoaufzeichnung ohne Vormagnetisierung bis zur Sättigung ausgesteuert. Die für eine gleichzeitige Speisung der vier Videoköpfe notwendige Leistung wird im Aufsprechverstärker erzeugt, der außerdem die Aufgabe hat, für einen konstanten, frequenzunabhängigen Kopfstrom zu sorgen. Hierzu wird ein spezielles auf die verwendeten Videoköpfe angepaßtes Vorentzerrungsnetzwerk eingefügt. Man geht bei dieser Maßnahme davon aus, daß ein frequenzunabhängiger Kopfstrom auch die angestrebte frequenzunabhängige Magnetisierung bewirkt.

Im Wiedergabekanal ist der Signalweg etwas komplizierter. Die ursprünglich kontinuierlich verlaufende Information wurde bei der Aufzeichnung in einzelne Magnetisierungsspuren aufgetrennt und muß nach der Abtastung durch die vier Videoköpfe wieder in zeitlich richtiger Reihenfolge zusammengesetzt werden. Zunächst folgt jedoch eine getrennte Aufbereitung der einzelnen Teilsignale in den vier Wiedergabekanälen. Nach der auf Grund des Induktionsgesetzes erforderlichen Integration des Signals im Wiedergabeverstärker wird die in den vier Kanälen unterschiedliche – durch die Induktivität der Videoköpfe und die unvermeidliche Schaltkapazität bedingte – „Kopfresonanz" jeweils durch ein Netzwerk mit gegenläufiger Übertragungscharakteristik kompensiert. Eine Frequenzgangkorrektur ermöglicht die Angleichung der Frequenzgänge in den einzelnen Kanälen sowie den Ausgleich der durch den Aufzeichnungsvorgang bedingten Verluste am oberen Frequenzbandende. Die Korrekturschaltung bewirkt eine Veränderung der Seitenbandamplituden im Verhältnis zur Trägeramplitude im Hubbereich des FM-Signals ohne deren Phase zu beeinflussen. Wichtig ist die Korrektur vor allem für die Farbsignale bei denen eine unerwünschte Modulation des Farbträgers durch die Aufteilung der Information auf die vier Videoköpfe vermieden werden muß, da sonst streifenförmige Sättigungsfehler im Bild entstehen. Es ist deshalb meist auch wahlweise eine automatische

Stabilisierung der Farbträgeramplitude unter Bezugnahme auf das Farbsynchronsignal im demodulierten Videosignal vorgesehen. Die Umschaltung der hierfür benötigten Regelspannung auf die einzelnen Kanäle erfolgt durch das gleiche Schaltsignal, das — abgeleitet von der Umdrehung des Videokopfrades — für die Zusammensetzung der Teilsignale in einem elektronischen Schalter benötigt wird.

Nunmehr durchläuft das FM-Signal ein spezielles Netzwerk, das die bereits in Abschnitt 3.1.2 erwähnte mit der Frequenz linear ansteigende Dämpfung bewirkt. Nach einer ausreichenden Begrenzung auf etwa 1% der ursprünglichen Amplitude wird das ZF-Signal demoduliert und das wiedergewonnene Videosignal über das zur Störabstandsverbesserung vorgesehene Deemphasis-Netzwerk geführt.

Starke, von Fehlstellen des Videobandes oder von Verschmutzungen herrührende Einbrüche im FM-Signal, die nicht vom Begrenzer beseitigt werden, führen zu Störungen im Fernsehbild, sogenannte ,,Drop-outs". Eine Kompensation ist möglich durch Ersatz der verlorengegangenen Information aus dem Signal der zeitlich vorhergehenden, ungestörten und meist nicht stark unterschiedlichen Bildzeile. Das Prinzip eines solchen ,,Drop-out"-Kompensators zeigt Abb. 25. Notwendig sind hierzu ein Laufzeitglied mit einer Verzögerung entsprechend einer Zeilendauer und ein schneller elektronischer Schalter, der, von einem ,,Drop-out"-Detektor gesteuert, während der Ausfallzeit vom gestörten auf das verzögerte ungestörte Signal umschaltet.

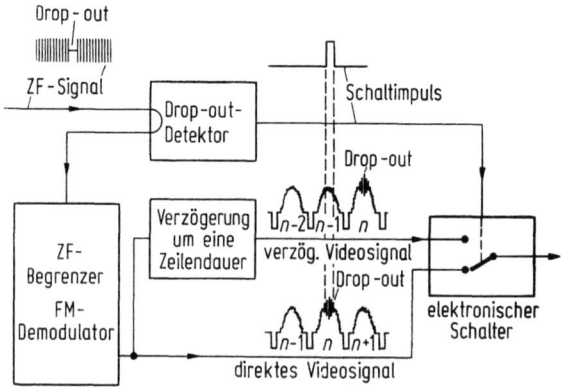

Abb. 25. Prinzip der Dropout-Austastung.

Die im Signalweg folgenden elektronischen Laufzeitkorrektureinheiten und der Geschwindigkeitsfehlerausgleich wurden in Abschnitt 3.2.2 bereits ausführlich behandelt. An ihrem Ausgang steht das Videosignal mit hoher Zeitstabilität zur Verfügung. Im Regenerierverstärker wird

4. Moderne technische Ausführungsformen von Aufzeichnungsanlagen 243

der Synchronanteil des Videosignals vom „Rauschen" befreit und hinsichtlich der Impulsform soweit verbessert, daß ein normgerechtes Ausgangssignal entsteht.

Die heute in der professionellen Fernsehtechnik eingesetzten 2"-Querspur-Aufzeichnungsanlagen sind zwar hinsichtlich des Aufzeichnungsstandards alle kompatibel, unterscheiden sich jedoch beträchtlich in der äußeren Ausführungsform, im schaltungstechnischen Aufwand und damit im Preis, sowie in ihren speziellen Anwendungsmöglichkeiten. Die universellste und aufwendigste Form stellen die bereits erwähnten Anlagen dar, bei denen eine Vielzahl von Funktionen automatisch abläuft. Es geht dabei in erster Linie darum, die Bedienung zu erleichtern, andererseits sollen aber auch die erforderlichen Vorbedingungen für die fortschreitende Automatisierung der Videobandbearbeitung und des Sendeablaufs geschaffen werden. Typische Beispiele hierfür sind: der schnelle Hochlauf, der konstante Bandzug, die hohe Umspulgeschwindigkeit, Erleichterungen beim Bandeinlegen, automatische Videospurhaltung bei der Wiedergabe usw. Der Preis solcher Anlagen liegt bereits wesentlich über einer halben Mio DM. Aus diesem Grund können sie nur im Fernsehstudio und dort wiederum nur an solchen Stellen sinnvoll eingesetzt werden, wo ihre Vorteile auch wirklich voll zur Wirkung kommen.

Für die meisten übrigen Anwendungsfälle genügen die Normalausführungen der verschiedenen Hersteller, die zur Aufzeichnung und Wiedergabe von Farbfernsehproduktionen voll geeignet sind und dabei keine Verschlechterung der Bildqualität verursachen. Der Verzicht auf Bedienungskomfort und gewisse Anwendungsmöglichkeiten führt neben einer geringfügigen Reduzierung von Größe und Gewicht zu einer beträchtlichen Verringerung des Preises auf fast die Hälfte, verglichen mit den hochautomatisierten Typen.

Der verständliche Wunsch nach transportablen oder gar tragbaren Videoaufzeichnungsanlagen mit dem gleichen Standard für die Verwendung im Reportagebetrieb kann bis heute leider noch nicht als voll erfüllt angesehen werden. Geräte dieser Art werden von Herstellern in USA und — neuerdings auch — Japan angeboten. Sie stellen jedoch, wenn man die bei Fernsehreportern erforderliche Beweglichkeit berücksichtigt, keine optimale Lösung dar. Zum Teil liegt dies an dem noch zu hohen Gewicht oder an der zu geringen Spieldauer. Erwähnt sei auch noch, daß teilweise diese Geräte zur Verringerung des Aufwandes und damit zur Gewichtseinsparung als reine Aufnahmegeräte konzipiert sind, die nur eine Wiedergabe für Kontrollzwecke ermöglichen. Die von diesen Maschinen wiedergegebenen Videosignale sind nicht direkt sendefähig und die auf ihnen aufgezeichneten Bänder müssen zur Erzielung der bestmöglichen Bildqualität auf normalen Studiomaschinen abgespielt werden.

244 A. Verwendung der Magnetspeichertechnik bei der Fernsehaufzeichnung

Die Notwendigkeit, Programmaterial von wenigen Sekunden bis zu einigen Minuten Dauer aufzuzeichnen und wiederzugeben und die Tatsache, daß sich so kurze Beiträge wegen der geringen Bandlängen nur schwer auf den normalen Maschinen handhaben lassen, hat zur Entwicklung von Kassettengeräten geführt. Die einzelnen Bandstücke sind in getrennten Behältern untergebracht, die von den Maschinen automatisch in die Arbeitsstellung gebracht, in den Bandlauf eingefädelt, abgespielt und ausgefädelt werden. Die Maschine besitzt zwei Bandlaufeinrichtungen mit 2 Kopfeinheiten, die abwechselnd in Funktion sind, so daß ein kontinuierlicher Betrieb möglich ist.

4.2. Schrägspuraufzeichnung

Geräte, die nach dem Schrägspurverfahren arbeiten, werden heute von den verschiedensten Herstellern und in unterschiedlicher Ausführung angeboten. Leider hat im Zuge der Entwicklung praktisch jeder Gerätetyp sein eigenes Spurbild und seinen eigenen Aufzeichnungsstandard erhalten, so daß von einer weltweiten Kompatibilität wie im Falle der Querspuraufzeichnung bisher nicht die Rede sein kann.

Schrägspurgeräte der untersten Preisklasse sind vorwiegend für den Heimgebrauch gedacht und sind in ihrer Ausrüstung auf dieses Anwendungsgebiet und auf die Bedienung durch Laien ausgerichtet. Es handelt sich hauptsächlich um Kassettengeräte mit selbsttätiger Bandeinfädelung. Typische Geräte dieser Art arbeiten nach dem $^1/_2''$-VCR-Standard [19, 20] und werden von allen namhaften deutschen Herstellern der Rundfunk- und Fernsehgeräteindustrie vertrieben. Sie besitzen zwei Videoköpfe, die Bandumschlingung der Kopftrommel beträgt 180°. Das Spurbild zeigt Abb. 26, die Außenansicht eines Gerätes der Fa. Philips Abb. 27. In ihrer Funktion ähnlich sind das $^3/_4''$-Sony-U-matic-Gerät und der $^1/_2''$-National-Cartridge-Recorder (beide japanischen Ursprungs).

Abb. 26. Spurbild des $^1/_2''$-VCR-Standards.

Spulengeräte dieser Preisklasse sind relativ wenig in Gebrauch. Anwendungsbereiche der „reel to reel"-Maschinen sind mehr der halbprofessionelle und der professionelle Sektor. Überwiegend wird 1"-Magnetband benutzt. Hersteller sind z. B. Ampex, International Video-Corporation (IVC), Grundig. Mit diesen Geräten läßt sich eine recht gute Bildqualität erzielen, die bis nahe an die durch das Fernsehsystem

4. Moderne technische Ausführungsformen von Aufzeichnungsanlagen 245

bestimmte Qualitätsgrenze herangeht. Ein Problem aller Schrägspurgeräte ist jedoch die relativ geringe Zeitstabilität, verursacht vor allem durch die langen, nahezu in Bandlängsrichtung liegenden Videospuren,

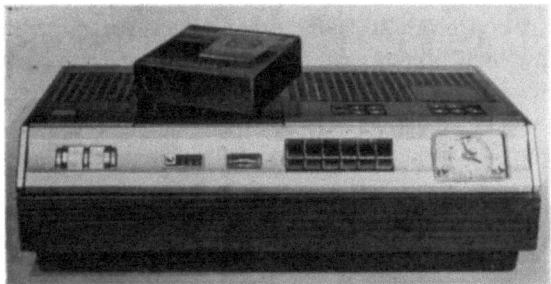

Abb. 27. VCR-Cassettenrecorder Philips N 1500.

bei deren Abtastung alle (Längs-) Schwingungen des Magnetbandes voll als Zeitfehler in Erscheinung treten. Diese Fehler zu beseitigen, bedarf es Laufzeitkorrektureinheiten mit einem Regelbereich von mindestens einer Zeile Dauer; die hierfür notwendige Speicherkapazität (mehrere Zeilen) läßt sich auf analogem Wege (steuerbare Laufzeitleitungen) nur schwer verwirklichen. Erst in der letzten Zeit konnte durch den Einsatz von binären Speicherregistern, die natürlich eine digitale Aufbereitung des Videosignals (mindestens 256 Amplitudenstufen entsprechend 8 bit/ Bildpunkt) voraussetzen, eine Lösung gefunden werden. Das Blockschaltbild einer solchen digitalen Korrektureinheit zeigt Abb. 28. Der Aufwand ist erheblich und nur bei Aufzeichnungsgeräten der oberen Preisklasse gerechtfertigt. Die abgegebenen Bildsignale sind voll normgerecht, auch hinsichtlich der Farbe.

Der Nachteil der langen Spuren, der auch in bezug auf die Kompatibilität, insbesondere nach längerer Betriebszeit, Probleme aufwerfen kann, hat zu der Entwicklung des ,,segmented helical scan"- Verfahrens

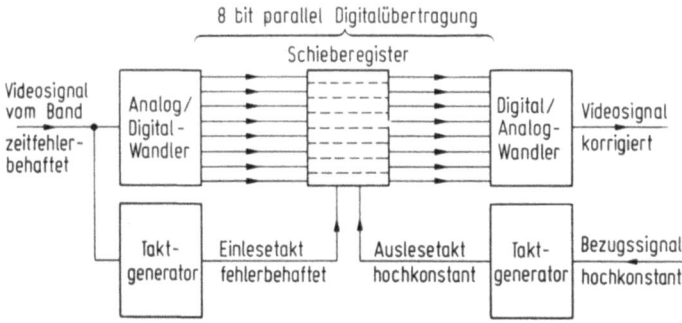

Abb. 28. Prinzipschaltbild einer digitalen Laufzeitkorrektureinheit.

246 A. Verwendung der Magnetspeichertechnik bei der Fernsehaufzeichnung

geführt, das in einigen, speziell für die Anwendung im Fernsehrundfunk gedachten Maschinen benutzt wird (Abb. 29, Abb. 30). Bei ihm werden zwei auf der Kopfscheibe um 180° versetzte Video-Köpfe verwendet, deren jeder für sich nur einen Teil des Fernsehbildes aufzeichnet und wiedergibt. Das Verfahren steht somit zwischen der Schrägspuraufzeichnung mit 1 Halbbild/Spur und der Querspuraufzeichnung, auch was Länge und Schräglage der Spur auf dem Band betrifft (Abb. 31). Alle auf Längenänderung des Bandes beruhenden Einflüsse (z. B. durch Schwingungen, Feuchtigkeit, Temperatur) lassen sich bei diesem Ver-

Abb. 29. „Segmented helical scan recorder" IVC 9000.

Abb. 30. Studioausführung des „Segmented helical scan recorder" BCN 50 (Robert Bosch GmbH).

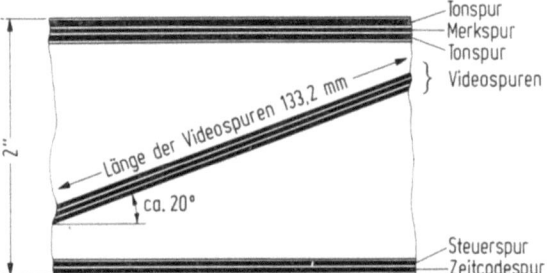

Abb. 31. Spurbild des „segmented helical scan recorders" IVC 9000.

fahren leichter beherrschen. Bemerkt sei noch, daß ein nach diesem Prinzip arbeitender Kleinrecorder angeboten wird, der erstmals eine bisher sehr spürbare Lücke im Fernsehrundfunk schließen dürfte, weil er auch für die Anwendung bei Reportagen geeignet sein wird.

4.3. Sonderausführungen

Eine Sonderausführung der magnetischen Videosignalaufzeichnung sind Magnetplattengeräte, auf denen nach dem Kreisspurverfahren aufgezeichnet wird und die als Standbildspeicher, als Zeitlupen- und Zeitraffereinrichtungen vielfältige Anwendung in Medizin, Technik und Fernsehrundfunk gefunden haben. Ähnlich wie in der Datenspeicherung werden eine oder mehrere rotierende Platten mit magnetisierbarer Oberfläche verwendet, auf deren Ober- und Unterseite im geringen Abstand je ein radial verstellbarer Kopf angebracht ist. Die Halbbilder werden in konzentrischen Spuren aufgezeichnet, wobei den Köpfen abwechselnd das Videosignal zugeführt wird, so daß eine kontinuierliche Aufzeichnung je nach Speicherkapazität bis maximal 20···30 s Dauer möglich wird. Bei Standbildwiedergabe wird eine Spur dauernd abgetastet. Eine Halbzeilenverzögerungsleitung, die alternierend zu- und abgeschaltet wird, sorgt dafür, daß aus dem aufgezeichneten Halbbild ein normgerechtes Vollbild wird. Zeitlupenwiedergabe entsteht durch mehrmalige Abtastung jedes Halbbildes. Zeitraffereffekte lassen sich erzielen, wenn während der Aufnahme Halbbilder unterdrückt werden und die Wiedergabe mit normaler Geschwindigkeit erfolgt.

Literatur

1 Messerschmid, U.: Die visuelle Störwirkung horizontaler Bildstandsschwankungen beim Fernsehen. Rundfunktechnische Mitteilungen 4 (1960) 74—79.
2 Olson, H. F., u. a.: A System for Recording and Reproducing Televisions Signals. RCA Rev. 15 (1954) 3.
3 Television Tape Recorder (VERA). Electronic and Radio Engineering. 35 (1958) 193.
4 Mullin, J. T.: Enregistrement magnétique des signaux video. L'Onde Electrique 34 (Okt. 1954) 765.
5 Snyder, R.: Ampex's New Video Tape Recorder. Tele-Techn. 15, Nr. 8, (Aug. 1956) 72, 108, 110.
6 Bernstein, J. L.: Video Tape Recording. New York: John F. Rider 1960.
7 Schüller, E.: Vorrichtung zur magnetischen Aufzeichnung und Wiedergabe von Fernsehbildern. DPB Nr. 927999, Mai 1955.
8 Sawazaki u.a.: A New Videotape Recording System. J. SMPTE 69 (1960) 868—871; Rundfunktechn. Mitt. 5 (1961) 97—100.
9 Wessels, H.: Magnetische Aufzeichnung auf einem Speicherrad. NTZ 2 (1962).
10 Walter, H. G.: Aufzeichnung und Wiedergabe von Standbildern mit dem Folienspeicher. Rundfunktechn. Mitt. 6 (1962) 106—110.

11 Bodenstein, C.; Otto, R.: Der Folienspeicher, ein Gerät zur Aufzeichnung von Fernsehsignalen. Rundfunktechn. Mitt. 6 (1962) 102—105.
12 Funk, H.: Die Zeitlupe im Fernsehen. Radio Mentor 1967, S. 526—527.
13 Fix, H.; Funk, H.; Vollenweider, E.: Fernseh-Zeitlupengerät für Schwarz-Weiß und Farbfernsehen unter Verwendung eines magnetischen Plattenspeichers. Rundfunktechn. Mitt. 12 (1968) 249—259.
14 Raschkowitsch, A.: Phasenwinkelmodulation. Leipzig: Fachbuchverlag 1952.
15 Fix, H.; Habermann, W.: Ein Beitrag zur Frage des Störabstandes bei der magnetischen Bildaufzeichnung. Rundfunktechn. Mitt. 7 (1963) 75—82.
16 Elliot, R. W.: Quadruplex Video Noise and Measurement Techniques. J. SMPTE 85 (1974) 887—890.
17 Theile, R.; Fix, H.: Zur Definition des durch die statistischen Schwankungen bestimmten Störabstandes im Fernsehen. AEÜ 10 (1956) 98—104.
18 Felix, M. O.: FM-Systems of Exceptional Bandwidth. International Conference on Magnetic Recording. London 1964.
19 Bahr, H.: Magnetische Aufzeichnung von Farb-Videosignalen. Hamburg: Philips Fachbücher 1972.
20 Heinrichs, G.: Videorecorder-Service-Handbuch. München: Francis-Verlag 1974.
21 Theile, R.: Aufzeichnung von Fernsehprogrammen. Lehrbuch der drahtlosen Nachrichtentechnik V/2. Fernsehtechnik, II. Teil. Berlin, Göttingen, Heidelberg: Springer 1963, S. 174.
22 Kauzmann, G.: Magnetische Bildaufzeichnung. Stuttgart: Franckh'sche Verlagshandlung 1965.

B. Bildsynchrone Tonaufzeichnung bei Film und Fernsehen

Karl-Erik Gondesen † *

1. Historische Übersicht

Im Jahre 1895 wurden erstmalige kinematographische Vorführungen in Amerika, Deutschland und Frankreich der Öffentlichkeit gezeigt, und schon nach relativ kurzer Zeit war der „Film" nicht mehr aus dem kulturellen und wirtschaftlichen Leben fortzudenken. Der naheliegende Wunsch, zum Bild auch den dazugehörigen Ton zu speichern, konnte lange Zeit wegen der unzulänglichen technischen Mittel nicht verwirklicht werden, obwohl es an Ideen nicht gefehlt hat. Erst mit der Entwicklung der Verstärkertechnik bestand überhaupt die Möglichkeit, den Ton einem größeren Publikum in ausreichender Lautstärke zugängig zu machen. Anfängliche Versuche mit synchron laufenden Schallplatten wurden aufgegeben, nachdem der Lichttonfilm erfunden und eingeführt war. In Deutschland war es die „Triergon"-Arbeitsgemeinschaft Engl, Masolle und Vogt, die im September 1922 nach mühevoller Entwicklung aller erforderlichen Bauelemente mit der Vorführung in einem großen Filmtheater die neue Epoche des Tonfilms einleitete. Der Lichtton hat sich wegen seiner betrieblich günstigen Eigenschaften rasch allgemein durchgesetzt und ist noch heute im Kinotheater bei den Vorführkopien dominierend.

Der Magnetton, der ab 1940 durch die Einführung der Hochfrequenzvormagnetisierung eine hervorragende Qualität erreichte, wurde nach dem Krieg auch in den Filmateliers für die Tonaufnahme eingeführt. Allerdings bestand zunächst keine Möglichkeit, das normale Magnetband, dessen Laufgeschwindigkeit bekanntlich durch Friktionsantrieb gegeben ist, über längere Zeit mit dem Bildfilm synchron zu halten. Dieser Mangel war bei der Aufnahme der kurzen Filmszenen, deren Anfang durch „Klappe" markiert wird, nicht weiter bedenklich; für die Tonmischung eignete sich das nichtsynchronisierte Tonband jedoch nicht, und man mußte auf perforierten Lichttonfilm überspielen, um

---

* Überarbeitet und auf den neuesten Stand gebracht von Heinz Vollmer, Stuttgart.

durch formschlüssigen Zahntrommelantrieb eine korrekte Synchronisation sicherzustellen. Der mehrmals umgespielte Lichtton führte aber zu erheblichen nichtlinearen Verzerrungen und Verschlechterung des Rauschabstandes. Es lag also nahe, analog zur Lichttonkamera eine „Magnettonkamera" zu entwickeln, die den Ton auf perforierten Film mit magnetisierbarer Schicht aufnehmen kann.

Um 1950 konnten Magnettonkameras und brauchbare Magnetfilme in den Betrieb eingeführt werden, und heute wird der bildsynchrone Ton von der Aufnahme über die Mischung und Bearbeitung bis zum fertigen Film lückenlos als magnetische Aufzeichnung durchgeführt. Die damit erreichte Qualitätsverbesserung kommt der Vorführkopie zugute, die normalerweise mit Lichtton versehen wird. Vor einigen Jahren konnte sich bei neuen Filmverfahren (z. B. Cinema-Scope) der Magnetton auch auf der Vorführkopie als stereofoner Ton in Verbindung mit dem Breitwandbild durchsetzen. Es gelang eine weitgehende Illusion des Raumes zu übermitteln, wobei vier Magnettonspuren den zum Bild gehörenden Ton von links, von der Mitte, von rechts und aus dem Zuschauerraum bei hervorragender Qualität brachten und das Bild durch anamorphotische Projektion auf der Leinwand bedeutend verbreitert werden konnte.

Als das Fernsehen seinen Betrieb aufnahm, stand bereits eine ausgereifte Filmtechnik zur Verfügung, so daß nahe lag, sich dieser Technik für die eigene Filmproduktion zu bedienen. Die Aufgabenstellung beim Fernsehfilm unterscheidet sich jedoch von der Filmtheatertechnik. Beim Fernsehen werden nämlich für die Sendung nur ein Filmexemplar oder höchstens einige wenige Kopien für den Programmaustausch benötigt. Auch hat das Fernsehbild gegenüber der Wiedergabe im Lichtspieltheater eine geringere Auflösung, so daß hier in vielen Fällen der 16-mm-Schmalfilm ausreicht, der nicht nur billiger ist als der 35-mm-Normalfilm, sondern auch für den aktuellen Dienst leichte Geräte ermöglicht. Somit erhielt der ursprünglich für Amateure vorgesehene 16-mm-Film durch das Fernsehen neue Impulse, die zu erheblichen technischen Verbesserungen der Bild- und Tonseite geführt haben. Beim Fernsehen wird aus technischen und betrieblichen Gründen von der Aufnahme bis zum fertigen Film heute ausschließlich Magnetton verwendet, der eine hochqualitative Tontechnik ermöglicht. Auch in der Synchronisationstechnik ist das Fernsehen neue Wege gegangen: insbesondere für Reportageaufnahmen hat sich das „Pilotfrequenz"-Verfahren zur Synchronisierung zwischen Filmkamera und Tonbandgerät bewährt. Eine Patentschrift schon aus dem Jahre 1941 von E. Schüller, AEG, war infolge der Nachkriegswirren zunächst unbekannt geblieben, und eine spätere Patentschrift aus dem Jahre 1949 von J. Schürer, München, diente weitgehend als Basis beim Aufbau des Pilotsynchronisierverfahrens in Deutschland. Im Jahre 1953 konnten die ersten pilotsynchronen Aufnahmen einer Kongo-Filmexpedition des damaligen NWDR-Fernsehens zur Sendung gebracht werden. Später wurde diese Technik der pilotsynchronen Tonaufnahme wegen des geringeren Aufwandes auch im Filmstudio übernommen. Hierauf wird später näher eingegangen.

Bei dieser Übersicht darf schließlich der 8-mm-Amateurfilm mit synchronem Ton nicht vergessen werden. Nachdem die Industrie die Voraussetzungen dazu geschaffen hat, gehen in jüngster Zeit Schmalfilmamateure in steigendem Maße dazu über, ihre fertig geschnittenen Filme zu vertonen. Es wird entweder auf dem Originalfilm ein Magnettonstreifen zwischen Bildrand und Filmkante aufgebracht, auf den mittels Tonläufer im Projektor nachträglich aufgezeichnet wird, oder man verwendet handelsübliche Heimmagnetbandgeräte, die mit Hilfe eines einfachen Synchronisierzusatzes mit dem Projektor elektrisch verkoppelt werden. Neuerdings gibt es auch Verfahren, bei denen schon während der Bildaufnahme auf einem Tonbandgerät aufgezeichnet wird das von der Kamera Synchronzeichen erhält, die bei der späteren Wiedergabe die Laufgeschwindigkeit des Projektors steuern.

Der Magnetton als das zur Zeit hochwertigste und betriebsgünstigste Schallaufzeichnungsverfahren hat sich also in der gesamten Filmtechnik eindeutig durchgesetzt; nur beim einkanaligen Ton der Theaterkopien bleibt der Lichtton wegen der einfachen Herstellung von Massenkopien.

2. Die Verfahren der bildsynchronen Tonaufzeichnung

Es gibt mehrere Verfahren, das Bild- und Tongeschehen von der Aufnahme über die Bearbeitung des Films bis zur Vorführkopie völlig synchron zu halten. Zum besseren Verständnis für die Eignung der in der Praxis angewandten Verfahren sei hier die grundsätzliche und stark vereinfachte Herstellungsweise von Filmen mit synchronem Ton kurz aufgeführt. In den meisten Fällen erfolgt die *Aufnahme* szenenweise in kurzen ,,takes" von einigen Sekunden bis zu einigen Minuten Länge. Im Studio wird am Anfang jeder Einstellung die Synchronklappe, das ist eine Tafel mit Angabe von Szenennummer und gegebenenfalls der wievielten Wiederholungsaufnahme, vor die Kamera gehalten, der Text laut verlesen und abschließend eine deutlich sichtbare hölzerne Klappe, die mit Scharnier mit der Tafel verbunden ist, mit lautem Knall geschlossen. Dadurch ist Kennzeichnung und Synchronpunkt der Einstellung auf der Bild- und Tonaufnahme eindeutig gegeben. Nach Entwicklung des Aufnahmefilms werden Musterkopien gezogen, und der Originalton wird vom unperforierten Magnetband *auf Magnetfilm überspielt*. Die ausgewählten ,,takes" können nun im *Schneidetisch* an Hand der Synchronzeichen der ,,Klappe" auf Bild- und Tonstreifen in der richtigen Reihenfolge zusammengesetzt werden. Es entsteht ein zusammengesetzter „zweistreifiger" Film, bestehend aus einem Bildstreifen und einem Magnetfilm mit dem Originalton der Aufnahme. Während der Bildfilm nach Negativschnitt und Kopierlichtbestimmung (teilweise über weitere Zwischenprozesse) fertig gestellt wird, muß der Tonstreifen in der synchronen Tonmischung mit weiteren akustischen Ergänzungen wie Geräusch, Musik usw. und Bearbeitungen wie Verhallung oder Klangfärbung versehen werden. Ist der zweistreifige Film inhaltlich abgeschlossen, so werden die erforderlichen Kopien hergestellt. Während bei Fernsehfilmen vom Originalnegativ kopiert wird, verwendet man bei Theaterfilmen mit der höheren Kopienzahl ein Duplikatnegativ in der Kopiermaschine. Der fertiggestellte Ton auf Magnetfilm muß ebenfalls der Kopie zugeordnet werden. Bei Fernsehfilmen geschieht das entweder „zweistreifig" durch Überspielung auf einen zur Bildkopie gehörenden Magnetfilm (SEPMAG) oder „einstreifig" durch Überspielung auf einen Magnettonstreifen am Rand des Bildfilmes (COMMAG), seltener ist Lichtton auf der Vorführkopie (COMOPT). Bei Theaterfilmen wird — abgesehen von der mehrkanaligen sterophonen Tonaufnahme auf mehreren Magnettonstreifen des Bildfilmes — zumeist auf Lichttonnegativ überspielt, von dem dann Kontaktkopien auf den kombinierten Bild-Tonfilm (COMOPT) hergestellt werden.

Im folgenden werden die Magnettonaufzeichnungsverfahren und ihre grundsätzliche Eignung beschrieben.

2.1. Einstreifenverfahren (COMMAG)

Bild- und Tonaufzeichnung befinden sich auf einem gemeinsamen Film, so daß ihre Zuordnung unverrückbar festliegt. Wegen der Verschiedenartigkeit der Wiedergabe — Bild mit ruckweisem Transport, Ton mit gleichförmiger Geschwindigkeit —, müssen Bild- und Tonaufzeichnung auf dem Film gegeneinander versetzt sein. Der Versatz richtet sich nach Filmformat und Art der Tonaufzeichnung.

Lage und Abmessungen der Magnetspuren sind in nationalen und internationalen Normen festgelegt.

16 COMMAG nach DIN 15681, „Film 16 mm, Bildpositiv mit Magnettonstreifen" (entspr. ISO-R 490), *siehe Abb. 1*;
35 COMMAG nach DIN 15582, „Film 35 mm, Bildpositiv mit einem Magnettonstreifen" (entspr. ISO-Entwurf TC 36 N 530), *siehe Abb. 2*;
35 COMQUADMAG nach DIN 15555, „Film 35 mm Bildpositiv mit vier Magnettonstreifen (und einer Lichttonspur)" (entspr. ISO-Entwurf TC 36 N 485), *siehe Abb. 3*.

Die Eignung des Einstreifenverfahrens für Aufnahme, Filmbearbeitung und Vorführung kann folgendermaßen beurteilt werden.

2. Die Verfahren der bildsynchronen Tonaufzeichnung

Für die *Filmaufnahme* ist es nur bedingt geeignet, nämlich dann, wenn keine exakte Schnittbearbeitung folgt und zudem Umkehrfilm verwendet wird. Da aus technischen Gründen Bild- und Tongeschehen nicht an der gleichen Stelle, sondern gegeneinander versetzt auf dem Filmstreifen aufgezeichnet werden müssen, würde ein Schnitt „auf Bild" den Ton an falscher Stelle treffen. Eine für die Schnittbearbeitung ohnehin

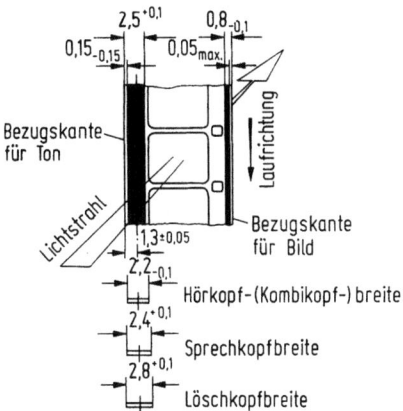

Abb. 1. 16 COMMAG (DIN 15681), Spurlage. Der Ton eilt um 28 Bilder vor. Die 0,8 mm breite Ausgleichsspur ist nicht für Tonaufzeichnung vorgesehen.

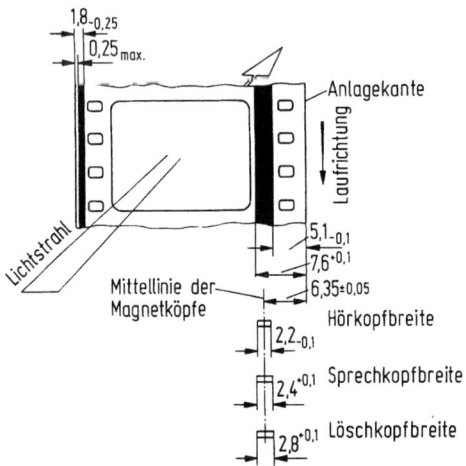

Abb. 2. 35 COMMAG (DIN 15582), Spurlage. Der Ton eilt um 28 Bilder nach.

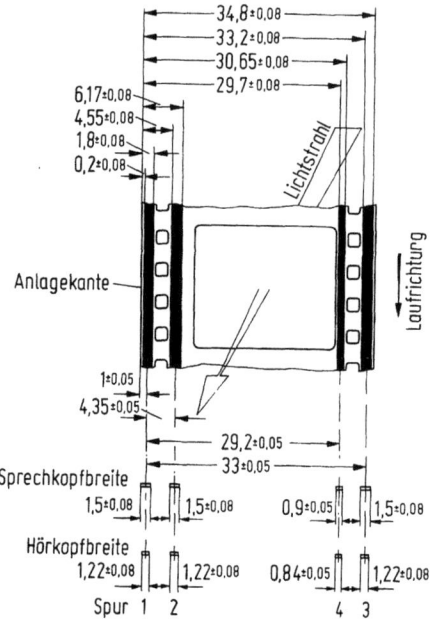

Dargestellt ist die Seite mit den Magnettonstreifen

Abb. 3. 35 COMQUADMAG (DIN 15555), Spurlagen. Der Ton eilt um 28 Bilder nach. Die Vierkanalaufzeichnung nach dieser Norm wird zusammen mit anamorphotisch gepreßtem Bild für Breitwandprojektion nach dem Cinema-Scope(R)-Verfahren im Lichtspieltheater angewandt.

erforderliche Überspielung des Tones auf Magnetfilm (SEPMAG) beeinträchtigt die Tonqualität in gewissem Maße, die durch die konstruktiven Gegebenheiten eines Tonläufers in der Filmkamera von vornherein begrenzt ist. Einstreifige Tonaufnahme wird in Deutschland nur für eilige 16-mm-Filminterviews beim Fernsehen angewandt, die unmittelbar nach der Entwicklung des Filmes ohne Schnittbearbeitung gesendet werden müssen, aber auch bei Sportübertragungen (z.B. Fußball), bei denen die Originalatmosphäre erhalten bleiben soll, die dann bei der Tonmischung dem Kommentar unterlegt wird. In den USA dagegen hat das COMMAG-Aufnahmeverfahren mehr Verbreitung gefunden. Für die *Schnittbearbeitung* ist das Einstreifenverfahren wegen des Bild/Tonabstandes auf dem Film grundsätzlich ungeeignet und wird hierfür auch nur in wenigen, hinsichtlich des Tones anspruchslosen Fällen angewandt.

Für die *Vorführung* dagegen ist es besonders geeignet, da es Sicherheit bietet gegen Synchronfehler und menschliche, beziehungsweise technische Fehler beim Betriebsablauf. Ein Asynchronfallen beim Anlauf ist ausgeschlossen und selbst nach repariertem Filmriß bleiben Bild und Ton

2. Die Verfahren der bildsynchronen Tonaufzeichnung

in zeitlicher Übereinstimmung. Verwechslungen (falscher Ton zur Filmrolle) können nicht vorkommen und die Archivierung ist vereinfacht.

An dieser Stelle sollte erwähnt werden, daß bei der *Videobandaufzeichnung*, über die an anderer Stelle dieses Buches ausführlich berichtet wird, der Ton ebenfalls nach dem Einstreifenverfahren (Video-COMMAG) aufgezeichnet wird. Hier traten auf Grund des Bild/Tonabstandes von etwa 0,6 Sekunden die gleichen Probleme auf, weil bis vor einigen Jahren Videobänder nur mechanisch geschnitten werden konnten. Voraussetzung für die Durchführung eines Schnittes war eine Tonpause entsprechend dem zeitlichen Versatz von Bild und Ton. Heute dagegen wird die Schnittbearbeitung von Videobändern nur noch mit elektronischen Verfahren durchgeführt. Sie gestatten ein nahtloses Zusammenfügen von verschiedenen Aufzeichnungsteilen durch Überspielen auf eine zweite Videobandmaschine und in Verbindung mit einer Zeitcode-Programiereinrichtung eine vollautomatische Schnittbearbeitung. Der elektronische und gerätetechnische Aufwand ist zwar sehr hoch, doch wird damit eine Präzisions-„Schneidetechnik" möglich, die es bisher nur beim Film gab. Übrigens verwendet man im Falle umfangreicher und komplizierter Tonbearbeitung von Videoband-Produktionen — analog zum Film — das Zweistreifenverfahren (Video SEPMAG), bei dem ein mehrspuriger Tonträger (breites Magnetband oder perforierter Magnetfilm) durch Verkopplung des Antriebes mit der Steuerspuraufzeichnung des Videobandes synchronisiert wird. Nach erfolgter Bearbeitung wird der Ton auf die Tonspur des Videobandes rücküberspielt. (Man vergleiche die Technik der Filmbearbeitung, wie sie in den folgenden Abschnitten dieses Beitrages behandelt wird).

2.2. Das „klassische" Zweistreifenverfahren (SEPMAG)

Beim „klassischen" Zweistreifenverfahren verwendet man das gleiche Filmformat für Bild- und Tonstreifen. Gleiche Perforation sorgt durch formschlüssiges Transport über Zahntrommeln stets für sichere Synchronhaltung von Bild und Ton. Der synchrone Antrieb von Bildfilm- und Magnetfilmgeräten kann je nach Anwendungszweck über mechanische Kupplung oder elektrische Verkopplung erfolgen. Den einfachsten Fall einer elektrischen Verkopplung stellen aus dem Starkstromnetz betriebene Synchronmotoren für die Einzelantriebe dar. Bildet man diese als Schleifringmotoren aus, so entstehen weitere Möglichkeiten der Synchronverkopplung, vom Stillstand bis zu beliebigen vorgegebenen Laufgeschwindigkeiten, vor- und rückwärts. Hierauf wird im Abschnitt 3, Gerätetechnik, näher eingegangen.

Magnetfilme gibt es in den üblichen Bildfilmformaten. Lage und Abmessungen der gebräuchlichsten Magnetfilme sind in den nachstehenden Normen festgelegt.

16 SEPMAG nach DIN 15655, Blatt 2, „Magnetfilm 16 mm mit einseitiger Perforation, Tonaufzeichnung" (entsprechend ISO R 890), *siehe Abb. 4;*

16 SEPDUMAG nach DIN 15655, Blatt 3, „Magnetfilm 16 mm mit einseitiger Perforation, Zweispur-Tonaufzeichnung" (nach ISO-Vorschlag), *siehe Abb. 5;*

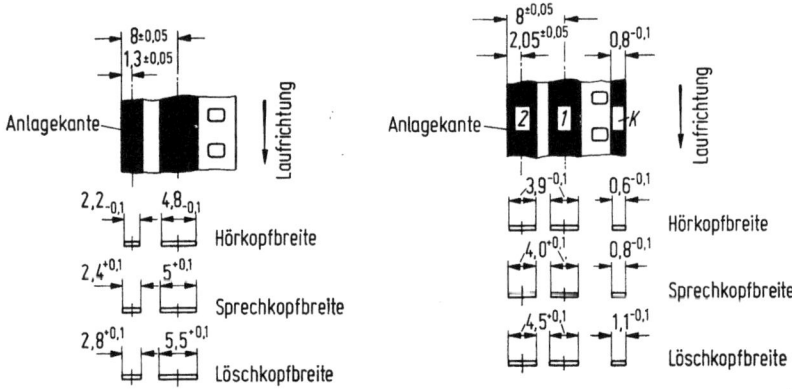

Abb. 4. 16 SEPMAG (DIN 15655, Blatt 2). Spurlagen und Abmessungen der Magnetköpfe. Die Randspur wird vorzugsweise für Hilfsaufzeichnungen für die Filmbearbeitung verwendet.

Abb. 5. 16 SEPDUMAG (DIN 15655, Blatt 3). Spurlagen und Abmessungen der Magnetköpfe. Es stehen zwei vollwertige Tonspuren und eine Hilfsspur (für Synchronzeichen bei der Filmbearbeitung) zur Verfügung.

35/17,5 SEPMAG nach DIN 15552, Blatt 2, „Magnetfilm 17,5 mm und 35 mm, Tonaufzeichnung" (entsprechend Spur 1 von ISO R 162), *siehe Abb. 6;*

35 SEPQUADMAG nach DIN 15554, „Magnetfilm 35 mm, Vierspur-Tonaufzeichnung" (entsprechend ISO R 360), *siehe Abb. 7.*

Filmaufnahmen nach dem klassischen Zweistreifenverfahren erreichen bestmögliche Tonqualität. Bei einer Laufgeschwindigkeit von 25 Bildern/s hat der 35-mm- bzw. 17,5-mm-Magnetfilm mit 47,4 cm/s eine sehr große Reserve an linearen und nichtlinearen Verzerrungen und wegen der breiten Spuren auch an Rauschabstand. Sogar der 16-mm-Magnetfilm mit einer Laufgeschwindigkeit von 19 cm/s erfüllt alle qualitativen Anforderungen mit modernen Magnetfilmmaschinen. Die relativ schweren Aufnahmeapparaturen beschränken aber die Zweistreifenaufnahme auf das Studio oder auf den Einsatz von Übertragungswagen.

2. Die Verfahren der bildsynchronen Tonaufzeichnung

Für die *Filmbearbeitung* ist das Verfahren besonders geeignet und für die Schneidearbeit sogar Voraussetzung. Es gibt heute Schneidetische, die mehrere Bildfilme zusammen mit dem Magnetfilm aufnehmen kön-

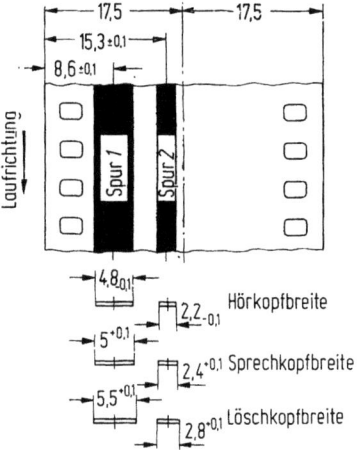

Dargestellt ist die Seite mit der Magnetschicht

Abb. 6. 35/17,5 SEPMAG (DIN 15552, Blatt 2). Spurlagen und Abmessungen der Magnetköpfe. Die Randspur wird vorzugsweise für Hilfsaufzeichnungen für die Filmbearbeitung verwendet.

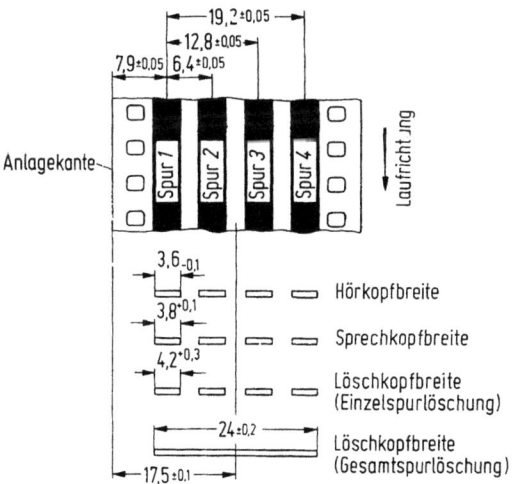

Dargestellt ist die Seite mit der Magnetschicht

Abb. 7. 35 SEPQUADMAG (DIN 15554). Spurlagen und Abmessungen der Magnetköpfe. Die Tonspuren werden für Vierkanal-Stereo-Tonaufzeichnung oder einzeln für später zu mischende Schallereignisse verwendet.

nen, so daß auch Aufnahmen mit mehreren synchronen Filmkameras verarbeitet werden können. Synchronmarken auf je einer Hilfsspur von Bild- und Magnetfilm erleichtern das synchrone Anlegen im Schneidetisch. Bei der Tonmischung werden Projektor und Magnetfilmmaschinen über „elektrische Welle" in jeder Betriebslage synchron gehalten.

Für die *Vorführung* besitzt das Zweistreifenverfahren, zumindest bei 16-mm-Film, gegenüber dem COMMAG-Film den Vorteil der höchsten Tonqualität. Doch schließt es das Risiko eines Synchronfehlers im Falle einer technischen Störung oder eines menschlichen Fehlers im oftmals turbulenten Betriebsablauf ein. Darüber hinaus ist ein Filmriß während einer zweistreifigen Vorführung nur selten ohne längere Betriebsstörung zu überwinden. Im Filmtheater verwendet man daher einstreifige Vorführkopien (meist COMOPT). Im Fernsehen, wo aus Gründen bester Tonqualität auch 16 SEPMAG gesendet wird, sichert man sich gegen Synchronstörungen durch zusätzliche 16 COMMAG als Reserve.

2.3. Pilotfrequenzverfahren (PILOT)

Aus der beweglichen Arbeitsweise des aktuellen Dienstes im Fernsehen entstand der Wunsch, Filmaufnahmen mit synchronem Ton ohne die Mitnahme schwerer Geräte machen zu können.

Hierfür bot sich das Pilotfrequenzverfahren als ein besonderes Zweistreifenverfahren, nämlich ohne perforierten Magnetfilm an, dessen prinzipielle Arbeitsweise im folgenden erläutert wird.

Entsprechend der Bildwechselfrequenz des Fernsehens arbeiten auch die Filmkameras für Fernsehfilme mit 25 Bildern/s. Die Einzelbilder auf dem Film sind ein sichtbares Zeitmaß: der Abstand von Bildstrich zu Bildstrich beträgt beim 35-mm-Film 4 Perforationslöcher, beim 16-mm-Film 1 Perforationsloch. Das entspricht 100 bzw. 25 Perforationslöchern in der Sekunde, beim klassischen Zweistreifenverfahren auch für den Magnetfilm. Ein 6,25-mm-Magnetband hat aber keine Perforation, die den Synchronismus mit dem Bildfilm sicherstellen könnte. Es erhält daher während der Aufnahme eine „magnetische Perforation", indem eine aus der Bildwechselfrequenz der Filmkamera abgeleitete Pilotfrequenz — vorzugsweise 50 Hz bei 25 Bildern/s — auf einer von der Nutztonaufzeichnung entkoppelten Spur auf dem Band zusätzlich aufgezeichnet wird. Bei der Wiedergabe bzw. Überspielung auf Magnetfilm dient die abgetastete Pilotaufzeichnung des Tonbandes zum Synchronisieren mit der Bildwechselfrequenz. Entweder treibt die entsprechend verstärkte Pilotfrequenz unmittelbar den Synchronmotor der Filmmaschine (Vorwärtsregelung oder direktes Verfahren genannt), oder aber die Filmmaschine läuft netzsynchron, und die Maschine, die das Tonband mit der Pilotaufzeichnung abspielt, richtet ihre Laufgeschwindig-

2. Die Verfahren der bildsynchronen Tonaufzeichnung

keit mit Hilfe eines Nachsteuergerätes so ein, daß abgetastete Pilotfrequenz und Netzfrequenz übereinstimmen (Rückwärtsregelung oder indirektes Verfahren genannt). Im letzteren Falle kann als Vergleichsfrequenz an Stelle der Netzfrequenz auch die Fernsehtaktgeberfrequenz (50 Hz Sinus aus der Vertikalfrequenz) gewählt werden, was z.B. für Playbackaufnahmen über Fernsehkameras von Bedeutung ist.

Folgende *Anforderungen an ein professionelles Pilotaufzeichnungssystem* sind zu stellen:

a) Pilotsynchronisierte Bänder müssen auf Studiomaschinen mit Vollspur ohne störendes Übersprechen der Pilotfrequenz abspielbar sein.

b) Die Breite des Tonbandes soll so weit wie möglich für die Nutztonaufzeichnung zur Verfügung stehen, um den Störabstand nicht zu verschlechtern.

c) Tieffrequente Anteile der Nutztonaufzeichnung dürfen nicht in einem Maße in den Pilotkanal übersprechen, daß Tonhöhenschwankungen infolge Phasenstörungen der abgetasteten Pilotfrequenz entstehen können.

Das einfachste Verfahren der *Pilotaufzeichnung mit Halbspurtechnik* und konventioneller Längsaufzeichnung zeigt Abb. 8. Vorteil: geringer technischer Aufwand. Nachteil: Verschwendung an Aufzeichnungsfläche, zumal der Spurabstand aus Gründen des langwelligen Übersprechens groß sein muß; Forderungen a) und b) nicht erfüllt.

Die *Schrägspaltaufzeichnung* nach Ranger zeigt Abb. 9. Die etwa 0,5 mm breite Pilotaufzeichnung befindet sich in der Mitte des Bandes. Durch die Spaltlängenfestlegung entsprechend der nominalen Wellenlänge der Pilotfrequenz in Bandlaufrichtung erfaßt der Tonhörkopf (Spaltwinkel 90°) über die Breite der Pilotspur in jedem Augenblick einen Pilotfrequenzbandfluß von der Summe Null. Vorteil: die Pilotaufzeichnung benötigt nur eine geringe Spurbreite und wird vom Voll-

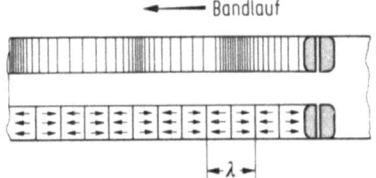

Abb. 8. Pilotaufzeichnung nach dem Halbspurverfahren, je eine Spur für Nutzton (oben) und Pilotfrequenz (unten).

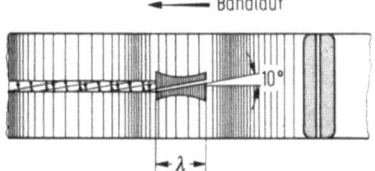

Abb. 9. Schrägspalt-Pilotaufzeichnung in der Mitte des Magnettonbandes (Ranger-System). Der Pilotkopfspalt hat eine Länge, die in Bandlaufrichtung genau einer Wellenlänge oder deren vielfaches der aufgezeichneten Pilotfrequenz entspricht.

spurhörkopf nicht erfaßt. Nachteil: ausreichende Übersprechdämpfung in den Nutztonkanal besteht nur, wenn die nominelle Wellenlänge, gegeben durch Pilotfrequenz, Bandgeschwindigkeit und Auflage am Pilotkopf, eingehalten wird.

Das RANGER-Verfahren wird noch in gewissem Umfang in den USA angewandt; hier beträgt die Pilotfrequenz — entsprechend der amerikanischen Netzfrequenz — 60 Hz, und somit das 2,5fache der dort üblichen Bildwechselfrequenz von 24 Hz.

Mit zwei schmalen *Längsaufzeichnungen im Gegentakt am oberen und unteren Rand* des Magnettonbandes arbeitet das PERFECTONE-Verfahren, siehe Abb. 10. Als Pilotfrequenz bevorzugt man 100 Hz. Um die

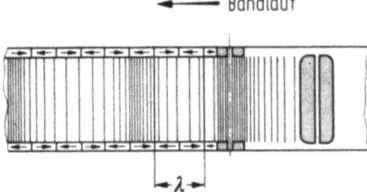

Abb. 10.
Pilotaufzeichnung nach dem Perfectone-Verfahren. Gegentakt-Längsaufzeichnung am oberen und unteren Rand des Bandes; Pilotfrequenz vorwiegend 100 Hz.

Übersprechdämpfung in den Nutztonkanal genügend groß zu halten, muß einwandfreie Symmetrie der Pilotaufzeichnung und der Nutztonabtastung gewährleistet sein, nämlich Parallelität der beiden Pilotkopfspalte, gleicher Magnetfluß auf beiden Spuren, sicheres Aufliegen des Tonbandes über die ganze Breite und exaktes Einhalten der Sollspurlage. Vorteil: grundsätzlich sind die Anforderungen a) bis c) erfüllt. Nachteil: bei nicht einwandfreiem Bandlauf oder gereckter Bandkante entsteht Übersprechen durch Unsymmetrie.

Das Prinzip der alten, beim Rundfunk entwickelten Pilotaufzeichnung nach dem *Transversalverfahren* zeigt Abb. 11. Die Aufzeichnung

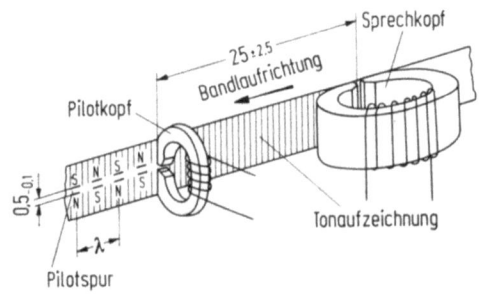

Abb. 11.
Pilotaufzeichnung nach dem Transversal-Verfahren. Pilotspur in der Mitte des Bandes, Kopfspalt parallel zur Bandlaufrichtung (alte Norm DIN 15 575).

2. Die Verfahren der bildsynchronen Tonaufzeichnung

liegt in der Mitte des Tonbandes und ist etwa 0,5 mm breit, gegeben durch die Spaltbreite des Pilotkopfes, dessen Spalt parallel zur Bandlaufrichtung justiert ist. Wegen der großen Spaltbreite treten nicht nur Feldlinien quer zur Bandlaufrichtung (transversal), sondern auch seitlich aus den Polschuhen, so daß Spurbreite und Magnetisierungsrichtung bei diesem Verfahren nicht eindeutig definiert sind.

Vorteil: grundsätzlich sind die Anforderungen a) bis c) erfüllt und die Aufzeichnung in der Mitte des Bandes gibt Sicherheit bei Bandreckung und Laufungenauigkeiten. Nachteil: die große Spaltbreite erfordert hohe Vormagnetisierungsleistung, und die Kopfkonstruktion geht stark in die erzielbare Symmetrie und somit Übersprechdämpfung ein. Das Verfahren wurde nach langjähriger Betriebsdauer abgelöst durch das mit der Transversalaufzeichnung weitgehend kompatible NEO-PILOT-Verfahren (siehe nachfolgende Beschreibung und Abb. 13).

Ein weiteres Verfahren als *frequenzmodulierte Pilotaufzeichnung in der Mitte des Bandes* zeigt Abb. 12. Es vermeidet die Ursache des Übersprechens in den Nutztonkanal, nämlich die langwellige Pilotfrequenz-

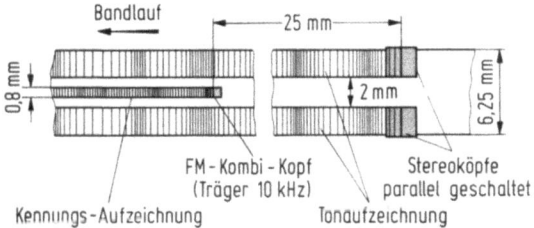

Abb. 12 Trägerfrequente Pilot- und Kamerakennungsfrequenz-Aufzeichnung *(Telefunken)*. Längsaufzeichnung 0,8 mm breit in der Mitte des Bandes; Stereoköpfe für die Nutztonaufzeichnung.

aufzeichnung mit den weit über die Spurbreite hinausreichenden Feldlinien. Die Pilotfrequenz wird hier einem Träger von etwa 10 kHz aufmoduliert bei einem Hub von maximal $\pm 3,5$ kHz. Vorteil: Außer der Pilotfrequenz können noch weitere Frequenzen, z.B. Kamerakennfrequenzen bis 2700 Hz aufgezeichnet werden; die Anforderungen b) und c) werden eingehalten. Nachteil: zur Entkopplung mit der Pilotspur muß die Nutztonaufzeichnung in der Mitte ausgespart werden (parallelgeschaltete Stereoköpfe); die Wiedergabe der Pilotfrequenz ist nur bei Normalgeschwindigkeit möglich, damit der FM-Demodulator im richtigen Frequenzband arbeitet. — Das Verfahren hat Eingang in der

Filmstudiotechnik gefunden, insbesondere, wenn mit mehreren Kameras und dazugehörigen Kennfrequenzen gearbeitet wird.

Es ist auch eine *trägerfrequente Pilotaufzeichnung als Modulation der Vormagnetisierungsfrequenz* vorgeschlagen worden. Hierzu ist aber eine sichere Aufzeichnung und reproduzierbare Wiederabtastung der Vormagnetisierung auf dem Band Voraussetzung. Selbst bei der großen Studiobandgeschwindigkeit von 38,1 cm/s und selektiver Auskopplung aus dem Hörkopf kann eine Sicherheit bei betriebsmäßigen Toleranzen der Kopfspaltjustage nicht gegeben werden. Eine Einführung dieses Verfahrens in die Praxis ist nicht bekannt geworden.

An dieser Stelle sollte ein Verfahren erwähnt werden, das im eigentlichen Sinne keine Pilotaufzeichnung, sondern eine schon bei der Fertigung des Bandes *auf der Rückseite aufgedruckte Längeneinteilung* darstellt. Gibt man diesem Schwarzweißaufdruck eine Teilung von z.B. 7,62 mm entsprechend der Perforationsteilung des 16-mm-Filmes, so entsteht bei der Laufgeschwindigkeit von 19,05 bzw. 38,1 cm/s eine Rechteckfrequenz von 25 bzw. 50 Hz, die mit einem Fototransistor abgetastet, mit der Bildwechselfrequenz verglichen und zur Nachsteuerung der Bandlaufgeschwindigkeit verwendet werden kann. Vorteil: die sichtbare Teilung auf dem Magnettonband würde eine Verwendung im entsprechend gestalteten Schneidetisch ermöglichen, ohne daß auf Magnetfilm überspielt werden müßte; die volle Breite des Bandes steht uneingeschränkt für Tonaufzeichnung zur Verfügung (Forderungen a) bis c) erfüllt). Nachteil: Schon bei der synchronen Aufnahme muß die Laufgeschwindigkeit des Tonbandes mit geeigneten Nachsteuereinrichtungen an die Bildwechselfrequenz angepaßt werden. — Das Verfahren wurde beim Rundfunk in der CSSR unter der Bezeichnung OPTISYNC entwickelt. Die Einführung scheiterte an den Kosten für die Entwicklung der zugehörigen Geräte (Schneidetisch, Bandlaufwerk).

Ein Standardverfahren nun stellt die Weiterentwicklung des Transversalverfahrens als *Gegentaktlängsaufzeichnung* dar. Sie wurde im Jahre 1958 von Kudelski als sogenannter NEOPILOT bei den transportablen Tonbandgeräten dieser Firma eingeführt und hat inzwischen weltweite Anwendung gefunden. Das NEOPILOT-Verfahren hat in Deutschland die bisherige Transversalaufzeichnung abgelöst, zumal es mit dieser kompatibel ist; es wurde in die Neuausgabe des Normblattes DIN 15575 übernommen. Abb. 13 zeigt Anordnung der Magnetköpfe, Spurlagen und Aufzeichnungsversatz gegenüber dem Ton. Beim Gegentaktverfahren besteht neben der mechanischen Justage des Pilotkopfes auch die Möglichkeit der elektrischen Justierung auf Übersprechminimum durch entsprechende Stromverteilung auf die beiden Wicklungen des Gegentaktkopfes. Vorteil: Erforderliche Vormagnetisierungsleistung für die schma-

2. Die Verfahren der bildsynchronen Tonaufzeichnung   263

len Kopfspalten gering; leichte Einstellbarkeit auf Übersprechminimum; Anforderungen a) bis c) erfüllt.

Pilotfrequenzverfahren eignen sich in erster Linie für die *Filmaufnahme*. Leichte Geräte für beweglichen Einsatz sind möglich, die das gegenüber Magnetfilm raumsparende und billigere Magnetband verwenden. In der Standardform wird die Bildwechselfrequenz (25 Hz) von einem Pilotgeber an der Kamera als 50-Hz-Pilotfrequenz über Kabel oder auch drahtlos auf das Tonbandgerät gegeben. An Stelle einer Synchronklappe benutzt man bei aktuellen Aufnahmen eine unauffällige, automatische

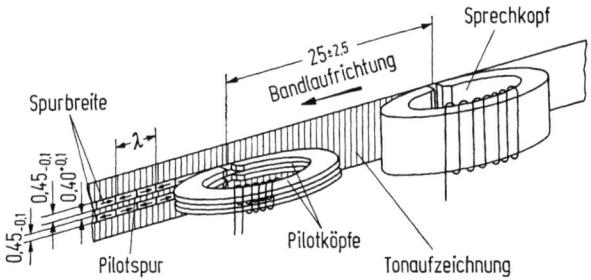

Abb. 13. Pilotaufzeichnung nach dem Neopilot-Verfahren (Kudelski). Gegentakt-Längsaufzeichnung auf zwei eng benachbarten Spuren in der Mitte des Bandes. Standardverfahren in vielen Ländern (DIN 15575).

Startmarkierung. Belichtungsmarken auf dem Bildfilm und der Einsatz der Pilotfrequenzaufzeichnung auf dem Tonband ergeben hier den Synchronpunkt für die Verarbeitung. Auch im Studiobetrieb werden heute aus Gründen der Wirtschaftlichkeit bildsynchrone Tonaufzeichnungen vorwiegend auf Magnetband unter Anwendung von Pilottonverfahren hergestellt.

Für die *Filmbearbeitung* eignet sich das Verfahren nicht, weil eine sichere Synchronhaltung von Bildfilm mit unperforiertem Tonband nur mit großem elektronischen Aufwand möglich wäre. Hier bleibt das klassische Zweistreifenverfahren hinsichtlich Zuverlässigkeit und Einfachheit unschlagbar. Für die *Filmvorführung* wird das Verfahren kaum benutzt, im Filmtheater überhaupt nicht und beim Fernsehen nur vereinzelt. Für die Vorführung ist aus Gründen der Betriebssicherheit ein Einstreifenverfahren (COMMAG, COMOPT) vorzuziehen. Sofern man z.B. beim Fernsehen aus Gründen der Tonqualität kein 16-COMMAG verwenden will, bietet sich das für die Filmbearbeitung ohnehin benötigte 16-SEPMAG an. 16-PILOT dagegen gibt zwar gute Tonqualität, jedoch ist die Gefahr einer Synchronstörung für Fernsehsendungen zu hoch.

2.4. Zusammenfassung

Filmaufnahme:	weitgehend pilotsynchron,	PILOT
	im Atelier auch zweistreifig	SEPMAG
Filmbearbeitung:	in jedem Fall zweistreifig	SEPMAG
Filmvorführung:		
a) im Filmtheater	Lichtton einkanalig, oder	COMOPT
	Magnetton bei Stereophonie	SEPQUADMAG
b) im Fernsehen	möglichst einstreifig	COMMAG
	bei 16 mm auch zweistreifig	SEPMAG

Die Betriebspraxis stimmt nicht immer mit diesem Schema überein. Gründe hierfür sind in der Struktur und Tradition der Filmbetriebe zu sehen. Im folgenden werden die technischen Zusammenhänge näher erläutert.

3. Gerätetechnik

3.1. Magnetfilmtechnik

Für die klassische Aufnahme und für die Filmbearbeitung mit Ton benötigt man Magnetfilme und Magnetfilmmaschinen; und für die Filmvorführung mit Magnetton brauchbare Magnettonstreifen auf dem Bildfilm und geeignete Tonläufer in den Projektoren, bzw. Fernsehfilmabtastern.

3.1.1. Magnetfilme und Magnettonstreifen auf Bildfilm

Magnetfilme entstanden bei der technischen Weiterentwicklung der Spielfilmherstellung zu dem Zeitpunkt, als der Lichtton für die Aufnahme und Tonmischung verlassen wurde, die konventionelle Magnetbandtechnik aber für die synchrone Bearbeitung nicht ausreichte. Firmen, die gleichermaßen Erfahrungen mit der Herstellung von Photofilmen und Magnetbändern besaßen, begannen ihre Magnetschichten auf Filmunterlage zu gießen und diese dann in üblicher Weise durch Schneiden und Perforieren zu Filmen zu verarbeiten. Die guten Erfolge der Magnetfilme zusammen mit den gleichzeitig entwickelten Magnetfilmkameras führten bald zur allgemeinen Anwendung der neuen Technik bei den Filmstudios und später auch beim Fernsehen.

Heute gibt es genormte Magnetfilme (siehe auch Abschnitt 2.2 mit den Abb. 4 bis 7) vieler Hersteller im 35-mm-Format (meist für Mehrkanalaufnahmen), in halber Breite als „Splitfilm" 17,5 mm (für eine Tonspur), im 16-mm-Format einseitig perforiert (für eine oder zwei Tonspuren) und auch im 8-mm-Format. Neben der konventionellen Film-

3. Gerätetechnik

unterlage aus Acetylcellulose (AC-Filme) mit einer Gesamtdicke von etwa 140 μm werden neuerdings in steigendem Maße wesentlich dünnere Filme auf Polyesterunterlage (PE-Filme) verwendet.

PE-Filme haben erhebliche Vorteile: fast die doppelte Filmlänge läßt sich auf einer Spule unterbringen; die hohe Festigkeit schießt Perforationsbeschädigungen auch bei starker Beanspruchung praktisch aus; PE-Film ist nicht hygroskopisch, so daß betriebsstörende Schrumpfung oder Verziehen an den Kanten nicht auftreten.

Die Tonqualität von Magnetfilmen, deren Schicht in großer Breite aufgegossen wird, ist gleichmäßig und unterscheidet sich praktisch nicht von den Magnetbändern. Magnetfilme haben aber gegenüber Magnetbändern unterschiedliche mechanische Eigenschaften und somit andere Magnetkopfprobleme. Auch müssen die Laufwerke (siehe 3.1.2) hinsichtlich Antrieb, Filmführung und Gleichlaufeigenschaften anders ausgelegt werden als die konventionellen Magnetbandgeräte, wie sie in anderen Beiträgen dieses Buches behandelt sind.

Qualitative Anforderungen an Magnetfilme 16 und 35 mm sind im Technischen Pflichtenheft Nr. 12/2 der Rundfunkanstalten in der BRD festgelegt. Die Normblätter DIN 15 638, Bezugsfilm 16 mm und DIN 15 538, Bezugsfilm 35 mm, legen weitere Normen über Aufzeichnung und Eigenschaften der Magnetfilme fest.

Magnettonstreifen auf Bildfilm wurden beim Theaterfilm als vierkanalige Cinema-Scope-Kopie (35 COMQUADMAG) eingeführt, beim Fernsehfilm nur einkanalig als 16-COMMAG und später als 35-COMMAG, um gegenüber dem Lichtton besseren Begleitton zu erhalten. Lage und Abmessungen der Magnettonstreifen auf 16-mm- und 35-mm-Film sind international genormt, siehe auch Abschnitt 2.1, Abb. 1 bis 3. Für große Filmtheater gibt es außerdem noch den 70-mm-Breitbildfilm mit 6 Magnettonstreifen, entsprechend DIN 15 703.

Magnettonstreifen werden entweder auf dem Rohfilm oder nachträglich auf dem entwickelten Film aufgebracht. Dies kann nach einem Gieß- oder Klebeverfahren erfolgen. Beim Gießverfahren wird — ähnlich der Magnetfilmherstellung — eine mit leichtflüchtigen Lösungsmitteln verdünnte Magnetitdispersion mittels einer oder je nach Anzahl der Magnetstreifen mehreren in der Breite kalibrierten Düsen auf den vorbeilaufenden Film aufgetragen. Die magnetischen Eigenschaften und die erzielbare Tonqualität sind weitgehend von der Gleichmäßigkeit des Aufgießens sowohl über die Spurbreite als auch über die Länge des zu beschichtenden Filmes abhängig. Einige typische Fehler der Magnetschicht über die Breite der Spur, bedingt durch ungleichmäßige Benetzung bzw. durch Oberflächenspannung zeigt Abb. 14. Das Gießverfahren benötigt bei der Inbetriebsetzung eine gewisse Filmlänge bis zum Einstellen der endgültigen Bespurungsqualität und eignet sich daher vorzugsweise für große Filmlängen, also für die Herstellung von Magnettonstreifen auf Rohfilm oder auf Vorführkopien. Hier arbeitet es zuverlässig und wirtschaftlich. Für das Aufbringen von Magnettonstreifen auf kürzeren Filmlängen, z.B. auf Schmalfilmen, insbesondere mit Klebestellen, ist das

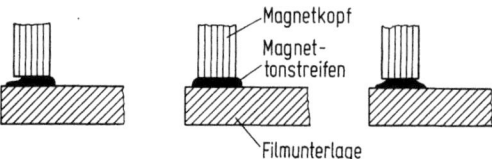

Abb. 14. Querschnitt durch einen Film mit fehlerhafter Gießspur. Links ungleichmäßige Schichtdicke über die Spurbreite, rechts Wölbung infolge Oberflächenspannung.

Gießverfahren weniger geeignet. Hier bewähren sich die Klebeverfahren. Die einfachste und billigste Methode besteht darin, ein dünnes Magnetband entsprechender Breite mit Lösungsmitteln zu benetzen und in der richtigen Spurlänge auf dem Film aufzukleben. Leider trägt das aufgeklebte Band stark auf und selbst ein verteuernder Angleichstreifen am gegenüberliegenden Filmrand kann die schlechten Wickeleigenschaften und die Gefahr der Filmreckung nicht verhindern. Das erste professionale Verfahren, dessen sich das Fernsehen bediente, war das „Einlegeverfahren" nach Weberling. Hier wird der Film zuerst zur Aufnahme des Magnettonstreifen in entsprechender Breite etwa 30 µm tief ausgefräst; anschließend wird ein schmales und dünnes Magnetband mit AC-Unterlage wie beim vorerwähnten Aufklebeverfahren mit Lösungsmittel benetzt und in den eingefrästen Kanal eingeklebt. Vorteil: der Magnettonstreifen steht nur etwa 10 µm über die Filmoberfläche vor, und er haftet gut an der frisch gefrästen Fläche. Nachteil: die Lösungsmittelmenge muß sehr genau dosiert werden, da ein Zuviel die Filmkante verziehen kann und zu Tonstörungen führt, ein Zuwenig die Haftung des Streifens beeinträchtigt. Das später eingeführte „Laminierverfahren" vermeidet vom Prinzip her dieses Anlösen und Verziehen des Filmes: Hier besteht der Magnettonstreifen aus einer PE-Folie mit aufgebrachter Magnetschicht, der — nach Benetzung mit einem Bindemittel und kurzer Erhitzung auf etwa 85°C — mit der Schichtseite auf den Bildfilm aufgepreßt wird. Nach dem Abkühlen und Abbinden hält die Magnetschicht fest auf der Filmoberfläche, während der Folienstreifen von der Magnetschicht abgezogen werden kann. Vorteil: besonders glatte Oberfläche der von der Folie abgezogenen Magnetschicht und dadurch gute Laufeigenschaften an den Magnetköpfen mit geringem Verschleiß. Nachteil: technologisch diffiziles Verfahren, das sorgfältige, dem jeweiligen Filmmaterial entsprechende Einstellung verlangt.

3. Gerätetechnik 267

Die Tonqualität von Magnettonstreifen ist der mit Magnetfilm erzielbaren unterlegen. Dies ist weniger auf die geringere Tonspurbreite als auf die Technologie der Magnetstreifenaufbringung zurückzuführen, verbunden mit einer gewissen Unsicherheit des Kopf-zu-Band-Kontaktes.

3.1.2. Magnetfilmmaschinen

Die Perforation von Magnetfilmen dient bekanntlich zur exakten Synchronhaltung mit anderen parallel laufenden Filmen oder einer vorgegebenen Bildwechselfrequenz. Der Antrieb erfolgt im allgemeinen formschlüssig über Zahntrommel, doch gibt es auch Friktionsantrieb mit Nachsteuerung der Laufgeschwindigkeit über photo-elektrische Abtastung der Perforationsfrequenz.

Ein Schlupf, also eine Abweichung von der mittleren Laufgeschwindigkeit ist beim perforationsgesteuerten Magnetfilm grundsätzlich nicht vorhanden, wohl aber können periodische Schwankungen der Laufgeschwindigkeit an den Tonköpfen auftreten, die im wesentlichen Impulsfolgen mit Bildwechsel- bzw. Perforationsfrequenz oder aber Ungleichmäßigkeiten des Antriebs darstellen.

Mechanische Filter. Die Probleme des gleichmäßigen Antriebs von perforierten Filmen und die Möglichkeiten der Unterdrückung von Gleichlaufstörungen an der Aufzeichnungs- und Abtaststelle durch mechanische Filter sind seit Einführung des Lichttons bekannt [1]. Während beim Lichtton die Tonsteuerstelle auf die Tonrolle (Schwungbahn) verlegt werden konnte, ist dies beim Magnetfilm bur bei Wiedergabelaufwerken möglich. Magnetfilmmaschinen für Aufzeichnung und Wiedergabe haben daher meist zwei Schwungmassen mit federnden Filmführungshebeln, zwischen denen die Magnetköpfe angeordnet sind. Ein typisches Beispiel zeigt Abb. 15.

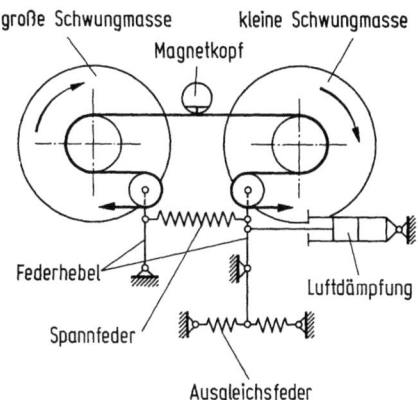

Abb. 15. Mechanisches Filter einer Magnetfilmmaschine.

Die Wirkungsweise eines solchen Systems entspricht der eines Tiefpasses. Die Grenzfrequenz wird so tief gelegt, daß die vom Antrieb herrührenden Störfrequenzen weitestgehend unterdrückt werden. Die Wirksamkeit eines derartigen Filters ist unter Berücksichtigung der Reibung des Magnetfilms an den Köpfen nicht nur durch die Grenzfrequenz, sondern auch durch das Verhältnis der beiden Komponenten Schwungmasse und Feder bestimmt. Ein Pendeln der Anordnung, angestoßen z.B. durch eine schlechte Klebestelle, durch die Hochlaufbeschleunigung oder durch schwankende Reibung des Magnetfilms an den Köpfen, wird durch die Dämpfung des Filterhebels mittels geschwindigkeitsproportionaler Bremse (z.B. Kolben mit Luftdämpfung oder Wirbelstrombremse) wirkungsvoll verhindert.

Perforationsbeanspruchung bei Hochlauf und Anhalten. Aus Gründen der notwendigen schnellen Betriebsbereitschaft muß die Hochlaufzeit der Geräte, nach der die Tonhöhenschwankungen innerhalb der geforderten Toleranzen liegen, weniger als 3 s betragen. Da nun die Antriebskräfte praktisch nur über zwei Zähne in die Perforation des Filmes eingreifen, würden bei einem mechanischen Filter mit Schwungmassen von hohem Trägheitsmoment die Perforationsstege beim Hochlauf und dem erforderlichen schnellen Anhalten überbeansprucht. Daher wird die eigentliche Beschleunigungsarbeit der oft sehr schweren Schwungmassen von einem Hilfsantrieb übernommen, der die Schwungmassen bis zum Erreichen der Synchrondrehzahl antreibt und dann freigibt. Somit braucht vom Film selbst nur noch die letzte Beschleunigung in den Gleichlauf übernommen zu werden. Hier erweisen sich solche Schwungmassenantriebe als besonders günstig, die mit dem Hauptantrieb gekoppelt sind. Bei richtiger Auslegung erfolgt dann die synchrone Mitnahme so gut, daß die Federhebel des mechanischen Filters beim Hochlauf kaum aus der Mittellage auswandern. Nach dem Lösen des Hilfsantriebs ist dann das Gleichgewicht des mechanischen Filters sofort hergestellt.

Es sei hier noch eine andere Möglichkeit angeführt, befriedigende Gleichlaufbedingungen für den Magnetton — ohne eine Schwungmassenvergrößerung mit ihren nachteiligen Folgen — herzustellen. Sofern nämlich durch mechanische Präzision des Laufwerkes das Entstehen sehr tieffrequenter Störungen, z.B. durch exzentrische Rollen oder durch fehlerhafte Übersetzungsgetriebe, vermieden wird, kann eine höhere Grenzfrequenz der Filteranordnung gewählt werden; es genügt dann, nur die Perforationsfrequenz und deren Oberwellen auszusieben. Derartige Anordnungen sind bei nur geringem technischen (und finanziellen) Aufwand in Schmalfilmprojektoren mit Tonläufer erfolgreich verwirklicht worden; allerdings ist die Sicherheit gegen den Einfluß schlechter Filmklebestellen nur gering. Ähnlich sind die Probleme bei Schneidetischen, für die keine Studioqualität, jedoch extrem kurze Hochlauf- und Anhaltezeit von 0,1 Sekunden entsprechend etwa 1 Bildfeld gefordert werden muß. Hier wird ebenfalls von dem beschriebenen Filterprinzip der verhältnismäßig hoch liegenden Grenzfrequenz Gebrauch gemacht und sogar auf besondere Filterhebel verzichtet; stattdessen wird eine kombinierte Spann- und Ausgleichsfeder in einer der beiden mit nur geringer Schwungmasse versehenen Umlenkrollen verwendet.

Steifigkeit des Filmmaterials. Wie bereits erwähnt, ist die Unterlage der Magnetschicht, der sogenannte Träger, ein perforierter Film mit einer Stärke bis zu 120 µm bei Acetatfilmunterlage (AC) und etwa 70 µm bei Polyester (PE). Er ist somit etwa zwei bis dreimal so dick wie das Trägermaterial von Magnetbändern. Außerdem ist der Film im Gegensatz zum Magnettonband stets breiter als die Tonaufzeichnungen. Ein Magnetfilm ist also erheblich steifer als ein Magnetband. Das hat technische Vor- und Nachteile, die sich etwa die Waage halten.

An Vorteilen wäre aufzuzeigen: Es treten keine Schwingungen des Tonträgers an den Köpfen auf, wie man sie gelegentlich beim Magnettonband beobachten kann mit der hörbaren typischen „Heiserkeit" gewisser Frequenzbereiche als Folge kombinierter Amplituden- und Frequenzmodulation. Auch bleibt die exakte Lage der Aufzeichnung zum Magnetkopfspalt besser erhalten als beim Band, weil keine elastische Deformation während des Laufes über die Köpfe entstehen kann. Schließlich ist wegen der größeren Dicke des Trägermaterials kein störender Kopiereffekt zu verzeichnen.

Nachteilig ist die Steifigkeit des Filmes für den sicheren Kontakt zwischen Magnetkopf und Magnetschicht, der im Interesse von Pegelkonstanz und Frequenzgang erforderlich ist. Besonders bei Randspuren besteht die Gefahr einer ungleichmäßigen Magnetisierung über die Breite der Tonspur, als deren Folge außer der erwähnten Pegelunsicherheit bei hohen Frequenzen auch zusätzliche nichtlineare Verzerrungen entstehen können, wenn insgesamt auf den genormten Magnetflußpegel der Spur ausgesteuert wird. Zwei Möglichkeiten sind bekannt, um eine gute Kontaktgabe des Filmes am Magnetkopf zu erzielen. Nur für die Randspur eignet sich die Methode, die Tonsteuerstelle unmittelbar in die Schwungbahn zu verlegen. Zu diesem Zweck muß der Film mit der Magnetschichtseite nach innen, die Tonspur überstehend, um die mit Schwungmasse versehene Tonrolle herumgeführt werden, wie es beim Lichtton von jeher der Fall war (Abb. 16). Der Film läuft in einer exakt zylindrischen Bahn über die Rolle, und der Tonkopf wird von innen federnd gegen die Magnetschicht gedrückt. Vorteilhaft wirkt sich hier die hohe Quersteifigkeit des Filmmaterials aus: die auf einer Zylinderfläche vollzogene Umschlingung am Magnetkopf führt zu gleichmäßigem zylindrischen Einschliff und verhältnismäßig langer Lebensdauer des Kopfes bei guten

Aufzeichnungs- bzw. Abtasteigenschaften. Diese Anordnung ist allerdings empfindlich gegenüber unsauberen Filmklebestellen, denn der auf einem federnden Hebel angeordnete Kopf mit seiner nicht vernachlässigbaren Masse tendiert zum kurzzeitigen „Springen" und somit zu kurzen Toneinbrüchen an der Stoßstelle.

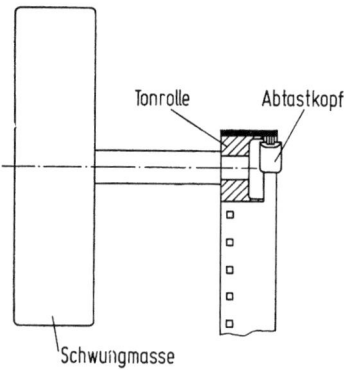

Abb. 16. Magnetrandspur-Abtastung mit Kopf in der zylindrischen Schwungbahn, insbesondere für Projektoren geeignet.

Diese Anordnung wird vorzugsweise dort verwendet, wo nur ein Magnetkopf benötigt wird, nämlich für die Randspurabtastung in Projektoren und für die Aufzeichnung in Einstreifenkameras. Für eine Magnetfilmmaschine mit Lösch-, Sprech- und Hörkopf unmittelbar nebeneinander und insbesondere für Mittenspur ist die Kopfanordnung innerhalb der Schwungrolle nicht durchführbar. Hier befinden sich im allgemeinen die drei Magnetköpfe im auswechselbaren Kopfträger, der zwischen zwei Schwungrollen im Filmlauf angeordnet ist. Läßt man in üblicher Weise die Köpfe vom Film umschlingen, so entstehen bei der Mittenspur vernünftige Spiegelflächen an den Magnetköpfen und somit gute Frequenzgänge. Bei der Randspur sind die Verhältnisse nicht so günstig: Eine Randspuraufzeichnung erfolgt ja zumeist auf Bildfilme, die naturgemäß keine Bildfeldschrammen erhalten dürfen. Daher darf der Film nur auf dem Magnetstreifen und auf einer schmalen Führungsfläche an der anderen Filmkante aufliegen. So besteht Gefahr, daß der Film zwischen den Auflagen „durchhängt", wodurch eine unvollständige Berührung über die Magnetkopfbreite und auf die Dauer ein mehr oder weniger schiefer Abschliff eintreten kann. Abhilfe ist durch folgende Anordnung möglich: Der Film wird zwischen Sprech- und Hörkopf, möglichst auch beiderseits der Köpfe, von leichtgängigen Umlenkrollen in voller Breite derart erfaßt, daß die Umschlingung an den Köpfen vergrößert und gleichzeitig infolge der wellenförmigen Umschlingung

3. Gerätetechnik

— abwechselnd an Kopf und Umlenkrolle — die Quersteifigkeit erhöht wird. Dadurch wird die Planlage am Kopf entscheidend verbessert (Abb. 17).

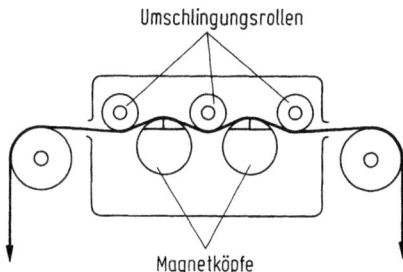

Abb. 17. Anordnung mit vom Film umschlungenen Magnetköpfen, insbesondere für Randspur geeignet. Hohe Quersteifigkeit der wellenförmigen Umschlingung bewirkt definierte Berührungsfläche.

Selbst bei beträchtlicher Kantenverkrümmung von 16-COMMAG ist mit einer solchen Anordnung noch befriedigende Tonqualität möglich. Auch ergeben sich günstigere Abschliffverhältnisse und größere Lebensdauer der Köpfe.

Synchroner Antrieb. Für den Antrieb von Magnetfilmlaufwerken werden dreiphasige Synchronmotore, z.B. Reluktansmotore, Schleifringläufer mit Gleichstromeinspeisung und auch Schrittmotore verwendet.

Der synchrone Lauf von Magnetfilm zum Bildfilm oder anderen Magnetfilmen kann entweder durch einen gemeinsamen mechanischen Antrieb — wie bei Schneidetischen und Zweibandprojektoren üblich — oder durch eine elektrische Verkopplung erreicht werden.

Der einfachste Fall der elektrischen Verkopplung ist der über ein gemeinsames Wechselstromnetz (Ortsnetz). Er kommt bei Filmaufnahmen im Atelier vor. Der synchrone Punkt zum Anlegen von Bild- und Tonstreifen muß hier durch Schlagen der ,,Klappe" gegeben werden.

Der synchrone Betrieb von zwei Laufwerken durch eine ,,elektrische Welle" kann nach einem System der Fernseh GmbH mittels Schleifringläufermotoren erzielt werden. Das Prinzipschaltbild dieser Einrichtung zeigt Abb. 18.

Die Verkopplung kommt dadurch zustande, daß die in den Ständerwicklungen induzierten Spannungen der als Transformatoren wirkenden Antriebsmotore gegeneinander geschaltet sind. Der Hochlauf der Einrichtung geschieht durch Zuschalten des Anlaßwiderstandes. Nach Erreichen der Schlupffrequenz von etwa 3 Hz wird durch das Resonanzrelais ein Gleichstrom eingespeist und so der synchrone Lauf zur Netzfrequenz erreicht.

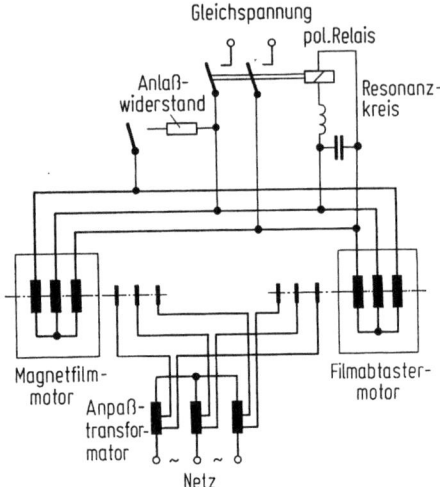

Abb. 18. Elektrische Welle für zwei Laufwerke nach Fernseh GmbH (Prinzipschaltbild).

Die Tonmischung von Filmen setzt den synchronen Lauf mehrerer Magnetfilme mit dem Bildfilm vom Stillstand bis zur Normalgeschwindigkeit und auch einen schnellen Vor- und Rücklauf voraus. Für die synchrone Verkopplung mehrerer Laufwerke verwendet man als „elektrische Welle" Einrichtungen, die einen Drehstrom variabler Frequenz von der Frequenz Null (Stillstand) über 50 Hz (Normalgeschwindigkeit) bis etwa 100 Hz für den schnellen Vor- und Rücklauf abgeben können. Für diese Einrichtungen, auch Rotosynanlagen genannt, benutzte man früher Maschinenumformer, heute in zunehmendem Maße elektronische Umrichter [2]. Diese bieten den Vorteil einer einfachen Synchronisierung mit einer beliebigen Vergleichsfrequenz von etwa 50 Hz.

Die im Fernsehbetrieb an Magnetfilmlaufwerke gestellten Forderungen, kurze Hochlaufzeit, hohe Rangiergeschwindigkeit, Möglichkeit der Verkopplung mit einer magnetischen Aufzeichnung (Video SEPMAG), Ansteuerung mit der Vertikalfrequenz des Taktgebers oder mit der Pilotfrequenz zum Überspielen von Pilottonaufnahmen auf Magnetfilm, führten zur Entwicklung von Magnetfilmmaschinen mit elektronischem Antrieb [3, 4]. Als ein Beispiel dieses Typs kann das 16-mm-Filmlaufwerk DUOCORD E der Firma Siemens AG dienen. Auffallend ist der unkonventionelle Aufbau der Laufwerkplatine mit der Anordnung der Köpfe und die Ausführung des mechanischen Filters mit nur einer Schwungmasse [5], siehe Abb. 19.

Der Antrieb erfolgt durch einen im 48-Pulsbetrieb arbeitenden 12poligen Synchronmotor, der den Film ohne Zwischenschaltung eines

3. Gerätetechnik

Getriebes mit der auf der Antriebsachse befestigten Zahnrolle direkt transportiert. Dieser Antrieb führt zur Verminderung mechanischer Störungen des Gleichlaufs und erlaubt daher ein einfaches mechanisches Filter. Nur in Normalgeschwindigkeit wird der Film durch die beiden Andruckrollen c an die Tonrolle gedrückt, in allen anderen Betriebsfällen läuft der Film frei von der Schwungmasse. Hierdurch lassen sich synchrone Rangiergeschwindigkeiten bis zum 20fachen der Normalgeschwindigkeit erreichen. Eine Gesamtansicht des Laufwerks zeigt Abb. 20.

Man erkennt von oben nach unten die Vorratsspule mit dem Pendelarm für die elektronisch ausgeführte Filmzugsteuerung, darunter die Laufwerkplatine. Dann folgt das Bedienfeld mit Leuchtdrucktasten zur Anwahl der verschiedenen Betriebsarten bzw. Verkopplungsmöglichkeiten. Im oberen Verstärkerfeld sind Meßgeräte zur Überwachung der Kopfströme angeordnet. Dann folgt die Aufwickelspule mit dem Filmzughebel.

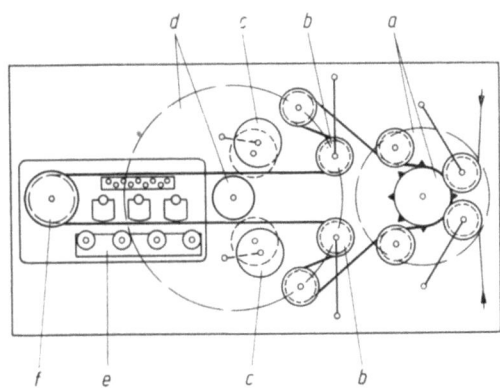

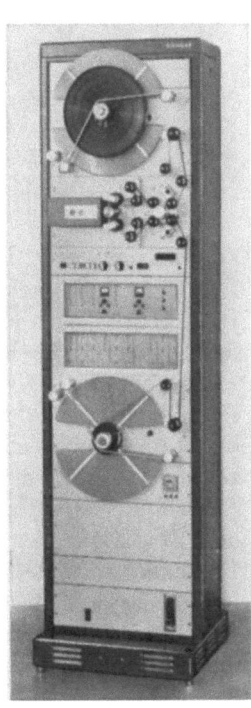

Abb. 19. Schematische Darstellung der Laufwerkplatine.
a Antriebsmotor mit Zahnrolle; b Pendelhebel; c Andruckrolle; d Tonrolle mit Schwungmasse; e Rollenträger; f Führungsrolle.

Abb. 20. 16-mm-Filmlaufwerk Duocord E der Firma Siemens AG.

3.2. Pilotfrequenz- und Kennungstechnik

3.2.1. Geräte für pilotsynchrone Tonaufzeichnung

Unter Abschnitt 2.3 wurde bereits das Prinzip der Tonaufnahme auf pilotsynchronisiertem Tonband erläutert und die Verfahren der synchronen Wiedergabe bzw. Überspielung auf Magnetfilm angesprochen. In diesem Abschnitt sollen nun Technik und die erforderlichen Geräte erläutert werden.

Standardfall einer Filmaußenaufnahme (Abb. 21). Für die Tonaufnahme benutzt man im allgemeinen handliche und leichte Geräte für 19 cm/s Bandgeschwindigkeit und mit Pilotkopf für Gegentaktlängs-

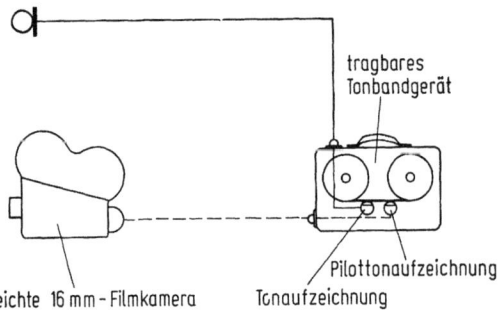

Abb. 21. 16-mm-Filmaufnahme, pilotsynchron, Blockschaltbild.

aufzeichnung nach DIN 15575 (siehe Abschnitt 2.3, Abb. 13). An der Filmkamera, die von einem selbstregelnden Batteriemotor angetrieben wird, befindet sich auf der Hauptantriebswelle der Pilotfrequenzgeber, der bei 25 B/s die Pilotfrequenz 50 Hz erzeugt mit einem genormten Pegel von 775 ± 75 mV. Eine elektrische Startmarkiereinrichtung ersetzt die Synchronklappe, die im aktuellen Dienst ohnehin nicht anwendbar wäre: nach beendetem Hochlauf der Kamera wird ein Synchronzeichen auf Bildfilm und Tonband erzeugt. Abb. 22 zeigt das Prinzipschaltbild eines automatischen Startzeichengebers in der Kamera. Nach dem Einschalten der Kamera werden während des Hochlaufes die ersten Filmbilder von einer Hilfslampe im Bildfenster belichtet. Das Relais *Rel* ist zunächst in Ruhelage und trennt über den Kontakt r_2 die Verbindung zwischen Pilotgenerator und Tonbandgerät. Aus der Spannungskonstantschaltung R_1, Z_1 wird der Kondensator C über R_2 in einer reproduzierbaren Zeit aufgeladen, bis die Durchbruchsspannung der Zenerdiode Z_2 nach etwa 200 ms erreicht ist. Dadurch wird der Schalttransistor Tr leitend und *Rel* spricht an: r_1 unterbricht den Stromkreis für die Hilfsbelichtung des Filmes, r_2 schließt den Pilotfrequenzkreis. Letztes, vom Hilfslämpchen belichtetes Bildfeld, ist also zeitlich in Übereinstimmung

3. Gerätetechnik

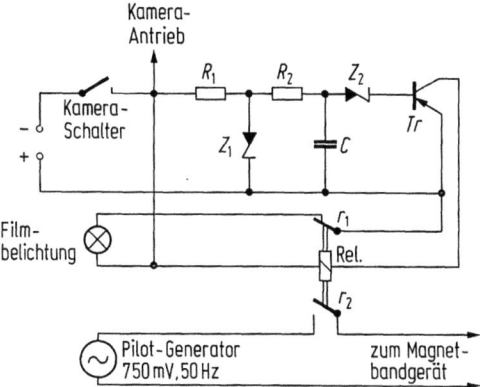

Abb. 22. Automatischer Startzeichengeber in der Kamera.

mit dem Einsetzen der Pilotfrequenz auf dem Tonband. Voraussetzung für dies Verfahren der automatischen Startmarkierung ist natürlich, daß die Tonaufnahme früher als die Kamera eingeschaltet wird und während der ganzen Aufnahmezeit durchläuft. Um zu vermeiden, daß bei Benutzung der Kamera ohne Ton die ersten Bildfelder nach dem Start durch die Hilfslampenbelichtung verloren gehen, wird der Lampenstromkreis nur dann geschlossen, wenn das Pilotanschlußkabel angeschlossen ist. Abbildung 23 zeigt die entsprechende Kamerabeschaltung mit der Brücke 4—5 im Stecker. Übrigens können über die Kontakte 5—3 auch Szenenmarkierungen von Hand eingetastet werden, die mittels des Randspurbelichtungslämpchens La 2 aufbelichtet werden. Sofern eine Kabelverbindung zwischen Kamera und Tonbandgerät nicht praktikabel ist (z. B. im Straßenverkehr), arbeitet man auch mit drahtloser Übertragung der Pilotfrequenz zum Tonaufnahmegerät.

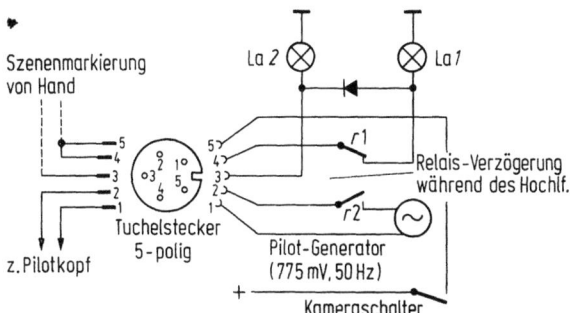

Abb. 23. Beschaltung der Kamera mit Pilotgeber und Startmarkenbelichtung (La 1 Hilfslampe mit Filmbelichtung, La 2 Hilfslampe für Randspurbelichtung), Pilotkabel-Steckerbeschaltung.

Verzicht auf Pilotfrequenzübertragung durch Hochgenauantrieb. Die neue Technik elektronischer Miniaturbauelemente führte zu quarzgenauen Kameraantrieben und zu ebensolchen Pilotfrequenzgeneratoren, die unabhängig voneinander über lange Zeit einen Synchronismus zwischen Bild und Ton auf ein Bildfeld genau gewährleisten, ohne daß eine Verbindung zwischen Kamera und pilotsynchronem Tonbandgerät reforderlich wäre. Leider ergibt sich bei diesem bestechenden Verfahren nicht ohne weiteres eine Zuordnung des Startaugenblickes der hochgenau laufenden Kamera, es sei denn, man würde wieder eine Synchronklappe verwenden, die bekanntlich im aktuellen Dienst kaum anwendbar ist. Die Schneidearbeit von solchen Aufnahmen ohne Startmarkierungen ist recht schwierig, insbesondere wenn mit mehreren Kameras gearbeitet wurde.

Drahtlose Übertragung von Kamerastart- und -stopzeichen. Die vorerwähnte drahtlose Übertragung der „klassischen" Pilotinformation mit automatischen Startzeichen erfordert einwandfreie Übertragung ohne Aussetzer und würde die Möglichkeit, mit mehreren Synchronkameras zu arbeiten, ausschließen. Es bot sich nun die Möglichkeit an, bei Ausnutzung der quarzgenauen Generatoren zur Antriebssteuerung der Kameras bzw. Pilotfrequenzaufzeichnung, nur die Start- und Stopzeichen nebst Kamerakennung drahtlos zu übertragen. Abbildung 24 stellt das Prinzip einer solchen Übertragung, auf drei Kameras ausgeweitet, dar. Die Kamerasignale werden auf der Pilotspur aufgezeichnet, entweder als Tonfrequenzen zusätzlich zur quarzgenauen Pilotfrequenz oder als Codierung der Pilotfrequenz. Bei Drucklegung dieses Beitrages waren zwei Systeme der drahtlosen Übertragung von Start- und Stop-

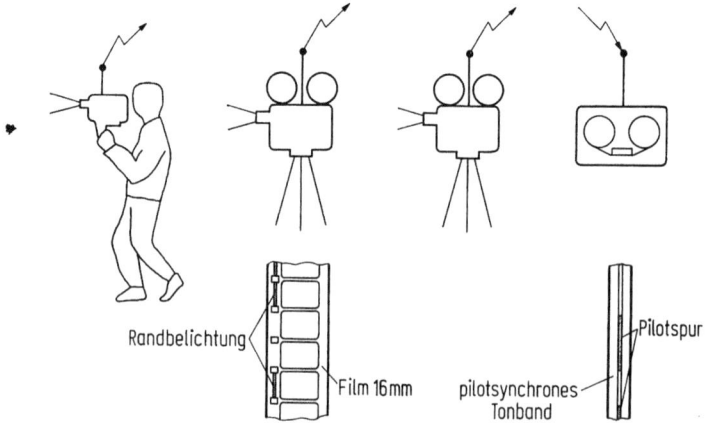

Abb. 24. Prinzip einer drahtlosen Übertragung von Kamerastart- und -stopzeichen sowie Kamerakennung; Aufzeichnung auf dem Bildfilm als Randbelichtung, auf dem Tonband über der Pilotaufzeichnung.

3. Gerätetechnik   277

zeichen nebst Kamerakennung und gegebenenfalls auch Szenennummer fertiggestellt, nämlich das QRRT-System der Firma Kudelski, Lausanne, und das Crystamaticsystem der Firma Audio Engineering, London.

3.2.2. Aufnahme mit Zeitmarkenaufzeichnung

Mit einem weiteren Verfahren könnte man ganz auf die Übertragung von Informationen der Kamera auf die Tonaufnahme verzichten, nämlich mit einer Zeitmarkenaufzeichnung, unabhängig auf Bildfilm und Tonband. Das Prinzip ist wie folgt: Die Quarzgeneratoren in den Kameras (für Antriebssteuerung und Erzeugung der Zeitmarken) und im Tonbandgerät (für Pilotfrequenz und Zeitmarken) haben eine Genauigkeit von mindestens 10^{-6}. Die Quarzgeneratoren der für die Aufnahme zusammenarbeitenden Geräte werden vor Beginn kurz miteinander verbunden und gemeinsam gestartet. Von diesem Zeitpunkt ab arbeiten alle Quarzuhren unabhängig, beginnend mit Null. Sie erzeugen fortlaufend codierte Zeitinformationen, die — sobald eine Filmkamera oder das Tonband läuft — fortlaufend auf dem Filmrand bzw. der Pilotspur aufgezeichnet werden. Bei Verwendung z.B. eines 4 bit pro Bild BCD-Codes wäre nicht nur im Sekundenrhythmus eine sechsziffrige Zeitangabe, sondern auch weitere Information wie Produktionscode, Kameranummer, Szenennummer möglich. Wenn nun die codierten Informationen im Schneidetisch automatisch gelesen und ausgewertet werden, könnte dies völlig neue Wege einer rationalisierten Filmbearbeitung ergeben. Abbildung 25 zeigt das Prinzip einer Filmaufnahme mit Zeitmarkenaufzeichnung, wiederum mit drei Kameras [6].

Zur Zeit der Drucklegung war die Entwicklung eines Zeitmarkenaufzeichnungssystems noch nicht abgeschlossen, so daß es auch nicht

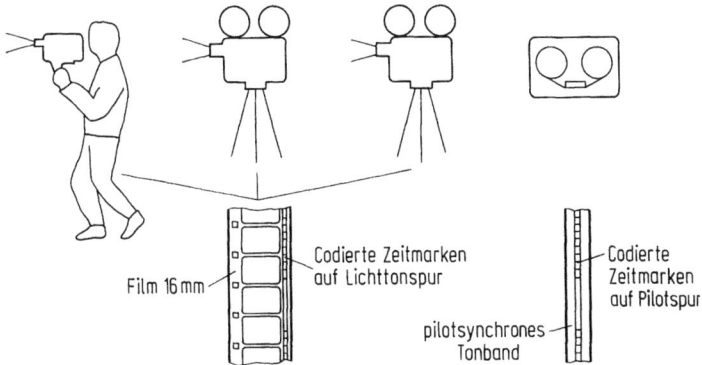

Abb. 25. Prinzip einer Filmaufnahme mit Zeitmarkenaufzeichnung; Aufzeichnung als 4 bit pro Bild BCD-Code, auf dem Bildfilm auf Lichttonspur, auf dem Tonband über der Pilotaufzeichnung.

sinnvoll wäre, auf Einzelheiten des Codiersystems und des Aufzeichnungsverfahrens einzugehen. Es hat aber den Anschein, als wenn die europäischen Rundfunkanstalten großes Interesse an der Fertigstellung des Systemes, von der Filmaufnahme bis zum auswertenden Schneidetisch haben [7].

3.2.3. Studiotechnik mit mehreren Filmkameras und Synchronkennungssystem

Ein Verfahren, das um 1960 in Zusammenarbeit der Firmen Arnold & Richter, Fernseh GmbH, Siemens AG mit der Bavaria Ateliergesellschaft entwickelt wurde, das sogenannte *Electronic-Cam* [8], soll hier stellvertretend für die Versuche zur Modernisierung und Rationalisierung der Studiofilmproduktion beschrieben werden. Der Leitgedanke bestand darin, die Möglichkeiten der elektronischen Fernsehproduktion auch für den Film einzusetzen, nämlich gleichzeitig mit mehreren Kameras aufnehmen zu können, deren Vorschaubilder laufend dem Regisseur und dem gesamten Aufnahmestab sichtbar sind. Man versah demgemäß einen bewährten Typ einer 35-mm-Studiofilmkamera zusätzlich mit einer kleinen Fernsehkamera im Sucherkanal, deren Qualität nur zur Beurteilung von Bildausschnitt und Szenenausleuchtung dient, nicht aber hinsichtlich Schärfeleistung und Bildrauschen der Fernsehqualität entsprechen muß. Die Kameras werden vom Regietisch aus gestartet, wie es vom Szenenablauf nach Drehbuch vorgesehen ist, und während der jeweiligen Laufdauer einer Kamera ,,im Schnitt" erhält jedes Filmbild eine typische Kamerakennung. Zugleich wird auch die synchrone Tonaufzeichnung mit einer dazugehörigen Kamerakennung versehen. Das Prinzip des Kamerakennungssystems beim Electronic-Cam-Verfahren mit drei Kameras zeigt Abb. 26: Die EC-Kameras mit ihrem jeweiligen charakteristischen Zeichen (Dreieck, Kreis, Quadrat) liefern ihr Sucherbild an die Kameramonitore; der Originalton wird auf der Hauptspur des zweikanaligen Tonstreifens aufgenommen (im Bild als Magnetfilm dargestellt). Vom Regietisch aus werden die Kameras ferngesteuert und die Schnittmarkierungen auf Bild- und Tonstreifen ausgelöst, und zwar wie folgt:

Fernstart und Kameraschnitt werden durch Betätigen der Schnitttaste S gemeinsam ausgelöst. Beim Drücken zum Beispiel der Taste ,,Kamera *1*" (wie im Bild dargestellt) läuft diese sofort an; nach 200 ms Verzögerung — also mit Sicherheit nach erfolgtem Kamerahochlauf — werden folgende Funktionen gleichzeitig ausgelöst:

In der Filmkamera belichtet die Markierungslampe das Kennzeichen (Kamera *1* = Dreieck) auf den Film, und zwar bei jedem Filmbild neben dem Bildstrich auf der nichtbenutzten Lichttonspur.

3. Gerätetechnik

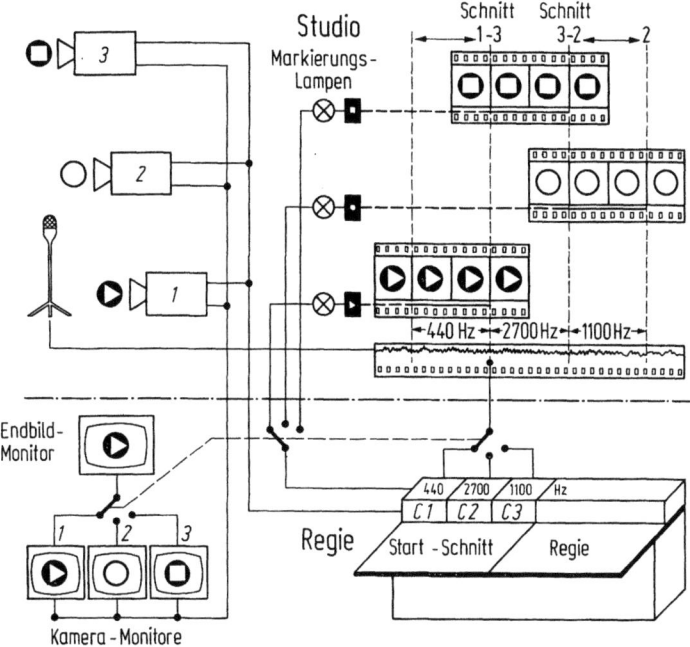

Abb. 26. Prinzip des Kamerakennungssystems beim Electronic-Cam-Verfahren. (Nach einer Zeichnung der Bavaria Atelier Ges.).

Ein Tongenerator mit der für Filmkamera *1* gewählten Kennfrequenz 440 Hz wird auf die Hilfsspur des Tonbandes geschaltet.

Das Sucherbild von Kamera *1* wird auf den Endbildmonitor gelegt.

Wenn anschließend laut Drehbuch z.B. Kamera *3* ins Bild kommt, werden beim Drücken der Schnittaste folgende Vorgänge ausgelöst:

Die Kamera läuft sofort an;

nach 200 ms erhält der Film in Kamera *3* „Quadratkennung" bei gleichzeitigem Verlöschen der Kennungsbelichtung auf dem Film in Kamera *1*;

auf dem Tonband wird die der Kamera *3* zugeordnete Tonfrequenz 2700 Hz an Stelle der 440 Hz von Kamera *1* aufgenommen;

der Endbildmonitor zeigt das Bild von Kamera *3*.

Um eindeutige Zuordnungen zu erhalten, muß die Genauigkeit der Schnittkennungen innerhalb eines Bildfeldes liegen. Dies wird erreicht

auf der Bildseite durch Aufbelichten der Kennmarken mittels netzbetriebener Glimmlampe, so daß in Verbindung mit der definierten Phasenlage der netzsynchron arbeitenden Kamera drei Impulse auf die Markierungsstelle und einer auf die Zeit des Filmtransportes fallen;

auf der Tonseite dadurch, daß im Augenblick der Kennungsumschaltung von einer Kamera auf die andere mit 20 ms Kennfrequenzunterbrechung gearbeitet wird. Die Tonunterbrechung definiert also den Schnittaugenblick und ist zudem bei der Wiedergabe leicht erkennbar.

Die Tonaufzeichnung während der Aufnahme wird aus Gründen der Ersparnis und der beweglicheren Arbeitsweise nicht mehr auf Magnetfilm, sondern auf Tonband, und zwar nach dem trägerfrequenten Pilot- und Kennungsaufzeichnungsverfahren gemäß Abschnitt 2.3, Abb. 12, durchgeführt.

Nach Entwicklung der Filme und Ziehen einer Musterkopie bzw. nach Überspielen des Tones stehen dann für den Filmschnitt drei mit Kamerakennung versehene Bildfilme und ein Magnetfilm mit dem Originalton und der Kennungsaufzeichnung zur Verfügung, die gemäß Drehbuch ohne Mühe zu einem Rohschnitt zusammengestellt werden können.

Das Electronic-Cam-Verfahren hat sich nur während einer relativ kurzen Periode durchsetzen können. Hierfür gibt es wohl mehrere Gründe. Einmal psychologischer Art: Viele Filmregisseure bevorzugen die traditionelle Einkameramethode, und Aufnahmestäbe mit Fernseherfahrungen sind vom übertragenen Sucherbild der Filmkamera qualitativ unbefriedigt. Andererseits hat die technische Qualität elektronischer Kameras in Verbindung mit magnetischer Bildaufzeichnung inzwischen so große Fortschritte gemacht, daß sie sogar den 35-mm-Farbfilm erreicht bei niedrigeren Materialkosten. Schließlich ist die erstaunliche Tendenz zu beobachten, daß das Prinzip der „live"-ähnlichen Aufnahmetechnik zugunsten der Einkamera-Aufnahme auch bei der elektronischen Produktion verlassen wird, obwohl die Schneidetechnik von Magnetbildbändern vorerst unverhältnismäßig komplizierter und aufwendiger ist als beim Film. (Siehe auch in diesem Buch den Beitrag über die magnetische Bildaufzeichnung.)

3.3. Ton- und Schnittbearbeitung

3.3.1. Überspielung vom pilotsynchronen Tonband auf Magnetfilm

Für die Filmbearbeitung am Schneidetisch und für die Tonmischung überspielt man das pilotsynchrone Aufnahmetonband auf Magnetfilm. Dies kann nach zwei Verfahren erfolgen, nämlich mit „Vorwärtsregelung" oder „Rückwärtsregelung" des Synchronlaufes beim Überspielen.

Überspielung mit Vorwärtsregelung. Abbildung 27 zeigt das Blockschema einer Überspielung mit Vorwärtsregelung. Die aufnehmende Magnetfilmmaschine wird von zwei Motoren angetrieben: Der Hilfsmotor M 1, meist ein Asynchronmotor weicher Charakteristik, mit entsprechender Übersetzung, übernimmt die eigentliche Antriebsleistung

3. Gerätetechnik
281

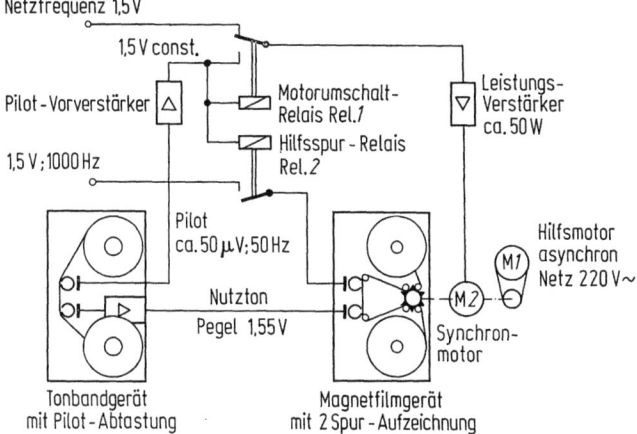

Abb. 27. Pilotsynchrone Tonüberspielung auf Magnetfilm, Blockschaltbild der Vorwärtsregelung.

aus dem Stromnetz, und der Synchronmotor M 2 auf der Hauptantriebswelle braucht nur die restliche Synchronisierungsleistung aufzubringen; er wird aus dem Leistungsverstärker mit der Pilotfrequenz gespeist. Während des Anlaufs und bevor die Pilotfrequenz vorhanden ist, läuft er zunächst mit Netzfrequenz. Mit Beginn der Pilotaufzeichnung auf dem zu überspielenden Tonband schaltet das Relais Rel 1 von Netz- auf Pilotfrequenz um. Hierbei etwa auftretende Phasenstöße fängt das mechanische Filter der Magnetfilmmaschine ab. Die im Pilotkopf des Tonbandgerätes induzierte Spannung von etwa 50 μV wird vom nachgeschalteten Pilotvorverstärker auf 1,5 V konstant verstärkt. Hierbei verwendet man zumeist bistabile Multivibratorschaltungen (mit einstellbarem Ansprechwert, um Ansteuerung aus etwaiger Netzeinstreuung zu verhindern). Die entstehende Rechteckfrequenz konstanter Amplitude wird über einen Tiefpaß auf die Endstufe geleitet. Die vorverstärkte Pilotfrequenz- oder die Netzfrequenzspannung von 1,5 V wird wahlweise vom Umschaltrelais Rel 1 auf den Leistungsverstärker geschaltet, der den Synchronmotor M 2 der Magnetfilmmaschine speist. Beim Einsetzen der Pilotfrequenz auf dem Tonband spricht außer dem Umschaltrelais Rel 1 für die Motorantriebsfrequenz auch das Relais Rel 2 an, das einen 1000-Hz-Steuerton auf die Randspur des Magnetfilms gibt und somit die Kamerastartmarke vom Pilotband auf den Magnetfilm überträgt. Der 1000-Hz-Ton auf der Randspur wird entweder während der ganzen Zeit aufgezeichnet, in der die die Pilotfrequenz gebende Filmkamera in Betrieb war, oder man begnügt sich mit einem kurzen Tonimpuls am Beginn der Pilotfrequenz.

Dieses Standardbeispiel einer „Vorwärtsumspielung" kann dann wesentlich vereinfacht werden, wenn mit modernen Magnetfilmmaschinen gearbeitet wird, die grundsätzlich aus einem Drehstrom erzeugenden Leistungsverstärker mit beliebiger Ansteuerungsfrequenz (Netz, Pilot, Taktgeber, Rangierbetrieb) usw. betrieben werden.

Überspielung mit Rückwärtsregelung. Abbildung 28 zeigt das Blockschaltbild einer Überspielung mit Rückwärtsregelung. Hierbei läuft die aufzuzeichnende Magnetfilmmaschine mit Netzfrequenz, und das überspielende Tonbandgerät stellt seine Laufgeschwindigkeit so ein, daß abgetastete Pilotfrequenz und Netzfrequenz übereinstimmen. Hierzu dienen eine 50-Hz-Phasenbrücke und ein nachsteuerbarer 50-Hz-Oszillator zum Antrieb des abspielenden Tonbandgerätes.

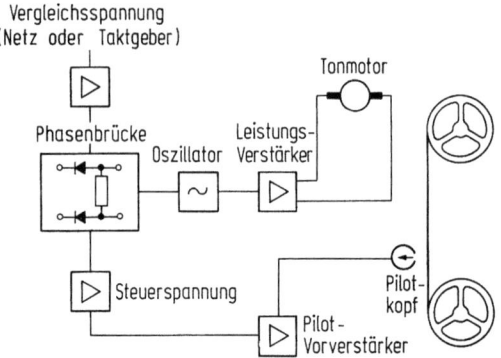

Abb. 28. Pilotsynchrone Tonüberspielung, Blockschaltbild der Rückwärtsregelung.

Das Verfahren der Rückwärtsregelung hat den Vorteil, daß es universal einsetzbar ist, nicht nur für die Tonüberspielung auf Magnetfilm, sondern auch für taktgebersynchrone „playback"-Aufnahmen im Fernsehen, oder für die Nachsteuerung solcher Magnetfilmmaschinen, bei denen die Perforationsfrequenz mit der Netz- oder Taktgeberfrequenz verglichen wird.

3.3.2. Schneidetische

Schneidetische dienen dazu, die einzelnen Bildszenen und Einstellungen zu einem folgerichtigen Filmstreifen zusammenzusetzen, überflüssige Längen und ungünstige Aufnahmen herauszuschneiden und die dazugehörigen synchronen Tonaufnahmen auf dem getrennten Magnetfilm (SEPMAG) richtig „anzulegen". Der Schneidetisch, Abb. 29, zeigt ein Beispiel, ist grundsätzlich ein zweistreifiges Wiedergabegerät für Bild und Ton auf perforierten Filmen, dessen Besonderheit in einer sehr kurzen Anhaltezeit innerhalb eines Bildfeldes liegt, damit die zu schneidende

3. Gerätetechnik

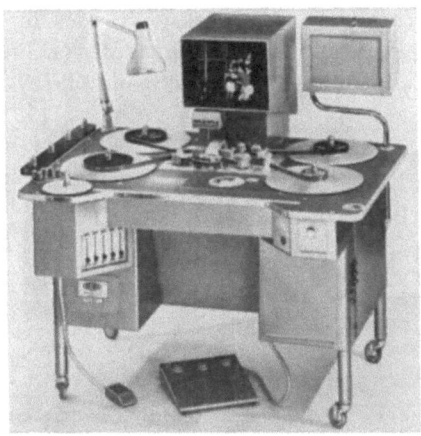

Abb. 29. Bild- und Tonschneidetisch 16 mm (Steenbeck).

Stelle des Filmes unmittelbar hinter der Abtaststelle zum Stehen kommt. Auch die Hochlaufzeit ist sehr kurz, damit sofort nach dem Anfahren Bewegungsablauf und Ton beurteilt werden können. Er kann daher keine optimale Bild- und Tonqualität aufweisen, sondern stellt einen Kompromiß dar zwischen betrieblichen Notwendigkeiten und z.B. Tonqualität (siehe auch Abschnitt 3.1.2 unter Perforationsbeanspruchung). Ein Schneidetisch kann vor- und rückwärts mit Normalgeschwindigkeit laufen; die Laufgeschwindigkeit kann aber auch stufenlos bis auf Null verringert und bis zur langsamen Gegenrichtung verändert werden; schließlich kann er auch zum Synchronumrollen mit etwa der 2,5fachen Normalgeschwindigkeit laufen.

Zur Bildwiedergabe dient ein kleiner Projektor mit kontinuierlichem Filmlauf und optischem Ausgleich mittels Prismenrad, und die Projektion erfolgt auf einem Aufsichts- oder Durchsichtsschirm (wie die Abbildung zeigt), der in Augenhöhe und günstigem Betrachtungsabstand auf dem Schneidetisch angeordnet ist.

Zur Tonabtastung sind vorhanden: ein auswechselbarer SEPMAG-Magnetkopf für den Magnetfilm, ein kombinierter Tonläufer im Bildfilmlauf für COMOPT- und COMMAG-Wiedergabe im genormten Abstand zum Bildfenster. Bild- und Magnetfilm laufen synchron durch gemeinsamen Antrieb der Zahntrommeln, doch kann mit Hilfe eines im Antrieb befindlichen Differentialgetriebes die relative Lage der Zahntrommeln von Bild- und Magnetfilm zueinander verändert werden, um z.B. Bild und Ton an Hand der Synchronzeichen zur Deckung zu bringen. Die Anzahl der somit verschobenen Bilder kann auf einer Skala abgelesen werden.

Abbildung 30 zeigt die Laufwerksplatte des in Abb. 29 gezeigten 16 mm-Filmschneidetisches. Der Bildfilm läuft vom linken hinteren Filmteller über eine Zahntrommel und eine Spannrolle in die Bildprojektion;

Abb. 30. Laufwerksplatte des Schneidetisches Abb. 29 (Steenbeck).

von dort gelangt er über weitere Umlenk- und Spannrollen auf die Schwungrolle des Tonläufers, für Lichtton mit Spaltoptik und Photozelle, für Magnetton mit Randspurkopf; von dort läuft der Film über eine weitere Zahntrommel auf den rechten Filmteller. Der Magnetfilm läuft vom linken vorderen Filmteller wiederum über Zahntrommelantrieb auf den Magnettonläufer, und danach über eine weitere Zahntrommel auf den rechten Filmteller.

Das mechanische Filter des Magnettonläufers ist im Interesse geringer zu beschleunigender Massen in seiner Eigenfrequenz relativ hoch abgestimmt und durch den Magnetkopf gedämpft, so daß nur die Perforationsfrequenz und deren Harmonische, nicht aber etwaige niedere Schwankungsfrequenzen, bedingt durch Ungenauigkeiten des mechanischen Antriebs, ausgefiltert werden.

Schneidetische sind in ihrer Mechanik so ausgelegt, daß trotz extrem kurzer Hochlauf- und Anhaltezeit keine Filmbeschädigungen vorkommen können. Die Trägheitsmomente von Prismenrad und Tonläufern konnten ungefährlich gering gehalten werden; Rutschkupplungen zwischen den Aufnahmedornen der Filmspulen und dem Wickelantrieb und an den Filmtellern selbst sind zur Entlastung angebracht, und federnde Zahnkränze auf den Antriebsrollen sorgen nicht nur für die korrekte Filmspannung während des Laufes, sondern dienen auch zum Abfangen harter Stöße bei der Beschleunigung.

Der *Antrieb von Schneidetischen* erfolgt im allgemeinen aus zwei Motoren an den beiden Enden eines Differentialgetriebes. Der eine ist ein Synchronmotor, der andere ist regelbar mit weicher Drehzahlcharakteristik. Bei Vor- und Rücklauf mit Normalgeschwindigkeit läuft nur der Synchronmotor, während die andere Getriebeseite durch Bremse stillsteht. Zum Herunterregeln auf kleinste Geschwindigkeit, über Einzelbildbetrachtung bis zum sehr langsamen Rückwärtslauf, laufen beide Motoren, wobei der geregelte das Differentialgetriebe so antreibt, daß sich die Umdrehungen beider Motoren subtrahieren. Beim schnellen Umspulen dagegen addieren sich die Umdrehungen der beiden Motoren. — Die Antriebssteuerung erfolgt über Drucktasten auf der Laufwerksplatte oder über entsprechende Pedale.

Neuerdings werden Schneidetische auch mit rein elektronischem Antrieb ausgerüstet. Mit diesem Antriebssystem ist es möglich, Laufrichtung und Laufgeschwindigkeit besonders filmschonend zu steuern.

Neben dem gezeigten Beispiel eines 16-mm-Schneidetisches einfacher Bauweise gibt es viele andere Ausführungen für die unterschiedlichsten Anwendungen:

für die verschiedenen Filmformate und Projektionsarten,

für automatische Stillsetzung durch Pilotstartmarken (automatisches Anlegeverfahren),

für Anzeige und Auswertung von Kamerakennfrequenzen (Electronic-Cam-Verfahren),

aber auch sogenannte Sechs-Teller-Tische zur Aufnahme von zwei Bildfilmen und einem Magnetfilm zur Schnitterleichterung,

im letzteren Fall auch mit Fernsehbildabtastung und vorwählbarer Schnittfolge auf dem Bildschirm,

und viele andere Kombinationen.

3.3.3. Synchrone Tonmischung

Nach dem Bildschnitt und Anlegen des synchronen Aufnahmetones erfolgt zumeist die Tonmischung, bei der weitere Geräusch- und Musikuntermalungen teils synchroner, teils nicht synchroner Art hinzugefügt werden. Bei Kulturfilmen, Reiseberichten und Dokumentarfilmen kommt ein gesprochener Kommentar hinzu. Man kombiniert daher zweckmäßig die Tonmischung mit einer Filmvorführung, damit der Gesamteindruck von Bild und Ton beurteilt werden kann.

Abbildung 31 zeigt das Blockschaltbild eines Tonmisch- und Synchronisierstudios. Man erkennt die Aufteilung in Vorführraum mit Sprechertisch, Projektorkabine, Tongeräteraum mit Magnetfilmmaschinen und Magnetbandgeräten, und schließlich Tonregieraum mit Mischpult, von dem Sichtverbindung zu den anderen Räumen des Tonmischkomplexes besteht.

Filmprojektor und Magnetfilmmaschinen sind über elektrische Welle starr miteinander verkoppelt und laufen vom Stillstand bis zum normalen Vorlauf, aber auch nach dem Anhalten beim Rücklauf völlig syn-

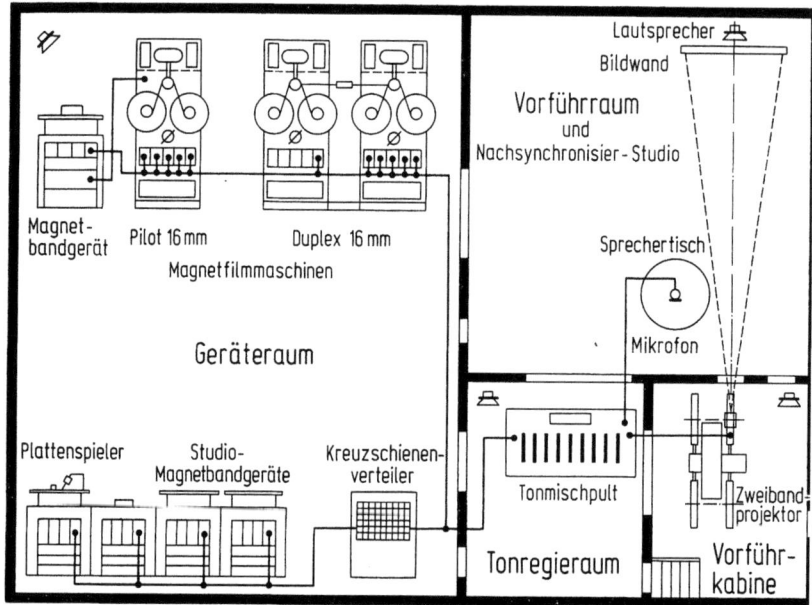

Abb. 31. Blockschema eines Tonmisch- und Synchronisierstudios.

chron. Die Maschinen werden vom Regieraum aus ferngesteuert. So können die synchronen Magnetfilme zusammen mit dem Bildfilm beliebig oft und in Teilabschnitten vorgeführt werden und mit weiteren Tonquellen, wie Sprecher oder Geräuschbändern gemischt und das fertige Tongemisch auf einen weiteren Magnetfilm synchron zum Bild aufgenommen werden.

Der Projektor im Synchronisierstudio muß naturgemäß einen Synchronmotor haben und auch rückwärts laufen können. Oftmals verwendet man an dieser Stelle einen Zweibandprojektor für den mechanisch verkoppelten Lauf von Bild- und Magnetfilm (Abb. 32). Auf der einen Seite ist der Projektor mit Filmschaltwerk und Lampenhaus und der COMOPT- bzw. COMMAG-Tonläufer angeordnet, auf der anderen Seite das Magnetfilmlaufwerk. Der Vorteil des Zweibandprojektors ist darin zu sehen, daß ein zu beurteilender SEPMAG-Film ohne besondere Synchronisiereinrichtungen vorgeführt werden kann.

Magnetfilmmaschinen im Synchronisierstudio sind oft als Mehrfachbandspieler ausgebildet, bei denen zwei bis fünf Magnetfilmlaufwerke zu einer Einheit mit gemeinsamer Antriebswelle zusammengestellt sind. Damit ist es möglich, mehrere Magnetfilme, aber auch Filmschleifen mit Geräuschen oder dergleichen mit dem Bildfilm verkoppelt laufen zu lassen. Gegebenenfalls kann eines dieser Laufwerke zur Wiederaufnahme

3. Gerätetechnik 287

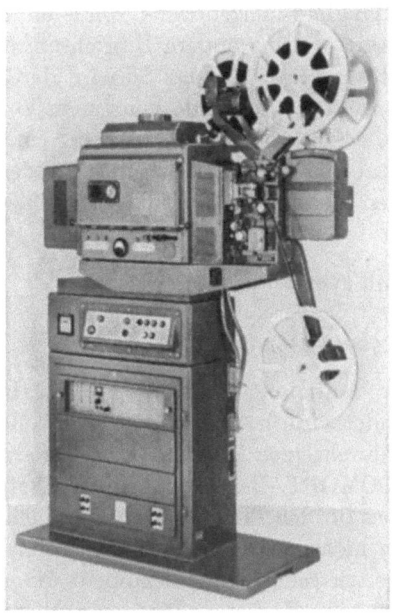

Abb. 32. Zweibandprojektor für 16 mm Film (Bosch Elektronik).

des fertigen Tongemisches herangezogen werden. Geeignete Verstärkersätze für die Wiedergabekanäle und für mindestens einen Aufzeichnungskanal müssen somit vorhanden sein.

Die *Verkopplung der Filmmaschinen* erfolgt im allgemeinen über elektrische Welle. Sofern stets die gleichen Maschinen zusammenarbeiten, stellt ein Interlocksystem eine einfache Lösung dar. Die Verkopplung beliebiger Geräte miteinander ermöglicht ein Umrichtersystem, wie es in größeren Filmbetrieben und Fernsehstudios vorhanden ist. Sind die Magnetfilmmaschinen mit Antriebsverstärkern ausgerüstet, so genügt ein kleiner Steuergenerator mit 1,5 V Ausgangsspannung auf der Hauptantriebswelle des Projektors, der die angeschlossenen Antriebsverstärker der Magnetfilmmaschinen entsprechend ansteuert und synchrone Mitnahme gewährleistet [3, 4].

Zur *Erleichterung des Ablaufes der Tonmischung* bei der Ein- und Ausblendung von Geräuschen und Musik im richtigen Augenblick, also zur Entlastung des Tonmeisters, sind verschiedene Hilfseinrichtungen entwickelt worden. Erwähnt werden soll im Rahmen dieses Beitrages ein synchron mitlaufendes Gerät mit Steueraufzeichnungen. Auf einem zehnspurigen Magnetfilm werden Impulse aufgezeichnet, die den Augenblick einer automatischen Ein- oder Ausblendung verschiedener Tonquellen steuern [9]. Der Tonmeister kann sich daher bei der Tonmischung auf das gewünschte Klangbild konzentrieren, ohne die Einblendaugenblicke beachten zu müssen. — Eine andere Einrichtung dient Synchronsprechern zur Erleichterung ihrer Arbeit: So wird der Toneinsatz, der vom Sprecher synchronisiert werden muß, von einem Vorabtastkopf auf dem Originaltonstreifen erfaßt und durch Steuerung einer Verzögerungskette auf einem Leuchttableau angezeigt. Lampen künden den Einsatz rechtzeitig an und geben laufend die Zeit bis zum Einsatz an [10].

3.4. Vorführung mit synchronem Ton

3.4.1. COMMAG-Technik bei der Vorführung

Während bei der Aufnahme und der Filmbearbeitung ausnahmslos Magnetton verwendet wird, hat sich dieser für die *Vorführkopie im Filmtheater* nur wenig durchsetzen können. Der Standard für das Theater ist nach wie vor 35 COMOPT. Bei dessen großer Laufgeschwindigkeit von etwa 45 cm/s gibt es für den Lichtton keine Frequenzgangprobleme, und den relativ großen nichtlinearen Verzerrungen nebst geringem Rauschabstand stehen als wirtschaftliches Argument die einfache Vervielfältigung des Lichttons beim Kopiervorgang gegenüber.

Der einkanalige Magnetton auf 35-mm-Film, 35 COMMAG, entsprechend Abb. 2 (Abschnitt 2.1) entstand auf Anregung des Fernsehens, um eine Tonqualität zu erzielen, die der frequenzmodulierten Tonübertragung entsprach. 35 COMMAG wurde aber bei den Filmtheatern in Deutschland nicht eingeführt.

Dagegen wurden viele Filmtheater in den 50er Jahren mit vierkanaligem Magnetton, 35 COMQUADMAG, entsprechend Abb. 3 (Abschnitt 2.1) in Verbindung mit anamorphotischer Breitwandprojektion ausgerüstet. Dies hat sich aber weitgehend als Fehlinvestition herausgestellt, da die vom Fernsehen bedrängte Theaterfilmproduktion nur wenige „Cinema-Scope"-Filme mit dem aufwendigen vierkanaligen Ton herstellte, ganz abgesehen davon, daß sich nicht jeder Filmstoff für Vierkanalstereophonie eignet.

Einige wenige große Filmtheater wurden in jener Zeit sogar mit Projektoren für 70-mm-Film mit 6-Kanalstereophonie (DIN 15703) versehen. Wegen des beträchtlichen Aufwandes bei der Herstellung solcher Filme blieb das Verfahren auf diese Theater beschränkt, die dann die wenigen angebotenen Filme über viele Wochen zeigen.

16-mm-Filmkopien werden für kleine Filmtheater und für Unterricht und Werbung verwendet. Aus den erwähnten Gründen der einfachen Kopiermöglichkeiten wird für Theaterkopien weitgehend 16 COMOPT benutzt, obwohl die Tonqualität keineswegs befriedigen kann. Für Unterrichtsfilme allerdings ist 16 COMMAG verbreitet.

3. Gerätetechnik

Anders verlief die Entwicklung *im Fernsehen:* 16 COMMAG, entsprechend Abb. 1 (Abschnitt 2.1) wurde als Standard für Eigenproduktionen vorgesehen, da es eine gute Tonqualität erwarten ließ. Die Schwierigkeiten mit dem Verfahren zur Aufbringung des Magnetstreifens jedoch — siehe auch Abschnitt 3.1.1 — ließen es ratsam erscheinen, die ohnehin vorhandenen Einrichtungen der 16-SEPMAG-Sendung weitgehend für die qualitativ bessere Zweistreifensendung zu verwenden. 16 COMMAG bleibt aber als Reserve im Falle eines Asynchronfallens durch Filmriß oder Verkopplungsfehler.

Für aufwendige Eigenproduktionen des Fernsehens auf 35-mm-Film wird das 35 COMMAG-Verfahren, siehe Abb. 2 (Abschnitt 2.1), verwendet. Die große Laufgeschwindigkeit und der Umstand, daß 35-mm-Filme im allgemeinen als Kopien ohne Klebestellen gesendet werden, sichern eine hervorragende Tonqualität; somit wäre der große Aufwand einer 35-SEPMAG-Sendetechnik nicht gerechtfertigt. Auch wird Archivraum gespart und einfache und sichere Betriebsabwicklung erzielt.

Im folgenden werden einige *Gerätebeispiele für COMMAG-Filmvorführung* gezeigt.

Abbildung 33 zeigt einen kombinierten 16-COMOPT- und COMMAG-Tonläufer in einem Projektor. Es wird das Magnettonabtastprinzip nach Abb. 17 (Abschnitt 3.1.2) verwendet.

Abb. 33. Kombiniertes Tonwiedergabegerät für 16 COMOPT und COMMAG.

Abbildung 34 zeigt ein 35-COMMAG-Wiedergabelaufwerk in einem Filmabtaster. Das Gerät ist mit Schwungmassenhochlaufhilfe ausgerüstet, um die erforderliche kurze Startzeit zu erfüllen, ohne den Film zu beschädigen.

Abb. 34. 35 COMMAG Tonläufer in einem Filmabtaster (Fernseh GmbH).

3.4.2. SEPMAG-Technik bei der Vorführung

Für die zweistreifige Vorführung, wie sie zur Beurteilung von Filmproduktionen noch vor der Fertigung der einstreifigen Kopien, und wie sie in gewissem Umfang bei der Fernsehfilmsendung angewendet wird, benutzt man ein mit dem Projektor bzw. Filmabtaster verkoppeltes Magnetfilmlaufwerk. Die verschiedenen Möglichkeiten der Synchronverkopplung wurden bereits in den Abschnitten 3.1.2 und 3.3.3 behandelt. Da es sich bei einer Filmvorführung im allgemeinen um eine feste Zuordnung von Bild- und Magnetfilmlaufwerk handelt, verwendet man meist ein Interlockverfahren, gelegentlich auch eine mechanische Verbindung der beiden Laufwerke. Bild- und Magnetfilm werden auf die jeweilige Startmarke im Bildfenster bzw. am Magnetkopf in die Laufwerke eingelegt, die dann vor dem Start miteinander verkoppelt werden.

Ein besonderes Problem der zweistreifigen Vorführung stellt bekanntlich das Asynchronfallen als Folge von Filmriß oder Verkopplungsfehler dar. Während die elektrischen Verkopplungssysteme im allgemeinen recht zuverlässig arbeiten, besteht insbesondere bei zweistreifigen Aktualitätensendungen des Fernsehens mit zahlreichen Klebestellen eine gewisse Filmrißgefahr. Um im Falle eines reparierten Filmrisses möglichst schnell wieder den synchronen Betrieb aufnehmen zu können, sollte man in gewissen Abständen auf beiden Filmen Synchronmarken aufbringen. Da dies aus Zeitmangel im aktuellen Dienst nicht möglich ist, hilft man sich durch Bildzähleinrichtungen, die am Eingang der Filmlaufwerke angeordnet sind und nach eventuellem Filmriß in einem Laufwerk die schnelle Wiederaufnahme des synchronen Laufes ermöglichen.

3.4.3. Automatische Überblendung

Obwohl dieses Thema nur bedingt mit der magnetischen Speichertechnik zu tun hat, sollte es zum Verständnis des Filmbetriebes mit synchronem Ton kurz angesprochen werden.

Der klassische Fall einer Filmüberblendung ist bei 35-mm-Filmprogrammen gegeben. Bei der üblichen Filmlänge von etwa 600 m je Filmrolle ist bei längeren Programmen nach knapp 20 Minuten Laufzeit die Überblendung auf eine zweite Maschine erforderlich. Zur Erleichterung des Überblendvorganges befinden sich normgemäß (DIN 15598 bzw. ARD/ZDF-Pflichtenheft Nr. 12/7) auf der auslaufenden Filmrolle sog. Achtungs- und Überblendzeichen in der rechten oberen Ecke des projizierten Bildes. Beim Erscheinen der Achtungsmarken wird die zweite Maschine gestartet, beim Erscheinen des Überblendzeichens wird Bild und Ton auf die zweite Maschine überblendet. Damit die Überblendung im richtigen Augenblick erfolgt, ist auf dem Startband des neu anlaufenden Filmes die Einlegemarke in einem derartigen Abstand vor dem 1. Filmbild angeordnet, daß zeitliche Koinzidenz des Hochlaufes der neuen Filmrolle mit der Laufzeit von Achtungs- bis Überblendmarken auf den auslaufenden Film besteht.

Zur sicheren Betriebsabwicklung bzw. Personaleinsparung kann der Überblendvorgang oder das Umschalten auf eine andere Bildquelle im Fernsehen auch automatisch durchgeführt werden. Dies geschieht mittels reflektierender Steuermarken, die parallel zu den optischen Zeichen am Filmrand angebracht, die automatische Auslösung des Überblend- bzw. Umschaltvorganges bewirken. Die Abtastung erfolgt elektro-optisch an geeigneter Stelle vor dem Bildfenster. Magnetfilme im SEPMAG-Betrieb sind nur mit Startkreuz für das Einlegen an den Magnetkopf versehen.

4. Technische Qualität und Festlegungen für Tonaufzeichnungen

4.1. Normen und Pflichtenhefte

Nachfolgend werden die Normblätter und die Technischen Pflichtenhefte der Rundfunkanstalten der ARD/ZDF angeführt, die die verschiedenen Aufzeichnungsverfahren betreffen.

4.1.1. DIN-Normen

16 COMMAG   DIN 15 681   Film 16 mm mit einseitiger Perforation,
Bildpositiv mit Magnettonstreifen (Laufgeschwindigkeit, Maße, Bild-Tonabstand)

16 SEPMAG	DIN 15655, Blatt 2	Magnetfilm 16 mm mit einseitiger Perforation, Einspur- und Zweispurtonaufzeichnung. (Laufgeschwindigkeit, Maße, Spaltrichtung)
16 SEPDUMAG	DIN 15655, Blatt 3	Magnetfilm 16 mm mit einseitiger Perforation, Zweispurtonaufzeichnung mit Hilfsspur (Laufgeschwindigkeit, Maße, Spaltrichtung)
35 COMMAG	DIN 15582	Film 35 mm, Bildpositiv mit Magnettonstreifen. (Laufgeschwindigkeit, Maße, Bild-Ton-Abstand)
35 COMQUADMAG	DIN 15555	Film 35 mm, Bildpositiv mit 4 Magnettonstreifen. (Laufgeschwindigkeit, Maße, Zuordnung der Tonspuren, Bild-Ton-Abstand)
35/17,5 SEPMAG	DIN 15552, Blatt 2	Magnetfilm 17,5 und 35 mm, Ein- oder Zweispur-Tonaufzeichnung. (Laufgeschwindigkeit, Maße, Spaltrichtung)
35 SEPQUADMAG	DIN 15554, Blatt 1	Magnetfilm 35 mm, Vierspur-Tonaufzeichnung. (Laufgeschwindigkeit, Maße, Spaltrichtung)
Pegel und Frequenzgänge	DIN 15638	Magnetfilm 16 mm, Bezugsfilm BF 16 (Pegel, Frequenzgang und Spaltlage der Aufzeichnung)
	DIN 15538	Magnetfilm 17,5 und 35 mm, Bezugsfilm BF 17 und BF 35 (Pegel, Frequenzgang und Spaltlage der Aufzeichnung)
Pilot-Aufzeichnung	DIN 15575	Pilotfrequenzaufzeichnung. (Pilotfrequenz, Laufgeschwindigkeit, Spurlage, Magnetisierung)

Soweit internationale Normen bestehen, sind diese in den DIN-Normen aufgeführt.

4.1.2. Technische Pflichtenhefte ARD/ZDF

Nr. 12/1	Magnetfilmanlagen für Tonaufnahme und -wiedergabe. (Mechanische und elektrische Anforderungen)
Nr. 12/2	Magnetfilm 16 mm, 17,5 mm und 35 mm. (Mechanische und elektrische Anforderungen)
Nr. 12/3	Magnettonstreifen auf Bildfilm, 16 mm und 35 mm. (Mechanische und elektrische Anforderungen)
Nr. 12/5	Festlegungen für Pilotfrequenzaufzeichnung. (Aufnahme- und Wiedergabepegel, Spurlage, Übersprechdämpfung, Beschaltung der Kamera)

4.2. Erzielbare technische Qualität

Die nachfolgende Tabelle mit Qualitätsparametern der diskutierten Tonaufzeichnungsverfahren auf Film enthält neben dem Magnetton auch den Lichtton (16 COMOPT, 35 COMOPT) als Vergleich (siehe S. 294).

Literatur

1 Lichte, H.; Narath, A.: Physik und Technik des Tonfilms. Leipzig 1941.
2 Lieb, E.: Das Schlepp-„Rotosyn"-Verfahren. Kino-Technik. H. 3 (1967) 58—60.
3 Kiess, G.: Das neue „Syntronic"-Verfahren für den synchronen Betrieb von Filmlaufwerken. Kino-Technik H. 9 (1968) 218.
4 Lieb, E.: Filmlaufwerk „DUOCORD E", mit rein elektronischer Steuerung. Fernseh- und Kino-Technik H. 9 (1972) 326—329.
5 Johner, W.: Laufwerkplatine für das Filmlaufwerk „DUOCORD E". Fernseh- und Kino-Technik. H. 9 (1972) 329—331.
6 Gondesen, K. E.: Möglichkeiten und Tendenzen einer Weiterentwicklung der Pilottontechnik. Fernseh- und Kino-Technik H. 10 (1970) 361.
7 Stübbe, M.: Filmaufnahme mit quarzgenauer Zeitcodierung zur Synchronisation von Bild und Ton. Rundfunktechn. Mitt. (RTM) II. 4 (1971) 149.
8 Jetter, A.: Electronic-Cam, ein neues Aufnahmeverfahren für Film und Fernsehen. Kino-Technik H. 5 (1961) 141.
9 Vollmer, H.: Automatisierung der Tonmischung bei der Herstellung von Fernsehfilmen. Kino-Technik. H. 4 (1967) 89.
10 Harlander, W.; Webers, J.: Der „Praesignator", eine Einrichtung zur Voranzeige elektrischer Signale. Kino-Technik H. 8 (1968) 175.

Tabelle 1. Erzielbare technische Qualität der Tonaufzeichnungsverfahren auf Film 16 COMMAG, 16 SEPMAG, 35/17,5 SEPMAG, 35 COMMAG, 35 COMOPT, 16 SEPMAG, 16 COMOPT, 35 COMOPT

	16 COMMAG	16 SEPMAG	35 COMMAG	35/17,5 SEPMAG	16 COMOPT	35 COMOPT
Frequenz-Umfang ± 2 dB [Hz]	40 bis 10000	40 bis 12500	40 bis 12500	40 bis 14000	60 bis 5000	40 bis 8000
Klirrfaktor 1000 Hz [%]	2,5	2,0	2,5	≦2	≈5	≈5
Mod. Rauschen [dB]	38	40	38	40	≈30	≈30
Geräuschabstand [dB]	52	56	>54	>56	≈40	≈45
Tonhöhen-Schwankung [%]	±0,2	±0,1	<±0,2	<±0,1	±0,25	±0,2
Hochlaufzeit [s]	≈3,0	<2,5	≈3,5	<3,0	≈3	≈4

Datenverarbeitungsanlagen

Heinz Billing

1. Zeichendarstellung

Datenverarbeitungsanlagen benötigen zur Aufbewahrung von Ausgangsgrößen, Zwischenergebnissen, Resultaten und Rechenbefehlen einen Speicher. Es soll hier nur von digitalen Anlagen die Rede sein, bei denen die zu verarbeitenden Größen in digitaler Form dargestellt werden. Der Begriff der Digitalanlage kann dabei sehr weit gefaßt werden und möge von der Maschine für wissenschaftliche oder kaufmännische Rechnungen über Prozeßrechner bis zur Telephonzentrale reichen. Bei Prozeßrechnern kann die errechnete numerische Information z. B. unmittelbar zur Steuerung von Werkzeugmaschinen verwendet werden, bei der Telephonzentrale zur Herstellung von Schaltwegen.

Aus Sicherheitsgründen werden in digitalen Rechenmaschinen die Ziffern und Zeichen aus Folgen von Ja/Nein-Werten zusammengesetzt. Ein allgemein bekanntes Beispiel hierfür ist der Telegraphiecode. Im Morsealphabet ist die Folge — — · · · oder, wenn man Strich mit Ja und Punkt mit Nein identifiziert, die Folge Ja Ja Nein Nein Nein die Darstellung der Zahl 7. Die Empfangsapparatur hat nur Ja- und Nein-Werte (z.B. Strom oder kein Strom) und nicht Zwischenwerte voneinander zu unterscheiden, wie es z.B. nötig wäre, wenn man die 10 Ziffern 0 bzw. 1 bzw. ... 9 des Dezimalsystems durch Ströme der Stärke 0 bzw. 1 bzw. ... 9 Ampere darstellen würde. Sehr viele Rechenmaschinen arbeiten intern im Dualzahlsystem, welches nur die Ziffern 0 und 1 enthält; bei anderen Maschinen dagegen werden die einzelnen Dezimalziffern als Gruppen von Binärziffern verschlüsselt. Also z.B.

0 = 0000	5 = 0101
1 = 0001	6 = 0110
2 = 0010	7 = 0111
3 = 0011	8 = 1000
4 = 0100	9 = 1001

Den einzelnen Ja/Nein-Wert nennt man ein *Bit*. Mehrere Bit werden zu *Zeichen* zusammengefaßt. In obigem Beispiel sind die 10 Dezimalziffern die Zeichen, welche jeweils aus 4 Bit zusammengesetzt sind. Mit Gruppen von 4 Bit könnte man bei Ausnützung aller Kombinationsmöglichkeiten 16 verschiedene Zeichen darstellen, allgemein mit Gruppen von N Bit bis zu 2^N verschiedene Zeichen. Sehr üblich sind Zeichen aus 8 Bit. Ein 8-bit-Zeichen nennt man ein *Byte*. Es reicht zur Darstellung eines Alphabetes mit $2^8 = 256$ verschiedenen Zeichen aus.

Um die Zusammenarbeit zu erleichtern, hat man die Zeichendarstellung für den 5-bit- bzw. 7-bit-Code für einige Alphabete bereits auf internationaler Basis genormt [1, 4].

Wenn in Spezialfällen, wie z.B. bei der Steuerung von Setzmaschinen mit sehr vielseitiger Schriftart, selbst der Zeichenvorrat eines Byte nicht ausreicht, so kann man sich auf folgende Weise [3] helfen: Man setzt fest, daß ähnlich wie beim Fernschreibverkehr bestimmte Zeichen zur Umschaltung zwischen anschließend gültigen Alphabeten reserviert sind. Bedeutet z.B. eine 1 im ersten Bit eines Byte, daß es sich um ein Umschaltzeichen handelt, so können die weiteren 7 Bit die Art des anschließend gültigen Alphabets bestimmen. Auf diese Weise könnte man mit den 8 Bit eines Byte $2^7 = 128$ verschiedene Alphabete zu je 128 verschiedenen Zeichen, also $128 \times 128 = 16384$ verschiedene Zeichen darstellen.

Aus mehreren Zeichen lassen sich *Worte* zusammensetzen. Die Zahl 723 oder der Befehl ADD 615, welcher die Addition einer in der Speicherzelle 615 abgespeicherten Zahl veranlaßt, sind beides je ein Wort. Worte haben also im allgemeinen verschiedene *Wortlänge* = Anzahl von Bit oder Zeichen. Sie müssen daher durch Trennzeichen voneinander getrennt werden. Häufig einigt man sich zur Darstellung von Zahlen und Befehlen auf Worte fester Länge und kann dann auf die Trennzeichen verzichten.

Für die Zusammenfassung mehrerer Worte zu einer noch größeren Informationseinheit wird der Begriff *Block* gebraucht.

2. Grundbegriffe zur Charakterisierung eines digitalen Speichers

Der Speicherung eines einzelnen Bit dient ein *Speicherelement*. Es kann nur zwei diskrete Zustände einnehmen, denen man die Binärwerte 0 bzw. 1 zuordnet.

Die große Zahl der gängigen Speichertypen lassen sich in *Matrixspeicher* und *Magnetomechanische Speicher* einteilen. Erstere sind schnell und aufwendig, letztere dafür vergleichsweise billig. Beim Matrixspeicher sind die Speicherelemente (z.B. kleine magnetisierbare Ringe) an den Kreuzungspunkten elektrischer Leiter angeordnet. Die gewünschten Speicherelemente werden durch geeignete Erregung der zugehörigen Leiter aufgerufen. Dies kann in der Größenordnung von Millionstel Sekunden (µs) geschehen. Matrixspeicher dienen daher meist als *Arbeits-*

2. Grundbegriffe zur Charakterisierung eines digitalen Speichers 297

speicher, mit denen der zentrale Rechnerkern unmittelbar zusammenarbeitet. Beim magnetomechanischen Speicher verwendet man als Aufruforgan bewegliche oder auch feste Schreib-Lesemagnete, gegen welche das magnetisierbare Speichermedium bewegt werden kann, bis Magnetkopf und Speicherelement sich räumlich gegenüberstehen. Das dauert selbst bei Trommelspeichern im Mittel mehrere Millisekunden (ms). Magnetomechanische Speicher werden daher als externe oder *Hintergrundspeicher* verwendet, deren Inhalt nur gelegentlich in den Arbeitsspeicher umgeladen wird.

Der Arbeitsspeicher wird in *Speicherzellen* unterteilt. Bei einer gegebenen Anlage ist die Anzahl der Bit bzw. Byte pro Zelle, das ist die sogenannte *Zellenbreite*, für den Arbeitsspeicher meist einheitlich festgelegt. Die üblichsten Zellenbreiten sind 2, 4, 8 bzw. 16 bytes. Meist wird man in jeder Zelle genau ein Wort unterbringen, doch lassen sich auch mehrere kurze Worte in einer Zelle bzw. besonders lange Worte in mehreren Zellen abspeichern. Zur Organisation des Speichers denkt man sich die Speicherzellen z.B. in ihrer räumlichen Reihenfolge durchnumeriert. Zum Schreiben einer Information in eine Speicherzelle bzw. zum Lesen aus einer Speicherzelle ist im Aufrufbefehl die *Adresse* der zu wählenden Speicherzelle angegeben.

Der Datenverkehr zwischen Speicher und Rechenmaschine erfolgt, wenn es auf hohe Geschwindigkeit ankommt, für alle Bits einer Zelle auf entsprechend vielen Verbindungsleitungen parallel (*Parallelbetrieb*). Dies ist vor allem bei Matrixspeichern und Registern der Fall. Bei magnetomechanischen Speichern werden die einzelnen Bit bzw. Byte des Wortes häufig auf einem bzw. 8 Leitungswegen nacheinander übertragen (*Serienbetrieb*).

Die Zeit zwischen Aufruf einer beliebigen Speicherzelle und dem Ende des Lesevorganges nennt man *Zugriffszeit*. Unter *Zykluszeit* hingegen versteht man die Summe aus der Zugriffszeit und der zum sofort anschließenden Einschreiben in die gleiche Zelle benötigten Zeit. Die Zykluszeit ist bei solchen Matrixspeichern von Bedeutung, bei denen die Information während des Lesens im Speicher zunächst zerstört wird. Ist die Zugriffszeit unabhängig von der Reihenfolge, in der die Speicherzellen aufgerufen werden, so spricht man von Speichern mit *wahlfreiem Zugriff*. Bei Serienbetrieb setzt sich die Zugriffszeit aus der *Wartezeit* — das ist die Zeit bis zum Erscheinen des ersten Bit — und der *Lesezeit* für die folgenden Bit des Wortes zusammen. Unter *Transferrate* oder *Datenfluß* versteht man die Anzahl von Bit oder Byte, welche aus aufeinanderfolgenden Speicherzellen pro Sekunde gelesen werden können. Bei Matrixspeichern mit Parallelbetrieb steigt die Transferrate proportional zur Zellenbreite. Bei magnetomechanischen Speichern mit Serienbetrieb bleibt bei der Ermittlung des Datenflusses die Wartezeit zum

Tabelle 1. Für die Anwendung wichtigste Charakteristika der einzelnen Speicherarten

Speichertyp	Zugriffszeit [s]	Transferrate [Bit/s]	Kapazität [Bit]	Kosten [DPfg/Bit]
Register				
Einzelflipflops	$0{,}02 \cdot 10^{-6}$	10^9	10^2	100
Matrixspeicher				
Integrierte Schaltkreise				5
Magnetische Schichten	$0{,}1 \cdot 10^{-6}$	10^9	10^5	(200)
Magnetische Drähte				10
Ferritkerne	$1 \cdot 10^{-6}$	10^8	10^6	10
Magnetblasenspeicher	10^{-3}	10^6	(10^9)	(0,01)
Magnetomechanische Speicher				
Magnettrommel { feste Köpfe	0,01	10^7	10^7	1
{ bewegliche Köpfe	0,1	10^6	10^9	0,1
Magnetplatte	0,04	$\cdot 10^6$	10^9	0,01
Magnetkarte	0,2	10^6	10^9	0,03 (10^{-3})*
Magnetband	10	10^6	10^8	0,01 (10^{-4})*
Optischer Speicher (nur Lesen)	0,05	10^6	$3 \cdot 10^9$	0,0004 (10^{-6})*

* Kosten des Informationsträgers allein.

3. Speicherhierarchie 299

ersten Bit der ersten Zelle unberücksichtigt. Zugriffszeiten variieren zwischen Bruchteilen von Mikrosekunden bei Matrixspeichern mit wahlfreiem Zugriff (random access) und Minuten bei Bandspeichern, während die Transferraten von 10^5 bis 10^9 bit/s reichen.

Das Aufnahmevermögen eines Speichers wird durch die *Speicherkapazität* charakterisiert. Sie wird in Bit, Byte oder Worten angegeben, bei größeren Speichern häufig auch in *Kilobyte*. Dabei ist 1 K-byte = 2^{10} = 1024 byte. Für eine bestimmte Speichertechnik ist der maximalen Kapazität meist eine Grenze gesetzt, da sich Störsignale unzulässig aufsummieren oder Zugriffszeiten zu lang werden. Durch Parallelschalten maximaler Einheiten läßt sich die Kapazität ohne Verlängerung der Zugriffszeit noch weiter vergrößern, wenn die Verbindungswege und damit die Laufzeiten für die Signale hinreichend kurz bleiben. Bei Matrixspeichern mit Zugriffszeiten unter 1 µs ist das oft nicht mehr der Fall.

Schließlich spielen bei der Auswahl einer speziellen Speichertechnik die Speicherkosten eine bedeutende Rolle. Sie setzen sich zusammen aus den Kosten für das Speichermedium und denen für das Adressier-, Schreib- und Lesesystem. In Tab. 1, welche für die wichtigsten Speichertechniken überschlägige Auskunft über kürzeste Zugriffszeit, maximale Transferrate, maximale Kapazität pro Einheit enthält, sind die in manchen Fällen nur geschätzten Kosten in Pfennig pro Bit angegeben. Der Magnetblasenspeicher war 1975 noch nicht auf dem Markt. Die für ihn in der Tabelle angegebenen Werte stammen aus Schätzungen der Entwicklungsingenieure. Bei Magnetplatten, Karten und Bändern ist das Speichermedium von Hand auswechselbar. Dadurch erniedrigen sich die Kosten pro Bit im Extremfall auf die anteiligen Kosten des Speichermediums. Dies ergibt die in Klammern gesetzten Werte. Die Zugriffszeiten können sich dann aber um die Montagezeit von etwa 1 Minute erhöhen. Der zum Vergleich mitangeführte optische Speicher ist ein Versuchsspeicher, bei welchem Laserstrahlen Löcher in eine Papierfolie brennen. Er gestattet daher im Gegensatz zu allen anderen angeführten Speichern keine Abänderung der einmal eingeschriebenen Daten [5a].

3. Speicherhierarchie

Vom idealen Arbeitsspeicher einer Rechenanlage würde man verlangen, daß er dem zentralen Rechnerkern die Befehle und Operanden stets so schnell und rechtzeitig zur Verfügung stellt, daß der Rechner nie zu warten braucht. Mit moderner Schaltkreistechnik lassen sich heute Rechenwerke bauen, welche im Mittel nur noch $^1/_{10}$ µs zur Ausführung eines Rechenbefehles brauchen. Im Prinzip benötigt jeder Rechenbefehl 2 Zugriffe zum Speicher, nämlich einen zum Ablesen des nächsten

Rechenbefehles und einen zum Holen des Operanden, der verarbeitet also z.B. addiert werden soll. Dabei lassen sich die Adressen des Befehles wie des benötigten Operanden oft erst nach Ausführung des vorangehenden Befehles feststellen. Man wünschte sich daher einen sehr großen Arbeitsspeicher mit wahlfreiem Zugriff und Zugriffszeiten von 50 ns. Ein solcher existiert nicht und es ist zweifelhaft, ob er je gebaut werden kann.

Man kann sich jedoch helfen, indem man die Rechenanlage mit einer ganzen Reihe unterschiedlicher Speicherarten ausrüstet, von denen der dem Rechenkern nächste sehr kurze Zugriffszeit, jedoch aus Raum- wie Preisgründen eine kleine Kapazität hat, während eine ganze Hierarchie von immer langsameren, dafür aber größeren und billigeren Speichertypen für den rechtzeitigen Datennachschub sorgt. Abb. 1 zeigt das

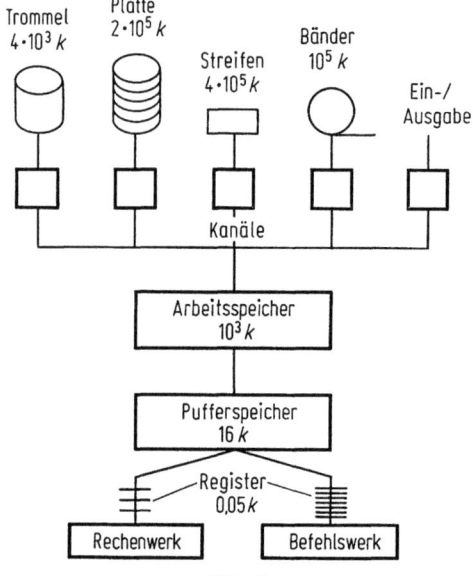

Abb. 1.
Speicherhierarchie des Digitalrechners IBM 360/85 (Kapazitäten in K-byte).

Blockschema eines derartigen Rechners mit 0,08 μs Operationsdauer für einfache Befehle [5]. Als schnellste Speicher dienen Flipflopregister. Sie stellen zusätzlich zu den üblichen Registern etwa 50 byte *Pufferregister* für Befehle und Operanden zur Verfügung. Diese Pufferregister erhalten ihren Datennachschub von einem *Pufferspeicher*, der bei einer Kapazität von 16 K-byte eine Zugriffszeit von 0,08 μs hat. Um den maximal nötigen Datennachschub zu ermöglichen — nämlich einen Befehl und einen Operanden alle 0,08 μs — gibt man den Zellen des Pufferspeichers eine Breite von 16 bytes, die auf einen Schlag in die Pufferregister des

3. Speicherhierarchie

Rechnerkerns übertragen werden können. Das entspricht 4 Befehlsworten bzw. 2 Operanden. Der Pufferspeicher wird wiederum nachgeladen von einem Arbeitsspeicher — er besteht aus 4 unabhängigen Ferritkernspeichern — die alle 1 µs insgesamt 4×16 bytes übertragen können.

Bei diesem Nachladeverfahren aus Zellen großer Breite werden stets neben den unmittelbar vom Rechnerkern angeforderten Bytes bzw. Worten noch weitere Bytes überführt, die im Adressenraum unmittelbar benachbart sind. Daß letztere anschließend auch gebraucht werden können, ist nicht gesagt. Für die Befehlsworte trifft dies z.B. zu bei einer linearen Befehlsfolge, bei welcher die Befehle ohnehin in aufeinanderfolgenden Zellen abgespeichert sind, bei konditionellen Sprüngen jedoch nicht. Benötigte Operanden werden nur ausnahmsweise unter aufeinanderfolgenden Adressen abgespeichert sein.

Günstig wirkt sich hingegen aus, daß zumindest bei hinreichend großem Pufferspeicher in ihn mitüberführte Befehle und Operanden häufig doch noch, wenn auch etwas später, benötigt werden und daß man sie, z.B. in Befehlsschleifen oder bei der Bearbeitung von Datenfeldern, meist vielfach benützt.

Die Wirksamkeit der beschriebenen Speicherhierarchie hängt demnach weitgehend von der zu behandelnden Aufgabe und vom Rechenprogramm ab. Damit der Programmierer bei der Erstellung seines Programmes auf die Speicherhierarchie keine Rücksicht zu nehmen braucht, muß der Datennachschub automatisch erfolgen! Man hat das in Abb. 1 beschriebene Konzept an einer sehr großen Anzahl von aus unterschiedlichsten Aufgabengebieten stammenden Programmen erprobt und mit einer hypothetischen Maschine verglichen, deren Arbeitsspeicher unendlich groß sei und eine Zugriffszeit von 80 ns habe und damit den Pufferspeicher überflüssig machte. Als Ergebnis wird angegeben, daß die wirkliche Maschine je nach Aufgabenstellung 66% bis 93% der Arbeitsgeschwindigkeit der hypothetischen Maschine erreicht [5].

Wenn die Kapazität des Arbeitsspeichers nicht ausreicht zur Aufnahme aller Daten und Programme, so schließt man in der Speicherhierarchie zur weiteren Kapazitätserhöhung als Hintergrundspeicher langsamere magnetomechanische Speicher an. Der Anschluß erfolgt über sogenannte Kanäle, das sind kleine Rechenmaschinen mit Pufferspeichern für 1 oder 2 Worte, welche die Daten autonom von oder zu aufeinanderfolgenden Zellen des Arbeitsspeichers transportieren, während der eigentliche Rechnerkern fast unbehelligt weiterarbeiten kann. Die Transferrate des Arbeitsspeichers muß so hoch sein, daß Kanäle und Rechnerkern simultan bedient werden können.

Die Organisation des Datenverkehrs zwischen den einzelnen Speicherarten macht in Wahrheit weit mehr Schwierigkeiten, als es nach obigen kurzen Ausführungen vielleicht den Anschein hat.

Obwohl die Speicherhierarchie in hohem Umfang zu einer Verbilligung des gesamten Speichers beiträgt, ist bei vielen modernen Rechenanlagen weit über die Hälfte des Preises für die Speicher zu zahlen.

An zusammenfassenden Darstellungen über Speicher in elektronischen Rechenmaschinen sei für eine vertiefende Einarbeitung vor allem auf [1] und [2] hingewiesen.

4. Matrixspeicher

Bei Matrixspeichern befindet sich das einzelne Speicherelement an der Kreuzungsstelle elektrischer Leiter. Es kann zwei stabile Zustände einnehmen, denen die Information 1 bzw. 0 zugeordnet wird. Zwischen den beiden Zuständen muß eine energetische Schwelle bestehen, die so beschaffen ist, daß ein Zustandswechsel nur durch die Koinzidenz von Aufrufsignalen bewirkt wird, welche gleichzeitig den zur Kreuzungsstelle führenden Leitern zugeführt werden. Ein Speicherelement, welches nur von einem zugehörigen Leiter aufgerufen wird, soll nach Möglichkeit seinen Zustand nicht ändern. Die letzte Forderung braucht allerdings nicht unbedingt voll erfüllt zu sein. Die Arbeitsweise und Organisation von Matrixspeichern hängt so stark von den Eigenschaften des Speicherelementes ab, daß sie zunächst am Beispiel des z.Z. noch gebräuchlichsten Matrixspeichers, nämlich des Magnetkernspeichers, erläutert werden soll.

4.1. Magnetkernmatrix als Speicher

4.1.1. Prinzip und Aufbau des Koinzidenz- oder 3D-Speichers

Beim Magnetkernspeicher [6, 7] verwendet man zur Speicherung eines jeden Bits einen gesonderten ringförmigen Kern aus magnetischem Material mit möglichst rechteckiger Hysteresisschleife. Ein durch einen Aufrufdraht in positiver Richtung geschickter Strom kann den Kern z.B. in Richtung des Uhrzeigersinnes magnetisieren. Nach Abschalten des Stromes bleibt ein remanenter Magnetfluß Φ in dieser Richtung erhalten und möge der Information 1 zugeordnet werden. Analog kann man durch einen Strom in negativer Richtung in dem Kern eine 0 speichern. Die Form der Hysteresisschleife läßt sich so weitgehend einem Rechteck nähern (Abb. 2a), daß es einen Strom I gibt, der den Kern fast vollständig in die entgegengesetzte Richtung ummagnetisiert, während selbst zahlreiche nacheinander angelegte Impulse der halben Stromstärke $\pm I/2$ den Magnetisierungszustand des Kernes nicht ändern.

Das Prinzip des gebräuchlichsten Kernspeichers geht aus Abb. 2b hervor, die eine Speichermatrix zur Aufnahme von 4 bit darstellt. Die 4 Speicherkerne sind hier in Form einer Matrix 2×2 angeordnet. Durch

4. Matrixspeicher

jeden Kern führen 3 Drähte, der eine ist der Zeile und der anderen der Spalte zugeordnet, der dritte dient zum Lesen. Um z.B. in den Kern B eine 1 einzuschreiben, schickt man durch den Draht der ersten Zeile und den Draht der zweiten Spalte gleichzeitig je einen Stromimpuls der

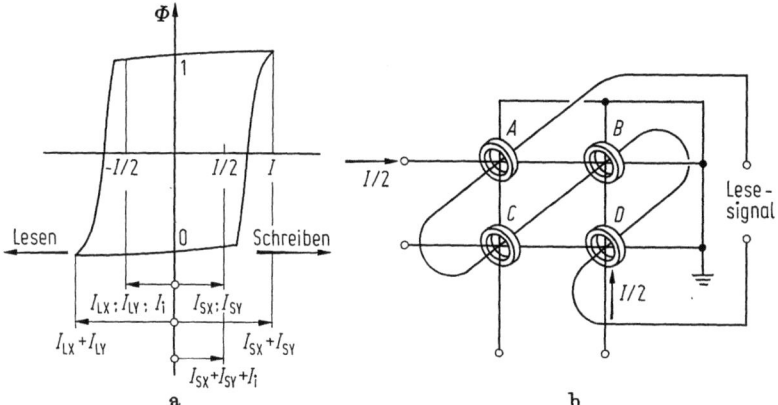

Abb. 2a u. b. Grundelemente des Magnetkern-Matrixspeichers.
a) Quasirechteckige Hystereseisschleife des einzelnen Ringkernes;
b) Matrixebene zur Aufnahme von 4 bit.

Größe $+I/2$. Dieser reicht nicht aus, um die Kerne A, C oder D umzumagnetisieren. Im Kern B, durch den beide stromführende Drähte führen, addiert sich deren Wirkung und B wird in die 1-Richtung magnetisiert. Zum Lesen der in B gespeicherten Information schickt man durch den zugehörigen Spalten- und Zeilendraht gleichzeitig je einen Strom der Größe $-I/2$. Diese zwingen nur den Kern B in die Nullrichtung. Dadurch wird in der diagonal eingezeichneten durch alle 4 Kerne geführten Lesewicklung von Kern B eine Signalspannung $V = d\Phi/dt$ induziert, welche groß oder klein ist, je nachdem, ob in Kern B vorher eine 1 oder eine 0 gespeichert war.

Um Speicherzellen zu schaffen, welche gleichzeitig sämtliche Bit eines Informationswortes aufnehmen können, ordnet man mehrere Matrixebenen z.B. in der in Abb. 3 gezeigten Weise hintereinander an. Abb. 3 zeigt einen Speicher für 4096 Zellen à 42 bit. Jede Matrixebene ist quadratisch und enthält 64×64 Kerne. Die 42 Matrixebenen liegen hintereinander, so daß die ganze Anordnung die Form eines quaderförmigen Blockes hat. Wegen dieser auch der Logik nach dreidimensionalen Anordnung werden solche Speicher 3D-Speicher genannt. In der einzelnen Matrixebene mögen die Aufrufdrähte für die Spalten bzw. Zeilen mit X_1 bis X_{64} bzw. Y_1 bis Y_{64} bezeichnet werden. Die Z-Dimension zählt die Matrixebenen. Im Speicher sind alle Bit einer Zelle in einer Linie

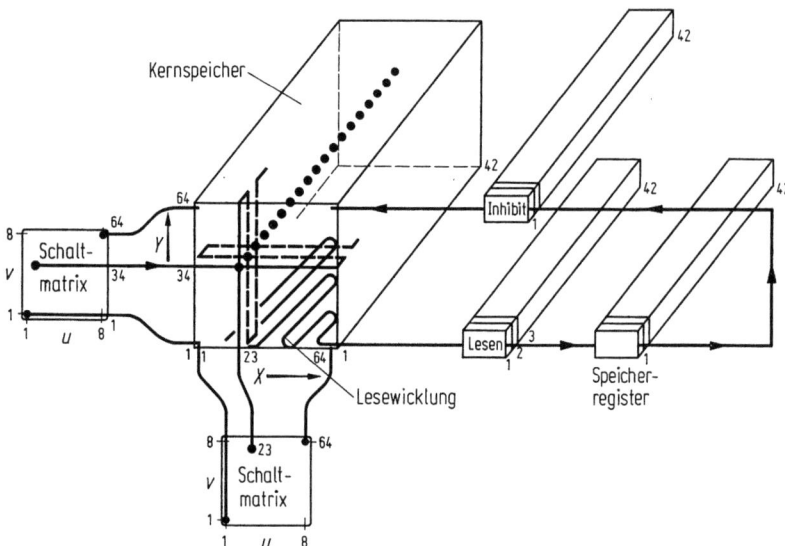

Abb. 3. Kernspeicherblock mit Ansteuerung in dreidimensionaler Anordnung für 64×64 Worte zu je 42 bit.

entlang der Z-Dimension lokalisiert entsprechend einem bestimmten X und Y. Jede Matrixebene enthält also eine bestimmte Stellenposition aller 4096 Zellen. In der Anordnung sind jeweils die entsprechenden X-Drähte in Serie verbunden. Dasselbe gilt für die Y-Drähte. Wenn man z.B. durch X_{23} und Y_{34} einen Strom der Größe $I_{LX} = I_{LY} = -I/2$ schickt, so würden alle 42 Kerne auf der dadurch definierten Z-Achse in die Nullrichtung zurückgekippt (vgl. auch Abb. 2a). Jede Matrixebene enthält eine gesonderte diagonal durch alle Kerne dieser Ebene hindurchlaufende Lesewicklung, welche das beim Zurückkippen des aufgerufenen Kerns in ihr induzierte Signal einem Leseverstärker zuführt, der es in dem zugehörigen Flipflop des Speicherregisters absetzt. Alle Bit einer Zelle werden damit gleichzeitig vom Speicher abgelesen. Genauso kann man mit Schaltströmen der Größe $I_{SX} = I_{SY} = +I/2$ durch ein ausgewähltes Paar X, Y in die Kerne der aufgerufenen Z-Achse lauter Einsen einschreiben. Um auch Nullen einschreiben zu können, hat jede Matrixebene noch einen vierten Draht, der ebenfalls durch alle Kerne dieser Ebene gefädelt ist (der sogenannte Inhibitdraht, welcher in Abb. 3 nicht eingezeichnet ist). Schickt man während des Einschreibens in eine vorher ausgelesene — also auf 0 gesetzte — Zelle durch diesen Draht dem Strom $I_i = -I/2$, so verhindert dies das Einschreiben einer 1, da die Summe aller Ströme $I/2 + I/2 - I/2$ nicht mehr zur Ummagnetisierung ausreicht. Dabei treten auch an keiner anderen Stelle

4. Matrixspeicher 305

der Matrix Ströme auf, deren Summe dem Absolutwert nach größer als
$I/2$ ist und dort gespeicherte Information zerstören könnte.

Einen Ausschnitt aus einer für die beschriebene Organisationsform
geeigneten Kernspeichermatrix zeigt Abb. 4. Durch jeden Kern laufen
4 Drähte, nämlich der X- und Y-Auswahldraht, der diagonale Lesedraht
und schließlich der Inhibitdraht parallel zum X-Draht.

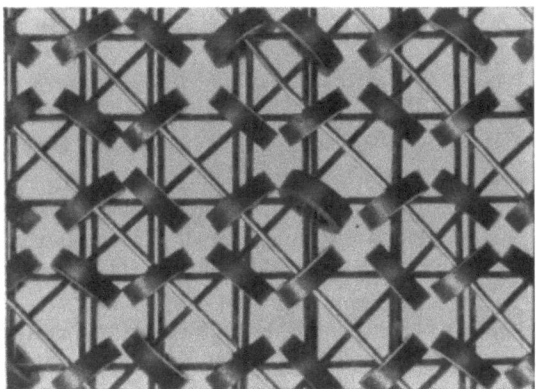

Abb. 4. Ausschnitt aus einer Matrixebene.

Beim Lesen vom Speicher wird in den abgelesenen Kernen die Information nach 0 umgeschrieben, also zerstört. Soll sie erhalten bleiben,
so muß sie anschließend vom Speicherregister aus wieder eingeschrieben
werden. Die Nullen im Speicherregister veranlassen dabei das Auftreten
der zugehörigen Inhibitimpulse. Die Inhibitimpulse müssen dabei die
beiden Schreibimpulse $+I/2$ zeitlich überdecken.

4.1.2. Magnetische Eigenschaften von Ringkernen

Als Werkstoff für die Herstellung der Ringkerne werden fast ausschließlich geeignete Ferrite verwendet. Das sind gesinterte Keramiken von
der Art MFe_2O_4, worin M ein zweiwertiges Metall, in der Regel Mn oder
Mg darstellt. Sie haben eine Sättigungsinduktion B_s von $2 \cdot 10^{-5}$ Vs/cm²
und sind magnetisch isotrop. Ihre Koerzitivkraft H_c, welche im wesentlichen von der Korngröße abhängt, ist in verhältnismäßig weiten Grenzen durch Steuerung des Sinterprozesses beeinflußbar. Typische Werte
für H_c sind 0,4 bis 3 A/cm. Ihr spezifischer ohmscher Widerstand ist
$>10^5$ Ωcm, so daß Wirbelstromverluste vernachlässigbar sind.

Die quasistatisch im allgemeinen bei 50 Hz gemessene Hystereseschleife von Ferritkernen ist nur angenähert rechteckig. Die Remanenzmagnetisierung B_r beträgt nämlich selbst im Idealfall nur 87% der
Sättigungsmagnetisierung B_s, da Ferrit polykristallin ist und die Magne-

tisierungen nach der Ausrichtung in die Sättigungsrichtung bei Abschalten des Sättigungsfeldes in die nächsten Vorzugsachsen der wahllos ausgerichteten Kristallite zurückdrehen. Die beiden flachen Äste der Hysteresisschleife haben daher eine gewisse Neigung, so daß bei Erregung der Kerne mit Halbströmen Störsignale induktiv in die Leseleitung eingekoppelt werden. Das Rechteckigkeitsverhältnis

$$R_s = \frac{B\left(-\dfrac{I}{2}\right)}{B(+I)} \tag{1}$$

dient als gewisses Maß für die Beurteilung der Kerne. Es ist eine Funktion von I und sollte über einen möglichst großen Strombereich nahe bei 1 liegen. Bei modernen Ringkernen ist $R_s > 0{,}9$.

Zur Untersuchung des dynamischen Ummagnetisierungsverhaltens [1] erregt man den Ringkern durch einen hinreichend großen Aufrufimpuls mit kurzer Anstiegszeit ($t_r < 0{,}1$ µs), der ein entsprechendes Schaltfeld H_M erzeugt (Abb. 5a), und nimmt die in der Leseleitung induzierte Spannung $V = F \cdot dB/dt$ auf (Abb. 5b). Je nachdem, ob vorher eine 1 oder 0 gespeichert war, erhält man das große bzw. kleine in Abb. 5b gezeichnete Lesesignal. Für das 1-Signal bezeichnet uV_1 die Spannung des Maximalwertes, t_p dessen Zeitpunkt und t_s die Schaltzeit, während welcher $V > 0{,}1 \cdot uV_1$ ist. Der Versuch ergibt, daß die Schaltzeit t_s in der in Abb. 5c gezeigten Weise von H_M abhängt. Der gerade

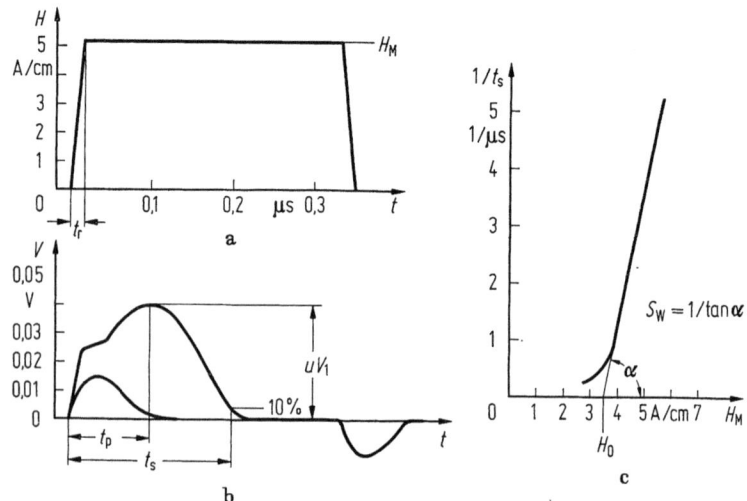

Abb. 5a—c. Schaltverhalten eines Ferritringkernes.
a) Erregungsfeld und b) zugehöriges Ausgangssignal für gespeicherte 1 bzw. 0; c) Schaltgeschwindigkeit als Funktion des Erregungsfeldes.

Teil dieser Kurve läßt sich darstellen durch

$$\frac{1}{t_S} = \frac{H_M - H_0}{S_W}. \qquad (2)$$

Dabei ist $H_M = I/\pi d$ die Umfangsfeldstärke beim äußeren Ringdurchmesser d. H_0 ist ungefähr gleich der Kniefeldstärke, bei welcher der flache Ast in den steilen Ast der quasistatischen Hysteresisschleife übergeht. S_W heißt Schaltkonstante und ist materialabhängig.

Zur Koinzidenzansteuerung wählt man $H_M = 1{,}6H_0$, um für die halb aufgerufenen Kerne hinreichend unter der Kniefeldstärke zu bleiben. Kleine Schaltzeit t_s erfordert daher großes H_0, also magnetisch hartes Material. Um trotzdem mit kleinen Aufrufströmen auszukommen, macht man den Kerndurchmesser so klein wie möglich. Mit einem äußeren Kerndurchmesser von $d = 0{,}5$ mm und Ansteuerströmen von $I/2 = 0{,}6$ A erreicht man Schaltzeiten von 0,19 µs. Leider ist bei üblichen Ferritkernen H_0 stark temperaturabhängig. Die ersten Ferritkernspeicher waren daher auf einen engen Temperaturbereich zwischen 10°C und 40°C beschränkt. Durch Nachregelung der Aufrufströme mittels eines Temperaturfühlers oder spezielles Kernmaterial aus Li−Ni-Ferrit mit hohem Curiepunkt läßt sich der Temperaturbereich erheblich erweitern [8, 9].

Der Maximalwert des 1-Signals tritt erst während des flachen Daches des Aufrufimpulses auf. Höhe uV_1 und Zeitpunkt t_p des Maximalwertes sind von der Anstiegszeit t_r unabhängig, so lange $t_r \ll t_p$ ist. Als Erfahrungswert gilt $t_p = t_s/2$.

Das Nullsignal hingegen erscheint im wesentlichen während der Anstiegszeit und ist bis zur Zeit t_p bereits erheblich abgeklungen.

Physikalisch erklärt sich das unterschiedliche zeitliche Verhalten des 1- und 0-Signals dadurch, daß die irreversible Ummagnetisierung längs des steilen Astes der Hysteresisschleife durch relativ langsame Verschiebung magnetischer Wände bewirkt wird, während die reversiblen Magnetisierungsänderungen im flachen Teil der Hysteresisschleife durch wesentlich schnellere Drehprozesse erfolgen.

4.1.3. Unterdrückung von Störsignalen

Ein halb aufgerufener Kern induziert ein Störsignal, dessen Spitzenwert etwa 10% bis 20% des 1-Signales uV_1 ist. Bei einer Matrix 64 × 64 würde daher die Summe der 128 Halbsignale von aufgerufener Zeile und Spalte das Nutzsignal völlig verdecken. Abhilfe [10] schaffen folgende Maßnahmen:

1. Abtastmethode: Die Störsignale haben etwa den zeitlichen Verlauf des in Abb. 5b eingezeichneten Nullsignales, da sie von der reversiblen Ummagnetisierung längs des flachen Teiles der Hysteresisschleife

herrühren. Bis zur Zeit t_p, bei welcher das Eins-Signal sein Maximum erreicht, sind sie schon auf $1/5$ bis $1/10$ ihres Spitzenwertes abgeklungen. Zur Erkennung der gelesenen Information verwendet man daher den Momentanwert des Lesesignales zur Zeit t_p. Dies geschieht, indem man mit einem kurzen zur Zeit t_p angelegten Abtastimpuls (strobe) prüft, ob das Lesesignal zu diesem Zeitpunkt eine bestimmte Spannungsschwelle übersteigt.

2. Kompensationsmethode: Damit sich die von den halbaufgerufenen Kernen induzierten Störsignale gegenseitig kompensieren, wird die Leseleitung in abwechselnder Richtung durch benachbarte Kerne der Matrix gefädelt. Dies hat allerdings zur Folge, daß das Nutzsignal als positive oder negative Spannungswelle anfallen kann, jedoch groß ist für die 1 und klein für die 0. Die Kompensation je zweier Störsignale ist unvollständig, da Form und Größe des einzelnen Störsignales neben dem Inhalt der Speicherzelle — 1 oder 0 — auch noch von der Vorgeschichte abhängen. Vor allem wirkt sich aus, ob eingeschriebene Einsen bereits durch einen Halbimpuls in Leserichtung gestört sind. Hiergegen hilft, grundsätzlich nach jedem Einschreiben einen derartigen Halbimpuls folgen zu lassen (*post write disturb*). Letztere Maßnahme ist bei modernen Kernen und 64×64-Matrixebenen jedoch meist nicht mehr nötig, wenn man zusätzlich die Abtastmethode anwendet. Größere Speichermatrizen unterteilt man lieber in Untermatrizen mit gesonderten Leseleitungen und verknüpft die Ausgänge der Leseverstärker durch Odergatter, an deren Entscheidungsschwelle man die Verstärkung anpaßt.

4.1.4. Ein 3D-Speicher mit nur 3 Drähten

Beim bisher behandelten Speicher laufen sowohl der Lesedraht wie der Inhibitdraht durch sämtliche Kerne einer Matrixebene. Die Vereinigung von Lesedraht und Inhibitdraht zu einem einzigen Draht, welche wegen der schwierigen Fädelung bei kleinen Kernen sehr erwünscht wäre, scheint zunächst nicht möglich. Der Strom im Inhibitdraht muß nämlich bei allen Kernen in entgegengesetzter Richtung fließen zum Schreibstrom im X- wie im Y-Draht. Der Lesedraht hingegen ist aus Kompensationsgründen bei der Hälfte der Kerne in gleicher Richtung wie der Inhibitdraht, bei der anderen Hälfte in der Gegenrichtung gefädelt. Einen Ausweg bietet die in Abb. 6 angegebene Fädelungsart, bei welcher der Inhibitstrom in der Mitte des die ganze Matrix von A nach B durchziehenden Lesedrahtes zugeführt wird [11]. Er teilt sich daher auf in zwei gleiche Ströme, von denen der eine in Richtung des Lesedrahtes, der andere in Gegenrichtung fließt. Am Ende der Leseleitung befindet sich eine gegensinnig bifilar gewickelte Drossel D. Für den Inhibitstrom, der ihre beiden Windungshälften in gleicher Richtung durchfließt, hat sie verschwindende Impedanz und wirkt wie ein Kurzschluß zur Erde.

4. Matrixspeicher

Für die gegensinnig anfallenden Ströme des Lesesignals hingegen ist ihre Impedanz groß, so daß das Lesesignal an den Eingängen der Differenzverstärker fast ungeschwächt anfällt.

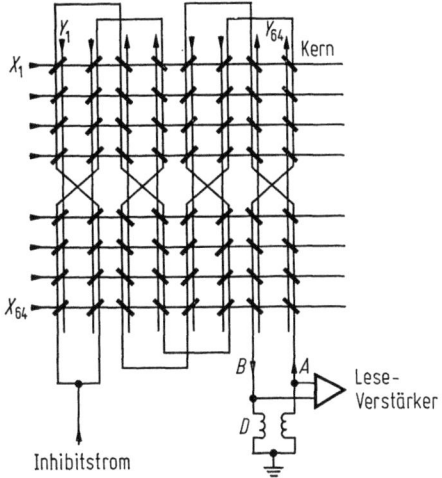

Abb. 6. Matrixebene für 8×8 bit eines 3D-Speichers mit nur 3 Drähten.

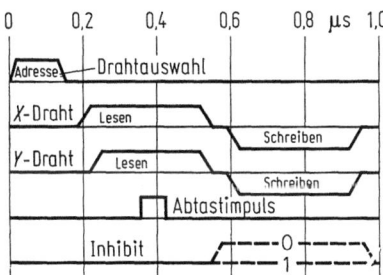

Abb. 7. Zeitplan für die Ansteuerung des in Abb. 6 gezeigten Speichers.

In Abb. 7 ist der Zeitplan für einen derartigen Speicher mit 1 µs Zykluszeit angegeben. Die verwendeten Kerne haben eine Schaltzeit $t_s = 0{,}3$ µs. Die ersten 0,18 µs dienen der Adressenentschlüsselung und Schaltereinstellung zur Auswahl des gewünschten X- wie Y-Drahtes. Die Lesehalbimpulse für X- und Y-Draht sind am Beginn ein wenig gegeneinander versetzt, damit die vom X-Draht induzierten Störimpulse bis zur Zeit des Abtastimpulses schon stärker abgeklungen sind. Die Dachlänge aller Aufrufhalbimpulse ist nur wenig größer als die Schaltzeit t_s. Der Abtastimpuls ist um $t_p = 0{,}15$ µs gegen den Beginn des Y-Halbimpulses verschoben. Die Anstiegszeiten der Halbimpulse betragen mit

0,07 µs etwa $t_p/2$. Der vom Inhalt des Speicherregisters gesteuerte Inhibitimpuls überdeckt zeitlich die beiden X- und Y-Schreibhalbimpulse. Der gesamte Lese-Schreibzyklus ist nach 1 µs, das sind gut 3 Schaltzeiten t_s, beendet. Die Dauer der Zykluszeit ist hier noch im wesentlichen durch die Schaltzeiten der Kerne und weit weniger durch die Schaltzeiten der elektronischen Schalter bedingt.

4.1.5. Der wortorganisierte oder 2D-Matrixspeicher

Die zweidimensionale Matrix ist die einfachste und schnellste Form des Matrixspeichers. Alle Kerne einer Zeile (Abb. 8a) gehören zur gleichen Speicherzelle, welche genau ein Informationswort aufnimmt. Zum Aus-

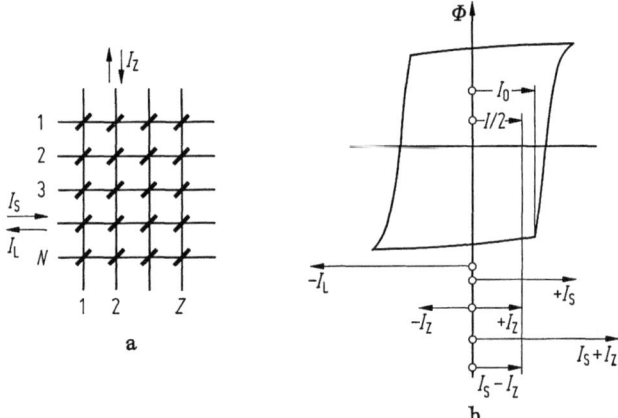

Abb. 8. a) Schema des 2D-Speichers für N Worte zu je Z bit; b) Zeigerdiagramm der Aufrufströme.

lesen wird ein kräftiger negativer Wortimpuls $-I_L$ durch den ausgewählten Zeilendraht, der hier Wortdraht genannt wird, geschickt. Er magnetisiert alle Kerne dieser Zeile in die Nullage. Dadurch werden in den Spaltendrähten 1 bis Z — hier Zifferndrähte genannt — je nach gespeicherter Information große 1- oder kleine 0-Lesesignale induziert. Das Einschreiben der Einsen in die vorher gelöschte Wortzelle geschieht durch Koinzidenz des Wortstromes I_S mit Ziffernströmen $\pm I_Z$ durch die Zifferndrähte. Indem man den Wortstrom $I_S = 2 \cdot I/2 = 1,6 I_0$ über den zur Kniefeldstärke führenden Strom I_0 hinausgehen läßt (siehe Abb. 8b) und den Ziffernströmen mit $I_Z = +I/2$ zum Einschreiben der 1 bzw. $-I/2$ zum Erhalten der Null unterschiedliche Polarität gibt, geschieht das Einschreiben mit mehr als doppelt so großer Überschußfeldstärke $H_M - H_0$ als es beim 3D-Speicher möglich ist. Man vergleiche die Zeigerdiagramme von Abb. 2a und Abb. 8b. Man ersieht aus Gl. (2),

4. Matrixspeicher

daß die größere Überschußfeldstärke es ermöglicht, bei gleichen Kernen die Umschaltzeit t_S und damit die Zykluszeit beim 2D-Speicher weniger als halb so lang zu machen als beim 3D-Speicher. Dafür ist bei Speichern größerer Kapazität die Auswahlelektronik des 2D-Systems wesentlich aufwendiger, da bei N Zellen hier einer von N Zeilendrähten ausgewählt werden muß, beim 3D-Speicher jedoch nur 2 von $2 \cdot \sqrt{N}$ Drähten.

Eine bedeutende Steigerung der Arbeitsgeschwindigkeit des 2D-Speichers erreicht man, wenn man den Einschreibvorgang vorzeitig abbricht und sich mit teilweisem (*partiellem*) *Schalten* der Speicherkerne begnügt [12, 13]. Abb. 9a zeigt, in welchem Umfang die Magnetisierung eines vorher durch einen starken Lesestrom $-I_L$ in die Nullage magnetisierten Kernes in Richtung der 1-Lage irreversibel umschaltet, wenn man den Schreibimpuls $+I_{WS}$ lange Zeit (1 µs) oder aber kurz (0,03 µs) wirken

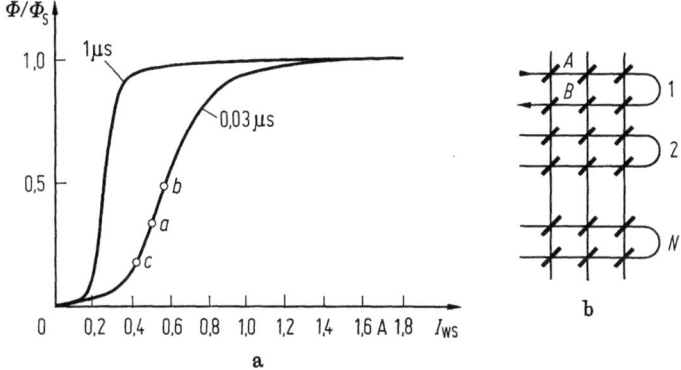

Abb. 9. a) Partielles Schalten des Magnetflusses bei kurzer Erregung; b) Matrixebene für N Worte zu je 3 bit. 2 Kerne pro bit werden bei Ausnützung des partiellen Schaltens benötigt.

läßt. Wie man sieht, hängt bei den 0,03 µs langen Schaltimpulsen die irreversible Flußänderung zwischen den Punkten b und c erheblich von der erregenden Feldstärke ab. Baut man das erregende Feld auf aus einem Wortstrom von $+500$ mA und einem Ziffernstrom von $+75$ mA für die einzuschreibende 1 und -75 mA für die Null, so werden nach dem Schreibvorgang die Remanenzlagen b bzw. c erreicht. Bei einer solchen Art des Speichers würden jedoch schon kleine Streuungen der Schreib- oder Leseströme sowie Temperatureffekte starke Streuungen der Lesesignale hervorrufen. Man benützt daher zwei Kerne A und B zur Speicherung eines jeden Bit und schaltet sie in der in Abb. 9b gezeigten Fädelweise zusammen. Beim Schreiben einer 1 wird Kern A weit und Kern B schwach umgeschlatet, beim Schreiben von 0 umgekehrt. Da die in den Spaltenleitungen von beiden Kernen induzierten

Lesesignale entgegengesetzte Polarität haben, erscheint an den Enden des Spaltendrahtes die Differenz der Lesesignale von Kern A und Kern B. Sie hat positives oder negatives Vorzeichen, je nachdem, ob eine 1 oder 0 gespeichert war. Nach diesem Verfahren sind die bisher schnellsten Ferritkernspeicher gebaut, z.Z. allerdings nur als Versuchsspeicher. Bei einer Kapazität von 8192 Worten à 72 bit wurden mit Kernen von 0,3 mm Durchmesser Zykluszeiten von 0,11 µs und Zugriffszeiten von 0,067 µs erreicht. Schaltzeit der Kerne, Schaltzeit der Aufruf- und Leseelektronik sowie Signallaufzeiten auf den Matrixdrähten liefern etwa gleichen Beitrag zur Zykluszeit. Eine wesentlich weitere Verkürzung der Zykluszeit ist daher recht schwierig.

4.1.6. Speicher mit $2^1/_2$D-Organisation

Mit dem Begriff $2^1/_2$D-Organisation soll ausgesagt werden, daß diese Speicher eine Mittelstellung zwischen den 2D- und den 3D-Speichern einnehmen. Um bei einer ebenen Speichermatrix vorgegebener Bitkapazität mit möglichst wenigen Aufrufdrähten auszukommen, müßte man die Matrix quadratisch machen. Dies würde bei einem 2D-Speicher für 512 Worte jedoch eine Wortlänge von 512 bit erfordern und an solcher Wortlänge besteht kein Interesse. Der $2^1/_2$D-Speicher bietet nun die Möglichkeit, beim Schreiben wie beim Lesen nur einen Teil der zu einer Zeilenleitung gehörenden Kerne aufzurufen und damit die zu langen Zellen auf übliche Wortlänge zu unterteilen [14]. In Abb. 10 ist schematisch eine Aufteilung der 512 bit in 16 Worte à 32 bit dargestellt. Die Spaltendrähte sind zu Gruppen von je 16 Drähten zusammengefaßt. Die erste Gruppe gehört zur ersten Ziffernposition aller Worte, jeder 16. Draht zu den verschiedenen Ziffernpositionen des gleichen Wortes. Die Kerne, die zum Wort $X_W = 2$ $Y_W = 1$ gehören, sind zur Verdeutlichung in Abb. 10 eingezeichnet. Zum Aufruf des Wortes werden die zugehörigen

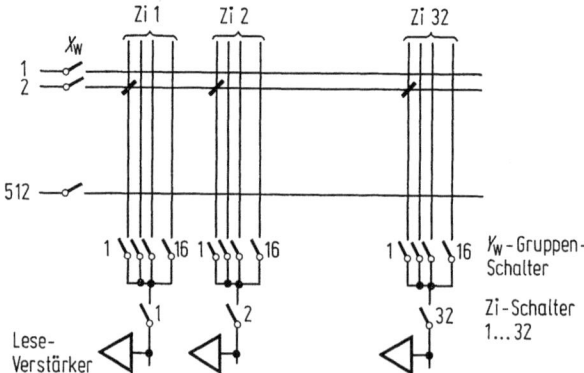

Abb. 10. Schema eines $2^1/_2$D-Speichers für 512×16 Worte zu je 32 bit.

4. Matrixspeicher

Schalter geschlossen, im Beispiel also $X_W = 2$ und die 32 Schalter $Y_W = 1$. Das Einschreiben von Einsen erfolgt durch Koinzidenz von positivem Zeilen- und Spaltenstrom. Sollen beim Einschreiben in bestimmte Ziffernpositionen Nullen erhalten bleiben, so bleiben die zugehörigen Ziffernschalter Z_i offen. Auch beim Auslesen werden durch Koinzidenz nur die Kerne des ausgewählten Wortes in die Nullrichtung magnetisiert und die induzierten Lesesignale werden über die jetzt geschlossenen Ziffernschalter den Leseverstärkern zugeführt. Die geschalteten Spaltendrähte dienen dabei gleichzeitig als Aufrufleitung und als Leseleitung. Die Anstiegsflanke der aufrufenden y-Halbimpulse erzeugt daher sehr starke Störimpulse. Um die Lesesignale trotzdem erkennen zu können, werden die y-Ströme einige μ-Sekunden vor den x-Strömen eingeschaltet, überdecken aber zeitlich die x-Impulse. Dadurch sind die Störsignale bis zum Erscheinen der Lesesignale hinreichend abgeklungen. Das Warten auf das Abklingen der hier völlig unkompensierten Störsignale bedingt relativ große Zugriffs- und Zykluszeiten. Nach diesen Verfahren werden sogenannte Massenkernspeicher gebaut. Bei einem derartigen Speicher für 130 000 Worte à 36 bit erreicht man Zykluszeiten von 3 μs.

Indem man einen gesonderten Lesedraht einführt — also 3 Drähte pro Kern —, der alle Kerne einer Ziffernposition geeignet durchzieht, kann man auch hier gute Kompensation der Störsignale erreichen. Gegenüber dem 3D-Speicher hat man dann sogar noch den Vorteil, daß man keine Inhibitströme benötigt und nicht auf das Abklingen der von ihnen induzierten Störsignale warten muß. Man erreicht daher noch etwas kürzere Zykluszeiten als beim 3D-Speicher, z.B. 0,5 μs bei einem Speicher für 16 K-Worte à 18 bit. Für Kernspeicher im 1 μs Bereich und mehr als 8 K-Worte Kapazität setzt sich die $2^1/_2$D-Organisation mit 3 Drähten pro Kern daher zunehmend durch.

4.2. Ebene magnetische Dünnschichtspeicher

Von allen Magnetspeichern versprach der ebene magnetische Dünnschichtspeicher die kürzesten Zugriffzeiten, da das einzelne Speicherelement bei handlichen Aufrufströmen in wenigen Nanosekunden ummagnetisierbar ist. Trotzdem hat er sich nach mehr als 10jähriger Entwicklungsarbeit wegen zahlreicher aufgetretener Schwierigkeiten nicht in größerem Umfang durchgesetzt.

Als Speicherelemente werden knapp 1 mm große Flecken einer 20 bis 200 nm (1 nm = 10^{-9} m) dicken Magnetschicht aus NiFe (81% Ni, 19% Fe) verwendet, welche im Vakuum auf eine ebene Unterlage aufgedampft sind. Ein dabei einwirkendes Magnetfeld verleiht den Flecken eine bleibende *uniaxiale Anisotropie*. Parallel oder antiparallel zur dadurch gegebenen Vorzugsrichtung stellt sich die Magnetisierung bei Abwesenheit äußerer Felder ein. Diese beiden Lagen werden zur Informationsspeicherung (0 oder 1) ausgenützt. Die Vorzugsrichtung heißt auch *leichte Richtung*. Senkrecht dazu und ebenfalls in der Schichtebene liegt die *schwere Richtung*. Als ebene Unterlage benützt man meist eine sehr glatte Silberplatte. Sie trägt die gesamte Speichermatrix, also die Flecken und die kreuzweise darüber gelegten Matrixleitungen, und dient als Rückleiter.

4.2.1. Eigenschaften des ebenen magnetischen Schichtfleckes

4.2.1.1. Eindomänenverhalten

Um das Eindrehen der Magnetisierung in die gewünschte Vorzugsrichtung zu verstehen, sei zunächst von der etwas idealisierenden Vorstellung ausgegangen, daß sich der einzelne Fleck wie eine einzige magnetische Domäne verhält. Dies besagt, daß die Magnetisierungsvektoren aller Teile eines Fleckes stets parallel ausgerichtet sind. Bei Ummagnetisierung bleibt die Größe des Gesamtmagnetisierungsvektors M dann konstant, M ändert lediglich seine Richtung. Die hohe Formanisotropie des dünnen flachen Fleckes sorgt zudem dafür, daß M sich unter dem Einfluß äußerer Felder praktisch nur in der Schichtebene drehen kann.

Die Richtung des Magnetisierungsvektors M stellt sich im quasistatischen Fall, das ist nach einigen 10^{-9} s, so ein, daß die Drehmomente des äußeren Magnetfeldes H und der uniaxialen Anisotropie H_K sich die Waage halten, die Gesamtenergie E als Summe von Feldenergie E_H und Anisotropieenergie E_K also ein Minimum wird. Es gilt

$$E = E_H + E_K = -H \cdot M \cos(\varphi - \varphi_0) + K \cdot \sin^2\varphi \text{ mit } \partial E/\partial \varphi = 0$$
$$\text{und } \partial^2 E/\partial \varphi^2 > 0. \tag{3}$$

Dabei ist φ der Winkel der Magnetisierung M, φ_0 der Winkel des Schaltfeldes H jeweils mit der Vorzugsrichtung ($+x$-Achse). K heißt Anisotropiekonstante und ist von den Herstellungsbedingungen abhängig. Für NiFe ist $M = 10^{-4}$ Vs/cm². Die gesuchte Richtung φ der Magnetisierung läßt sich aus Gl. (3) leider nur in impliziter Darstellung errechnen. Lediglich für verschwindendes Schaltfeld $H = 0$ sieht man aus Gl. (3) unmittelbar, daß E zwei stabile Energiemulden hat in Richtung der leichten Achse (bei $\varphi = 0°$ bzw. $\varphi = 180°$) und daß M in Richtung des Abfalles der Muldenränder $\partial E/\partial \varphi = K \cdot \sin 2\varphi$ in die nähergelegene der beiden stabilen Lagen eindreht.

Für beliebige Richtung und Größe des äußeren Schaltfeldes H bestimmt man die Magnetisierungsrichtung φ übersichtlicher nach einer graphischen Methode gemäß Abb. 11. Hier ist der Vektor des Schaltfeldes H vom Koordinatenursprung abgetragen. Seine x-Komponente H_x

4. Matrixspeicher

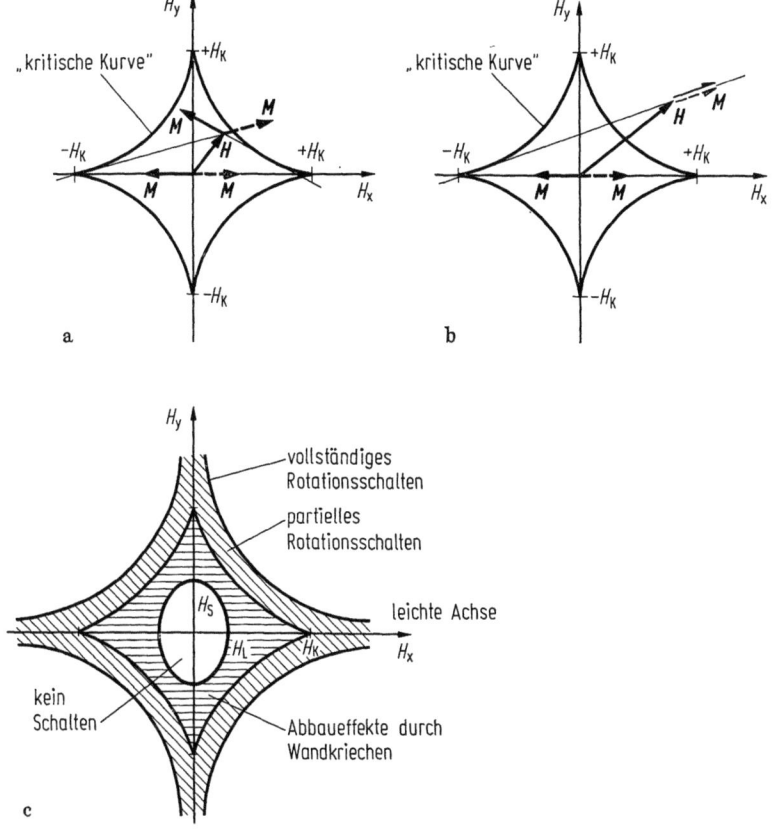

Abb. 11a—c. Feldstärkebereiche für die verschiedenen Ummagnetisierungsarten der Magnetschicht.
a) Theoretische Abgrenzung bei Eindomänenverhalten. H liegt innerhalb der Astroide: Zwei stabile Lagen für M. Reversible Rotation;
b) wie a), jedoch H überschreitet die Astroide: Nur eine stabile Lage für M. Irreversible Rotation möglich;
c) reale Abgrenzung infolge von Domänenbildung: Wandkriechen und partielle Rotation verbreitern die Abgrenzung erheblich.

zeigt in die Vorzugsrichtung. In der H_x, H_y-Ebene umschließt eine sogenannte „kritische Kurve" den Koordinatenursprung in Form einer Astroide. Sie trennt das innere Gebiet, in welchem für die Magnetisierung M zwei stabile Lagen existieren, vom äußeren Gebiet, in welchem nur eine stabile Lage möglich ist. Die Form der kritischen Kurve errechnet sich aus Gl. (3) und der Wendepunktsbedingung $\partial^2 E/\partial \varphi^2 = 0$ zu

$$H_x^{2/3} + H_y^{2/3} = H_K^{2/3} \text{ mit } H_K = 2K/M. \tag{4}$$

Bei Speicherflecken sind für die Anisotropiefeldstärke H_K Werte zwischen 3 und 6 A/cm üblich. Die gesuchte Richtung der stabilen Magnetisierungslagen ergibt sich, indem man vom Ende des Feldvektors H die Tangenten an die Astroide zeichnet. Solange bei von 0 wachsendem Feld die Spitze von H im Innern der Astroide bleibt, dreht M niemals um mehr als 90° aus der Ursprungslage und kehrt bei verschwindendem Feld wieder in diese zurück. Überschreitet H jedoch die Astroide und ist sein Winkel zur Ursprungslage von M größer als 90°, so verschwindet das Energieminimum im Ausgangsquadranten und M dreht sprunghaft in das verbleibende Minimum im entgegengesetzten Quadranten. M dreht bei wieder abnehmendem Feld dann in die zur Ursprungslage entgegengesetzte leichte Richtung ein.

Zum Einschreiben von 0 bzw. 1-Information in einen Fleck ist demnach ein Schaltfeld nötig, dessen Vektor die kritische Kurve überschreitet und welches in den zugeordneten Quadranten zeigt. Beim Matrixspeicher erzeugt man dieses Schaltfeld an den Kreuzungspunkten der Aufrufleitungen durch die Koinzidenz von 2 Aufruffeldern.

4.2.1.2. Abweichungen durch Zerfall in mehrere Domänen

Leider gilt das beschriebene Rotationsmodell, welches Eindomänenverhalten voraussetzt, nur mit Einschränkungen. Dafür sind die folgenden Ursachen verantwortlich:

Streufelder. Im Gegensatz zum ringförmigen Ferritkern, in dessen Innern sich der magnetische Fluß schließen kann, tritt der Fluß an den Grenzen der ebenen Magnetschicht in den freien Raum aus. Die dadurch entstehenden Streufelder wirken einerseits auf die Schicht selbst als entmagnetisierende Felder zurück, aber auch auf benachbarte Flecken der Matrix. Sie werden um so kleiner, je dünner die Schicht im Verhältnis zu ihren Flächenabmessungen ist.

Die entmagnetisierenden Felder H_E lassen sich berechnen, indem man den rechteckigen Fleck der Dicke d, Länge L und Breite b durch ein dreiachsiges Ellipsoid idealisiert. Nach Osborn [16] gilt für $d/L \ll 1$

$$H_E = \alpha \cdot \frac{M}{\mu_0} \cdot \frac{d}{L}. \tag{5}$$

Dabei ist $\mu_0 = 4\pi \cdot 10^{-9}$ Vs/Acm die Vakuumpermeabilität, L die Kantenlänge des Fleckes in Richtung des Magnetisierungsvektors M und α ein Proportionalitätsfaktor, der vom Seitenverhältnis L/b abhängt. Für $L/b = 0; 1; 5; \infty$ ist $\alpha = 1; \pi/4; 0,4; 0$. Gl. (5) ergibt beispielsweise für eine 1 mm² große quadratische 100 nm dicke NiFe-Schicht bereits ein entmagnetisierendes Feld $H_E = 0,6$ A/cm. Das entmagnetisierende Feld veranlaßt, daß bei einem in x-Richtung magnetisierten Fleck nach Abschalten des Feldimpulses an den Rändern kleine Domänen übrig-

4. Matrixspeicher 317

bleiben können, die in Gegenrichtung magnetisiert sind. Sie haben meist Zipfelform und sind durch „magnetische Wände" von der Hauptdomäne getrennt (Abb. 12). Aufbau und Eigenschaften dieser Wände hängen stark von der Dicke der Magnetschicht ab und wurden mit physikalischen Methoden eingehend untersucht [17].

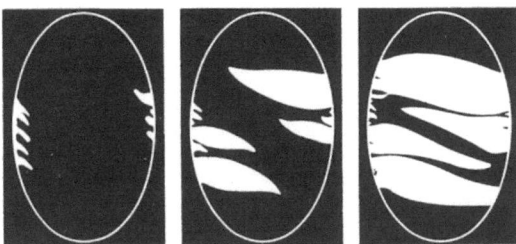

Abb. 12. Zerfall eines Fleckens in magnetische Domänen. Sie sind mittels polarisiertem Licht und Kerreffekt sichtbar gemacht. Domänenwachstum nach 300, 6000 bzw. 12000 Impulsen in schwerer Richtung [18].

Wandkriechen. Es ist für die Anwendung äußerst störend, daß die magnetischen Wände sich irreversibel zu bewegen beginnen, wenn der Fleck einer großen Anzahl kleiner Feldimpulse ausgesetzt wird, die sozusagen an den Wänden wackeln. Bei jedem Feldimpuls verschiebt sich die Wand nur um ein ganz kleines Stück, so daß man diesen Effekt anfangs übersehen hat. Läßt man die kleinen Feldimpulse jedoch z.B. mit einer Frequenz von 50 Hz einwirken, so kann man unter dem Mikroskop die Wände kriechen sehen (Abb. 12). Beim Testen eines Matrixspeichers sollte man mindestens 10^6 Teilfeldimpulse wirken lassen, um sicher zu sein, daß die gespeicherte Information nicht durch Teilfeldimpulse zerstört wird. In Abb. 11c ist im Innern der Astroide schematisch der Bereich ungestrichelt eingezeichnet, in welchem kein Wandkriechen auftritt. Das Wandkriechen ist von Richtung und Form der Testimpulse, der Schichtdicke und der Koerzitivkraft der Schicht in komplizierter Weise abhängig. Es gibt mehrere Mechanismen, welche bisher aber nur jeweils einen Teil der Beobachtungstatsachen gut erklären [18, 19].

Partielles Schalten. Unvermeidbare Inhomogenitäten im Speicherfleck bewirken, daß die kritische Kurve in verschiedenen Teilen des Fleckes etwas unterschiedliche Lage hat. Bei wachsendem Feldimpuls wird daher in manchen Fleckteilen die zugehörige lokale Astroide vorzeitig überschritten. Hier springt die Magnetisierung bereits in den neuen Quadranten. Es entstehen Domänen. Deren Streufelder sind so gerichtet, daß sie die Magnetisierung in den noch nicht geschalteten Domänen zurückdrehen. Die Domänen blockieren sich gegenseitig gegen weiteres Umschalten. Der schaltende Feldimpuls muß erheblich über die kritische

Kurve hinauswachsen, um auch die zurückgebliebenen Domänen durch Drehung schnell in den anderen Quadranten umzuschalten. An die theoretische Astroide schließt sich daher ein breiter Bereich des partiellen Rotationsschaltens an (Abb. 11c). Endet der schaltende Feldimpuls in diesem Bereich, so schalten die zurückgebliebenen Domänen zwar auch noch zu überwiegendem Teil in den neuen Quadranten um. Dies geschieht jedoch durch Wandverschiebung und kann 0,1 bis 1 μs dauern. Bei Speicherbetrieb muß der Bereich des partiellen Rotationsschaltens daher vermieden werden.

4.2.1.3. Mechanismus und Geschwindigkeit des kohärenten Rotationsschaltens

Die ferromagnetische Magnetisierung beruht bekanntlich auf der parallelen Ausrichtung der magnetischen Momente gewisser Atomelektronen. Die Elektronen haben Spin, sie verhalten sich wie ein Kreisel. Bei unbegrenztem isotropem magnetischem Medium geschieht das Eindrehen der Magnetisierung M in die Richtung eines angelegten Magnetfeldes H_A daher auf folgende Weise. Besteht zu Beginn zwischen M und H_A der Winkel φ, so weicht wegen der Kreiselwirkung der Magnetisierungsvektor M stets senkrecht zur Feldrichtung und zur momentanen Magnetisierungsrichtung aus und präzediert um die Feldrichtung bei unverändertem φ. Infolge von Dämpfung wird der Öffnungswinkel des Präzessionskegels allmählich kleiner und M stellt sich schließlich in Feldrichtung ein. Die Winkelgeschwindigkeit ω der Präzession ist bei NiFe

$$\omega = \frac{\gamma}{M}[M \cdot H \cdot \sin \varphi] \text{ mit } \gamma = 2{,}2 \cdot 10^7 \text{s}^{-1} \text{A}^{-1} \text{cm}. \tag{6}$$

Bei einem Schaltfeld von 5 A/cm dauert mithin ein einmaliger Präzessionsumlauf rund 60 ns. Die wesentlich kürzeren an magnetischen Flekken beobachteten Schaltzeiten scheinen daher zunächst unverständlich. Eine überraschende Erklärung bringt die Beachtung der räumlichen Begrenzung des Magnetfleckes. Bei der dünnen magnetischen Schicht wird das Eindrehen nämlich auf folgende Weise modifiziert. H_A und zu Beginn auch M mögen in der Schichtebene (x, y-Ebene) liegen (Abb. 13a). Bei plötzlichem Einschalten von H_A dreht M wegen der Kreiselwirkung zunächst um den kleinen Winkel ψ etwas aus der Schichtebene heraus. Seine Komponente M_Z erzeugt jetzt ein sehr kräftiges entmagnetisierendes Feld $H_E = (M_Z/\mu_0) \sin \psi \approx 10^4 \cdot \sin \psi$ [A/cm] senkrecht zur Schicht, wobei sich H_E viel stärker (etwa 50mal) als das angelegte Schaltfeld ergibt. Die weitere Bewegung des Magnetisierungsvektors ist dann eine gedämpfte Präzession um H_E, welche M ohne oder mit geringem Überschwingen schon in 1 bis 2 ns in die neue Ruhelage eindrehen kann. Eine genauere quantitative Behandlung des hier nur angedeuteten

4. Matrixspeicher 319

Mechanismus findet man in [20], das Resultat für einen typischen Fall in Abb. 13b. Theorie und Experiment sind in recht guter Übereinstimmung, wenn man die Dämpfung α geeignet wählt und das Feld H_A genügend plötzlich anlegt.

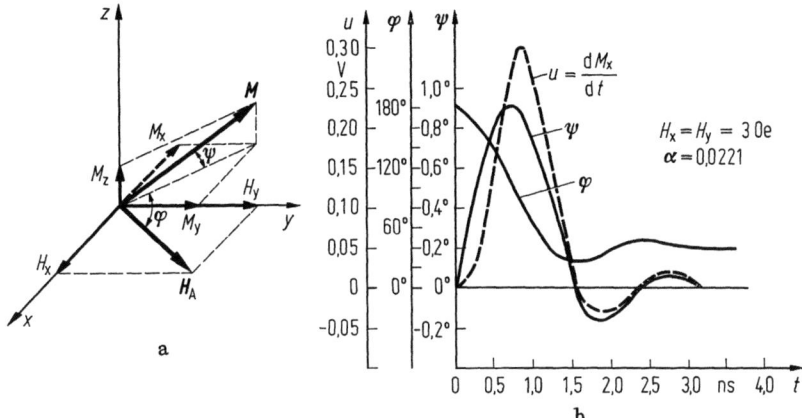

Abb. 13a u. b. Mechanismus des kohärenten Rotationsschaltens in ebener Magnetschicht unter Beachtung der Präzessionsbewegung.
a) Nach plötzlichem Einschalten von H_A ist M kurz nach Beginn der Bewegung um den Winkel ψ aus der Schichtebene heraus präzediert;
b) Richtungswinkel von M und induziertes Signal u als Funktion der Zeit (berechnet mit den im Bild angegebenen Parametern).

4.2.2. 2D-Speicher mit zerstörendem Lesen

Im Gegensatz zum Ferritkern gestattet die dünne magnetische Schicht noch nicht den Bau von 3D- oder $2^1/_2$D-Matrixspeichern. Bei diesen muß nämlich verlangt werden, daß der Feldvektor des umschaltenden Schreibfeldes an den Kreuzungspunkten der Matrixleitungen sich zusammensetzen läßt aus 2 Teilfeldern, deren Vektoren beide im kriechfreien ungestrichelten Bereich der Abb. 11c verbleiben, während ihre vektorielle Summe sicher in den Bereich des vollständigen Rotationsschaltens reicht. Diese Forderung ist für einen einzelnen Matrixfleck nur knapp, für alle Flecken einer größeren Matrix bisher jedoch nicht erfüllbar.

Beim 2D-Speicher [15] werden alle Speicherflecken des angesprochenen Wortes durch einen kräftigen Wortstrom aufgerufen, dessen genau in die schwere Richtung weisendes Feld H_W die Magnetisierung M voll in die schwere Richtung eindreht und damit die zuvor gespeicherte Information zerstört (Abb. 14b, c). Zum Einschreiben von 1 bzw. 0 erzeugt man mittels der orthogonal zur Wortleitung geführten Zifferleitungen ein kleines Zusatzfeld $\pm H_Z$, so daß die Magnetisierung am Ende des Wortfeldes in die gewünschte Richtung eindreht. H_Z braucht und darf den kriechfreien Bereich nicht überschreiten. Der Ziffernimpuls muß die Rückflanke des Wortimpulses zeitlich überdecken (Abb. 14d). Zum Auslesen nützt man die Tatsache, daß sich M während

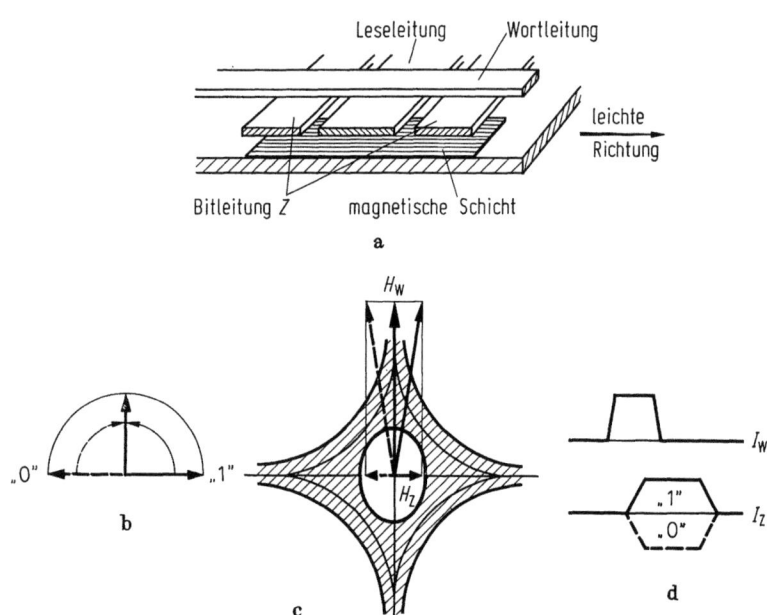

Abb. 14a—d. Prinzip und Aufbau des 2D-Speichers mit planaren Magnetschichten.
a) Einzelner auf leitender Grundplatte aufgebrachter Speicherfleck. Darüber die geschlitzte Ziffernleitung. Darüber die Wortleitung;
b) Lagen des Magnetisierungsvektors im Schichtfleck. „0" bzw. „L" als Ruhelage, senkrecht dazu während des Lesens;
c) Wortfeld H_w und Bitfeld $\pm H_z$;
d) Aufrufimpulse eines Speicherzyklus.

der Anstiegsflanke des Wortfeldes je nach zuvor gespeicherter Information um $+90°$ bzw. $-90°$ dreht. Das dabei in den Ziffernleitungen induzierte Signal ist proportional zu dM_x/dt, sein Vorzeichen also ein Maß für die gelesene Information. Typische Werte sind: Wortstrom 0,5 A, Ziffernstrom $\pm 0,1$ A, die Amplitude des Lesesignales ist etwa ± 1 mV.

Um am Ort des Schichtfleckes möglichst homogene Felder zu erzeugen, werden Wort- und Ziffernleitung als flache Bandleitungen ausgeführt (Abb. 14a). Ihre Breite (etwa 1 mm) überdeckt den Schichtfleck. Die der Schicht nähere Ziffernleitung ist überdies geschlitzt, um die Feldverzerrung durch in ihr induzierte Wirbelströme herabzusetzen. Die mittlere Bahn des Ziffernleiters wird häufig von den übrigen Bahnen abgetrennt und als isolierte Leseleitung benützt. Trotzdem werden in ihr während der Schreibphase von den Ziffernströmen erhebliche Störimpulse erzeugt. Das Warten auf ihr Abklingen kann die Zykluszeit merklich verlängern.

Als Unterlage für die Schichtflecken verwendete man ursprünglich etwa $1/2$ mm dicke Glasplatten. In diesem Fall muß man jede Aufrufleitung unter der Schicht zurückführen. Bei der so gebildeten Doppelleitung ist deren Breite (etwa 1 mm) nicht viel größer als ihr Abstand, das erzeugte Feld daher inhomogen. Meist benützt man daher als Unterlage eine glatte Silberplatte, die durch Aufdampfen von SiO zusätzlich geglättet ist. Die aufrufenden Stromimpulse durch die eng über die Grundplatte geführten Bandleiter induzieren in dieser Spiegelströme, die während vieler Mikrosekunden antisymmetrisch zu den Aufrufimpulsen fließen.

Die Silberplatte bringt zwei zusätzliche Schwierigkeiten. Bei einer langen Folge von unipolaren Aufrufimpulsen wird deren mittlere Gleichstromkomponente mit der Zeit nicht mehr gespiegelt (current spreading) [21]. Weiterhin induziert das in die Grundplatte eingedrungene Streufeld der Magnetflecke bei der Drehung von M Wirbelströme, welche die Drehung verlangsamen. Beide Störeffekte kann man unschädlich machen, indem man eine dicke weichmagnetische Ferritplatte (keeper) [22] dicht über die Bandleitungen legt. Über sie schließt sich ein Großteil des Streuflusses der Flecke wie der Leitungen auf kurzem Weg.

Beim Lesen ist das Herausheben des Nutzsignales aus den Störsignalen im Vergleich zum Ferritkernspeicher erschwert, da wegen der schnellen Schaltgeschwindigkeit des Magnetfleckes Nutzsignal und von der Wortleitung zur Zeit der Anstiegsflanke kapazitiv übertragenes Störsignal gleichzeitig erscheinen. Die Verwendung eines Austastimpulses (strobe) zur Zeit des Maximums des Nutzsignales ist hier daher weniger erfolgreich. Man kann sich jedoch durch ausgefeilte Kompensationsmethoden, insbesondere mittels einer jeweils zweiten an den Flecken vorbeigeführten Ziffernleitung, hinreichend helfen [23, 24].

Die hohe potentielle Schaltgeschwindigkeit von 1 bis 2 ns läßt sich bei Speichern interessanter Kapazität ($>10^3$ Worte) leider nicht ausnützen. Selbst bei reflektionsarmem Abschluß der Leseleitung muß man nämlich mindestens das 4fache der Signallaufzeit abwarten, bis das während der Schreibphase von den Ziffernströmen induzierte Störsignal hinreichend abgeklungen ist. Bei typischem Fleckenabstand von 1 mm, einer Laufgeschwindigkeit von $1/3$ Lichtgeschwindigkeit und einer Kapazität von 10^3 Worten ergibt sich bereits eine Wartezeit von 40 ns. Da eine zusätzliche Unterteilung der Leseleitungen kostspielig ist, bemüht man sich vor allem um Verkleinerung der Flecken und Erhöhung der Packungsdichte. Dem setzt allerdings das Streufeld des Speicherelementes, also seine offene Struktur, bald eine Grenze, da eine Verkleinerung der Seitenabmessungen des Fleckes auch eine entsprechende Verkleinerung der Fleckdicke erzwingt [Gl. (5)] und somit das ohnehin schon kleine Nutzsignal quadratisch zur linearen Abmessung abnimmt.

Bereits 1964 konnte man mit Grundplatten aus Glas einen Dünnschichtspeicher für 512 Worte bei 0,3 µs Zykluszeit bauen [25]. Ein 1968 von Siemens vorgestellter Speichermodul für 128 Worte à 52 bit erreicht Zykluszeiten von 0,1 µs. Das größte (1968) in Betrieb genommene Dünnfilmspeichersystem (10^7 bit, 120 ns Zykluszeit) wurde von der NASA für Zwecke der Weltraumforschung eingesetzt (IBM 360/95) und arbeitet einwandfrei. Ein ausführlicher Bericht über die Vorentwicklung findet sich in [26].

4.2.3. 2D-Speicher mit nicht zerstörendem Lesen

In einer Datenverarbeitungsanlage wird im statistischen Mittel häufiger aus dem Speicher gelesen als in ihn eingeschrieben. Beim zerstörenden Lesen aus dem Dünnschichtspeicher wird jedoch weit über die Hälfte der Zykluszeit benötigt für das Warten auf das Abklingen der Störungen nach dem Wiedereinschreiben. Man hat daher erhebliches Interesse an der Möglichkeit des *nicht zerstörenden Lesens*. Von den vielen Vorschlägen [27, 28, 29], die wohl alle nur zu Versuchsmustern geführt haben, sei der in [29] angegebene skizziert:

Als Speicherelement verwendet man ein Schichtpaar aus 2 gleichen übereinanderliegenden NiFe-Schichten (Leseschicht und Speicherschicht in Abb. 15). Zwischen ihnen läuft die ungeschlitzte bandförmige Ziffernleitung senkrecht zur Bildebene. Im Ruhezustand liegen die Magnetisierungen beider Schichten antiparallel jeweils in leichter Richtung, so daß sich der magnetische Fluß durch die dünne Ziffernleitung in bzw. entgegen dem Uhrzeigersinn (0 bzw. 1) fast ohne Streufelder schließt. In diesen Zustand kann man die Magnetisierungen beim Einschreiben auf die übliche Weise bringen durch das Feld der Wortleitung in Koinzidenz mit dem Feld der Ziffernleitung. Zum nicht zerstörenden Auslesen dreht man durch einen kurzen Wortimpuls die Magnetisierungen beider Schichten zur Richtung der positiven schweren Achse hin. In der oberen Schicht, der Leseschicht, dreht die Magnetisierung schnell und ungehindert in die schwere Richtung ein, in der Speicherschicht hingegen, welche zwischen der metallischen Unterlage und der ungeschlitzten Ziffernleitung eingebettet ist, ist die Drehung durch Wirbelströme stark verlangsamt. Das in der Leseleitung SL induzierte Lesesignal stammt daher im wesentlichen nur von der Leseschicht. Läßt man nun den aufrufenden Wortimpuls rechtzeitig enden, so drehen die Streufelder von Lesefilm und Speicherfilm die beiden Magnetisierungsvektoren gegenseitig wieder in die Ausgangslage zurück. Der nach diesem Prinzip

4. Matrixspeicher

gebaute Versuchsspeicher hat eine Kapazität von 140 000 bit. Nichtzerstörendes Lesen ließ sich alle 20 ns aus gleichen oder auch unterschiedlichen Wortzellen wiederholen. Die Zugriffszeit betrug 30 ns, während zwischen Beginn einer Schreiboperation und dem nächsten Lesen mindestens 65 ns verstreichen müssen.

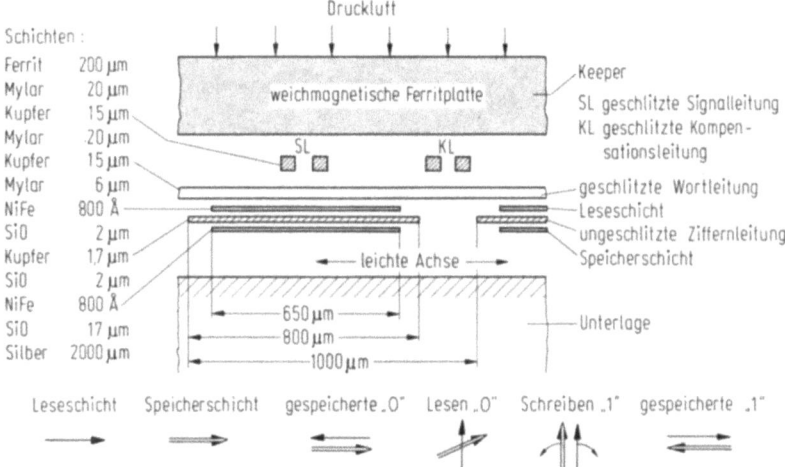

Abb. 15. Querschnitt durch ein Speicherelement mit 2 gekoppelten Schichten für zerstörungsfreies Lesen. Typische geometrische Dimensionen. Rechts sind die Magnetisierungsrichtungen in Lese- und Speicherschicht für die verschiedenen Operationsmoden angegeben [29].

4.3. Magnetdrahtspeicher[1]

Bei magnetischen Drahtspeichern erfolgt die Speicherung der Bits auf Teilstücken eines langen dünnen mit einer magnetisierbaren Deckschicht versehenen Drahtes wiederum durch die Richtung des remanenten Magnetflusses. Die Deckschicht hat auch hier uniaxiale Anisotropie. Die leichte Richtung liegt beim jetzt üblichen Magnetdrahtspeicher in Richtung des Drahtumfanges. 1 und 0 werden dadurch repräsentiert, daß der in Umfangsrichtung liegende Magnetisierungsvektor den Draht in bzw. entgegen dem Uhrzeigersinn umläuft. Als Magnetdraht verwendet man meist einen 0,13 mm dicken Draht aus BeCu, auf den eine etwa 10000 Å dicke Schicht aus NiFe elektrolytisch aufgebracht ist. Während des Aufwachsens der Schicht leitet man einen Strom durch den Draht. Dessen in Umfangsrichtung gerichtetes Magnetfeld erzeugt bleibend die gewünschte Anisotropie.

---

[1] Der „Twistor", siehe z.B. [34], soll hier nicht behandelt werden, obwohl Twistorspeicher in größerem Umfang Verwendung gefunden haben. Beim Twistor ist die leichte Richtung um etwa 45° gegen die Umfangsrichtung verdreht.

Zur Verwendung im 2D-Matrixspeicher (Abb. 16) werden parallel laufende Magnetdrähte von einem System orthogonal geführter Wortleitungen umschlossen [30, 31]. Die Magnetdrähte dienen gleichzeitig als Ziffernleiter und Leseleitung. Aus Kompensationsgründen verwendet man meist 2 Kreuzungsstellen zur Speicherung eines Bit.

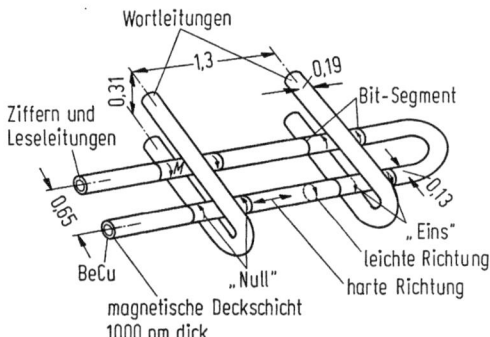

Abb. 16. Magnetdrahtspeicherelement mit 2 Kreuzungsstellen pro bit. Die gezeichnete Anordnung speichert 2 bit.

Zum Einschreiben eines Wortes dreht das Feld des ausgewählten Wortleiters die Magnetisierungsvektoren M in die Richtung der Drahtachse. Positive oder negative durch die Magnetdrähte geleitete Ziffernströme lenken durch ihr in Umfangsrichtung weisendes Feld die Magnetisierungen zusätzlich hinreichend in oder entgegen dem Uhrzeigersinn ab, so daß die Magnetisierungen am Ende des Wortimpulses in die gewünschte 0- bzw. 1-Lage eindrehen.

Zum Auslesen wird nur das Wortfeld angelegt. Die hervorgerufenen Magnetisierungsdrehungen mindern den magnetischen Fluß durch die Leseschleife, die vom haarnadelförmig verbundenen Magnetdrahtpaar gebildet wird. Die Polarität des zwischen den beiden Magnetdrahtenden induzierten Spannungsimpulses charakterisiert die gelesene Information.

Der Magnetdrahtspeicher hat gegenüber dem ebenen Dünnschichtspeicher drei gewichtige Vorteile: Der Magnetdraht kann bei der Herstellung unmittelbar überprüft werden, ob die bedeckende Magnetschicht den Sollvorschriften genügt. Abb. 17 gibt einen Überblick über den

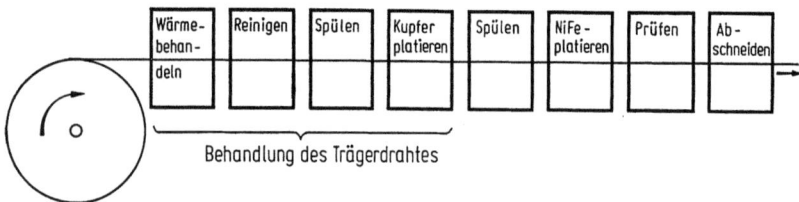

Abb. 17. Arbeitsgänge zur Herstellung des Magnetdrahtes.

4. Matrixspeicher

kontinuierlichen Herstellungs- und Prüfgang. Fehlstellen werden markiert und gute Stücke hinreichender Länge zum Einbau in die Speichermatrix herausgeschnitten. Hersteller berichten, daß die Ausbeute an guten Drahtstücken von 30 cm Länge bei mehr als 50% liegt. Weiterhin lassen sich hier größere Lesesignale erreichen. Dies liegt daran, daß der Magnetfluß des Speicherelementes zumindest in der Ruhelage in sich geschlossen ist. Das Fehlen entsprechender entmagnetisierender Felder gestattet daher wesentlich größere Schichtdicken als beim ebenen Speicherelement. Schließlich ist nicht zerstörendes Lesen möglich. Man macht dazu die Wortfelder nur so groß, daß die Magnetisierungen zum Lesen nur um weniger als 45° aus der leichten Achse herausdrehen und dann wieder in die alte Lage zurückdrehen. Beim ebenen Speicher ist diese Art des nicht zerstörenden Lesens dagegen nicht praktikabel, da dort die Lesesignale wegen der geringen Schichtdicke zu klein werden.

Dem stehen zwei weniger gewichtige Nachteile entgegen: Der Abstand der Speicherelemente längs des Drahtes — und damit der Abstand der Wortleitungen — beträgt mindestens 1 bis 2 mm. Dies verlängert die Ziffernleitungen und damit die Zykluszeit im Vergleich zum ebenen Schichtspeicher. Der verhältnismäßig große Abstand wird erzwungen, da während des Schaltens die in Drahtrichtung weisende Komponente des Flusses nicht im Magnetmaterial geschlossen ist und ihr Streufeld wegen der größeren Schichtdicke stärker ist als bei der ebenen Schicht. Weiterhin neigt die auf elektrolytischem Weg hergestellte magnetische Drahtbedeckung mehr zum partiellen und damit langsameren Schalten als die ebene aufgedampfte Schicht. Beim Drahtspeicher wird die erreichbare Zykluszeit daher noch durch die Umschaltzeit der Magnetschicht bestimmt.

Der Stand der Entwicklung ist etwa folgender: 2D Speicher mit zerstörendem Lesen, 0,28 µs Zugriffszeit und 100 000 bit Kapazität werden zu einem Preis von 1 DM/bit angeboten. In kleineren Versuchsspeichern (10^4 bit) erreichte man bei nichtzerstörendem Lesen — und übrigens auch beim Nurschreiben — einen Folgeabstand von 80 ns [32]. Volle Zykluszeiten von 150 ns wurden ebenfalls erreicht.

Anscheinend ist es gelungen, die Herstellungsverfahren für den Magnetdraht so zu verbessern, daß man bei hinreichender Ausbeute die Koinzidenzbedingungen für den $2^1/_2$D-Speicher erfüllen kann. Damit würde der für viele Zwecke dringend benötigte Massenspeicher mit wahlfreiem Zugriff zu tragbaren Kosten herstellbar. Ein 1969 im Teilausbau fertiggestellter Speicher [33] für 16 Millionen bit arbeitet nach dem $2^1/_2$D-Prinzip (vgl. Abb. 10). Die Speichermatrix besteht aus 2048 Wortleitungen und 8192 Ziffernleitungen. Letztere sind in Gruppen zu 32 bit zu Worten zusammengefaßt. Lesen geschieht nichtzerstörend. Die Wortströme haben beim Lesen und Schreiben gleiche Amplitude! Die Speichermatrix hat eine Größe von 6×6 Meter, wird aber natürlich zu handlicheren Abmessungen zusammengefaltet. Die Lesezykluszeit wurde mit 0,65 μs, die Schreibzykluszeit mit 1,1 μs, der voraussichtliche Preis mit 4 Pfennig/bit angegeben.

4.4. Halbleiterspeicher

Die Technik der integrierten Schaltkreise hat in den letzten Jahren so rasche Fortschritte gemacht, daß bereits seit Beginn der 70er Jahre beim Arbeitsspeicher von DV-Anlagen Halbleiterspeicher den Magnetkernspeicher zu verdrängen beginnen. Im Gegensatz zum Ferritkernspeicher sind beim Halbleiterspeicher in den kommenden Jahren noch ganz erhebliche Verbesserungen hinsichtlich Geschwindigkeit, Kapazität und Kosten zu erwarten. Bei der Anwendung und Entwicklung magnetischer Speichertechniken muß man daher die Konkurrenz des Halbleiterspeichers im Auge behalten. Aus diesem Grund sollen hier Stand und Aussicht der Halbleiterspeicher ganz kurz referiert, im übrigen aber auf ausführlichere zusammenfassende Literatur [1, 66, 67] verwiesen werden.

Alle größeren *Halbleiterspeicher* fußen auf der Tatsache, daß man in der Oberfläche eines Siliziumkristalls von 10 bis 20 mm² Ausdehnung in wenigen kollektiven Fertigungsschritten mehrere 1000 Schaltglieder einbringen kann, die sich zum Speichern oder zur Auswahl verwenden lassen. Die Ausdehnung des Kristalls ist durch die Anzahl der Fehlstellen — z.Z. etwa 10 Fehlstellen/cm² — praktisch begrenzt, da man ohne unbequeme Verwendung fehlerkorrigierender Codes kein fehlerhaftes Schaltglied tolerieren kann. Man bemüht sich daher um Verkleinerung der Schaltglieder. Dem setzt jedoch abgesehen von technologischen Schwierigkeiten die Abführung der durch Verlustleistung entstehenden Wärme eine Grenze. Im Gegensatz zum Magnetspeicher ist beim Halbleiterspeicher wegen unvermeidlicher Isolationsverluste bereits zur Bewahrung des Speicherinhaltes eine gewisse Energiezufuhr nötig. Hinzu kommt die Verlustleistung zum Umladen der Schaltkapazitäten. Diese steigt mit der Schaltgeschwindigkeit. Bei Luftkühlung toleriert man mittlere Verlustleistungen von 0,5 bis 1 Watt pro Einheit, bei Übergang zur direkten Siedekühlung würde man jedoch mit Leistungsdichten bis über 20 Watt/cm² zurecht kommen.

Bei den Matrixspeichern wird das einzelne Speicherelement meistens als Flipflop realisiert. Die auf einem Siliziumkristall integrierte Speichereinheit enthält bei quadratischer Matrix neben den N^2 Flipflops zur Einsparung von Zuleitungen eine Dekodiereinrichtung, um ein einzelnes Speicherelement zum Lesen oder Schreiben auszuwählen. Die Zusammenfassung zu Speicherblöcken ist wie beim Magnetkernspeicher in 3D- bzw. $2^1/_2$D-Speicherorganisation möglich. Das Lesen erfolgt nicht zerstörend.

4. Matrixspeicher

Halbleiterspeicher werden nach der Technologie der in ihnen eingebrachten Schaltelemente als *bipolare Speicher* oder als *MOS-Speicher* klassifiziert. Bipolare Schaltelemente sind schneller, brauchen aber mehr Platz, mehr Leistung und größeren Herstellungsaufwand. Sie sind daher teurer.

Bei bipolaren Speichern lassen sich z.Z. bis zu $32^2 = 1024$ bit auf einem Siliziumplättchen integrieren. Siehe Tab. 2. Die Zugriffs- bzw. Zykluszeit ist um eine Größenordnung kürzer als beim Magnetkernspeicher. Der Preis liegt bei 10 DPfg/Bit.

Bei den in der Tabelle beispielhaft angeführten MOS-Speichern findet man neben der höheren Speicherkapazität und längeren Zugriffszeit eine drastisch verringerte Verlustleistung für alle nicht ausgewählten Speicherelemente. Dies wird ermöglicht, weil der MOS-Transistor im gesperrten Zustand außerordentlich hochohmig ist. Eine über ihn im leitenden Zustand aufgeladene Schaltkapazität von wenigen Picofarad behält ihre Ladung in hinreichendem Maße für mehrere Millisekunden. Als Maß für den im Speicherelement gespeicherten Binärwert dient hier das Vorhandensein oder Fehlen einer Ladung in der Schaltkapazität. Zum Schutz gegen Informationsverlust frischt man die Ladungen durch hinreichend häufiges Abfragen ganzer Zeilen etwa alle Millisekunde wieder rechtzeitig auf. Diese sogenannten dynamischen MOS-Speicher sind auch hinsichtlich des Preises (etwa 10 DPfg/Bit) sehr interessant.

An den rechts in der Tabelle angegebenen C-MOS-Speichern — C steht für komplementär — ersieht man, in welchem Maß sich durch neue Technologien die Verlustleistung ohne Geschwindigkeitseinbuße noch weiter vermindern läßt.

Für Anwendungsfälle, bei denen man bei hoher Transferrate mit Zugriffszeiten im Millisekundenbereich auskommt, wurden Halbleiterspeicher mit seriellem Zugriff in Form ringförmig geschlossener *Schieberegisterspeicher* (Abb. 18) entwickelt. Im Modus Schreiben wird das am Eingang anliegende Informationsbit in die erste Stufe übernommen und im folgenden Takt die gesamte in den Stufen gespeicherte Information um eine Stufe nach rechts verschoben, wobei im Modus Lesen die n-te Stufe auf die erste Stufe zurückgekoppelt ist. Die Zugriffszeit beträgt

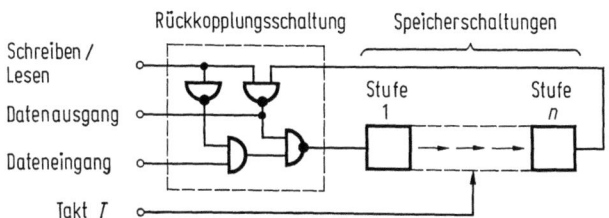

Abb. 18. Prinzip eines Schieberegisterspeichers.

Tabelle 2. Wichtigste Charakteristika von Halbleiterspeichern

Beispiel	Schottky bipolar Intel 3101A Fairchild 93415	nMOS Intel 2107A	cMOS Intersil IM6508	Schieberegister statisch Intersil IM7733	Schieberegister dynamisch Signetics 2504
Kapazität/Einheit [Bit]	64 1024	4096	1024	1024	1024
Verlustleistung/Bit ausgewählt [µw]	8000 500	70	10	120*	40*
Verlustleistung/Bit nicht ausgewählt [µw]	8000 500	3	0,005	—	—
Zugriffszeit [ns]	35 60	420	300	f=3MHz	f=10MHz
Zykluszeit [ns]	35 85	1000	—	—	—
Preis/Bit [DPfg.]	25 8	1	9	3	3

* Bei 1 MHz Taktfrequenz.

5. Magnetomechanische Speicher   329

damit maximal n Taktzeiten. Da keine Adressendekodierung notwendig ist, kann fast die gesamte Kristallfläche für Speicherschaltungen genützt werden. Bei sogenannten statischen Schieberegistern kann man die Taktfrequenz f bis auf Null reduzieren, also die Verschiebung anhalten. Dann verwendet man als Speicherglieder Flipflops. Bei dynamischen Schieberegistern ist die Taktfrequenz auch nach unten begrenzt, da die Information in den einzelnen Stufen zwischenzeitlich als elektrische Ladung gespeichert wird. Sie wird bei jeder Verschiebung aufgefrischt. Dies kann in jeder Stufe geschehen oder aber, wie bei den charge coupled devices in wenigen speziellen Stufen. Dynamische Schieberegister haben pro Stufe kleineren Flächenbedarf und kleinere Verlustleistung als Speicher mit wahlfreiem Zugriff. Sie sind daher im Prinzip billiger. Damit werden sie konkurrenzfähig zu Trommelspeichern kleiner Kapazität. Andererseits erwächst ihnen Konkurrenz vom Magnetblasenspeicher (siehe Abschnitt 6).

5. Magnetomechanische Speicher

Magnetspeicher mit bewegten Medien werden in der Datenverarbeitungstechnik zur Bewältigung großer Datenmengen benötigt. In der nachfolgenden Übersicht sollen die wichtigsten Speichertypen beschrieben und die Entwicklungstendenzen angedeutet werden.

5.1. Digitale Aufzeichnungstechnik am Beispiel des Magnettrommelspeichers

5.1.1. Prinzip des Magnettrommelspeichers

Es sei mit der Beschreibung des Magnettrommelspeichers begonnen, da hier die für Aufzeichnung und Ablesung entwickelten Prinzipien auch bei den anderen magnetomechanischen Speichern Verwendung finden, bei letzteren jedoch zusätzlich Schwierigkeiten zu überwinden sind. Die Magnettrommel wird zwar kaum noch als Arbeitsspeicher verwendet, findet jedoch jetzt wieder zunehmendes Interesse bei Rechenanlagen, die von mehreren Benützern simultan verwendet werden, da sie von allen magnetomotorischen Hintergrundspeichern die kürzesten Zugriffszeiten (4 bis 93 ms) und höchsten Datenfluß (bis zu 2 Millionen bytes/s) ermöglicht. Speicherkapazitäten reichen von 100000 bis zu über 100 Millionen bytes.

Die Speicherung erfolgt hier auf der Oberfläche einer mit einer magnetisierbaren Schicht bedeckten um ihre Längsachse rotierenden Trommel. Abb. 19 gibt eine schematische Darstellung des Trommelspeichers. Kleine Elektromagnete, die vorne einen engen Luftspalt haben, sind in dichtem Abstand von der Trommeloberfläche angebracht.

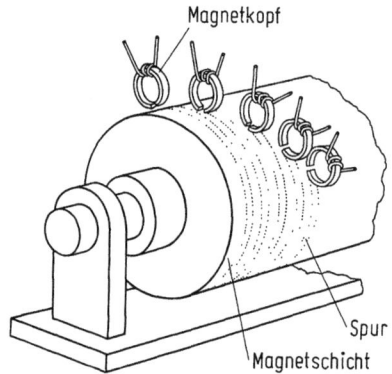

Abb. 19. Magnettrommelspeicher, schematisch.

Jeder der Elektromagnete kann sowohl zum Einschreiben eines Bitmusters in die zugehörige rund um den Trommelumfang laufende *Spur* verwendet werden, als auch zum Auslesen der dort gespeicherten Information. Zum Einschreiben wird das aus dem Luftspalt austretende Streufeld so stark gemacht, daß es das gerade unter dem Spalt vorbei rotierende Stück der Trommeloberfläche praktisch bis zur Sättigung in oder entgegen der Umfangsrichtung magnetisiert. Diesen beiden Magnetisierungsrichtungen ordnet man die binäre Information 1 bzw. 0 zu. Zum Auslesen benützt man die Spannungsimpulse, welche in der Wicklung des Elektromagneten vom Streufluß der Schicht induziert werden, wenn ein Magnetisierungswechsel in der Spur unter dem Spalt vorbeirotiert. Da der Lesekopf in seinem linearen Bereich arbeitet, hat die Spannung des Leseimpulses etwa die Gestalt

$$u = K \cdot n \cdot v \cdot d\Phi/dx. \tag{7}$$

Dabei ist n = Windungszahl des Kopfes, v = Umfangsgeschwindigkeit der Trommel, Φ = magnetischer Fluß der Schicht, x = Koordinate in Spurrichtung und K ein Proportionalitätsfaktor, welcher den Anteil des Flusses angibt, der sich durch den Kern des Magneten schließt. Genaueres zur Berechnung der Lesespannung findet man in [35, 36]. Als grober Richtwert kann gesagt werden, daß bei üblichen Umfangsgeschwindigkeiten von etwa 50 m/s der Scheitelwert der im Kopf induzierten Lesespannung bei etwa 0,2 mV pro Windung liegt. Längs einer Spur lassen sich mehrere 10 000 bit speichern. Die einem Wort zugehörigen Bits können auf eine oder mehrere Spuren verteilt werden. Bei der reinen Seriendarstellung werden alle Bits des Wortes in Serie von einem einzelnen Magneten in einen entsprechend langen *Sektor* einer einzigen Spur geschrieben. Bei der Serien-parallel-Darstellung wird das Wort z.B. in Bytes aufgeteilt und die 8 Bits jedes Bytes werden gleichzeitig in 8 neben-

5. Magnetomechanische Speicher

einanderliegenden Spuren eingetragen. Die einzelnen Bytes hingegen folgen in Serie. Die Serien-parallel-Darstellung erfordert größeren Aufwand, da eine Vielzahl von Schreib-Leseverstärkern nötig ist, ergibt aber höhere Transferraten. Die reine Paralleldarstellung ganzer Worte ist weniger üblich. Die mit ihr erreichbaren extremen Transferraten überlasten zumindest bei großen Wortlängen die zum Arbeitsspeicher führenden Kanäle und würden zur sinnvollen Ausnützung zu große Pufferkapazitäten des Arbeitsspeichers verlangen.

Um die Speicherstellen innerhalb einer Spur auffinden zu können, hat die Trommel 2 Sonderspuren. In der einen Sonderspur befindet sich ein einzelner magnetischer Markierungsimpuls zur Festlegung der Nullstellung der Trommel. In der zweiten Sonderspur, der Uhrspur, sind in äquidistanten Abständen rund um den Trommelumfang so viele Magnetisierungswechsel gespeichert, wie die Spur Bits aufnehmen kann. Damit wird es einem Zählwerk ermöglicht, von der Nullstellung beginnend abzuzählen, welche Dualstelle in welchem Sektor sich jeweils unter dem Schreib-Lesemagneten befindet. Ein für Speicherzwecke nicht benützter Zwischensektor erlaubt es, zur Aufnahme sehr langer Informationsblöcke Umschaltvorgänge beim Übergang auf eine andere Spur durchzuführen und die Einschwingvorgänge abklingen zu lassen [37]. Eine Vergleicherschaltung, welche Zählerstand und Sektoradresse laufend miteinander vergleicht, kann bei Koinzidenz den Informationstransport einleiten. Uhrspur wie Zählwerk bedienen sämtliche Spuren der Trommel. Da jede Spur vom gleichen Magnet abgelesen wird, der sie auch beschrieben hat, dürfen die Magnete der verschiedenen Spuren bei diesem Adressierungsverfahren willkürlich gegeneinander versetzt sein.

Beim Bau eines Trommelspeichers muß man einen Kompromiß finden zwischen den Anforderungen nach möglichst hoher Speicherkapazität bei niedrigen Kosten und möglichst kleiner Wartezeit. Die Wartezeit beträgt im Mittel eine halbe Trommelumdrehung, da die für die Spurauswahl zusätzlich benötigte Zeit vernachlässigbar ist. Da der Abstand zwischen Magnetkopf und Trommel nur 3 bis 20 µm beträgt, kann man aus mechanischen Gründen und wegen der Wärmeausdehnung die Umfangsgeschwindigkeit der Trommel nicht wesentlich über 100 m/s steigern. Kurze Wartezeiten erzwingen daher schlanke Trommeln, was wiederum die Speicherkapazität pro Spur verringert. Trommeldurchmesser von 20 bis 60 cm, Drehzahlen von 15 bis 120 Umdrehungen/s und Spurdichten von 7 Spuren/cm sind üblich. Da die Schreibmagnete und die Aufrufvorrichtung für die Schreibmagnete den größten Teil der Trommelkosten bilden, geht man bei Trommeln mit festmontierten Köpfen selten über 1000 Spuren hinaus. Die Entwicklungsbemühungen zielen im wesentlichen darauf hin, die Bitdichte längs der Spur, die sogenannte *Aufzeichnungsdichte*, zu steigern. Diesem Ziel dienen geeignete

Magnetschichten, Schreib-Leseverfahren, Kopfgestaltung sowie Maßnahmen zur Verringerung des Kopfabstandes von der Trommel.

5.1.2. Die Magnetschicht

Um große Lesesignale zu erhalten, verlangt man gemäß Gl. (7) großen Magnetfluß Φ, also große Remanenz B_R und Schichtdicke d. Längs der Spur können Schichtstücke entgegengesetzter Magnetisierungsrichtung im Abstand eines Speicherelements — bei manchen Schreibverfahren im Abstand eines halben Speicherelements — aneinandergrenzen. Damit dies möglich ist, muß das entmagnetisierende Feld H_E des Schichtstückes kleiner als die Koerzitivkraft sein. Hohe Packungsdichte erfordert also hohe Koerzitivkraft und gemäß Gl. (5) kleinen Magnetfluß Φ. Schließlich muß das Streufeld der Magnetköpfe zur Sättigung der Schicht ausreichen. Die Koerzitivkraft darf daher auch nicht allzu groß sein. Hier sind also Kompromisse nötig. Das einzelne Speicherelement bedeckt oft nur eine Fläche von $1/1000$ mm². Die Schicht muß daher äußerst homogen und fehlerfrei sein. Schließlich verlangt man gute Haftfähigkeit und Abriebsfestigkeit.

Als Schichtmaterial wird meist feines Pulver aus Magnetit (Fe_3O_4 oder auch Fe_2O_3) benützt mit einer Korngröße von 0,1 µm bis 1 µm. Es wird in einem organischen Binder dispergiert und gleichmäßig auf die Trommeloberfläche in einer Dicke von etwa 10 µm aufgebracht. Die Koerzitivkraft liegt bei 250 A/cm, die Remanenzinduktion etwa bei 1000 Gauß. Damit kommt man vom Schichtmaterial her gesehen bis zu Packungsdichten von 1000 bit/mm. Für noch höhere Packungsdichten werden heute durchwegs Metallschichten verwendet, und zwar elektrochemisch aufgebrachte Nickel—Kobalt-Legierungen. Diese Schichten stellen sehr hohe Anforderungen an die Feinstbearbeitung des Untergrundes. Daher findet man sie ausschließlich bei Trommelspeichern, da die Bearbeitung einer zylindrischen Fläche einfacher ist als z. B. einer ebenen Fläche. Bei Magnetplattenspeichern werden weiterhin meistens Eisenoxide verwendet [38, 39, 65].

5.1.3. Der Magnetkopf

Der Kopf soll vor dem Spalt ein stark gebündeltes Streufeld erzeugen, damit Schichtbereiche, welche die Schaltregion bereits passiert haben, nicht mehr ummagnetisiert werden. Man verwendet daher ziemlich spitze Polschuhe, welche beim Schreiben nicht gesättigt sein dürfen. Kleine Unterschiede in der Form der Polschuhe können einen großen Einfluß auf die Feldverteilung haben. Damit sich beim Lesen ein möglichst großer Anteil des aus der Schicht austretenden Streuflusses durch die Spule des Kopfmagneten schließt, besteht der Kern aus hochpermeablem Material. Wenn man einen metallischen Kern z. B. aus Mu-Metall verwendet, ist er zwecks Vermeidung von Wirbelströmen fein zu lamellieren. Der Kopfspalt zwischen den Polschuhen wird dagegen gern mit einer Kupferfolie ausgefüllt, da bei einem Magnetisierungswechsel in der Folie induzierte Wirbelströme das Feld aus dem Spalt herausdrücken und damit am Ort der Schicht verstärken [40, 41].

Die Anzahl der Kopfwindungen macht man gern so groß — etwa 100 Windungen —, daß man mit bequem schaltbaren Strömen sowohl die benötigten Schreibfelder erzeugt, als auch Lesespannungen erhält, welche möglichst ohne weitere Vorverstärkung über einfache selektierende Gatter dem alle Köpfe bedienenden Hauptleseverstärker zugeleitet werden können. In manchen Konstruktionen mit besonders kleinen Köpfen begnügt man sich mit einer einzigen Windung und baut einen Übertrager zur Erhöhung der Impedanz dicht mit dem Kopf zusammen. Der Übertrager schließt jedoch die Verwendung einiger der günstigsten Schreibleseverfahren aus, da er im Zeitmittel keine Gleichstromkomponente zuläßt. Der Spalt zwischen den Polschuhen ist etwa gleich dem Abstand zwischen Kopf und Schicht sowie gleich der Schichtdicke zu wählen und beträgt bei Trommelspeichern mit festen Köpfen etwa 20 µm. Je kleiner diese Länge ist, desto dichter lassen sich die Impulse packen. Da der im folgenden beschriebene ,,schwebende Magnetkopf" erheblich kleinere Kopf—Schicht-Abstände zuläßt, entstand auch die Forderung nach Köpfen mit erheblich kleineren Spaltbreiten. Durch Verwendung von speziellen hochdichten und porenarmen Ferriten erreicht man heute Spaltbreiten bis herunter zu 1 µm. Ferrite bieten durch ihre geringe Leitfähigkeit den Vorteil geringer Wirbelstromverluste, doch sind sie wegen ihrer mechanischen Härte und Sprödigkeit schwer zu verarbeiten. Eine neue Verarbeitungstechnik, bei der die beiden Schenkel des Magnetsystems durch Glaslot verbunden werden und auch der Abstandshalter zwischen den Polen mit Glaslot befestigt wird, lassen eine Feinstbearbeitung zu, ohne daß die Gefahr eines Ausbrechens oder einer Abrundung der Polschuhkanten besteht.

5.1.4. Schwebender Magnetkopf

Einen entscheidenden Fortschritt für die Verringerung des Kopfabstandes brachte die Idee, die Köpfe nicht starr zu befestigen, sondern auf einem Luftkissen schweben zu lassen. Der an einer Blattfeder gehaltene Kopf ist in der Richtung senkrecht zur Trommel frei beweglich (Abb. 20). Mittels eines kleinen Kolbens wird er durch Druckluft mit einer Kraft von einigen 100 Gramm gegen die Trommeloberfläche gedrückt. Die mit der rotierenden Trommeloberfläche in der Grenzschicht mitgeführte Luft bildet ein Luftkissen, dessen Überdruck den Kopf zurückdrückt. Die Kopfform muß so gestaltet sein, daß sich das Luftkissen in Richtung des Luftstromes keilförmig verengt. Wegen des klei-

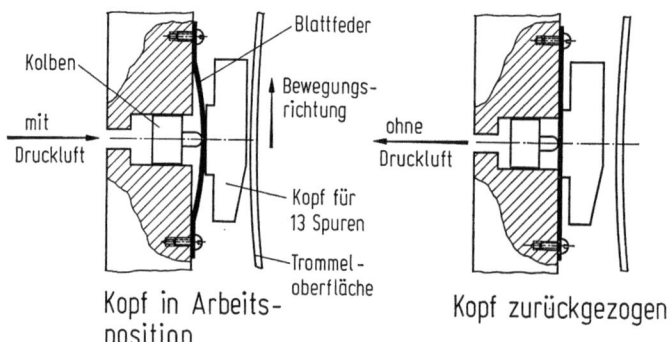

Abb. 20. Prinzip der Luftkissenlagerung für den Magnetkopf. Links: Kopf in Arbeitsposition, rechts: Kopf zurückgezogen während des Anlaufs der Trommel.

nen Abstandes zwischen Kopf und Platte ist die Luftströmung dort laminar. Die Druckverhältnisse im Luftkissen lassen sich in Abhängigkeit von Kopfform, Keilwinkel und Luftgeschwindigkeit nach der Navier-Stokes-Gleichung berechnen. Einen guten Überblick über die Rechenmethoden und Ergebnisse findet man in [42]. Durch geeignete Kopfform läßt sich erreichen, daß sich ein Kopfabstand von wenigen μm einstellt und Schwingungen des Kopfes stark gedämpft sind. Unvermeidlichen Unrundheiten des Trommelumlaufes folgt der Kopf auf diese Weise selbständig. Damit dies mit hinreichender Geschwindigkeit geschieht, ist ein Luftkissen von etwa 1 cm^2 nötig und die Masse des Kopfes muß klein sein. Die rücktreibende Kraft des Luftkissens nimmt mit fallender Umfangsgeschwindigkeit ab. Daher darf man beim Anlauf der Trommel die Köpfe erst dann durch die Druckluft gegen die Trommel drücken, wenn die Trommel ihre Sollgeschwindigkeit erreicht hat. Eine andere Lösung zur Überwindung der Anlaufschwierigkeiten wird bei der Auto-Lift-Trommel verwendet (Abb. 21) [37]. Die Trommel besitzt eine konische Mantelfläche und wird erst bei Erreichen von 75% ihrer Sollgeschwindigkeit durch eine mit einem Fliehkraftregler gekoppelte Kniegelenkanordnung in die Arbeitsstellung angehoben. Erst dadurch nähert sich die Schicht so weit den Köpfen, daß die Luftkissen wirksam werden. Bei Trommeln mit Metall-Magnetschichten und Ferritköpfen kann man auf solche Vorsichtsmaßnahmen verzichten. Ein vorübergehendes Schleifen des Kopfes auf der Schicht bleibt, da Schicht und Kopf nahezu gleich hart und sehr glatt sind, ohne Folgen.

Mit schwebenden Köpfen lassen sich Kopfabstände von etwa 5 μm so stabil einhalten, daß kein Anstoßen an die Schicht zu befürchten ist und auch die Gestalt der Lesesignale bei geeigneten Schreib-Leseverfahren nicht in störendem Ausmaß durch Abstandsschwankungen verändert wird.

5. Magnetomechanische Speicher

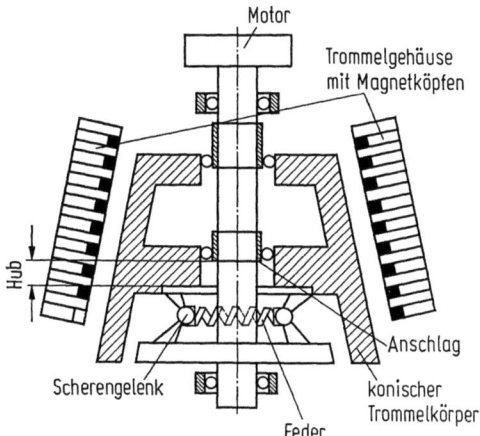

Abb. 21. Funktionsprinzip des Auto-Lift-Trommelspeichers. Die Trommel ist im abgesenkten Zustand gezeichnet und hebt sich beim Anlauf um den Hub bis zum Anschlag. Jeder Magnetkopf ist einzeln gelagert.

5.1.5. Schreib- und Leseverfahren

Beim Trommelspeicher ist für jedes Speicherelement durch die Uhrspur eine eindeutige Zuordnung zwischen dem Ort auf der Trommel und der Zeit des Schreib- bzw. Leseimpulses gegeben. Diese Voraussetzung ist für andere magnetomechanische Speicher nicht im gleichen Maße gegeben. Wegen der größeren Verwendungsfähigkeit seien von den wichtigsten Schreib/Leseverfahren hier nur diejenigen beschrieben, welche auch beim Fehlen der Uhrspur bedeutsam sind.

In Abb. 22 sind die 4 wichtigsten Schreib/Leseverfahren wiedergegeben. Als Beispiel ist die Bitfolge 0100011 gewählt. Dargestellt sind jeweils der Schreibstrom (Index S) und die im Lesekopf induzierte Spannung (Index L). Dabei sei angenommen, daß der Schreibstrom sehr kurze Anstiegs- und Abfallflanken habe. Die Dauer des Schreibstromes für ein einzelnes Bit ist eine Taktzeit. Sie reicht bis zum Beginn des folgenden Bits. Der Schreibstrom kehrt niemals während des Einschreibens einer Bitfolge in den Lücken auf 0 zurück. Derartige Schreibverfahren heißen daher NRZ (Non Return to Zero) Verfahren. Ältere Verfahren, bei denen der Schreibstrom in den Bitlücken nach Null zurückkehrte, haben den Nachteil, daß in den Bitlücken alte Information erhalten bleiben kann, wenn die neue Information nicht sehr exakt über die alte Information geschrieben wird. Weiterhin sei angenommen, daß der Frequenzgang des Lesekopfes so breitbandig sei, daß das Lesesignal dem Differentialquotienten des gespeicherten Magnetflusses entspricht. Der Fluß hat wegen der Breite des Streufeldes am Spalt und wegen der Selbstentmagnetisierung jedoch keine scharfen Übergänge. Die in Abb. 22 jeweils eingezeichneten Leseimpulse haben daher eine gewisse Breite.

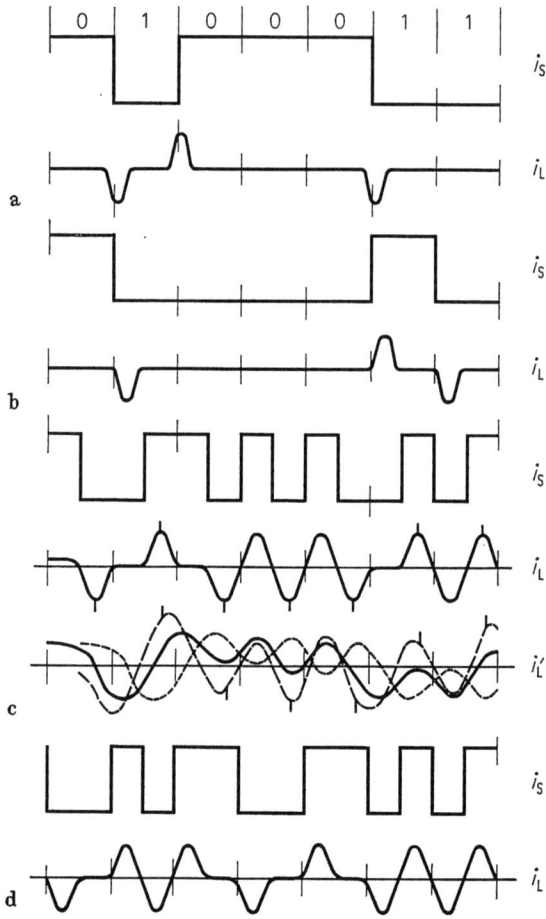

Abb. 22a—d. Digitale Schreibverfahren und die zugehörigen Lesesignale.
a) Richtungsschrift NRZ; b) Wechselschrift NRZI; c) Richtungstaktschrift (Phase modulation); d) Wechseltaktschrift.

Bei der Richtungsschrift (Abb. 22a) werden Einsen durch negative, Nullen durch positive Schreibströme eingeschrieben. Lesesignale erhält man nur beim Wechsel in der Bitfolge. Die Polarität läßt die Art des Wechsels, also 1 auf 0 bzw. 0 auf 1 erkennen. Durch von der Uhrspur abgeleitete Abtastimpulse kann man das Lesesignal zu günstiger Phase im Ziffernabstand abtasten und die Länge der gleichbleibenden Ziffernfolge zwischen den Wechseln erkennen. Um am Anfang eines Sektors

5. Magnetomechanische Speicher

die vor dem ersten Wechsel eingeschriebenen Ziffern erkennen zu können, läßt man auf jeder Spur zwischen den Sektoren gewisse Lücken, welche stets in Nullrichtung magnetisiert werden, also keine Information tragen. Damit sind am Beginn des Sektors bis zum ersten 0 auf 1 Wechsel alle Ziffern eindeutig als Null erkennbar. Ein erheblicher Nachteil der Richtungstaktschrift besteht darin, daß ein ausgefallenes Ziffersignal zur Fehlinterpretation mehrerer nachfolgender Ziffern führen kann.

Bei der Wechselschrift, auch NRZI-Schrift genannt (Abb. 22b), entfällt dieser Nachteil. Hier wird bei jeder zu schreibenden 1 die Richtung des Schreibstromes geändert. Positive wie negative Leseimpulse zeigen eine 1, die Abwesenheit eines Leseimpulses eine 0 an. Bei beiden bisher behandelten Schriften ist für den Schreibstrom der mittlere Gleichstromwert von der Art der Signalfolge abhängig. Die Verwendung eines Koppeltransformators zwischen Kopf und Schreibverstärker ist daher nicht möglich.

Bei der Richtungstaktschrift (Abb. 22c) hingegen entfällt dieser Nachteil. Hier ist eine Null dargestellt durch einen positiven Schreibstrom während der ersten Hälfte der Taktzeit und einen negativen Schreibstrom während der zweiten Hälfte. Für die 1 ist es genau umgekehrt. Die Richtung des Überganges und damit die Polarität der Leseimpulse zu den halben Taktzeiten läßt hier die Information erkennen. Die Abwesenheit eines Leseimpulses zeigt einen Lesefehler an. Bei Paralleldarstellung der Bits im Zeichen und einem zusätzlichen Quersummenbit erlaubt dies eine sofortige Generierung des ausgefallenen Bit. Da hier jedes Bit mindestens einen Leseimpuls erzeugt, kann man aus der Zeichenfolge eine Taktfolge ableiten und auf die Uhrspur verzichten. Auch hier sind gewisse Konventionen für die Sektorlücken nötig, damit die Taktfolge nicht verkehrt, nämlich um $1/2$ Taktzeit verschoben, anläuft. Bei der ähnlich wirksamen Wechseltaktschrift (Abb. 22d) werden Nullen durch einen Magnetisierungswechsel zu Taktbeginn, Einsen durch einen Magnetisierungswechsel zu Taktmitte dargestellt.

Obwohl die Schreibverfahren c und d die doppelte Anzahl an Magnetisierungswechseln haben können als die beiden anderen Schreibverfahren, erlauben sie wegen der genannten Vorteile eine höhere Packungsdichte und setzen sich immer mehr durch. Auch bei den Schreibarten a und b kann man auf die Uhrspur verzichten, indem man durch entsprechende Kodierung der Zeichen dafür sorgt, daß der Abstand zwischen zwei Magnetisierungswechseln in einer Spur niemals mehr als 5 Taktzeiten beträgt. Als Taktgeber benützt man dann einen mit der ungefähren Taktfrequenz frei schwingenden Oszillator, den man beim Lesen durch jeden Leseimpuls neu synchronisiert. Dies Verfahren reicht aus, um auch bei kleineren Schwankungen der Laufgeschwindigkeit des Speichermediums die Anzahl der Bit zwischen zwei Leseimpulsen richtig abzuzählen.

Bei hoher Packungsdichte beeinflussen sich benachbarte Zeichen gegenseitig. Dies wirkt sich vor allem darin aus, daß beim Lesen Flußwechsel zwischen längeren Regionen gleicher Magnetisierungsrichtung überhöhte und verbreiterte Lesesignale ergeben. Die dadurch bewirkten Signalverzerrungen, welche von der Art des Schreibverfahrens abhängen, lassen sich in gewissem Umfang im Leseverstärker unwirksam machen [43, 44]. Beispielshalber erhalten beim Schreibverfahren c die Signalspannungen etwa das in i_L in der ausgezogenen Kurve wiedergegebene Aussehen. Um trotzdem die Information zu erkennen, verzögert man das Signal in einer Zusatzeinrichtung um eine halbe Taktzeit (punktierte Kurve) und bildet als Ausgangssignal die Differenz des ursprünglichen Signals und des verzögerten Signales (gestrichelte Linie). Dieses Signal ist bei geeigneter Phasenlage der Abtastimpulse wieder aus den Vorzeichen richtig interpretierbar. Die Wirksamkeit des Verfahrens erklärt sich daraus, daß für die kurzen Wellen die Verzögerung um eine halbe Taktzeit eine Phasenverschiebung um π, für die doppelt so langen aber nur um $\pi/2$ bedeutet. Bei der Differenzbildung werden daher die Amplituden der kurzen Wellen in gleicher Phase addiert, nicht aber die der langen Wellen. Damit wird die Überbetonung der langen Wellen rückgängig gemacht. Eine weitere Fehlerquelle bei hohen Packungsdichten besteht in kleinen Phasenunterschieden der Informationsspuren gegenüber der Uhrspur, die durch thermische Veränderungen des Gehäuses und kleine Unterschiede in den Schreib-Lese-Köpfen entstehen. Daher wird bei Packungsdichten über 20 bit/mm ein Verfahren zur Phasenkorrektur angewendet. Eine vor jedem Sektor eingeschriebene Präambel, die stets die gleiche Information enthält, wird durch einen Phasenkomparator mit der Uhrspur verglichen. Gemäß der so ermittelten Phasendifferenz wird ein Strobeimpuls erzeugt, dessen Phasenlage für den anliegenden Informationsblock optimal ist.

Mit dieser Phasenkorrektur, schwebenden Köpfen und günstigem Schreib/Leseverfahren werden heute Aufzeichnungsdichten bis 160 bit/mm erreicht. Die Queraufzeichnungsdichte liegt heute bei 8 Spuren/mm, so daß sich eine Packungsdichte von 1250 bit/mm^2 ergibt. Für die nahe Zukunft erwartet man eine Erhöhung auf 5000 bit/mm^2.

5.2. Plattenspeicher

Plattenspeicher sind eine Abart des Trommelspeichers. Im Vergleich zum Trommelspeicher mit festen Köpfen haben sie längere Zugriffszeiten, jedoch größere Kapazität bei kleineren relativen Speicherkosten. Gegenüber dem Trommelspeicher mit verschiebbaren Köpfen haben sie den Vorteil des kleineren Volumens und bei Austauschbarkeit der Plattenkassetten niedrigere relative Speicherkosten.

5. Magnetomechanische Speicher

Plattenspeicher sind aus einem Stapel mit Magnetschicht versehener Platten aufgebaut, die auf gemeinsamer Welle rotieren und in solchem Abstand montiert sind, daß Schreib/Leseköpfe zwischen ihnen Platz finden (Abb. 23). Mit Ausnahme der beiden Deckplatten wird jeweils

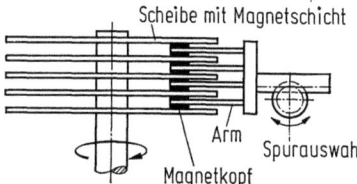

Abb. 23. Plattenspeicher mit 5 Platten und einer gemeinsam verstellbaren Kopfgruppe mit 8 Köpfen.

die Ober- und Unterseite jeder Platte zur Speicherung ausgenützt. Die Magnetköpfe sind an Armen befestigt, welche die Köpfe entsprechend der Spuradresse in möglichst kurzer Zeit zum gewünschten Ort bringen. In Abb. 23 trägt jeder Arm 2 Köpfe, die jeweils nach oben bzw. unten wirken. Häufig verwendet man mehrere Kopfpaare pro Arm, um ohne Verschiebung der Arme Zugriff zu mehreren Spuren der gleichen Platte zu haben. Es werden schwebende Köpfe verwendet, die während der Armbewegung in hinreichendem Sicherheitsabstand von der Plattenoberfläche gehalten und erst nach der Spurpositionierung auf das Luftkissen abgesetzt werden. Der Abstand zur Schicht beträgt dann etwa 5 µm. Die Speicherung erfolgt auf konzentrischen Kreisen. Die Spurabstände (0,06 mm) sind wesentlich kleiner und die Schreibdichte (bis 160 bit/mm) sind ähnlich wie beim Trommelspeicher. Da die Spuren unterschiedlich lang sind, beschreibt man gern die inneren Spuren mit kleineren Taktfrequenzen als die äußeren Spuren und hält damit die Schreibdichte annähernd konstant. Der Wechsel der Taktfrequenz in Abhängigkeit vom Spurradius erfolgt dabei diskontinuierlich zwischen nur wenigen Spurgruppen. Vor allem bei Kassettenspeichern verzichtet man jedoch zur Vereinfachung des Schreib/Lesesystems auf diese platzsparende Maßnahme. Die Zahl der Spuren pro Plattenseite beträgt etwa 1000. Da die für die Speicherung nutzbare Oberfläche beim Plattenspeicher dem Volumen des rotierenden Teiles proportional ist, lassen sich bei gleichen Gesamtabmessungen höhere Speicherkapazitäten als beim Trommelspeicher erreichen.

Die Plattendurchmesser liegen bei nicht austauschbaren Platten zwischen 30 bis 100 cm. Die Informationsspuren auf der Platte sind geschlossene Kreise unterschiedlichen Durchmessers. Jede Spur wird in Segmente gleicher Bitmenge unterteilt, die jeweils einen Block aufnehmen können. Die Segmente werden durch Lücken einheitlicher Magnetisierung voneinander abgegrenzt. Die zu einem Wort gehörenden Bits werden meist seriell eingeschrieben nach einem selbsttaktierenden Schreibverfahren (Abb. 22c).

Tabelle 3. Magnetplattenspeicher

	Univac 8405—04 (feste Köpfe)	Unidata 3460 (bewegliche Köpfe)	Memorex 651 „Floppy Disk"
Kapazität [M byte]	3	200	0,3
Anzahl der Plattenseiten	6	20	1
Spuren pro Plattenseite	72	808	64
Anzahl der Köpfe	432	20	1
Halbe Umdr.-Zeit [ms]	8,3	8,3	80
Kopfpositionierzeit [ms] minimal	—	10	20
Kopfpositionierzeit [ms] mittel	—	30	300
Datenfluß [Kbyte/s]	622	800	30
Schreibdichte [bit/mm]	100	160	120
Kosten pro byte [DPfg]	5	0,06	0,6

Um die Positionierungszeiten und damit die Zugriffszeiten zu verkürzen, verwendet man jetzt meist für jede Platte einen eigenen Positionierungsarm mit Magnetköpfen. Je nach Ausführungsart können Armgruppen oder einzelne Arme bewegt werden. Man kommt dann zu Positionierungszeiten von etwa 100 ms. Zur Bestimmung der Zugriffszeit addiere man noch eine halbe Umdrehungszeit, das ist je nach Ausführungsart 10 bis 40 ms. Ist die gesamte Armgruppe nur gemeinsam beweglich (Abb. 23), so liegen alle Daten, welche ohne zusätzliche Armbewegungen erreichbar sind, auf einem „Zylinder". Zur Verkürzung der Zugriffszeit sollte man bei der Organisation der Daten im Speicher diese Zusammengehörigkeit berücksichtigen. Bei einzeln bewegbaren Armen entfällt diese Optimierungsbedingung. Wenn man sich für jede Spur jeder Platte einen festen Magnetkopf leistet, kommt man etwa auf die Zugriffszeiten, aber auch auf die Kosten von Trommelspeichern [45]. Tabelle 3 gibt für das Jahr 1975 typische Werte für einen Festkopfspeicher und für einen großen Speicher mit gemeinsam bewegten Köpfen in Spalte 1 und 2.

Besonderheiten gegenüber dem Trommelspeicher treten dadurch auf, daß der Kopf bei der Positionierung die gewünschte Spur nicht exakt wiedertrifft. Dadurch könnten beim neuen Einschreiben am Rande der Spur noch Teile der alten Information erhalten bleiben. Man verhindert dies indem man im Magnetkopf vor den Schreib/Lesespalt noch einen Löschspalt legt. Der Löschspalt löscht vor dem Einschreiben eine etwas breitere Spur durch Sättigung als sie der Schreib/Lesekopf beschreibt. Abb. 24 zeigt den Kopf und die elektrische Schaltung. Der Schreibstrom

5. Magnetomechanische Speicher 341

geht von A nach B oder von A nach C, je nach der verlangten Magnetisierungsrichtung. Der Leseverstärker ist zwischen den Klemmen B und C angeschlossen.

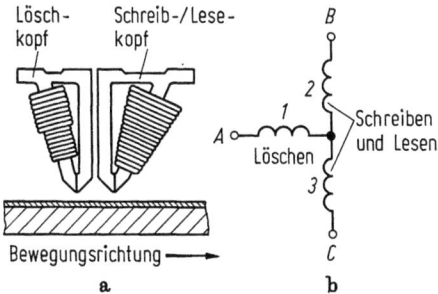

Abb. 24a u. b. Doppelmagnetkopf im Plattenspeicher.
a) Aufbau, schematisch; b) Schaltung.

5.3. Kassettenspeicher

Unter dem Begriff der Kassettenspeicher faßt man diejenigen Magnetspeicher mit wahlfreiem Zugriff zusammen, bei denen das Speichermedium auswechselbar ist. Es besteht aus mit Magnetschicht bedeckten Platten, Karten oder Streifen und ist in Kassetten untergebracht. Die Kassetten sind in etwa 1 Minute manuell auswechselbar. Die Zugriffszeiten zu jeder beliebigen Speicherzelle einer angeschlossenen Kassette liegen je nach Verfahren zwischen 40 und 600 ms. Die Speicherkosten pro Kassette sind im Vergleich zur eigentlichen Speicherapparatur sehr gering.

5.2.1. Plattenspeicher mit auswechselbaren Platten

Beim Plattenspeicher mit auswechselbaren Platten [46] ist ein Plattenstapel von im allgemeinen 6 Magnetplatten in einer Kassette in der gleichen geometrischen Anordnung untergebracht, wie sie auch zum Betrieb benötigt wird. Zum Einführen in die Speicherapparatur braucht der Stapel nach Entnahme aus der Kassette lediglich auf die Antriebswelle des Plattenspeichers aufgesetzt zu werden. Der Kamm mit den Magnetköpfen (vgl. Abb. 23) ist dabei selbstverständlich aus dem Plattenbereich zurückgezogen. Die Austauschbarkeit erfordert sehr genaue Fertigungstoleranzen, da verlangt wird, daß eine Platte, die von einer Anlage beschrieben wurde, von einer anderen Anlage gleichen Typs gelesen werden kann. Unter allen Kassettenspeichern hat der Plattenspeicher die größte Zuverlässigkeit erreicht. Ein Plattenstapel kostet nur etwa 10mal so viel wie ein Magnetband gleicher Speicherkapazität (etwa 2000 DM für IBM 2311 Plattenspeicher). Mehrere Produzenten von Rechenanlagen produzieren Plattenspeicher, deren Plattenstapel mit denen der IBM 2311 austauschbar sind, z.B. GE, Honeywell, RCA, Univac. Das Datenformat kann jedoch unterschiedlich sein, so daß eine Austauschbarkeit der Daten durch Versenden der Plattenstapel nicht möglich zu sein braucht.

Ein sehr billiger, einfacher und kleiner Plattenspeicher ist unter dem Namen „Floppy Disk" bekannt geworden. Der auswechselbare Informationsträger ist eine runde Kunststoffolie von etwa 8 Zoll Durchmesser, die in einem Plastiketui aufbewahrt wird. Letzteres hat in der Mitte ein Loch sowie einen radial verlaufenden Schlitz. Die Folie wird mit dem Etui zusammen in einen Schlitz des Antriebsgerätes gesteckt. Dort wird sie auf einem Dorn fixiert und der Schreib-Lesekopf an der Stelle des im Etui befindlichen Schlitzes gegen die Folie gedrückt. Trotz schleifender Berührung wird die Lebensdauer der Folie mit 5000 Betriebsstunden angegeben. Der Schreib-Lesekopf ist mit einer Gewindespindel in Richtung des Folienradius verschiebbar, die Verschiebung von einer Spur zur nächsten dauert etwa 20 ms.

Trotz seiner Einfachheit ist die Leistungsfähigkeit des Floppy-Disk-Speichers beachtlich (siehe Tab. 3).

Der niedrige Preis des Gerätes (etwa DM 2000,—) und der Folie (DM 12,—) lassen es als Peripheriegerät für kleine EDV-Anlagen geeignet erscheinen.

5.3.2. Magnetkarten- bzw. Streifenspeicher

Ein weiterer Kassettenspeicher mit Zugriffszeiten unter einer Sekunde ist der Magnetkartenspeicher. Als Speichermedien dienen flexible Magnetkarten oder -streifen, die in einer gemeinsamen Kassette aufbewahrt werden. Beim Aufruf wird eine Karte ausgewählt und durch eine Transporteinrichtung auf eine rotierende Trommel gebracht. Sie bewegt sich mit ihr an den Lese/Schreibmagneten vorbei.

Beim Magnetkartenspeicher CRAM [47] sind die 82×355 mm großen Karten (Abb. 25) der Länge nach in 7 Magnetstreifen mit je 8 Spuren unterteilt. $2^8 = 256$ Karten befinden sich in einer Kassette. Zur eindeutigen Kennzeichnung trägt jede Karte an einer Schmalseite 8 besonders geformte Einkerbungen, die entweder an der linken oder rechten Seite eine Nase haben (Form 1 oder 0). Durch die Einkerbungen sind 8 Stäbe mit angenähert viertelkreisförmigem Querschnitt gesteckt, und alle Karten bis auf eine ausgewählte hängen mittels mindestens eines Nasenvorsprunges an den Stäben. Zur Auswahl der freizugebenden Karte können die Stäbe um ihre Längsachse um 72° gedreht und in eine der beiden Extremlagen eingestellt werden. Die Karte in Abb. 25 hat die Adresse 116. Die Stäbe sind in ihrer Nullstellung gezeigt. Bei Lösung des Haltestabes fällt die adressierte Karte begünstigt durch einen Luftstrom schnell aus der Kassette heraus (Abb. 26). Sie wird durch Unter

5. Magnetomechanische Speicher

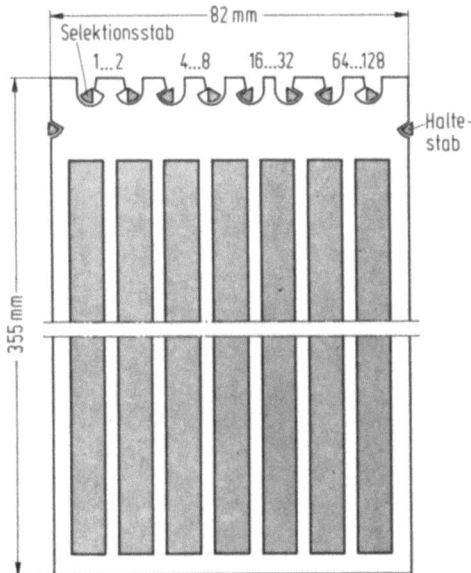

Abb. 25. Magnetkarte mit Einkerbungen für die Selektion.

druck fest an die glatte Trommeloberfläche angesaugt und kann mit ihr wiederholt an den Lese/Schreibmagneten vorbeilaufen (47 ms Umlaufzeit!). Da die Karte die Trommel nur zu etwa $^2/_3$ umfaßt, stehen über 15 ms zur Verfügung, bei der ersten Umdrehung gelesene Daten zu verarbeiten und die Resultate bei der nächsten Umdrehung in eine beliebige Spur der gleichen Karte zurückzuschreiben. Für jede der 56 Spuren ist ein gesonderter Schreib/Lesemagnet bereitgestellt. Wird die Karte nicht mehr benötigt, so wird sie durch Betätigen der Kartenfreigabe wieder in die Kassette zurückgeführt und dort rechts an den Kartenstapel angelegt. Die Reihenfolge der Karten in der Kassette wird während des Betriebes damit ständig geändert. Jede Karte speichert 21 700 Zeichen zu 6 bit + 1 Prüfbit. Die mittlere Zugriffszeit zu $16 \cdot 10^6$ bit beträgt 235 ms.

Beim recht ähnlich aufgebauten RACE-Speicher gelang es, die Kapazität der einzelnen nur wenig größeren Magnetkarte (115 × 407 mm) auf 166 400 Zeichen zu vergrößern und eine ganze Reihe von Kassetten dem unmittelbaren Aufruf zugänglich zu machen.

Beim RAM-Speicher der Firma Potter [48] verwendet man zur Speicherung endlos zusammengeklebte Magnetbandschleifen von 30 Zoll Länge. Eine Kassette mit 16 Bandschleifen speichert 7,2 Millionen Zeichen. Zugriffszeiten liegen bei 0,1 s.

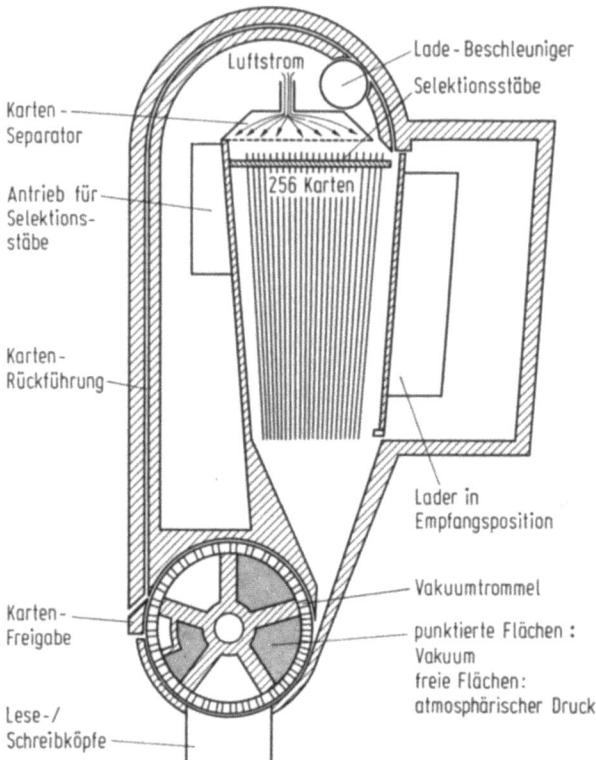

Abb. 26. Magnetkartenspeicher CRAM. Schematische Darstellung des Kartenmechanismus.

Eine vierte Ausführung ist beim Magnetstreifenspeicher IBM 2321 verwirklicht.

Mit der Zuverlässigkeit der Karten- und Streifenspeicher war man bisher noch nicht so recht zufrieden. Lange Reparaturzeiten und starke Kartenabnützung verursachten bei mehreren Installationen erhebliche Behinderung.

5.4. Magnetbandspeicher

Digitale Magnetbandspeicher werden in modernen Rechenanlagen hauptsächlich als schnelle Eingabemedien, für Archivierungszwecke und zur „off line"-Ausgabe mit Schnelldruckern verwendet. In Form der Inkrement (Schritt)-Magnetbandgeräte gewinnen sie zunehmende Bedeutung bei der Datenerfassung und können die üblichen Lochkarten und Lochbandgeräte in manchen Fällen vorteilhaft ersetzen. Sortier- und Misch-

5. Magnetomechanische Speicher

operationen fallen zumindest bei großen Anlagen mehr und mehr den Plattenspeichern mit Zugriffszeiten von einigen 100 Millisekunden zu.

Die Kapazität einer Bandspule beträgt bis zu 120 Millionen byte bei üblichen Bandlängen von 730 m Länge und Schreibdichten bis zu 250 byte/mm (6250 Zeichen/Zoll), die Transferrate bei Bandgeschwindigkeiten zwischen 0,5 m/s bis 5 m/s bis zu 1 200 000 byte/s. Der übliche Preis für ein Magnetband beträgt etwa 50 DM. Im Vergleich zur Lochkarte ist der Raumbedarf um zwei bis drei Größenordnungen kleiner.

5.4.1. Datenorganisation und Datenprüfung

Die Information wird in der Regel blockweise auf dem Magnetband gespeichert. Die Norm [49] empfiehlt, die Blocklänge nach oben aus Sicherheitsgründen auf 2048 byte zu begrenzen. Die einzelnen Bit eines 6-bit-Zeichens bzw. eines Byte werden sprossenweise parallel in 7 bzw. 9 Spuren auf das Band geschrieben. Die 7. bzw. 9. Spur dient dabei Kontrollzwecken, indem sie die Anzahl der Einsen pro Sprosse auf ungerade Parität ergänzt (Abb. 27). Während der Bandlücken kommt das Band zur Ruhe und muß bis zum Blockbeginn auf die volle Schreib/Lesegeschwindigkeit beschleunigt werden. Die Länge der Blocklücken ist 0,75 Zoll für 7 Spurbänder bzw. 0,6 Zoll für 9 Spurbänder.

Die Realisierung der kurzen Start- und *Stoppzeiten* — ihre Summe heißt *Kluftzeit* — ist nur durch die Verwendung von Bandpufferstationen möglich. Man schafft einen Bandvorrat in Form zweier Bandschleifen, so daß Antriebsrollen nur ein kurzes Bandstück zum Vorbeilauf an den

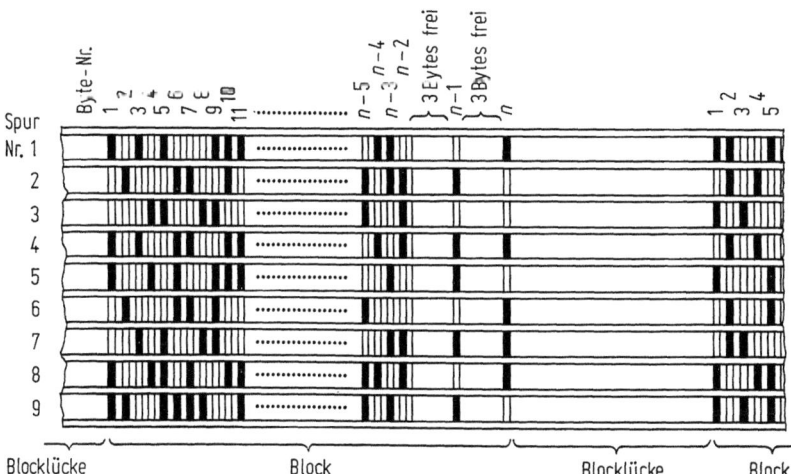

Abb. 27. Blockformat bei neunspuriger Aufzeichnung in Wechselschrift. Jeweils 2 Kästchen repräsentieren 1 bit. Spur Nr. 4 ist Querparitätsspur. Byte n = Längsparität, $n-1$ = zyklisches Prüfzeichen.

Schreib/Leseköpfen schnell beschleunigen müssen, während die Hauptmasse des Bandes auf den Spulen geregelt und ziemlich kontinuierlich ab- bzw. aufgewickelt wird (Abb. 28). Zur Nachregelung verwendet man

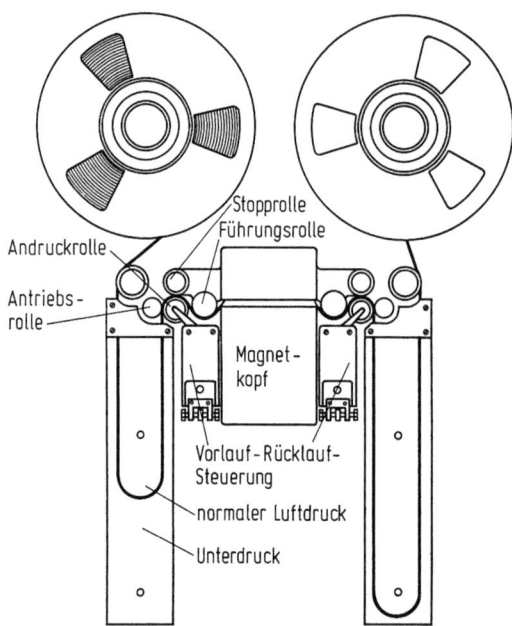

Abb. 28. Magnetbandgerät.

meist zwei Vakuumsäulen, in die die Bandschleifen durch Erzeugung von Unterdruck eingezogen werden. Zum Starten und Stoppen des aktiven Bandstückes wird das Band entweder an eine dauernd umlaufende oder an eine feststehende Rolle angedrückt. Zur Schonung des Bandes geschieht der Andruck jetzt häufig pneumatisch, und zwar so, daß die treibenden bzw. bremsenden Rollen nur die Rückseite des Bandes berühren [50]. Die Schichtseite des Baudes läuft jedoch schleifend über die Spalte der Magnetköpfe, um eine hohe Aufzeichnungsdichte zu erreichen. Eine gewisse Bandabnützung ist daher unvermeidlich und führt mit der Zeit zu Lesefehlern. Der Hauptanteil des Bandabriebes (bis zu 90%) entsteht — unabhängig vom Laufwerkprinzip — durch die Berührung des Magnetkopfes. Daher soll das Band zumindest beim Zurückspulen vom Magnetkopf abheben. Ein neues Band sollte fehlerfrei sein. Höchstens eine Fehlstelle pro Band ist zugelassen. Bei längerem Betrieb treten jedoch Fehler auf. Ein Staubkorn von 5 µm Durchmesser kann bereits Ausfälle verursachen, indem es das Band vom Magnetspalt abhebt. Diese Fehler können durch Reinigen des Bandes behoben werden.

5. Magnetomechanische Speicher 347

Schwerwiegender sind Bandfehler, die während des Betriebes permanent werden. Sie werden vor allem dadurch verursacht, daß sich winzige Teile der Magnetschicht ablösen und an anderen Stellen festsetzen können und daß die Bandkanten mit der Zeit wellig werden. Da die Zuverlässigkeit des Bandes nachläßt, ist die eingeschriebene Information unmittelbar nach dem Einschreiben durch Prüflesen zu kontrollieren. Dazu ist ein Lesekopf in Laufrichtung des Bandes dicht hinter dem Schreibkopf angeordnet. Zur Auffindung und eventuellen Korrektur von Fehlern, die sich noch nach dem Kontrollesen entwickeln, dienen prüfbare und korrigierbare Codes (siehe z.B. die Bücher [54, 55]) und folgende Prüfmethoden:

1. Querparitätsprüfung: Die Anzahl der Einsen pro Sprosse ist ungerade.
2. Längsparitätsprüfung: Die Anzahl der Einsen längs jeder Spur eines Blockes wird durch ein Kontrollzeichen am Blockende gerade gemacht. Hinzu kommt häufig
3. zyklische Redundanzprüfung: Ein weiteres 9-bit-Kontrollzeichen am Blockende erlaubt Korrektur mehrerer Fehler in gleicher Spur [52].
4. Amplitudenprüfung: Die Spitzenamplitude der Lesesignale muß beim Prüflesen eine bestimmte Schwelle überschreiten.

Die Prüfzeichen 1 bis 3 werden während der Eingabe errechnet und mit auf das Band geschrieben. Wenn beim Prüflesen Fehler festgestellt werden, so wird das Band um eine Blocklänge zurückgespult und ein neuer Schreibversuch unternommen. Führt dies nach mehrmaligem Versuch nicht zum Ziel, so wird der Block in einen anderen Abschnitt des Bandes eingeschrieben. Beim Nurlesen erkannte Fehler leiten einen Korrekturablauf ein, für den ein nochmaliges Lesen des Bandes erforderlich ist. Man bestimmt zunächst die Spur, in welcher der Fehler auftritt. Die Längsparitätsprüfung reicht hierzu jedoch nicht aus, wenn in einer Spur eine gerade Anzahl von Bits fehlerhaft sind. Wegen der hohen Packungsdichte längs der Spur sind solche Fehler häufig. Das zyklische Redundanzzeichen spricht in diesem Fall sehr viel kritischer an [51, 52]. Zur Korrektur werden in der als fehlerhaft erkannten Spur alle diejenigen Bits invertiert, für welche die Querparitätsprüfung anspricht, es werden die Prüfzeichen erneut gebildet und verglichen. Bei Anwendung dieser Prüfmethoden ist es äußerst unwahrscheinlich, daß ein fehlerhaft gelesener Block als richtig anerkannt wird. Man versucht mehrmaliges Lesen, ehe man eine Fehlermeldung abgibt.

5.4.2. Erhöhung der Packungsdichte

Die maximal auf dem Band erreichbare Informationsdichte [53] war bisher aus mechanischen Gründen auf 800 bytes/Zoll begrenzt, da kleine Quer- und Längsschwingungen vor allem durch die nicht völlig geraden

Bandkanten erregt werden und zum sogenannten dynamischen Schräglauf (skew) führen. Solange man mit einer getrennten Taktspur arbeitet, oder auch wie bei der Wechselschrift sich den Takt aus den Einsen eines Byte ableitet, kann es zu Fehlern führen, wenn der Schräglauf ein gleichzeitiges Erkennen der Bits einer Sprosse nicht mehr zuläßt (Abb. 29).

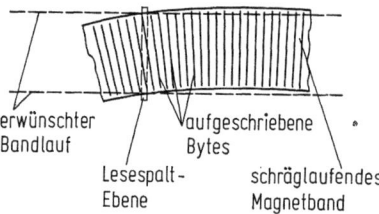

Abb. 29.
Dynamischer Schräglauf eines Magnetbandes.

Einen Ausweg bringt die Benützung einer Schrift, welche für jede Spur allein bereits selbsttaktierend ist, also z.B. die Richtungstaktschrift (Abb. 22c). Hier wird die Eins durch einen positiven, die Null durch einen negativen Flußwechsel dargestellt. Jedes Bit erzeugt also ein Signal und man kann in jeder Spur für sich mitzählen, in welcher Sprosse man sich befindet. In einem mehrstelligen „Entschrägungsregister" lassen sich dann die Bits wieder zeichenrichtig zusammensetzen. Hierbei laufen die ersten, zweiten usw. Bits jeder Spur in die letzte, vorletzte usw. Stelle des der jeweiligen Spur zugeordneten Schieberegisters. Erst wenn alle Bits des ersten Byte in den letzen Stellen aller Spurregister eingelaufen sind, wird dieses Byte abgegeben. Darauf werden alle Bits im Register um eine Stelle weitergeschoben. Die Größe des Schräglaufs hat hierbei nur Einfluß auf die erforderliche Länge des Entschrägungsregisters, stört aber sonst nicht.

Die Richtungstaktschrift bringt den zusätzlichen Vorteil, daß Einzel-Bit-Fehler und viele der Mehr-Bit-Fehler während des Lesens „im Flug" mit Hilfe der Querparitätsprüfung korrigiert werden können. Diese Korrektur wird im Entschrägungsregister vorgenommen. Das mit Rücksetzen um Blocklänge verbundene mehrmalige Lesen ist hier nur in den seltenen Fällen nötig, wenn mehrere Bit im gleichen Byte oder sehr viele aufeinanderfolgende Bit in der gleichen Spur ausfallen. Letzteres bewirkt, daß die Synchronisierungsimpulse für die Taktuhr der betreffenden Spur fehlen und diese nach einiger Zeit außer Tritt fällt.

Mit diesem Verfahren konnte man die maximale Informationsdichte auf 1600 byte/Zoll verdoppeln. Die jüngste Entwicklung brachte eine erhebliche Erhöhung sowohl der Schreibdichte als auch des Datenflusses. Bei der Schreibdichte von 250 Zeichen/mm (6250 byte/Zoll) und einer Bandgeschwindigkeit von 5 m/s wird ein Datenfluß von 1,25 M byte/s erreicht.

5. Magnetomechanische Speicher 349

Diese hohe Packungsdichte verbietet die Anwendung von Schreibverfahren, bei denen neben der Bytefrequenz auch das Doppelte derselben auftritt. Die sonst übliche Wechseltakt- bzw. Richtungstaktschrift (Abb. 22c u. d) ist also hier nicht mehr geeignet. Andererseits braucht man für die bei hohen Packungsdichten notwendige Entschrägung ein selbsttaktierendes Schreibverfahren.

Bei der NRZI-Schrift (Abb. 22b) tritt zwar als höchste Schreibfrequenz die Bytefrequenz auf, doch ist die Schrift nicht selbsttaktierend, da Nullen keinen Taktimpuls liefern. Wenn man jedoch die Daten in geeigneter Weise kodiert, z. B. so, daß nie mehr als 2 Nullen aufeinanderfolgen, so kann man die fehlenden 2 Taktimpulse durch einen frei laufenden Oszillator erzeugen, der durch die nächstfolgende 1 wieder synchronisiert wird.

Bei dem Group Coded Recording wird von dieser Möglichkeit Gebrauch gemacht. Das Kodieren der Daten geschieht dabei in folgender Weise: Man faßt die zu schreibenden Bytes in Vierergruppen zusammen. Dann bilden die ersten, zweiten ... bis neunten bits einer solchen Gruppe jeweils ein 4-bit-Wort. Diese 4-bit-Worte werden in 5-bit-Worte umkodiert, wobei der 5-bit-Code die Eigenschaft hat, daß nie mehr als 2 nebeneinanderliegende Nullen auftreten, und im 1. und 5. bit nur einzelnstehende Nullen vorhanden sind. (Von den 32 Worten des 5-bit-Codes haben 17 diese Eigenschaft, 16 werden gebraucht.) Aus der ursprünglichen 4 Byte-Datengruppe ist jetzt eine 5-Byte-Schreibgruppe entstanden, die nach der Übertragung auf das Band in NRZI-Schrift selbsttaktierend ist.

Zum Beginn eines Blocks sorgt eine Präambel für rechtzeitiges Synchronisieren der Taktimpulse. Eine Anzahl von Maßnahmen zur Fehlerentdeckung und -korrektur sowie zur Prüfung und Korrektur der Synchronisation bewirken, daß trotz der hohen Schreibdichte die Fehlerraten nicht größer sind als bei den bisher üblichen Verfahren. Auch an die Magnetbänder werden keine höheren Anforderungen gestellt.

Je höher die Schreibdichte ist, um so größer ist der Anteil des Magnetbandes, der durch die Blocklücken für die Informationsspeicherung verloren geht. (4 K-Bytes bei 250 bytes/mm benötigen nur etwa 20 mm Band!). Daher wurde die Blocklücke auf 7,62 mm (0,3 Zoll) verringert.

5.4.3. Magnetbandgerät mit schrittweisem Vorschub

Die blockweise Speicherung auf dem Magnetband erfordert, die gesamte Information des Blockes in einem statischen Speicher — also z. B. einem Ferritkernspeicher — zur Verfügung zu haben, um sie z. B. beim Schreiben in dem vom Magnetband geforderten zeitlichen Rhythmus von dort abrufen zu können. Diese Einschränkung kann recht hinderlich sein, wenn man das Magnetband zur Datenerfassung verwenden und z. B. von einer Tastatur oder einem Fernschreiber her beschriften möchte. Man kann beim Beschreiben jedoch den teuren Pufferspeicher vermeiden, indem man Inkrement-Magnetbandgeräte verwendet. Diese wurden erstmals 1964 von der Firma Mohawk Data Sciences Corporation konstruiert und wurden seitdem von mehreren anderen Firmen (z. B. Siemens, Honeywell, Plessey, IBM) weiter entwickelt. Sie haben einen Transportmechanismus, der ein in Rechnerinstallation übliches $1/2$-ZollMagnetband im Start/Stop-Betrieb sehr genau um die Strecke einer Sprosse pro Zeichen fortbewegt. Beim „Siemens Magnetbandgerät 5" für 7 bzw. 9 Spuren sind bis zu 300 Transportschritte/s möglich. Die Sprossenweite beträgt 200 Sprossen/Zoll. Kontrollzeichen für Quer- und Längsparität sowie der Zwischenraum am Blockende werden automatisch erzeugt, so daß man die so beschriebenen Magnetbänder mit üblichen Magnetbandgeräten zur Weiterverarbeitung in eine Rechenanlage überspielen kann. Das Inkrementbandgerät kann die eingeschriebene Information auch schrittweise auslesen. Dies ermöglicht Einrichtungen für die Erkennung und Korrektur von Schreib- und Lesefehlern, mit denen laut Firmenangabe eine mittlere Fehlerrate von 10^{-9} eingehalten werden kann. Da ein Magnetband von 730 Metern Länge etwa 6 Millionen Zeichen aufnehmen kann, ist eine solche Fehlerrate sehr befriedigend. Derartige Geräte könnten bei der Datenerfassung die bisher übliche voluminöse Lochkarte sehr günstig ersetzen.

Da Magnetbänder auch für den Datenaustausch zwischen verschiedenen Rechnerinstallationen verwendet werden sollen, sind die meisten Geräte IBM kompatibel. Man verwendet $1/2$-Zoll-Magnetband und 7 bzw. 9 Spuren. Die Packungsdichten betragen 200, 556, 800, und bei manchen Fabrikaten auch 1600, 6250 Sprossen per Zoll. Das Lesen ist in beiden Laufrichtungen, das Schreiben in einer Laufrichtung möglich. Unterschiedlich sind die Bandgeschwindigkeit und damit der Datenfluß und die Preise. Eine Verbilligung und Raumeinsparung läßt sich erzielen, wenn man (Borroughs Magnetic Tape Cluster) mehrere Bandantriebe (bis zu 4) zu einer einzelnen Einheit zusammenfaßt und gemeinsam benützbare Aggregate wie Hauptantriebsmotor, Stromversorgung, Vakuumpumpe und Teile der Elektronik nur einmal vorsieht [56].

6. Magnetic Bubble Storage
(Magnetblasenspeicher, Zylinderdomänenspeicher)[1]

Der Magnetblasenspeicher, an dessen Entwicklung seit 1967 an vielen Stellen gearbeitet wird, beruht auf der Verschiebung von kleinen zylindrischen Magnetisierungsbereichen (Magnetic Bubbles, Zylinderdomä-

---

[1] Alle Photos und Zeichnungen dieses Abschnitts wurden freundlicherweise von der Fa. Siemens AG zu Verfügung gestellt.

nen) in einer dünnen magnetischen Schicht in diskrete Positionen. Seine hervorstechendsten Eigenschaften sind sehr hohe Packungsdichten, geringe Fehlerraten und niedriger Preis. Die Zugriffszeiten liegen bei 10^{-4} s, das Lesen erfolgt zerstörungsfrei und die Information bleibt beim Abschalten der Stromversorgung erhalten.

Als schneller Serienspeicher ist der Magnetblasenspeicher besonders zur blockweisen Speicherung, also zur Verwendung als Hintergrundspeicher in Rechenanlagen geeignet. Damit liegt er in Konkurrenz mit dem Magnettrommelspeicher, dem Magnetplattenspeicher und in gewissen Grenzen auch mit dem Magnetbandspeicher, der aber gegenüber dem Magnetblasenspeicher den Vorteil der leichten Austauschbarkeit des Informationsträgers voraus hat. Der Magnetblasenspeicher hat wiederum den Vorteil des völligen Fehlens mechanisch beweglicher Teile. Zum Vergleich siehe Tab. 1.

Die ersten industriell gefertigten MB-Großspeicher sind für 1976 zu erwarten.

6.1. Grundlagen des MB-Speichers [57, 58][2]

Magnetische Materialien bestehen im allgemeinen aus Bereichen mit spontaner Magnetisierung einheitlicher Richtung, sog. Domänen. Liegt das Material in dünner Schicht vor, so sind infolge der durch die Formanisotropie hervorgerufenen entmagnetisierenden Felder die Magnetisierungsrichtungen parallel zur Schichtebene energetisch begünstigt gegenüber Richtungen senkrecht dazu. Als Speichermedium für MB-Speicher eignen sich jedoch nur Schichten, deren bevorzugte Magnetisierungsrichtung („leichte Richtung") zur Schicht senkrecht steht. Man erreicht dies durch Verwendung von Speicherschichten mit einer — kristallographisch oder durch die Art der Herstellung, des „Aufwachsens" erzeugten — Vorzugsrichtung senkrecht zur Schicht, an der sich die Magnetisierung der Domänen orientiert. Ist diese Materialanisotropie stark genug, um die Wirkung der Formanisotropie zu übertreffen, so sind alle Domänen in Normalrichtung zur Schicht magnetisiert. Abbildung 30a zeigt eine solche Domänenstruktur in einer dünnen Yttrium—Samarium—Eisen—Gallium—Granatschicht. Sie wurde sichtbar gemacht durch den Faraday-Effekt (Drehung der Schwingungsebene polarisierten Lichtes beim Durchgang durch Magnetfelder). In den hellen Bereichen der Abb. 30a zeigt der Magnetisierungsvektor aus der Schichtebene heraus, in den dunklen in sie hinein. Nach außen ist die Schicht unmagnetisch, beide Magnetisierungsrichtungen sind gleichstark vertreten.

---

[2] Siehe auch das einleitende Kapitel von M. Kersten.

Legt man ein Magnetfeld senkrecht zur Schichtfläche an, so wachsen mit zunehmender Stärke die Bereiche, deren Magnetisierung M_s parallel zu der des angelegten Feldes ist, auf Kosten der antiparallel magnetisierten. Bei geeigneter Stärke dieses „Stützfeldes" entstehen die in Abb. 30b gezeigten Zylinderdomänen. Als Stützfeld benötigt man etwa die Hälfte des entmagnetisierenden Feldes M_s/μ_0 der homogen in

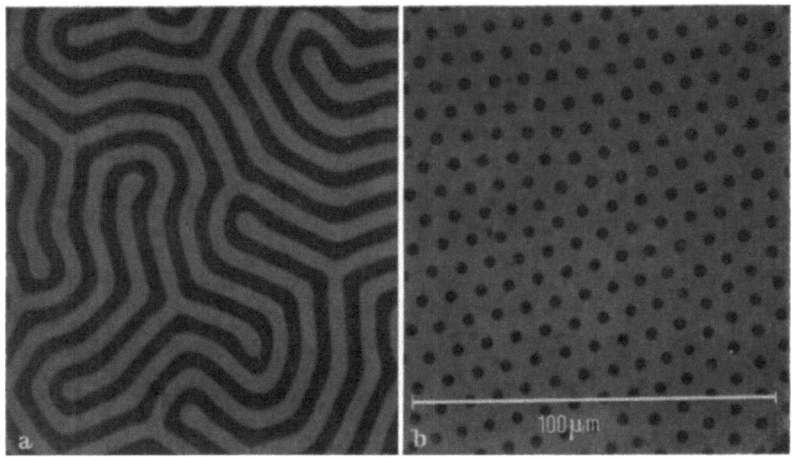

Abb. 30a u. b. Magnetische Domänen in einer dünnen Schicht aus Yttrium—Samarium—Eisen—Galliumgranat. Sichtbarmachung im polarisierten Licht mittels Faraday-Effekt.
a) Ohne Magnetfeld; b) zylinderförmige Domänen bei angelegtem Stützfeld.

Normalenrichtung magnetisierten Schicht, für die in Frage kommenden Materialien mit $M_s \approx 2 \cdot 10^{-6}$ Vs/cm² und $\mu_0 = 4\pi \cdot 10^{-9}$ Vs/Acm also etwa 80 A/cm.

Die Domänen bilden infolge ihrer gegenseitigen Abstoßung in einer ungestörten Einkristallschicht ein hexagonales Gitter. Bei weiterer Steigerung des Stützfeldes verschwinden immer mehr dieser Domänen, bis schließlich die ganze Schicht einheitlich gesättigt ist.

Eine Verschiebung der Zylinderdomänen ist dadurch möglich, daß dem Stützfeld lokale Inhomogenitäten überlagert werden. Die Domänen wandern dann — als in z-Richtung fixierte magnetische Dipole — in Richtung abnehmender Feldstärke H_Z. Z ist die Richtung der Schichtnormalen. Hohe Beweglichkeit und kleiner Durchmesser der Domänen sind die Voraussetzungen für den Bau eines Speichers mit hoher Packungsdichte und kleiner Zugriffszeit.

6.2. Die Stabilität zylindrischer Domänen

Um zu Bedingungen für die Stabilität zylindrischer Domänen zu kommen, machen wir folgende Annahmen: Die kreiszylindrische Domäne vom Durchmesser d befinde sich in einer unendlich ausgedehnten Magnetschicht der Dicke h. Das Stützfeld H sowie die Sättigungsmagnetisierung M_s außerhalb der Domänenwand seien senkrecht zur Schichtebene. Die Wanddicke δ_w sei klein gegen d. Dann gilt für die Gesamtenergie E_G

$$E_G = E_W + E_H - E_D, \qquad (8)$$

wobei E_W die Wandenergie, E_H die Wechselwirkungsenergie der Magnetisierung mit dem äußeren Feld und E_D die Energie des entmagnetisierenden Feldes bedeutet.

Im Gleichgewicht ist eine Domäne dann, wenn sich E_G mit dem Domänendurchmesser nicht ändert, d.h. wenn $\partial E_G/\partial d = 0$ ist. Man kann $\partial E_G/\partial d$ als auf die Domänenwand wirkende Kraft interpretieren, die sich aus 3 Teilkräften zusammensetzt, nämlich den von der Wandenergie und der Energie des äußeren Feldes herrührenden Kräften — beide verkleinernd — und der von der Energie des entmagnetisierenden Feldes herrührenden Kraft, die d vergrößert.

Differenzieren und Nullsetzen von (8) ergibt eine Gleichung von der Form:

$$\frac{l}{h} + \frac{d}{h} \cdot \frac{\mu_0 \cdot H}{M_S} - F\left(\frac{d}{h}\right) = 0, \qquad (9)$$

wobei $l = \sigma_W \cdot \mu_0/M_S^2$ (σ_W = Wandenergie pro cm² Wandfläche) die Dimension einer Länge hat. l wird charakteristische Länge genannt, da Zylinderdomänen nur dann stabil sind, wenn sowohl die Schichtdicke h als auch der Domänendurchmesser d kleine Vielfache von l sind. Die Funktion $F(d/h)$, die sich nur näherungsweise berechnen läßt, beschreibt die von der Energie des entmagnetisierenden Feldes herrührende domänenvergrößernde Kraft.

Aus Gl. (9) folgt also, daß die Stabilität einer Domäne des Durchmessers d durch die Parameter σ_W, M_S, h und H bestimmt wird.

$F(d/h)$ ist in Abb. 31 dargestellt. Eine graphische Lösung der Gl.(9) erhält man durch Eintragen der Geraden $l/h + d/h \cdot \mu_0 \cdot H/M_S$ (gestrichelte Linie in Abb. 31). Bei geeigneter Wahl der Parameter l, h, H und M_S erhält man 2 Lösungen. Lösung 2 ist instabil, weil mit zunehmendem d die durchmesservergrößernde Kraft $F(d/h)$ stärker zunimmt als die d verkleinernde Kraft $l/h + d/h \cdot \mu_0 H/M_S$. Mit wachsendem H, d.h. zunehmender Steigung der gestrichelten Geraden in Abb. 31, wird der stabile Domänendurchmesser kleiner, schließlich wird ein Grenzwert H_{Col} erreicht, bei dem die Lösungen 1 und 2 zusammenfallen, die Domänen kollabieren.

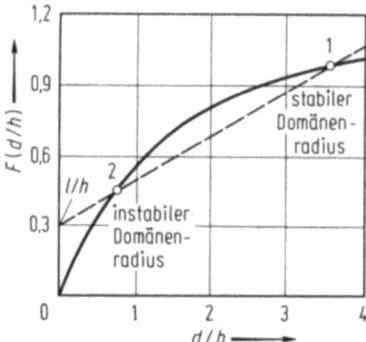

Abb. 31. Grafische Lösung der Gl. (8). (Nach A. A. Thiele.)

Der untere Grenzwert des Stützfeldes H ist der Wert H_S, bei dem die Domänen in mäanderförmige Streifen auseinanderlaufen. Abb. 32 zeigt eine Darstellung des Bereiches stabiler Domänen. Die Theorie zeigt, daß Domänen dann stabil sind, wenn d/l zwischen zwei von h/l abhängigen Grenzwerten liegt. Dieser Bereich ist in Abb. 32 schraffiert dargestellt. Da d von H abhängt (Abb. 31), gibt Abb. 32 auch die beiden Grenzwerte H_S und H_{Col} des Stützfeldes.

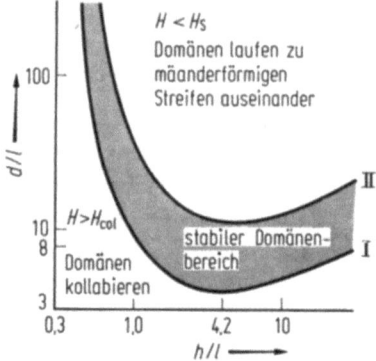

Abb. 32. Stabilitätsbereich zylindrischer Domänen. (Nach A. A. Thiele.)

Der kleinste erreichbare Domänendurchmesser liegt bei $h/l \approx 4$, er beträgt dann $d \approx 4 \cdot l$. Für den gleichen Wert von h/l gilt für die obere Grenze des stabilen Domänenbereiches $d \approx 12l$. Kleinster und größter Domänendurchmesser verhalten sich also wie 1:3. Dem entspricht ein Stützfeldbereich von etwa $0{,}1 M_S/\mu_0$.

In der Mitte des Stabilitätsbereiches gilt etwa

$$h = 4 \cdot l;\ d = 8 \cdot l, \tag{10}$$

d.h. Domänen mit $d \approx 2h$ ergeben günstige Stabilitätseigenschaften und optimale Toleranzen für das Stützfeld.

6. Magnetic Bubble Storage

Im Interesse kleiner Zugriffszeiten muß die Geschwindigkeit v_D der Domänen unter der Einwirkung eines Feldgradienten $\Delta H = dH_Z/dx$ möglichst groß sein. Es gilt mit $\Delta H = d \cdot dH_Z/dx$.

$$v_D = 0{,}5\,\mu_w(\Delta H - 8H_c/\pi) \qquad (11)$$

mit $\mu_w =$ Domänenbeweglichkeit, $H_c =$ Koerzitivfeldstärke des Schichtmaterials. Ist $\Delta H < 8H_c/\pi$, so tritt keine Domänenbewegung auf. Für $\Delta H \gg 8H_c/\pi$ gilt näherungsweise

$$v_D = \mu_w \cdot \Delta H. \qquad (12)$$

ΔH ist mit Rücksicht auf die Domänenstabilität begrenzt, man wird also μ_w so groß wie möglich wählen

μ_w steigt mit wachsender Dicke der Domänenwand δ_w. Für diese gilt

$$\delta_w = \pi\,\sqrt{\frac{A}{K_u}}, \qquad (13)$$

wobei A die Austauschkonstante, K_u die Anisotropiekonstante ist. Hohe Beweglichkeit ließe sich — da A praktisch durch das Speichermaterial festliegt — nur durch Verkleinerung von K_u erreichen. Hier liegt jedoch eine Grenze darin, daß bei zu kleinem K_u die Magnetisierung nicht mehr senkrecht zur Schicht steht. Hierfür gilt nämlich die Bedingung

$$K_u > \frac{1}{2\mu_0} \cdot M_s^2,$$

die einer beliebigen Verkleinerung von K_u eine Grenze setzt. Kleine Werte von M_S sind günstig. Typische Werte für die heute verwendeten Materialien sind $M_S = 1{,}5$ bis $2{,}5 \cdot 10^{-6}$ Vs/cm^2 (entsprechend 150 bis 250 Gauß).

Um den Einfluß der Koerzitivfeldstärke H_c auf die Domänenbewegung klein zu halten (Gl. (11)), strebt man kleine H_c-Werte an. Wichtig ist, daß H_c über die ganze Schicht möglichst konstant ist. Fremdatome oder Oberflächenunregelmäßigkeiten verursachen lokale Erhöhungen von H_c und können die Domänenbewegung verlangsamen oder sogar ganz verhindern. Die Schichten müssen also weitgehend defektfrei sein.

Bei den derzeit verwendeten Materialien ist $H_c < 0{,}05$ A/cm, die Domänengeschwindigkeiten liegen zwischen 1 und 50 m/s.

6.3. Das Speichermaterial

Geeignet sind einkristalline oder amorphe Schichten. Polykristallines Material ist ungeeignet, da die Korngrenzen die Domänenbewegung hindern.

Die ersten Untersuchungen wurden mit Orthoferriten gemacht, die der Formel (SE) FeO$_3$ genügen. SE bedeutet eine oder mehrere Seltene

Erden. Die vielfachen Möglichkeiten zum Einbau Seltener Erden ergeben eine große Anzahl von Verbindungen, die z.T. zwar schnelle Domänenbewegungen erlauben, doch sind die Domänendurchmesser mit etwa 25 μm zu groß.

Eine andere Gruppe von Verbindungen der Form $PbFe_{12}O_{19}$, die Magnetoplumbite, erlauben zwar kleine Domänendurchmesser von etwa 1 μm, doch sind die Verschiebegeschwindigkeiten zu klein.

Die besten Erfolge wurden bisher mit synthetischem Granat erzielt. Granate sind ferrimagnetisch, ihre Formel ist $(SE)_3Fe_5O_{12}$. Der Ferrimagnetismus rührt daher, daß sich die Fe^{3+}-Ionen im Verhältnis 3:2 auf zwei Fe-Untergitter mit entgegengesetzter Spinrichtung verteilen. Die Fe^{3+}-Ionen erzeugen also allein schon ein resultierendes magnetisches Moment des Moleküls. Dieses läßt sich durch den Einbau von SE^{3+}-Ionen noch verändern, und zwar durch bestimmte SE vergrößern, durch andere verkleinern. Dabei kann man durch geeignete Kombinationen mehrerer SE weitgehende Temperaturunabhängigkeit erreichen.

Auch in amorphen Schichten, z.B. GdFe- oder GdCo-Filmen ist die Erzeugung stabiler Domänen möglich.

Da die Schichtdicken etwa so groß sein sollen wie die Domänendurchmesser, also im Bereich von einigen μm, stößt die Herstellung auf Schwierigkeiten, zumal die Schichten weitgehend fehlstellenfrei sein müssen.

Granatfilme werden durch „Aufwachsen" auf einkristalline unmagnetische Substratschichten von gleicher kristalliner Struktur hergestellt. Da Fehlstellen des Substratplättchens sich in die aufgebrachte Schicht fortpflanzen, liegt die Schwierigkeit in der Herstellung hinreichend guter Substratplättchen.

Für das „Aufwachsen" der Granatschicht sind zwei Verfahren üblich, das CVD (Chemical Vapor Deposition) — und das LPE (Liquid Phase Epitaxie)-Verfahren. Bei ersterem wird das Schichtmaterial aus der Gasphase, beim heute bevorzugten LPE-Verfahren aus einer übersättigten Schmelze abgeschieden [62, 63].

Die amorphen Schichten werden durch Kathodenzerstäubung hergestellt [64]. Das Substratmaterial ist hier weniger kritisch, man kann amorphes Material verwenden, das nur frei von mikroskopischen Fehlern sein muß.

6.4. Die Informationsspeicherung

Eine binäre 1 bzw. 0 wird durch Vorhandensein bzw. Fehlen einer Domäne an einem bestimmten Platz der Schicht, dem „Speicherplatz" dargestellt. Der Abstand der Speicherplätze voneinander ist etwa $4d$, damit bleibt die gegenseitige Störung der Domänen hinreichend klein.

6. Magnetic Bubble Storage

Die Information wird — wie bei einem Schieberegister — durch eine Reihe von Speicherplätzen hindurchgeschoben und am Ende einem Detektor zugeführt.

Abbildung 33 zeigt ein Verfahren des Domänentransportes mittels einer auf die Schicht aufgebrachten mäanderförmigen Leiterbahn. Die „Speicherplätze" werden durch je 4 Permalloyflecke dargestellt, die die

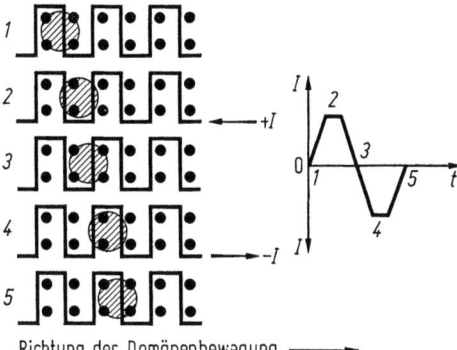

Abb. 33. Domänenbewegung mittels mäanderförmiger Leiterbahnen („Leiterschleifenzugriff").

Domänen fixieren, solange kein Strom fließt. Werden nun durch die Leiterbahn abwechselnd positive und negative Stromimpulse geschickt, so wird das Stützfeld wellenförmig moduliert. Die Fortbewegungsrichtung der Domänen wird dadurch eindeutig festgelegt, daß die Permalloyflecken asymmetrisch zu den Leiterbahnen angeordnet werden. Es gibt dann für jede Domäne ein nächstgelegenes Feldstärkeminimum, zu dem sie hinstrebt.

Ein anderes Verfahren des Domänentransports besteht darin, daß durch ein magnetisches Drehfeld parallel zur Schichtebene Balken aus weichmagnetischem Permalloy (80% Ni, 20% Fe, Dicke 200 bis 1 000 nm), die in verschiedener Richtung liegen, nacheinander magnetisiert werden. Abb. 34 zeigt eine solche Anordnung. Jeder Balken wird dann magnetisiert, wenn die momentane Richtung des Drehfeldes mit seiner Längsrichtung übereinstimmt. Er bleibt wegen der durch die längliche Form der Balken bedingten Entmagnetisierung unmagnetisch, wenn beide einen rechten Winkel bilden. Das Streufeld der Balken hat auch eine Komponente senkrecht zur Schicht. So entsteht ein Feldstärkeminimum, das längs des Domänenpfades von einem Balken zum nächsten wandert. Die Domäne folgt diesen Minima und hat nach einem Drehfeldumlauf eine Periode des Musters zurückgelegt, d.h. sie ist auf den nächsten Speicherplatz gewandert. Die Laufrichtung wird durch die Drehrichtung des Feldes bestimmt.

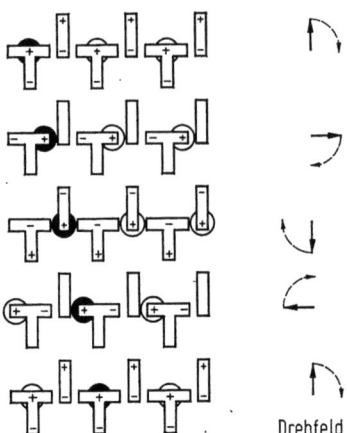

Abb. 34. Domänenbewegung mittels Drehfeld („Feldzugriff").

Dieses System der Domänenbewegung, das als „Feldzugriff" bezeichnet wird, eignet sich für größere Speicher (ab etwa 2 MBit), da die Herstellung eines Drehfeldes mit einer Frequenz von 0,1 bis 1 MHz beträchtlichen Aufwand erfordert.

Neben dem in Abb. 34 gezeigten T-I-Muster werden weitere Muster verwendet, so z.B. das Y-Bar-Muster, das X-Bar-Muster und das Chevron-Muster (Abb. 35). Bei letzterem werden nicht runde, sondern quer zur Bewegungsrichtung gestreckte Domänen verschoben. Dadurch wird die Domänendetektion erleichtert.

Die Herstellung der Permalloymuster kann für Domänendurchmesser bis herunter zu 1 μm mit photographischen Verfahren erfolgen, darunter mit Elektronenstrahllithographie.

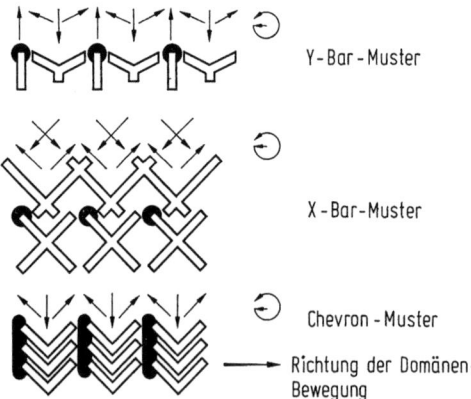

Abb. 35. Permalloymuster zur Domänenbewegung mittels Drehfeld.

6. Magnetic Bubble Storage

Zum Einschreiben einer binären Folge von Nullen und Einsen müssen am Eingang des Domänenpfades Domänen gesteuert erzeugt und am Ausgang, wenn die Information nicht weiter gebraucht wird, vernichtet werden. Abb. 36 zeigt diesen Vorgang. Die Domänen werden von einer im

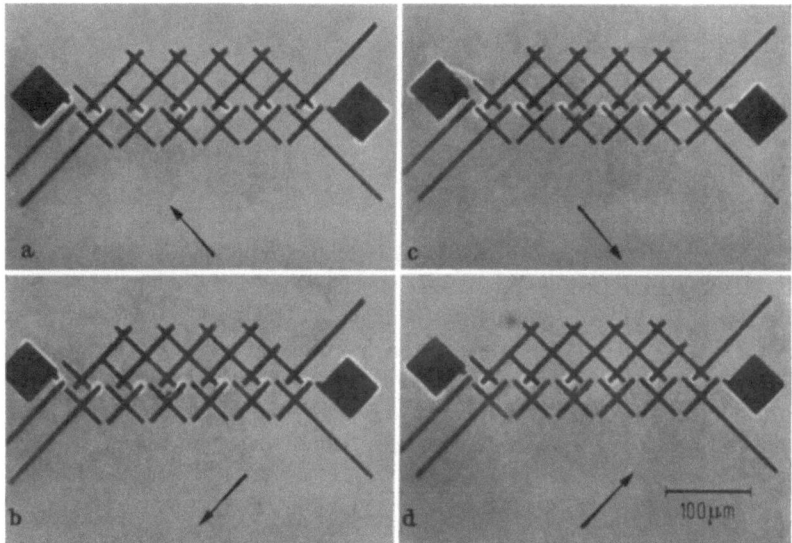

Abb. 36a—d. Domänenerzeugung, Bewegung und Vernichtung mittels Drehfeld.

Drehfeld um einen quadratischen Permalloyfleck umlaufenden Mutterdomäne abgetrennt und über eine Weiche, die durch einen Stromimpuls gesteuert wird, entweder in die Domänenbahn gebracht (für 1) oder einem Vernichter zugeführt (für 0).

Die Detektion der Domänen wäre am einfachsten durch Beobachtung des in einer auf die Schicht aufgebrachten Leiterschleife induzierten Spannungsstoßes. Wegen der geringen Größe und der niedrigen Induktion der Domänen ist jedoch die Flußänderung sehr klein und das Verfahren zu störanfällig. Besser ist der Halleffektdetektor und der Magnetowiderstandsdetektor. Letzterer beruht auf der Widerstandsänderung eines Permalloystreifens bei Änderung seiner Magnetisierung. Eine unter dem 20 bis 60 μm dicken Streifen vorbeiwandernde Domäne verändert durch ihr Streufeld die Magnetisierungsrichtung im Streifen. Dessen Widerstand verändert sich um ΔR und man erhält eine Signalspannung $J \cdot \Delta R$ die, da die Widerstandsänderung nur etwa 1% beträgt, in einer Brückenschaltung gemessen wird. Die Größe des Signals wächst mit der Domänengröße, Abb. 37 zeigt, wie durch schrittweise Streckung der Domänen mit Hilfe des Chevron-Musters eine erhebliche Signalverstär-

Abb. 37. Domänenstreckung mit Hilfe des Chevronmusters zur besseren Detektion.

kung erreicht wird. Die Lesesignale liegen im mV-Bereich, bei starker Streckung der Domänen (bis 1:100) wurden bis 40 mV erreicht.

Dem Magnetowiderstandsdetektor wird gegenüber dem Halleffektdetektor der Vorzug gegeben, da sein Aufbau äußerst einfach ist.

Magneto-optische Leseverfahren beruhen auf dem Faradayeffekt. Ihre Anwendung würde die Lesegeschwindigkeit um etwa 2 Größenordnungen steigern. Da die bisher verwendeten Speichermaterialien nur eine schwache Faradaydrehung zeigen, sind diese Verfahren noch im Versuchsstadium.

6.5. Die Organisation eines Speicherbausteins

Der in Abb. 38 gezeigte Speicherbaustein besteht aus einer Anzahl von gleichlangen Speicherschleifen, in denen die Daten ständig umlaufen.

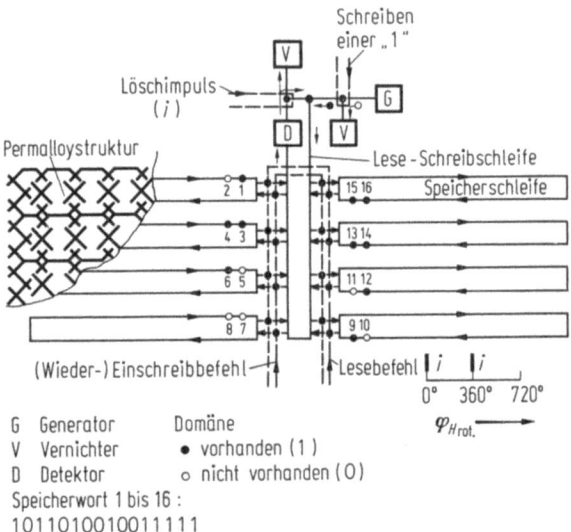

Abb. 38. Organisation eines Speicherbausteins.

Die Schleifen sind alle mit einer Ein-Ausgabeschleife von derselben Länge verbunden. Zum Lesen wird das in jeder Schleife gerade anliegende Bit mit Hilfe einer Weiche, die durch die Leitung „Lesebefehl" geschaltet wird, in die Ein-Ausgabeschleife überführt. Sie sind damit in der Speicherschleife gelöscht. Im Detektor D werden dann in den Nachfolgetakten die übernommenen Bits seriell gelesen. Wird die gelesene Information nicht weiter gebraucht, sorgt ein Löschimpuls für Vernichtung, andernfalls läuft sie weiter in der Ein-Ausgabeschleife um und kann durch Aktivieren der Leitung „(Wieder)-Einschreibbefehl" in die gleiche Position der Speicherschleifen zurückgeschrieben werden. Beim Einschreiben von Information werden die im Generator G laufend erzeugten Domänen entweder der Ein-Ausgabeschleife (für 1) oder dem Vernichter (für 0) zugeführt.

Da der Magnetblasenspeicher als serieller Speicher arbeitet, hängt die Zugriffszeit im Einzelfall davon ab, wo die gewünschte Information im Moment des Aufrufs in den Speicherschleifen steht. Im Mittel ist die Wartezeit gleich der halben Umlaufzeit der Schleifen. Somit hängt sie von der Länge der Schleifen und der Umlaufsfrequenz ab und liegt zwischen etwa 0,1 und 3 ms.

Bei der Verwendung als Hintergrundspeicher, für die der Magnetblasenspeicher hauptsächlich in Frage kommt, muß die Zugriffszeit für einen ganzen Block nur einmal abgewartet werden. Für die gesamte Übertragungszeit ist dann eher eine hohe Datenrate wichtig. Diese läßt sich beim Zusammenbau eines Speichers aus Einzelchips dadurch steigern, daß man 4 um je 90° verdrehte Chips auf denselben Leseverstärker arbeiten läßt. Dies ergibt eine Vervierfachung der Datenrate. Durch Parallelschalten von Chips kann man Bytes oder Worte mit der gleichen Datenrate verarbeiten. So ermöglicht der Aufbau aus Einzelbausteinen weitgehende Anpassung an die jeweiligen Anforderungen.

6.6. Gegenwärtiger Stand der MB-Speicher

Bei den heute gebräuchlichen Schichtmaterialien erzielt man mit Domänendurchmessern von 5 μm Packungsdichten von etwa 2 kBit/mm^2 bei Fehlerdichten von 2 Defekten/cm^2. Neuere Materialien dürften Domänendurchmesser <1 μm und Packungsdichten von 10^7 bis 18^8 Bit/mm^2 ermöglichen, wobei allerdings die Herstellung der Permalloystrukturen und auch die Domänendetektion schwieriger werden. Die Drehfeldfrequenzen liegen zwischen 0,1 und 1 MHz.

Einzelchips werden gegenwärtig mit Kapazitäten von 10–20 KBit gefertigt, eine Erhöhung auf $2 \cdot 10^5$ Bit ist zu erwarten. Speicherprototypen mit 10^6 Bit sind in der Erprobung [65], 10^9 Bit scheinen in Zukunft realisierbar.

Der Energieverbrauch ist mit etwa 1 µWatt/Bit im Vergleich zu anderen Speichern sehr niedrig.

Literatur

1 Steinbuch, K.; Weber, W.: Taschenbuch der Informatik. Berlin, Heidelberg, New York: Springer 1974.
2 Schwarzer, H.; Woehl, B.; Martin, L.: Speicher in der Nachrichtenverarbeitungstechnik. Jahrbuch des elektrischen Fernmeldewesens (1966) 113—186.
3 Zemanek, H.: Gedanken zu einem 8-bit-Code. Elektr. Rechenanl. 9 (1967) 65 bis 67.
4 Berndt, H.; Haberzettl, G.: Der internationale 7-bit-Code. Elektr. Rechenanl. 9 (1967) 68—73.
5 Conti, H. J: Structural Aspects of the System/360 Model 85. IBM Syst. J. 7, Nr. 1 (1968) 2—21.
5a Conti, D. H.: Scientific Research (21. Juli 1969).
6 Forrester, J. W.: Digital Information Storage in three Dimensions Using Magnetic Cores. J. Appl. Phys. 22 (1951) 44—48.
7 Rajchman, J. A.: A Myriabit Magnetic Core Matrix Memory. Proc. IRE 41 (1953) 1407—1421.
8 Driel, G. A.; Esveldt, C. J.: Temperaturunabhängige Rechteckferrite. Z. f. angew. Physik 17 (1964) 228—231.
9 Rabl, H.: Das Verhalten von Ferritspeicherringkernen bei Temperaturänderungen während ihres Arbeitszyklus. Elektr. Rechenanl. 6 (1964) 30—35.
10 Cooke, P.; Dillistone, D. C.: The Measurement and Reduction of Noise in Coincident Current Core Memories. Proc. IRE (1962) 383—389.
11 Parsons, J. R.: Three-Wire Memory System. RCA Application Note AN—3451 (1967).
12 Werner, G. E., et al.: A 110 nsec Ferrite Core Memory. IBM J. Res. a. Dev. (1967) 153—161.
13 Stuart-Williams, R.: An Evaluation of Partial Switching in Storage Applications. Solid State J. (Nov. 1961), 25—32.
14 Gilligan, T. S.: $2^1/_2$ D High Speed Memory Systems — Past, Present and Future. IEEE Trans. Electr. Comp. EC 15 (1966) 475—485.
15 Kayser, W.: Übersicht über Speicherverfahren für Speicher mit dünnen magnetischen Schichten. Elektr. Rechenanl. 4 (1962) 60—70.
16 Osborn, A.: Demagnetizing Factors of the General Ellipsoid. Phys. Review 67 (1945) 351—357.
17 Feldtkeller, E.: Übersicht über das Magnetisierungsverhalten in dünnen Schichten. Z. angew. Physik 17 (1964) 121—130.
18 Kayser, W.: Magnetization Creep in Magnetic Films. IEEE Trans. Magnetics MAG—3 (1967) 141—157.
19 Stein, D.; Feldtkeller, E.: Wall Streaming in Ferromagnetic Thin Films. J. Appl. Physics 38 (1967) 4401—4408.
20 Feldtkeller, E.: Eine anschauliche Darstellung der kohärenten Magnetisierungsdrehung in dünnen ferromagnetischen Schichten. Z. angew. Physik 12 (1960) 257—261.
21 Valstyn, E.: Write-Noise Relaxation in Magnetic Film Memoires. IEEE Trans. Magnetics. MAG—4 (1968) 197—204.
22 Ravi, C. G.; Koerber, G. G.: Effects of a Keeper on Thin Film Magnetic Bits. IBM Journ. Res. a. Dev. 10 (1966) 130—134.
23 Chong, C. F., et al.: High Speed Read Amplifiers for Thin Films. Electronic Design, 3 Aug. 1964.

24 Blaud, G. F.: Directional Coupling and its Use for Memory Noise Reduction. IBM Journ. Res. a. Dev. 7 (1963) 252—256.
25 Kukuk, H. S.; Petschauer, R. S.: FFM—202 300 Nanosecond Thin Film Memory. Solid State Design. Dez. 1963.
26 Pugh, E. W., et al.: Device and Array Design for a 120-Nanosecond Magnetic Film Main Memory. IBM J. Res. a. Dev. 11 (1967) 169—178.
27 Jutzi, W.: Zerstörungsfreies Lesen und Schreiben mit gekoppelten Magnetschichten im 20-n-sec Bereich. Elektr. Rechenanlagen 6 (1964) 228—238.
28 Billing, H., et al.: A Word — Organized NDRO Memory Using Fluted Magnetic Films, IEEE Trans. Magnetics MAG—2 (1966) 520—523.
29 Kohn, G., et al.: A Very-High-Speed, Nondestructive-Read Magnetic Film Memory. IBM Journ. Res. a. Dev. 11 (1967) 162—168.
30 McCallister, J. P.; Chong, C. F.: A 500 Nanosecond Main Computer Memory Utilizing Plated-Wire Elements. Proc. Fall Joint Comp. Conf. (1966) 305—314.
31 Waaben, S.: High Speed Plated Wire Memory System. IEEE Trans. El. Comp. EC 16 (1967) 335—343.
32 Finch, T. R.; Waaben, S.: High Speed Interlaced Write and Read Only Operation of a Plated Wire Memory System. IEEF Trans. Comp. 17 (1968) 1062—1065.
33 Smale, B. G.: A 16 Mbit Random Access Plated Wire Memory System. IEEE Trans. Magnetics MAG—5 (1969) 428.
34 Aschmoneit, E. K.: Twistor Speicher großer Kapazität, Übersichtsaufsatz. Elektronik 12 (1963) 257—262.
35 Miyata, J. J.; Hartel, R.: The Recording and Reproduction of Signals on Magnetic Medium Using Saturation Type Recording. IRE Trans. El. Comp. (1959) 159—169.
36 Speliotis, D. E.: Magnetic Recording Theories: Accomplishment, and Unresolved Problems. IEEE Trans. Magn. MAG—3 (1967) 195—200.
37 Siemens System 300, Trommelspeicherelemente 2013, 2014, 2015, Firmenschrift.
38 Bate, G.: Thin Metallic Films for High-Density Digital Recording. IEEE Trans. Mag. MAG—1 (1965) 193—205.
39 Nishikawa, M.: Digital Recording Properties of Relatively Thick Magnetic Medium. IEEE Trans. Magn. MAG—4 (1968), 286—290.
40 Hoagland, A. S.: Magnetic Recording Head Design. W. Joint Comp. Conf. 1956, S. 26—31.
41 Leilich, H. O.: Physikalische Probleme der Magnetkopfkonstruktion für digitale Magnettrommelspeicher. NTF 4 (1956) 123—125, 326.
42 Gross, W. A., et al.: A Gas Film Lubrication Study. IBM J. Res. a. Dev. 3 (1959) 237—274.
43 Hoagland, A. S.: High Density Digital Magnetic Recording Techniques. Proc. IRE 49 (1961) 258—261.
44 Fuller, H., et al.: Techniques for Increasing Storage Density of Magnetic Drum Systems. E. Joint Comp. Conf. 1954, S. 16.
45 Jack, R. W., et al.: Engineering Description of the Burroughs Disk File. Proc. F. Joint Comp. Conf. 1963, S. 341—350.
46 Carothers, J. D.: The IBM 1311 Disk Storage Drive with Interchangeable Disk Packs. Proc. F. J. Comp. Conf. 1963, S. 327—340.
47 Riedle, H.: Der Magnetkartenspeicher CRAM. Elektr. Rechenanl. (1962) 270 bis 273.
48 Gabor, A., et al.: Design Considerations of a Random Access Storage Device Using Magnetic Tape Loops. Proc. F. J. Comp. Conf. 1964, S. 435—441.

49 DIN-Normen für Magnetbänder: DIN 66004 (7 Bit Code); DIN 66005 (rein numerische Daten); DIN 66010 (Begriffe); DIN 66011 (mechanische und elektromagnetische Eigenschaften); DIN 66013, DIN 66014, DIN 66015 (Informationsverarbeitung bei 7 bzw. 9 Spuren). Berlin: Beuth-Vertrieb.
50 Willis, D. W.; Gwillim, D. T.: The Design of a Vacuum Capstan for a Computer Magnetic Tape Transport. Int. Conf. Magnetic Recording, London 1964, S. 122—125.
51 Peterson, W. W.; Brown, D. T.: Cyclic Codes for Error Detection. Proc. of the IRE (1961) 228—235.
52 Brown, D. T.: Error Correction in IBM 2400 Series Magnetic Tape. IBM Technical Report TR 00.1151 (1964).
53 Haass, G. F.: Die Technik hoher Aufzeichnungsdichte bei Magnetband-Digitalspeichern. NTZ (1967) 571—575.
54 Peterson, W. W.: Prüfbare und korrigierbare Codes. München, Wien: Oldenbourg 1967.
55 Berlekamp, E. R.: Algebraic Coding Theory. New York: McGraw-Hill Book Company 1968.
56 Gardiner, I. T.: The Cluster-Four Tape Stations in a Single Package. AFIPS-Conf. Proc. 30 (1967) SJCC 245—252.
57 Lill, A.: Magnetische Zylinderdomänen — ihre Eigenschaften und Anwendungen. Physik in unserer Zeit, Febr. 1974.
58 Metzdorf, W.: Informationsspeicherung mit magnetischen Blasen. Umschau 75 (April 1975).
59a Bobeck, A. H.; Scovil, H. E.: Magnetic Bubbles. Scientific American 224 (1971) 78—90.
59b Thiele, A. A.: Theory of the Static Stability of Cylindrical Domains in Uniaxial Platelets. J. Appl. Phys. 41, Nr. 3 (1970) 1139—1145.
60 Heinz, D. M.; Besser, P. J.; Owens, J. M.; Pulliam, G. M.: Mobile Cylindrical Domains in Epitaxial Garnet Films. J. Appl. Phys. 42, Nr. 4 (1971) 1243—1250.
61 Bobeck, A. H.: The magnetic bubble. Bell Lab. Rec. Nr. 48 (1970) 163—169.
62 Levinstein; Licht; Landorf; Blank: Growth of High-Quality Garnet Thin Films from Supercooled Melts. Appl. Phys. Letters 19, H. 11 (1971) 486—488.
63 Hewitt, Pierce; Blank; Knight: Technique for Controlling the Properties of Magnetic Garnet Films. IEEE Trans. Magnetics Mag. 9, H. 3 (1973).
64 Chaudhari; Cuomo; Cambino: Amorphous Metallic Films for Bubble Domain Applications. IBM J. Res. Develop. 17, H. 1 (1973) 66—68.
65 Michaelis, P. C.; Richards, W. J.: Magnetic Bubble Mass Memory. IEEE Trans. Magnetics Mag. 11, Nr. 1 (1975) 21—25.
66 Hahn-Bauer: Physikalische und elektrotechnische Grundlagen für Informatiker. Heidelberger Taschenbücher, Bd. 147. Berlin, Heidelberg, New York: Springer 1975.
67 Kaufmann, H.: Daten-Speicher. München, Wien: Oldenbourg 1973.
68 Sangster, F. L.: Der Eimerkettenspeicher, ein Schieberegister für analoge Signale. Philips Techn. Rundschau 31 (1970/71) 97—111.
69 Boyle, W. S.: Charge Coupled Semiconductor Devices. Bell Syst. Techn. 49 (1970) 587—593.

Mechanische Anwendungen

A. Magnetspeicherabfrage mit Hallgeneratoren

Hans Joachim Lippmann, Karl Maaz

1. Einleitung

Magnetische Aufzeichnungen können sowohl mit induktiven Leseköpfen als auch mit Hallgeneratorleseköpfen abgefragt werden. Der grundsätzliche Unterschied der beiden Lesesysteme ist folgender:

Induktive Leseköpfe geben eine der zeitlichen Flußänderung des vorbeibewegten Magnetträgers proportionale Spannung ab; ohne Relativbewegung zwischen Lesekopf und Magnetspeicher ist also kein Signal lesbar.

Hallgeneratorleseköpfe geben eine dem vom Magnetspeicher ausgestreuten Fluß selbst proportionale, von der Relativgeschwindigkeit zwischen Speicher und Lesekopf unabhängige Ausgangsspannung ab. Sie haben daher einen grundsätzlich anderen Frequenzgang als induktive Leseköpfe und sind nicht nur zur dynamischen, sondern auch zur statischen Abfrage von Magnetträgern geeignet.

Trotz der Vorteile der Frequenzunabhängigkeit — hinsichtlich Lebensdauer, Störsicherheit, Unempfindlichkeit gegen Stoß und Verschmutzung sind beide Lesekopftypen gleichwertig — konnte sich der Hallgenerator zur Abfrage der rein dynamischen Magnetspeicher für Ton und Bildaufzeichnung nicht einführen.

Dieser Anwendung stehen nämlich drei Nachteile entgegen: Die Herstellkosten eines Hallgeneratorlesekopfes betragen das Mehrfache eines induktiven Lesekopfes, er benötigt für die Wiedergabe von Tonfrequenzen einen Steuerstrom und schließlich reduziert der Nebenschluß des für geringe Bandgeschwindigkeiten erforderlichen kleinen Lesespaltes den Nutzfluß im Hallgeneratorspalt und damit den Ausgangspegel des Hallgenerators. Solange diese Nachteile nicht durch neue Fertigungstechnologien beseitigt werden können, werden für Anwendungen, bei denen die Zeitunabhängigkeit des Lesevorganges nicht notwendig ist, am zweckmäßigsten induktive Leseköpfe eingesetzt.

In der Steuer-, Regelungs- und Automationstechnik sind jedoch oft dynamische und statische Abfrageprobleme gekoppelt, z.B. um zu positionieren. Für derartige Aufgaben ist der Hallgenerator in Verbindung mit den Vorteilen eines Magnetspeichers durch folgende Eigenschaften geradezu prädestiniert:

Der Nulldurchgang der Hallspannung beim Passieren eines magnetischen Dipols ist nahezu unabhängig von Schwankungen der Umgebungstemperatur und des Abstandes zwischen Lesekopf und Magnetträger. Die Auswertung des Nulldurchganges beim Positionieren gewährleistet daher hohe Zielgenauigkeit bei relativ großen Abstands- und Temperaturtoleranzen.

Der an sich weichmagnetische Kreis eines Lesekopfes kann durch Einfügen einer härtermagnetischen Zone leicht selbst zum Magnetspeicher ausgebildet werden. Ein solcher Lesekopf vermag beispielsweise nach Wiederkehr der ausgefallenen Versorgungsspannung auf Grund seiner Kennlinie auszusagen, ob er einen bestimmten magnetischen Dipol vor dem Spannungsausfall bereits passiert hatte oder nicht.

Im Gegensatz zu vielen Sensoren, bei denen das „0"- bzw. „1"-Signal identisch ist mit dem Störungsfall, bildet der Hallgenerator „0" und „1" durch Ausgangsspannungen unterschiedlicher Polarität.

Der sich anschließende Beitrag befaßt sich daher nur am Rande mit der von induktiven Leseköpfen beherrschten Abfrage rein dynamischer Magnetspeicher für Ton- und Fernsehaufzeichnungen. Er will die für das Verständnis der Wirkungsweise der magnetflußempfindlichen Hallgeneratoren notwendigen Grundlagen vermitteln und die Anwendungsgebiete aufzeigen, bei denen die Magnetspeicherabfrage mit Hallgeneratoren Vorteile gegenüber anderen technischen Lösungen bietet.

2. Hallgeneratoren

Hallgeneratoren [1, 2] sind Bauelemente zur technischen Ausnutzung des von dem amerikanischen Physiker E. H. Hall [3] im Jahre 1879 an dünnen Goldschichten entdeckten und nach ihm benannten Halleffektes. Beim Halleffekt handelt es sich um folgende physikalische Erscheinungen: Wird ein langgestreckter, elektrischer Leiter der Breite b und Dicke d in Längsrichtung von einem elektrischen Strom i_1 durchflossen und senkrecht zu den Flächen der Breite b von einem Magnetfeld B_Z durchsetzt, so wird zwischen zwei an den Längskanten des Leiterstreifens senkrecht zur Stromrichtung angebrachten Kontakten P und Q eine elektrische Spannung, die Hallspannung u_{20}, gemessen (Abb. 1).

Das Zustandekommen der Hallspannung läßt sich leicht erklären. Bei Elektronenleitung entspricht dem elektrischen Strom i_1 im Leiterstreifen eine Bewegung der Leitungselektronen entgegengesetzt zur ein-

2. Hallgeneratoren

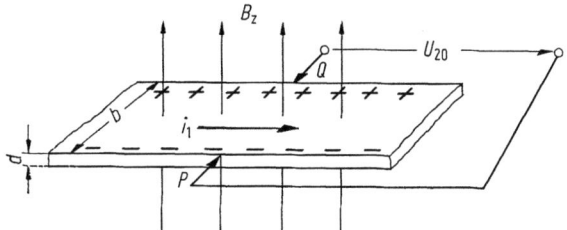

Abb. 1. Halleffekt am langgestreckten Leiter.

gezeichneten Stromrichtung in Abb. 1, also von rechts nach links. Auf die sich bewegten Elektronen übt das einwirkende Magnetfeld B_Z eine Kraft aus, die eine Ablenkung der Elektronen senkrecht zu ihrer Bewegungsrichtung auf die Vorderkante des Leiterstreifens hin verursacht. Durch diese „Verwehung" der Elektronen lädt sich die Vorderkante negativ, die hintere Längskante positiv auf. Das sich durch die Ladungstrennung aufbauende elektrische Feld übt auf die sich bewegenden Elektronen eine Kraft aus, die der Ablenkung durch das Magnetfeld entgegenwirkt. Die fortschreitende Aufladung der Längskanten dauert daher so lange an, bis die elektrische Gegenkraft gleich der magnetischen Ablenkkraft geworden ist. Im Gleichgewichtszustand durchlaufen die den Strom i_1 bildenden Elektronen den Leiterstreifen wieder auf geradlinigen Bahnen. Die Einstellzeit für diesen Gleichgewichtszustand beträgt weniger als 10^{-12} s. Die im Gleichgewichtszustand senkrecht zu den Strombahnen herrschende elektrische Feldstärke ist die Hallfeldstärke. Sie verursacht die Leerlaufspannung u_{20} zwischen den Kontaktspitzen P und Q in Abb. 1. Die am Leiterstreifen auftretende Hallspannung u_{20} ist proportional dem Strom i_1 und der magnetischen Induktion B_Z, dagegen umgekehrt proportional zur Dicke d des Streifens, also

$$u_{20} = \frac{R_H}{d} i_1 B_Z. \tag{1}$$

Hierin ist der Proportionalitätsfaktor R_H eine Materialkonstante des Leiterstreifens, die Hallkonstante.

Von einem Hallgenerator fordert man eine große Hallspannung und möglichst geringen Raumbedarf. Zur Erzielung einer hohen Hallspannung müssen die Hallkonstante R_H groß und die Leiterdicke d klein sein. Die Hallkonstante ist bei reiner Elektronenleitung der Konzentration n der Leitungselektronen umgekehrt proportional. Eine hohe Hallkonstante bedeutet also niedrige Trägerkonzentration. Diese Forderung wird nur von Halbleitern erfüllt. Aus diesem Grunde besteht das „Herzstück" eines Hallgenerators aus einer dünnen Halbleiterschicht.

Abgesehen von der Schwierigkeit, eine langgestreckte dünne Halbleiterschicht betriebssicher zu stabilisieren, muß wegen der Forderung nach geringem Raumbedarf der langgestreckte Leiter (Abb. 1) in Steuerstromrichtung begrenzt werden. Die Begrenzung geschieht beim klassischen Hallgenerator, dessen Seitenverhältnis $a/b \approx 2$ beträgt, durch die Steuerstromelektroden (Abb. 2a). Die Halbleiterschicht mit den

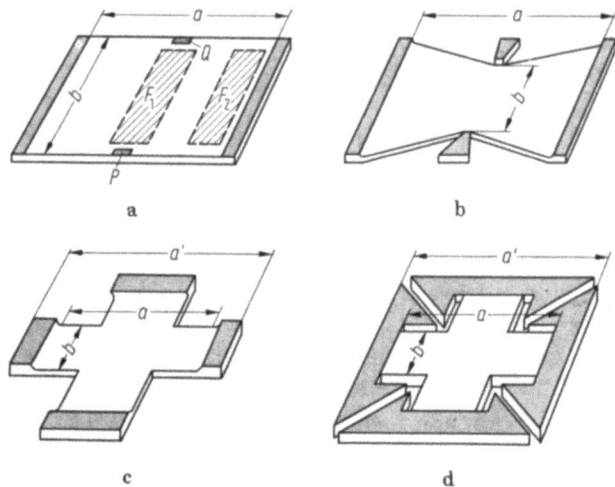

Abb. 2a—d. Formen von Hallplättchen.
a) Rechteckform; b) Schmetterlingform; c, d) Kreuzform; Elektroden eingedunkelt.

Steuerstrom- und Hallelektroden wird „elektrisches System" oder Hallplättchen [2] genannt. Bei einem in Steuerstromrichtung begrenzten elektrischen System (Abb. 2a) wird die Hallfeldstärke durch die Steuerstromelektroden kurzgeschlossen. Wegen dieses Kurzschlußeffektes, der sich in Richtung Hallelektroden exponentiell abbaut, ist für das in Steuerstromrichtung begrenzte elektrische System die Formel (1) mit einem Geometriefaktor $G_h < 1$ zu erweitern [1]. Für ein rechteckiges System nach Abb. 2a mit $a/b = 2$ ist bei Induktionen $<10^{-1}$ Tesla der Geometriefaktor $G_h \approx 0,95$.

Bei der Abfrage von Magnetträgern wird der Hallgenerator meist mit einem konstanten Steuerstrom i_1 erregt. Der maximal zulässige Steuerstrom i_{1max} wird durch die in der Halbleiterschicht maximal zulässige Übertemperatur begrenzt. Dieser Übertemperatur des Hallplättchens ist eine von der Wärmeableitung des elektrischen Systems abhängige Verlustleistung pro cm² Halbleiterschicht, die Verlustleistungsdichte, zugeordnet. Bei einem Hallgenerator, dessen Verlustwärme erzeugende Halbleiterschicht die Länge a und die Breite b hat, ist die maximal zulässige Verlustleistungsdichte n_{vmax} und der maximal zu-

2. Hallgeneratoren

lässige Steuerstrom verknüpft durch die Beziehung

$$a \cdot b \cdot n_{v\max} = R_{10}(B) \cdot i_{1\max}^2. \qquad (2)$$

Hierin ist $R_{10}(B)$ der magnetfeldabhängige steuerseitige Innenwiderstand des Hallgenerators im Leerlauf.

Unter der bei kleinen Magnetfeldern zulässigen Vernachlässigung der Magnetfeldabhängigkeit [1] gilt für diesen Widerstand, wenn σ die spezifische Leitfähigkeit des Halbleitermaterials ist,

$$R_{10} = \frac{1}{\sigma} \frac{a}{bd}. \qquad (3)$$

Aus (2) und (3) folgt für den maximal zulässigen Steuerstrom

$$i_{1\max} = b \sqrt{d \sigma n_{v\max}} \qquad (4)$$

und mit Gl. (1) für die maximal erreichbare Leerlaufhallspannung

$$u_{20\max} = b \sqrt{\frac{R_H^2 \sigma}{d} n_{v\max}} \, B_z. \qquad (5)$$

Für Halbleitermaterialien, bei denen die Elektronenbeweglichkeit μ_n wesentlich größer ist als die Löcherbeweglichkeit μ_p, kann für das Produkt $R_H \sigma$ die Elektronenbeweglichkeit μ_n gesetzt werden.

Für die maximal erreichbare Hallspannung im Leerlauf gilt dann

$$u_{20\max} = \frac{b}{\sqrt{d}} \sqrt{R_H \mu_n n_{v\max}} \, B_z. \qquad (5a)$$

Aus Gl. (5a) folgt, daß ein Halbleiterwerkstoff zur technischen Ausnutzung des Halleffektes neben einer großen Hallkonstante R_H auch eine große Elektronenbeweglichkeit μ_n besitzen sollte. Diese Forderungen werden am besten von einigen III—V-Verbindungshalbleitern wie Indiumantimonid, Indiumarsenid und Galliumarsenid erfüllt. Zwischen $-20\,°C$ und $80\,°C$ haben diese Werkstoffe die in Tab. 1 aufgeführten Kenngrößen:

Tabelle 1

	R_H [cm³/As]	μ_n [cm²/Vs]	$R_H \cdot \mu_n$ [cm⁵/Ws²]	β [%/°K]
InSb	380	76000	$28{,}9 \cdot 10^6$	$-1{,}5$
InAs	100	24000	$2{,}4 \cdot 10^6$	$-0{,}07$
GaAs	750	6000	$4{,}5 \cdot 10^6$	$-0{,}04$

R_H Hallkonstante, μ_n Elektronenbeweglichkeit, β Temperaturkoeffizient von R_H bzw. u_{20}.

Nach Tab. 1 ist hinsichtlich des Produktes $R_H \cdot \mu_n$ Indiumantimonid für einen Hallgenerator der geeignetste Werkstoff. Nachteilig ist der relativ große Temperaturkoeffizient der Hallkonstante. Trotz dieses Nachteils werden die meisten Hallgeneratorleseköpfe aus InSb gefertigt, da bei diesem Werkstoff die Erzeugung dünnster Schichten am besten beherrscht wird [4] und die Temperaturabhängigkeit der Hallspannung beim Abfragen magnetischer Speicher meist von untergeordneter Bedeutung ist.

Von einem gegebenen Hallgenerator sind die zwei charakteristischsten Kenngrößen der Nennwert des Steuerstromes i_{1N} und seine Induktionsempfindlichkeit im Leerlauf $K_{BO}(B)$, definiert durch die Gleichung

$$K_{BO}(B) = \frac{R_H}{d} \cdot G_h = \frac{u_{20}}{i_1 \cdot B}. \tag{6}$$

Der Nennwert des Steuerstromes i_{1N} ist ein vom Hersteller empfohlener Effektivwert, der eine Temperaturerhöhung der Halbleiterschicht von etwa 15 °C zur Folge hat. i_{1N} ist von den Kühlverhältnissen abhängig; meist wird der ungünstigste Wert angegeben, nämlich bei Betrieb in ruhender Luft.

Der Maximalwert $i_{1\max}$ ist ein Grenzwert, dessen Überschreitung zur thermischen Zerstörung des Hallgenerators führen kann.

Aus i_{1N} und $K_{BO}(B)$, die in V/AT angegeben wird, erhält man den mit diesem Hallgenerator bei der Induktion B maximal erzielbaren Nennwert der Leerlaufhallspannung

$$u_{20N} = K_{BO}(B) \cdot i_{1N} \cdot B. \tag{7}$$

Die Entwicklung der Hallgeneratoren begann Anfang der 50er Jahre. Mit den damals zur Verfügung stehenden Verstärkern war die Verstärkung von Hallspannungen aus Anpassungsgründen sehr aufwendig. Von den ersten, meist für meßtechnische Anwendungen entwickelten Hallgeneratortypen verlangte man daher neben einer hohen Hallspannung und linearem Zusammenhang zwischen Hallspannung und magnetischer Induktion noch eine hohe Leistungsabgabe, um Geräte, wie z.B. Schreiber und Zähler, direkt betreiben zu können. Diese Forderung läßt sich bei einem rechteckigen elektrischen System durch eine geeignete Geometrie der Hallelektroden am besten realisieren. Die ersten serienmäßigen Hallgeneratoren besaßen daher ausschließlich rechteckige Hallplättchen.

Als mit dem Aufkommen der Halbleiterverstärker die Leistungsabgabe bei Hallgeneratoren belanglos wurde, ging man zu kreuzförmigen Hallplättchen (Abb. 2c und 2d) über.

Kreuzförmige Hallplättchen besitzen gegenüber Rechtecksystemen eine etwas höhere Leerlaufempfindlichkeit, die Steuerstrom- und Hallelektroden sind bei ihnen paarweise vertauschbar und ihre Hallspannung ist der Induktion im Leerlauf nahezu proportional. Abb. 3 zeigt charakteristische Kennlinienbeispiele $U_2 = f(B)$ für konstanten Steuerstrom i_1 von Rechteck- und Kreuzsystemen. Die für den im Hallkreis mit R_3 belasteten Hallgenerator ausgewählten Kennlinien sind typisch für den Fall, daß R_3 etwa fünfmal so groß ist wie R_{20}. R_{20} ist der hallseitige Innenwiderstand im Leerlauf.

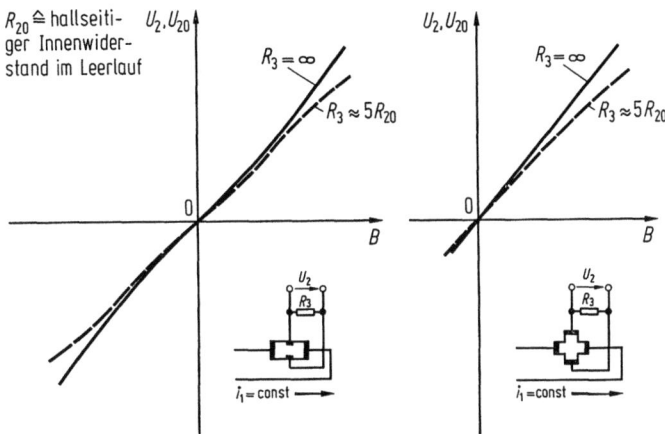

Abb. 3. Hallgeneratorkennlinien $U_2 = f(B)$ für Leerlauf und Belastung. Links: Rechteckform; rechts: Kreuzform.

3. Flußempfindliche Hallgeneratoren für Leseköpfe

Bei der Abfrage magnetischer Speicher ist am Ort des Hallgenerators nicht die magnetische Induktion, sondern der magnetische Fluß vorgegeben. Es besteht also die Aufgabe, mit einem kleinen Magnetfluß eine möglichst hohe Hallspannung zu erzeugen, in anderen Worten: die Flußempfindlichkeit $K_{\Phi 0}(B)$ des Hallgenerators [2], definiert durch die Gleichung

$$K_{\Phi 0}(B) = \frac{u_{20}}{i_1 \cdot \Phi}, \qquad (8)$$

sollte möglichst groß sein. Zur Erzielung einer großen Flußempfindlichkeit wird das elektrische System des Hallgenerators mit ferromagnetischen Werkstoffen ummantelt. Da als Werkstoffe für die Ummantelung meist Ferrite verwendet werden, bezeichnet man die flußempfindlichen Hallgeneratoren auch kurz als Ferrit-Hallgeneratoren. Die Flußempfindlichkeit $K_{\Phi 0}$ wird in den Datenblättern auf einen Magnetfluß bezogen, bei dem noch kein Teil des ferromagnetischen Mantels Sättigungserscheinungen zeigt.

Die Abbildungen 4a—4c zeigen den Aufbau von Ferrit-Hallgeneratoren. Die im Zentrum etwa 5 μm dicke Halbleiterschicht *1* ist auf einer Grundplatte *2* aus Ferrit aufgebracht. Die Bündelung des Magnetflusses auf die dünne Mittelzone des Hallplättchens übernimmt ein Ferritsteg *3*.

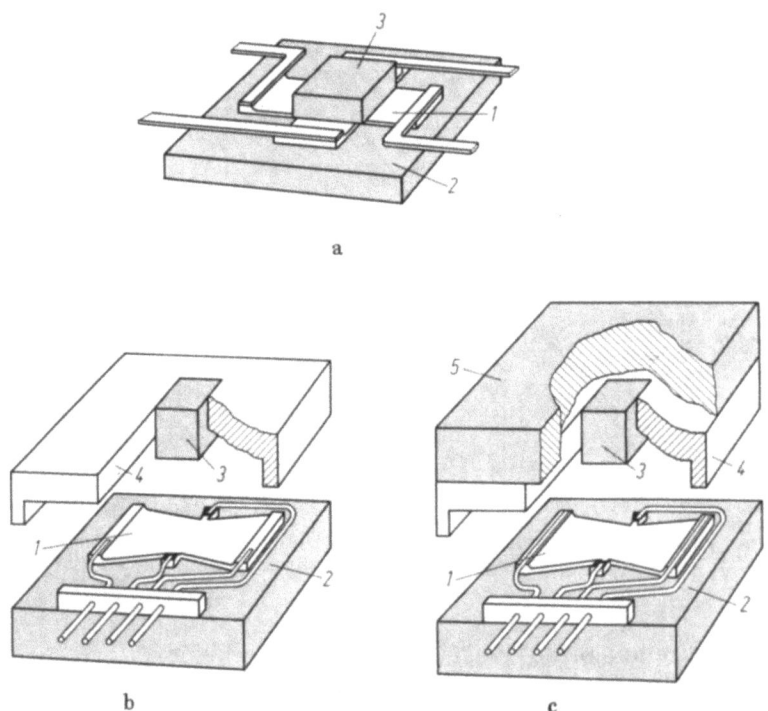

Abb. 4a—c. Bauformen der Ferrit-Hallgeneratoren.
a) Freier, auf Hallplättchen aufliegender Steg; b) freier Schwebesteg; c) eingeschlossener Schwebesteg.
1 Hallplättchen; *2* Grundplatte; *3* Steg; *4* unmagnetische Brücke; *5* Deckplatte.

Der Ferritsteg kann unmittelbar auf der Halbleiterschicht aufsitzen (Abb. 4a) oder der Steg wird durch eine unmagnetische Brücke *4* über der Halbleiterschicht fixiert (Abb. 4b). Nach Bauweise 4a gefertigte Hallgeneratoren sind zwar viel preisgünstiger als die nach 4b hergestellten, dafür aber empfindlich auf Stegdruck. Beide Bauweisen sind bezogen auf die Halbleiterschicht magnetisch unsymmetrisch, da die Grundplatte ein wesentlich größeres Volumen als der Steg einnimmt.

Eine nahezu magnetisch symmetrische Anordnung erhält man in einfacher Weise aus der in Abb. 4b dargestellten Konstruktion, in dem auf die Oberseite der den Steg tragenden Keramikbrücke eine wie die Grundplatte bemessene Ferritdeckplatte *5* aufgesetzt wird. Grund- und

3. Flußempfindliche Hallgeneratoren für Leseköpfe

Deckplatte wirken auf den Magnetfluß wie Antennen. Der von ihnen eingefangene Magnetfluß wird beim Übertritt in den Steg stark gebündelt. Vernachlässigt man den magnetischen Nebenschluß von Deck- und Grundplatte, dann erhöht sich durch diese Bündelung die magnetische Induktion im Steg und damit in der vom Steg überdeckten Halbleiterschicht gegenüber der magnetischen Induktion in Deck- bzw. Grundplatte im Verhältnis der Querschnitte von Grund- bzw. Deckplatte und Steg. Der magnetische Widerstand eines Ferrit-Hallgenerators selbst wird zum größten Teil vom Abstand der die Halbleiterschicht umschließenden Steg- und Grundplattenflächen bestimmt. Dieser Abstand muß daher bei der Herstellung mit sehr engen Toleranzen eingehalten werden.

Allgemein läßt sich zeigen, daß die Flußempfindlichkeit eines Ferrithallgenerators um so größer wird, je kleiner sein elektrisches System ist. Wenn man davon ausgeht, daß der dem Hallgenerator angebotene Magnetfluß Φ sich bei einem rechteckförmigen System mit der Länge a und der Breite b gleichmäßig über die gesamte Fläche des elektrischen Systems verteilt, so gilt

$$\Phi = B_z \cdot a \cdot b. \qquad (9)$$

Ersetzt man in Gl. (5a) die Induktion B_z durch diesen Magnetfluß, so ergibt sich für die maximal erreichbare Leerlaufhallspannung der Ausdruck

$$u_{20\max} = \frac{1}{a\sqrt{d}} \sqrt{R_H \cdot \mu_n \cdot n_{v\max}} \cdot \Phi. \qquad (10)$$

Bei vorgegebenem Magnetfluß steigt also die maximal erreichbare Leerlaufhallspannung umgekehrt proportional mit der Linearabmessung des elektrischen Systems an. Diese am rechteckigen elektrischen System abgeleitete Aussage gilt grundsätzlich auch für kreuzförmige Hallplättchen. Flußempfindliche Hallgeneratoren haben daher kleine Hallplättchen. Der Verkleinerung sind allerdings schon dadurch Grenzen gesetzt, daß sich ein vorgegebener Magnetfluß nicht beliebig bündeln läßt, ohne im Steg Sättigung zu bewirken.

Ein weiteres Anwachsen der Flußempfindlichkeit wird dadurch erreicht, daß der den Magnetfluß konzentrierende Steg nicht die gesamte Fläche der Halbleiterschicht überdeckt, sondern in Steuerstromrichtung kürzer ist und den angebotenen Magnetfluß auf die Mitte der Halbleiterschicht zwischen den Hallelektroden lenkt. Wegen des auf S. 368 beschriebenen Kurzschlusses der Hallfeldstärke durch die Steuerstromelektroden liefert nämlich bei einem im homogenen Magnetfeld befindlichen Hallplättchen eine zwischen den Hallelektroden P und Q (Abb. 2a) liegende Fläche F_1 zur Hallspannung einen größeren Beitrag als eine gleichgroße, den Steuerstromelektroden näher gelegene Fläche F_2.

Durch die „Schmetterlingsform" des Hallplättchens (Abb. 2b, 4b und 4c) wird die Steuerstromdichte zwischen den Hallelektroden und damit in Verbindung mit der Stegverkürzung in Steuerstromrichtung die Flußempfindlichkeit abermals erhöht.

Mit elektrischen Systemen nach Abb. 2d lassen sich flußempfindlichere Hallgeneratoren aufbauen als mit Hallplättchen — gleiche Abmessungen a', a, b und d vorausgesetzt — nach Abb. 2c, da der großflächigere Wärmeübergang zur Grundplatte einen höheren Steuerstrom erlaubt.

In Tab. 2 sind einige Daten handelsüblicher Ferrit-Hallgeneratoren (Siemens, Fuji Electric) zusammengestellt.

Tabelle 2. Ferrit-Hallgeneratoren. Durchschnittliche Kenndaten

Bauform des magnetischen Kreises	Bezeichnung (Hersteller)	Abmessungen des Hallplättchens $a \times b$ [mm^2]	Magnetflußempfindlichkeit $K_{\Phi 0}$ $\left[10^6 \frac{V}{AWb}\right]$	Steuernennstrom i_{1N} [mA]	Hallspannung U_{20} bei i_{1N} und 10^{-7} Wb Stegfluß [mV]
	RHY 15 (Siemens)	2 × 0,9	15	50	75[1]
	SBV 566 (Siemens)	1,6 × 0,9	70	35	250
	EHN 21 H (Fuji Electric)	2 × 1	100	20	200
	SBV 592 (Siemens)	0,3 × 0,15	200	25	500
	AV 4 (Siemens)	0,5 × 0,25	120	30	360

[1] Grund- bzw. Deckplattenfluß

4. Hallgeneratorleseköpfe und geeignete Magnetspeicher

Wie schon einleitend herausgestellt, werden von Hallgeneratoren abgefragte Magnetspeicher gegenwärtig vorwiegend in der Steuer- und Automationstechnik eingesetzt. So verschieden bei dieser Anwendung die Einsatzorte sind, so vielgestaltig sind auch die verwendeten Magnetspeicher und Leseköpfe.

Die Ferrit-Hallgeneratoren nach Abb. 4a und 4c verkörpern für viele Anwendungen vollwertige Leseköpfe und stellen zugleich die Grundtypen der Hallgeneratorleseköpfe dar. Entsprechend ihres unterschiedlichen Aufbaues sind beim Einsatz ihre Steglage zum Magnetspeicher und ihr Hallspannungsverlauf grundsätzlich verschieden. Der Unterschied wird

4. Hallgeneratorleseköpfe und geeignete Magnetspeicher

deutlich, wenn man zwischen je einem dieser Leseköpfe, deren Leseflächen sich gegenüberstehen, einen längsmagnetisierten Magnetstift hindurchbewegt und den Magnetflußverlauf betrachtet.

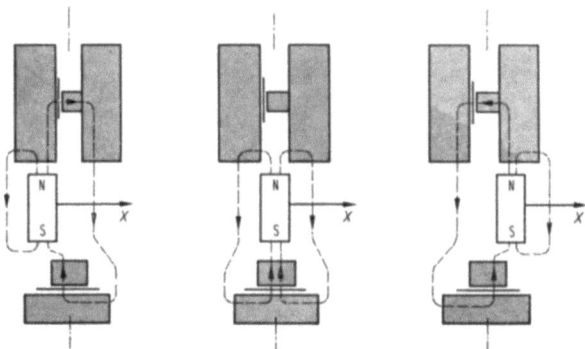

Abb. 5. Verlauf der Induktionsfeldlinien in Ferrit-Hallgeneratoren mit eingeschlossenem (oben) und freiem Steg (unten) beim Vorbeibewegen eines Stabmagneten.

In Abb. 5 sind drei Stellungen dieses Magnetstiftes, von dem jeweils zwei mögliche Induktionsfeldlinien gezeichnet sind, dargestellt, nämlich einmal vor, dann unter und schließlich hinter der magnetischen Symmetrielinie der beiden Leseköpfe. Die durch die Leseköpfe laufenden Induktionsfeldlinien durchsetzen die Halbleiterschicht des Kopfes mit offener Stegoberfläche (unterer Hallgenerator) in allen gezeichneten Magnetstiftlagen in der gleichen Richtung, die Halbleiterschicht des Hallgenerators mit eingeschlossenem Steg (oberer Hallgenerator) dagegen in den Außenlagen in entgegengesetzten Richtungen. Steht die Polflächenmitte des Magnetstiftes unter der magnetischen Symmetrielinie der Leseköpfe, hat die Hallspannung des oberen Hallgenerators den Wert Null; die Hallspannung des unteren Hallgenerators nimmt einen Extremwert an, je nach Polarität der Magnetstiftoberfläche ein Maximum oder ein Minimum. Der unterschiedliche Hallspannungsverlauf dieser beiden Lesekopftypen wird in Abb. 6 am Beispiel der Abfrage verschiedener Magnetstiftkombinationen dargestellt. Die Magnetstifte erzeugen den gleichen Hallspannungsverlauf wie ein quermagnetisierter bandförmiger Magnetspeicher, dessen Polarität an der Oberfläche der Stirnflächenpolarität der Magnetstifte entspricht.

Die Nulldurchgänge der Hallspannungen sind praktisch unabhängig von Schwankungen der Temperatur, des Abstandes D zwischen Lesekopf und Magnetspeicher und der großen Scherung des magnetischen Kreises wegen, auch von der Bewegungsrichtung x. Die an einem dem Hallgenerator nachgeschalteten Verstärker auswertbaren Nulldurchgänge sind daher für genaue Ortspositionierungen geeignet.

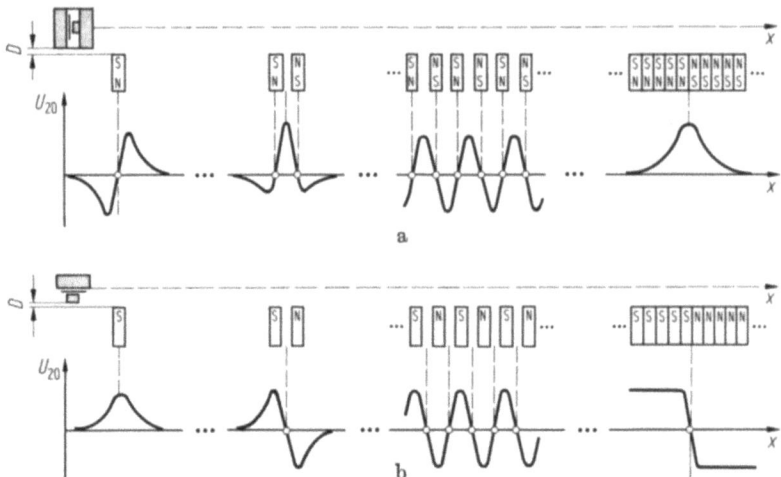

Abb. 6a u. b. Gegenüberstellung des Hallspannungsverlaufes von Ferrithallgeneratoren mit eingeschlossenem (a) und freiem Steg (b) bei Stiftmagnetabfrage (einspurige Quermagnetisierung).

Die in Abb. 7a dargestellte Kurvenschar der Hallspannung in Abhängigkeit vom Ort x des Stiftmagneten und vom Abstand D zwischen Lesekopf und Magnetpoloberfläche als Parameter veranschaulicht die

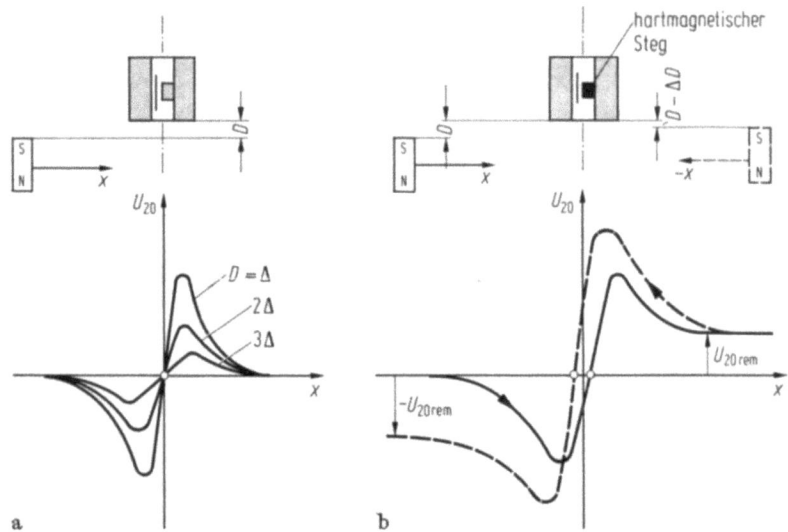

Abb. 7. a) Abhängigkeit der Hallspannung vom Abstand D bei Hallgeneratoren mit weichmagnetischem Steg; b) Hallspannungsverlauf bei Hallgeneratoren mit hartmagnetischem Steg in Abhängigkeit von D und der Bewegungsrichtung x.

4. Hallgeneratorleseköpfe und geeignete Magnetspeicher

Unabhängigkeit des Hallspannungsnulldurchganges von Schwankungen des Abstandes D. Eine ähnliche Kurvenschar ergibt sich mit verschiedenen Umgebungstemperaturen als Parameter.

Neben den bisher beschriebenen Ferrit-Hallgeneratoren mit einem Magnetkreis aus weichmagnetischen Werkstoffen gibt es auch Ferrit-Hallgeneratoren, deren Stege aus hartmagnetischem Werkstoff hergestellt sind: Ferrit-Hallgeneratoren mit Remanenzsteg (Abb. 7b). Bewegt man an dem Ferrit-Hallgenerator mit hartmagnetischem, aber zunächst entmagnetisiertem Steg den links gezeichneten Magnet in x-Richtung vorbei, dann entspricht die Hallspannung in Abhängigkeit vom Weg x des Magneten der ausgezogenen Kurve. Der nach dem Passieren des Magneten im hartmagnetischen Steg verbliebene remanente Fluß erzeugt die Hallspannung $u_{20\mathrm{rem}}$. Dieser remanente Fluß bleibt bis zur nächsten magnetischen Beeinflussung erhalten. Die gestrichelte Kurve in Abb. 7b zeigt den Hallspannungsverlauf für den Fall, daß der Magnet wieder von rechts nach links bewegt und dabei zugleich der Abstand zwischen Magnet und Ferrit-Hallgenerator um ΔD verringert wird. Die jetzt negative Remanenzhallspannung ist wegen des um ΔD verminderten Abstandes größer als die nach der Rechtsbewegung im Abstand D erhaltene positive Remanenzhallspannung. Die Richtung des remanenten Stegflusses und damit die Polarität der Ausgangsspannung des mit Steuerstrom erregten Ferrit-Hallgenerators mit Remanenzsteg zeigt stets an, ob der Magnet zuletzt von links nach rechts oder von rechts nach links bewegt wurde, auch wenn das Vorbeibewegen während eines vorübergehenden Ausfalles der Versorgungsspannung geschah. Die ausgezogene und die gestrichelte Kurve zeigen aber auch, daß der Ort der Hallspannungsnulldurchgänge — in Abb. 7b übertrieben dargestellt — von Ferrit-Hallgeneratoren mit Remanenzsteg gegenüber Ferrit-Hallgeneratoren mit einem Steg aus weichmagnetischem Werkstoff von der Bewegungsrichtung sowie vom Abstand D zwischen Lesekopf und Magnetträger abhängig ist. Die unterschiedlichen Bewegungsrichtungen und verschiedenen Abständen D zugeordneten Punkte der Hallspannungsnulldurchgänge liegen für Ferrit-Hallgeneratoren mit hartmagnetischem Steg etwa 0,2 bis 0,5 mm auseinander, für Ferrit-Hallgeneratoren mit weichmagnetischem Steg dagegen weniger als 0,01 mm. Ferrit-Hallgeneratoren mit Remanenzsteg — auch in der Bauweise mit freiliegendem Steg erhältlich — sind also für hochgenaues Positionieren weniger geeignet.

Zur Abfrage längsmagnetisierter Speicher können Ferrit-Hallgeneratoren mit eingeschlossenem Steg wie auch mit freiem Steg verwendet werden. Ihr unterschiedlicher Hallspannungsverlauf ist in Abb. 8 gegenübergestellt. Decken sich die magnetischen Symmetrieebenen M_H der Hallgeneratoren mit einer Stirnflächenebene der $\lambda/2$-Magnete M_S, dann

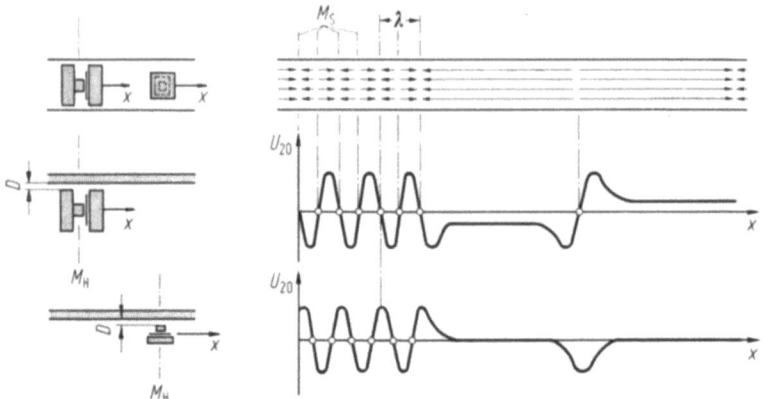

Abb. 8. Abfrage längsmagnetisierter Speicher durch Hallgeneratoren mit eingeschlossenem und freiem Steg.

ist die Hallspannung des Hallgenerators mit eingeschlossenem Steg Null (obere Kurve), die des Hallgenerators mit freiem Steg dagegen zeigt einen Extremwert (untere Kurve). Befinden sich die Leseköpfe über dem mittleren Drittel eines $\lambda/2$-Magneten, der viel länger ist als die aktive Länge der Leseköpfe, dann gibt der Lesekopf mit freiem Steg keine Hallspannung mehr ab, da alle Streulinien den Lesekopf parallel zur Hallplättchenebene durchsetzen; die Hallspannung des Lesekopfes mit eingeschlossenem Steg fällt stark ab. Die Ausgangsspannung eines Hallgeneratorlesekopfes mit eingeschlossenem Steg ist nämlich bei der Abfrage längsmagnetisierter Speicher nur solange dem Bandfluß proportional, wie die von den gespeicherten $\lambda/2$-Signalen ausgehenden Induktionsfeldlinien vom magnetischen Kreis des Hallgeneratorlesekopfes ohne nennenswerten Streufluß erfaßt werden. Wie Abb. 9 zeigt — von den die Signale darstellenden Stabmagneten der Länge $\lambda/2$ sind jeweils nur vier in der Nähe ihrer Stirnflächen austretende Kraftlinien gezeichnet —, ist dies genau dann der Fall, wenn einerseits $\lambda/2$ kleiner ist als die Lesekopflänge L (Abb. 9b), anderseits größer ist als der Lesespalt s (Abb. 9d), mithin also für den Bereich

$$L > \lambda/2 > s.$$

Für die Abfrage kleinster Wellenlängen muß der Lesepalt entsprechend klein ausgebildet werden. Ein kleiner Lesespalt wird beim Hallgeneratorlesekopf durch einen auf den Ferrit-Hallgenerator mit eingeschlossenem Steg aufmontierten Kopfspiegel erzeugt (Abb. 10a u. 10b). Die Kopfspiegel für Bandberührung werden aus metallischen Werkstoffen, die ohne Speicherberührung eingesetzten meist aus Ferrit hergestellt. Zwei Ausführungsbeispiele mumetallgeschirmter Leseköpfe der Ferrit-Hall-

4. Hallgeneratorleseköpfe und geeignete Magnetspeicher

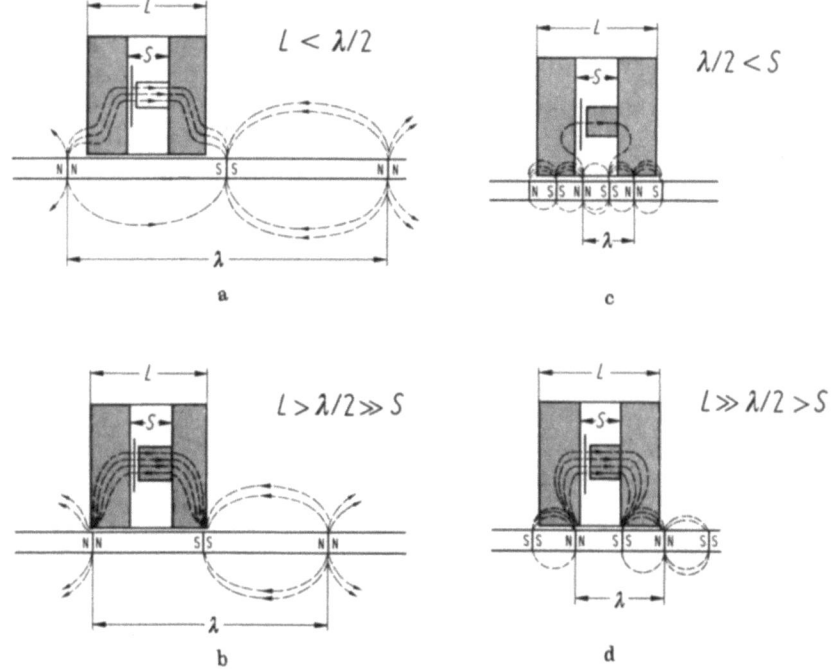

Abb. 9a—d. Streufeldlinienverlauf in Abhängigkeit von λ.

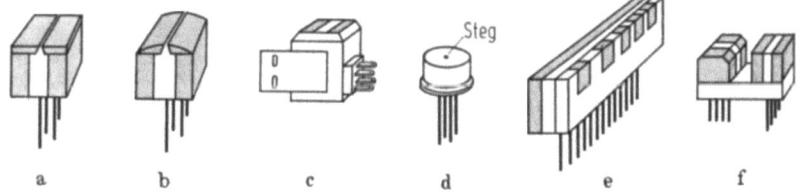

Abb. 10a—f. Hallgeneratorleseköpfe.
a) Ferritkopfspiegel (Spalt s etwa 0,2 mm); b) Kopfspiegel für Bandabfrage (s etwa 0,010 mm); c) Mumetallgeschirmter Lesekopf mit eingeschlossenem Steg; d) Hallgenerator mit freiem Steg in Mumetall TO 5-Gehäuse; e) 5fach-Lesekopf; f) Kombilesekopf für Längs- u. Quermagnetisierung.

generator-Grundtypen zeigen die Abb. 10c und 10d. Der Becher des Lesekopfes mit freiem Steg hat die Größe eines T 05-Transistorgehäuses; er wird auch mit Schraubfassung M 12 und eingegossenem Zuleitungskabel gefertigt. Die Spurbreite des abgebildeten 5-fach-Lesekopfes (Abb. 10e) beträgt 2,5 mm, die des Kombikopfes für die Abfrage längs- und quermagnetisierter Speicher 2 mm (Abb. 10f).

Verlangt die abzufragende Wellenlänge eine Lesespaltbreite von etwa 10 μm, dann weist der magnetische Kreis des Hallgeneratorlesekopfes zwei nahezu gleichbreite Luftspalte auf, nämlich den Lesespalt und den zur Unterbringung des Hallplättchens. Dem vom Band ausgestreuten Magnetfluß wirkt in diesem Falle auf dem Weg über das Hallplättchen bereits ein größerer magnetischer Widerstand entgegen als auf dem direkten Weg von Kopfspiegelhälfte zu Kopfspiegelhälfte. Mit weiter abnehmender Lesespaltbreite schrumpft der das Hallplättchen durchdringende Bandfluß auf einen für sichere Signalgabe unzureichenden Wert zusammen. Hier sind dem Hallgeneratorlesekopf technische Grenzen gesetzt. Solange es keine neue Technologie erlaubt, das Hallplättchen im Lesespalt selbst unterzubringen, bleiben diese Grenzen bestehen.

Hallgeneratoren sind mit Fehlergleichspannungen — z.B. ohmsche Nullspannung, Thermospannung [1, 2] — behaftet. Diese Fehlerspannungen sind von Typ zu Typ verschieden; sie liegen zwischen einigen 10^{-5} und einigen 10^{-2} Volt. Sollen Hallgeneratorleseköpfe mit kleinen Lesespalten (10 bis 50 μm) zur statischen Abfrage eingesetzt werden, so ist zu beachten, daß das Nutzsignal einen genügend großen Abstand von den Fehlerspannungen hat.

Der Ferrit-Hallgenerator mit eingeschlossenem Steg ist auch zur Abfrage transversalmagnetisierter Informationsspuren geeignet, wenn er gegenüber der Abfragelage für längsmagnetisierte Speicher 90° um seine zur Leseebene senkrechte Achse gedreht wird (Abb. 11). Rechts im

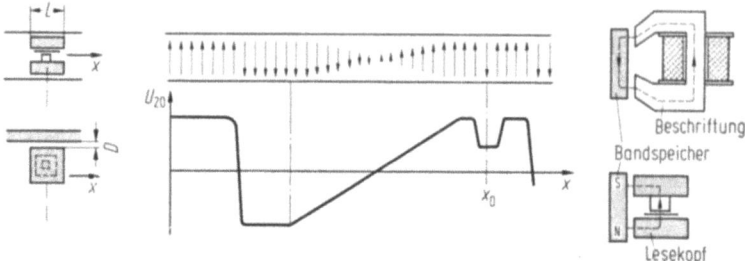

Abb. 11. Abfrage transversalmagnetisierter Speicher.

Bild ist der Feldlinienverlauf für den Aufsprech- und Abfragefall dargestellt. Die Pfeile im Magnetträger stellen Richtung und Größe des eingeprägten remanenten Magnetflusses dar. Darunter ist die der Lesekopfmitte am Ort x zugeordnete Hallspannung aufgetragen.

Wie der Hallspannungsverlauf zeigt, ist die Transversalmagnetisierung für die Darstellung von Analog- sowie Dauersignalen gleicher Polarität und beliebiger Länge geeignet. Die Strecke zwischen zwei Polaritätsänderungen sollte nicht kürzer sein als die Lesekopflänge in Bewegungs-

4. Hallgeneratorleseköpfe und geeignete Magnetspeicher

richtung, da der sonst miterfaßte magnetische Gegenfluß den Hallspannungspegel reduziert; das einem Dauersignal zwischengeschaltete Gegensignal — gleicher remanenter Magnetfluß vorausgesetzt — der Länge $x \leqq L/2$ erzeugt im Abfragefalle keine Hallspannung entgegengesetzter Polarität, sondern nur einen Hallspannungseinbruch, wie im Bild für $x = x_0$ dargestellt.

Einen besonders robusten, speziell für berührungslose Hallgeneratorabfrage entwickelten rotierenden Magnetspeicher für Längs- und Transversalmagnetisierung zeigt Abb. 12. Er besteht aus einer unmagnetischen

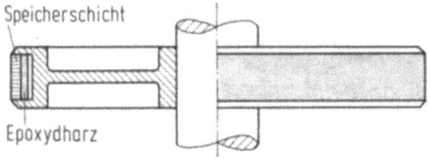

Abb. 12. Rotierender Magnetspeicher für Längs- und Transversalmagnetisierung.

Trägerscheibe, deren Nut mit einer Masse aus Epoxidharz und Magnetpulver gefüllt wird. Bis zur Erhärtung des Harzes läßt man die Scheibe in einer erwärmten Form hochtourig rotieren. Das spezifisch schwerere Magnetpulver verdichtet sich dabei gleichmäßig am Mantel der Scheibe. Mit diesem Verfahren werden magnetische Werte wie bei PVC-gebundenen Magnetplatten erzielt. Hergestellt werden Scheiben mit Durchmessern zwischen 60 und 280 mm.

Werden in Bewegungsrichtung kurze, scharf begrenzte und zugleich beliebig lange Gleichfeldsignale gefordert, dann wendet man am besten quermagnetisierte Magnetspeicher mit Eisenrückschluß an (Abb. 13). Der Magnetträger — metallisches oder kunststoffgebundenes hartmagnetisches Bandmaterial, in Tab. 4 unter der lfd. Nr. 1 und 3 auf-

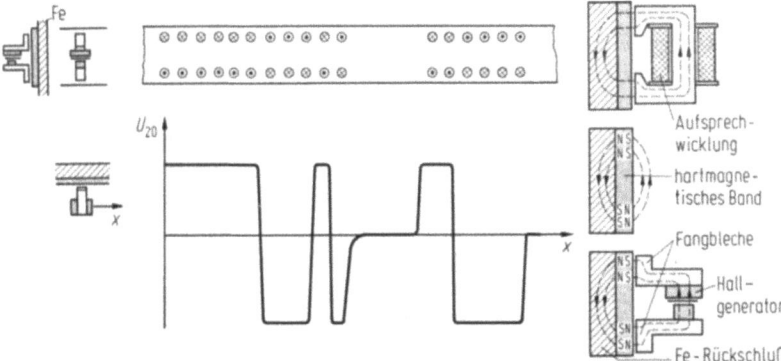

Abb. 13. Beschriftung und Abfrage doppelspurig quermagnetisierter Speicher.

geführt — ist auf eine weichmagnetische Unterlage aufgebracht. Die weichmagnetische Unterlage bildet den Rückschluß für den aus dem Beschriftungskopf — rechts oben im Bild — austretenden magnetischen Fluß und verhindert ein starkes Ausstreuen. Nach dem Beschriften verbleiben im oberen Drittel des Bandes an der Außenfläche eine Südpolzone und im unteren Drittel eine Nordpolzone (rechte mittlere Abbildung). Die Länge des so magnetisierten Speichers entspricht dem Weg x, den der Beschriftungskopf während seiner Erregungsdauer über dem Speicher zurückgelegt hat. Abbildung 13 rechts unten veranschaulicht den Abfragevorgang. Der Abfragekopf ist ein Hallgenerator mit freiem Steg zwischen zwei Fangblechen, deren Leseflächen der Geometrie der Polflächen des Beschriftungskopfes entsprechen. Oben im Bild ist ein mit verschiedenen Signalen quermagnetisierter Speicher dargestellt und darunter die der Stellung der Fangblechmitten am Ort x zugeordnete Hallspannung wiedergegeben. Beim berührungslosen Beschriften und Lesen über einen Luftspalt von 0,1 mm erhält man mit handelsüblichen Leseköpfen (lfd. Nr. 4 in Tab. 3) eine Signalspannung >150 mV und eine Flankensteilheit beim Signalwechsel von >180 mV/mm. Die Signale können in Bewegungsrichtung beliebig lang sein; um den vollen Signalpegel von 150 mV zu erreichen, sollte ihre kleinste Länge 2 mm nicht unterschreiten.

Praktische Anwendung findet das beschriebene Verfahren bei den vielseitig eingesetzten langsam umlaufenden Trommelspeichern (Abb. 14a). Der Trommelkörper besteht aus kohlenstoffarmem Stahl und übernimmt zugleich die Rolle des weichmagnetischen Rückschlusses für die reifenartig aufgezogenen hartmagnetischen Speicherbänder. Die Beschriftungs- und Leseköpfe lassen sich am Umfang der Aufgabenstellung entsprechend beliebig verteilen und verstellen. Die Anzahl der benötigten Beschriftungs- und Abfrageköpfe bestimmen den Umfang und die Anzahl der erforderlichen Spuren die Höhe des Trommelkörpers. Der beschriebene Trommelspeicher benötigt Spurmittenabstände von 25 mm.

Magnettrommelspeicher sind aber auch mit wesentlich kleinerem Spurmittenabstand möglich, wenn die Aufgabenstellung eine verschachtelte, feste Anordnung von Lese- und Beschriftungsköpfen zuläßt. Der weichmagnetische Trommelkörper wird nicht wie vorher beschrieben reifenartig, sondern voll mit hartmagnetischem Speicherband belegt. Die auch nicht zweispurig, sondern mit einem Elektrostabmagnet nur einspurig quermagnetisierten Informationen — sie entsprechen den in Abb. 6b dargestellten Möglichkeiten — werden von Leseköpfen mit freiem Steg nach Abb. 10d abgefragt. Abb. 14b zeigt die gestaffelt gruppierten Lese- und Beschriftungsköpfe über einem Teil der abgewickelten Speichermantelfläche. Diese Anordnung ermöglicht Spurmittenabstände von 8 mm.

4. Hallgeneratorleseköpfe und geeignete Magnetspeicher 383

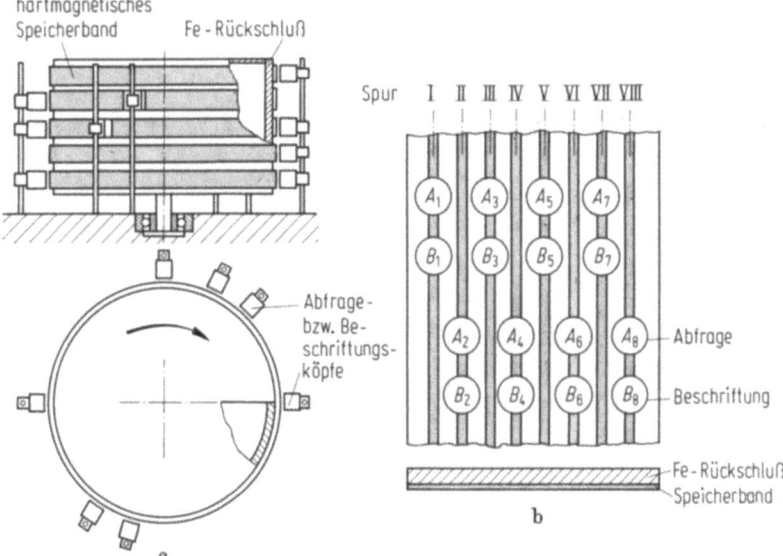

Abb. 14. a) Langsam umlaufender Trommelspeicher für beliebige Anordnung der Lese- und Beschriftungsköpfe; b) Mantelflächenabwicklung eines Trommelspeichers mit fest angeordneten Lese- und Beschriftungsköpfen.

Langsam umlaufende Magnetspeicher mit Hallgeneratorabfrage werden zur Übertragung von Zielinformationen für Verteilsteuerungen sowie zur Übermittlung von Meßergebnissen, Typenkennzeichen und anderer Informationen eingesetzt, die für die Steuerung von verketteten Bearbeitungs- und Prüfstationen benötigt werden.

Das Quermagnetisierungsverfahren ist auch für flächenhaft zu speichernde Signale geeignet. Abb. 15 zeigt den Teil einer Speicherplatte aus flexiblem Magnetwerkstoff (z. B. lfd. Nr. 3a in Tab. 4) mit punktförmigen Signalen. Sie ist in einem Topfmagnet (rechts im Bild) senkrecht zur Plattenebene vormagnetisiert, so daß beispielsweise die eine Oberfläche einen Südpol, die andere einen Nordpol aufweist. Zum Setzen der punktförmigen Signale entgegengesetzter Polarität wird ein starkstromgepulster Elektrostabmagnet verwendet (Bild darunter). Während des Beschriftungs- und Lesevorganges liegt die Speicherplatte auf einer weichmagnetischen Unterlage. Die Abfrage erfolgt mit einem Ferrit-Hallgenerator mit freiem Steg; sie kann je nach Aufgabenstellung mit einem einzelnen Lesekopf zeilenweise oder mit einer Reihe von Leseköpfen reihenweise erfolgen. Im Bild links unten ist die der Lesekopfstegmitte am Ort x der Zeile $A-B$ zugeordnete Hallspannung aufgetragen. Die Minimalabstände der Signalpunkte sind von der Größe des verwendeten Ferrit-Hallgenerators abhängig; für einen Lesekopf mit der Grundplattenabmessung 2,5 × 2,5 mm betragen sie z. B. 2 mm.

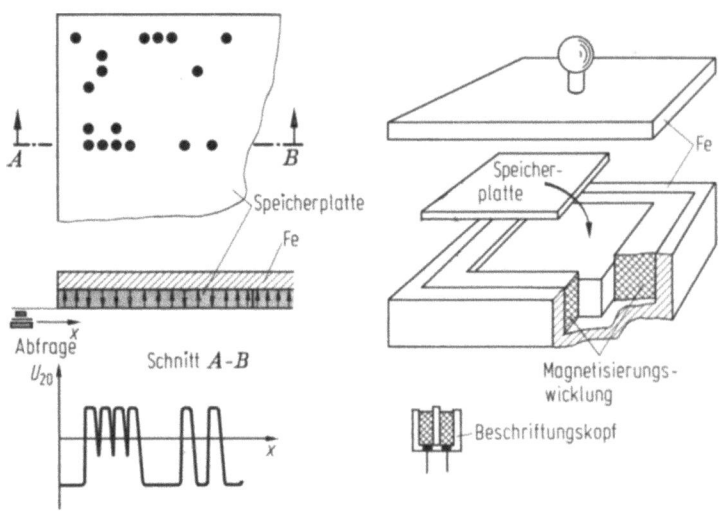

Abb. 15.
Abfrage quermagnetisierter Plattenspeicher und Vormagnetisierungseinrichtung.

Mit Hallgeneratorleseköpfen ist es auch möglich, einen gemischt längs- und quermagnetisierten Magnetspeicher abzufragen. Ein solcher Magnetspeicher mit weichmagnetischer Unterlage ist in Abb. 16 dargestellt. Er ist zweimal beschriftet worden, und zwar in diesem Beispiel mit einer längsmagnetisierten Taktspur und einer quermagnetisierten Signalspur. Abgefragt werden die Magnetisierungen mit einem aus zwei Ferrit-Hallgeneratoren mit eingeschlossenem Steg A und B kombinierten Lesekopf. Im Ferrit-Hallgenerator A (ausgezogene Konturen) erzeugen nur die quermagnetisierten Signale eine Hallspannung, da der

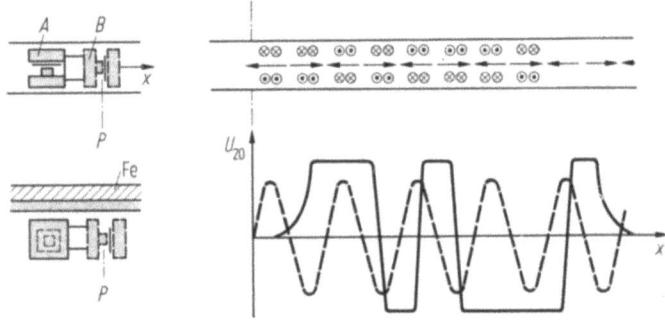

Abb. 16. Abfrage längs- und quermagnetisierter Speicher.

4. Hallgeneratorleseköpfe und geeignete Magnetspeicher

magnetische Streufluß der Längsmagnetisierung diesen Hallgenerator ausschließlich parallel der Hallplättchenebene durchsetzt. Für den Hallgenerator B (gestrichelte Konturen), der gegenüber A um seine zur Speicheroberfläche senkrechte Achse um $90°$ gedreht angeordnet ist, liegen die Verhältnisse genau umgekehrt: Der magnetische Streufluß der Quermagnetisierung durchsetzt ihn nur parallel seiner Hallplättchenebene und kann daher keine Hallspannung erzeugen; eine Hallspannung erzeugt allein der ausgestreute Magnetfluß der Längsmagnetisierung. Unter dem Speicher sind die Hallspannungen der Hallgeneratoren A und B aufgetragen für die Stellung der Ebene P über dem Ort x. Mit geeigneter Erregung des Beschriftungskopfes kann die Quermagnetisierung ummagnetisiert werden, ohne die längsmagnetisierten Signale nennenswert zu schwächen. Kombinierte Leseköpfe werden hergestellt für Speicherbreiten von 2 mm und Signallängen $\geq 1{,}5$ mm. In Verbindung mit einem Speicher aus flexiblem Magnetwerkstoff (lfd. Nr. 3b in Tab. 4), Querschnitt $2 \times 0{,}5$ mm und $0{,}2$ mm dicker Mumetallunterlage erhält man Signalspannungen > 50 mV.

Im Anwendungsbereich Maschinenbau und Transportwesen werden aus Toleranzgründen oft große Abstände zwischen Magnetspeicher und Lesekopf verlangt. Große Abstände lassen sich störungsfrei nur überbrücken, wenn die Speicherschicht einen hohen remanenten Fluß führen kann und der Lesekopf entsprechend ausgedehnte und auseinandergezogene Fangbleche zum Aufnehmen dieses Flusses besitzt. Der maximal erreichbare Fluß eines Speichers wird remanenter Sättigungsfluß genannt; er ist der Dicke und der Remanenz des Speicherwerkstoffes proportional. Die bei großen Reichweiten erforderliche Ausstreuung hängt noch von einer dritten Größe, der Koerzitivkraft ab. Diese soll möglichst hoch sein, um Entmagnetisierungseffekte zu vermeiden. Hinsichtlich der Abfrage wäre also eine dicke Speicherschicht mit hoher Remanenz und großer Koerzitivkraft am sichersten. Je dicker die Speicherschicht und je größer ihre Koerzitivkraft, desto mehr Energie erfordert aber das Ummagnetisieren. Bei großen Abstandstoleranzen muß ein bei kleinstem Abstand magnetisierter Speicher auch beim größtmöglichen Abstand sicher umbeschriftet werden können. In der Praxis muß daher ein von den verfügbaren Materialien abhängiger, zu optimalen Lösungen führender Kompromiß geschlossen werden. Abbildung 17 zeigt eine dreispurige Anordnung zum Beschriften und Abfragen einer Magnetspeicherplatte für große Reichweiten. Bei einem Spurabstand von 55 mm können zwischen der Magnetspeicherplatte und den Abfrage- bzw. Beschriftungsköpfen Abstände bis zu 22 mm zugelassen werden; für Reichweiten ≤ 8 mm sind 40 mm Spurabstand ausreichend. Der Magnetspeicher (Abmessung $170 \times 60 \times 0{,}5$ mm) besteht aus Vicalloy (Nr. 2 in Tab. 4) und ist auf einem Alu-Träger befestigt. Die nach oben oder nach

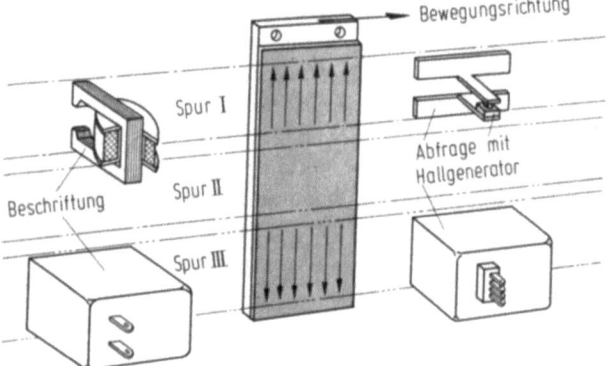

Abb. 17. Beschriftung und Abfrage transversal magnetisierter Plattenspeicher über große Reichweiten.

unten gerichtete transversale Magnetisierung des Speichers erfolgt durch Elektromagnete (links im Bild), die mit 1200 AW Gleichstrom negativ oder positiv erregt werden. Als Abfrageelemente werden mit Fangblechen versehene Ferrit-Hallgeneratoren verwendet; der als Gehäuse und zur Montage dienende Mumetallbecher schirmt spurfremden Streufluß ab.

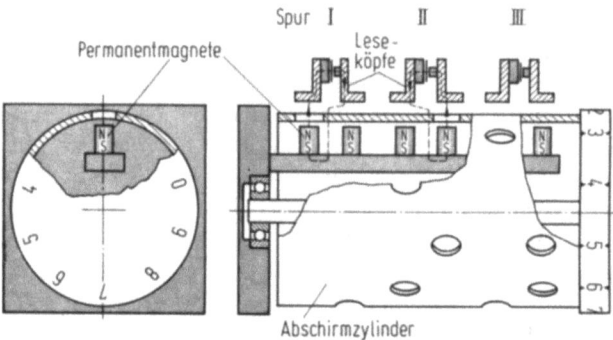

Abb. 18. Magnetischer Wahlschalter.

In Verbindung mit dieser 3spurigen Abfrageeinheit ist auch ein Magnetspeicher nach Abb. 18 geeignet, dessen Signalzustände nicht durch Ummagnetisierung, sondern durch Drehung eines gelochten weichmagnetischen Hohlzylinders verändert werden; er wird magnetischer Wahlschalter genannt. Magnetische Wahlschalter werden eingesetzt, wenn beispielsweise die Forderung besteht, die einem zu fördernden Gut mitgegebene Information zu jeder Zeit und an jeder Stelle des Förderweges von Hand ändern zu können. Der abgebildete Wahlschalter besitzt drei Informationsspuren. Zu jeder Informationsspur gehören

4. Hallgeneratorleseköpfe und geeignete Magnetspeicher

zwei Dauermagnete, deren gleichnamige Polflächen über eine ferromagnetische Rückschlußschiene starr mit der Montageplatte verbunden sind. Der von diesen Dauermagneten ausgestreute magnetische Fluß kann von dem drehbar gelagerten Abschirmzylinder wechselweise durchgelassen werden. Die beiden Möglichkeiten erzeugen in dem darüber angeordneten Lesekopf zwei unterschiedliche Signalzustände: Ist der rechte Magnet abgeschirmt, so durchsetzen die Feldlinien des linken Magneten den Lesekopf von links nach rechts (Spur I); wird umgekehrt der linke Magnet einer Informationsspur abgedeckt, so durchdringen die Feldlinien den Lesekopf von rechts nach links (Spur II). Die unterschiedliche Flußrichtung erzeugt im Hallgeneratorlesekopf eine positive oder negative Ausgangsspannung.

In den folgenden Tabellen sind die Daten handelsüblicher Hallgeneratorleseköpfe (Tab. 3) und geeigneter Magnetspeicher (Tab. 4) zusammengestellt. Sämtliche Daten geben mittlere Werte wieder.

Tabelle 3. Hallgenerator-Leseköpfe. Übersicht mit mittleren Kenndaten

Ferrit-Hallgeneratoren	Bauform zusätzlicher magnetischer Kreis	Abbildung	Abmessungen von Handelsformen Lesefläche x Höhe [mm×mm×mm] ohne Halterung	mit Abschirmung	Geeigneter Speicher, lfd. Nummer lt. Tabelle 4	Geeignet f. Beschriftungsart längs	transversal	quer	minimaler Spurabstand [mm]	Nennsteuerstrom i_{IN} [mA]	Hallspannung bei i_{IN} und Steginduktion von 250 mT [mV]	lfd. Nr.
	ohne	4a	1,6×1,6 ×0,8		1;3;4;5	x		x	1,7	25	115	1
	ohne	4a	2,5×2,5 ×0,8		1;3;4;5	x		x	2,6	35	500	2
		10d		TO 5 Gehäuse	1;3;4;5	x		x	8	50	500	3
				17,5×17,5 ×21	1;3;4	(x)		x	18	50	500	4
		17	37×44 ×35		2;5		x	x	40	50	500	5
	ohne	4c	6,5×6,5 ×6,5		1;3;4;5	x	x		7	50	230	6
	ohne	10c	10×10 ×17		1;3;4;5	x	x	(x)	11	50	230	7
		10a	6,5×6,5 ×6,7		2;3;4	x			7	50	230	8
		10b	6,5×10 ×7,3		Tonband	x			10	50	230	9

Tabelle 4. Magnetspeicherwerkstoffe für Hallgeneratorabfrage

Lfd. Nr.	Werkstoff und Zusammensetzung [%]	Lieferform und geeignete Abmessungen [mm]	Remanenz B_r [mT]	Koerzitivkraft H_c [A/m]
1	VICALLOY 300 52Co, 8V, 4Cr, 36Fe	Band 10×0,1 bis 0,2 20×0,1 bis 0,2	900	25 000
2	VICALLOY 30 30Co, 15Cr, 55Fe	Platten 170×60×0,5	1 700	2 500
3a	BaO · 6 Fe$_2$O$_3$ in Gummi oder PVC	Platten 2000×600×1 bis 2	140	120 000
3b	BaO · 6Fe$_2$O$_3$ in PVC	Band 200×0,8 bis 2	200	140 000
4	BaO · 6Fe$_2$O$_3$ in Epoxidharz	Rotationskörper 50 bis 280 ⌀ mit etwa 1,5 Magnetbelag	180	130 000
5a	BaO · 6Fe$_2$O$_3$ 100	Stabmagnete 1 bis 10 ⌀	210	140 000
5b	AlNiCo 400	Stabmagnete 1 bis 10 ⌀	1 100	48 000

5. Anwendungen

5.1. Abfrage längsmagnetisierter Bänder

5.1.1. Störungsschreiber

Die Wiedergabe von Magnetbandaufzeichnungen mit sehr niedrigen Frequenzen (Frequenzbereich 1 Hz bis max. 100 Hz) ist immer dann erforderlich, wenn die magnetische Aufzeichnung zur Auswertung durch einen Schreiber sichtbar gemacht werden soll. Aufgaben dieser Art treten bei magnetischen Störungsschreibern auf. Vorgänge, bei denen unerwartet Störungen auftreten können, deren Zustandekommen und Ablauf nachträglich interessiert, lassen sich mit einem Magnetbandgerät, einem sogenannten Störungsschreiber auf die folgende Weise überwachen: Der Vorgang wird laufend auf einem endlosen Magnetband oder dem Umfang einer Magnettrommel registriert. Bei normalem Ablauf des Vorganges wird nach einem Umlauf die Aufzeichnung wieder gelöscht. Tritt die zu analysierende Störung auf, so wird der Löschvorgang automatisch abgeschaltet, und die Vorgeschichte sowie der Ablauf der Störung selbst sind auf dem Magnetband gespeichert. Die langsame Wiedergabe der Aufzeichnung zur Übertragung auf ein schreibendes Meßgerät wird vorteilhaft von einem Hallgeneratorabfragekopf, lfd. Nr. 9 in Tab. 3, ausgeführt.

5.1.2. Schneiden von Fernsehbildaufzeichnungen

Beim Schneiden von Fernsehbildaufzeichnungen im Studio besteht die Aufgabe, das Band genau im Bereich eines Bildwechsels zu trennen.

5. Anwendungen 389

Hierzu trägt die Bildaufzeichnung eine longitudinal magnetisierte Bildwechselspur. Die Maxima ihrer Magnetisierung fallen jeweils mit einem Bildwechsel zusammen. Das Band darf also nur an diesen Stellen geschnitten werden. Das genaue Einfahren der Schere ist aber eine Positionierung und erfordert daher eine statische Abtastung der Bildwechselspur. Geeigneter Lesekopf: lfd. Nr. 9 in Tab. 3.

5.2. Abfrage transversal beschrifteter Magnetspeicher und magnetischer Wahlschalter

5.2.1. Förderanlagen mit automatischer Zielansteuerung

Zur Automatisierung von Förderanlagen wird die Kennzeichnung mit transversal beschrifteten Magnetspeichern dann angewendet, wenn das den Laufweg des Fördergutes kennzeichnende Merkmal am Transportmittel vorhanden sein muß und die Kennzeichnung an ortsfesten Beschriftungsstationen vorgenommen werden kann.

In Abb. 19 ist als Anwendungsbeispiel ein Getriebeförderer in einer Automobilfabrik zu sehen, dessen Gehänge mit Magnetplatten als Informationsträger ausgerüstet sind [5, 6]. Bei dem Förderer sind insgesamt 1000 Gehänge im Umlauf. Beim Vorbeilaufen der Gehänge an den ortsfesten Beschriftungsstationen magnetisieren die Beschriftungsköpfe die zugehörigen Informationsspuren durchgehend positiv oder negativ dem angewählten Ziel- oder Typenkennzeichen entsprechend. Die aufgegebene Information dient zur Stellung der Weichen in der Förderanlage. Auf diese Weise findet das Fördergut selbsttätig auf dem vorgeschriebenen Weg sein Ziel. Hierzu durchlaufen die Gehänge vor jeder Weiche eine Abfragestation. Auf den beiden Magnetplatten an jedem Gehänge werden insgesamt 40 Typen- und 6 Zielkennzeichen gespeichert.

Der für die Förderanlage günstige Informationscode hängt von der Steuerungsaufgabe ab. Sollen z.B mehrere Ziele angesteuert werden, so läßt sich grundsätzlich jedem Ziel eine eigene Zielspur zuordnen. In diesem Fall ist für jedes Ziel ein Abfragekopf erforderlich, der die diesem Ziel zugeordnete Magnetspur auswertet. Diese Lösung stellt ein Minimum an Abfrageaufwand dar; sie hat jedoch den Nachteil, daß zum Ansteuern vieler Ziele entsprechend viele Informationsspuren vorgesehen werden müssen. Ist man bestrebt, den für die Informationsspeicherung benötigten Raum klein zu halten, so wertet man zweckmäßiger den gleichzeitigen Signalzustand auf mehreren Informationsspuren als Steuerbefehl aus. Der Aufwand für die Abfrage wird dadurch natürlich größer. Mit n Informationsspuren lassen sich bei binärer Verschlüsselung maximal 2^n Informationen übertragen. Hierzu muß allerdings jede Abfragestation mit n Abfrageköpfen bestückt sein.

390   A. Magnetspeicherabfrage mit Hallgeneratoren

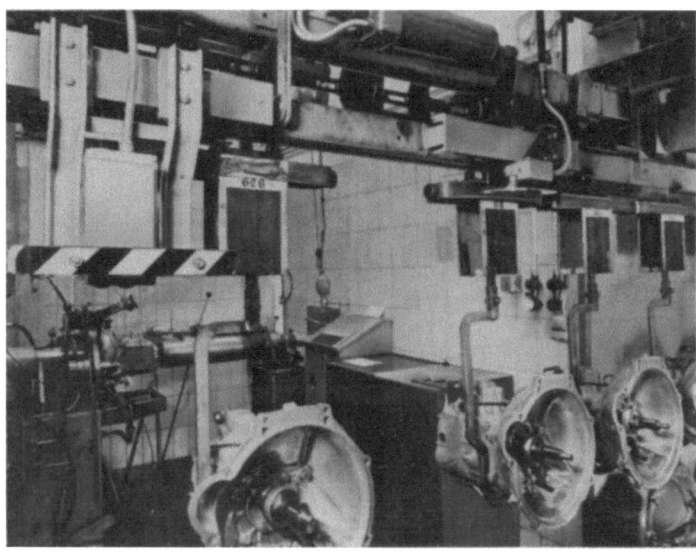

Abb. 19. Magnetplattenspeicher an den Gehängen eines Getriebeförderers (Werkfoto Daimler Benz AG).

In vielen Fällen wäre die Kennzeichnung an ortsfesten Beschriftungsstationen sehr aufwendig, nämlich dann, wenn sich die den Laufweg eines Werkstückes bestimmenden Merkmale erst während der Transportbewegung ergeben, z.B. an Montage- und Prüfstrecken bei der Herstellung von Automobilmotoren. Hier wird zweckmäßig der auf S. 386 beschriebene magnetische Wahlschalter eingesetzt, der es erlaubt, die Kennzeichnung zu jeder Zeit und an jedem Ort des Förderweges von Hand vorzunehmen. Bei einem solchen Motorenförderer ist jedes Gehänge mit drei magnetischen Wahlschaltern ausgerüstet: Zwei zur Übertragung von 100 Typenkennzeichen und der dritte zum Ansteuern von zehn Zielen. Insgesamt laufen bei dem betreffenden Motorenförderer 600 derartige Gehänge um, mit denen die Motoren nach dem Einstellen der Typen und Zielinformationen automatisch durch die aus 15 Förderketten und etwa 200 Weichen mit Hallgeneratorabfragestationen bestehende Anlage befördert werden.

5.3. Abfrage quermagnetisierter Magnetspeicher

5.3.1. Steuerung eines Kettenumsetzers

Ein Anwendungsbeispiel für die zentrale Speicherung von Zielinformationen mit einem langsam umlaufenden Magnetspeicher ist die Steuerung eines Kettenumsetzers in einer Automobilfabrik [7, 5]. Im oberen Teil

5. Anwendungen

von Abb. 20 ist im Grundriß die am Ende der Lackstraße errichtete Umsetzanlage dargestellt. An die Umsetzanlage sind insgesamt 12 Förderbänder angeschlossen mit sechs zufördernden Bändern (I—III und

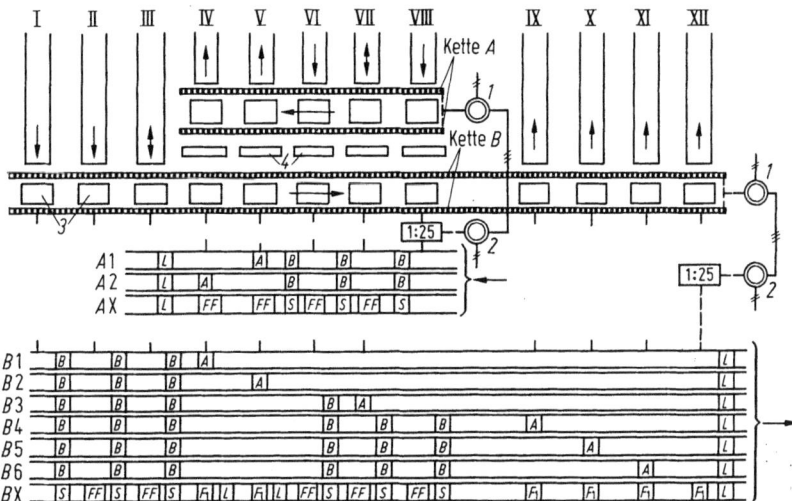

Abb. 20. Umsetzanlage für Karosserien in einer Automobilfabrik (nach [7]).

1 Stellungsgeber;
2 Stellungsempfänger;
3 Hebebühnen;
4 Rollenböcke;
I bis XII Förderbänder;
B Aufsprechköpfe für Zielsignale;
A Abfrageköpfe für Zielsignale;
S Aufsprechköpfe für Sperrsignale;
F Abfrageköpfe für Sperrsignale;
FF Doppelabfrageköpfe zum Ausmessen freier Kettenabschnitte;
L Löschköpfe.

VI—VIII). Damit ergeben sich insgesamt 43 mögliche Umsetzwege, die man durch Kombination der eingetragenen Richtungspfeile erhält. Die auf den zufördernden Bändern ankommenden Karosserien werden auf die abziehenden Bänder mit zwei gegenläufigen Kettenförderern A und B umgesetzt.

Im Inneren der Kettenumsetzer befindet sich vor jedem Förderband eine Hebebühne, mit der die auf Kufen montierten Karosserien auf die Umsetzketten abgesetzt oder von diesen abgehoben werden können. Die Hebebühnen haben Laufrollen mit eigenem Antrieb, die nach Ausfahren der Bühne zum Überschieben der Karosserien von bzw. zu dem betreffenden Förderband eingeschaltet werden. Am Ende der zufördernden Bänder befindet sich je ein Kommandopult, an dem durch Druckknopfbetätigung das abziehende Band angewählt werden kann, auf das die auf dem zufördernden Band ankommende Karosserie umgesetzt werden soll. Die Entscheidung darüber, welchen Umsetzweg die Karosserie nehmen soll, obliegt dem Revisionspersonal, das am Ende der sechs zufördernden Bänder die Karosserie überprüft.

Nach der Druckknopfbetätigung soll der Umsetzvorgang der Karosserie vollautomatisch ablaufen.

Hierzu wird jeder der beiden Kettenumsetzer auf den Umfang je einer Magnetspeichertrommel abgebildet. Durch eine elektrische Welle ist jeder Magnetspeicher an seine Umsetzkette gekuppelt und läuft dem Abbildungsmaßstab entsprechend langsam um. Am Umfang des Trommelkörpers sind feststehend Beschriftungs- und Abfrageköpfe angebracht, und zwar so, daß ihre Positionen in dem gewählten Abbildungsmaßstab den Auf- und Abgabestellen am Kettenumsetzer entsprechen.

Im unteren Teil von Abb. 20 sind die Informationsspuren der beiden Magnetspeicher in die Ebene abgewickelt. Dabei wurden die Beschriftungs- und Abfrageköpfe so eingezeichnet, daß sie sich unmittelbar den zugehörigen Auf- und Abgabestellen im obenstehenden Grundriß der Umsetzanlage zuordnen lassen. Jedem abziehenden Band ist eine Magnetspur mit einem Abfragekopf A zugeordnet. An allen zufördernden Aufgabestellen sind Beschriftungsköpfe B angebracht, die von den zugehörigen Kommandopulten aus betätigt werden können. Am Ende einer jeden Spur befindet sich ein Beschriftungskopf L zum Löschen der Signale. Neben diesen den abziehenden Bändern zugeordneten Zielspuren besitzt jede Trommel noch die Verkehrsspuren AX und BX. Beim Aufschieben einer Karosserie auf den Kettenumsetzer wird gleichzeitig auch auf die Verkehrsspur mit den Beschriftungsköpfen S ein Sperrsignal gesetzt, dessen Länge der Karosseriebreite entspricht. Die Verkehrsspuren geben also dauernd Auskunft über die Belegung der Kettenumsetzer mit Karosserien. Von den Verkehrsspuren werden daher sämtliche Verriegelungsfunktionen gesteuert, die für einen reibungslosen Ablauf des Verkehrs auf den Kettenumsetzern notwendig sind. Wird der Umsetzvorgang durch Druckknopfbetätigung am Kommandopult eingeleitet, so wird durch Abfragen der Belegungssignale auf der Verkehrsspur festgestellt, wann auf der Kette eine genügend breite Lücke für die neu aufzuschiebende Karosserie frei ist. Dies geschieht mit zwei unmittelbar vor der Aufgabestelle nebeneinanderliegenden Abfrageköpfen FF. Erst wenn von diesen beiden Köpfen die Freimeldung erfolgt, wird die Karosserie auf die Kette aufgeschoben. Erreicht noch während des Aufschiebevorgangs eine bereits auf der Kette fahrende Karosserie die Aufgabestelle, so muß die Kette so lange stillgesetzt werden, bis die Karosserie auf die Kette abgesetzt ist und im Verband der anderen Karosserie mitfahren kann. Dieses Haltekommando wird von den auf der Verkehrsspur vor jeder Aufgabestelle angebrachten Abfrageköpfen F gegeben. Bei den Abgabestellen wird das Haltekommando von den Abfrageköpfen F_1 ausgelöst. Zur Ausnutzung der vollen Umsetzkapazität muß

5. Anwendungen 393

schließlich noch dafür gesorgt werden, daß ein Besetztsignal gelöscht wird, wenn die Karosserie den Kettenumsetzer verlassen hat. Allerdings gilt dies nur dann, wenn der freiwerdende Platz von nachfolgenden zufördernden Bändern nochmals ausgenutzt werden kann. Diesem Zweck dienen die beiden Löschköpfe L, die unmittelbar den Abgabestellen IV und V auf der Verkehrsspur des Magnetspeichers B folgen.

Abbildung 21 zeigt einen Magnetspeicher, mit dem ein Kettenumsetzer in einer Automobilfabrik gesteuert wird. Die Zielspeichertrommel ist in einem Schaltschrank untergebracht und wird von dem Empfängermotor einer elektrischen Welle synchron mit der Umsetzkette angetrieben. Im oberen Teil des Schaltschrankes erkennt man die zugehörige elektronische Auswertung, die mit Bausteinen eines logischen Schaltkreissystems ausgeführt ist.

Abb. 21. Magnettrommelspeicher zur Steuerung eines Kettenumsetzers (Werkfoto Ford AG).

5.3.2. Werkzeugcodierung an NC-Maschinen

Der früher bei numerisch gesteuerten Werkzeugmaschinen noch von Hand ausgeführte Werkzeugwechsel wird in zunehmendem Maße in den automatischen Programmablauf mit einbezogen. Dazu müssen die einzelnen Werkzeuge von der Maschinensteuerung erkannt und transportiert werden können. Ein seit Jahren für die Kennzeichnung übliches Verfahren ist, magnetische Codierringe, die an der Mantelfläche Nord- oder Südpole aufweisen, am Werkzeugschaft aufzureihen und mit Hallgeneratoren abzufragen. Neben dieser Werkzeugcodierung kommt immer mehr die Magazinplatzcodierung mit einem Magnettrommelspeicher nach Abb. 14b zur Anwendung [8]: Hat das Werkzeugmagazin beispielsweise 36 Plätze, dann läuft synchron zum Magazin ein mit 12 Speicherspuren belegter Trommelkörper. Die 12 Spuren sind in 3 Gruppen zu je 4 Spuren zusammengefaßt, die von 12 Beschriftungsköpfen im BCD-Code mit den möglichen Werkzeugnummern von 000 bis 999 magnetisiert werden können. Neben diesen 12 Spuren trägt der Trommelkörper eine Zusatzspur für Längsmagnetisierung, die periodisch mit der gleichen Teilung wie das Werkzeugmagazin besprochen ist. Diese Taktspur stellt sicher, daß Abfrage und Beschriftung nur an den 36 Stellen erfolgen können, die den Magazinplätzen zugeordnet sind. Das von der Taktspur abgeleitete Signal dient außerdem zum Einfahren des Magazins in die 36 diskreten Beschickungsstellen. Wird während des automatischen Betriebes der NC-Maschine ein Werkzeug aus seinem Magazinplatz entnommen und ein anderes an der nun freigewordenen Stelle abgelegt, dann wird die Kennummer des neuen Werkzeuges an der entsprechenden Stelle des Trommelspeichers neu aufgesprochen und die alte Information damit gelöscht.

5.3.3. Prüfdatenspeicherung

Bei der Fertigung von Ferrit-Hallgeneratoren ist deren vorgeschliffene, noch etwa 15 μm dicke Halbleiterschicht bis auf wenige μm durch Ätzen abzutragen. Dieser Arbeitsgang wird bei Tausenden von Systemen, die zu je 400 auf einer Trägerplatte in geordneter Formation bereitgestellt werden, gleichzeitig durchgeführt. Wegen der polykristallinen Struktur des Halbleitermaterials ist die Ätzgeschwindigkeit von System zu System unterschiedlich. Um gleiche Schichtdicken zu erzielen, mißt nach einer gewissen Ätzzeit ein Automat trägerplattenweise von den einzelnen Systemen die elektrischen Widerstände, deren Wert ein Maß für die Schichtdicke ist. Systeme, die nach dem Ätzen die Solldicke aufweisen, werden von dem Automaten mit Lack abgedeckt. Danach wird die Trägerplatte einem weiteren Ätzstoß ausgesetzt, wieder vermessen und dabei die Systeme, die ihre Solldicke erreicht haben, ebenfalls mit Lack bedeckt. Diese Vorgänge werden so oft wiederholt, bis mehr als 90% der Systeme die geforderte Dicke haben. Die Steuerung der Meßspitzen des Automaten, die nur dann abgesenkt werden dürfen, wenn sich ein lackfreies System unter ihnen befindet, erfolgt über einen quermagneti-

Literatur

sierten Plattenspeicher nach Abb. 15. Die Speicherplatte und der Systemträger haben gleiche Abmessungen und sind einander durch Numerierung fest zugeordnet. Die Speicherplatte wird auf eine weichmagnetische Aufnahme gelegt, die mit dem beweglichen Teil eines Kreuztisches starr verbunden ist, der auch die Trägerplatte mit den Systemen verfährt.

Meßspitzen und Aufsprechkopf sind stationär so angeordnet, daß die Meßspitzen über dem Systemträger und der Aufsprechkopf über der Speicherplatte die gleichen Koordinaten einnehmen. Während des Meßdurchlaufes erhält die vormagnetisierte Speicherplatte an den Stellen eine gegenpolige Markierung, an denen sich auf der Trägerplatte ein System mit Solldicke bzw. mit Lackabdeckung befindet. Werden die nachgeätzten Systeme wieder vermessen und dabei die zugehörige Speicherplatte eingelegt, dann bewirkt der in Bewegungsrichtung 2 Schritte vor dem Aufsprechkopf angeordnete Lesekopf, daß nur mehr die lackfreien Systeme angefahren werden.

5.4. Abfrage gemischt magnetisierter Speicher

5.4.1. Schlüsselcodierung in Schließanlagen

In zentralen Schließanlagen können Schlösser und Schlüssel neben der mechanischen unveränderlichen eine jederzeit magnetisch veränderbare Zusatzsicherung erhalten. Der Rücken des herkömmlichen Sicherheitsschlüssels wird als Magnetspeicher für Quer- und Längsmagnetisierung nach Abb. 16 ausgebildet. Jedes besonders zu schützende Schloß der Schließanlage erhält über der Führungsnut für den Schlüsselrücken einen zur Abfrage längsmagnetisierter und doppelspurig quermagnetisierter Signale geeigneten Kombilesekopf nach Abb. 10f. Die Ausgangssignale des Lesekopfes werden einem zentralen elektronischen Speicher zur Auswertung zugeleitet. Die zentrale Elektronik gibt die mechanische Schliessung nur dann frei, wenn die magnetische Kennzeichnung des Schlüsselrückens mit der zentral gespeicherten übereinstimmt. In der Zentrale (z.B. Portier) können Schlüssel und Speicher zu jeder Zeit umcodiert werden. Die fehlerfreie Auswertung der quermagnetisierten Signale wird durch die längsmagnetisierte Taktspur gewährleistet.

Literatur

1 Kuhrt, F.; Lippmann, H. J.: Hallgeneratoren, Eigenschaften u. Anwendungen. Berlin, Heidelberg, New York: Springer 1968.
2 Siemens: Handbuch der Elektrotechnik, Kapitel 3.62, Hallgeneratoren. Essen: Girardet 1971.
3 Hall, E. H.: New Action of the Magnet in Electric Currents. Amer. J. Math. 2 (1879) 287.

4 Kuhrt, F.; Stark, G.; Wolf, F.: Magnettonaufzeichnungen mit Hilfe des Hall-Effektes. Elektronische Rundschau 13 (1959) 407—408.
5 Häusler, H.; Lippmann, H. J.: Magnetische Kennzeichnungsverfahren zur Steuerung des Material- und Teileflusses. Siemens-Z. 40 (1966) 446—453.
6 Lippmann, H. J.: Elektrische Zielsteuerverfahren zur Automatisierung von Stetigförderern. VDI-Berichte 120 (1968) 79—86.
7 Häusler, H.: Magnetischer Zielspeicher mit statischer Abfrage durch Hallgeneratoren zur kontaktlosen Steuerung des Fertigungsflusses. Siemens-Z. 35 (1961) 45—49.
8 Haeusler, J.; Wagnerberger, W.: Kontakt und Studium — Messen, Positionieren und Speichern mit Magneten und Hallgeneratoren. Grafenau-Döffingen: Lexika-Verlag 1975.

Sachverzeichnis

Abmagnetisierung 8, 28
Abstandsfunktion 115, 119
Alfenol 121
Andruckrolle 81
Anisotropiekonstante 33
Anisotropiekraft, kristallographische 32
Antrieb, direkter 84
—, indirekter 85
Antriebsfilterrolle 86
Antriebsmotor 83
Arbeitspunkt für Bezugsleerband 196
Arbeitsspeicher 296, 297
Archivtemperatur 206
ARD-Pflichtenheft 196
Aufnahmeflußentzerrung 165
Aufnahmekopf 99, 106—110, 132, 139, 141
Aufsprechen mit HF-Überlagerung 52
— ohne HF-Überlagerung 57
Aufzeichnung mit HF-Vormagnetisierung 148
—, pilotsynchrone 274
Austauschbarkeit von Bandaufnahmen 75
Austauschkräfte, quantenmechanische 27, 32
Auto-Lift-Trommelspeicher 335

Bandabhebung 79
Bandantrieb 81, 231
Bandbremse 89, 90, 184
Banddämpfungskonstante 58
Bandfluß 71
Bandflußnetzwerk 212
Bandführungsgenauigkeit 79
Bandführungssegment 237
Bandgeschwindigkeit 81, 211
—, optimale 21

Band- oder Blechkerne, hochpermeable 16
Bandlöschung 208
Bandrückseite, mattierte 193
Bandtransport-Mindestgeschwindigkeit 21
Bandvorschub, schrittweiser 349
Bandzugkraft 82
Bandzugmessung 161, 209
Bandzugregelung 161
Bandzugwaage 91
Barkhausensprung 34, 36, 40
Begleitton 238
Belegungsdichte 61
Belegungsfunktion 54, 64
Bezugskante 80
Bezugsleerband 210
Bitterstreifen 28, 38
Blase, magnetische (magnetic bubble) 46, 47
Blasenspeicher 48
Blasentechnik 46
Blasenträgerschicht 48
Blochwand 29, 31, 32
Blochwandbewegung 31, 35, 47
Blochwanddicke 33
Burst 234
Byte 296

CGS-System 4, 6, 13, 18
Closed-Loop-Antrieb 87
Codierring, magnetischer 394
Curie-Temperatur T_c 27, 28, 41

Datenprüfung 345
Datenverarbeitungsanlagen 295
Dauermagnetstoffe 42, 43
Deemphasisnetzwerk 242
Differenzierentzerrung 168

Digital-Schallaufzeichnung 177
DIN-Bezugsband 71
Direktaufzeichnung 148, 156
Dolby 103
Domäne 28, 351
—, magnetische 314
—, zylindrische 353
Domänenerzeugung 359
Drehvorgang 35
III—V-Verbindungshalbleiter 369
„Drop-out"-Kompensator 242
Dünnschichtspeicher 313

Echolöschkopf 197
Einbereichteilchen 43, 53
Einschlüsse, unmagnetische 37
Einstreifenverfahren 252, 254, 263
Electronic-Cam 278
Elektronenspin 23
Elektronische Musik 206
Endlosbandkassette 190, 199
Entmagnetisierung 8, 16, 43
Entmagnetisierungsfaktor N 18
Entzerrung 70
Entzerrungstechnik 93
Epitaxisch aufgewachsene Schichten 46

Farbinformation 217, 223
Farbsättigungsfehler 225
Farbsynchronimpuls 234
Farbsynchronsignal 242
Farbträger 217
Feinstpulvermagnet 44
Feldkonstante, magnetische 6
Feldstärke, magnetische 4
Ferrit 15, 23, 122, 128, 371
Ferrite, anisotrope 24
Ferrit-Hallgenerator 371, 394
— mit Resonanzsteg 377
Ferritkern 126, 305
Ferritkopf 127, 130, 140, 141
Ferritringkern 306
Filmaufnahmen 256
Filmbearbeitung 257, 263, 280
Filter, mechanisches 284
Flächenpressung, spezifische 79
Floppy Disk 342
Flußempfindlichkeit 173, 373
— des Hallgenerators 370
Flußverdrängung 22
„flutter" 77
FM-Aufzeichnung 149

FM-Demodulator 170
— -Modulator 165
— -Vormagnetisierung 71, 101, 133
FM/Rundfunk 176
Formanisotropie 32
Fremdspannung 76
Frequenzbänder FM-Signal 223
Frequenzgang 72, 131, 134
Frequenz-Multiplex-Verfahren 150
Frequenztransponierung der Meßwerte 144

Galliumarsenid 369
Geräuschspannung 76
Geräuschspannungsabstand 72
Geschwindigkeitsfehler-Korrektur 235, 242
Gesetzeinheiten im Meßwesen 2
Gewichtsfunktion 54
Gießspur 266
Gitterstörung 41
Gleichlaufbedingung 268
Gleichlaufregelung, elektronische 186
Gleichlaufschwankung 72
Gleitmittel (MoS_2) 190
Granat 23
—, ferromagnetischer 31
Granatfilm 356
Größengleichungen 2
Güte des Magnetkreises 113, 131

Halbleiterspeicher 326
Halleffekt 366
Hallgenerator 366
Hallgeneratorlesekopf 365
Hallkonstante 367
Hallspannung 366
Hauteffekt (Skineffekt) 22
High-Band 228, 240, 241
Hintergrundspeicher 297, 361
Hyperm 121
Hystereseschleife 6
—, anomale 13
—, rechteckförmige 14, 15
Hystereseverlust 8, 22

Impedanz des Magnetkopfs 113
Indiumantimonid 369
Indiumarsenid 369
Induktion 6
Induktionsempfindlichkeit des Hallgenerators 370

Inhibitdraht 308
Inkrement-Magnetbandgerät 350
Instabilität, magnetische 197
Interlockverfahren 290
IRIG-Document 153
Iteration 204

Kanteneffekt 136
Karusselwechsler 198, 199
Kassettenspeicher 341
Kassettentechnik 188
Kernmatrix 302
Kernpermeabilität 118
Kernspeicherring 15
Klebeverfahren 266
Klirrfaktor 72
— -Kompensation 182
Knackaufzeichnung 99
Koaxialkassette 190
Koerzitivfeld 10
Kompander 182
Kompatibilität 220
Kompressor-Expander-System 103
Konfektionierung 207
Kopfantrieb 231
Kopfinduktivität 108, 111, 113, 114, 131, 139, 142
Kopfresonanz 241
Kopfspalt 106, 115, 116, 122, 128
Kopfspiegel 378
Kopfwicklung 122, 123, 124, 126
Kopiereffekt 3, 25, 44, 59, 269
Kreis, magnetischer 105
Kristallanisotropie 33, 43
Kristallbaufehler 39, 46
Kristallkörnerorientierung 14
Kurzzeitverzögerung 204

Längsspuraufzeichnung 217
Laufwerk 78
Laufzeitkorrektur, digitale 245
Leerlaufhallspannung 369, 370
Legierung, hochpermeable 11
Lesedraht 308
Lesekopf 135, 136
—, induktiver 365
Lesespalt 378
Leseverfahren 360
Leseverstärker 304
Lichtton 249, 288, 293
Lichttonkamera 250
Li—Ni-Ferrit 307

Löcherbeweglichkeit (Halleffekt) 369
Longitudinalschwingungen hoher Frequenzen 184
Löschdämpfung 135, 139, 140
Löschgefahr 206
Löschkopf 135, 138, 140, 141
—, Doppelspalt- 101
Low-Band 228, 240, 241
Luftkissenlagerung 334
Luftspalt 16
—, entmagnetisierender 5

Magnetband, schräglaufendes 348
Magnetbandspeicher 344
Magnetblasenspeicher 350
Magnetdrahtspeicher 323
Magnetfilm 255, 257
—, 16 mm, 17,5 mm, 35 mm 256
Magnetfilmmaschine 267, 270, 272
Magnetfilmtechnik 264
Magnetic bubbles 52
Magnetic Bubble Storage 350
Magnetisierung 6
—, spontane 15, 25, 35
Magnetisierungsarbeit 33
Magnetisierungsfront 54
Magnetisierungskurve, ,,idealisierte'' 22
Magnetkartenspeicher 342
Magnetkernspeicher 302
Magnetkopf 105
—, schwebender 333
Magnetkreis 107, 108, 122, 126, 140
Magnetkreisbreite, -länge 106
Magnetkreiswirkungsgrad 118
Magnetomechanischer Speicher 329
Magnetostriktion 34
Magnetschicht, planare 320
Magnettonkamera 250
Magnettonstreifen 266
Magnettonstreifen/Bildfilm 265
Magnettrommelspeicher 329
Masseband 42
Matrixebene 305
Matrixspeicher 302
— 3D 310
Mechanische Filter 267
Mehrspurkopf 108, 120, 127, 132, 140
Mehrspurtechnik 102, 192
Merkspur 238
Meß-Tape-Viewer 211
Meßwertspeicherkopf 142
MKSA-System 2, 6, 18
Modulationsindex 223

Modulationskennlinie 222
Modulationsrauschen 59
Moiréstörungen 229
MOS-Speicher 327
Mumetall 121

Nachwirkung 10, 22, 23
Néel-Spieß 36, 38, 45, 49
Néel-Wand 44, 45
Neopilotverfahren 262, 263
Neukurve 9
Nickeldraht-Hystereseschleife 7
Ni—Zn-Ferrit 24
Normen 74, 291
NRZ-Codierung 57
NRZI-Schrift 349

Oersted 4
Ohmsche Nullspannung 380
Ortspositionierung 375
Oxidpulver 43

Packungsdichte 347
Paramagnetische Stoffe 27
PCM-Aufzeichnung 151
PDM-Aufzeichnung 150
Pegel, Ein-/Ausgang 100
Permalloy 121
Permeabilität 9, 111, 112, 121
—, reversible 11, 12
Pflichtenhefte, technische 293
Pilotfrequenzgeber 274
Pilotfrequenzverfahren 250, 258, 263
Pilotkopf 135, 140, 141
Plattenspeicher 338, 390
Preemphasis-Netzwerk 241
Preisach-Darstellung 52
—- Diagramm 13
Programmaustausch/Rundfunk 176
Prüflesen 347
Pufferspeicher 300
Pulver, feinkörniges 42
Pulverkern 16

Quarzgenerator 277
Quarzkameraantrieb 276
Quermagnetisierung 376, 383
Querspuraufzeichnung 218, 236
Quer-Vorzugslage 15

Randeinstreuung 115, 119
Randspur 269
Rauschanpassung 96

Rauschen/Video 229
Rechteckschleife 8
Recovac 122
Rekristallisierter Zustand 40
Remanenz 10, 34
Remanenzfläche 55
Resonanz, gyromagnetische 23
Richtungsschrift 336
Richtungstaktschrift 336
Ringkern 4, 52, 305
Rotationsellipsoid 17
Rotationsschalten 318
Rotosynanlage 272
Rückhaltebremse 90
Rückwärtsregelung 282

Sättigungsmagnetisierung 6, 8, 147
Schalten, partielles 311, 317
Schaltgeschwindigkeit 321
Scherung der Magnetisierungskurve 16
Schicht, dünne 44
Schichtband 42
Schichtfleck 314, 320
Schichtlage 184
Schieberegister 357
Schieberegisterspeicher 327
Schirmung bei Mehrspurköpfen 123
Schlupfmessung 208
Schlüsselcodierung 395
Schneiden von Fernsehaufzeichnung 388
Schneidetisch 251, 282
Schrägspuraufzeichnung 219, 244
Schreibdichte bpi 57
Schreibkopf 137
Schreiblesekopf/Digital 108
— /Doppelspalt 141
Schreib/Leseverfahren 335
Schreibstrom 137
Seitenbandvektor 223
Sekundärdomäne 37
Selbstentmagnetisierung 58
SI Internationales Einheitensystem 2
Spalte, entmagnetisierende 17
Spaltbreite 115, 116, 123, 139, 141, 142
Spaltfehler 129
Spaltfunktion 115, 116
Spaltprüfband 209
Spannungsmesser, magnetischer 5
Speicher, bipolarer 327
—, 3D 302, 308
—, längsmagnetisierter 377

Sachverzeichnis

Speicher, magnetomechanischer 329
—, quermagnetisierter 379, 381, 390
—, 2D 318
Speicher mit $2^1/_2$D-Organisation 312
Speicherelement 296
Speicherhierarchie 299
Speicherkern 14
Speicherplatte 15
Speicherzelle 297
Spiegeleffekt 93
Spiegelfunktion 115, 117, 118
Spiegelwelligkeit 117, 118, 132
Spinpräzession 24, 27
Spinrelaxation 24, 27
Sprossenband 210
Spuraufzeichnung, Kreis- 220
—, Schrauben- 220
—, Spiral- 220
Spurlage 73
Stabilität, statistische 63
Standbildspeicher 247
Stapelwechsler 198
Startzeichen 274
Steuerspur 232, 238
Störabstand/Videosignal 229
Störspannungsabstand 76
Störungen von Magnettonanlagen 213
Störungsschreiber 388
Streifenspeicher 342
Stretcher 103
Streufeld 36
Streufeldenergie 37, 43
Stromdurchflutung 5
Suszeptibilität 11, 12
Synchronantrieb 271
Synchronisierstudio 286
Synchronmarke 258, 290
Synchronpunkt 251
Synchronverkopplung 290
Synchronwiedergabeversträker 102

Tachosignal 232
Teilchendurchmesser, kritischer 39
Tesla 6
Tonläufer 289, 290
Tonmischung 252, 285, 287
Tonträgerschicht 20
Tonüberspielung, pilotsynchrone 281, 282
Tonwelle 81
Trafoblech 29
Trägerdraht 20

Trägerfrequenz 216
Trägervektor 223
Transferrat 297
Transversalmagnetisierung 380
Transversalverfahren 260
Trommelspeicher, langsam umlaufender 382

Überblendung, automatische 291
Überlöschdämpfung 135
Überspielung mit Rückwärtsregelung 282
— mit Vorwärtsregelung 280
Übersprechen 108, 137, 138
Übersprechdämpfung 72, 77, 123, 132, 135, 137—139, 141
Übertragerkern 11
Übertragungsfaktor 107, 108, 110—114, 123, 134, 136
Uhrspur 335
U-matic-Gerät 244
Umklappprozeß 43
Umschlingungswinkel 79

Vacodur 121
VCR-Standard 244
Velourseffekt 197
VERA 218
Verkopplung der Filmmaschinen 287
—, synchrone 272
Verlustleistung 131
Versetzung (dislocation) 40
Versetzungsdichte 42
Verstärker 92
—, Aufnahme 93, 95
—, Entzerrung 95
—, Wiedergabe 93
Vertikalsynchronimpuls 233
Verunreinigungen, feindispersive 38, 39
Verzerrung 134
—, lineare 224
—, nichtlineare/Video 227
Verzögerungsgerät 204
Vicalloy 388
Videobandaufzeichnung 255
Videodeemphasis 222, 240
Videofrequenzbereich 216
Videohubbereich 222, 241
Videokassette 244
Videokopf 221
Videokopfrad 236, 238
Videokopfresonanz 225

Videopreemphasis 221, 240
Videosignalaufzeichnung 215
Vollaussteuerung 75
Vormagnetisierung 132
Vormagnetisierungsstrom 133
Vormagnetisierungsstrom, optimaler 155
Vorwärtsumspielung 282
Vorzugslage, einachsige 44, 46
—, kristallographische 37
—, magnetoelastische 37
Vorzugsrichtung 314, 351

Wahlschalter, magnetischer 386, 389, 390
Wände, magnetische 317
Wanddicke 33
Wandenergie 32
Wandkriechen 315, 317
Wandwölbung 41
Wechselfeldvormagnetisierung 22
Wechselschrift NRZI 336
Wechselstromwiderstand 113, 114
Wechseltaktschrift 336
Weißscher Bezirk 28
Welle, elektrische 271, 272, 285
Werkstoff, ferrimagnetischer 2
—, ferromagnetischer 2
Werkzeugcodierung 393
Wickelantrieb 88
Wiedergabekopf 96, 107, 109, 110, 131, 141
Wiedergabeverstärker/Rauschspektrum 98

Wirbelstrom 10, 22
— -Grenzfrequenz 23
Wirbelverlust 22
Wirkungsgrad, magnetischer 107
Wortfeld 324
Wortlänge 296
„wow" 77
Würfeltextur 14

Yttrium—Eisen-Granat 31, 46

Zeichendarstellung 295
Zeitfehler 217
Zeitfehlerkorrektur 234
Zeitkonstante 71
—, Bandflußentzerrung 94
Zeitlupengerät 221
Zeitmarkenaufzeichnung 277
Zeit-Multiplex-Verfahren mit PDM 151
Zeitraffer und -dehner 203
Zeitstabilität 216, 231, 234, 245
ZF-Bereich 221
Zugriffszeit 297, 328, 340
Zweibandprojektor 286
Zweikanal-Stereoaufzeichnung 193
Zweistreifensendung 289
Zweistreifenverfahren 255, 256
Zwischenabschirmung 124, 127
Zwischenfrequenzbereich 221
Zykluszeit 297, 328
Zylinderdomänenspeicher 350

MIX
Papier aus verantwortungsvollen Quellen
Paper from responsible sources
FSC® C105338

If you have any concerns about our products,
you can contact us on
ProductSafety@springernature.com

In case Publisher is established outside the EU,
the EU authorized representative is:
**Springer Nature Customer Service Center GmbH
Europaplatz 3, 69115 Heidelberg, Germany**

Printed by Libri Plureos GmbH
in Hamburg, Germany